U0185672

“十三五”国家重点出版物出版规划项目

地球观测与导航技术丛书

高光谱图像信息提取

高连如 李 伟 孙 旭 张 兵 著

科 学 出 版 社

北 京

内 容 简 介

本书以高光谱图像信息提取为核心，采用理论方法引入与实验论证分析相结合的方式，从高光谱图像低秩表示降噪修复、复杂场景混合像元分解、子空间模型分类、稀疏特征提取及分类、空谱多特征提取及分类、基于背景精确估计的目标探测等 6 个方面介绍了高光谱图像处理与信息提取的理论发展和最新前沿技术。

本书可以为高光谱图像的处理和应用提供技术参考，也可以作为从事高光谱图像信息提取研究人员的专业书，帮助从业人员系统了解相关领域的方法研究进展，有助于提高我国高光谱图像处理和应用的水平。

图书在版编目(CIP)数据

高光谱图像信息提取/高连如等著. —北京：科学出版社，2020.10

(地球观测与导航技术丛书)

“十三五”国家重点出版物出版规划项目

ISBN 978-7-03-066357-3

Ⅰ. ①高…　Ⅱ. ①高…　Ⅲ. ①光谱–图像处理　Ⅳ. ①TP75

中国版本图书馆 CIP 数据核字(2020)第 197152 号

责任编辑：朱　丽　李秋艳　张力群/责任校对：杨　赛
责任印制：吴兆东/封面设计：图悦社

科学出版社 出版
北京东黄城根北街 16 号
邮政编码：100717
http://www.sciencep.com
北京虎彩文化传播有限公司 印刷
科学出版社发行　各地新华书店经销
*
2020 年 10 月第 一 版　开本：787×1092　1/16
2021 年 3 月第二次印刷　印张：20 3/4
字数：492 000

定价：159.00 元
(如有印装质量问题，我社负责调换)

“地球观测与导航技术丛书”编委会

“地球观测与导航技术丛书”编写说明

地球空间信息科学与生物科学和纳米技术三者被认为是当今世界上最重要、发展最快的三大领域。地球观测与导航技术是获得地球空间信息的重要手段，而与之相关的理论与技术是地球空间信息科学的基础。

随着遥感、地理信息、导航定位等空间技术的快速发展和航天、通信和信息科学的有力支撑，地球观测与导航技术相关领域的研究在国家科研中的地位不断提高。我国科技发展中长期规划将高分辨率对地观测系统与新一代卫星导航定位系统列入国家重大专项；国家有关部门高度重视这一领域的发展，国家发展和改革委员会设立产业化专项支持卫星导航产业的发展；工业和信息化部、科学技术部也启动了多个项目支持技术标准化和产业示范；国家高技术研究发展计划(863 计划)将早期的信息获取与处理技术(308、103)主题，首次设立为“地球观测与导航技术”领域。

目前，“十一五”规划正在积极向前推进，“地球观测与导航技术领域”作为 863 计划领域的第一个五年规划也将进入科研成果的收获期。在这种情况下，把地球观测与导航技术领域相关的创新成果编著成书，集中发布，以整体面貌推出，当具有重要意义。它既能展示 973 计划和 863 计划主题的丰硕成果，又能促进领域内相关成果传播和交流，并指导未来学科的发展，同时也对地球观测与导航技术领域在我国科学界中地位的提升具有重要的促进作用。

为了适应中国地球观测与导航技术领域的发展，科学出版社依托有关的知名专家支持，凭借科学出版社在学术出版界的品牌启动了“地球观测与导航技术丛书”。

丛书中每一本书的选择标准要求作者具有深厚的科学研究功底、实践经验，主持或参加 863 计划地球观测与导航技术领域的项目、973 计划相关项目以及其他国家重大相关项目，或者所著图书为其在已有科研或教学成果的基础上高水平的原创性总结，或者是相关领域国外经典专著的翻译。

我们相信，通过丛书编委会和全国地球观测与导航技术领域专家、科学出版社的通力合作，将会有一大批反映我国地球观测与导航技术领域最新研究成果和实践水平的著作面世，成为我国地球空间信息科学中的一个亮点，以推动我国地球空间信息科学的健康和快速发展!

李德仁

2009 年 10 月

前　言

高光谱图像将成像技术和光谱技术相结合，可以记录地物目标的二维空间信息和光谱维信息，从成像机理和数据特性上都体现出“图谱合一”的形式和结构，具有能对地物进行更加精细化识别和探测的特点与优势。地表不同地物对波长为400～2500nm的电磁波谱具有不同的反射、吸收和透射等特性，通过将高光谱遥感器搭载在机载或者星载平台上，可以记录视场内地物目标的几十个甚至上百个连续窄光谱波段的信息，在足够信噪比前提下波段数越多则反映不同地物目标诊断性光谱特征的信息就越丰富。从信号处理和图像分析角度看，与传统光学遥感技术相比，高光谱遥感图像由于具有波段连续性与光谱可分性等特点：一方面对地物目标的辨识能力有了很大提高，可以区分不同地物类型，即使得精细化地物识别成为可能；另一方面促进了遥感对地观测由定性分析向定量分析或者半定量分析方向的转化，极大提高了地物理化参量反演的精度。因此，高光谱遥感技术的发展是对地观测领域的一次革命性突破，可以对传统光学遥感技术手段不能识别探测的物质进行分析和解译。高光谱遥感图像不仅在国防领域可以用于目标探测和背景环境制图等，而且在民用领域中自然资源勘探、生态环境监测和精准农业林业等方面也具有广泛的应用价值。

高光谱图像处理与信息提取是高光谱遥感领域的核心研究内容，随着高光谱成像技术的不断发展与创新，信息提取技术也在不断取得新的突破。根据高光谱遥感成像机理与图像特点，基于传统的信号分析手段以及先进的机器学习方法，信息提取新理论与新模型不断被发展和提出。高光谱信息提取的概念具有丰富的内涵与外延：一方面，通过图像处理和信号分析可以从可分辨和可识别角度对高光谱图像进行光谱特征和空间特征提取，进而实现高光谱图像的分析和解译；另一方面，高光谱图像连续的光谱波段和空间非局部相似性使得数据在空间维度和光谱维度都存在一定的相似性和冗余性，同时，高光谱图像在获取过程中由于成像技术限制会受到噪声干扰，由此必须考虑图像噪声、休斯现象和维数灾难等问题，因而对高光谱图像进行降噪修复和特征优化提取也是信息处理的一部分内容。

本书采用理论方法引入与实验论证分析相结合的方式，从高光谱图像低秩表示降噪修复、复杂场景混合像元分解、子空间模型分类、稀疏特征提取及分类、空谱多特征提取及分类、基于背景精确估计的目标探测等6个方面对高光谱图像处理与信息提取的理论发展和最新前沿技术进行了介绍。

全书共分7章。

第 1 章阐明高光谱图像信息提取的内涵与外延，概述相关技术的发展和研究现状，让读者了解该领域存在的难点和挑战性，对高光谱图像信息提取中从图像质量增强到信息分析与解译整个过程所涉及的理论方法有一个基础的认识。

第 2 章针对高光谱图像信息提取所面临的首要问题，即图像质量问题，介绍通过引入低秩表示的方式来刻画高光谱图像中存在的强的谱间和空间相关性，在此基础上利用图像的自相似结构，进一步讲述基于低秩表示的高光谱图像降噪与修复的若干方法。

第 3 章主要针对在复杂地物覆盖场景时，高光谱遥感图像中可能存在有无纯像元、端元光谱变异和非线性作用等混合像元问题，介绍基于线性、非线性和正态组分光谱混合模型发展的一些性能优异的混合像元分解新方法。

第 4 章首先针对传统基于协同表示的分类模型缺乏稳定性的问题，介绍最小正则子空间以及在此基础上改进的系列分类方法；然后针对休斯现象的影响，介绍基于子空间投影的分类方法，并讲述在此基础上采用后处理的方式，整合空间和光谱信息的分类方法。

第 5 章主要介绍基于稀疏编码理论框架的特征表示与分类方法，包括结合空谱特征的稀疏张量判别分析方法以及基于稀疏表示近邻、融合协同与稀疏表示、基于局部保留投影的稀疏表示、基于局部敏感判别性分析的群稀疏表示、基于联合子空间投影的群稀疏表示等分类方法。

第6章着重介绍高光谱图像空谱多特征提取和基于空谱特征的分类方法，包括基于 Gabor 小波的空间特征和最小正则子空间的分类方法、结合局部二值模式和 Gabor 滤波器的分类方法、基于多尺度超像元分割的分类方法、基于局部包含轮廓的形态学特征提取和分类方法。

第 7 章主要介绍在应对复杂场景时如何通过精确背景估计提高目标探测精度和可靠性的方法，包括加权异常检测和线性滤波异常检测方法、基于多窗口异常检测的决策融合方法、结合稀疏和协同表示的目标检测方法、调整光谱匹配滤波目标探测方法。

本书作者来自于中国科学院空天信息创新研究院(以下简称“空天院”)和北京理工大学等研究团队，多年来一直致力于高光谱图像信息提取相关研究工作。空天院张兵研究员系统规划了本书的框架，在本书撰写过程中进行了具体详尽的技术指导，并完成了第 1 章内容的编写。第 2 章和第 3 章编写工作主要由空天院高连如研究员负责完成，第 4～7 章编写工作主要由空天院高连如研究员和北京理工大学李伟教授合作完成。空天院孙旭副研究员参与了第 2、3、7 章的编写，并负责全书内容统稿和校对。本书是自 2011 年出版《高光谱图像分类与目标探测》一书之后作者研究团队许多年来科研工作的积累，内容与前著有很好的对应关系和延续性，涵盖了图像质量提升、混合像元分解、图像分类和目标探测等，主要介绍近年来空天院和北京理工大学等研究团队在这些方向取得的新成果，在讲述新方法的同时每部分也都给出了详尽的算法分析和实验对比验证，有利于帮助这一领域的相关从业者或者学生系统了解并掌握高光谱图像信息提取的前沿理论与方法。

在此，我们需要感谢科学出版社资环分社李秋艳博士在书稿撰写和编辑方面给予的建议和帮助。本书的出版体现了研究团队多年工作的积累，吸收了许多已经毕业的博士生或硕士生论文中的精华，他们是于浩洋、杨斌、庄丽娜、郭乾东、唐茂峰、姚丹、彭倩、苏远超、赵斌、张飞飞、王璐、熊明明等。此外，还需要特别感谢为本书的整理及校对而辛勤工作的博士后和研究生们，他们是刘激、蒲生亮、孙鹤枝、古代鑫、王治程、孙晓彤、韩竹、张浩天、宋璐杰、张宇翔、刘娜、曹丹丹、张改改等。

本书出版得到了国家自然科学基金项目(41722108、61922013)的资助。

作　者

2020年2月于北京

目　录

第 1 章　高光谱图像信息提取概述

高光谱遥感(hyperspectral remote sensing)是将成像技术和光谱技术相结合的多维信息获取技术(Goetz et al., 1985)，同时探测地表的二维几何空间与一维光谱信息，获取高光谱分辨率的连续、窄波段的图像数据。高光谱遥感成像技术兴起于 20 世纪 80 年代，是光学遥感技术的一个革命性进步。它使原本在多光谱遥感中无法有效探测的地物，在高光谱遥感中得以探测。高光谱遥感数据的光谱分辨率高达 $10^{-2}\lambda$数量级，在可见光到短波红外波段范围内光谱分辨率可达纳米(nm)级，光谱波段数多达数十、成百甚至上千个，各光谱波段间通常连续，因此高光谱遥感通常又被称为成像光谱遥感(童庆禧等，2006a)。

20 世纪 80 年代，喷气推进实验室(Jet Propulsion Lab, JPL)在美国国家航空和航天管理局(National Aeronautics and Space Administration, NASA)的支持下研发的航空可见光/红外成像光谱仪(airborne visible/infrared imaging spectrometer, AVIRIS)是第一个可以测量 400～2500nm 太阳辐射光谱范围的成像光谱仪，包含 224 个光谱通道。目前高光谱图像处理技术研究中经常使用的很多公共数据均来自于 AVIRIS 遥感器。此后，世界各国都在高光谱成像技术方面进行了研究，产生了一系列星载/机载成像光谱设备。高光谱数字图像采集实验仪器(hyperspectral digital imagery collection experiment，HYDICE)由美国海军实验室研制，包含 210 个波段，光谱范围为 400～2500nm；集成机载光谱成像仪(compact airborne spectrographic imager/ shortwave infrared airborne spectrographic imager，CASI/SASI)由加拿大 Itres Research 公司研制，包含 388 个波段，光谱范围为 380～2450nm；高光谱制图仪(hyperspectral mapper，HYMAP)由澳大利亚的 Integrated Spectronics Pty 公司研制，包含 128 个波段，光谱范围为 400～2450nm；小型高分辨率成像光谱仪(compact high resolution imaging spectrometer，CHRIS)是欧空局 PROBA 小卫星搭载的高光谱遥感器，空间分辨率 18m，在 400～1050nm 范围内光谱分辨率为 11nm；Hyperion 是搭载在 EO-1 卫星上的高光谱遥感器，包含 220 个波段，波长覆盖 357～2567nm，光谱分辨率为 10nm，空间分辨率为 30m。

我国在成像光谱仪发展方面做出了重要努力，其中代表性的成果包括中国科学院上海技术物理研究所研制的 224 波段推帚式高光谱成像仪(pushbroom hyperspectral imager，PHI)和 128 波段实用型模块化机载成像光谱仪(operational modular imaging spectrometer，OMIS)。我国于 2018 年 5 月发射了高分五号(GF-5)卫星。该卫星是我国高分辨率对地观测重大科技专项规划中的一颗陆地环境高光谱观测卫星，空间分辨率 30m，光谱范围为 400～2500nm，光谱分辨率可达到 5nm(VNIR)和 10nm(SWIR)，使我国具有了全球范围内高性能的高光谱对地观测能力。此外，中国科学院上海技术物理研究所研制了覆盖可见光至长波红外的全谱段成像光谱仪，可以通过航空平台获取高空间分辨率、高光谱分辨率的精细化的高质量成像光谱数据。这两个新型航天航空载荷对于我国高光谱遥感技术的发展和高光谱数据的应用都具有重要意义。

目前，高光谱遥感技术已经在军事、农业、资源环境和城市建设等领域进行了大量应用，如人工目标的发现与识别、农作物长势和病虫害分析、黑臭水体检测、矿产区域矿物填图、城市地物精细分类和变化检测等，为国防和经济建设提供了大量基础数据和重要决策依据。

1.1 高光谱遥感

高光谱数据具有“图像立方体”的形式和结构，体现出“图谱合一”的特点和优势(图 1.1)。高光谱图像中的每个像元记录着瞬时视场角内几十甚至上百个连续波段的光谱信息，波长范围在 400～2500nm 内，其光谱分辨率一般小于 10nm。将这些光谱信息作为波长的函数可以绘制一条完整而连续的光谱曲线，反映出能够区分不同物质的诊断性光谱特征，使得本来在宽波段多光谱遥感图像中不可探测的地物在高光谱遥感图像中能够被探测(童庆禧等, 2006a)。高光谱遥感技术的这种特质使得其在矿产勘探(Kruse et al., 2003)、环境监测(张兵等, 2009)、精准农林(Jiao et al., 2014)和国防军事(张兵等, 2004)等领域都产生了重要的应用价值(童庆禧等, 2006b)，同时也给图像信息提取技术的发展带来了新的挑战。

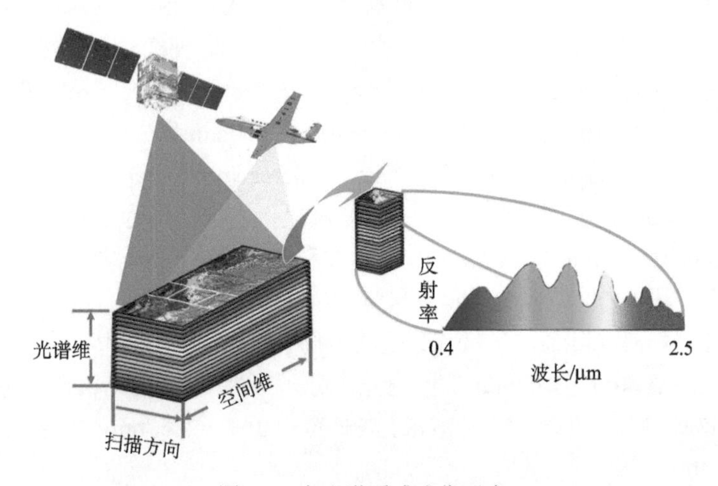

图 1.1　高光谱遥感成像示意

过去 30 年间，高光谱遥感技术自提出以来得到了迅猛的发展(Goetz, 2009; Tong et al., 2014)，同时高光谱图像信息提取技术也在不断取得新的突破。高光谱图像信息提取技术的研究主要包括数据降维、混合像元分解、图像分类和目标探测等方向(张兵和高连如，2011)。本章首先梳理了高光谱图像信息提取的发展现状，在回顾相关经典理论和模型方法的基础上，针对性分析了该领域存在的若干关键问题，介绍了近年来提出的高光谱图像信息提取新方法。

高光谱图像包含丰富的空间信息和光谱信息，针对全色或多光谱图像的信息提取方法不适合高光谱图像的处理，因此，需要根据高光谱遥感的机理和图像的特点，发展新的信息提取模型与方法(张兵, 2016)。高光谱图像的特点是“图谱合一”，即同时记录了地物的图像信息和光谱信息。图像信息包括地物的形状、大小及与周边地物的关系等；光谱信息指的是地物对不同波长(或频率)电磁辐射的反射率或在不同波长(或频率)上的辐亮度(图 1.2)。由于高光谱图像“图谱合一”的特点，其获取的数据构成一个三维数组，或称为图像立方体(image cube)。一个 M 行、N 列、L 波段的高光谱图像立方体第 i 行、第 j 列的像元 $\boldsymbol{r}(i,j)$ 是一个包含 L 个分量的向量，$r(i,j,k)$ 为第 i 行、第 j 列的像元在第 k 个波段的反射率(或辐亮度)，即

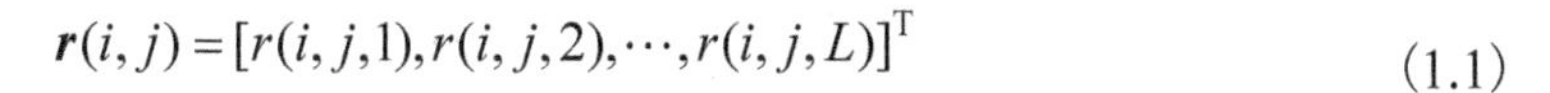

$$\boldsymbol{r}(i,j)=[r(i,j,1),r(i,j,2),\cdots,r(i,j,L)]^{\mathrm{T}} \tag{1.1}$$

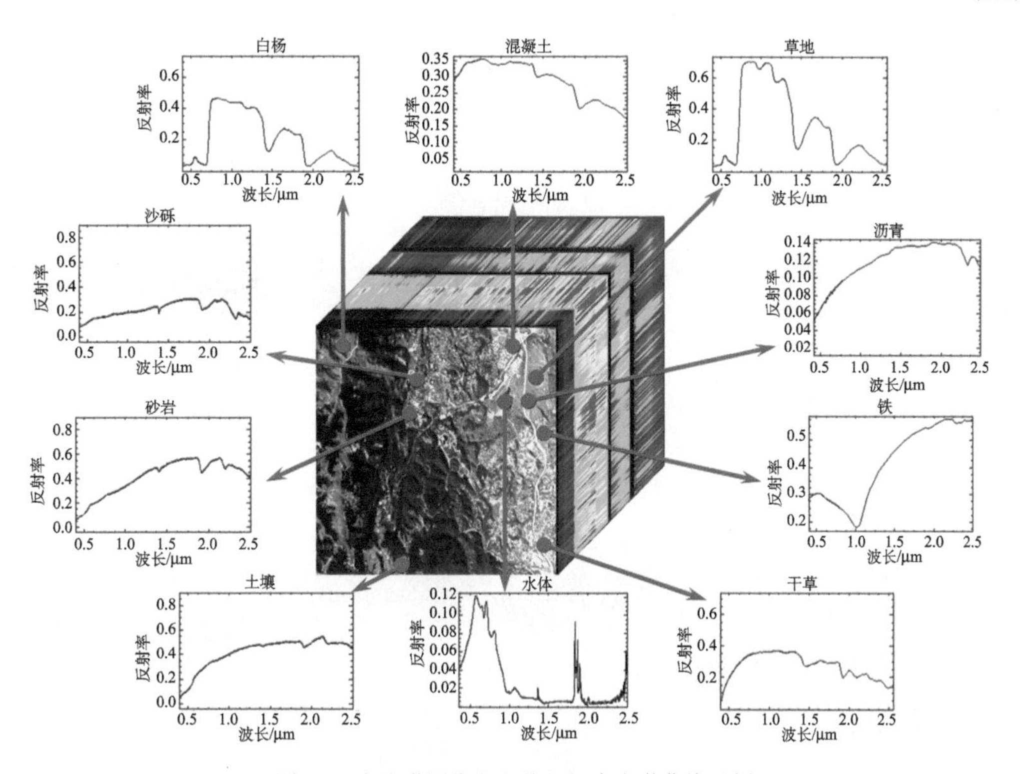

图 1.2　高光谱图像立方体与相应光谱曲线示例

由于高光谱图像各个波段的电磁波长是由成像光谱仪确定的，故对于每个像元 $\boldsymbol{r}(i,j)$，可将其各个波段的数值与波长对应，得到一个二维坐标系中的散点图。若图像的波长间隔足够小、波段数量足够多，则可将散点连接，得到一个近似连续的曲线图，称为像元 $\boldsymbol{r}(i,j)$ 的光谱曲线(spectral curve)(图 1.3)。若不考虑波长的物理意义，仅将 $\boldsymbol{r}(i,j)$ 视为一个 L 维向量，则其可对应 L 维空间 $\mathbb{R}^L$ 中的一个点。进而整个高光谱图像将对应中的一个数据云(data cloud)，因此 $\mathbb{R}^L$ 称为高光谱图像的特征空间。

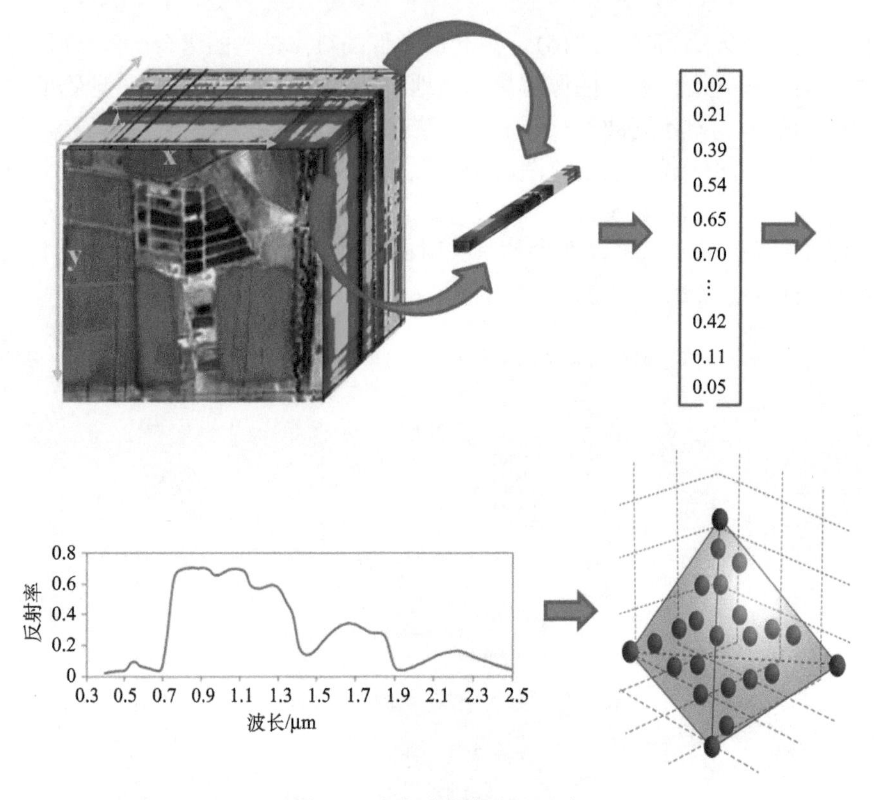

图 1.3　高光谱图像表达形式

1.2　高光谱图像信息提取现状

1.2.1　噪声评估与数据降维方法

1. 噪声评估

高光谱图像波段较多，相邻波段之间必然有着很强的相关性，导致观测数据在一定程度上存在冗余现象，而且数据量大，为图像的处理带来了压力，数据的膨胀导致计算机处理负荷大幅增加。另外，在高光谱图像数据获取过程中出现的噪声将会使图像中的光谱信息产生“失真”。因此需要进行数据降维，以压缩数据量和提高运算效率，同时可以简化和优化图像特征，并最大限度保留信号和压缩噪声。

典型地物具有的诊断性光谱特征是高光谱遥感目标探测和精细分类的前提，但是由于成像光谱仪波段通道较密而造成光成像能量不足，相对于全色图像，高光谱图像的信噪比提高比较困难。在图像数据获取过程中，地物光谱特征在噪声的影响下容易产生“失真”，如对某一吸收特征进行探测，则要求噪声水平比吸收深度要低至少一个数量级。因此，噪声的精确估计无论对于遥感器性能评价，还是对于后续信息提取算法的支撑，都具有重要意义。

在光学遥感中，图像噪声主要由周期性噪声和随机噪声构成，式(1.2)中周期性噪声可以由频域变换滤波有效地消除，而随机噪声的影响一直存在，这种随机噪声一般认为是与信号无关的加性噪声，用模型表示为

$$z_b(i,j)=s_b(i,j)+n_b(i,j) \tag{1.2}$$

式中，$z_b(i,j)$ 为包含噪声的图像；$s_b(i,j)$ 为图像信号；$n_b(i,j)$ 为图像噪声。通常采用高斯白噪声对这种加性噪声进行模拟，其概率密度函数为

$$f_x(x;\sigma_n)=\frac{1}{\sqrt{2\pi}\sigma_n}\mathrm{e}^{-x^2/2\sigma_n^2} \tag{1.3}$$

式中，x 为一维实随机变量，表示噪声信号；σ_n 为噪声的标准差。针对噪声评估方法的研究主要包括两种思路：一是基于空间域的方法；二是基于光谱域的方法(Gao et al., 2013)。

在基于空间域的噪声评估方面，Wrigley 等(1984)等提出了均匀区域法，该方法从图像中选择 4 个以上的均匀区域，通过计算这些均匀区域的均值和标准差获取图像的信噪比。该算法原理简单，在基于定标场的卫星遥感系统信噪比评估中表现出色。Curran P. J. 等提出了地学统计法(Curran, 1988; Curran and Dungan, 1989)，该方法从图像中选择几条均匀的窄条带，通过这些条带半方差函数的计算对噪声进行估算。上述算法在实际应用中存在 3 个方面的缺点：一是需要人工进行均匀区域选择，很难做到自动化；二是满足要求的均匀区域在大部分遥感图像中并不存在；三是图像子区域噪声估算结果并不能代表整幅遥感图像噪声。针对这 3 个问题，Gao(1993)提出了局部均值与局部标准差法，该方法将图像分割成很多小的块，计算这些子块的标准差作为局部的噪声大小。图像子块的均值(local mean, LM)可表示为

$$\mathrm{LM}=\frac{1}{w^2}\sum_{i}^{w}\sum_{j}^{w}x_{i,j,k} \tag{1.4}$$

式(1.4)表示大小为 $w\times w$ 图像子块在第 k 波段的均值；$x_{i,j,k}$ 为 $w\times w$ 图像子块在行 i 列 j 和波段 k 处的像元信号。图像子块的标准差(local standard deviation, LSD)可表示为

$$\mathrm{LSD}=[\frac{1}{(w^2-1)}\sum_{i}^{w}\sum_{j}^{w}(x_{i,j,k}-\mathrm{LM})^2]^{\frac{1}{2}} \tag{1.5}$$

通过式(1.5)对所有图像子块进行计算，找出最大最小的局部标准差值，并在这两个值之间建立若干等间隔区间，选择包含子块数最多区间的局部标准差的平均值作为整个图像的最佳噪声估计。传统局部均值与局部标准差法性能优于均匀区域法和地学统计法，但是还是易受图像空间纹理的影响，为此高连如(2007)提出了两种优化方法：局部均匀块标准差法和基于高斯波形提取的优化方法。这两种算法的核心是通过去除边缘纹理和搜索具有代表性的均匀子块统计区间的方式，达到提高算法稳定性的目的。

在基于光谱域的噪声评估方面，Roger 和 Arnold(1996)提出了空间光谱维去相关(spectral spatial de-correlation, SSDC)法，核心是利用了高光谱图像空间维和光谱维存在高相关性的特点，通过多元线性回归去除了具有高相关性的信号，利用得到的残差图像

对噪声进行估算。图像的残差可表示为

$$r_{i,j,k} = x_{i,j,k} - \hat{x}_{i,j,k} \tag{1.6}$$

式中，$r_{i,j,k}$ 为残差图像的像元值；$\hat{x}_{i,j,k}$ 是 $x_{i,j,k}$ 的估计值，可以通过多元线性回归方法进行估计：

$$\hat{x}_{i,j,k} = a + bx_{i,j,k-1} + cx_{i,j,k+1} + dx_{p,k} \tag{1.7}$$

式中，p 为 $x_{i,j,k}$ 的空间邻域像元；a, b, c, d 为多元线性回归方程的系数。相对于基于空间域的方法，该方法受地物覆盖类型影响小，并且可以自动执行，噪声评估结果较为稳定(Gao et al., 2012)。但是该方法针对有些特定空间纹理，仍然会存在估计偏差。为此，高连如(2007)、Gao 等(2008)分别提出了残差调整的局部均值与局部标准差法、基于均匀区域划分和光谱维去相关(homogeneous regions division spectral de-correlation，HRDSDC)的高光谱图像噪声评估方法。前者首先利用多元线性回归去除波段之间的相关性，求取残差，然后利用残差图像代替原始图像进行基于局部均值与局部标准差法的噪声评估。后者则利用了高光谱图像中地物均质性和光谱维高相关性的特点，先根据地物在空间上分布的连续性对图像进行自动分块(图 1.4)，在每个均质子块的内部通过光谱维的多元线性回归去相关得到残差，将残差的标准差作为该子块的噪声标准差，最后将所有子块噪声标准差的平均值作为整幅图像的噪声评估结果。实验结果表明，HRDSDC 方法对图像空间纹理特征的依赖性相对较低，噪声评估结果比 SSDC 评估的结果更准确(Gao et al., 2013)。

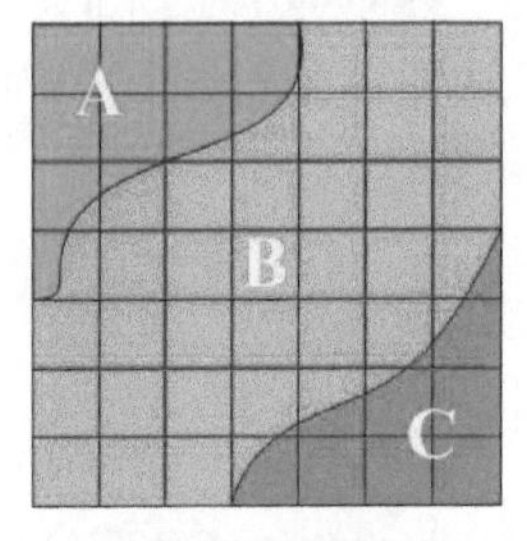

(a) 空间光谱维去相关法

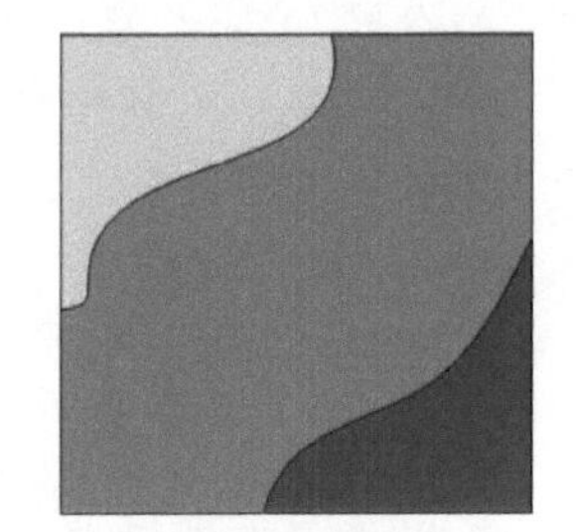
(b) 基于均匀区域划分和光谱维去相关法

图 1.4　噪声评估算法中图像分割处理示意

上述算法是假设噪声与信号无关，也有一些算法可以在噪声与信号相关的假设条件下进行噪声评估，也是一个重要的研究方向(Acito et al., 2011; Uss et al., 2011)。

2. 数据降维方法

1) 光谱特征提取

高光谱数据降维技术主要是利用低维数据来有效表达高维数据信息，在压缩数据量的同时为地物信息提取提供优化的特征。高光谱数据降维方法主要分为两类：特征提取和波段选择。

光谱特征提取(spectral feature extraction)是通过原光谱空间或者其子空间的一种数

学变换，来实现信息综合、特征增强和光谱减维的过程(图 1.5)。特征提取方法首先对原始高光谱数据进行数学变换，然后选取变换后的前 n 个特征作为降维之后的 n 个成分，实现数据降维。

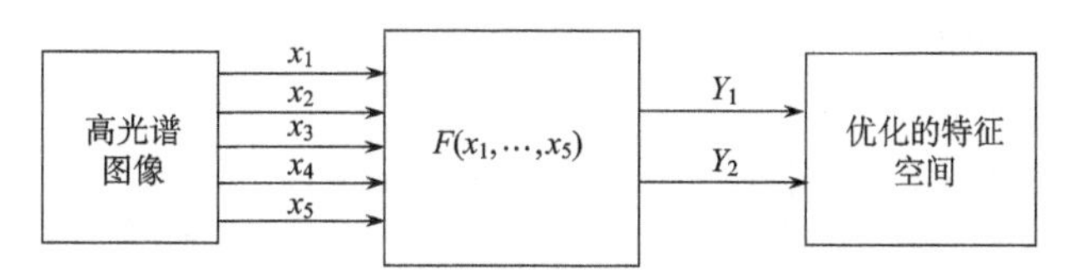

图 1.5　高光谱图像特征提取

主成分分析(principal component analysis，PCA)是最基本的高光谱数据特征提取方法，该方法是基于信息量的一种正交线性变换，主要是采用线性投影的方法将数据投影到新的坐标空间中，从而使得新的成分按信息量分布。信息量的衡量标准是数据的方差：

$$\mathrm{Var}(z_i)=\boldsymbol{a}_i^{\mathrm{T}}\boldsymbol{\Sigma}\,\boldsymbol{a}_i,\quad i=1,2,\cdots,p \tag{1.8}$$

式中，$\boldsymbol{a}_i$ 为第 i 个变换向量；$\boldsymbol{\Sigma}$ 为原始数据的协方差矩阵；z_i 为数据降维之后的第 i 个主成分；$\mathrm{Var}(z_i)$ 为数据降维之后的第 i 个主成分的方差。在主成分分析基础上，Fraser 和 Green(1987)提出了定向主成分分析，该方法是计算两个比值图像的主成分，可以消除植被干扰进行矿物蚀变填图。Chavez 和 Kwarteng(1989)提出了选择主成分分析，该方法能准确预测目标特征信息，并将特征信息集中于某一成分中，但该方法仅对少数具有显著光谱特征的地物(如水、植被等)具有很好的效果。刘建贵(1999)在对主成分分析方法进行分析的基础上，面向城市地物光谱特征提取，提出了基于典型分析的特征提取方法，并取得了很好的应用效果。主成分分析方法还主要是基于信息量排序的变换方法，无法处理图像中包含复杂噪声的问题，因此在用于噪声统计分布复杂的图像时会出现严重偏差。

针对上述问题，Switzer 和 Green(1984)提出了最小/最大自相关因子分析方法，该方法基于图像数据的自相关性，根据自相关性高低来表征图像质量好坏，随着成分编号的增加，成分的自相关性增大。最小噪声分数变换方法(minimum noise fraction，MNF)，也是一种常用的高光谱图像数据特征提取方法，该方法根据图像质量排列成分。图像质量的衡量标准是噪声分数(NF)：

$$\mathrm{NF}=\frac{\boldsymbol{a}^{\mathrm{T}}\boldsymbol{S}_{\mathrm{N}}\boldsymbol{a}}{\boldsymbol{a}^{\mathrm{T}}\boldsymbol{S}\boldsymbol{a}} \tag{1.9}$$

式中，$\boldsymbol{a}$ 为变换矩阵；$\boldsymbol{S}_{\mathrm{N}}$ 为噪声的协方差矩阵；$\boldsymbol{S}$ 为原始数据的协方差矩阵。MNF 变换方法，有效地解决了当某噪声方差大于信号方差或噪声在图像各波段分布不均匀时，基于方差最大化的主成分分析并不能保证图像质量随着主成分的增大而降低的问题(Liu et al., 2008, 2009)。但是，传统 MNF 变换还是以空间域方式来进行噪声协方差矩阵的估计，难免存在误差。为此，Gao 等(2013)提出了优化的 MNF 方法，该方法采用光谱域方式对噪声协方差矩阵进行稳定而精确的估计，实验表明结果优于传统的 MNF 变换方法。

此外，光谱特征提取在非线性处理方面也有一些研究成果。Wang 等(2007)提出了基于流形学习的非线性特征提取方法，通过寻找高维空间中的各点在低维流形上的对应坐标，实现数据降维。该方法最大的特点是保持数据的相对几何结构，即在高维空间中靠近的点，在低维空间中仍然靠近(周爽, 2010)。此外，核非参数权重特征提取(Kernel nonparametric weighted feature extraction，NWFE)方法(Kuo et al., 2009)、核线性判别分析(Kernel linear discriminant analysis，KLDA)方法(Liss et al., 2011)和核主成分分析方法(Licciardi et al., 2012)都是基于核函数的非线性特征提取方法，这些方法都是在原始线性数据降维算法的基础上，引入核方法，通过核函数，将数据映射到高维特征空间，在高维特征空间中运算线性降维方法，实现原始空间中的非线性的高光谱数据降维。但是，基于核函数的非线性降维方法往往依赖于某种隐式映射，不易直观地理解其工作机理，并且在如何选择核及配置最优的核参数方面仍有很多理论问题需要研究。

2)特征选择

光谱特征选择(spectral feature selection)是针对特定对象选择光谱特征空间中的一个子集，这个子集是一个缩小了的光谱特征空间，但它包括了该对象的主要特征光谱，并在一个含有多种目标对象的组合中，该子集能够最大限度地区别于其他地物(图 1.6)。

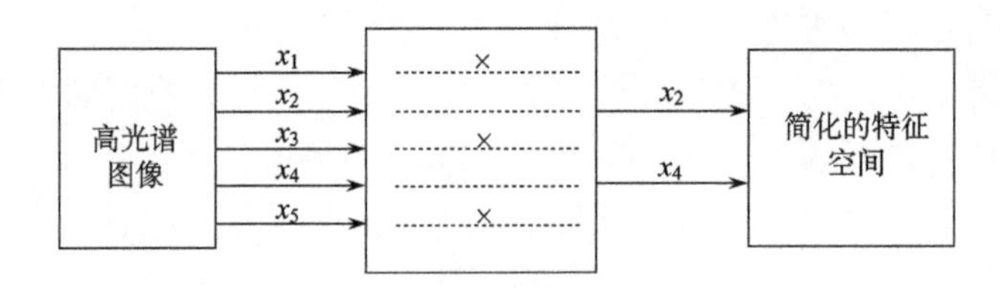

图 1.6　高光谱图像特征选择

特征选择同样是一种非常重要的高光谱数据降维方法，一直以来都受到研究者们的重视。特征选择的目的是选择原始高光谱数据的一个波段子集，这个波段子集能够尽量多地保留原始数据的主要光谱特征或者提高原始数据的地物类别可分性，也就是说要按照一定的标准选择一个最优的波段组合。所以波段选择问题实际上是一个组合优化问题，选择波段组合的标准也称为评价函数或者目标函数。目标函数在波段选择中非常重要，能够直接影响选择到的波段子集的质量。根据目标函数的计算是否需要先验的地物光谱特征信息，可将波段选择(band selection, BS)算法分为监督的和非监督的两类(Wang et al., 2007; Du and Yang, 2008)。

当地物类别信息是已知的，可以用监督的波段选择算法选择能够最大程度保留这些类别信息的波段子集；如果没有这些先验的地物类别信息，则可用非监督的波段选择算法选择信息量最大的波段子集。常用的非监督波段选择算法目标函数包括 Bajcsy 和 Groves(2004)提出的信息熵、一阶光谱导数、二阶光谱导数方法，Du 和 Yang(2008)提出的相似度以及 Wang 等(2007)提出的单形体体积方法等。在监督波段选择算法中普遍采用的目标函数有离散度(Huang and He, 2005)、Bhattacharyya 距离、Jeffries-Matusita 距离、最小估计丰度协方差等(Chang et al., 1999; Ifarraguerri and Prairie, 2004; Yang et al., 2011, 2012; Wei et al., 2012)。部分波段选择算法将分类精度作为目标函数，即利用选择的波段子集数据进行分类，以分类精度作为评价波段子集优劣参数(Samadzadegan and

Partovi, 2010)。这种方法可以获得分类精度最高的波段子集数据，但是受分类器的影响较大，同时计算效率较低。

波段选择算法中确定了目标函数以后，有效的搜索策略也是保证波段选择精度的重要因素。穷举搜索的计算量使这种搜索策略难以在实际中应用。目前在波段选择算法中普遍采用的是处理效率更高的顺序前向选择法(Ifarraguerri and Prairie, 2004; Yang et al., 2011)、顺序前向浮动选择法(Pudil et al., 1994)。针对顺序前向选择法和顺序前向浮动选择法不是全局搜索的缺陷，波段选择算法中引入了更加复杂的搜索策略。冯静和舒宁(2009)把遗传算法应用到波段选择算法中；杨三美(2011)在波段选择算法中采用了克隆选择算法作为搜索策略；Yang 等(2012)将粒子群优化算法应用到波段选择方法中。由于具有全局搜索和正反馈等优势，蚁群优化算法也作为搜索策略用到了波段选择算法中(Gao et al., 2014; Samadzadegan and Partovi, 2010; 周爽, 2010; 王立国和魏芳洁, 2013)。此外，波段聚类(Martínez-Usómartinez-Uso et al., 2007; Su et al., 2011)和稀疏非负矩阵分解聚类(施蓓琦等, 2013)等技术的引入也有利于波段选择精度的提高。

1.2.2　混合像元分解方法

当一个像元对应的瞬时视场内存在多种不同地物类型，该像元的光谱特征则由这些地物的光谱信息共同构成，由此产生了混合像元现象。由于遥感器空间分辨率的制约，高光谱图像中普遍存在混合像元问题，这是制约分类精度提高和目标探测准确率的重要因素。为进一步挖掘像元内部信息，需要进行混合像元分解，发展描述光谱混合物理过程的数学模型以及求解模型的解混算法。

高光谱图像的混合像元分解有两个基本目的：确定组成混合像元的基本地物和计算各个基本地物在混合像元中所占比例。前者称为端元提取(endmember extraction)，后者称为丰度反演(abundance inversion)。这两者是实现混合像元分解的核心步骤(Keshava and Mustard, 2002)。为了实现混合像元分解，需要利用数学模型描述混合像元形成的物理过程。根据对物理过程抽象程度的不同，高光谱图像光谱混合模型可以分为线性光谱混合模型(linear spectral mixing model，LSMM)和非线性光谱混合模型(nonlinear spectral mixing model，NLSMM)(张兵和孙旭, 2015)。地物的混合和物理分布的空间尺度大小决定了非线性的程度，大尺度的光谱混合通常被认为是一种线性混合，而小尺度的物质混合则是非线性(图 1.7)。

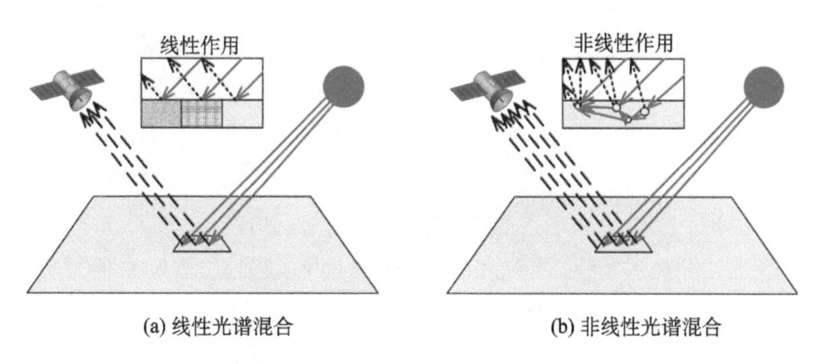

(a) 线性光谱混合　　(b) 非线性光谱混合

图 1.7　高光谱图像光谱混合模型

LSMM和NLSMM模型一般都是将端元光谱作为单条曲线进行处理，忽略了端元光谱存在的变异性(Somers et al., 2011)。光谱变异对混合像元分解影响的研究中，比较代表性的工作有两方面：一是在已有的线性混合模型基础上考虑光谱变异，用一个有限的光谱集合代表端元可能发生的各种变异情况；另一个是扩展现有的模型，对光谱变异程度进行建模，如正态组分模型(Eches et al., 2010; Stocker and Schaum, 1997)，它用概率来描述光谱的不确定性，将端元视为一个呈给定概率分布的随机变量。该方法利用特定参数来表示端元光谱变异，好处是这种方法在不存在纯像元的数据中也可以估计端元。

1. 线性光谱混合模型

线性光谱混合模型是假设太阳入射辐射只与一种地物表面发生作用，每个光子仅能"看到"一种物质并将其信号叠加到像元光谱中。线性光谱混合模型在混合像元问题中广泛使用，这是因为其在一定条件下能够符合光谱混合过程的物理原理，同时形式简单，易于设计算法和分析比较。若像元$\boldsymbol{x}$由m个端元$\{\boldsymbol{e}_j\}_{j=1}^{m}$组成，则线性光谱混合模型可表示为

$$\boldsymbol{x}=\sum_{j=1}^{m}\alpha_j\boldsymbol{e}_j+\boldsymbol{\varepsilon} \tag{1.10}$$

式中，α_j为$\boldsymbol{e}_j$在$\boldsymbol{x}$中所占比例(丰度)；$\boldsymbol{\varepsilon}$为模型误差项。以线性光谱混合模型为基础的端元提取算法又可以根据设计思路分为几何学方法、统计学方法、稀疏回归方法和人工智能方法等类型(Bioucas-Dias et al., 2012)。式中，几何学方法的研究历史最为悠久，算法最为丰富。典型的几何学方法包括PPI(Boardman et al., 1995)、N-FINDR(Winter, 1999)、VCA(Nascimento and Bioucas-Dias, 2005)、SGA(Chang et al., 2006)、SMACC(Gruninger et al., 2004)、AVAMX(Chan et al., 2011)、SVMAX(Chan et al., 2011)、MVSA(Li and Bioucas-Dias, 2008)、MVES(Chan et al., 2009)、RMVES(Ambikapathi et al., 2011)和MVC-NMF(Miao and Qi, 2007)等。统计学方法将光谱解混视为一个统计推理问题，主要包括独立成分分析(罗文斐等, 2010)、依赖成分分析(Nascimento and Bioucas-Dias, 2012)和贝叶斯分析(Moussaoui et al., 2006)等。稀疏回归方法是一类基于半监督学习的光谱解混方法，通常需要一个过完备光谱库作为先验知识，主要包括SPICE(Zare and Gader, 2007)、SUnSAL(Bioucas-Dias and Figueiredo, 2010)、SUnSAL/TV(Iordache et al., 2012)和L1/2-NMF(Qian et al., 2011)等。

近年，基于LSMM模型的混合像元分解算法的研究大多集中在已有算法的改进优化以及其他信息或者方法的引入，例如，针对N-FINDR算法的体积计算优化(Geng et al., 2010)；针对VCA算法不稳定和SGA算法计算复杂度高等缺点提出的MVHT算法(Liu and Zhang, 2012)；基于空间像素纯度指数的端元提取算法(崔建涛等, 2013)；线性滤波方法(谭熊等, 2013)；光谱最小信息熵方法(杨可明等, 2014)；支持向量机法(王晓飞等, 2010)；空间信息辅助算法等(贾森等, 2009; 孔祥兵等, 2013; 李娜和赵慧洁, 2010)。

人工智能方法可以将LSMM转化为一个组合优化问题(基于纯像元假设)或连续优化问题(无纯像元假设)，然后利用人工智能算法进行求解，主要涉及人工智能算法中的

群智能算法。首先，Zhang 等(2011a, 2011b)分别利用蚁群优化算法和离散粒子群算法，通过求解组合优化形式的 LSMM 模型的方法进行端元提取；Zhang 等(2013a)采用精英蚂蚁策略又对蚁群优化的端元提取算法做了进一步改进；然后，Gao 等(2016)比较了不同预处理方式对离散粒子群端元提取结果的影响，同时又提出了基于蚁群优化的多算法融合端元提取策略(Gao et al., 2015)；Sun 等(2015a)利用人工蜂群算法完成了不依赖纯像元假设情况下的端元提取。

根据端元存在的情况，LSMM 模型求解算法可分为纯像元算法和最小体积算法(Bioucas-Dias et al., 2012)。前者假设图像中每个纯地物都对应一个端元，而后者假设图像中至少一个纯地物不存在端元。针对这两种情况的求解也有所不同，如 N-FINDR 算法属于前者，端元来自于图像中的像元，需要从图像中搜索出可以构成最大单形体体积的像元作为端元；而 MVSA 属于后者，主要寻找可以包容图像中所有像元的最小体积的点作为端元，端元不一定在图像中存在(图 1. 8)。

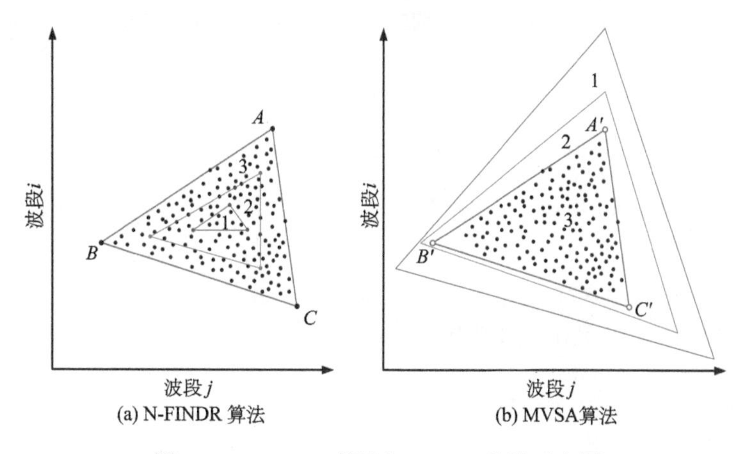

图 1.8　N-FINDR 算法与 MVSA 算法示意图

2. 非线性光谱混合模型

非线性光谱混合模型是在线性模型中增加了光子与物体接触时的能量传递过程和光子在不同物体之间的多重散射，可以分为专用模型和通用模型(Heylen et al., 2014)。

专用模型主要依据辐射传输理论，并且针对特定的地物类型。最有代表性的模型有 Hapke(1981)建立的针对星球表面矿物的 Hapke 模型，李小文和王锦地(1995)建立的针对植被结构化参数的几何光学模型，Suits(1971)建立的针对植被冠层的 Suits 模型，还有同样针对植被冠层的任意倾斜叶片散射(scattering by arbitrary inclined leaves, SAIL)模型(展昕, 2009)等。

通用模型不针对特定地物类型，避免引入复杂的物理过程。Singer 和 McCord(1979)首先提出了两端元双线性模型，并应用于火星表面物质的分析；Zhang 等(1998)提出了土壤和植被之间光谱相互作用的两端元双线性模型。Nascimento 和 Bioucas-Dias(2009)提出了一种多端元非线性混合(nonlinear mixture, NM)模型：

$$x = E\alpha + \sum_{i=1}^{m-1}\sum_{j=i+1}^{m} \beta_{i,j} e_i \odot e_j + \varepsilon \tag{1.11}$$

同时满足约束条件：

$$\sum_{k=1}^{m}\alpha_k + \sum_{i=1}^{m-1}\sum_{j=i+1}^{m}\beta_{i,j} = 1 \tag{1.12}$$

式(1.11)中，$\odot$表示 Hadamard 积，即

$$e_i \odot e_j = \begin{pmatrix} e_{1,i} \\ \vdots \\ e_{L,i} \end{pmatrix} \odot \begin{pmatrix} e_{1,j} \\ \vdots \\ e_{L,j} \end{pmatrix} = \begin{pmatrix} e_{1,i}e_{1,j} \\ \vdots \\ e_{L,i}e_{L,j} \end{pmatrix} \tag{1.13}$$

该项的意义是将双线性相互作用项作为额外的端元。同样，Fan 等(2009)也提出了一种双线性的分数混合(fraction mixture, FM)模型，该模型由一个一般非线性混合方程的有限泰勒展开式推导得到，具有与式(1.13)同样的形式，但约束条件为

$$\begin{cases} \sum_{k=1}^{m}\alpha_k = 1 \\ \beta_{i,j} = \alpha_i\alpha_j \end{cases} \tag{1.14}$$

Raksuntorn 和 Du 等(2010)将二次非线性项加入到 LSMM 中，并将端元可变性加入分析过程中；Halimi 等(2011)提出了广义双线性模型，与 NM 和 FM 相似，该模型也是在 LSMM 的方程上加入端元光谱的交叉乘积项，相比于 FM 模型，广义双线性模型在式(1.11)的双线性项中增加相互作用系数γ_{ij}，得

$$x = E\alpha + \sum_{i=1}^{m-1}\sum_{j=i+1}^{m} \gamma_{ij}\alpha_i\alpha_j e_i \odot e_j + \varepsilon \tag{1.15}$$

同时对丰度和相互作用系数约束如下：

$$\begin{cases} \alpha_k \geqslant 0; \quad k = 1,\cdots,m \\ \sum_{k=1}^{m}\alpha_k = 1 \\ \gamma_{ij} \in [0,1]; \quad i = 1,\cdots,m-1; \quad j = i+1,\cdots,m \end{cases} \tag{1.16}$$

式中，$\gamma_{ij} \in [0,1]$因为两次反射的路径相对只经过一个地物的独立路径更加长，使得信号的强度变小。显然，当$\gamma_{ij} = 0$时，广义双线性模型即为 LSMM；当$\gamma_{ij} = 1$时，广义双线性模型即为 FM。

此后，Altmann 等(2012)考虑了双线性自相互作用，通过对 LSMM 得到的光谱进行非线性变换得到了多项式非线性模型。Meganem 等(2014)以辐射传输方程为基础，提出了一种物理意义更加明确的双线性模型。Marinoni 和 Gamba(2015)将更高阶的非线性效应引入混合像元模型，提出了 p-Linear 模型和多胞形分解(polytope decomposition, POD)算法。

与建立 NLSMM 相比，完成非线性光谱解混，即求解 NLSMM 则更为困难。除了传

统的最小二乘法之外，主要包括基于贝叶斯估计、神经网络、核函数和流形学习等方法(Dobigeon et al., 2014; 唐晓燕等, 2013)。Fan 等(2009)除了提出 FM 外，还利用扩展泰勒链和最小二乘法完成了 FM 的求解。Altmann 等(2013)引入贝叶斯估计方法，使用高斯回归过程实现了广义双线性模型的求解。

神经网络模型已经被广泛应用于混合像元分解过程(Karathanassi et al., 2012)。Foody 和 Cox(1994)首先开始研究基于反向传播的多层感知器的混合像元分解；Guilfoyle 等(2001)分别使用线性和非线性的混合光谱训练基于径向基函数的神经网络；Plaza 等(2004a, 2004b)将 Hopfield 神经网络和多层分类器相结合，通过考虑非线性影响优化线性丰度；吴柯等(2007)基于 Fuzzy ARTMAP 神经网络提出了一种基于端元变化的神经网络混合像元分解方法；Licciardi 和 Del Frate(2011)应用多层感知器神经网络，将降维与丰度反演相结合，提出了一种新的非线性混合像元分解方法。

核函数是一种有效的非线性数据分析方法，不需要预先确定非线性映射形式，即可将高维空间的内积转化为核函数运算。吴波等(2006)提出了基于支撑向量回归的非线性光谱分解方法；Zhang 等(2007)利用高斯径向基核函数推导出一种丰度反演的求解公式；Broadwater 等(2007)、Broadwater 和 Banerjee(2009, 2010, 2011)陆续提出了一系列以核函数为基础的非线性解混算法；厉小润等(2011)对非负矩阵分解进行核推广；Chen 等(2011, 2012, 2013)也提出了一系列基于核方法的非线性解混算法。流形学习旨在挖掘高维数据内在的低维结构，在高光谱遥感图像分类方面被应用得较多(Bachmann et al., 2005, 2009; Ma et al., 2010)。Heylen 等(2011)利用等距映射算法将高光谱数据投影到低维非线性拓扑空间，然后使用 LSMM 的方法进行混合像元分解。

3. 正态组分模型

正态组分模型(normal compositional model, NCM)将高光谱图像的每个像元x描述为由端元线性混合而成的随机变量(Eismann and Stein, 2007)，可以表达为

$$\boldsymbol{x}=\sum_{m=1}^{M}\alpha_m\boldsymbol{\varepsilon}_m \tag{1.17}$$

式中，M是端元个数；$\boldsymbol{\varepsilon}_m$是第$m$个正态分布的端元变量；$\alpha_m$是对应于第$m$个端元的丰度值，并且满足约束条件丰度“非负”约束和“和为一”约束。NCM 模型假设高光谱图像中每一个像元光谱是由多个正态分布的变量(即端元)随机混合组成，每一个正态分布对应一种地物类别，式中正态分布的参数之一协方差矩阵表征对应地物的光谱变异。

NCM 可视为一个二阶分层模型(two-stage hierarchical model)，分层模型是通常用于变量间存在相关关系的模型。这里假设存在未知的随机向量$\boldsymbol{\alpha}$，参数集$\boldsymbol{\theta}_1$和$\boldsymbol{\theta}_2$，一个条件概率分布$f(\boldsymbol{x}|\boldsymbol{\alpha},\boldsymbol{\theta}_1)$和一个先验概率分布$g(\boldsymbol{\alpha},\boldsymbol{\theta}_2)$，则关于$\boldsymbol{x}$的二阶分层模型可表示为

$$f(\boldsymbol{x}|\boldsymbol{\theta}_1,\boldsymbol{\theta}_2)=\int f(\boldsymbol{x}|\boldsymbol{\alpha},\boldsymbol{\theta}_1)g(\boldsymbol{\alpha},\boldsymbol{\theta}_2)\mathrm{d}\boldsymbol{\alpha} \tag{1.18}$$

式中，参数$\boldsymbol{\theta}_1$为端元统计量，$\boldsymbol{\theta}_1=\{\boldsymbol{\mu}_1,\boldsymbol{C}_1,\boldsymbol{\mu}_2,\boldsymbol{C}_2,\cdots,\boldsymbol{\mu}_m,\boldsymbol{C}_m\}$；参数$\boldsymbol{\theta}_2$为丰度统计量$\boldsymbol{\alpha}$的先验分布；混合像元$\boldsymbol{x}$由条件概率密度函数$f(\boldsymbol{x}|\boldsymbol{\alpha},\boldsymbol{\theta}_1)$和先验概率密度函数$g(\boldsymbol{\alpha},\boldsymbol{\theta}_2)$表

示，并且假设式中条件概率密度函数是正态。

根据式(1.18)可得到一个独立的像元观测量 $\boldsymbol{x}$ 的概率密度函数，假设不同像元间的观测值独立，则整幅图像 $\boldsymbol{X}=(\boldsymbol{x}_1,\boldsymbol{x}_2,\cdots,\boldsymbol{x}_N)$ 的概率密度函数是

$$f(\boldsymbol{X}\mid\boldsymbol{\theta}_1,\boldsymbol{\theta}_2)=\prod_{i=1}^{N}\int f(\boldsymbol{x}_i\mid\boldsymbol{\alpha}_i,\boldsymbol{\theta}_1)g(\boldsymbol{\alpha}_i,\boldsymbol{\theta}_2)\mathrm{d}\boldsymbol{\alpha}_i \tag{1.19}$$

式中，N 表示整幅图像包含的像元个数。

由于式(1.17)存在积分部分，直接估计 NCM 的参数变得很困难。最早提出该模型的 Stocker 和 Schaum(1997)只能将丰度离散化，从而将积分运算巧妙转化为求和计算，但对丰度做离散化处理始终为模型引入了极大的误差。

严格来讲，NCM 是 LSMM 的一种扩展，但 NCM 是被认为是一种能考虑端元变异对混合像元分解影响的模型。LSMM 认为混合像元可以由端元的线性组合表示，在这里，端元、混合像元都是些具有确定值的向量，因此 LSMM 属于确定性分析。而 NCM 引入随机分析，认为由于现实中各种因素的影响(光谱变异、测量误差和大气校正误差等)，即使对同一地物的每次测量得到的光谱值都有波动，光谱特征应该视为一个随机变量，因此 NCM 模型中端元和混合像元都是随机向量。这种随机变量原则上可以以任何概率分布呈现，但为了不增加模型的复杂性，NCM 假设它们为正态分布，仅用均值和方差两个参数就可完全描述这种分布。概括地说，NCM 认为混合像元是由端元线性混合产生，并且光谱特征是个呈正态分布的随机变量。当所有随机变量方差均为零时，则该模型退化为 LSMM，所以 LSMM 也可视为 NCM 的一种特殊情况。

由上述分析可看到，NCM 模型不仅对高光谱数据亚像元混合情况建模，而且用正态分布的随机变量来描述光谱变异情况。相对 LSMM，NCM 模型对高光谱数据的描述更详细，但由此引入的新的模型未知变量也极大了增加了模型求解的复杂度。目前没有可以直接求解该模型的方法，已发表的估计 NCM 模型参数的近似算法有随机期望最大化算法(stochastic expectation maximization, SEM)(Stocker and Schaum, 1997)、马尔可夫链蒙特卡罗算法(Markov chain Monte Carlo algorithm, MCMC)(Moussaoui et al., 2006)、基于粒子群优化的期望最大化算法(particle swarm optimization-expectation maximization, PSO-EM)(Zhang et al., 2014)和正态端元光谱解混算法(normal endmember spectral unmixing, NESU)(Zhuang et al., 2017)等。

1.2.3　图像分类方法

利用高光谱图像进行地物精细分类是高光谱遥感技术应用的核心内容之一，分类结果是专题制图的基础数据，在土地覆盖和资源调查以及环境监测等领域均有着巨大的应用价值。高光谱图像分类中主要面临 Hughes 现象(Hughes, 1968)、维数灾难(Bellman, 2015)和特征空间中数据非线性分布等问题。同时，传统算法多是以像元作为基本单元进行分类，并未考虑遥感图像的空间域特征，从而使得算法无法有效处理同物异谱问题，分类结果中地物内部易出现许多噪点。

1. 高光谱图像特征的表达形式

高光谱图像数据将地物光谱信息和图像信息融为一体，其数据具有两类表述空间：几何空间和光谱特征空间(张兵和高连如, 2011)。

(1)几何空间，直观表达每个像元在图像中的空间位置以及它与周边像元之间的相互关系，为高光谱图像处理与分析提供空间信息。

(2)光谱特征空间，高光谱图像中的每个像元对应着多个成像波段的反射值，近似连续的光谱曲线表达为一个高维向量，向量在不同波段值的变化反映了其所代表的目标的辐射光谱信息，描述地物的光谱响应与波长之间的变化关系。其优势是特征维度的变化以及扩展性。对于同样的高光谱数据，能够从最大可分性的角度在更高维的特征空间中观察数据分布，或者映射到一系列低维的子空间。因此将高光谱像元向量作为高维特征空间里的数据点，根据数据的统计特性来建立分类模型。模式识别成为图像分类的理论基础，基于该方法的分类成为应用最广泛的分类方式。光谱特征空间的弱点是无法表达像元间的几何位置关系。

从高光谱图像分类框架(图 1.9)可以看出，其核心问题的解决方案在于两方面：一是特征挖掘，特征是高光谱图像分类的重要依据，通过变换和提取得到不同地物类别具有最大差异性的特征，能够极大提高感兴趣类别的可分性程度；二是分类器设计，利用适合的分类器有利于发现复杂数据的内涵，如非线性特征等，从而提高高光谱图像分类的精度。

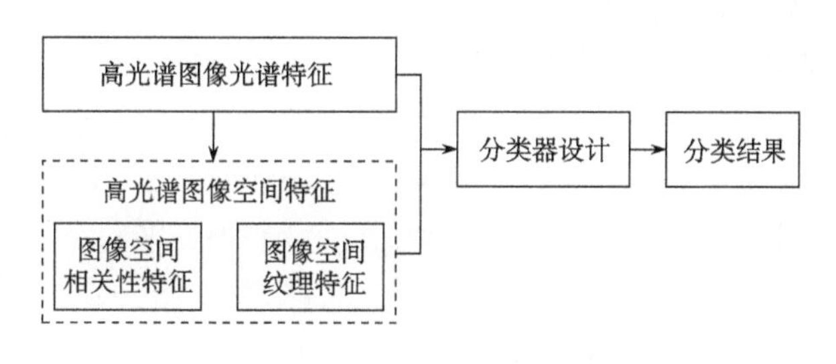

图 1.9　高光谱图像分类框架

2. 高光谱图像分类体系及发展

高光谱图像分类方法按照分类器设计不同可划分为监督法、非监督法、半监督法、混合法、集成法和多级法六大类(Chutia et al., 2015)。本章根据参与分类过程的特征类型及其描述不同，将高光谱图像分类算法划分为基于光谱特征分类、整合空间与光谱特征分类以及多特征融合分类。

1)基于光谱特征分类

光谱特征是高光谱图像中区分地物的决定性特征，基于光谱特征分类囊括了高光谱图像分类的大部分方法。它主要包括以下 3 种方法。

(1)谱曲线分析，即利用地物物理光学性质来进行地物识别，如光谱夹角填图(童庆禧等, 1997) 等。

(2) 谱特征空间分类，主要分为统计模型分类方法与非参数分类方法。基于统计模型的最大似然分类是传统遥感图像分类中应用最为广泛的分类方法 (Richards and Jia, 2006)，最小距离、马氏距离分类器均为最大似然法特定约束条件下的变体。非参数分类算法一般不需要正态分布的条件假设。主要包括了决策树 (Goel et al., 2003)、神经网络 (Ratle et al., 2010)、混合像元分类 (Lu and Weng, 2007) 以及基于核方法的分类，如支持向量机 (Melgani and Bruzzone, 2004; Du et al., 2012) 等。此外，针对小样本问题提出的半监督分类 (Dópido et al., 2012)、主动学习 (Di and Crawford, 2012; Crawford et al., 2013) 方法可利用有限的已知训练样本挖掘大量的未标记像元样本。目前，基于稀疏表达的高光谱图像分类越来越受到关注，它针对高光谱数据的冗余性，将高维信息表达为稀疏字典与其系数的线性组合，采用稀疏表达对高光谱图像进行处理，能够简化分类模型中参数估计的病态问题 (Wright et al., 2009, 2010)，随后将稀疏理论与多元逻辑回归 (Qian et al., 2013)、条件随机场模型 (Zhong and Wang, 2008, 2011)、神经网络 (Yang et al., 2014) 等方法结合获得优化的分类方法。研究表明，非参数分类器在复杂区域分布中能够比传统分类器提供更好的分类结果 (Paola and Schowengerdt, 1995; Foody, 2002)。

(3) 其他高级分类器。多以模式识别及智能化、仿生学等为基础引入图像分类。如基于人工免疫网络的地物分类 (Zhong and Zhang, 2012)，群智能算法 (Sun et al., 2015b) 以及深度学习 (Deng and Yu, 2014) 等。

2) 整合空间-光谱特征的图像分类

(1) 整合空间相关性与光谱特征分类。

图像相邻像元间总存在着相互联系，称为空间相关性。主要由于遥感器在对地面上一个像元大小的地物成像过程中，同时吸收了周围地物反射的一部分能量。这种分类可以分为光谱-空间特征同步处理和后处理两种策略 (Fauvel et al., 2013; 杜培军等, 2016)。同步处理可以将空间特征与光谱特征提取并融合后合并为高维向量进行归一化处理，直接输入分类器得到结果。也可以利用支持向量机将两种特征变换到不同的核空间中，通过多核复合进行分类 (Camps-Valls et al., 2006; Li et al., 2013)。后处理可以理解为在光谱分类处理基础上再利用图像的空间特性对光谱处理结果进行重排列和重定义。如在预处理及分类后处理中利用空间相关性，采用滤波器对原始图像或分类结果进行平滑滤波 (Townsend, 1986)；概率标记松弛法分类利用逻辑一致对同质性区域进行建模 (Richards and Jia, 2006)。基于随机场模型分类方法包括马尔可夫随机场 (Markov random field, MRF) 及具有马尔可夫特性的模型 (Jia and Richards, 2008; Li et al., 2011)，如条件随机场、马尔可夫链、隐马尔可夫随机场等 (Mercier et al., 2003; Bali and Mohammad-Djafari, 2008; Zhong and Wang, 2011)。整合空间相关性优点在于：通过像元间的相关特性降低光谱分类中由于同类地物光谱异质性造成的分类结果不确定性，减少分类中的噪声影响，使结果更有利于判读分析。随机场模型是模式识别和机器学习中重要的预测模型之一，具有稳健描述像元间的空间相关性的能力，成为结合空间相关性特征进行高光谱图像分类研究的重点。马尔可夫随机场模型框架如式 (1.20) 所示：

$$g_k(\boldsymbol{x}) = a(k) + \beta b(k) \tag{1.20}$$

式中，$a(k)$ 和 $b(k)$ 分别表示图像任一像元 $\boldsymbol{x}$ 属于类别 k 的光谱相似性测度和空间相似性测度，$g_k(\boldsymbol{x})$ 则表示综合考虑光谱和空间的相似性结果。传统马尔可夫随机场光谱测度采用最大似然估计，难以适应高光谱图像的小样本问题。针对该问题，Zhang 等(2011b)将支持向量机与马尔可夫随机场模型进行整合，同时考虑了空间和光谱特征在分类中贡献的差异性，利用自适应权重指数平衡两者间关系，在提高分类精度的同时避免了类边界的“过分类”现象(over-correction)，从而在高光谱图像上保留了类边缘和局部细小结构信息。在非监督分类中，采用自适应邻域约束对 k-均值算法进行改进，可以优化聚类中不同类别的质心(Zhang et al., 2013b)；Sun 等(2015b)将智能化算法与马尔可夫随机场模型相结合，得到聚类结果较传统方法更加准确且噪声较少。

(2)面向对象的图像分类。

面向对象的图像分类 OBIC(object-based image classification)将分类的最基本单位从像元转换到图像对象，也称为图斑对象。图斑对象定义为具有空间相关性的像元聚合成形状与光谱性质同质性的区域。基于同质地物的提取与分类(extraction and classification of homogeneous objects，ECHO) (Kettig and Landgrebe, 1976)首先将多光谱图像上具有相似性光谱特征的像元划分为同质区域，然后再利用最大似然分类器对这些区域进行分类。图像分割是面向对象分类的核心内容，利用区域增长(Gonzalez and Woods, 2002)、分层聚类(Tarabalka et al., 2009)及分水岭分割(Tarabalka et al., 2010)进行高光谱图像分割都取得了较好的效果。由于复杂地物在不同空间分辨率下描述不同，面向对象的方法面临尺度参数的影响，过分割(over-segmentation)会造成目标对象的混合分布，从而造成对象特征提取产生较大误差，极大影响分类精度(Liu and Xia, 2010)。超像元是一种尺度介于像元与对象之间的图像过分割结果，面对分类中的尺度难题，采用超像元代替图斑对象作为分类的基本单位是解决的途径之一(Li et al., 2013)。Zhang 等(2015)利用基于超像元的图模型进行图像制图，该方法使分类结果对噪声和尺度不具敏感性。基于超像元的稀疏模型被用于描述图像局部的空间相关性，在分类中取得较好的效果(Fang et al., 2015；Li et al., 2015)。

(3)整合纹理特征与光谱特征分类。

纹理是物体表面的属性所造成，它可以通过纹理基元(texton)空间组织或布局来描述(Karu and Jain, 1996)。对于给定的像元，如果能够准确提取它所属的结构纹理特征，对于判断光谱差异性很小而表面结构不同的地物来说，具有较显著的区分效果。基于纹理的分类方法众多，这些方法可归为4类：结构分析法、统计分析法、模型化方法及信号处理方法(Tucer and Jain, 1993)。统计分析法和信号处理法在纹理分析中担任较重要的角色，如利用灰度共生矩阵进行纹理提取(Clausi, 2002)，Li J 等(2013)采用改进的灰度共生矩阵进行高光谱图像聚类，Shen 和 Jia(2011)使用 Gabor 滤波器的纹理分割并分类，构建数学形态学剖面及扩展特征辅助光谱信息进行分类(Plaza et al., 2004a；Benediktsson et al., 2005；Soille, 2009; Falco et al., 2015)，赵银娣等(2006)利用基于高斯马尔可夫随机场模型的纹理特征提取方法对高分辨率图像进行分类，基于 Daubechies 和 Haar 小波基优化的小波分解算法也被应用在高光谱图像纹理分析中(Du et al., 2010)。

3) 多特征融合分类

多特征融合将纹理、空间相关性、光谱特征以及其他特征融合用于高光谱图像分类。Chen 等(2011)用多种方法提取获得纹理特征，利用顺序前进法进行融合，再与光谱信息融合进行分类；赵银娣等(2006)将纹理特征、光谱特征及像元形状特征融合对遥感图像进行分类，取得了较好的效果。多种特征可以来源于高光谱数据本身，也可以来源于多源遥感数据，多遥感器数据融合高光谱图像分类研究已经引起关注，如 Zhang 等(2006)将 GIS 数据与高光谱图像结合，通过 3 层递进判别模式，在解决地物混杂图斑自动确认问题基础上，实现了高精度的高光谱图像分类，Ni 等(2014)利用边缘约束的马尔可夫随机场模型将 LiDAR 数据与高光谱数据进行融合分类，不仅比直接融合结果精度有了较大提升，且城市地物的细节信息也被充分保留。

1.2.4　目标探测与异常探测方法

高光谱图像提供的精细光谱特征可以用于区分存在细微差异的目标，包括那些与自然背景存在较高相似度的目标。因此，高光谱图像目标探测技术在公共安全和国防领域中有着巨大的应用潜力和价值。高光谱图像目标探测要求目标具有诊断性的光谱特征，在实际应用中受目标光谱的变异性、背景信息分布与模型假设存在差异、目标地物尺寸处于亚像元级别等问题影响，有时存在虚警率过高的问题，需要发展稳定可靠的新方法。

高光谱图像目标探测的基础是目标存在本征性的光谱特征，而且目标与背景在光谱特征上存在差异。一方面，高光谱数据蕴含了丰富的光谱特征，能够区分与背景存在细微差异的人工目标；另一方面，高光谱数据是通过逐像元的光谱定量化分析来提取图像中可能存在的目标信息，这种处理方式非常适合于实现自动化，因此目标探测一直都是高光谱遥感的优势和重要研究方向。

高光谱图像中目标存在主要包括 3 种类型：小存在概率目标[图 1.10(a)]、低出露目标[图 1.10(b)]和亚像元级目标[图 1.10(c)](张兵和高连如，2011)。其中，小存在概率

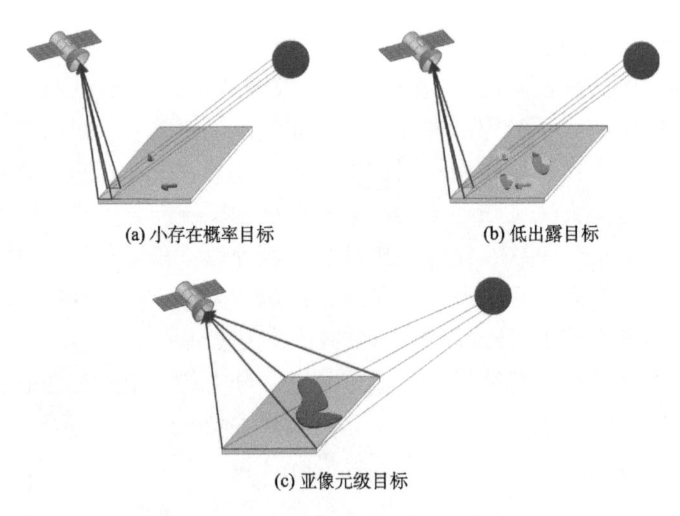

(a) 小存在概率目标　(b) 低出露目标

(c) 亚像元级目标

图 1.10　高光谱图像中目标存在情况

目标是指在图像中分布很少的弱信息目标；低出露目标是指目标在图像中广泛分布，但被其他地物所遮挡，仅有少量表面暴露，如草原上依稀出露的岩石和树丛中隐藏的车辆编队等；亚像元级目标主要是指尺寸小于遥感器空间分辨率的目标。

高光谱图像目标探测旨在基于光谱特征，从图像背景中将感兴趣目标提取出来。根据是否有目标光谱的先验知识，目标探测算法可以被分为两类：监督算法和非监督算法。高光谱图像目标探测通常指的是监督算法，即需要已知被探测目标的光谱信息（一个数据或多个光谱数据构成的集合）。非监督算法通常被称为异常探测。

1. 目标探测

早期的高光谱图像目标探测算法都是基于二元假设检验，即

H_0：目标不存在（背景）

H_1：目标存在

通过一个与光谱 $\boldsymbol{x}$ 相关的探测统计量 $D(\boldsymbol{x})$ 和一个阈值 η 实现目标探测。如 Chen 和 Reed（1991）提出的著名的自适应匹配滤波器（AMF）以及 Kraut 和 Scharf（1999）等提出的自适应余弦估计（ACE）。AMF 和 ACE 首先假设目标和背景遵循不同的概率模型，然后使用广义似然比值判别法来获取探测器（Manolakis et al., 2003）。若假设 $\boldsymbol{d}$（或 $\boldsymbol{D}$）为单个（或多个）目标光谱，$\hat{\boldsymbol{\Gamma}}$ 为图像的协方差矩阵的估计，则 AMF 和 ACE 可分别表述为

$$y = D_{\text{AMF}}(\boldsymbol{x}) = \frac{(\boldsymbol{d}^{\mathrm{T}}\hat{\boldsymbol{\Gamma}}^{-1}\boldsymbol{x})^2}{(\boldsymbol{d}^{\mathrm{T}}\hat{\boldsymbol{\Gamma}}^{-1}\boldsymbol{d})} \overset{H_1\,H_0}{> <} \eta_{\text{AMF}} \tag{1.21}$$

$$y = D_{\text{ACE}}(\boldsymbol{x}) = \frac{\boldsymbol{x}^{\mathrm{T}}\hat{\boldsymbol{\Gamma}}^{-1}\boldsymbol{D}(\boldsymbol{D}^{\mathrm{T}}\hat{\boldsymbol{\Gamma}}^{-1}\boldsymbol{D})^{-1}\boldsymbol{D}^{\mathrm{T}}\hat{\boldsymbol{\Gamma}}^{-1}\boldsymbol{x}}{\boldsymbol{x}^{\mathrm{T}}\hat{\boldsymbol{\Gamma}}^{-1}\boldsymbol{x}} \overset{H_1\,H_0}{> <} \eta_{\text{ACE}} \tag{1.22}$$

Matteoli 等（2010）将 AMF 和 ACE 改进为局部自适应版本的 L-AMF 和 L-ACE，使用双窗口方法，利用外窗口进行背景的统计计算。Harsanyi（1993）提出的约束能量最小化（CEM）是另一个广泛使用的目标探测算法，其使用一种有限脉冲响应（finite impulse response, FIR）滤波器，在最小输出能量的约束下使得滤波器对目标光谱特征的响应为 1。

上述算法都只需要目标的光谱特征的先验知识。还有一些算法，不仅需要目标光谱特征的先验知识，但也需要背景光谱特征的先验知识，如正交子空间投影（orthogonal subspace projection, OSP）算法，将所有像元光谱投影到背景光谱的正交子空间，以此来抑制背景信息，同时利用一个向量算子将剩余目标信号的信噪比最大化。若 $\boldsymbol{P}_U^{\perp} = \boldsymbol{I} - \boldsymbol{U}(\boldsymbol{U}^{\mathrm{T}}\boldsymbol{U})^{-1}\boldsymbol{U}^{\mathrm{T}}$ 为 $\boldsymbol{U}$ 的正交子空间投影矩阵，则 OSP 算法可表述为

$$y = D_{\text{OSP}}(\boldsymbol{x}) = \boldsymbol{d}^{\mathrm{T}}\boldsymbol{P}_U^{\perp}\boldsymbol{x} \tag{1.23}$$

目标约束下的干扰最小化滤波算法（target-constrained interference minimized filter, TCIMF）（Ren and Chang, 2000）是对 CEM 算法的改进，与 CEM 不同的是，TCIMF 通过探测算子同时约束目标 $\boldsymbol{D}$ 和背景 $\boldsymbol{U}$，使得在 $\boldsymbol{D}$ 中的期望目标特征被探测出来，同时 $\boldsymbol{U}$ 中不期望目标特征可以被消除。TCIMF 算子和计算过程可表述为

$$\boldsymbol{w}^{\text{TCIMF}} = \boldsymbol{R}_{L\times L}^{-1}[\boldsymbol{D}\,\boldsymbol{U}]([\boldsymbol{D}\,\boldsymbol{U}]^{\mathrm{T}}\boldsymbol{R}_{L\times L}^{-1}[\boldsymbol{D}\,\boldsymbol{U}])^{-1}\begin{bmatrix}\mathbf{L}_{p\times 1}\\ \mathbf{0}_{q\times 1}\end{bmatrix} \tag{1.24}$$

$$D_{\mathrm{TCIMF}}(\boldsymbol{x})=(\boldsymbol{w}^{\mathrm{TCIMF}})^{\mathrm{T}}\boldsymbol{x} \tag{1.25}$$

式中，p 和 q 分别为目标的数量和背景的数量。

最近，稀疏表示等新技术也被应用于目标探测算法。Zhang 等(2015)为高光谱图像目标探测建立了基于稀疏表示的二元假设模型和基于非线性稀疏表示的二元假设模型。这些算法需要构建一个包含目标和背景光谱特征的过完备光谱字典，假设像元光谱可以表示成过完备光谱字典中光谱的一个稀疏线性组合。稀疏表示的目标探测算法将目标探测问题转化为一个 L_0 范数最小化问题。但是，基于稀疏表示的目标探测算法面临两个重要困难：一个是光谱字典的构造会显著影响这类算法的探测结果；另一个是 L_0 范数最小化问题很难解决(Bruckstein et al., 2009)。

2. 异常探测

异常探测指的是在高光谱图像中寻找“异常地物”。这里的“异常地物”包含两个特征：①该地物的光谱特征与图像中广泛存在的背景(特别是自然背景)的光谱特征有明显差异；②该地物在图像中存在的概率很低，或者说数量很少。

在异常探测中应用最广泛的模型是概率统计学中的多元正态分布模型，RXD 算法(Reed and Yu, 1990)、UTD 算法(Ashton and Schaum, 1998)、LPTD 算法(Harsanyi, 1993)等均基于此模型。该模型对目标信号和背景信号做出二元假设，再对像元是目标的概率做出评价。背景信号和目标信号可假设为

$$H_0:\boldsymbol{x}=\boldsymbol{n} \tag{1.26}$$

$$H_1:\boldsymbol{x}=\boldsymbol{s}+\boldsymbol{n} \tag{1.27}$$

假设 $\boldsymbol{n}$ 是服从多元正态分布的加性噪声，$\boldsymbol{s}$ 是未知目标的光谱向量，这里 $\boldsymbol{n}\sim N(\boldsymbol{\mu},\boldsymbol{\Sigma})$。则有 $\boldsymbol{x}\,|\,H_0\sim N(\boldsymbol{\mu},\boldsymbol{\Sigma}),\boldsymbol{x}\,|\,H_1\sim N(\boldsymbol{\mu}+\boldsymbol{s},\boldsymbol{\Sigma})$。根据多元正态分布概率密度函数，像元 $\boldsymbol{x}$ 是背景 H_0 的概率的计算公式：

$$p(\boldsymbol{x}\,|\,H_0)=\frac{1}{(2\pi)^{K/2}\,|\,\boldsymbol{\Sigma}\,|^{1/2}}e^{-\frac{1}{2}(\boldsymbol{x}-\boldsymbol{\mu})^{\mathrm{T}}\boldsymbol{\Sigma}^{-1}(\boldsymbol{x}-\boldsymbol{\mu})} \tag{1.28}$$

式中，K 为图像波段数。由于异常像元与背景像元差异很大，$p(\boldsymbol{x}\,|\,H_0)$ 的值应该非常小。

RXD 算法性能稳定，核心是基于马氏距离进行探测，有很强的理论依据，无论图像是原始 DN 值数据、辐亮度数据还是反射率数据均可以使用。但是，该算法也具有一些不可回避的缺点：①当实际数据中的背景像元不满足多元正态分布时，虚警率偏高；②对于亚像元目标的探测精度较低；③目标与背景差异不显著时，很难精确划分边界；④高光谱数据波段相关性强，在现有精度要求下存在很大计算误差，导致探测效果不理想。因此，许多研究者致力于改进 RXD 算法，比较有代表性的包括：子空间 RX 算法(subspace-RX)(Kanaev et al., 2009)、邻域 RX 算法(segment-RX)(Gorelnik et al., 2010)、迭代 RX 算法(iteration-RXD)(Taitano et al., 2010)、局部自适应迭代 RX 算法(locally adaptable iterative RX)(Taitano et al., 2010)、核 RX 算法(kernel-RX)(Kwon and Nasrabadi, 2005)、正则 RX 算法(regularized RX, RRX)(Nasrabadi, 2008)、拓扑 RX 算法(topology based RX, TRX)(Bartlett et al., 2011)。

与 RXD 算法类似，BACON 算法(Billor et al., 2000)也是一种基于马氏距离的异常探测算法。该算法建立了一种准则来排除异常点对整个数据同质性的破坏，能有效压缩背景样本，提高时间效率。RSAD 算法(Du and Zhang, 2011)采用了与 BACON 算法类似的思想，通过随机抽取样本的方法建立初始背景集，并且利用迭代方法对背景集进行优化。

此外，Khazai 等(2013)提出了基于单一特征的异常探测算法(single-feature based anomaly detector，SFAD)，由于只使用一个最能凸显异常目标的特征进行计算，该方法在计算速度上具有很大优势。Banerjee 等(2006)提出了一种基于支持向量数据描述(support vector data description，SVDD)的高光谱图像异常探测方法，不需要使用数据分布的先验知识，只需要很少的像元即可描述图像背景。Li 和 Du(2015)提出了一种基于协同表示的高光谱图像异常探测算法(collaborative representation based detector, CRD)，假设背景像元可以表示为其邻域像元的线性组合而异常像元则不能。Li 等(2015)提出了背景联合稀疏表示探测(background joint sparse representation detection, BJSRD)，能够自适应地选择局部区域最有代表性的背景像元。

1.3 高光谱图像信息提取难点及新方法

1. 高光谱图像降噪与修复

高光谱图像光谱分辨率高，每个波段接收到的能量有限，从而产生噪声，而噪声使得图像中的地物光谱信息产生“失真”，为提高信息提取的精度必须解决噪声带来的问题。高光谱图像空间维和光谱维的高度相关性使高维的高光谱图像呈现出低秩特性，在此基础上利用图像的自相似结构，能够对高光谱图像中不同类型的噪声进行降噪处理，并对大面积的、波段连续的坏像元进行修复。

传统降噪算法对高光谱图像中存在的野点以及异常稀有像元处理效果不佳，针对该问题，第 2 章介绍了基于高光谱图像低秩表示、图像自相似结构以及异常像元结构稀疏性的降噪方法 HyDRoS 和 RhyDe，前者对高光谱图像中的野点鲁棒，同时能有效地去除图像中的加性高斯噪声，后者能有效地去除高光谱图像中的加性高斯噪声同时保留图像中的稀有像元。

在高光谱图像修复方面，现有算法只是针对小面积、波段覆盖范围少的坏像元进行修复，无法对大面积的、波段连续的坏像元实现修复，本书第 2 章介绍了基于低秩表示的高光谱图像修复算法，能有效地恢复高光谱图像中大面积、波段连续的坏像元的空间信息和光谱信息，具有良好的修复效果。同时，考虑高光谱图像可能存在同时需要降噪和修复处理的需求，介绍了基于低秩表示和特征图像自相似结构的降噪与修复同步处理方法，对于存在大面积、波段连续坏像元的高光谱图像，具有很好的降噪修复效果。

2. 高光谱图像混合像元分解

由于空间分辨率的制约，高光谱图像中普遍存在混合像元，不同类型地物可能处在同一个像元中，光谱特征混杂严重，为确保地物信息提取的精度，需要建立精确的混合像元分解模型。混合像元分解的基础模型一般分为线性(linear mixture model, LMM)和非线性(nonlinear mixture model, NLMM)两类，此外还有考虑端元光谱变异的正态组分模型(normal compositional model, NCM)，基于这些模型如何实现精确的端元提取和丰度反演是一个难点。

在 LMM 模型方面，第 3 章首先介绍了改进的离散蜂群优化端元提取等方法，其可行解空间与离散粒子群方法的可行解空间一致，但优化能力更高。此外，针对已有非负矩阵分解方法未能很好约束端元与丰度两方面的问题，介绍了稀疏平滑约束非负矩阵分解等方法，对端元加入区域平滑约束，对丰度加入稀疏约束，能够在很好地提取端元的同时，增强对噪声和异常点的鲁棒性，同时获得更符合地物特性的丰度稀疏性。

在 NCM 模型方面，第 3 章针对 NCM 模型中参数估计易出现偏差的问题，提出了基于区域的随机期望最大化算法(region-based stochastic expectation maximization, R-SEM)。该方法假设高光谱图像中存在均质区域(即某一块区域内部地物类别相似)，从均质区域中统计端元方差，通过 SEM 框架迭代估计丰度和端元分布。适用于无纯像元存在的图像，也不存在“过拟合”的问题。

在 NLMM 模型方面，第 3 章针对高阶混合 p-Linear 模型的 POD 算法结果不稳定、鲁棒性不高的问题，结合正则化的思想并利用凸优化框架对问题进行求解，提出正则化的 p-Linear 非线性解混算法。并在此基础上，为了更完备地表达复杂场景下的高阶光谱混合，基于 p-Harmonic 混合模型(p-Harmonic mixture model, pHMM)和多次线性混合(multilinear mixture, MLM)模型两种非线性模型，提出基于多调和函数的多项式非线性光谱混合模型。该模型能够在场景中同时考虑局部紧密混合与多次散射，进而对场景中的光谱混合进行更完备的表达。

3. 高光谱图像地物分类

地物分类是高光谱图像应用的重要组成部分，如何有效地利用空间和光谱信息实现高精度的高光谱图像分类一直是该领域研究的重点。针对高光谱图像分类方法的研究非常广泛，本书有 3 个章节探讨了这方面的问题和介绍了新近提出的方法。

1) 基于子空间模型的高光谱图像分类

针对传统基于协同表示的分类模型缺乏稳定性的问题，第 4 章介绍了最近邻正则化子空间(nearest regularized subspace, NRS)方法，其核心是引入了加权 Tikhonov 正则化，通过线性回归识别样本的类属性。在 NRS 基础上，介绍了三方面的改进工作：一是引入各光谱信息度量方式，挖掘数据间的分布结构，产生分类效果更好的权重向量；二是结合马尔可夫模型与 NRS 分类模型，以获得更好的分类精度；三是引入高斯模型对周围像元点相似度进行衡量，并采用 NRS 模型分类算法进行分类。

针对 Hughes 现象的影响，本书第 4 章引入子空间投影算法，并采用后处理的形式，整合空间和光谱信息。在此基础上，一方面采用多任务学习框架，介绍了基于多任务学习的子空间支持向量机与马尔可夫随机场的分类模型，解决子空间投影效果不稳定等问题；另一方面采取自适应处理，介绍了基于子空间支持向量机与自适应马尔可夫随机场的分类模型，解决空间分布对分类产生的影响。

2) 高光谱图像稀疏特征提取及分类

针对传统的二维矩阵表示形式会破坏高光谱图像空间流形结构几何信息的问题，本书第 5 章基于张量表示形式，介绍了结合空谱特征的稀疏张量判别分析方法，能在提取数据特征的同时有效保留数据的邻域空间信息，有效提高判别性。

针对传统的最近邻分类器基于欧几里得距离的解往往过于密集，以及对于非常高维特征的相似性评估能力容易受到限制的问题，通过有效分析高光谱数据冗余性和相关性的特征，本书第 5 章基于稀疏表示理论，介绍了基于稀疏表示近邻的高光谱图像分类器，可有效避免高光谱图像中同物异谱和异物同谱的问题。

针对稀疏表示反映出样本间的“竞争”性质具有的排他性，会导致部分样本信息丢失，不能有效地利用高光谱数据相互之间的表示关系的问题，考虑有效结合协同表示和稀疏表示的优点，本书第 5 章介绍了融合协同与稀疏表示的高光谱分类方法，该方法可有效提高数据的分类精度。

针对高光谱图像潜在的稀疏特性，本书第 5 章引入流形学习算法优化光谱特征，介绍了基于局部保留投影的稀疏表示分类模型。在此基础上，挖掘模型的群组结构特性，拓展稀疏性约束，深入协同表示空间和光谱信息。一方面结合流形学习算法，提出基于局部敏感判别性分析的群稀疏表示分类模型；另一方面扩展子空间投影算法，提出基于联合子空间投影的群稀疏表示分类模型。

3) 高光谱图像空谱多特征提取及分类

针对最近正则化子空间(NRS)在用于分类时只考虑光谱信息而忽略了空间信息的问题，本书第 6 章基于 Gabor 特征可以表示有用的空间信息，介绍了在小样本条件下将 Gabor 特征应用于 NRS 分类器的方法，提高了 NRS 分类器的性能。

针对高光谱分类中纹理提取的研究越来越具有重要意义，本书第 6 章结合局部二值模式(local binary pattern, LBP)和 Gabor 滤波器介绍了一种基于高光谱图像丰富纹理信息的分类框架，主要有两方面：一是基于线性预测误差(linear prediction error, LPE)得到信息丰富的子波段，再利用 LBP 生成 LBP 直方图；二是将提取的局部 LBP 特征、全局 Gabor 特征和原始光谱特征进行融合。

以面向对象的图像分类体系为框架，以超像元分割算法为驱动，采用特征级别的融合形式，整合具有高度空谱一致性的局部空间和光谱信息，本书第 6 章基于超像元分割的高光谱图像分类算法；在此基础上，引入决策融合框架，介绍了基于多尺度超像元分割的高光谱图像分类算法，解决因分割尺度与类别空间分布不匹配等问题对分类产生的影响。

针对现有的消光属性(extinction profile, EP)方法存在的提取特征维度较大，对光反射率和噪声敏感等问题，第 6 章基于拓扑树介绍了局部包含轮廓(local contain profile, LCP)用于高光谱图像的形态学特征提取和分类，并且在已有的形态学属性的基础上介绍了 3 种新的形态学属性：紧致度、伸长度和锐度。

4. 高光谱图像目标探测

针对 RXD 算法无法准确地对背景进行估计导致的探测性能不佳这一缺点，可以通过为背景和异常像元分配不同的权重系数或缩放尺度来抑制异常像元及噪声的干扰，实现对背景的准确估计，本书第 7 章基于上述思想介绍了加权异常检测和线性滤波异常检测算法，在保证检出率不变的情况下有效降低虚警率。

为充分利用 RX 检测算法的抗变换性和多窗口检测方式适应性强的优势，避免潜在的异常像元被用于背景计算，增强算法适用性，提升检测性能，本书第 7 章介绍了一种使用多窗口的高光谱异常检测的决策融合方法，每个双窗口检测器生成一个决策图，并使用投票策略生成最终决策图，其最终输出与窗口大小无关，降低虚警率。

针对稀疏表示样本竞争丢失信息的现象，为了充分利用高光谱图像的空间相关性，关注高光谱图像目标检测精度和稳定性问题，基于稀疏表示和协同表示目标检测模型，改善协同表示方法的性能，本书第 7 章介绍了基于稀疏和协同表示相结合的有监督的目标检测算法，稀疏表示鼓励原子间的竞争，而协同表示倾向于使用所有原子，通过计算两种表示残差之间的差值，可以很容易地实现决策，来获取近似最优或次优的检测性能。

利用监督方法(如提供目标光谱)对图像做匹配探测，可以找到期望的目标，但探测结果经常受到其他异常的干扰；而非监督方法可以获得图像中的异常分布情况，却不知道感兴趣目标的位置。针对匹配探测及异常检测各自的优劣，基于异常目标对光谱匹配的影响分析本书第 7 章给出使用异常检测改进匹配探测精度的策略，介绍了调整光谱匹配探测器，有效解决了二者之间存在的矛盾，提高探测性能。

参考文献

崔建涛, 王晶, 厉小润, 等. 2013. 基于空间像素纯度指数的端元提取算法. 浙江大学学报(工学版), 47(9): 1524-1530, 1565.

杜培军, 夏俊士, 薛朝辉, 等. 2016.高光谱遥感影像分类研究进展. 遥感学报, 20(2):236-256.

冯静, 舒宁. 2009. 改进型遗传算法和支持向量机的波段选择研究. 武汉理工大学学报, 31(18):120-123.

高连如. 2007. 高光谱遥感目标探测中的信息增强与特征提取研究. 北京: 中国科学院遥感应用研究所博士学位论文.

贾森, 钱沄涛, 纪震, 等. 2009. 基于光谱和空间特性的高光谱解混方法. 深圳大学学报: 理工版, (3): 262-267.

孔祥兵, 舒宁, 龚龑, 等. 2013. 结合空间和光谱信息的高光谱影像端元光谱自动提取. 光谱学与光谱分析, 33(6): 1647-1652.

李娜, 赵慧洁. 2010. 基于形态学与正交子空间投影的端元提取方法. 北京航空航天大学学报, 36(12): 1457-1460.

李小文, 王锦地. 1995. 植被光学遥感模型与植被结构参数化. 北京: 科学出版社.

厉小润, 伍小明, 赵辽英. 2011. 非监督的高光谱混合像元非线性分解方法. 浙江大学学报(工学版), 45(4): 607-613.

刘建贵. 1999. 高光谱城市地物及人工目标识别与提取. 北京: 中国科学院遥感应用研究所博士学位论文.

罗文斐, 钟亮, 张兵, 等. 2010. 高光谱遥感图像光谱解混的独立成分分析技术. 光谱学与光谱分析, 30(6): 1628-1633.

施蓓琦, 刘春, 孙伟伟, 等. 2013. 应用稀疏非负矩阵分解聚类实现高光谱影像波段的优化选择. 测绘学报, 42(3): 351-358.

谭熊, 余旭初, 张鹏强, 等. 2013. 一种基于模糊混合像元分解的高光谱影像分类方法. 测绘科学技术学报, 30(3): 279-283.

唐晓燕, 高昆, 倪国强. 2013. 高光谱图像非线性解混方法的研究进展. 遥感技术与应用, (4): 731-738.

童庆禧, 张兵, 郑兰芬. 2006a. 高光谱遥感: 原理、技术与应用. 北京: 高等教育出版社.

童庆禧, 张兵, 郑兰芬. 2006b. 高光谱遥感的多学科应用. 北京: 电子工业出版社.

童庆禧, 郑兰芬, 王晋年, 等. 1997. 湿地植被成象光谱遥感研究. 遥感学报, 1(1): 50-57.

王立国, 魏芳洁. 2013. 结合遗传算法和蚁群算法的高光谱图像波段选择. 中国图象图形学报, 18(2): 235-242.

王晓飞, 张钧萍, 张晔. 2010. 高光谱图像混合像元分解算法. 红外与毫米波学报, 29(3): 210-215.

吴波, 张良培, 李平湘. 2006. 基于支撑向量回归的高光谱混合像元非线性分解. 遥感学报, 10(3): 312-318.

吴柯, 张良培, 李平湘. 2007. 一种端元变化的神经网络混合像元分解方法. 遥感学报, 11(1): 20-26.

杨可明, 刘士文, 王林伟, 等. 2014. 光谱最小信息熵的高光谱影像端元提取算法. 光谱学与光谱分析, 34(8): 2229-2233.

杨三美. 2011. 基于克隆选择算法的高光谱图像波段选择. 武汉: 华中科技大学硕士学位论文.

杨威. 2012. 高光谱图像目标实时探测模式研究与实现. 北京: 中国科学院研究生院硕士学位论文.

展昕. 2009. 基于 SAIL 模型的光谱解混研究. 武汉: 华中科技大学硕士学位论文.

张兵. 2016. 高光谱图像处理与信息提取前沿. 遥感学报, 20(5): 1062-1090.

张兵, 陈正超, 郑兰芬, 等. 2004. 基于高光谱图像特征提取与凸面几何体投影变换的目标探测. 红外与毫米波学报, 23(6): 441-445, 450.

张兵, 高连如. 2011. 高光谱图像分类与目标探测. 北京: 科学出版社.

张兵, 申茜, 李俊生, 等. 2009. 太湖水体 3 种典型水质参数的高光谱遥感反演. 湖泊科学, 21(2): 182-192.

张兵, 孙旭. 2015. 高光谱图像混合像元分解. 北京: 科学出版社.

赵银娣, 张良培, 李平湘. 2006. 一种纹理特征融合分类算法. 武汉大学学报(信息科学版), 31(3): 278-281.

周爽. 2010. 蚁群算法在高光谱图像降维和分类中的应用研究. 哈尔滨: 哈尔滨工业大学博士学位论文.

Acito N, Diani M, Corsini G. 2011. Signal-dependent noise modeling and model parameter estimation in hyperspectral images. IEEE Transactions on Geoscience and Remote Sensing, 49(8): 2957-2971.

Altmann Y, Dobigeon N, McLaughlin S, et al. 2013. Nonlinear spectral unmixing of hyperspectral images using gaussian processes. IEEE Transactions on Signal Processing, 61(10): 2442-2453.

Altmann Y, Halimi A, Dobigeon N, et al. 2012. Supervised nonlinear spectral unmixing using a postnonlinear mixing model for hyperspectral imagery. IEEE Transactions on Image Processing, 21(6): 3017-3025.

Ashton E A, Schaum A. 1998. Algorithms for the detection of sub-pixel targets in multispectral imagery. Photogrammetric Engineering and Remote Sensing, 64(7): 723-731.

Bachmann C M, Ainsworth T L, Fusina R A. 2005. Exploiting manifold geometry in hyperspectral imagery. IEEE Transactions on Geoscience and Remote Sensing, 43(3): 441-454.

Bali N, Mohammad-Djafari A. 2008. Bayesian approach with hidden Markov modeling and mean field approximation for hyperspectral data analysis. IEEE Transactions on Image Processing, 17(2): 217-225.

Bachmann C M, Ainsworth T L, Fusina R A, et al. 2009. Bathymetric retrieval from hyperspectral imagery using manifold coordinate representations. IEEE Transactions on Geoscience and Remote Sensing, 47(3): 884-897.

Bajcsy P, Groves P. 2004. Methodology for hyperspectral band selection. Photogrammetric Engineering and Remote Sensing, 70(7): 793-802.

Banerjee A, Burlina P, Diehl C. 2006. A support vector method for anomaly detection in hyperspectral imagery. IEEE Transactions on Geoscience and Remote Sensing, 44(8): 2282-2291.

Bartlett B D, Schlamm A, Salvaggio C, et al. 2011. Anomaly detection of man-made objects using spectropolarimetric imagery // Proceedings of the SPIE 8048, Algorithms and Technologies for Multispectral, Hyperspectral, and Ultraspectral Imagery XVII, 80480B. Orlando, Florida, United States: SPIE, 12: 884167.

Benediktsson J A, Palmason J A, Sveinsson J R. 2005. Classification of hyperspectral data from urban areas based on extended morphological profiles. IEEE Transactions on Geoscience and Remote Sensing, 43(3): 480-491.

Billor N, Hadi A S, Velleman P F. 2000. Bacon: blocked adaptive computationally efficient outlier nominators. Computational Statistics and Data Analysis, 34(3): 279-298.

Bioucas-Dias J M, Figueiredo M A T. 2010. Alternating direction algorithms for constrained sparse regression: application to hyperspectral unmixing // Proceedings of the 2010 2nd Workshop on Hyperspectral Image and Signal Processing: Evolution in Remote Sensing. Reykjavik: IEEE: 1-4.

Bioucas-Dias J M, Plaza A, Dobigeon N, et al. 2012. Hyperspectral unmixing overview: geometrical, statistical, and sparse regression-based approaches. IEEE Journal of Selected Topics in Applied Earth Observations and Remote Sensing, 5(2): 354-379.

Boardman J W, Kruse F A, Green R O. 1995. Mapping target signatures via partial unmixing of AVIRIS data// Summaries of the Fifth Annudal JPL Airborne Earth Science Workshop. Washington: JPL Publication: 23-26.

Broadwater J, Banerjee A. 2009. A comparison of kernel functions for intimate mixture models // Proceedings of the 2009 First Workshop on Hyperspectral Image and Signal Processing: Evolution in Remote Sensing. Grenoble: IEEE: 1-4.

Broadwater J, Banerjee A. 2010. A generalized kernel for areal and intimate mixtures // Proceedings of the 2010 2nd Workshop on Hyperspectral Image and Signal Processing: Evolution in Remote Sensing. Reykjavik: IEEE: 1-4.

Broadwater J, Banerjee A. 2011. Mapping intimate mixtures using an adaptive kernel-based technique // Proceedings of the 2011 3rd Workshop on Hyperspectral Image and Signal Processing: Evolution in Remote Sensing (WHISPERS). Lishon: IEEE: 1-4.

Broadwater J, Chellappa R, Banerjee A, et al. 2007. Kernel fully constrained least squares abundance estimates // Proceedings of the 2007 IEEE International Geoscience and Remote Sensing Symposium. Barcelona: IEEE: 4041-4044.

Bruckstein A M, Donoho D L, Elad M. 2009. From sparse solutions of systems of equations to sparse modeling of signals and images. Siam Review, 51(1): 34-81.

Camps-Valls G, Gomez-Chova L, Muñoz-Marí J, et al. 2006. Composite kernels for hyperspectral image classification. IEEE Geoscience and Remote Sensing Letters, 3(1): 93-97.

Chan T H, Chi C Y, Huang Y M, et al. 2009. A convex analysis-based minimum-volume enclosing simplex algorithm for hyperspectral unmixing. IEEE Transactions on Signal Processing, 57 (11): 4418-4432.

Chan T H, Ma W K, Ambikapathi A, et al. 2011. A simplex volume maximization framework for hyperspectral endmember extraction. IEEE Transactions on Geoscience and Remote Sensing, 49(11): 4177-4193.

Chang C I, Du Q, Sun T L, et al. 1999. A joint band prioritization and band-decorrelation approach to band selection for hyperspectral image classification. IEEE Transactions on Geoscience and Remote Sensing, 37(6): 2631-2641.

Chang C I, Wu C C, Liu W, et al. 2006. A new growing method for simplex-based endmember extraction algorithm. IEEE Transactions on Geoscience and Remote Sensing, 44(10): 2804-2819.

Chavez P S Jr, Kwarteng A Y. 1989. Extracting spectral contrast in Landsat thematic mapper image data using selective principal component analysis. Photogrammetric Engineering and Remote Sensing, 55(3): 339-348.

Chen J, Richard C, Honeine P. 2011. A novel kernel-based nonlinear unmixing scheme of hyperspectral images //Proceedings of the 2011 Conference Record of the 45th Asilomar Conference on Signals, Systems and Computers (ASILOMAR). Pacific Grove, CA: IEEE: 1898-1902.

Chen J, Richard C, Honeine P. 2012. Nonlinear unmixing of hyperspectral images based on multi-kernel learning // Proceedings of the 2012 4th Workshop on Hyperspectral Image and Signal Processing: Evolution in Remote Sensing (WHISPERS). Shanghai: IEEE: 1-4.

Chen J, Richard C, Honeine P. 2013. Nonlinear unmixing of hyperspectral data based on a linear-mixture/nonlinear-fluctuation model. IEEE Transactions on Signal Processing, 61(2): 480-492.

Chen L, Hagenah J, Mertins A. 2011. Texture analysis using gabor filter based on transcranial sonography image // Bildverarbeitung für die Medizin. Berlin Heidelberg: Springer: 249-253.

Chen W S, Reed I S. 1991. A new CFAR detection test for radar. Digital Signal Processing, 1(4): 198-214.

Chutia D, Bhattacharyya D K, Sarma K K, et al. 2015. Hyperspectral remote sensing classifications: a perspective survey. Transactions in GIS: 12164.

Clausi D A. 2002. An analysis of co-occurrence texture statistics as a function of grey level quantization. Canadian Journal of Remote Sensing, 28(1): 45-62.

Crawford M M, Tuia D, Yang H L. 2013. Active learning: any value for classification of remotely sensed data? Proceedings of the IEEE, 101(3): 593-608.

Curran P J. 1988. The semivariogram in remote sensing: an introduction. Remote Sensing of Environment, 24(3): 493-507.

Curran P J, Dungan J L. 1989. Estimation of signal-to-noise: a new procedure applied to AVIRIS data. IEEE Transactions on Geoscience and Remote Sensing, 27(5): 620-628.

Deng L, Yu D. 2014. Deep Learning: Methods and Applications (Foundations and Trends in Signal Processing). Hanover, MA: Now Publishers Inc.

Di W, Crawford M M. 2012. View generation for multiview maximum disagreement based active learning for hyperspectral image classification. IEEE Transactions on Geoscience and Remote Sensing, 50(5): 1942-1954.

Dobigeon N, Tourneret J, Richard C, et al. 2014. Nonlinear unmixing of hyperspectral images: models and algorithms. IEEE Signal Processing Magazine, 31: 82-94.

Dópido I, Li J, Plaza A, et al. 2012. Semi-supervised active learning for urban hyperspectral image classification // Proceedings of the 2012 IEEE International Geoscience and Remote Sensing Symposium (IGARSS). Munich: IEEE: 1586-1589.

Du B, Zhang L P. 2011. Random-selection-based anomaly detector for hyperspectral imagery. IEEE Transactions on Geoscience and Remote Sensing, 49(5): 1578-1589.

Du P J, Tan K, Xing X S. 2010. Wavelet SVM in reproducing kernel Hilbert space for hyperspectral remote sensing image classification. Optics Communications, 283(24): 4978-4984.

Du P J, Tan K, Xing X S. 2012. A novel binary tree support vector machine for hyperspectral remote sensing image classification. Optics Communications, 285(13-14): 3054-3060.

Du Q, Yang H. 2008. Similarity-based unsupervised band selection for hyperspectral image analysis. IEEE Geoscience and Remote Sensing Letters, 5(4): 564-568.

Eches O, Dobigeon N, Mailhes C, et al. 2010. Bayesian estimation of linear mixtures using the normal compositional model. Application to hyperspectral imagery. IEEE Transactions on Image Processing, 19(6): 1403-1413.

Eismann M T, Stein D W J. 2007. Stochastic mixture modeling // Hyperspectral Data Exploitation: Theory and Applications. Hoboken, NJ, USA: John Wiley and Sons.

Falco N, Benediktsson J A, Bruzzone L. 2015. Spectral and spatial classification of hyperspectral images based on ICA and reduced morphological attribute profiles. IEEE Transactions on Geoscience and Remote Sensing, 53(11): 6223-6240.

Fan W Y, Hu B X, Miller J, et al. 2009. Comparative study between a new nonlinear model and common linear model for analysing laboratory simulated-forest hyperspectral data. International Journal of Remote Sensing, 30(11): 2951-2962.

Fang L Y, Li S T, Kang X, et al. 2015. Spectral-spatial classification of hyperspectral images with a superpixel-based discriminative sparse model. IEEE Transactions on Geoscience and Remote Sensing, 53(8): 4186-4201.

Fauvel M, Tarabalka Y, Benediktsson J A, et al. 2013. Advances in spectral-spatial classification of hyperspectral images. Proceedings of the IEEE, 101(3): 652-675.

Foody G M. 2002. Status of land cover classification accuracy assessment. Remote Sensing of Environment, 80(1): 185-201.

Foody G M, Cox D P. 1994. Sub-pixel land cover composition estimation using a linear mixture model and fuzzy membership functions. International Journal of Remote Sensing, 15(3): 619-631.

Fraser S J, Green A A. 1987. A software defoliant for geological analysis of band ratios. International Journal of Remote Sensing, 8(3): 525-532.

Gao B C. 1993. An operational method for estimating signal to noise ratios from data acquired with imaging spectrometers. Remote Sensing of Environment, 43(1): 23-33.

Gao J W, Du Q, Gao L R, et al. 2014. Ant colony optimization-based supervised and unsupervised band selection for hyperspectral urban data classification. Journal of Applied Remote Sensing, 8(1): 085094.

Gao L R, Du Q, Yang W, et al. 2012. A comparative study on noise estimation for hyperspectral imagery //

Proceedings of the 2012 4th Workshop on Hyperspectral Image and Signal Processing: Evolution in Remote Sensing (WHISPERS). Shanghai, China: IEEE: 1-4.

Gao L R, Du Q, Zhang B, et al. 2013. A comparative study on linear regression-based noise estimation for hyperspectral imagery. IEEE Journal of Selected Topics in Applied Earth Observations and Remote Sensing, 6(2): 488-498.

Gao L R, Gao J W, Li J, et al. 2015. Multiple algorithm integration based on ant colony optimization for endmember extraction from hyperspectral imagery. IEEE Journal of Selected Topics in Applied Earth Observations and Remote Sensing, 8(6): 2569-2582.

Gao L R, Zhang B, Zhang X, et al. 2008. A new operational method for estimating noise in hyperspectral images. IEEE Geoscience and Remote Sensing Letters, 5(1): 83-87.

Gao L R, Zhuang L, Wu Y F, et al. 2016. A quantitative and comparative analysis of different preprocessing implementations of DPSO: a robust endmember extraction algorithm. Soft Computing, 20(12): 4669-4683.

Geng X R, Zhao Y C, Wang F X, et al. 2010. A new volume formula for a simplex and its application to endmember extraction for hyperspectral image analysis. International Journal of Remote Sensing, 31(4): 1027-1035.

Goel P K, Prasher S O, Patel R M, et al. 2003. Classification of hyperspectral data by decision trees and artificial neural networks to identify weed stress and nitrogen status of corn. Computers and Electronics in Agriculture, 39(2): 67-93.

Goetz A F H. 2009. Three decades of hyperspectral remote sensing of the earth: a personal view. Remote Sensing of Environment, 113(S1): S5-S16.

Goetz A F H, Vane G, Solomon J E, et al. 1985. Imaging spectrometry for earth remote sensing. Science, 228(4704): 1147-1153.

Gonzalez R C, Woods R E. 2002. Digital Image Processing. 2nd ed. Upper Saddle River: Prentice Hall.

Gorelnik N, Yehudai H, Rotman S R. 2010. Anomaly detection in non-stationary backgrounds // Proceedings of the 2010 2nd Workshop on Hyperspectral Image and Signal Processing: Evolution in Remote Sensing. Reykjavik: IEEE: 1-4.

Gruninger J H, Ratkowski A J, Hoke M L. 2004. The sequential maximum angle convex cone (SMACC) endmember model // Proceedings of the SPIE 5425, Algorithms and Technologies for Multispectral, Hyperspectral, and Ultraspectral Imagery X. Orlando, FL, USA: SPIE: 1-14.

Guilfoyle K J, Althouse M L, Chang C I. 2001. A quantitative and comparative analysis of linear and nonlinear spectral mixture models using radial basis function neural networks. IEEE Transactions on Geoscience and Remote Sensing, 39(10): 2314-2318.

Halimi A, Altmann Y, Dobigeon N, et al. 2011. Nonlinear unmixing of hyperspectral images using a generalized bilinear model. IEEE Transactions on Geoscience and Remote Sensing, 49(11): 4153-4162.

Hapke B. 1981. Bidirectional reflectance spectroscopy: 1. Theory. Journal of Geophysical Research, 86(B4): 3039-3054.

Harsanyi J C. 1993. Detection and Classification of Subpixel Spectral Signatures in Hyperspectral Image Sequences. Maryland, USA: University of Maryland.

Heylen R, Burazerovic D, Scheunders P. 2011. Non-linear spectral unmixing by geodesic simplex volume maximization. IEEE Journal of Selected Topics in Signal Processing, 5(3): 534-542.

Heylen R, Parente M, Gader P. 2014. A review of nonlinear hyperspectral unmixing methods. IEEE Journal of Selected Topics in Applied Earth Observations and Remote Sensing, 7(6): 1844-1868.

Huang R, He M Y. 2005. Band selection based on feature weighting for classification of hyperspectral data. IEEE Geoscience and Remote Sensing Letters, 2(2): 156-159.

Hughes G. 1968. On the mean accuracy of statistical pattern recognizers. IEEE Transactions on Information Theory, 14(1): 55-63.

Ifarraguerri A, Prairie M W. 2004. Visual method for spectral band selection. IEEE Geoscience and Remote Sensing Letters, 1(2): 101-106.

Iordache M D, Bioucas-Dias J E M, Plaza A. 2012. Total variation spatial regularization for sparse hyperspectral unmixing. IEEE Transactions on Geoscience and Remote Sensing, 50(11): 4484-4502.

Jia X, Richards J A. 2008. Managing the spectral-spatial mix in context classification using markov random fields. IEEE Geoscience and Remote Sensing Letters, 5(2): 311-314.

Jiao Q J, Zhang B, Liu J G, et al. 2014. A novel two-step method for winter wheat-leaf chlorophyll content estimation using a hyperspectral vegetation index. International Journal of Remote Sensing, 35(21): 7363-7375.

Kanaev A V, Allman E, Murray-Krezan J. 2009. Reduction of false alarms caused by background boundaries in real time subspace RX anomaly detection. Proceedings of the SPIE-The International Society for Optical Engineering, DOI: 10. 1117/12. 817838.

Karathanassi V, Sykas D, Topouzelis K N. 2012. Development of a network-based method for unmixing of hyperspectral data. IEEE Transactions on Geoscience and Remote Sensing, 50(3): 839-849.

Karu K, Jain A K, Bolle R M. 1996. Is there any texture in the image? Pattern Recognition, 29(9): 1437-1446.

Keshava N, Mustard J F. 2002. Spectral unmixing. IEEE Signal Processing Magazine, 19(1): 44-57.

Kettig R L, Landgrebe D A. 1976. Classification of multispectral image data by extraction and classification of homogeneous objects. IEEE Transactions on Geoscience Electronics, 14(1): 19-26.

Khazai S, Safari A, Mojaradi B, et al. 2013. An approach for subpixel anomaly detection in hyperspectral images. IEEE Journal of Selected Topics in Applied Earth Observations and Remote Sensing, 6(2): 769-778.

Kraut S, Scharf L L. 1999. The CFAR adaptive subspace detector is a scale-invariant GLRT. IEEE Transactions on Signal Processing, 47(9): 2538-2541.

Kruse F A, Boardman J W, Huntington J F. 2003. Comparison of airborne hyperspectral data and EO-1 hyperion for mineral mapping. IEEE Transactions on Geoscience and Remote Sensing, 41(6): 1388-1400.

Kuo B C, Li C H, Yang J M. 2009. Kernel nonparametric weighted feature extraction for hyperspectral image classification. IEEE Transactions on Geoscience and Remote Sensing, 47(4): 1139-1155.

Kwon H, Nasrabadi N M. 2005. Kernel RX-algorithm: a nonlinear anomaly detector for hyperspectral imagery. IEEE Transactions on Geoscience and Remote Sensing, 43(2): 388-397.

Li J Y, Zhang H Y, Zhang L P. 2015. Efficient superpixel-level multitask joint sparse representation for hyperspectral image classification. IEEE Transactions on Geoscience and Remote Sensing, 53(10): 5338-5351.

Li J, Bioucas-Dias J M. 2008. Minimum volume simplex analysis: a fast algorithm to unmix hyperspectral data // Proceedings of the 2008 IEEE International Geoscience and Remote Sensing Symposium. Boston, MA: IEEE: III-250-III-253.

Li J, Marpu P R, Plaza A, et al. 2013. Generalized composite kernel framework for hyperspectral image classification. IEEE Transactions on Geoscience and Remote Sensing, 51 (9): 4816-4829.

Li S S, Jia X P, Zhang B. 2013. Superpixel-based Markov random field for classification of hyperspectral images // Proceedings of the 2013 IEEE International Geoscience and Remote Sensing Symposium. Melbourne, VIC: IEEE: 3491-3493.

Li S S, Zhang B, Chen D M, et al. 2011. Adaptive support vector machine and Markov random field model for classifying hyperspectral imagery. Journal of Applied Remote Sensing, 5: 053538.

Li W, Du Q. 2015. Collaborative representation for hyperspectral anomaly detection. IEEE Transactions on Geoscience and Remote Sensing, 53 (3): 1463-1474.

Li W, Prasad S, Fowler J E, et al. 2011. Locality-preserving discriminant analysis in kernel-induced feature spaces for hyperspectral image classification. IEEE Geoscience and Remote Sensing Letters, 8 (5): 894-898.

Licciardi G A, Del Frate F. 2011. Pixel unmixing in hyperspectral data by means of neural networks. IEEE Transactions on Geoscience and Remote Sensing, 49 (11): 4163-4172.

Licciardi G, Marpu P R, Chanussot J, et al. 2012. Linear versus nonlinear PCA for the classification of hyperspectral data based on the extended morphological profiles. IEEE Geoscience and Remote Sensing Letters, 9 (3): 447-451.

Liu D S, Xia F. 2010. Assessing object-based classification: advantages and limitations. Remote Sensing Letters, 1 (4): 187-194.

Liu J M, Zhang J S. 2012. A new maximum simplex volume method based on householder transformation for endmember extraction. IEEE Transactions on Geoscience and Remote Sensing, 50 (1): 104-118.

Liu X, Gao L R, Zhang B, et al. 2008. An improved MNF transform algorithm on hyperspectral images with complex mixing ground objects // Proceedings of the 1st International Congress on Image and Signal Processing (CISP). Sanya, China: IEEE, 3: 479-483.

Liu X, Zhang B, Gao L R, et al. 2009. A maximum noise fraction transform with improved noise estimation for hyperspectral images. Science in China Series F: Information Sciences, 52 (9): 1578-1587.

Lu D, Weng Q. 2007. A survey of image classification methods and techniques for improving classification performance. International Journal of Remote Sensing, 28 (5): 823-870.

Ma L, Crawford M M, Tian J W. 2010. Local manifold learning-based k-nearest-neighbor for hyperspectral image classification. IEEE Transactions on Geoscience and Remote Sensing, 48 (11): 4099-4109.

Manolakis D, Marden D, Shaw G A. 2003. Hyperspectral image processing for automatic target detection applications. Lincoln Laboratory Journal, 14 (1): 79-116.

Marinoni A, Gamba P. 2015. A novel approach for efficient p-linear hyperspectral unmixing. IEEE Journal of Selected Topics in Signal Processing, 9 (6): 1156-1168.

Martínez-Usómartinez-Uso A, Pla F, Sotoca J M, et al. 2007. Clustering-based hyperspectral band selection using information measures. IEEE Transactions on Geoscience and Remote Sensing, 45 (12): 4158-4171.

Matteoli S, Diani M, Corsini G. 2010. A tutorial overview of anomaly detection in hyperspectral images. IEEE

Aerospace and Electronic Systems Magazine, 25(7): 5-28.

Meganem I, Deliot P, Briottet X, et al. 2014. Linear-quadratic mixing model for reflectances in urban environments. IEEE Transactions on Geoscience and Remote Sensing, 52(1): 544-558.

Melgani F, Bruzzone L. 2004. Classification of hyperspectral remote sensing images with support vector machines. IEEE Transactions on Geoscience and Remote Sensing, 42(8): 1778-1790.

Mercier G, Derrode S, Lennon M. 2003. Hyperspectral image segmentation with Markov chain model // Proceedings of the 2003 IEEE International Geoscience and Remote Sensing Symposium. Toulouse, France: IEEE: 3766-3768.

Miao L, Qi H. 2007. Endmember extraction from highly mixed data using minimum volume constrained nonnegative matrix factorization. IEEE Transactions on Geoence and Remote Sensing, 45: 765-777.

Molero J M, Garzón E M, García I, et al. 2013. Analysis and optimizations of global and local versions of the RX algorithm for anomaly detection in hyperspectral data. IEEE Journal of Selected Topics in Applied Earth Observations and Remote Sensing, 6(2): 801-814.

Moussaoui S, Carteret C, Brie D, et al. 2006. Bayesian analysis of spectral mixture data using Markov Chain Monte Carlo Methods. Chemometrics and Intelligent Laboratory Systems, 81(2): 137-148.

Nascimento J M P, Bioucas-Dias J M. 2005. Vertex component analysis: a fast algorithm to unmix hyperspectral data. IEEE Transactions on Geoscience and Remote Sensing, 43(4): 898-910.

Nascimento J M P, Bioucas-Dias J M. 2009. Nonlinear mixture model for hyperspectral unmixing // Proceedings of the SPIE 7477, Image and Signal Processing for Remote Sensing XV. Berlin, Germany: SPIE, 12: 830492.

Nascimento J M P, Bioucas-Dias J M. 2012. Hyperspectral unmixing based on mixtures of dirichlet components. IEEE Transactions on Geoscience and Remote Sensing, 50(3): 863-878.

Nasrabadi N M. 2008. Regularization for spectral matched filter and RX anomaly detector // Proceedings of the SPIE 6966, Algorithms and Technologies for Multispectral, Hyperspectral, and Ultraspectral Imagery XIV. Orlando, FL: SPIE, 12: 773444.

Ni L, Gao L, Li S, et al. 2014. Edge-constrained Markov random field classification by integrating hyperspectral image with LiDAR data over urban areas. Journal of Applied Remote Sensing, 8(1): 205-207.

Paola J D, Schowengerdt R A. 1995. A review and analysis of backpropagation neural networks for classification of remotely-sensed multi-spectral imagery. International Journal of Remote Sensing, 16(16): 3033-3058.

Plaza A, Martinez P, Perez R, et al. 2004a. A new approach to mixed pixel classification of hyperspectral imagery based on extended morphological profiles. Pattern Recognition, 37(6): 1097-1116.

Plaza J, Martínez P, Pérez R, et al. 2004b. Nonlinear neural network mixture models for fractional abundance estimation in AVIRIS hyperspectral images // Proceedings of the NASA Jet Propulsion Laboratory AVIRIS Airborne Earth Science Workshop. Pasadena, California.

Pudil P, Novovičová J, Kittler J. 1994. Floating search methods in feature selection. Pattern Recognition Letters, 15(11): 1119-1125.

Qian Y T, Jia S, Zhou J, et al. 2011. Hyperspectral unmixing via $L_{1/2}$ sparsity-constrained nonnegative matrix factorization. IEEE Transactions on Geoscience and Remote Sensing, 49(11): 4282-4297.

Qian Y T, Ye M C, Zhou J. 2013. Hyperspectral image classification based on structured sparse logistic regression and three-dimensional wavelet texture features. IEEE Transactions on Geoscience and Remote Sensing, 51(4): 2276-2291.

Raksuntorn N, Du Q. 2010. Nonlinear spectral mixture analysis for hyperspectral imagery in an unknown environment. IEEE Geoscience and Remote Sensing Letters, 7(4): 836-840.

Ratle F, Camps-Valls G, Weston J. 2010. Semisupervised neural networks for efficient hyperspectral image classification. IEEE Transactions on Geoscience and Remote Sensing, 48(5): 2271-2282.

Reed I S, Yu X. 1990. Adaptive multiple-band CFAR detection of an optical pattern with unknown spectral distribution. IEEE Transactions on Acoustics, Speech and Signal Processing, 38(10): 1760-1770.

Ren H, Chang C I. 2000. A target-constrained interference-minimized filter for subpixel target detection in hyperspectral imagery // Proceedings of the IEEE 2000 International Geoscience and Remote Sensing Symposium. Honolulu, HI: IEEE: 1545-1547.

Richards J A, Jia X P. 2006. Remote Sensing Digital Image Analysis: an Introduction. 4th ed. Berlin, Germany: Springer Verlag.

Roger R E, Arnold J F. 1996. Reliably estimating the noise in AVIRIS hyperspectral images. International Journal of Remote Sensing, 17(10): 1951-1962.

Samadzadegan F, Partovi T. 2010. Feature selection based on ant colony algorithm for hyperspectral remote sensing images // Proceedings of the 2010 2nd ed Workshop on Hyperspectral Image and Signal Processing: Evolution in Remote Sensing (WHISPERS). Reykjavik, Iceland: IEEE: 1-4.

Shen L L, Jia S. 2011. Three-dimensional Gabor wavelets for pixel-based hyperspectral imagery classification. IEEE Transactions on Geoscience and Remote Sensing, 49(12): 5039-5046.

Singer R B, McCord T B. 1979. Mars: large scale mixing of bright and dark surface materials and implications for analysis of spectral reflectance // Proceedings of the 10th Lunar and Planetary Science Conference. United State: 1835-1848.

Soille P. 2009. Recent developments in morphological image processing for remote sensing // Proceedings of the SPIE 7477, Image and Signal Processing for Remote Sensing XV. Berlin, Germany: SPIE.

Somers B, Asner G P, Tits L, et al. 2011. Endmember variability in spectral mixture analysis: a review. Remote Sensing of Environment, 115(7): 1603-1616.

Stocker A D, Schaum A P. 1997. Application of stochastic mixing models to hyperspectral detection problems // Proceedings of the SPIE 3071, Algorithms for Multispectral and Hyperspectral Imagery III. Orlando, FL, USA: SPIE: 47-60.

Su H J, Yang H, Du Q, et al. 2011. Semisupervised band clustering for dimensionality reduction of hyperspectral imagery. IEEE Geoscience and Remote Sensing Letters, 8(6): 1135-1139.

Suits G H. 1971. The calculation of the directional reflectance of a vegetative canopy. Remote Sensing of Environment, 2: 117-125.

Sun X, Yang L, Gao L R, et al. 2015a. Hyperspectral image clustering method based on artificial bee colony algorithm and Markov random fields. Journal of Applied Remote Sensing, 9(1): 095047.

Sun X, Yang L, Zhang B, et al. 2015b. An endmember extraction method based on artificial bee colony algorithms for hyperspectral remote sensing images. Remote Sensing, 7(12): 16363-16383.

Switzer P, Green A A. 1984. Min/Max Autocorrelation Factors for Multivariate Spatial Imagery. California, USA: Deptartment of Statistics, Stanford University

Taitano Y P, Geier B A, Bauer K W Jr. 2010. A locally adaptable iterative RX detector. EURASIP Journal on Advances in Signal Processing, 2010: 341908.

Tarabalka Y, Benediktsson J A, Chanussot J. 2009. Spectral-spatial classification of hyperspectral imagery based on partitional clustering techniques. IEEE Transactions on Geoscience and Remote Sensing, 47(8): 2973-2987.

Tarabalka Y, Chanussot J, Benediktsson J A. 2010. Segmentation and classification of hyperspectral images using watershed transformation. Pattern Recognition, 43(7): 2367-2379.

Tong Q X, Xue Y Q, Zhang L F. 2014. Progress in hyperspectral remote sensing science and technology in china over the past three decades. IEEE Journal of Selected Topics in Applied Earth Observations and Remote Sensing, 7(1): 70-91.

Townsend F. 1986. The enhancement of computer classifications by logical smoothing. Photogrammetric Engineering and Remote Sensing, 52: 213-221.

Tucer M, Jain A K. 1993. Texture analysis // Chen C H, Pau L F, Wang P S P. Handbook of Pattern Recognition and Computer Vision. Singapore: World Scientific: 235-376.

Uss M L, Vozel B, Lukin V V, et al. 2011. Local signal-dependent noise variance estimation from hyperspectral textural images. IEEE Journal of Selected Topics in Signal Processing, 5(3): 469-486.

Wang L G, Jia X P, Zhang Y. 2007. A novel geometry-based feature-selection technique for hyperspectral imagery. IEEE Geoscience and Remote Sensing Letters, 4(1): 171-175.

Wei W, Du Q, Younan N H. 2012. Fast supervised hyperspectral band selection using graphics processing unit. Journal of Applied Remote Sensing, 6(1): 061504.

Winter M E. 1999. N-FINDR: an algorithm for fast autonomous spectral end-member determination in hyperspectral data // Proceedings of the SPIE 3753, Imaging Spectrometry V. Denver, CO, USA: SPIE: 266-275.

Wright J, Ma Y, Mairal J, et al. 2010. Sparse representation for computer vision and pattern recognition. Proceedings of the IEEE, 98(6): 1031-1044.

Wright J, Yang A Y, Ganesh A, et al. 2009. Robust face recognition via sparse representation. IEEE Transactions on Pattern Analysis and Machine Intelligence, 31(2): 210-227.

Wrigley R C, Card D H, Hlavka C A, et al. 1984. Thematic mapper image quality: registration, noise, and resolution. IEEE Transactions on Geoscience and Remote Sensing, GE-22(3): 263-271.

Yang H, Du Q, Chen G S. 2012. Particle swarm optimization-based hyperspectral dimensionality reduction for urban land cover classification. IEEE Journal of Selected Topics in Applied Earth Observations and Remote Sensing, 5(2): 544-554.

Zare A, Gader P. 2007. Sparsity promoting iterated constrained endmember detection in hyperspectral imagery. IEEE Geoscience and Remote Sensing Letters, 4(3): 446-450.

Zhang B, Gao J W, Gao L R, et al. 2013a. Improvements in the ant colony optimization algorithm for endmember extraction from hyperspectral images. IEEE Journal of Selected Topics in Applied Earth Observations and Remote Sensing, 6(2): 522-530.

Zhang B, Li S S, Wu C S, et al. 2013b. A neighbourhood-constrained k-means approach to classify very high spatial resolution hyperspectral imagery. Remote Sensing Letters, 4(2): 161-170.

Zhang B, Jia X P, Chen Z C, et al. 2006. A patch-based image classification by integrating hyperspectral data with GIS. International Journal of Remote Sensing, 27(15): 3337-3346.

Zhang B, Li S S, Jia X P, et al. 2011a. Adaptive markov random field approach for classification of hyperspectral imagery. IEEE Geoscience and Remote Sensing Letters, 8(5): 973-977.

Zhang B, Sun X, Gao L R, et al. 2011b. Endmember extraction of hyperspectral remote sensing images based on the discrete particle swarm optimization algorithm. IEEE Transactions on Geoscience and Remote Sensing, 49(11): 4173-4176.

Zhang B, Zhuang L, Gao L R, et al. 2014. PSO-EM: A hyperspectral unmixing algorithm based on normal compositional model. IEEE Transactions on Geoscience and Remote Sensing, 52(12): 7782-7792.

Zhang G Y, Jia X P, Hu J K. 2015. Superpixel-based graphical model for remote sensing image mapping. IEEE Transactions on Geoscience and Remote Sensing, 53(11): 5861-5871.

Zhang L, Li D, Tong Q, et al. 1998. Study of the spectral mixture model of soil and vegetation in Poyang Lake area, China. International Journal of Remote Sensing, 19(11): 2077-2084.

Zhang L, Wu B, Huang B, et al. 2007. Nonlinear estimation of subpixel proportion via kernel least square regression. International Journal of Remote Sensing, 28(18): 4157-4172.

Zhong P, Wang R S. 2008. Learning sparse CRFs for feature selection and classification of hyperspectral imagery. IEEE Transactions on Geoscience and Remote Sensing, 46(12): 4186-4197.

Zhong P, Wang R S. 2011. Modeling and classifying hyperspectral imagery by CRFs with sparse higher order potentials. IEEE Transactions on Geoscience and Remote Sensing, 49(2): 688-705.

Zhong Y F, Zhang L P. 2012 An adaptive artificial immune network for supervised classification of multi-/hyperspectral remote sensing imagery. IEEE Transactions on Geoscience and Remote Sensing, 50(3): 894-909.

Zhuang L N, Zhang B, Gao L R, et al. 2017. Normal endmember spectral unmixing method for hyperspectral imagery. IEEE Journal of Selected Topics in Applied Earth Observations and Remote Sensing, 8(6): 2598-2606.

第 2 章　基于低秩表示的高光谱图像降噪与修复

2.1　高光谱图像的低秩表示和图像的自相似性质

秩是线性代数中的术语，矩阵 $\boldsymbol{A} \in \mathbb{R}^{m \times n}$ 的列秩是 $\boldsymbol{A}$ 中线性无关的列的极大数目，行秩是线性无关的行的极大数目。矩阵的行秩和列秩总是相等的，可以简单地称为矩阵的秩，表示为 $\mathrm{rank}(\boldsymbol{A})$。非零元素在矩阵的奇异值中所占个数较少，即表现为矩阵的秩低。在线性代数中，秩是对矩阵相关度的度量。

在信息处理领域，秩代表了信息的冗余度。秩越低，信息的冗余度越高。然而，真实观测场景中，噪声的存在削弱了信号的强相关性，使得原本在低秩表示框架下可投影到低维子空间的信号，需要更高维度的子空间才能得以表达。如图 2.1 中，噪声点的存在使得图 2.1(a)中原本可以投影到一维子空间的信号，无法在一维子空间中进行有效表达，噪声的存在增加了投影子空间的维度，如图 2.1(b)所示。同理，存在于三维空间中的信号受噪声影响，也无法将原本可以投影到低维子空间的信号在低维空间中进行有效表达，噪声的存在增加了投影子空间的维度，如图 2.2 所示。

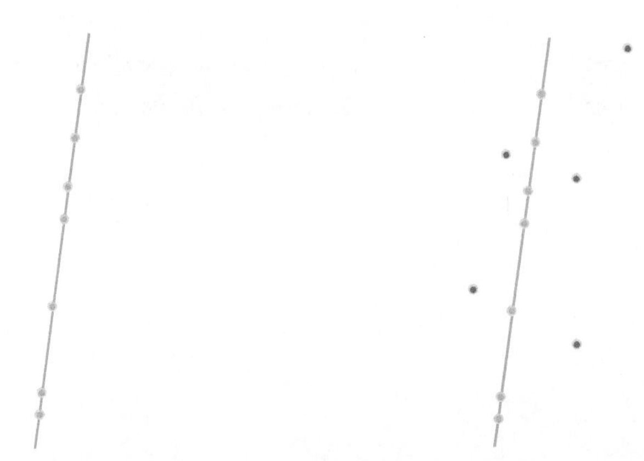

(a)干净噪声的信号可以投影到一维子空间中　　(b) 噪声的存在使得一维子空间无法对其进行有效表达

图 2.1　干净信号(蓝色点)和带噪声(红色点)信号在二维空间中的分布

2.1.1　高光谱图像的低秩表示原理

近年来，高光谱成像技术飞速发展，在遥感领域占据着越来越重要的角色。高光谱图像波段数多、波段宽度窄、光谱分辨率高等特点使其在军事、农业、海洋、矿业等诸多领域产生了重要的应用价值。同时，随着高光谱图像波段数的增加，图像数据量呈指数增长(张良培，2011)，高维海量的数据也给高光谱图像处理与信息提取带来了新的挑战。高光谱遥感图像的重要特征是空间维和光谱维存在很强的相关性，使得光谱维和空

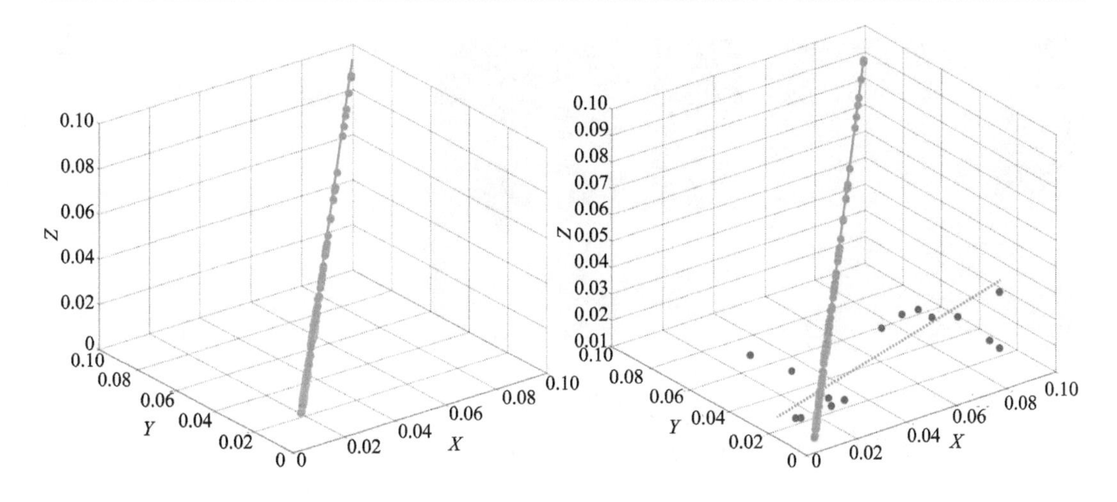

(a) 干净噪声的信号可以投影到一维子空间中　　(b) 噪声的存在使得一维子空间无法对其进行有效表达

图 2.2　干净信号(蓝色点)和带噪声(红色点)信号在三维空间中的分布

间维存在大量信息冗余，对于这一特征的处理也就成为其成功应用的关键技术之一。在空间维的同类地物覆盖区域中，相邻像元甚至不相邻像元间，存在高度相关性，如图 2.3 所示。干净的 Washington DC Mall 高光谱图像植被覆盖区域中，相邻像元波谱曲线高度一致，存在高度相关性，如图 2.3(a)所示。此外，植被覆盖区域中，不相邻的像元波谱曲线也高度一致，同样存在高度相关性，如图 2.3(b)所示。类似的，在光谱维中，由于相邻波段间隔很窄，甚至存在一定的光谱重叠(张兵和高连如，2011)，使得相邻波段间存在高度相关性，如图 2.4 所示，干净的 Washington DC Mall 高光谱图像第一波段和第二波段间的散点图紧密地群聚于一条直线周围，表明相邻两个波段间存在高度相关性。此外，不仅是相邻波段，不相邻波段间相关性也很强，如图 2.5 所示，第一波段和第十波段间的散点图同样紧密地群聚于一条直线周围，表明了尽管这两个波段不相邻，波段间也存在高度相关性。

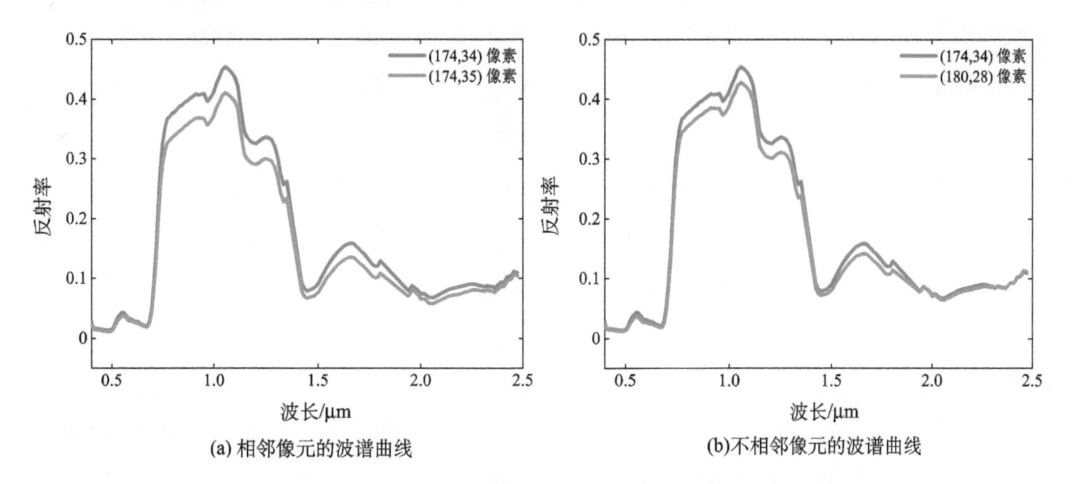

(a) 相邻像元的波谱曲线　　(b)不相邻像元的波谱曲线

图 2.3　干净的 Washington DC Mall 高光谱图像的像元波谱曲线

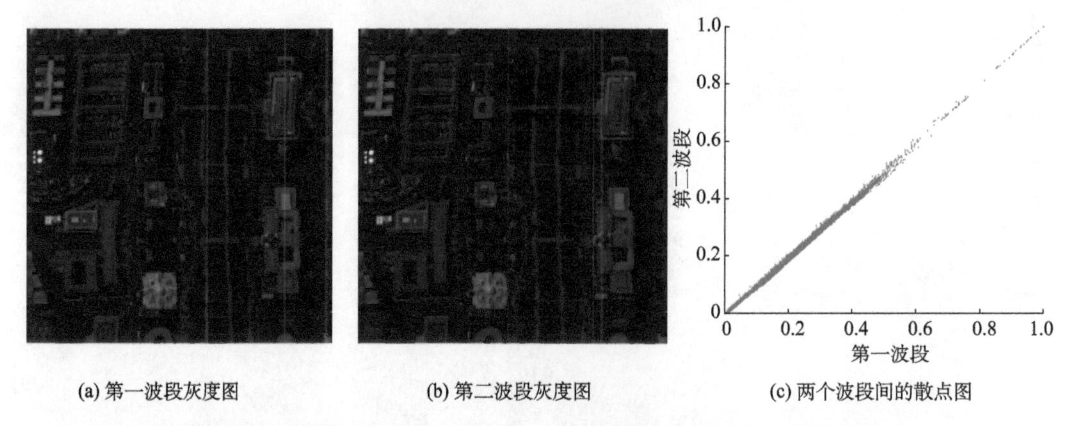

(a) 第一波段灰度图　(b) 第二波段灰度图　(c) 两个波段间的散点图

图 2.4　干净的 Washington DC Mall 高光谱图像相邻波段间的散点图

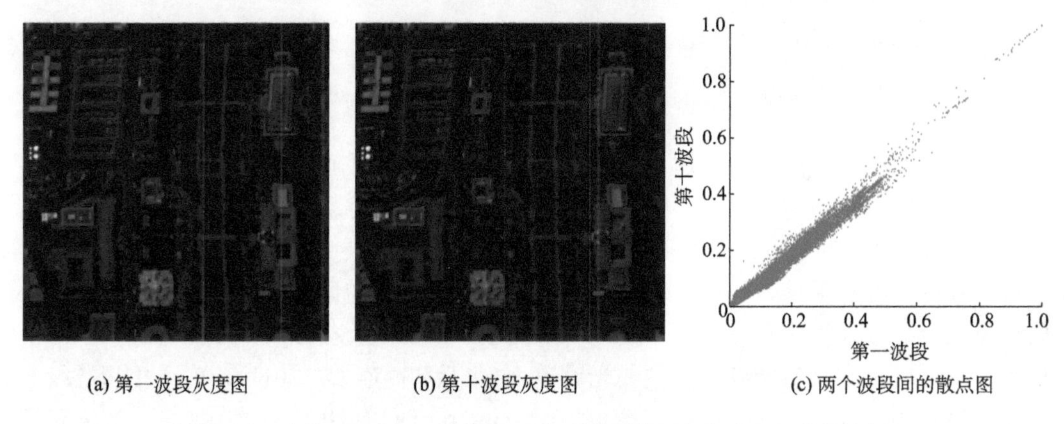

(a) 第一波段灰度图　(b) 第十波段灰度图　(c) 两个波段间的散点图

图 2.5　干净的 Washington DC Mall 高光谱图像不相邻波段间的散点图

将高光谱图像数据立方体转化为二维矩阵的形式，设 $\boldsymbol{X}=\left[\boldsymbol{x}_1,\cdots,\boldsymbol{x}_n\right]\in\mathbb{R}^{n_b\times n}$ 表示高光谱图像的二维矩阵。其中，n 为观测的样本数，n_b 为波段数。由于高光谱图像的光谱维之间和空间维之间存在高度相关性，已有研究已证明光谱向量 $\boldsymbol{x}_i, i=1,\cdots,n$ 通常存在于一个低维（p 维，$p\ll n_b$）的子空间 S_p 中（Bioucas-Dias and Antonio, 2011）。因此，矩阵 $\boldsymbol{X}$ 可以用一个基底矩阵 $\boldsymbol{E}=\left[\boldsymbol{e}_1,\cdots,\boldsymbol{e}_p\right]\in\mathbb{R}^{n_b\times p}$ 和一个系数矩阵 $\boldsymbol{Z}=\left[\boldsymbol{z}_1,\cdots,\boldsymbol{z}_n\right]\in\mathbb{R}^{p\times n}$ 线性表示：

$$\boldsymbol{X}=\boldsymbol{E}\boldsymbol{Z} \tag{2.1}$$

式中，$\boldsymbol{E}=\left[\boldsymbol{e}_1,\cdots,\boldsymbol{e}_p\right]\in\mathbb{R}^{n_b\times p}$ 为低维子空间 S_p 的基底；$\boldsymbol{Z}=\left[\boldsymbol{z}_1,\cdots,\boldsymbol{z}_n\right]\in\mathbb{R}^{p\times n}$ 为 S_p 相对于 $\boldsymbol{E}$ 的表达系数。将高维的原始高光谱图像 $\boldsymbol{X}=\left[\boldsymbol{x}_1,\cdots,\boldsymbol{x}_n\right]\in\mathbb{R}^{n_b\times n}$ 投影到 $\boldsymbol{E}=\left[\boldsymbol{e}_1,\cdots,\boldsymbol{e}_p\right]\in\mathbb{R}^{n_b\times p}$ 构成的正交子空间中，得到

$$\boldsymbol{Z}=\boldsymbol{E}^{\mathrm{T}}\boldsymbol{X} \tag{2.2}$$

式中，$\boldsymbol{Z}=\left[\boldsymbol{z}_1,\cdots,\boldsymbol{z}_n\right]\in\mathbb{R}^{p\times n}$ 称为表达系数图像（representation coefficients image，RCI），也叫作特征图像（eigen-images）。p 代表特征图像的波段数，远小于高光谱图像的波段数 n_b。图 2.6 展示了 Washington DC Mall 高光谱图像投影到子空间中得到的特征图像前三个波段的灰度图像。

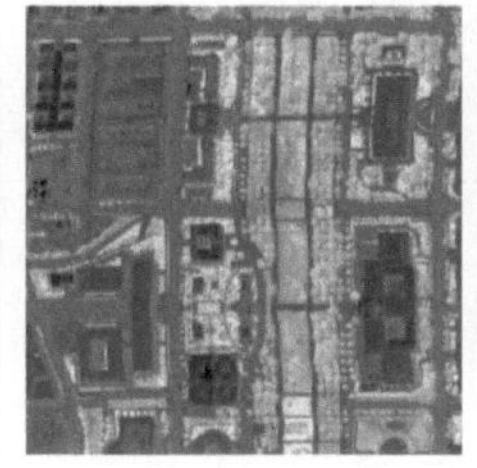
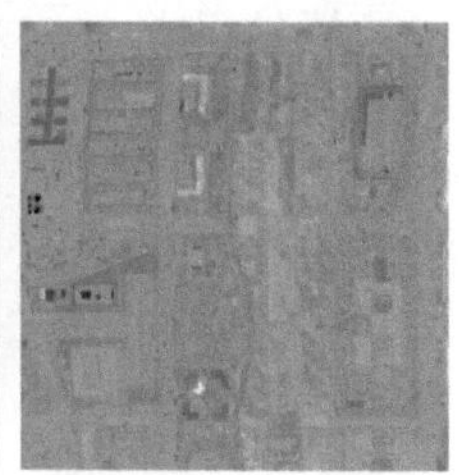

(a) 原始图像数据立方体　(b) 第一波段灰度图　(c) 第二波段灰度图　(d) 第三波段灰度图

图 2.6　Washington DC Mall 高光谱图像立方体及特征图像灰度图

与自然图像类似，高光谱图像每一个波段信息代表同一地物在不同波长位置的反射率，所以每一波段的图像都具有自相似的空间结构。由式(2.2)可以得到，特征图像是原始波段图像的线性表示。因此，在原始高光谱图像投影到低维子空间的过程中，并没有破坏其自相似的空间结构，特征图像同样具有自相似性质。如图2.7所示的Washington DC Mall 高光谱图像的特征图像第一波段的灰度图像中，具有很多相似结构的图像块。

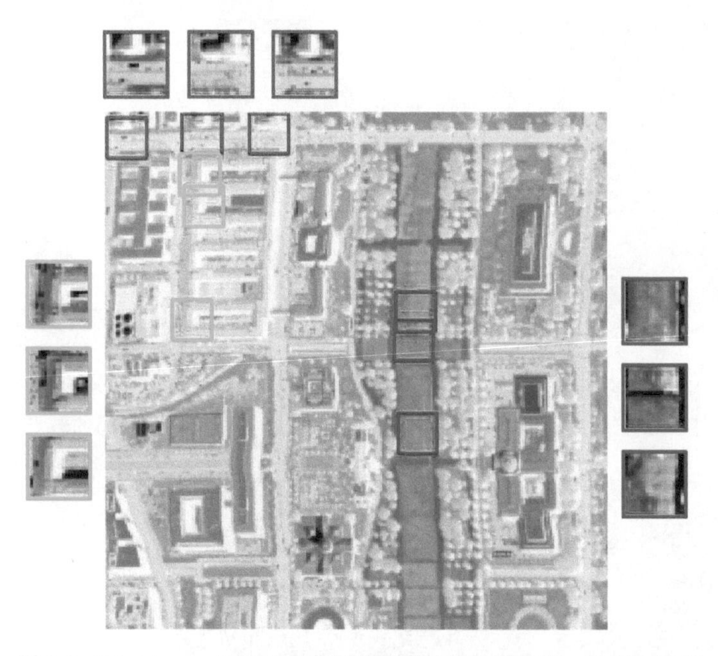

图 2.7　Washington DC Mall 高光谱图像的特征图像第一波段灰度图及具有相似结构(用同一颜色表示)的图像块

然而，在真实观测场景中，观测到的高光谱图像往往受到噪声和坏像元的干扰，导致高光谱图像空间维和光谱维的相关性减弱。以受到噪声干扰的观测场景为例，在空间维同类地物覆盖区域中，相邻像元和不相邻像元的光谱曲线受到噪声的干扰，使得原本光滑的光谱曲线存在大量的锯齿形抖动。如图 2.8 所示的带噪声的 Washington DC Mall 高光谱图像植被覆盖区域中，相邻和不相邻的像元波谱曲线一致性受噪声影响而减弱。同样在光谱维中，相邻波段和不相邻波段受到噪声的干扰，相关性也减弱了，如图 2.9 和图 2.10 所示。

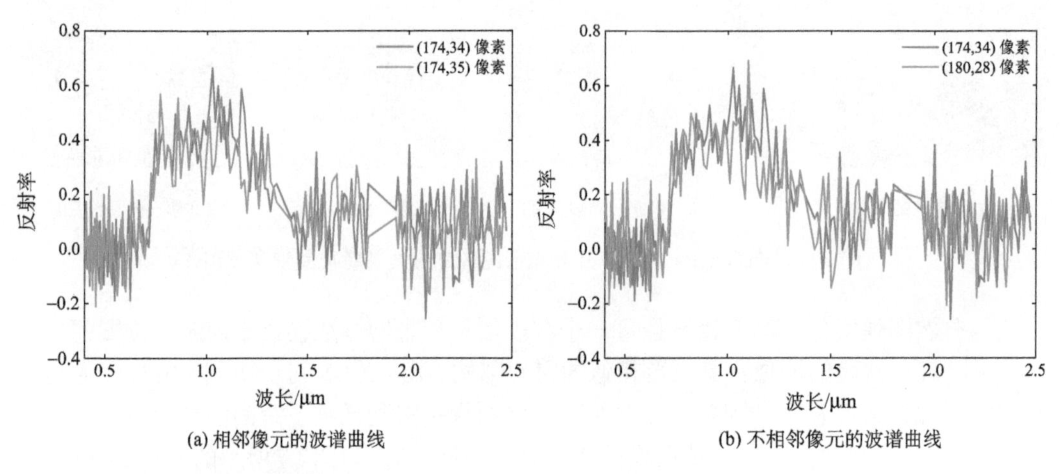

(a) 相邻像元的波谱曲线　　(b) 不相邻像元的波谱曲线

图 2.8　带噪声的 Washington DC Mall 高光谱图像的像元波谱曲线

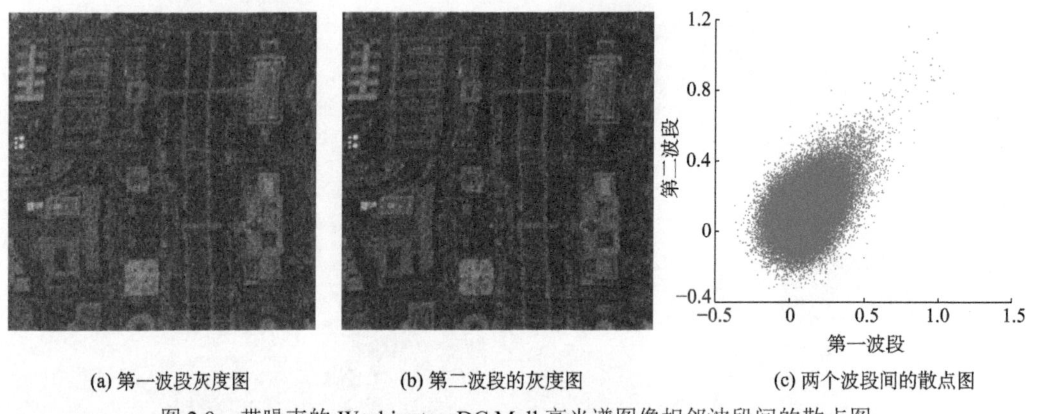

(a) 第一波段灰度图　　(b) 第二波段的灰度图　　(c) 两个波段间的散点图

图 2.9　带噪声的 Washington DC Mall 高光谱图像相邻波段间的散点图

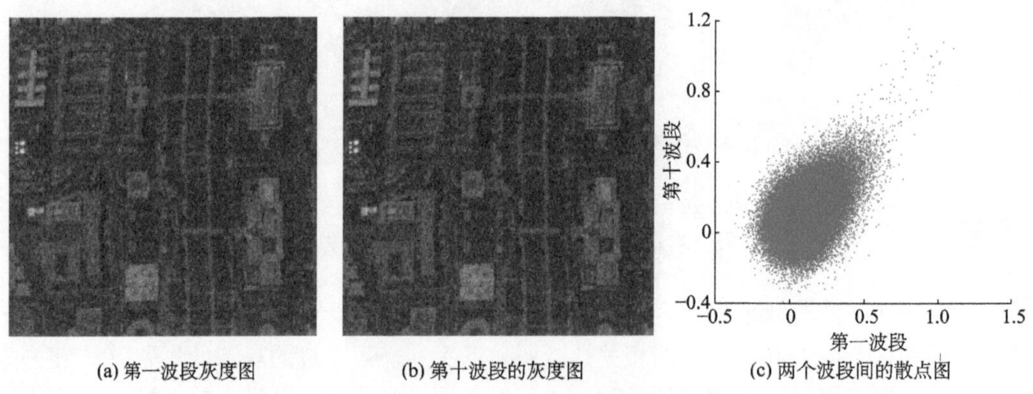

(a) 第一波段灰度图　　(b) 第十波段的灰度图　　(c) 两个波段间的散点图

图 2.10　带噪声的 Washington DC Mall 高光谱图像不相邻波段间的散点图

噪声和坏像元的存在削弱了高光谱图像空间维和光谱维的相关性，相应地增加了图像矩阵的秩。以受到噪声干扰的观测场景为例，图 2.11 直观地描述这一过程，图 2.11(a)和图 2.11(b)分别是干净的 Washinton DC Mall 高光谱图像立方体和带有噪声 Washington DC Mall 高光谱图像立方体。图 2.11(c)展示了图 2.11(a)和图 2.11(b)的图像矩阵经过奇异值分解(singular value decomposition, SVD)得到的奇异值曲线。在图像矩阵的奇异值分解中，较大的奇异值决定了图像的“主要特征”，也就是高光谱图像的主要信号能量。从图 2.11(c)中可以看出，在第 8 个波段后，图 2.11(a)图像矩阵的奇异值几乎接近 0，而图 2.11(b)图像矩阵的奇异值明显高于 0。由此可见，在第 8 个波段后的那些较小的奇异值是由于噪声引起的，噪声的存在增加了图像矩阵的秩。

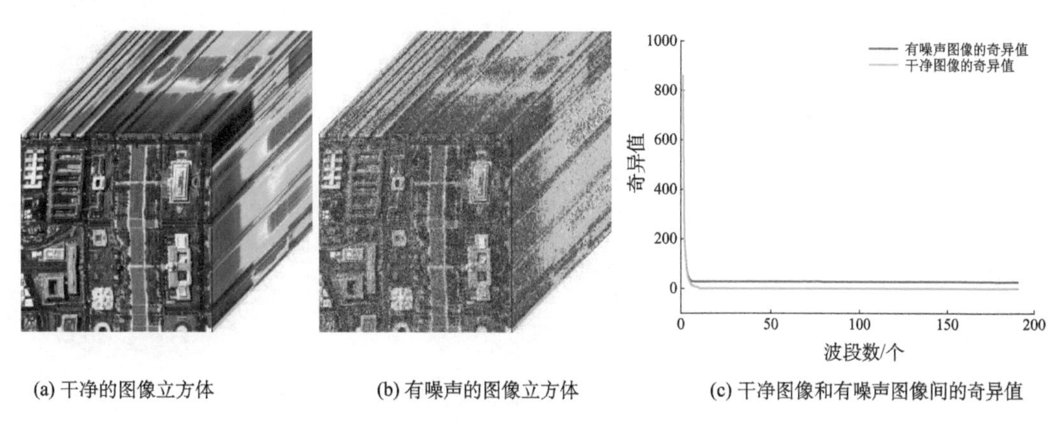

(a) 干净的图像立方体　(b) 有噪声的图像立方体　(c) 干净图像和有噪声图像间的奇异值

图 2.11　Washington DC Mall 图像立方体以及干净图像和有噪声图像间的奇异值

尽管噪声的存在削弱了高光谱图像空间维和光谱维的相关性，图像中仍存在大量的冗余。如图 2.8 中，受到噪声干扰的同类地物中，相邻像元和不相邻像元的波谱曲线仍具有一致性；图 2.9 和图 2.10 中，受到噪声干扰的相邻波段和不相邻波段，其散点图 2.9(c)和图 2.10(c)仍表示出一定的相关性。已有研究表明，在大部分真实观测场景中，尽管观测到的高光谱图像受到噪声和坏像元的干扰，光谱向量间仍存在高度相关性(Bioucas-Dias et al., 2012)。

利用有噪声和坏像元的高光谱图像的低秩表示对其进行降噪和修复的基本思想是：保留主要的信号能量，去除余下的低能量信号。主要的信号能量可用一个低维子空间 S_p 的基底 $\boldsymbol{E}=\left[\boldsymbol{e}_1,\cdots,\boldsymbol{e}_p\right]\in\mathbb{R}^{n_b\times p}$ 来线性表达，将观测到的有噪声或坏像元的高光谱图像投影到子空间基底上，得到仅剩少量噪声或坏像元的特征图像，基于特征图像的自相似结构，对其进行进一步的降噪或修复。

2.1.2　基于图像自相似结构的降噪和修复算法原理

现实世界中的图像具有自相似结构。在一幅图像中，总能在不同的位置或者不同尺度下，寻找到结构相似的图像块。图像的自相似结构作为先验知识是解决图像处理逆问题(inverse problem)的基础。BM3D 算法(Dabov et al., 2007)和 Criminisi 算法(Criminisi et al., 2004)是当前灰度图像或者 RGB 图像基于图像自相似结构的效果显著的降噪和修复算法，应用这两种算法对高光谱图像的特征图像进行降噪或修复，将降噪或修复后的特征图像逆变换回原始的维度，可以得到降噪和修复后的高光谱图像。本节介绍的基于低秩表示的高光谱图像降噪和修复算法的整体框架如图 2.12 所示。

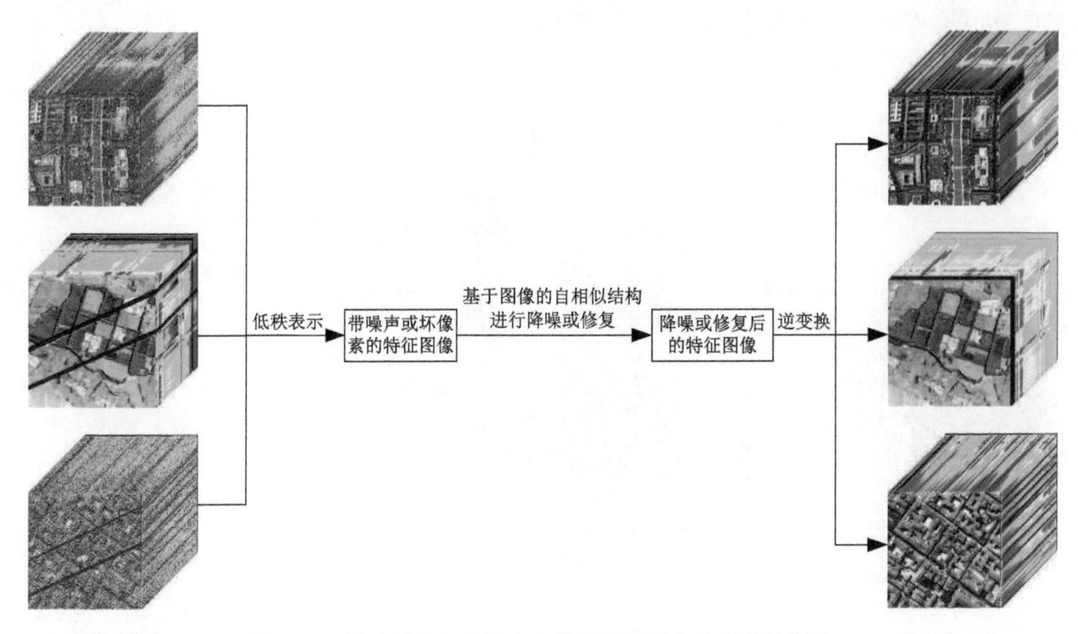

图 2.12　基于低秩表示的高光谱图像降噪和修复算法框架

1. 基于图像自相似结构的 BM3D 降噪算法原理

在图像降噪研究领域中，芬兰 Tampere 大学 Dabov 等(2007)提出的 BM3D 算法效果较好，该算法已成功应用于工业领域，具有很好的参考价值。BM3D 算法利用图像的自相似结构，对图像中的自相似图像块进行滤波。算法主要包括 3 个步骤：①相似块分组，把相似的二维图像块堆叠成一个三维的矩阵，如图 2.13 所示；②协同滤波，将每个三维矩阵变换到小波域中进行协同滤波，如图 2.14 所示；③聚合，将滤波后的三维矩阵变换到原始二维图像块的位置，得到降噪后的图像。

2. 基于图像自相似结构的 Criminisi 修复算法原理

在图像修复研究领域中，基于图像块相似结构的 Criminisi 图像修复算法是迄今为止最为经典的基于纹理合成的图像修复算法。该算法结合了纹理合成(texture synthesis)(Efros and Leung, 1999)和基于偏微分方程的图像填充方法(inpainting)(Bertalmio et al., 2005)，能很好地实现对图像中大面积破坏区域的修复。Criminisi 算法利用图像自相似性质，将图像分为已知区域(source region)和待修复区域(target region)，如图 2.15(a)所示。利用已知区域的信息填充待修复区域，以达到修复的目的。算法主要包括三个步骤：①计算优先级，确定待修复图像块中心点的优先级，设置块的大小，形成块，如图 2.15(b)所示；②搜索相似块，根据匹配准则，在已知区域中寻找与待修复块最匹配的相似块，如图 2.15(c)所示；③复制相似块，将搜索到的最佳匹配块复制到待修复块上，如图 2.15(d)所示。

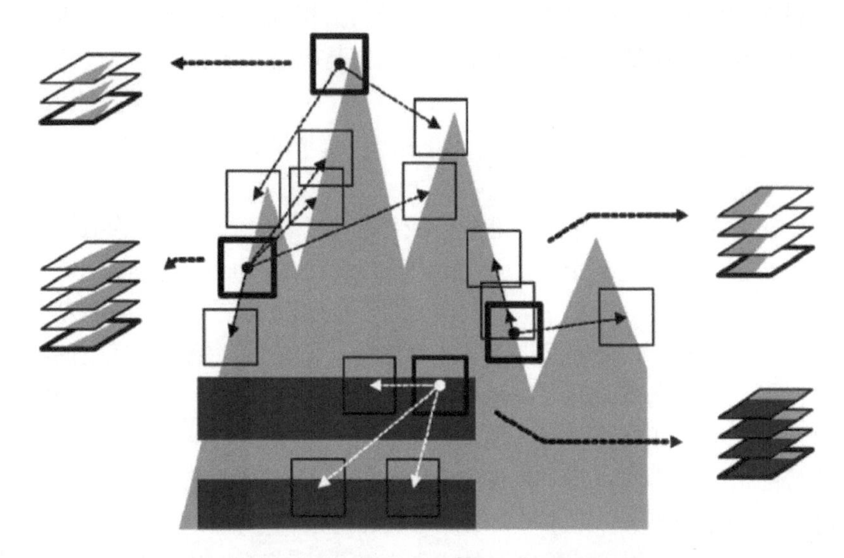

图 2.13　BM3D 算法中相似块分组示意图(Dabov et al., 2007)

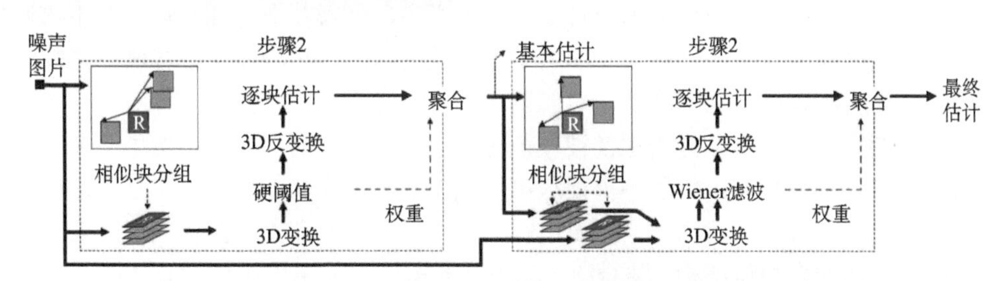

图 2.14　BM3D 算法中协同滤波过程(Dabov et al., 2007)

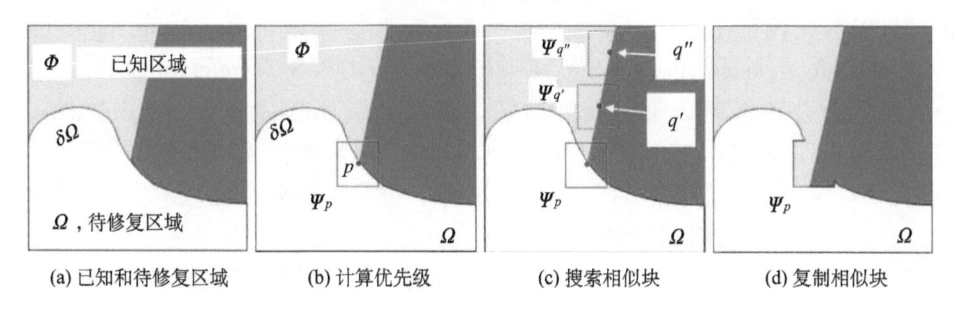

图 2.15　Criminisi 算法修复步骤示意图(Criminisi et al., 2004)

2.1.3　结论

本节介绍了高光谱图像的低秩特性和自相似性，充分利用高光谱图像空间维和光谱维的相关性，对存在噪声和坏像元的高光谱图像进行低秩表示，并引入了基于图像的自相似结构对图像进行降噪和修复的 BM3D 算法和 Criminisi 算法。从本节的分析中可以看出，尽管噪声和坏像元削弱了高光谱图像空间维和光谱维的高度相关性，但实际观测到的高光谱图像中仍存在较强的相关性，在低秩表示框架下，用线性方法进行将高维的高光谱图像投影到低维子空间中，并不破坏图像的自相似结构。这一性质是本章介绍的基于低秩表示的高光谱图像降噪和修复算法研究的基础。

2.2　基于低秩表示的高光谱图像降噪方法

由于成像光谱仪波段通道狭窄，造成光成像能量不足，高光谱成像时容易受到噪声的影响。相对于全色和多光谱图像，高光谱图像信噪比(signal-to-noise-ratio, SNR)提高比较困难。

高光谱图像中的噪声主要来源于以下 3 个方面：①自然环境干扰产生的噪声，由于自然环境的干扰，成像光谱仪的工作环境受到影响会产生噪声。如大气的吸收和散射作用使得地物反射光谱的某些波段进入成像光谱仪时光强被严重削弱，导致光成像能量不足，观测信号的信噪比降低。甚至在某些波段观测信号被噪声完全淹没。此外，在进行对地观测时，地形地貌也会干扰进入成像光谱仪的光强。②成像光谱仪本身引起的噪声，成像光谱仪的成像质量受限于硬件制造技术和工艺水平等诸多因素，即使成像原理相同，不同生产厂家制造出来的成像光谱仪性能也参差不齐，使得获取的高光谱数据不可避免地受不同特点的噪声干扰。③随着传感器工作时长的增加，很容易出现异常，影响对信号的采集、传输和存储，噪声增加，引起图像质量下降。

高光谱图像降噪是指高光谱图像被噪声污染了，观测到的高光谱图像中有原始干净的图像信号，只是被噪声污染了，需要尽可能地恢复出干净的图像。为了从观测信号中去除无关的噪声，有效地对高光谱图像进行降噪，本章基于高光谱图像的低秩表示、稀疏表示以及图像的自相似结构，共介绍了两个高光谱图像降噪算法(姚丹，2018)。其中，第一个算法是基于鲁棒主成分分析(robust principle component analysis, RPCA)(Wright et al., 2009)和图像自相似结构的高光谱降噪算法(hyperspetral denoising algorithm via robust principle component analysis and self-similarity, HyDRoS)(Gao et al., 2017)；第二个算法是基于低秩和稀疏表示的高光谱图像降噪算法(robust hyperspectral denoising, RhyDe)(Zhuang et al., 2017)，对基于图像自相似性和低秩属性的高光谱降噪算法，当图像中存在稀有像元时，降噪的效果往往受到影响，并且可能会影响对这些像元的检测工作，RhyDe 算法能有效解决这些问题。

多年来，高光谱遥感一直成功应用于地质领域，它使遥感地质由识别岩性发展到识别单矿物甚至矿物的化学成分及晶体结构(Vane and Goetz, 1993)，特别是在典型矿物识别研究方面显示出了其独特的魅力。相对于多光谱图像，高光谱图像拥有更高的光谱分辨率，能为矿物的识别和诊断提供更精细的光谱信息，使得高光谱图像矿物识别的精度远远高于多光谱图像。尽管高光谱遥感已成为区域地质调查和矿物填图的有力工具，应用过程中仍然存在着一些障碍，其中之一就是高光谱图像中的噪声。例如，地球观测-1 号(Earth Observation-1, EO-1)卫星的 Hyperion 高光谱图像数据已广泛应用于澳大利亚和南美洲干旱地区的矿物识别，对这些区域的矿物蚀变带定位和特征描述发挥了重要的作用(Kruse et al., 2003; Jafari and Lewis, 2012)。然而，除了这些地区的Hyperion高光谱图像受噪声的影响可以忽略外，全球其他地区的Hyperion高光谱图像使用率很低，其主要原因是Hyperion高光谱图像信噪比低(Bishop et al., 2011)。因此，降噪是应用高光谱图像进行矿物识别的一个重要步骤。本节中将HyDRoS降噪算法拓展应用于高光谱图像矿物识别中，提高基于低秩表示的高光谱图像降噪算法的实际应用价值。

2.2.1 HyDRoS高光谱图像降噪算法

1. *HyDRoS 算法原理*

星载高光谱成像系统中，获取到的高光谱图像通常会存在一些异常的像元信息。这些像元的噪声水平明显高于其余像元，并且相对于在空间上均匀同分布的高斯噪声，这些异常像元是稀疏分布的，通常称这一类像元称为野点(outlier)。干净的高光谱图像二维矩阵 $\boldsymbol{X}=[\boldsymbol{x}_1,\cdots,\boldsymbol{x}_n]\in\mathbb{R}^{n_b\times n}$ (n_b 是波段数，n 是像元个数)受到野点和加性高斯噪声 $\boldsymbol{N}\in\mathbb{R}^{n_b\times n}$ 的干扰而降质，此时高光谱图像的观测模型可表示为

$$\boldsymbol{Y}=\boldsymbol{X}+\boldsymbol{S}+\boldsymbol{N} \tag{2.3}$$

式中，$\boldsymbol{Y}$ 表示存在野点和加性高斯噪声的高光谱图像二维矩阵。HyDRoS 算法(姚丹，2018)提出去除高光谱图像中的野点和加性高斯噪声，算法求解模型可以表示为

$$\min_{X,S}\frac{1}{2}\|\boldsymbol{Y}-\boldsymbol{X}-\boldsymbol{S}\|_F^2+\tau\,\mathrm{rank}(\boldsymbol{X})+\gamma\|\boldsymbol{S}\|_0 \tag{2.4}$$

式中，$\|\boldsymbol{X}\|_F^2=\mathrm{trace}\left(\boldsymbol{X}\boldsymbol{X}^{\mathrm{T}}\right)$ 为 $\boldsymbol{X}$ 的Frobenious范数；$\|\boldsymbol{S}\|_0$ 为 $\boldsymbol{S}$ 中非零元素的个数，称为 $\boldsymbol{S}$ 的 L_0 范数；τ 和 γ 均大于0，作为 $\mathrm{rank}(\boldsymbol{X})$ 和 $\|\boldsymbol{S}\|_0$ 的相对权重。式(2-4)是非凸的，无有效解。为了寻找有效解，HyDRoS算法用 $\boldsymbol{S}$ 的 L_1 范数 $\|\boldsymbol{S}\|_1=\sum_{i=1}^{n}\|\boldsymbol{s}_i\|_1$ 代替 L_0 范数，$\boldsymbol{s}_i$ 为 $\boldsymbol{S}$ 的第 i 列。同时，HyDRoS算法用 $\boldsymbol{X}$ 的核范数 $\|\boldsymbol{X}\|_*=\sum_i\sigma_i(\boldsymbol{X})$ 代替 $\mathrm{rank}(\boldsymbol{X})$，$\sigma_i(\boldsymbol{X})$ 为 $\boldsymbol{X}$ 的第 i 个奇异值。由此转化的凸优化模型如下：

$$\min_{X,S}\frac{1}{2}\|\boldsymbol{Y}-\boldsymbol{X}-\boldsymbol{S}\|_F^2+\tau\|\boldsymbol{X}\|_*+\gamma\|\boldsymbol{S}\|_1 \tag{2.5}$$

式中，τ 和 γ 大于0，为 $\|\boldsymbol{X}\|_*$ 和 $\|\boldsymbol{S}\|_1$ 的相对权重，实验中将这两个参数手动调节至最优。在 $\boldsymbol{N}$ 为高斯独立同分布噪声的前提下，HyDRoS 算法使用近端加速梯度法(accelerated proximal gradient, APG) (Toh et al., 2010)求解式(2.5)。

考虑到鲁棒主成分分析(RPCA)对图像中的异常像元点鲁棒(Wright et al., 2009)，HyDRoS算法采用RPCA从观测矩阵 $\boldsymbol{Y}$ 中去除野点 $\boldsymbol{S}$，得到

$$\tilde{\boldsymbol{Y}}=\boldsymbol{Y}-\boldsymbol{S} \tag{2.6}$$

此时，去除野点后的高光谱图像中只剩下加性高斯噪声，式(2.6)中的 $\tilde{\boldsymbol{Y}}$ 可以表示为

$$\tilde{\boldsymbol{Y}}=\boldsymbol{X}+\boldsymbol{N} \tag{2.7}$$

由于高光谱图像空间维和光谱维存在很强的相关性，已有研究证明，$\boldsymbol{X}$ 存在于一个

低维子空间 S_p 中，$p \ll n_b$ (Bioucasdias et al., 2012)。因此，从高光谱图像低秩表示的角度出发，式(2.7)中的 $\boldsymbol{X}$ 可以表示为一个基底矩阵 $\boldsymbol{E}=\left[\boldsymbol{e}_1,\cdots,\boldsymbol{e}_p\right]\in\mathbb{R}^{n_b\times p}$ 和一个与 $\boldsymbol{E}$ 对应的系数矩阵 $\boldsymbol{Z}=\left[\boldsymbol{z}_1,\cdots,\boldsymbol{z}_n\right]\in\mathbb{R}^{p\times n}$ 的线性组合：

$$\boldsymbol{X}=\boldsymbol{E}\boldsymbol{Z} \tag{2.8}$$

真实观测场景中，干净高光谱图像的二维矩阵 $\boldsymbol{X}$ 是未知的，因此需要有效可行的方法从观测到的带噪声的高光谱图像二维矩阵 $\tilde{\boldsymbol{Y}}$ 中学习得到低维子空间的基底 $\boldsymbol{E}$。HyDRoS 算法通过对 $\tilde{\boldsymbol{Y}}$ 进行 SVD 分解，在分解中保留前 10 个最大的奇异值，得到子空间的基底 $\boldsymbol{E}=\left[\boldsymbol{e}_1,\cdots,\boldsymbol{e}_p\right]\in\mathbb{R}^{n_b\times p}$。也就是说，低维子空间的维度 p 为 10。将 $\tilde{\boldsymbol{Y}}$ 投影到 $\boldsymbol{E}=\left[\boldsymbol{e}_1,\cdots,\boldsymbol{e}_p\right]\in\mathbb{R}^{n_b\times p}$ 张成的正交子空间中，得到

$$\boldsymbol{Z}=\boldsymbol{E}^{\mathrm{T}}\tilde{\boldsymbol{Y}} \tag{2.9}$$

式中，矩阵 $\boldsymbol{Z}$ 称为特征图像(eigen-images)，其每一行 $\boldsymbol{Z}(i,:)$ 表示特征图像的第 i 个波段。设 $\boldsymbol{P}_E$ 和 $\boldsymbol{P}_E^{\perp}$ 分别表示 $\tilde{\boldsymbol{Y}}$ 在 $\boldsymbol{E}$ 张成的正交子空间和其补空间中的投影矩阵。将 $\tilde{\boldsymbol{Y}}$ 与 $\boldsymbol{P}_E$、$\boldsymbol{P}_E^{\perp}$ 分别相乘，得到 $\boldsymbol{P}_E\tilde{\boldsymbol{Y}}=\boldsymbol{E}\boldsymbol{Z}+\boldsymbol{P}_E\boldsymbol{N}$ 和 $\boldsymbol{P}_E^{\perp}\tilde{\boldsymbol{Y}}=\boldsymbol{P}_E^{\perp}\boldsymbol{N}$。基于特征图像的去相关性和自相似结构，HyDRoS 算法采用当前先进的自然图像降噪算法 BM3D(Dabov et al., 2007)对特征图像进行降噪，BM3D 算法具体实现步骤见 2.1.2 节。这样做的原因有 3 个方面：①特征图像波段间的去相关性。由于 $\boldsymbol{E}$ 的正交性，得到的 $\boldsymbol{Z}$ 往往是去相关的。尽管去相关并不意味着独立性，但它是一个必要条件。因此，可对不相关的特征图像进行逐波段降噪。②噪声强度大幅度减小。在 $\boldsymbol{N}$ 服从高斯独立同分布的前提下，$\boldsymbol{Z}$ 仅受到 $\boldsymbol{P}_E\boldsymbol{N}$ 影响，并且噪声水平削减为 p/n_b。③计算复杂度减小。相较于用 BM3D 算法对原始高光谱图像的 n_b 个波段进行逐波段降噪，在低维子空间中仅对具有 p 个波段的特征图像用 BM3D 算法进行降噪，大大降低了算法的计算复杂度。$\varphi(\boldsymbol{Z})$ 表示对特征图像用 BM3D 算法进行降噪的正则化算子，降噪后得到的特征图像 $\widehat{\boldsymbol{Z}}$ 可以表示为

$$\widehat{\boldsymbol{Z}}=\varphi\left(\boldsymbol{E}^{\mathrm{T}}\tilde{\boldsymbol{Y}}\right)=\begin{bmatrix}\varphi\left(\boldsymbol{e}_1^{\mathrm{T}}\tilde{\boldsymbol{Y}}\right)\\ \vdots \\ \varphi\left(\boldsymbol{e}_p^{\mathrm{T}}\ \tilde{\boldsymbol{Y}}\right)\end{bmatrix} \tag{2.10}$$

因此，HyDRoS 算法可以总结为

$$\widehat{\boldsymbol{Z}}=\arg\min_{\boldsymbol{Z}}\frac{1}{2}\|\boldsymbol{E}\boldsymbol{Z}-\tilde{\boldsymbol{Y}}\|_F^2+\lambda\varphi(\boldsymbol{Z}) \tag{2.11}$$

$$=\arg\min_{\boldsymbol{Z}}\frac{1}{2}\left\|\boldsymbol{Z}-\boldsymbol{E}^{\mathrm{T}}\tilde{\boldsymbol{Y}}\right\|_F^2+\lambda\varphi(\boldsymbol{Z}) \tag{2.12}$$

式(2.11)等式右边第一项是数据保真项，$\lambda>0$ 是正则化参数。式(2.12)是式(2.11)的优化表达。最终得到的降噪后的高光谱图像 $\widehat{\boldsymbol{X}}$ 为

$$\widehat{\boldsymbol{X}}=\boldsymbol{E}\widehat{\boldsymbol{Z}} \tag{2.13}$$

算法 1　展示了 HyDRoS 算法的伪代码。

算法 1　HyDRoS 降噪算法
1. 输入：观测到的带野点和噪声的高光谱图像 $\boldsymbol{Y}$
2. 通过 RPCA 去除 $\boldsymbol{Y}$ 中的野点：$\tilde{\boldsymbol{Y}}=\boldsymbol{Y}-\tilde{\boldsymbol{S}}$
3. 通过奇异值分解从 $\tilde{\boldsymbol{Y}}$ 学习得到信号子空间基底 $\boldsymbol{E}\in\mathbb{R}^{n_b\times p}$
4. 应用 BM3D 算法对特征图像 $\widehat{\boldsymbol{Z}}=\varphi\left(\boldsymbol{E}\tilde{\boldsymbol{Y}}\right)$ 进行逐波段滤波
5. 将 $\widehat{\boldsymbol{Z}}$ 逆变换回原始的维度得到降噪后的高光谱图像：$\widehat{\boldsymbol{X}}=\boldsymbol{E}\widehat{\boldsymbol{Z}}$
6. 输出：去除野点和噪声后的高光谱图像 $\widehat{\boldsymbol{X}}$

HyDRoS 算法是在式(2.3)中 $\boldsymbol{N}$ 服从高斯独立同分布的前提下，对高光谱图像进行降噪的。当 $\boldsymbol{N}$ 为高斯独立同分布噪声时，式(2.3)中 $\boldsymbol{N}$ 的光谱向量 $\boldsymbol{n}_i$ 是不相关的，其谱方差为 $\boldsymbol{C}_\lambda=E\left[\boldsymbol{n}_i\boldsymbol{n}_i^{\mathrm{T}}\right]$。$\boldsymbol{C}_\lambda$ 是对角矩阵且 $\boldsymbol{C}_\lambda=\sigma^2\boldsymbol{I}$，$\sigma$ 表示噪声的标准差，$\boldsymbol{I}$ 是一个大小为 $n_b\times n_b$ 的单位矩阵。然而，当 $\boldsymbol{N}$ 服从高斯非独立同分布时(即每个波段高斯噪声强度不一样时)，其谱方差矩阵是一个具有大小不一对角元素的对角矩阵。HyDRoS 算法面向高斯非独立同分布噪声进行降噪处理时，在降噪前对式(2.6)中去除野点噪声后的高光谱图像 $\tilde{\boldsymbol{Y}}$ 进行白化，将高斯非独立同分布噪声转化为高斯独立同分布噪声。转化过程为

$$\widehat{\boldsymbol{Y}}=\sqrt{\boldsymbol{C}_\lambda^{-1}}\ \tilde{\boldsymbol{Y}} \tag{2.14}$$

式中，$\sqrt{\boldsymbol{C}_\lambda^{-1}}$ 为 $\boldsymbol{C}_\lambda^{-1}$ 的平方根；$\boldsymbol{C}_\lambda^{-1}$ 为 $\boldsymbol{C}_\lambda$ 的逆矩阵。此时，式(2-7)转化为

$$\widehat{\boldsymbol{Y}}=\sqrt{\boldsymbol{C}_\lambda^{-1}}\boldsymbol{X}+\sqrt{\boldsymbol{C}_\lambda^{-1}}\boldsymbol{N} \tag{2.15}$$

相应地，HyDRoS 算法的求解模型表示为

$$\widehat{\tilde{\boldsymbol{Z}}}=\arg\min_{\tilde{\boldsymbol{Z}}}\frac{1}{2}\left\|\tilde{\boldsymbol{Z}}-\boldsymbol{E}^{\mathrm{T}}\widehat{\boldsymbol{Y}}\right\|_F^2+\lambda\varphi(\tilde{\boldsymbol{Z}}) \tag{2.16}$$

最后，将 $\widehat{\tilde{\boldsymbol{Z}}}$ 逆变换回原始的维度得到降噪后的高光谱图像：

$$\widehat{\tilde{\boldsymbol{X}}}=\boldsymbol{E}\widehat{\tilde{\boldsymbol{Z}}} \tag{2.17}$$

$$\widehat{\boldsymbol{X}}=\sqrt{\boldsymbol{C}_\lambda}\widehat{\tilde{\boldsymbol{X}}} \tag{2.18}$$

2. 实验内容及结果分析

本节将 HyDRoS 高光谱图像降噪算法应用到模拟的带噪声高光谱图像和真实的高光谱图像的降噪中，对比五种当前性能较好的高光谱图像降噪算法，分别是 BM3D(Dabov et al., 2007)、BM4D(Maggioni et al., 2013)、PCA+BM4D(Chen et al., 2014)、NAILRMA(Wei et al., 2015)和 FastHyDe(Zhuang and Bioucas-Dias, 2016)，验证算法的有效性。其中，FastHyDe 算法是当前基于低秩表示的、降噪性能领先的高光谱图像快速降噪算法。实验中选择的是 FastHyDe 算法的无监督版本 FastHyDe(un)，即 FastHyDe 算法中的子空间维度是由 HySime 自动估计的，而 HyDRos 中的子空间维度是手动调到最优的。实验分别选取由机载成像光谱仪和星载高光谱成像仪在美国内华达州 Cuprite 矿区获

取的高光谱图像，其中，模拟数据实验选取由 NASA 航天局和 JPL 实验室联合研制的 AVIRIS 高光谱图像；真实数据实验选取由 EO-1 卫星携带的 Hyperion 成像光谱仪获取的 Hyperion 高光谱图像。

模拟数据实验中，参考已有的方法模拟干净的高光谱图像(Zhuang and Bioucas-Dias, 2017)。将高信噪比的 AVIRIS 高光谱图像通过奇异值分解投影到维度为 8 的信号子空间中，通过逆变换和归一化得到干净的 AVIRIS 高光谱图像，作为参考的干净图。实验中人为地添加噪声，用于模拟带噪声的高光谱图像，通过比较降噪后的高光谱图像与参考的干净图像的图像质量，评价算法的降噪性能。真实数据实验中，直接对信噪比较低的 Hyperion 高光谱图像进行降噪，由于真实观测场景中无法得知参考的干净图像，实验中通过比较高光谱图像降噪后的目视效果，评价算法的降噪性能。

为了进一步验证 HyDRoS 算法对于高信噪比和低信噪比高光谱图像的降噪性能，实验中通过光谱角匹配(spectral angle mapper, SAM)方法和光谱特征拟合(spectral feature fitting, SFF)方法将降噪后的高光谱图像应用于典型矿物的识别。Cuprite 矿区位于美国内华达州南部，自 20 世纪 70 年代以来，该矿区因其丰富的矿物类型以及较好的裸露条件(Kruse et al., 2003; Swayze, 1997; Swayze et al., 1992)，成为世界上重要的高光谱遥感验证试验场(Swayze, 1997; Goetz, 1985; Ashley and Abrams, 1980; Goetz et al., 1985; Kruse, 1990)。在该区域已被探测到的 18 种矿物中，本节实验选择了其中三种典型的矿物，分别为明矾石、玉髓和高岭石。实验中，这三种矿物的真实地物分布图是参考图 2.16，通过 SAM 方法、SFF 方法和调制匹配滤波(tuned matched filtering, TMF)方法等多种方法得到多张矿物分布图，最后将多张结果图融合在一起得到，见图 2.17(b)和图 2.23(b)。明矾、玉髓和高岭石的参考光谱曲线如图 2.16 所示，分别勾选这三种矿物的 ROI，得到的平均光谱，见图 2.17(c)和图 2.23(c)。选择这三种矿物的原因是这三种矿物的露出可以同时用高信噪比的 AVIRIS 高光谱图像和低信噪比的 Hyperion 高光谱图像进行空间和光谱的清晰识别。在高光谱地质勘查和矿物填图中，高信噪比的高光谱图像可以更准确地识别矿物(Kruse et al., 1993)。然而，图像中野点和噪声的存在降低了高光谱图像的信噪比，极有可能对矿物识别的精度产生较大的影响。因此，这三种矿物的识别精度可用于指示降噪后的高光谱图像的图像质量，间接作为算法降噪性能定量评价的指标。模拟数据实验和真实数据实验均采用 SAM 方法和 SFF 方法对这三种典型矿物进行识别。其中，SAM 方法用于度量待测矿物光谱与参考光谱之间的相似性的方法；SFF 是一种基于光谱吸收特征匹配的方法。通过 SAM 和 SFF 方法得到的矿物识别精度用(receiver operating characteristics, ROC)曲线和 ROC 曲线下的面积(area under curve, AUC)表征。ROC 曲线为应用降噪后的高光谱图像进行矿物填图提供精度评价信息，曲线的横坐标是虚警率，纵坐标是探测率。计算出的 AUC 用于比较不同降噪算法获得的高光谱图像进行矿物识别得到的精度。

模拟数据实验选取覆盖美国内华达州 Cuprite 矿区的 AVIRIS 高光谱图像作为实验数据。AVIRIS 高光谱图像因其光谱分辨率和空间分辨率较高的特点而被广泛于应用于高光谱图像矿物识别。实验选取的 AVIRIS 高光谱图像获取时间是 2006 年 5 月 2 日，成像波长范围为 0.38～2.5μm，共 224 个波段，光谱分辨率为 10nm，空间分辨率为 3.4m。短波红外(short wave infrared, SWIR)中波长范围覆盖 2.0~2.4μm 的区间包含大量可以用作诊断某些含羟基和碳酸根的矿物或矿物组合的存在的吸收特征(Goetz et al., 1983)。由于原始 AVIRIS 数据短波红外波段范围内的一个波段(2493.6nm)较其他波段受噪声干扰严重，实验中去除了该波段。模拟数据实验最终选取了 AVIRIS 高光谱图像中 50 个波段(174～224 波段，波长范围为 2.0~2.5μm)作为模拟数据，图像大小为 2100×1560 个像元。

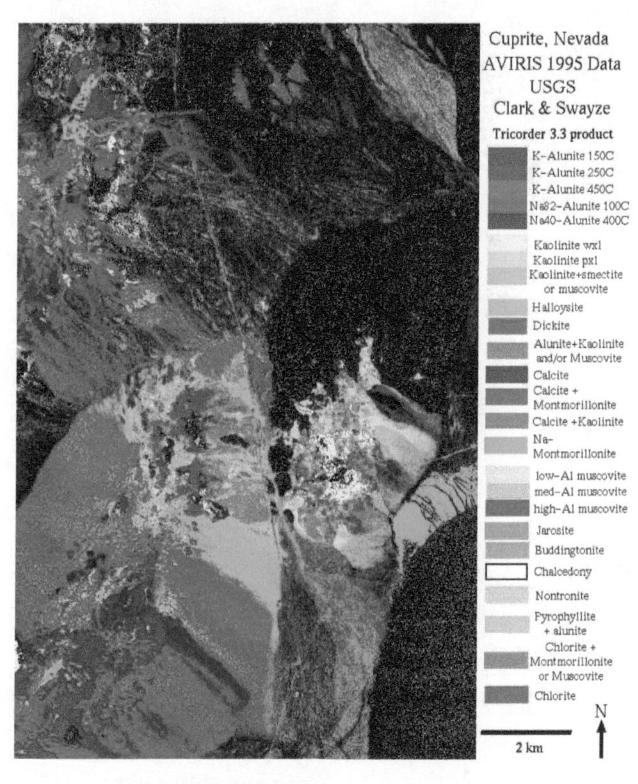

图 2.16　Cuprite 矿区矿物真实分布图①

模拟数据实验中，通过定量评价降噪后的高光谱图像质量和矿物识别的精度，对 HyDRoS 算法的性能进行评价。选取两种常用的全参考图像质量评价指标：峰值信噪比(peak signal to noise ratio, PSNR)和结构相似性(structure similarity, SSIM)作为算法降噪性能定量评价的指标。PSNR 和 MSSIM 都是全参考指标，计算时需要对比降噪后的高光谱图像和参考的干净高光谱图像。MPSNR 和 MSSIM 表示所有波段的平均峰值信噪比和平均结构相似性。需要注意的是，这里 SSIM 和 MSSIM 与(Wang et al., 2004)中 SSIM 和 MSSIM 的定义不同。将 SAM 方法和 SFF 方法对这三种典型矿物识别得到的 AUC 间接作为算法降噪性能定量评价的指标。这三种定量指标的值越高，表示降噪后的高光谱图像质量越好，相应的算法性能也越好。

① https://aviris.jpl.nasa.gov/

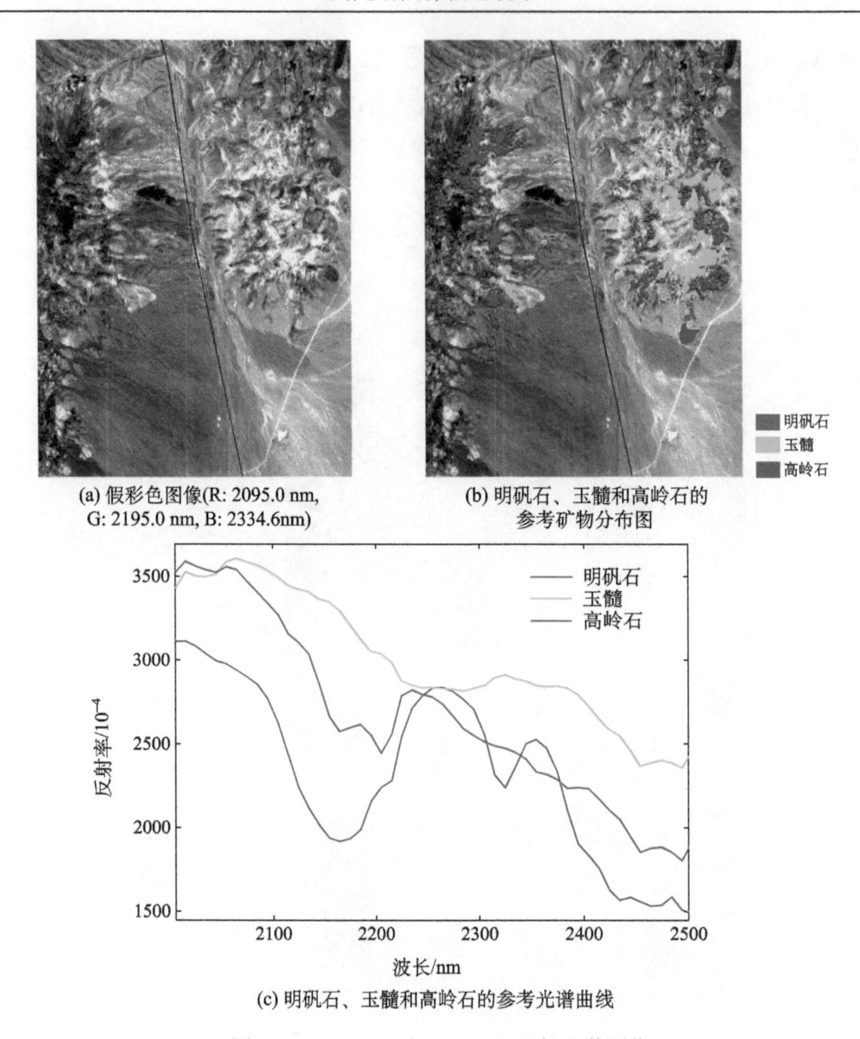

图 2.17　Cuprite 矿区 AVIRIS 高光谱图像

多数情况下，高光谱图像中的噪声和信号之间不具备相关性，可认为噪声为加性噪声。模拟数据实验人为地向参考的干净 AVIRIS 高光谱图像中，添加独立同分布(Case 1)和非独立同分布(Case 2)的加性高斯噪声。Case 1 包括为每个波段添加噪声标准差分别为 0.02、0.04、0.06、0.08 和 0.1 的五种加性高斯噪声，Case 2 为每个波段添加噪声标准差为 0～0.1 之间随机选择的加性高斯噪声，最终得到的所有波段噪声标准差均值为 0.053。Case 1 和 Case 2 的噪声水平如图 2.18 所示。用不同的降噪方法对模拟得到的六种不同噪声分布的 AVIRIS 高光谱图像进行降噪。

表 2.1 展示了降噪后得到的平均峰值信噪比(MPSNR)和平均结构相似度(MSSIM)。从表 2.1 可以看出，HyDRoS 算法几乎在每一种噪声分布的 AVIRIS 高光谱降噪中，得到了最高值，验证了算法对于高光谱图像降噪的有效性。

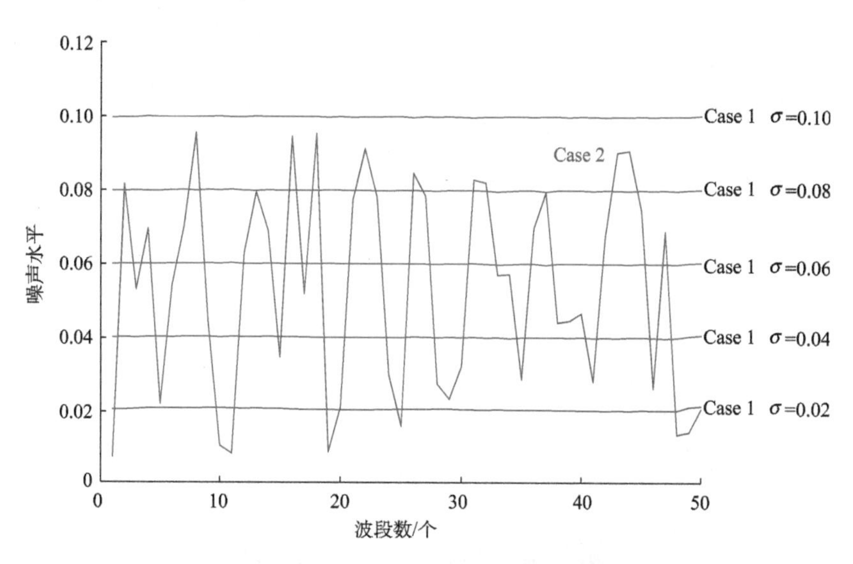

图 2.18　Cuprite 矿区 AVIRIS 高光谱图像模拟数据实验噪声水平

表 2.1　不同降噪算法应用于 Cuprite 矿区 AVIRIS 高光谱图像得到的定量评价指标

分布	σ	指标	噪声图像	BM3D	BM4D	PCA+BM4D	NAILRMA	FastHyDe(un)	HyDRoS
Case 1	0.02	MPSNR	33.98	39.16	43.52	45.38	46.11	45.61	47.23
		MSSIM	0.7899	0.9268	0.9715	0.9813	0.9832	0.9865	0.9870
	0.04	MPSNR	27.96	37.23	40.12	40.27	42.20	43.27	44.03
		MSSIM	0.5049	0.9030	0.9432	0.9474	0.9636	0.9752	0.9757
	0.06	MPSNR	24.44	35.21	38.38	37.59	39.67	41.30	42.04
		MSSIM	0.3294	0.8564	0.9213	0.9007	0.9377	0.9631	0.9637
	0.08	MPSNR	21.94	34.33	37.23	35.22	37.66	40.26	40.70
		MSSIM	0.2285	0.8379	0.9030	0.8439	0.9043	0.9521	0.9523
	0.1	MPSNR	20	33.69	36.37	33.42	36.01	39.22	39.68
		MSSIM	0.1676	0.8256	0.8861	0.7839	0.8662	0.9420	0.9418
Case 2		MPSNR	27.51	32.94	38.02	36.78	42.43	43.99	44.93
		MSSIM	0.4619	0.8048	0.9066	0.8806	0.9670	0.9837	0.9838

为了直观的展示降噪后的 AVIRIS 高光谱图像每个波段的图像质量，图 2.19 详细描绘了不同降噪算法应用于不同噪声水平的 AVIRIS 高光谱图像得到的每个波段的 PSNR 值。从图 2.19 中可以看出，HyDRoS 算法降噪得到的每个波段的 PSNR 值明显高于其他算法，验证了算法对于提高高光谱图像每一波段图像质量的有效性。

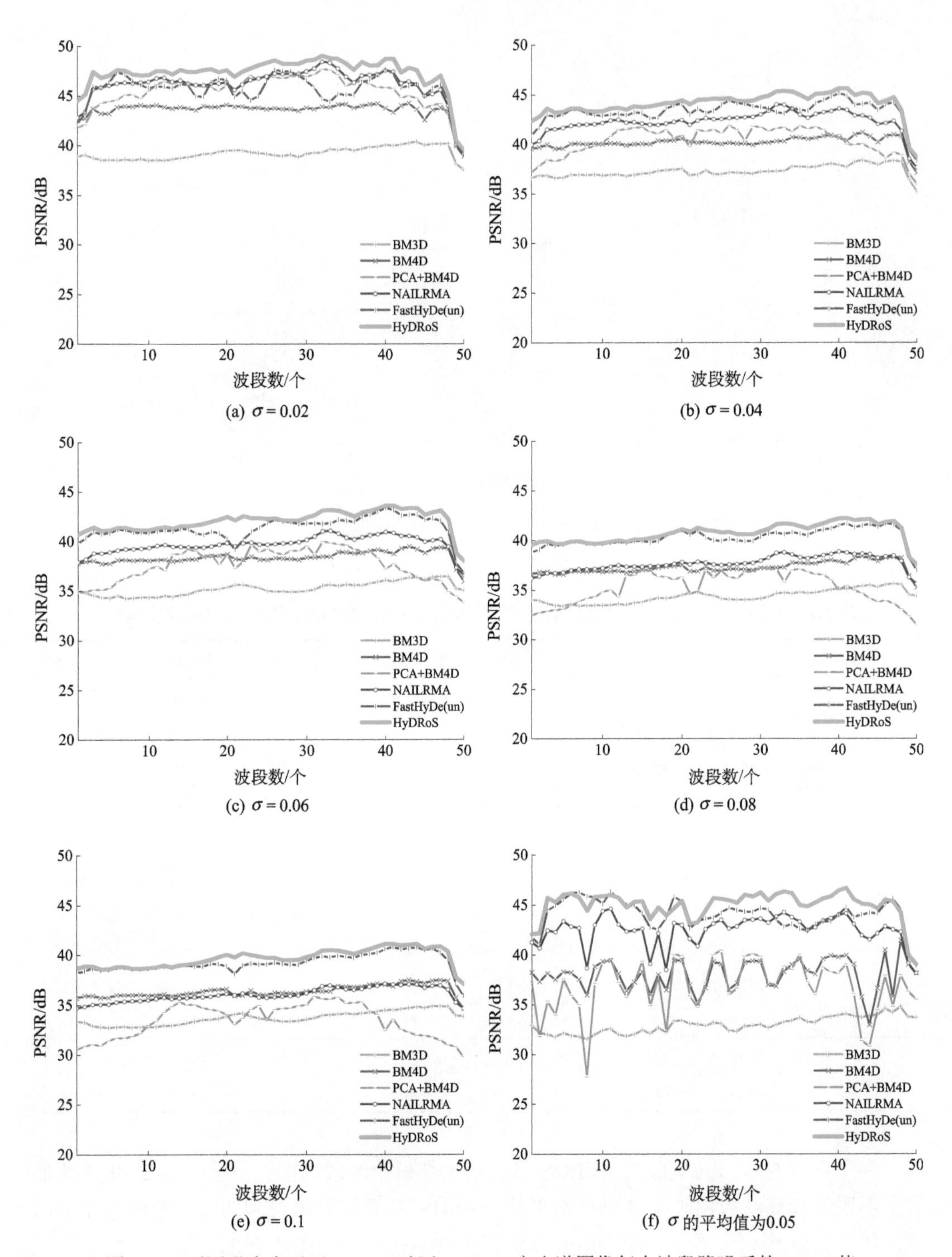

图 2.19　不同噪声水平下 Cuprite 矿区 AVIRIS 高光谱图像每个波段降噪后的 PSNR 值

真实观测场景中，获取到的高光谱图像每个波段的噪声强度往往不尽相同(Wei et al., 2015)。也就是说，Case 2 模拟得到的 AVIRIS 高光谱图像中的噪声分布更接近真实的噪声分布情况。因此，图 2.20 对比了 Case 2 中这三种典型矿物(明矾石、玉髓、高岭石)经过 HyDRoS 算法降噪后的光谱曲线与参考光谱曲线，从中可以看出，HyDRoS 算法降噪后得到的光谱曲线与参考光谱曲线非常吻合，验证了算法对于高光谱图像降噪的有效性。

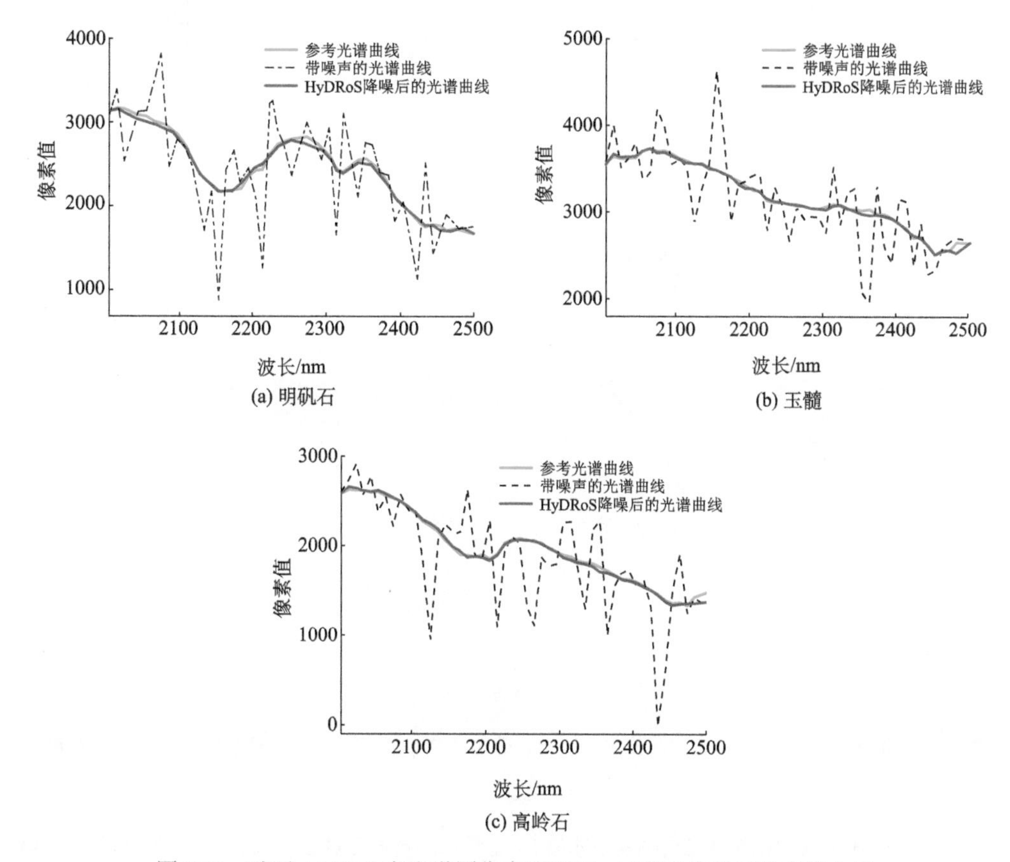

图 2.20 矿区 AVIRIS 高光谱图像中明矾石、玉髓和高岭石的光谱曲线

图 2.21 和图 2.22 描绘了用 SAM 方法和 SFF 方法对 Cuprite 矿区 AVIRIS 高光谱图像中这三种典型矿物进行识别得到的 ROC 曲线。图中曲线越靠近左上角，表明识别精度越高。可以看出，HyDRoS 算法降噪后的高光谱图像得到的这三种矿物识别精度几乎全是最高。表 2.2 和表 2.3 列出了图 2.21 和图 2.22 的 AUC，从中可以看出，HyDRoS 算法降噪后的 AVIRIS 高光谱图像得到的 AUC 几乎全是最高，说明 HyDRoS 算法降噪后的高光谱图像质量最佳，从而使得得到的矿物识别精度最高，验证了 HyDRoS 降噪算法对于高光谱图像降噪的有效性。

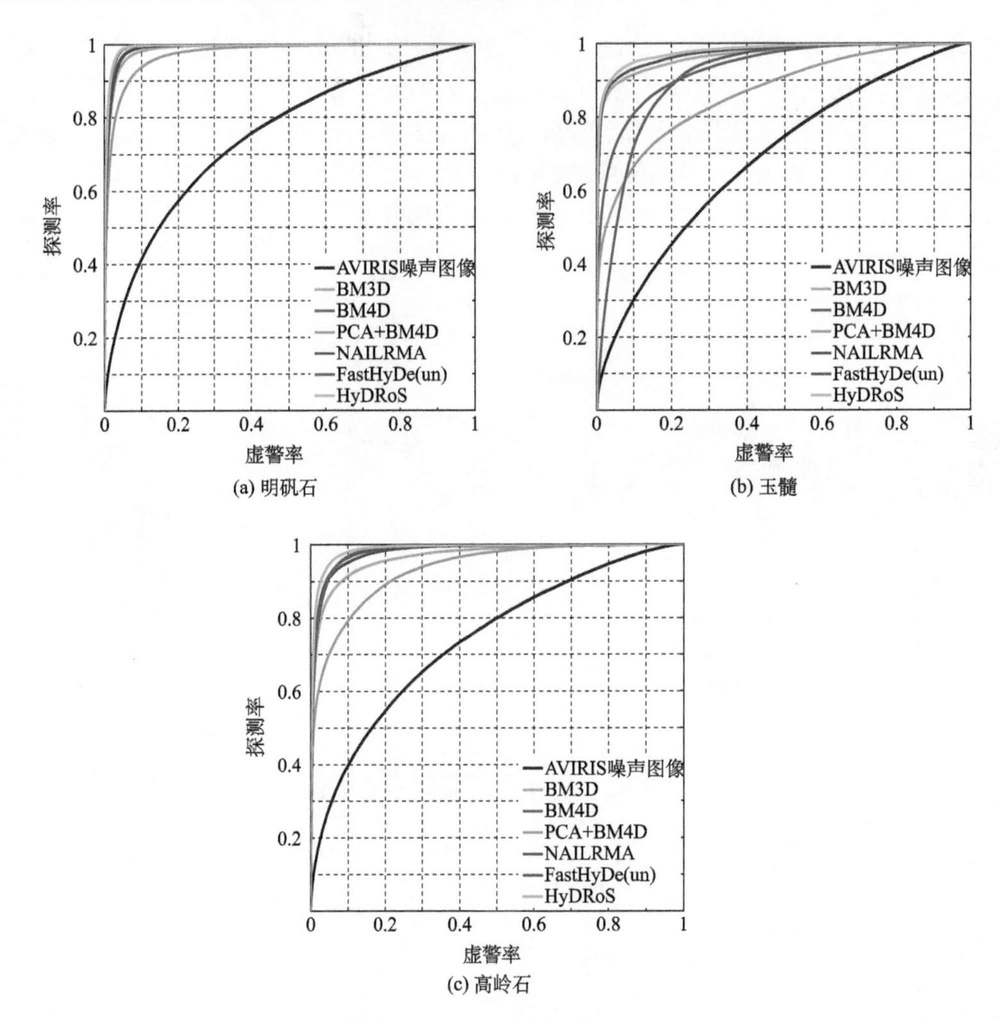

图 2.21　Cuprite 矿区 AVIRIS 高光谱图像中明矾石、玉髓和高岭石三种矿物 SAM 方法识别得到 ROC 曲线

表 2.2　Cuprite 矿区 AVIRIS 高光谱图像中明矾石、玉髓和高岭石三种矿物 SAM 方法识别得到的 AUC

指标	明矾石	玉髓	高岭石
噪声图像	0.7508	0.6878	0.7396
BM3D	0.9880	0.9693	0.9679
BM4D	0.9913	0.9358	0.9842
PCA+BM4D	0.9746	0.8671	0.9351
NAILRMA	0.9903	0.9756	0.9815
FastHyDe (un)	0.9936	0.9139	0.9836
HyDRoS	0.9941	0.9808	0.9888

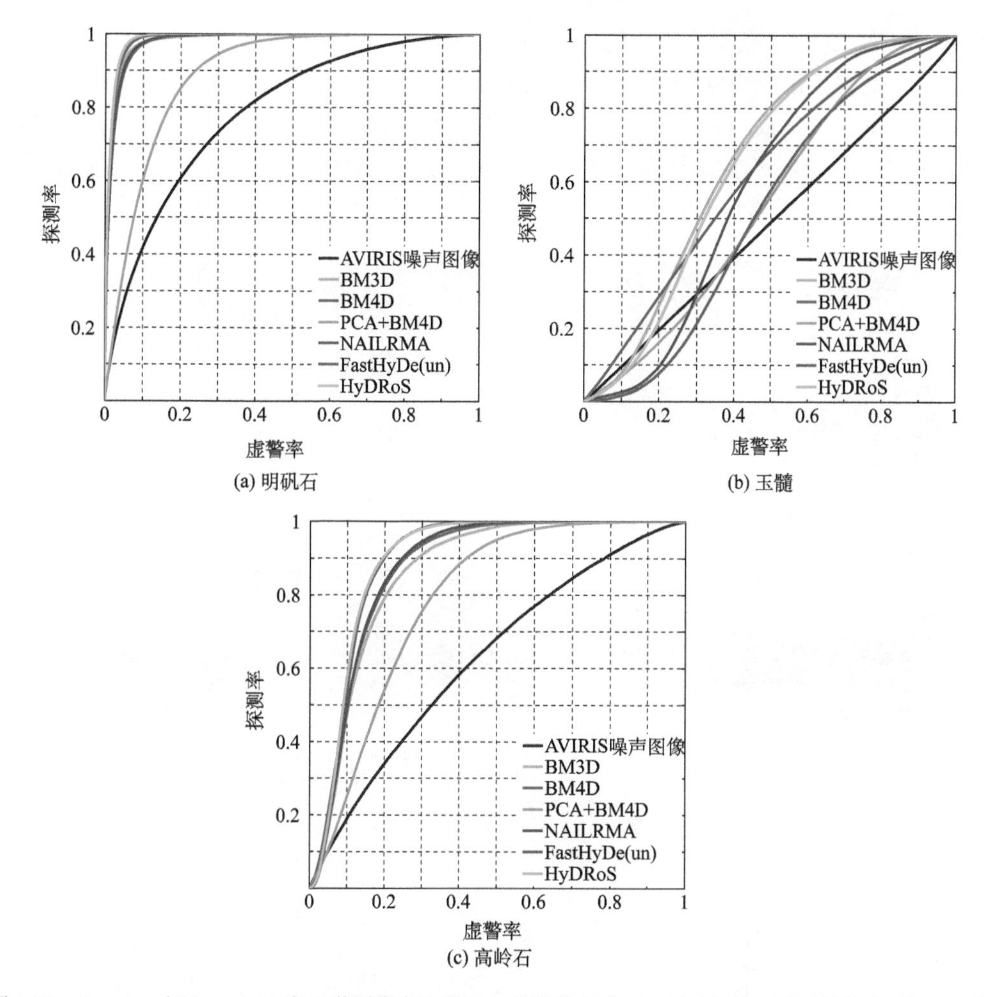

图 2.22　Cuprite 矿区 AVIRIS 高光谱图像中明矾石、玉髓和高岭石三种矿物 SFF 方法识别得到 ROC 曲线

表 2.3　Cuprite 矿区 AVIRIS 高光谱图像中明矾石、玉髓和高岭石三种矿物 SFF 方法识别得到的 AUC

指标	明矾石	玉髓	高岭石
噪声图像	0.7886	0.4884	0.6269
BM3D	0.9825	0.6620	0.8598
BM4D	0.9800	0.6178	0.8743
PCA+BM4D	0.8936	0.5448	0.7860
NAILRMA	0.9807	0.5872	0.8744
FastHyD (un)	0.9861	0.5183	0.8924
HyDRoS	0.9877	0.6508	0.8948

真实数据实验选取覆盖 Cuprite 矿区的 Hyperion Level1R (L1R) 级高光谱图像作为实验数据。Hyperion 高光谱图像的覆盖范围与模拟数据实验中 AVIRIS 高光谱图像覆盖范围相同，图像获取时间是 2011 年 9 月 19 日，波长范围为0.36~2.58μm，共 242 个波段，

光谱分辨率为10nm，空间分辨率约为30m。Hyperion L1R级数据产品已经经过辐射校正处理，但是进行矿物识别前仍然需要其他预处理(图2.23)。预处理的步骤包括波段选择、大气校正、去条纹、几何校正、配准。真实数据实验流程见图2.24。实验中选取了Hyperion L1R级高光谱图像中的40个波段(185～224波段，波长范围2.0~2.4μm)作为真实数据，图像大小为238×176个像元。

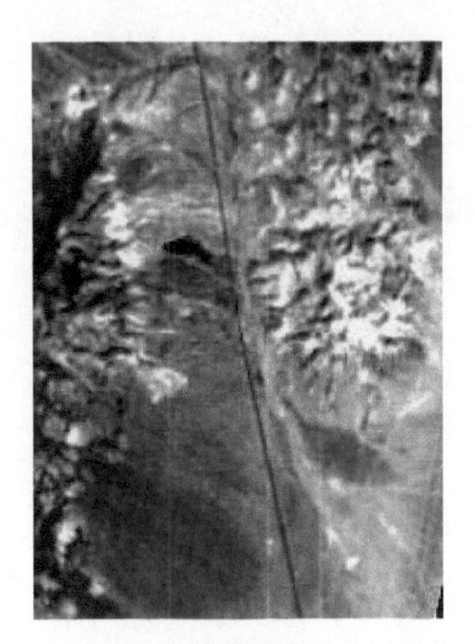

(a) 假彩色图像

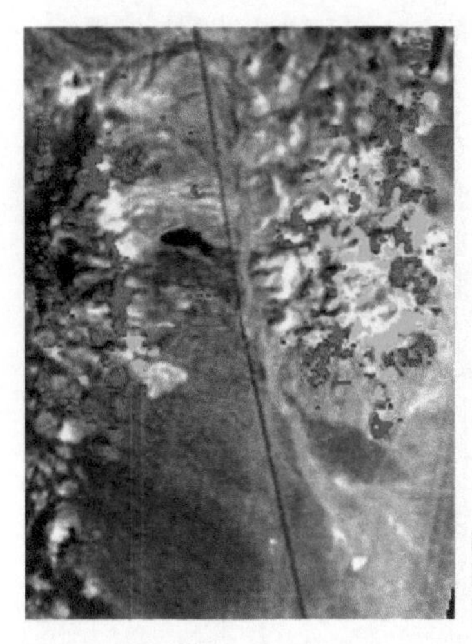

(b) 明矾石、玉髓和高岭石的参考矿物分布图
(R: 2092.8 nm, G: 2193.7 nm, B: 335.0nm)

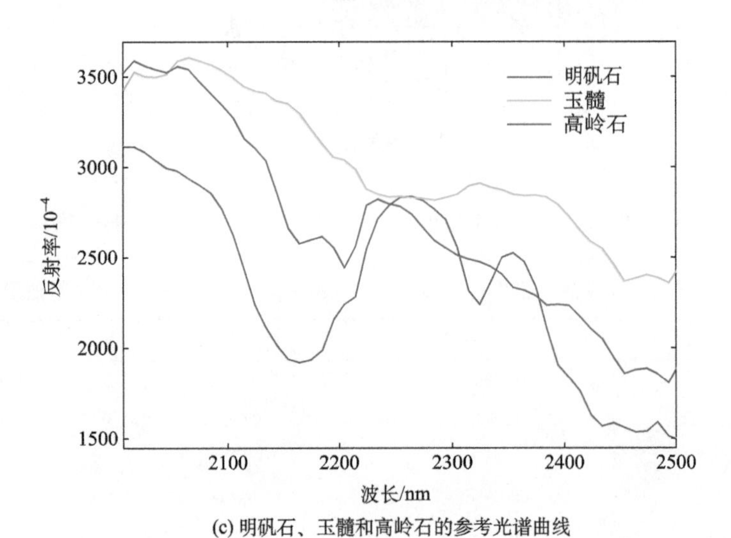

(c) 明矾石、玉髓和高岭石的参考光谱曲线

图2.23　Cuprite矿区Hyperion高光谱图像

真实数据实验中对HyDRoS降噪算法的性能采用主观视觉效果、矿物填图精度、以及计算时间进行评价。由于真实数据实验中参考的干净图像往往是无法得知的，实验中对比了Hyperion高光谱图像降噪后的第37波段(2365.2nm)的目视效果，从图2.25可以看出，HyDRoS算法降噪后的高光谱图像呈现出的目视效果最好。

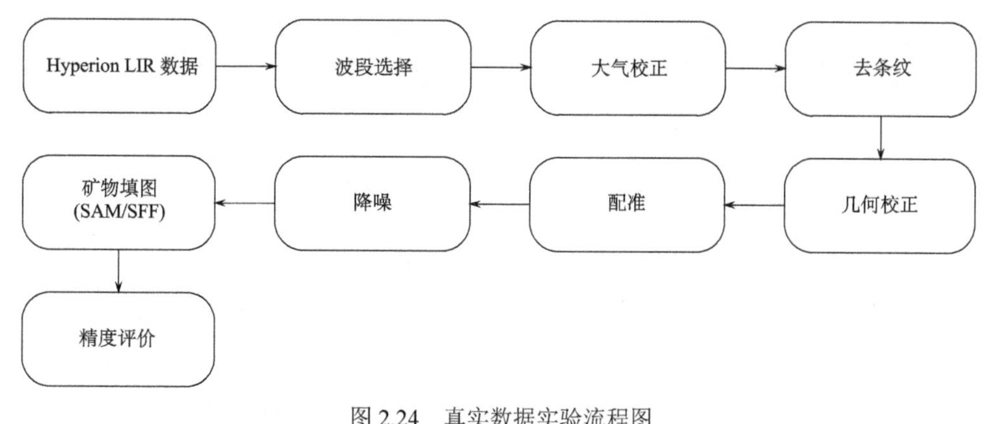

图 2.24　真实数据实验流程图

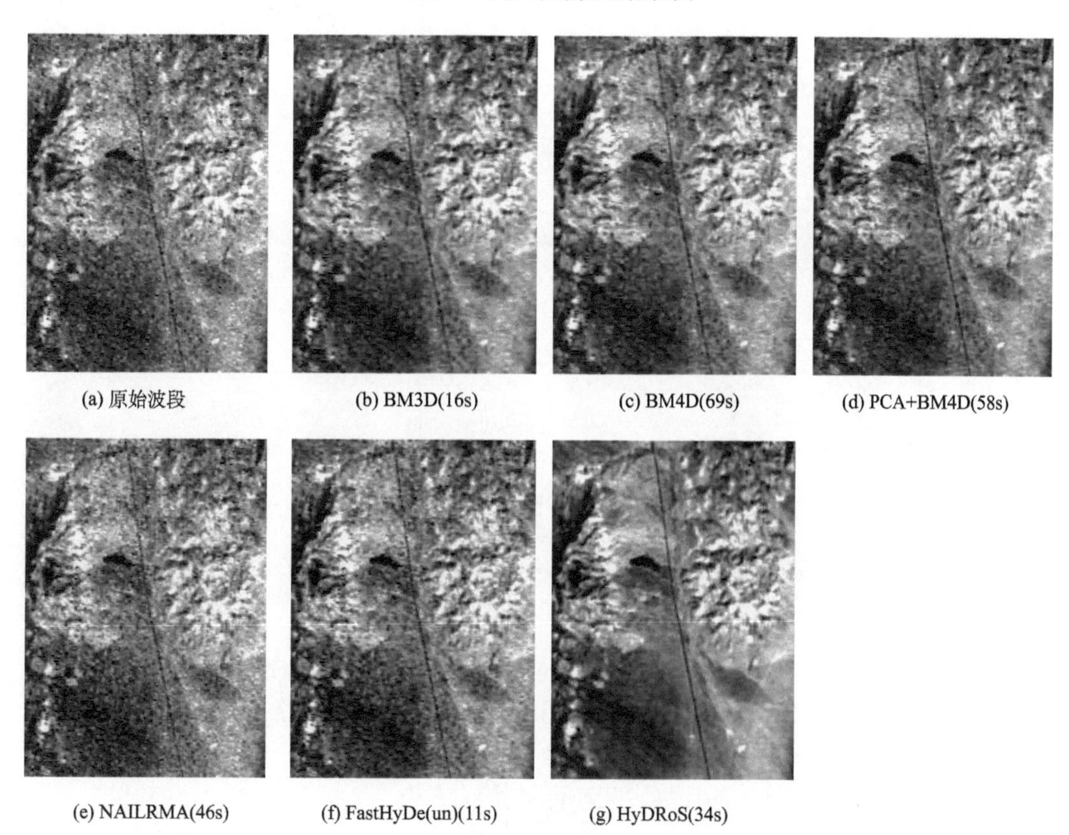

图 2.25　Cuprite 矿区 Hyperion 高光谱图像第 37 波段(2365.2nm)降噪结果

与模拟数据实验相同，真实数据实验中将降噪后的 Hyperion 高光谱图像用于 Cuprite 矿区的矿物识别，用 SAM 方法和 SFF 方法识别得到的 AUC 作为降噪算法性能的定量评价。从图 2.26 和图 2.27 以及表 2.4 和表 2.5 中可以看出，HyDRoS 算法降噪后高光谱图像得到的这三种矿物识别精度几乎全是最高，说明 HyDRoS 算法降噪后的高光谱图像质量最佳，从而使得得到的矿物识别精度最高，验证了 HyDRoS 降噪算法对于高光谱图像降噪有效性。

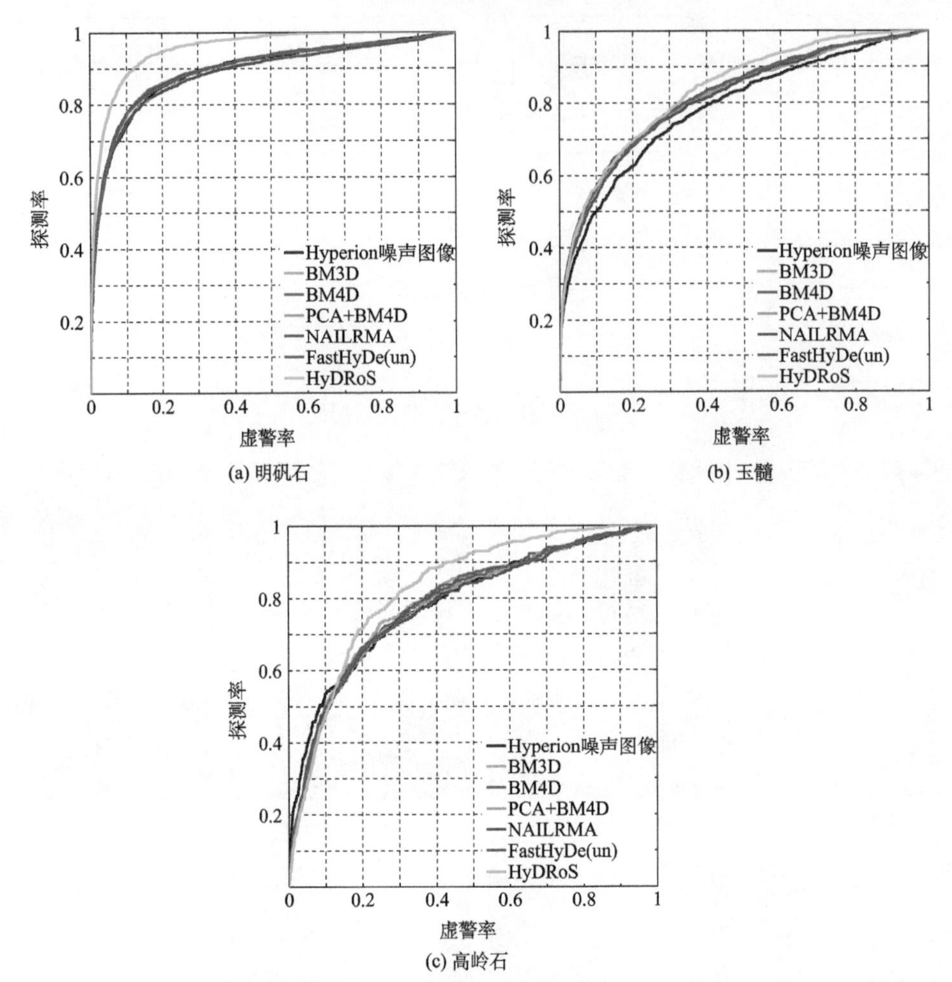

图 2.26　Cuprite 矿区 Hyperion 高光谱图像中明矾石、玉髓和高岭石三种矿物 SAM 方法识别得到的 ROC 曲线

真实数据实验是在电子计算机(八核 Core i7-6700 CPU @ 3.4 GHz，8GB RAM 内存)桌面 MATLAB 2014a 上实现，图 2.25 的图注展示了真实数据实验中不同降噪算法的计算时间，从中可以看出，最快的降噪算法是 FastHyDe(un)，相比于除 FastHyDe(un)外的其他算法，HyDRoS 算法的计算时间在可接受范围内。

表2.4　Cuprite矿区Hyperion高光谱图像中明矾石、玉髓和高岭石三种矿物SAM方法识别得到的AUC

指标	明矾石	玉髓	高岭石
原始图像	0.8925	0.7852	0.7894
BM3D	0.8972	0.8152	0.7935
BM4D	0.8984	0.8190	0.7929
PCA+BM4D	0.8856	0.8098	0.7823
NAILRMA	0.8837	0.8094	0.7799
FastHyDe(un)	0.8952	0.8181	0.7870
HyDRoS	0.9547	0.8350	0.8278

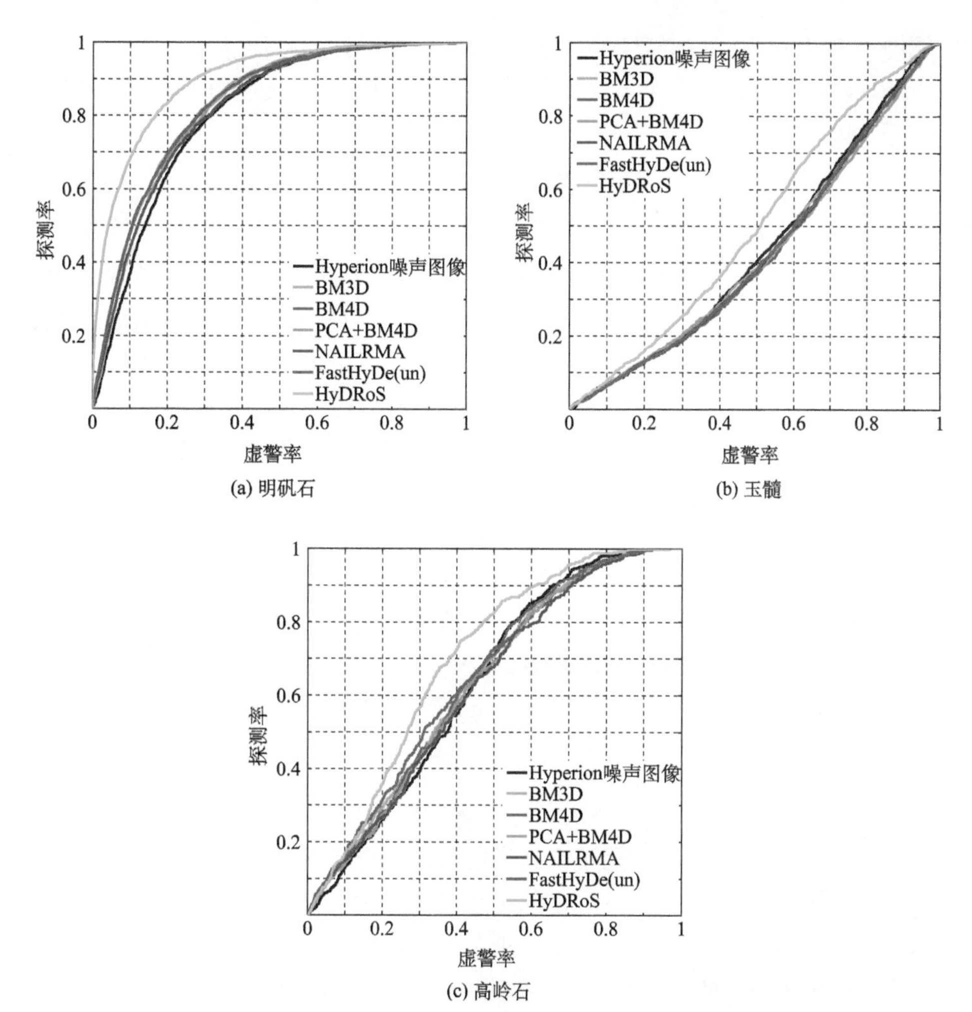

图 2.27　Cuprite 矿区 Hyperion 高光谱图像中明矾石、玉髓和高岭石三种矿物 SFF 方法识别得到的 ROC 曲线

表 2.5　Cuprite 矿区 Hyperion 高光谱图像中明矾石、玉髓和高岭石三种矿物 SFF 方法识别得到的 AUC

指标	明矾石	玉髓	高岭石
原始图像	0.8077	0.4443	0.6311
BM3D	0.8337	0.4369	0.6383
BM4D	0.8315	0.4302	0.6353
PCA+BM4D	0.8227	0.4306	0.6305
NAILRMA	0.8178	0.4305	0.6233
FastHyDe (un)	0.8314	0.4345	0.6519
HyDRoS	0.8983	0.5062	0.6983

2.2.2　RhyDe 高光谱图像降噪算法

1. RhyDe 算法原理

假定图像存在少量在空间域或光谱域上表现出异常的像元，这些异常像元通常是包

含稀有物质的稀有像元，或者是因为传感器的故障而导致的有损像元。类似于鲁棒的主成分分析(RPCA)，以及(Wei et al., 2015; Zhuang and Bioucas-Dias, 2016)中的模型，采用了如下的观测模型：

$$\boldsymbol{Y}=\boldsymbol{X}+\boldsymbol{S}+\boldsymbol{N} \tag{2.19}$$

式中，$\boldsymbol{Y}=\left[\boldsymbol{y}_1,\cdots,\boldsymbol{y}_n\right]\in\mathbb{R}^{n_b\times n}$ 为存在加性高斯噪声和稀有像元的高光谱图像二维矩阵；$\boldsymbol{X}=\left[\boldsymbol{x}_1,\cdots\boldsymbol{x}_n\right]\in\mathbb{R}^{n_b\times n}$ 为干净的高光谱图像二维矩阵(n_b 是波段数，n 是像元个数)；$\boldsymbol{N}\in\mathbb{R}^{n_b\times n}$ 为加性高斯噪声；$\boldsymbol{S}\in\mathbb{R}^{n_b\times n}$ 表示稀有像元。已知 $\boldsymbol{Y}$，目标是利用 $\boldsymbol{X}$ 矩阵的低秩、自相似性以及 $\boldsymbol{S}$ 矩阵的列优先稀疏(columnwise sparsity)来估计 $\boldsymbol{X}$ 和 $\boldsymbol{S}$。这样的观测模型方法虽然与鲁棒的主成分分析方法有联系(Wright et al., 2009)，但是也存在着明显的区别：对于 $\boldsymbol{X}$ 矩阵来说，通过基于像元块的正则化方法来强化 $\boldsymbol{X}$ 的低秩性和自相似性，而鲁棒主成分分析方法通过最小化核范数达到低秩，并且没有关于空间域的正则项；对于 $\boldsymbol{S}$ 矩阵来说，通过使用 $L_{2,1}$ 正则化的方法来提高列优先稀疏性，而鲁棒主成分分析方法是通过使用 L_1 正则化来促进 $\boldsymbol{S}$ 矩阵中任意元素的稀疏性。

由于高光谱图像的空间维和光谱维存在很强的相关性，Bioucas-Dias 等(2012)的工作表明 $\boldsymbol{X}$ 可在一个低维子空间 $\mathcal{S}_p$ 近似表达，$p\ll n_b$。与式(2.8)类似，式(2.19)中的 $\boldsymbol{X}$ 可以表示为一个基底矩阵 $\boldsymbol{E}=\left[\boldsymbol{e}_1,\cdots,\boldsymbol{e}_p\right]\in\mathbb{R}^{n_b\times p}$ 和一个 $\boldsymbol{E}$ 与对应的系数矩阵 $\boldsymbol{Z}=\left[z_1,\cdots,z_n\right]\in\mathbb{R}^{p\times n}$ 的线性组合：$\boldsymbol{X}=\boldsymbol{EZ}$，因此观测模型(2.19)可以写成:

$$\boldsymbol{Y}=\boldsymbol{EZ}+\boldsymbol{S}+\boldsymbol{N} \tag{2.20}$$

根据上文描述，这里充分利用了高光谱图像的三个特点：①可以在低维子空间下近似表达高光谱图像；②图像的子空间系数矩阵 $\boldsymbol{Z}$ 在此处被称为特征图像(eigen-images)，特征图像具有自相似属性，因此适合于使用基于非局部自相似方法的降噪方法，类似于 BM3D 方法(Dabov et al., 2007)或者是(low-rank collaborative filtering, LRCF)方法(Buades et al., 2005)；③异常像元通常在空间上是稀疏分布。

基于以上的分析，通过最优化下式来估计矩阵 $\boldsymbol{Z}$ 和矩阵 $\boldsymbol{S}$：

$$\{\widehat{\boldsymbol{Z}},\widehat{\boldsymbol{S}}\}\in\arg\min_{\boldsymbol{Z},\boldsymbol{S}}\frac{1}{2}\|\boldsymbol{EZ}+\boldsymbol{S}-\boldsymbol{Y}\|_F^2+\lambda_1\varphi(\boldsymbol{Z})+\lambda_2\|\boldsymbol{S}^{\mathrm{T}}\|_{2,1} \tag{2.21}$$

式中，$\|\boldsymbol{X}\|_F^2=\mathrm{trace}\left(\boldsymbol{XX}^{\mathrm{T}}\right)$ 为矩阵 $\boldsymbol{X}$ 的 F-范数。式中右侧的第一项代表着数据的保真度；第二项是第一个正则项，表达了根据自相似图像所定制的先验信息(Zhuang and Bioucas-Dias, 2016; Dabov et al., 2007; Nejati et al., 2015; Buades et al., 2005)；第三项是第二个正则项，是 $\boldsymbol{S}^{\mathrm{T}}$ 矩阵的 $L_{2,1}$ 范数，$\left\|\boldsymbol{S}^{\mathrm{T}}\right\|_{2,1}=\sum_{i=1}^{n}\|\boldsymbol{s}_i\|_2$ (其中，$\boldsymbol{s}_i$ 表示 $\boldsymbol{S}$ 矩阵的第 i 列)，这样的正则项可以提高 $\boldsymbol{S}$ 矩阵中各列的列优先稀疏度。最后 $\lambda_1,\lambda_2\geqslant 0$ 是正则化的参数，分别代表两个正则项的相对权重。假定 φ 函数是一个凸的函数，那么式(2.21)就是一个凸优化问题。

令 $\boldsymbol{A}=\left[\boldsymbol{Z}^{\mathrm{T}}\boldsymbol{S}^{\mathrm{T}}\right]^{\mathrm{T}}$ 表示一个 $(p+n_b)\times n$ 大小的矩阵，它是由一个 $(p\times n)$ 大小的特征图像 $\boldsymbol{Z}$ 以及一个 $(n_b\times n)$ 大小的异常值矩阵 $\boldsymbol{S}$ 组合而成的。则式(2.21)可以被改写为

$$\widehat{\boldsymbol{A}} \in \arg\min_{\mathbf{A}} \frac{1}{2}\left\|\boldsymbol{Y} - \left[\boldsymbol{E}, \boldsymbol{I}_{n_b}\right]\boldsymbol{A}\right\|_F^2 + \lambda_1 \varphi\left(\left[\boldsymbol{I}_p, \boldsymbol{0}_{(p\times n_b)}\right]\boldsymbol{A}\right) + \lambda_2 \left\|\left(\left[\boldsymbol{0}_{(n_b\times p)}, \boldsymbol{I}_{n_b}\right]\boldsymbol{A}\right)^{\mathrm{T}}\right\|_{2,1} \tag{2.22}$$

式中，$\boldsymbol{I}_a$ 为大小为 a 的单位矩阵；$\boldsymbol{0}_{(a\times b)}$ 为大小为 $a\times b$ 的零矩阵。

这里利用 CSALSA 算法(Afonso et al., 2010)来解决式(2.22)的优化问题，CSALSA 是由 ADMM 方法(Eckstein and Bertsekas, 1992)推导出来的一个例子，ADMM 用于求解含有任意数量的项的凸优化问题。CSALSA 首先将原始的优化问题通过变量分解来转化为一个受约束的优化问题：

$$\min_{\boldsymbol{A},\boldsymbol{V}_1,\boldsymbol{V}_2,\boldsymbol{V}_3} \frac{1}{2}\left\|\boldsymbol{Y} - \boldsymbol{V}_1\right\|_F^2 + \lambda_1\varphi(\boldsymbol{V}_2) + \lambda_2\left\|\boldsymbol{V}_3^{\mathrm{T}}\right\|_{2,1}$$
$$\text{s.t.}\begin{cases} \boldsymbol{V}_1 = \left[\boldsymbol{E}, \boldsymbol{I}_{n_b}\right]\boldsymbol{A} \\ \boldsymbol{V}_2 = \left[\boldsymbol{I}_p, \boldsymbol{0}_{(p\times n_b)}\right]\boldsymbol{A} \\ \boldsymbol{V}_3 = \left[\boldsymbol{0}_{(n_b\times p)}, \boldsymbol{I}_{n_b}\right]\boldsymbol{A} \end{cases} \tag{2.23}$$

上述优化问题的增广拉格朗日函数如下：

$$\begin{aligned} L(\boldsymbol{A},\boldsymbol{V}_1,\boldsymbol{V}_2,\boldsymbol{V}_3,\boldsymbol{D}_1,\boldsymbol{D}_2,\boldsymbol{D}_3) = &\frac{1}{2}\left\|\boldsymbol{Y} - \boldsymbol{V}_1\right\|_F^2 + \lambda_1\varphi(\boldsymbol{V}_2) + \lambda_2\left\|\boldsymbol{V}_3^{\mathrm{T}}\right\|_{2,1} \\ &+ \frac{\mu_1}{2}\left\|\boldsymbol{V}_1 - \left[\boldsymbol{E}, \boldsymbol{I}_{n_b}\right]\boldsymbol{A} - \boldsymbol{D}_1\right\|_F^2 \\ &+ \frac{\mu_2}{2}\left\|\boldsymbol{V}_2 - \left[\boldsymbol{I}_p, \boldsymbol{0}_{(p\times n_b)}\right]\boldsymbol{A} - \boldsymbol{D}_2\right\|_F^2 \\ &+ \frac{\mu_3}{2}\left\|\boldsymbol{V}_3 - \left[\boldsymbol{0}_{(n_b\times p)}, \boldsymbol{I}_{n_b}\right]\boldsymbol{A} - \boldsymbol{D}_3\right\|_F^2 \end{aligned} \tag{2.24}$$

其中，$\mu_1,\mu_2,\mu_3 > 0$ 是 CSALISA 算法的惩罚参数。利用 CSALSA 算法，式(2.24)的优化问题具体求解步骤见算法 2。算法 2 展示了 RhyDe 算法(Zhuang et al., 2017)的求解步骤。

算法 2　RhyDe 降噪算法

1.令 $k=0$，选择 $\mu_1,\mu_2,\mu_3 > 0, \boldsymbol{V}_{1,0}, \boldsymbol{V}_{2,0}, \boldsymbol{D}_{1,0}, \boldsymbol{D}_{2,0}$

2.迭代开始：

3. $\boldsymbol{A}_{\mathrm{k}+1} = \arg\min_{\mathbf{A}} \frac{\mu_1}{2}\left\|\boldsymbol{V}_{1,k} - \left[\boldsymbol{E}, \boldsymbol{I}_{n_b}\right]\boldsymbol{A} - \boldsymbol{D}_{1,k}\right\|_F^2 + \frac{\mu_2}{2}\left\|\boldsymbol{V}_{2,k} - \left[\boldsymbol{I}_p, \boldsymbol{0}_{(p\times n_b)}\right]\boldsymbol{A} - \boldsymbol{D}_{2,k}\right\|_F^2$
$+ \frac{\mu_3}{2}\| \boldsymbol{V}_{3,k} - \left[\boldsymbol{0}_{(n_b\times p)}, \boldsymbol{I}_{n_b}\right]\boldsymbol{A} - \boldsymbol{D}_{3,k}\|_F^2$

4. $\boldsymbol{V}_{1,k+1} = \arg\min_{\boldsymbol{V}_1} \frac{1}{2}\left\|\boldsymbol{Y} - \boldsymbol{V}_1\right\|_F^2 + \frac{\mu_1}{2}\left\|\boldsymbol{V}_1 - \left[\boldsymbol{E}, \boldsymbol{I}_{n_b}\right]\boldsymbol{A}_{k+1} - \boldsymbol{D}_{1,k}\right\|_F^2$

5. $\boldsymbol{V}_{2,k+1} = \arg\min_{\boldsymbol{V}_{2,k+1}} \lambda_1\varphi(\boldsymbol{V}_2) + \frac{\mu_2}{2}\left\|\boldsymbol{V}_2 - \left[\boldsymbol{I}_p, \boldsymbol{0}_{(p\times n_b)}\right]\boldsymbol{A}_{k+1} - \boldsymbol{D}_{2,k}\right\|_F^2$

6. $V_{3,k+1} = \arg\min_{V_{3,k+1}} \lambda_2 \left\| V_3^{\mathrm{T}} \right\|_{2,1} + \frac{\mu_3}{2} \left\| V_3 - \left[\mathbf{0}_{(n_b \times p)}, I_{n_b} \right] A_{k+1} - D_{3,k} \right\|_F^2$

7. $D_{1,k+1} = D_{1,k} - \left(V_{1,k+1} - \left[E, I_{n_b} \right] A_{k+1} \right)$

8. $D_{2,k+1} = D_{2,k} - \left(V_{2,k+1} - \left[I_p, \mathbf{0}_{(p \times n_k)} \right] A_{k+1} \right)$

9. $D_{3,k+1} = D_{3,k} - \left(V_{3,k+1} - \left[\mathbf{0}_{(n_b \times p)}, I_{n_b} \right] A_{k+1} \right)$

10. $k \to k+1$

11. 直到满足终止条件，迭代停止

第三和第四行是二次优化问题，他们的解如下。

第三行：

$$A_{k+1} = \left(\mu_1 \left[E, I_{n_b} \right]^H \left[E, I_{n_b} \right] + \mu_2 \left[I_p, \mathbf{0}_{p \times n_b} \right]^H \left[I_p, \mathbf{0}_{p \times n_b} \right] + \mu_3 \left[\mathbf{0}_{(n_b \times p)}, I_{n_b} \right]^H \left[\mathbf{0}_{(n_b \times p)}, I_{n_b} \right] \right)^{-1} \left(\mu_1 \left[E, I_{n_b} \right]^H (V_1 - D_1) + \mu_2 \left[I_p, \mathbf{0}_{p \times n_b} \right]^{-1} (V_2 - D_2) + \mu_3 \left[\mathbf{0}_{(n_b \times p)}, I_{n_b} \right]^H (V_3 - D_3) \right) \tag{2.25}$$

第四行：

$$V_{1,k+1} = (1 + \mu_1)^{-1} \left[Y + \mu_1 \left(\left[E, I_{n_b} \right] A_{k+1} + D_{1,k} \right) \right] \tag{2.26}$$

第五行：关于 φ 的近邻算子(proximity operator)应用到 $V'_{2,k} = \left[I_p, \mathbf{0}_{(p \times n_b)} \right] A_{k+1} + D_{2,k}$。

$$V_{2,k+1} = \Psi_{\lambda_1 \varphi / \mu_2}(V'_{2,k}) \tag{2.27}$$

其中，

$$\Psi_{\lambda\varphi}(U) = \arg\min_X \frac{1}{2} \| X - U \|_F^2 + \lambda \varphi(X) \tag{2.28}$$

第六行：关于 $L_{2,1}$ 范数的近邻算子应用到 $V'_{3,k} = \left[\mathbf{0}_{(n_b \times p)}, I_p \right] A_{k+1} + D_{3,k}$。

$$V_{3,k+1} = \Psi_{\lambda_2 \|\cdot\|_{2,1} / \mu_3} \left(V'_{3,k} \right) \tag{2.29}$$

其中，令 $U = [u_1, \cdots, u_u]$，

$$\begin{aligned} \Psi_{\lambda \|\cdot\|_{2,1}}(U) &= \arg\min_X \frac{1}{2} \left\| X - U \right\|_F^2 + \lambda \left\| X^{\mathrm{T}} \right\|_{2,1} \\ &= \left[\text{soft - vector}\left(u_i, \lambda / \mu_3 \right), i = 1, \cdots, n \right] \end{aligned} \tag{2.30}$$

式中，soft-vector 表示关于向量的软阈值(vector-soft-threshold)函数(Combettes and Patric, 2011)，其定义为

$$x \mapsto \frac{\max(\|x\| - \tau, 0)}{\max(\|x\| - \tau, 0) + \tau} x \tag{2.31}$$

实际上，可以将 $V'_{3,k}$ 和 $V'_{2,k}$ 分别视为第 k 次迭代中带噪声的异常图像(只包含异常像元信息)估计值和带噪声的特征图像估计值。函数 $\Psi_{\lambda_1 \varphi / \mu_2}\left(V'_{2,k} \right)$ 和 $\Psi_{\lambda_2 \|\cdot\|_{2,1} / \mu_3}\left(V'_{3,k} \right)$ 在各自的带噪

声图像中起到降噪作用。

这里使用了即插即用的方法来解决关于 $\widehat{\boldsymbol{Z}}$ 的子问题(Venkatakrishnan et al., 2013)。首先 $\boldsymbol{E}$ 是列正交矩阵，于是矩阵 $\boldsymbol{Z}$ 的行向量之间是去相关的，如果进一步假设函数关于变量 $\boldsymbol{Z}$ 的行向量是可解偶的，那么可以用即插即用的思路依次求解 $\boldsymbol{Z}$ 的每一个行向量，也就是应用已有的单波段滤波器(BM3D(Dabov et al., 2007)或者 LRCF(Buades et al., 2005)算法)求解 $\boldsymbol{Z}$ 的行向量。因为这些降噪器并不是近邻算子，不能保证此处应用 CSALSA 求解目标函数时的收敛性。在迭代过程中使用即插即用方法的收敛性问题目前仍然是一个活跃的研究领域(Maggioni et al., 2013)。在本方法当中，当增广拉格朗日参数设置为 $\mu_i = 1$，当 $i = 1,2,3$ 时 RhyDe 算法在实验中是收敛的。

这里，同时提出了一个异常值的检测器根据在式(2.21)中对于异常值矩阵 $\widehat{\boldsymbol{S}}$ 的估计，也就是

$$r_i = \left\| \hat{\boldsymbol{s}}_i \right\|_2, \quad i = 1, \cdots, n \tag{2.32}$$

式中，$\hat{\boldsymbol{s}}_i$ 是异常值矩阵 $\widehat{\boldsymbol{S}}$ 的第 i 列。如果 r_i 大于一个阈值，则第 i 个像元就会被归为一个异常像元。

2. 实验内容与及结果分析

通过在 University of Pavia 数据集上添加高斯噪声和异常像元来模拟生成一个模拟数据的高光谱图像数据集(图 2.28)，具体步骤如下：为了模拟一副干净的图像，先删除 28 个信噪比很低的波段。然后将剩余的光谱向量投影到一个信号子空间中去，子空间是通过奇异值分解方法估计。这样的投影过程可以去除大量的噪声。图 2.28(a)是由干净图像的 3 个波段合成的假彩色图像。

为了模拟异常值，将随机选取 0.02%的像元，将其值替换成 USGS 光谱库中的矿物硅线石 HS186.3 的光谱曲线。通过这样的步骤，可以得到一幅包含异常像元的干净图像。最后对每个波段添加方差不一样的高斯噪声来模拟带有噪声的高光谱图像[图 2.28(b)]：$\boldsymbol{n}_i \sim \mathcal{N}(\boldsymbol{0}, \boldsymbol{D})$，$\boldsymbol{D}$ 是一个对角矩阵，其中对角线元素服从均匀分布 $U(0,u)$，$u \in \{0.04, 0.02, 0.013, 0.007, 0.004\}$。

RhyDe 算法的降噪效果与 BM4D(Maggioni et al., 2013)、NAILRMA(Wei et al., 2015)、FastHyDe(Zhuang and Bioucas-Dias, 2016)算法进行了比较。因为模拟的噪声是随着波段变化的，而所有对比的方法都假设噪声是独立同分布的，因此在应用所有降噪算法前对观测图像的噪声做白化处理[更多的实现细节可以查看文献(Zhuang and Bioucas-Dias, 2016)]。

这里计算每个波段的信噪比指数(SNR)和结构性相似度指数(SSIM)(Zhuang and Bioucas-Dias, 2016)作为定量评价指标。表 2.6 列出了所有波段的平均信噪比指数以及平均结构性相似度指数，从表 2.6 中可以看到 RhyDe 的方法表现最好。而重构的光谱特征曲线质量可以在图 2.29 中看到，结果显示使用 FastHyDe 算法的策略，即同时使用先验知识自相似性(在 BM4D 中也用到)以及低秩性(在 NAILRMA 中也用到)可以比只使用其中某一种先验对噪声去除得更好。但是，低秩正则化的方法(在 NAILRMA 和 FastHyDe 中使用)可能会导致稀有像元的缺失。然而，RhyDe 方法能够保留异常像元[图 2.29(b)]，

它在模型中用一个列优先稀疏的矩阵保留稀有像元的信号。

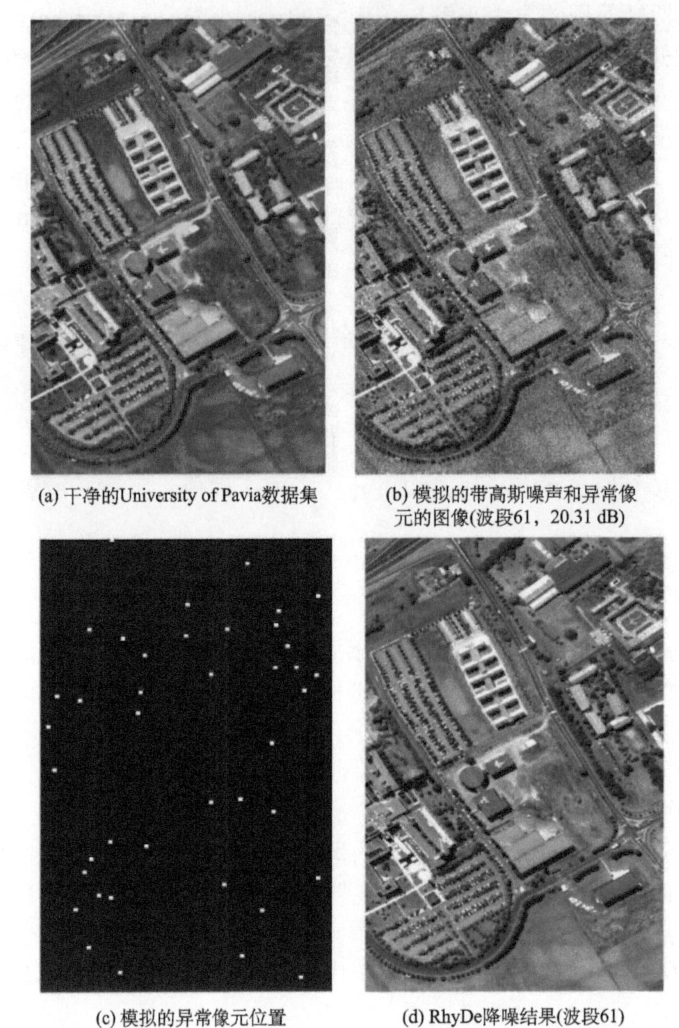

(a) 干净的University of Pavia数据集　(b) 模拟的带高斯噪声和异常像元的图像(波段61，20.31 dB)

(c) 模拟的异常像元位置　(d) RhyDe降噪结果(波段61)

图 2.28　基于 University of Pavia 数据集的高光谱图像

表 2.6　不同降噪算法应用于模拟数据集图像上得到的定量评价指标

指标	噪声图像	BM4D	NAILRMA	FastHyDe	RhyDe
MSNR	20.31	28.35	33.25	38.13	38.58
MSSIM	0.8295	0.9819	0.9949	0.9982	0.9983
时间/s	—	893	480	25	213
MSNR	25.65	32.37	37.10	42.24	43.16
MSSIM	0.9303	0.9932	0.9973	0.9991	0.9992
时间/s	—	881	573	25	214
MSNR	30.84	35.55	40.96	47.58	49.34
MSSIM	0.9697	0.9963	0.9988	0.9997	0.9997
时间/s	—	884	711	25	218

续表

指标	噪声图像	BM4D	NAILRMA	FastHyDe	RhyDe
MSNR	35.40	40.38	44.90	47.36	51.11
MSSIM	0.9910	0.9987	0.9995	0.9998	0.9999
时间/s	—	884	718	26	220
MSNR	40.19	43.89	48.19	49.56	54.27
MSSIM	0.9964	0.9994	0.9998	0.9999	0.9999
时间/s	—	886	675	26	222

这里所提出的异常检测算子[如式(2.32)]与现有最新的方法进行了对比，包括 global RX(Reed and Yu, 1990)、local RX(Reed and Yu, 1990)、OSP global RX(Ma and Tian, 2007)、NRS(Li and Du, 2015)以及 BSJSBD(Li et al., 2015)算法。异常检测算子的性能通常用 ROC(receiver operating characteristic curve)曲线表示，它显示在给定检测阈值下的检测率和虚警率。图 2.30 给出了当异常检测器的检测率达到 100%时的最小虚警率。这里提出的 RhyDe 的异常检测算子在该实验中性能最优。

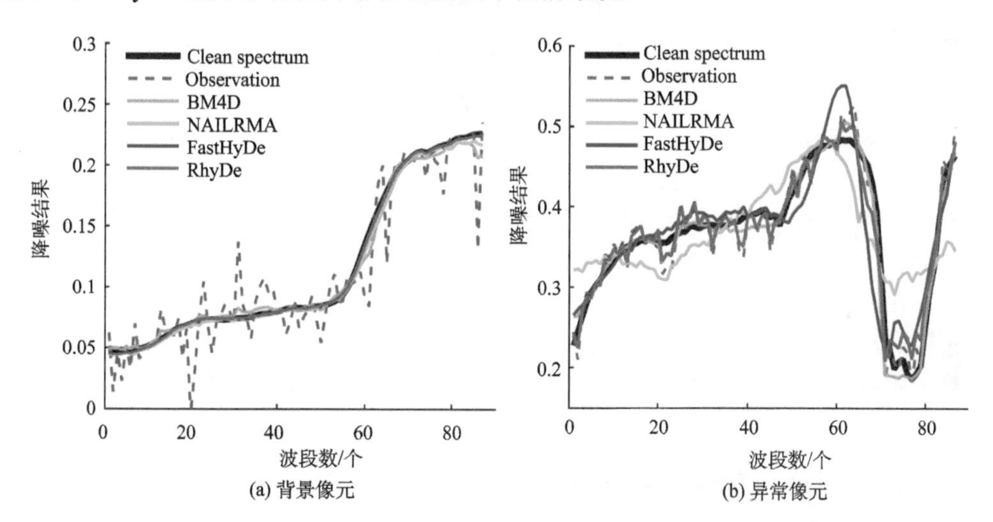

图 2.29　在包含 0.02%异常像元的模拟图像(20.31 dB)中，背景像元和异常像元的降噪结果

RhyDe 并没有对异常像元降噪，而是在降噪结果中保留异常像元的光谱曲线，因为 RhyDe 算法的输出结果是 $\hat{Z}+\hat{S}$

2.2.3　结论

本节介绍了两个基于低秩表示的高光谱图像降噪算法 HyDRoS 和 RhyDe。HyDRoS 算法对高光谱图像中的野点鲁棒，同时能有效地去除图像中的加性高斯噪声；RhyDe 算法能有效地去除高光谱图像中的加性高斯噪声同时保留图像中的稀有像元。

HyDRoS 降噪算法考虑到高光谱图像中的野点，首先利用 RPCA 去除野点；通过奇异值分解从去除野点后的高光谱图像中学习得到信号子空间；然后基于特征图像的自相似结构，用 BM3D 算法分别独立地对特征图像进行逐波段降噪；最后将降噪后的特征图像逆变换回原始的维度，得到降噪后的高光谱图像。为了拓展 HyDRoS 降噪算法的应用，实验中将 HyDRoS 算法降噪后得到的高光谱图像应用于典型矿物的识别，对比其他当前效果较好高光谱图像降噪算法，HyDRoS 算法降噪后得到的高光谱图像得到了更高的识别精度。实验结果表明，HyDRoS 降噪算法对高光谱图像中野点鲁棒，同时能有效地去除图像中的加性高斯噪声。

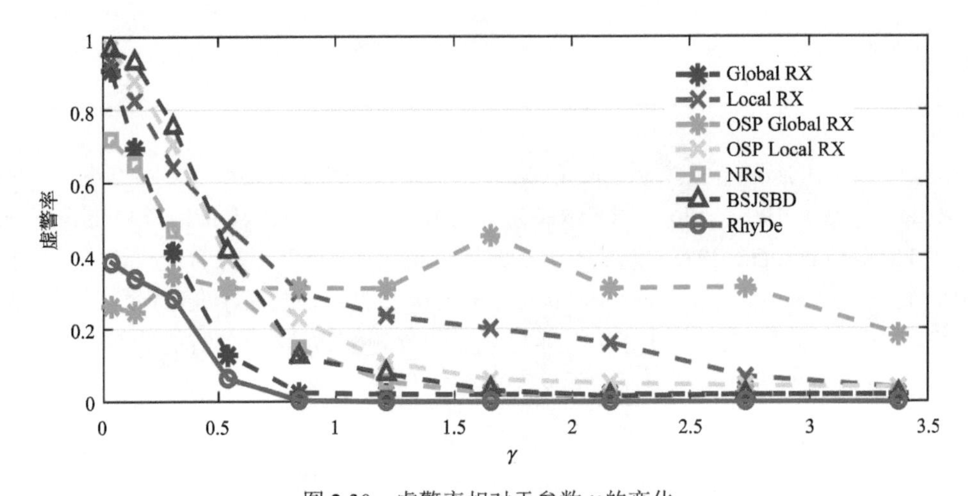

图 2.30　虚警率相对于参数 γ 的变化

γ 指异常像元们位于信号子空间的正交补的相对信号能量，γ 值越小，意味着异常像元的检测难度增大

RhyDe 降噪算法在去除高光谱图像中的加性高斯噪声的同时能够保留图像中的稀有像元。该方法研究和利用了高光谱图像的以下特征：干净图像的低秩性和自相似性，以及异常像元的结构稀疏性。通过对比现有的方法，可以看出 RhyDe 算法对加性噪声的处理效果更好，并且可以保留稀有像元。与现有的异常检测方法相比，本节所提出的异常检测算子表现出了更好的效果。

2.3　基于低秩表示的高光谱图像修复方法

高光谱图像为每个像元提供数十至数百个窄波段光谱信息，产生丰富的空间和光谱信息，实现对地物的精细识别。然而，真实观测场景中，有时由于成像系统的缺陷，会导致光传感器中产生一系列与信号无关的观测值(通常为零值)，这些观测值与实际辐射没有任何关系，且它们的存在降低了高光谱图像的可用性。尤其是大面积的、波段连续的坏像元，更是严重降低了图像的视觉感知质量。存在坏像元的高光谱图像直接对后续潜在应用产生极为不利的影响，甚至无法使用。在这种观测情况下，为了提高高光谱图像的可用性，需要修复图像中大面积的、波段连续的坏像元，尽可能地还原出完好的图像，这是本节介绍的主要内容。

高光谱图像修复是指高光谱图像中有些像元的信息丢失了，观测到的高光谱图像中没有这些像元的原始信息，需要修复这些信息丢失的像元。为了从观测图像中尽可能地恢复出完好的图像，插值和修补是两类重要的方法(Chen et al., 2013)。其中，插值方法通常用于快速计算和小面积坏像元的修复；修补方法通常用于大面积坏像元的修复。近年来，一些针对遥感图像或三维图像的修复算法被提出，如提出了一种基于最大后验概率推断的方法(Shen and Zhang, 2009)，用于解决遥感图像的去污和修复问题；提出将各向异性扩散修复模型用于超立方体数据的修复(Mendez-Rial et al., 2012)。然而，这些算法都只适用于坏像元覆盖的面积小、波段少的情况。当高光谱图像中存在大面积的、波段连续的坏像元时，这一类极其严重的破坏情况，修复的难度更大。此外，这一类破坏情况中，坏像元可能沿着相对于飞行方向的倾斜方向分布，相对于沿水平或垂直方向分布的坏像元，倾斜分布的坏像元的修复更具有挑战性。

考虑到现有的高光谱图像修复算法针对的只是小面积的、波段覆盖范围少的坏像元修复，无法对大面积的、波段连续的坏像元进行修复的事实。本节将介绍基于低秩表示的高光谱图像修复算法(hyperspectral inpainting algorithm based on low-rank representation, HyInpaint)，用于解决高光谱图像中存在大面积的、波段连续的坏像元的修复问题(姚丹，2018)(Yao et al., 2017)。本节将 HyInpaint 修复算法应用于中国首个目标飞行器天宫一号搭载的高光谱传感器获取的可见近红外高光谱图像的修复。

2.3.1 HyInpaint 高光谱图像修复算法

无坏像元的高光谱图像二维矩阵 $\boldsymbol{X}=\left[\boldsymbol{x}_1,\cdots,\boldsymbol{x}_n\right]\in\mathbb{R}^{n_b\times n}$ 受到大面积的、波段连续的坏像元和加性高斯噪声 $\boldsymbol{N}\in\mathbb{R}^{n_b\times n}$ 的干扰而降质，$\boldsymbol{M}\in\mathbb{R}^{n\times n}$ 是一个用于表示图像中坏像元位置的对角矩阵。如果像元 i 是坏像元，则 $[\boldsymbol{M}]_{i,i}=0$；如果像元 i 是正常像元，则 $[\boldsymbol{M}]_{i,i}=1$。HyInpaint 算法修复的前提是 $\boldsymbol{M}$ 中坏像元的位置是已知的。此时高光谱图像的观测模型可以表示为

$$\boldsymbol{Y}=\boldsymbol{XM}+\boldsymbol{N} \tag{2.33}$$

式中，$\boldsymbol{Y}$ 为存在大面积的、波段连续的坏像元和加性高斯噪声的高光谱图像二维矩阵。

对原本完好的图像进行低秩表示，$\boldsymbol{X}$ 存在于一个低维的子空间 $\mathcal{S}_p$ 中，可以表示为由一个基底矩阵 $\boldsymbol{E}=\left[\boldsymbol{e}_1,\cdots,\boldsymbol{e}_p\right]\in\mathbb{R}^{n_b\times p}$ 和一个与 $\boldsymbol{E}$ 对应的系数矩阵 $\boldsymbol{Z}=\left[\boldsymbol{z}_1,\cdots,\boldsymbol{z}_n\right]\in\mathbb{R}^{p\times n}$ 的线性组合：

$$\boldsymbol{X}=\boldsymbol{EZ} \tag{2.34}$$

若图像中不存在大面积的、波段连续的坏像元，可通过最小误差信号子空间识别(hyperspectral signal identification by minimum error, HySime)(Bioucas-Dias and Nascimento, 2008)将其投影到 $\boldsymbol{E}=\left[\boldsymbol{e}_1,\cdots,\boldsymbol{e}_p\right]\in\mathbb{R}^{n_b\times p}$ 张成的正交子空间中，本应得到特征图像(eigen-images) $\boldsymbol{Z}=\left[\boldsymbol{z}_1,\cdots,\boldsymbol{z}_p\right]\in\mathbb{R}^{n_b\times p}$。考虑到大面积的、波段连续的坏像元中不包含信号信息，不以高概率存在于低维子空间中，HyInpaint 算法在学习子空间基底时去除了坏像元。将观测到的带有大面积的、波段连续的坏像元的高光谱二维矩阵 $\boldsymbol{Y}$ 投影到 $\boldsymbol{E}=\left[\boldsymbol{e}_1,\cdots,\boldsymbol{e}_p\right]\in\mathbb{R}^{n_b\times p}$ 张成的正交子空间中，得到带有坏像元的特征图像：

$$\boldsymbol{y}\equiv\boldsymbol{E}^{\mathrm{T}}\boldsymbol{Y} \tag{2.35}$$

式中，$y_i' \equiv \left[\boldsymbol{Y}^{\mathrm{T}} \boldsymbol{E} \right]_{:,i}$ 为 $\boldsymbol{y}$ 的第 i 列，表示带有坏像元的特征图像的第 i 个波段，图 2.31 为带有大面积的、波段连续的坏像元的天宫一号可见近红外高光谱图像的特征图像，从图中可以观察到，特征图像中有大面积的坏像元。HyInpaint 算法选择 HySime 进行信号子空间识别的原因是：不同于 SVD 分解需要人工选择子空间维度 p 的值，HySime 能自动估计子空间的维度，不需要任何参数调节。

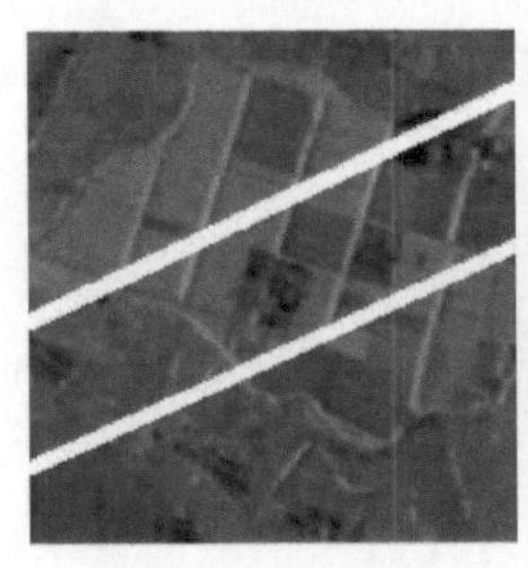

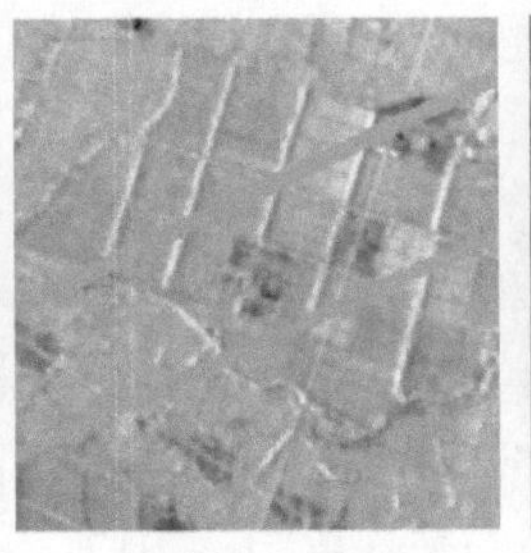
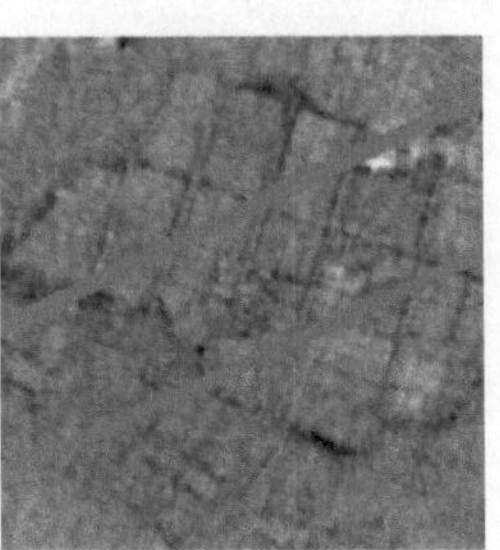
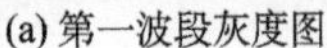

(a) 第一波段灰度图　(b) 第二波段灰度图　(c) 第三波段灰度图　(d) 第四波段灰度图

图 2.31　有坏像元带天宫一号高光谱图像修复前的特征图像

HyInpaint 算法利用特征图像的自相似性质，提出用 Criminisi 修复算法对特征图像进行逐波段修复。Criminisi 算法原理见 2.1.2 节。用 Criminisi 算法对特征图像进行修复可以表示为

$$\min_{\boldsymbol{Z}} \frac{1}{2} \left\| \boldsymbol{Y} - \boldsymbol{EZM} \right\|_F^2 + \lambda \varphi(\boldsymbol{Z}) \tag{2.36}$$

式中，φ 函数表示对特征图像应用 Criminisi 修复算法的正则化算子，$\lambda > 0$ 是正则化参数。由于特征图像波段间是去相关的，加之 $\boldsymbol{E}$ 是半正定矩阵，Criminisi 算法对带有坏像元的特征图像进行逐波段修复可以表示为

$$\min_{z_i} \frac{1}{2} \left\| \boldsymbol{y}_i' - \boldsymbol{M} \boldsymbol{z}_i \right\|_2^2 + \lambda \varphi_i(\boldsymbol{z}_i), i = 1, \cdots, p \tag{2.37}$$

其中，$\boldsymbol{y}_i' = [\boldsymbol{Y}^{\mathrm{T}} \boldsymbol{E}]_{:,i}$ 是矩阵 $\boldsymbol{Y}^{\mathrm{T}} \boldsymbol{E}$ 的第 i 列。

HyInpaint 算法通过交替方向乘子法（alternating direction methodof multipliers, ADMM）（Boyd et al., 2010; Chan et al., 2016）对式（2.36）进行优化，将无约束的式（2.36）转变为等效的有约束的形式：

$$\min_{z_i, v_i} \frac{1}{2} \left\| \boldsymbol{y}_i' - \boldsymbol{M} \boldsymbol{z}_i \right\|_2^2 + \lambda \varphi_i(\boldsymbol{v}_i), \text{s.t.} \boldsymbol{v}_i = \boldsymbol{z}_i \tag{2.38}$$

式（2.37）的增广拉格朗日函数为

$$L(\boldsymbol{z}_i, \boldsymbol{v}_i, \boldsymbol{d}) = \frac{1}{2} \left\| \boldsymbol{y}_i' - \boldsymbol{M} \boldsymbol{z}_i \right\|_2^2 + \lambda \varphi_i(\boldsymbol{v}_i) + \frac{\mu}{2} \left\| \boldsymbol{z}_i - \boldsymbol{v}_i - \boldsymbol{d} \right\|_2^2 \tag{2.39}$$

式（2.39）由一个数据保真项、一个正则项和一个二次惩罚项组成，$\mu > 0$。算法 3 展示了用 ADMM 算法对式（2.37）求解的伪代码。若 φ_i 是凸函数，$i = 1, \cdots, p$，则 ADMM 对式

(2.37) 的优化是凸优化，若有解，算法 3 收敛得到的 $\{z_{i,k}\}_0^\infty$ 就是式 (2.37) 的解。算法 3 的第三行是一个严格的凸二次函数最小化，与之对应的有一个近似解：

$$z_{i,k+1} = (\boldsymbol{M}^{\mathrm{T}}\boldsymbol{M} + \mu\boldsymbol{I})^{-1}(\boldsymbol{M}^{\mathrm{T}}\boldsymbol{y}_i' + \mu\boldsymbol{z}_{i,k}') \tag{2.40}$$

式中，$\boldsymbol{z}_{i,k}' = \boldsymbol{v}_{i,k} + \boldsymbol{d}_k$。由于逆矩阵是对角矩阵，使得式 (2.40) 很容易求解。

算法 3　ADMM 算法对式(2-40)优化求解的伪代码

1. 设 $k = 0, \mu > 0, \lambda > 0$，$\boldsymbol{v}_{i,l} = [\boldsymbol{Y}^{\mathrm{T}}\boldsymbol{E}]_{:,i}, \boldsymbol{d}_k = 0$
2. 重复
3. $\boldsymbol{z}_{i,k+1} = \arg\min_{z_i} \|\boldsymbol{y}_i' - \boldsymbol{M}\boldsymbol{z}_i\|_2^2 + \mu\|\boldsymbol{z}_i - \boldsymbol{z}_{i,k}'\|_2^2, \boldsymbol{z}_{i,k}' = \boldsymbol{v}_{i,k} + \boldsymbol{d}_k$
4. $\boldsymbol{v}_{i,k+1} = \arg\min_{v_i} \lambda\varphi(\boldsymbol{v}_i) + \frac{\mu}{2}\|\boldsymbol{v}_{i,k}' - \boldsymbol{v}_i\|_2^2, \boldsymbol{v}_{i,k}' = \boldsymbol{z}_{i,k+1} - \boldsymbol{d}_k$
5. $\boldsymbol{d}_{k+1} = \boldsymbol{d}_k - (\boldsymbol{z}_{i,k+1} - \boldsymbol{v}_{i,k+1})$
6. $k \leftarrow k+1$
7. 直到满足收敛标准

HyInpaint 算法挑战的是高光谱图像中极其严重的破坏情况，像元 i 的所有波段全部被破坏，则 $[\boldsymbol{M}]_{i,i} = 0$。Criminisi 算法修复后的特征图像表示为

$$\hat{\boldsymbol{Z}} = \arg\min_{\boldsymbol{Z}} \frac{1}{2}\|\boldsymbol{Y} - \boldsymbol{E}\boldsymbol{Z}\boldsymbol{M}\|_F^2 + \lambda\varphi(\boldsymbol{Z}) \tag{2.41}$$

图 2.32 是 Criminisi 算法修复后的天宫一号可见近红外高光谱图像的特征图像。

(a) 第一波段灰度图

(b) 第二波段灰度图

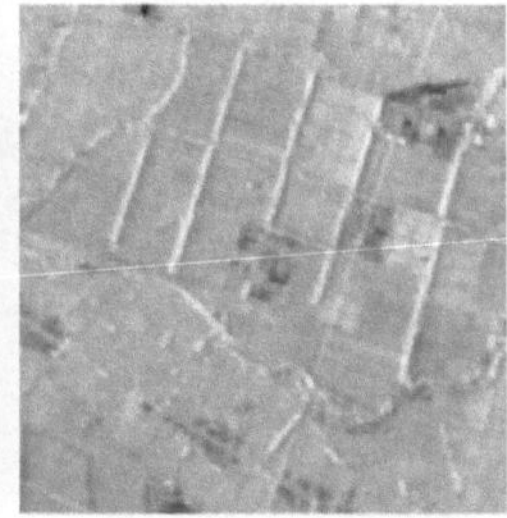
(c) 第三波段灰度图

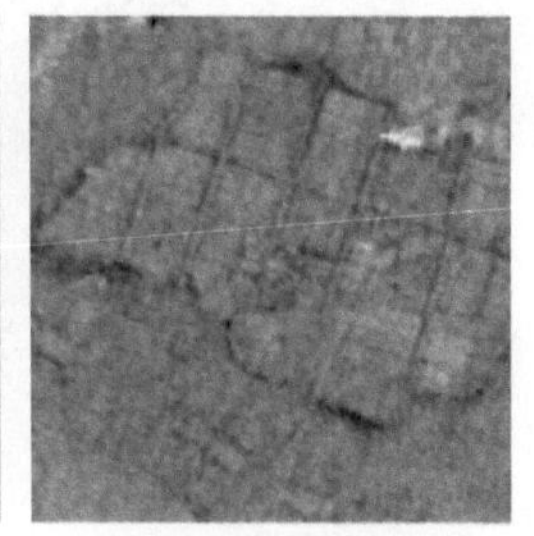
(d) 第四波段灰度图

图 2.32　Criminisi 算法修复后的天宫一号高光谱图像的特征图像

最后，将得到的修复后的特征图像 $\hat{\boldsymbol{Z}}$ 逆变换回高光谱图像的原始维度，得到修复后的高光谱图像 $\hat{\boldsymbol{X}}$：

$$\hat{\boldsymbol{X}} = \boldsymbol{E}\hat{\boldsymbol{Z}} \tag{2.42}$$

2.3.2　实验内容及结果分析

本节将 HyInpaint 高光谱图像修复算法应用于中国首个目标飞行器天宫一号获取的

高光谱图像修复。实验选取天宫一号携带的高光谱成像仪获取的可见近红外高光谱图像作为实验数据，图像的获取时间是 2013 年 5 月 9 日。天宫一号可见近红外的波长范围为 177.97～1036.00nm，光谱分辨率为 10nm。天宫一号目标飞行器于 2011 年 9 月在酒泉卫星发射中心成功发射，2016 年 3 月停止在轨数据服务。在轨数据服务停止后，仍继续为用户提供存档数据服务。其上搭载的高光谱成像仪在轨运行期间获取了大量有价值的高光谱数据，包括全色、可见近红外和短波红外数据，这些数据广泛应用于对地观测、空间材料科学和空间环境探测等领域的研究。在轨运行期间，由于可见近红外传感器出现故障，导致获取到的可见近红外高光谱图像中存在大面积的、波段连续的坏像元。图 2.33 是天宫一号高光谱成像仪 2013 年 5 月 9 日在中国青海某地区获取的可见近红外高光谱图像，从图中可以观察到有三条明显的坏像元区域，这些区域的坏像元的像元值为零。这些坏像元不但无法为高光谱图像提供实际的观测价值，而且严重妨碍了图像的视觉效果和后续应用。本节将 HyInpaint 算法应用于天宫一号可见近红外高光谱图像的修复实验，分别进行模拟数据实验和真实数据实验，对比算法采用了：①ENVILandsat-Gapfill 工具；②Criminisi 修复方法对被破坏的波段逐波段进行修复。

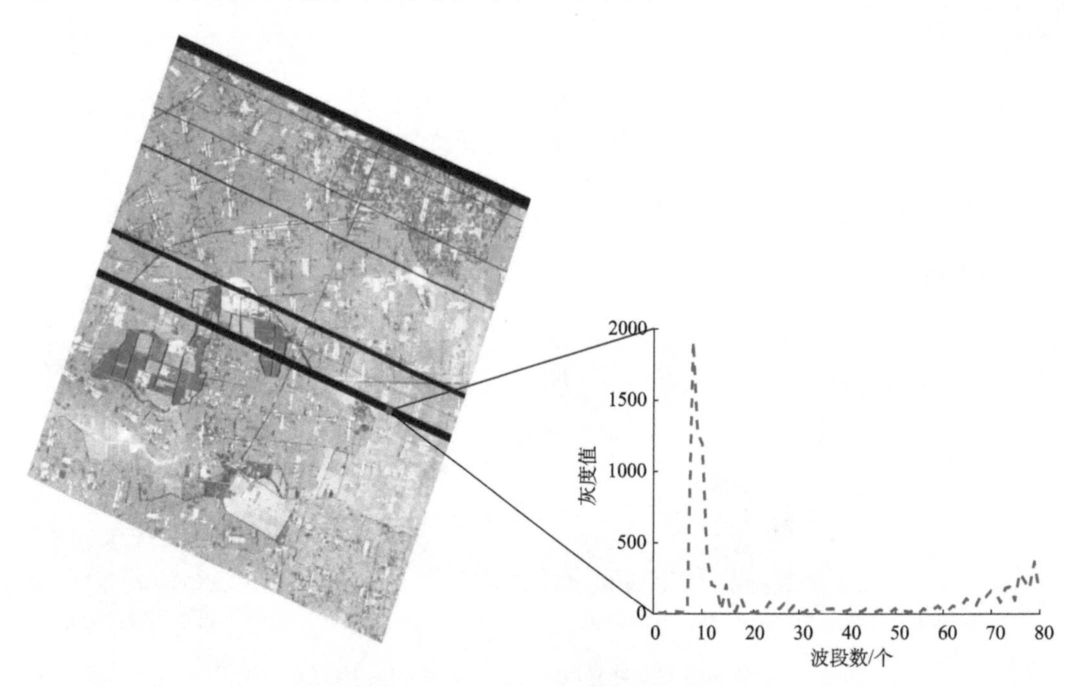

图 2.33　天宫一号高光谱数据可见光近红外波段假彩(R:823.61nm,G:522.66nm,B:448.90nm)及坏像元的光谱曲线

模拟数据实验选取未被破坏的天宫一号可见近红外高光谱图像作为实验数据，图像大小为 211×207 个像元，波长范围为 402～1034nm。实验中人为地添加像元值为零的两个大面积的、覆盖全部波段的坏像元破坏区域。坏像元区域的宽度分别为 7 个像元宽和 8 个像元宽，覆盖的波段数为 69 个波段。同时，坏像元区域是沿倾斜方向分布的。实验中采用不同的修复算法对其进行修复。

图 2.34 展示了不同算法的修复结果，图 2.34(a)是未被坏像元破坏的参考图像，图 2.34(b)～(e)是不同算法的修复结果。从图中可以看出，HyInpaint 算法修复得到的目视效果最好，验证了 HyInpaint 算法对于存在大面积的、波段连续的坏像元的高光谱图像空间信息修复的有效性。

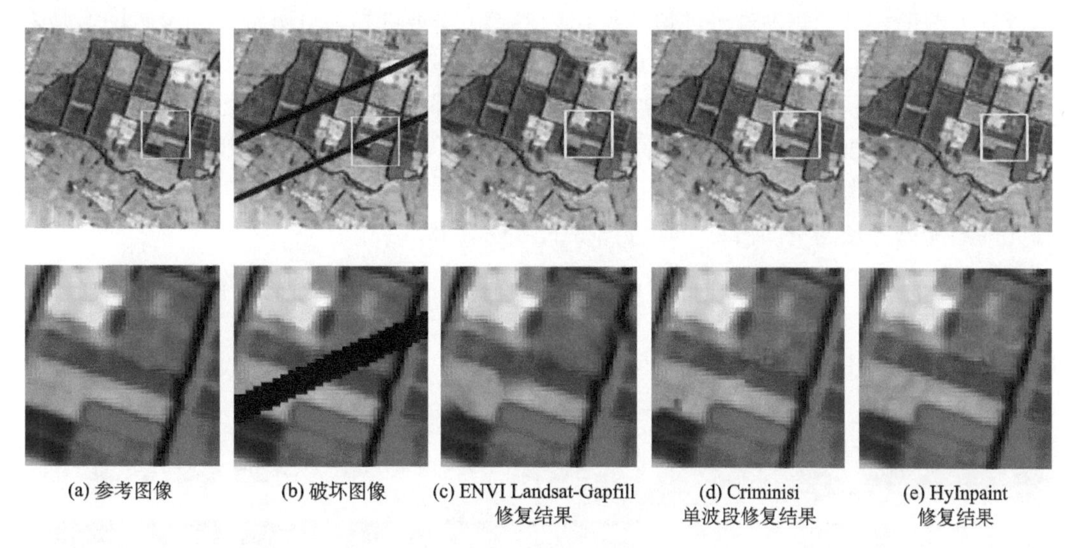

图 2.34　不同算法修复模拟数据实验结果

光谱特征曲线在高光谱数据处理中具有重要意义，于是，实验中选取坏像元区域中心的像元点，对比不同修复算法得到的光谱曲线与参考光谱曲线，如图 2.35 所示。从图中可以看出，HyInpaint 算法修复得到的光谱曲线与参考光谱曲线最接近，验证了 HyInpaint 算法对于存在大面积的、波段连续的坏像元高光谱图像光谱信息修复的有效性。

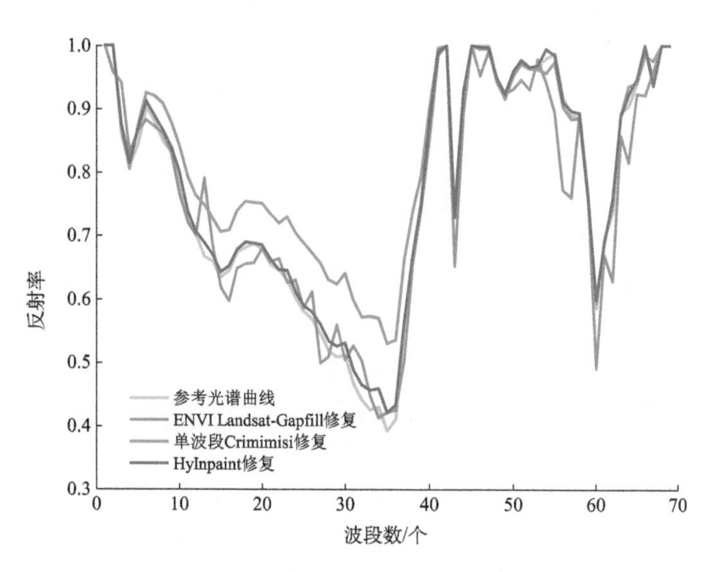

图 2.35　模拟数据实验波谱曲线对比

真实数据实验选取真实破坏的天宫一号可见近红外高光谱图像作为实验数据，图像大小为 211×204 个像元，波长范围与模拟数据实验相同。采用不同的修复算法对其进行修复，由于缺乏真实的地面参考，实验中采用天宫一号高光谱成像仪所获取的，并与可见近红外波段相邻的短波红外波段图像作为参考。选取的短波红外波段的参考图像是未破坏的，可用作修复结果的灰度信息和纹理结构的参考。

图 2.36(a)是参考的短波红外波段的灰度图像，图 2.36(b)是可见近红外波段被破坏的灰度图像，图 2.36(c)～(e)是不同算法的修复结果。从图中可以看出，HyInpaint 得到的修复结果与参考图像最相近，验证了算法能有效地恢复存在大面积的、波段连续的坏像元的高光谱图像的空间信息，增强图像的目视效果。

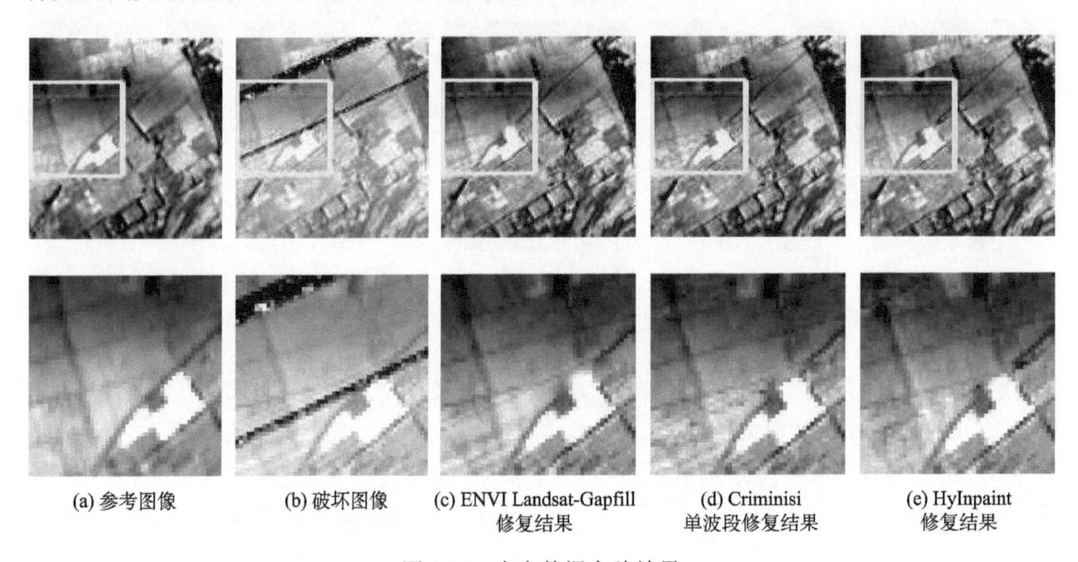

(a) 参考图像　(b) 破坏图像　(c) ENVI Landsat-Gapfill 修复结果　(d) Criminisi 单波段修复结果　(e) HyInpaint 修复结果

图 2.36　真实数据实验结果

2.3.3　结论

本节介绍了一种基于低秩表示的高光谱图像修复算法 HyInpaint，用于解决存在大面积的、波段连续的坏像元的高光谱图像修复的问题，弥补现有的高光谱图像修复算法无法对这一类严重破坏情况进行修复的不足。

HyInpaint 算法考虑到高光谱图像中存在的大面积的、波段连续的坏像元。首先通过 HySime 从观测到的带有大面积的、波段连续的坏像元的高光谱图像中学习得到信号子空间，在学习信号子空间时由于坏像元中不存在信号，不以高概率存在于信号子空间中，所以只采用了无坏像元的图像信息学习得到信号子空间；然后基于特征图像的自相似结构，采用 Criminisi 修复算法对特征图像进行修复；最后将修复后的特征图像逆变换回原始的维度，得到修复后的高光谱图像。实验中将 HyInpaint 算法应用于中国首个目标飞行器天宫一号携带的高光谱成像仪所获取的可见近红外波段图像高光谱图像的修复。实验结果表明，HyInpaint 算法能有效地恢复高光谱图像中大面积的、波段连续的坏像元的空间信息和光谱信息，具有良好的修复效果。

2.4　基于低秩表示的高光谱图像降噪与修复同步处理方法

真实观测场景中，若成像光谱仪发生故障，导致获取到的高光谱图像存在大面积的、波段连续的坏像元，此时，同样图像中不可避免地伴随着噪声。为了扩展 HyDRoS 高光谱图像降噪算法和 HyInpaint 高光谱图像修复算法的实用性，本节介绍基于低秩表示的高光谱图像降噪和修复同步处理算法(hyperspectral denoising and inpainting synchronous processing algorithmbased on low-rankrepresentation, HyDeIn)，对存在加性高斯噪声和泊松噪声，又同时存在大面积的、波段连续坏像元的高光谱图像进行降噪与修复同步处理(姚丹，2018)。

高光谱图像中存在着两种典型的噪声类型：信号不相关噪声和信号相关噪声。数学上分别用高斯分布模型和泊松分布模型来描述这两种类型的噪声，因此，本节介绍的 HyDeIn 算法对高光谱图像中高斯独立同分布噪声、高斯非独立同分布噪声、泊松噪声进行降噪的同时，对图像中存在的大面积的、波段连续的坏像元进行同步修复。

2.4.1　HyDeIn 高光谱图像降噪与修复算法同步处理算法

无噪声和坏像元的高光谱图像二维矩阵 $\boldsymbol{X}=\left[\boldsymbol{x}_1,\cdots,\boldsymbol{x}_n\right]\in\mathbb{R}^{n_b\times n}$（$n_b$ 是波段数，n 是像元个数）受到加性高斯噪声 $\boldsymbol{N}\in\mathbb{R}^{n_b\times n}$ 和大面积的、波段连续的坏像元的干扰而降质。$\boldsymbol{M}\in\mathbb{R}^{n\times n}$ 是一个用于表示图像中坏像元位置的对角矩阵，如果像元 i 是正常像元，则 $[\boldsymbol{M}]_{i,i}=1$；如果像元 i 是坏像元，则 $[\boldsymbol{M}]_{i,i}=0$。HyInpaint 算法修复的前提是 $\boldsymbol{M}$ 中坏像元的位置是已知的。此时高光谱图像的观测模型可以表示为

$$\boldsymbol{Y}=\boldsymbol{X}\boldsymbol{M}+\boldsymbol{N} \tag{2.43}$$

式中，$\boldsymbol{Y}$ 为存在加性高斯噪声和大面积的、波段连续的坏像元的高光谱图像二维矩阵。

对原本完好的图像进行低秩表示，$\boldsymbol{X}$ 存在于一个低维的子空间 $\mathcal{S}_p$ 中，可以表示为由一个基底矩阵 $\boldsymbol{E}=\left[\boldsymbol{e}_1,\cdots,\boldsymbol{e}_p\right]\in\mathbb{R}^{n_b\times p}$ 和一个与 $\boldsymbol{E}$ 对应的系数矩阵 $\boldsymbol{Z}=\left[\boldsymbol{z}_1,\cdots,\boldsymbol{z}_n\right]\in\mathbb{R}^{p\times n}$ 的线性组合：

$$\boldsymbol{X}=\boldsymbol{E}\boldsymbol{Z} \tag{2.44}$$

若图像中不存在噪声和坏像元，通过低秩表示，将其投影到 $\boldsymbol{E}=\left[\boldsymbol{e}_1,\cdots,\boldsymbol{e}_p\right]\in\mathbb{R}^{n_b\times p}$ 张成的正交子空间中，本应得到特征图像(eigen-images) $\boldsymbol{Z}=\left[z_1,\cdots,z_p\right]\in\mathbb{R}^{n_b\times p}$。与 HyInpaint 算法类似，HyDeIn 算法通过将带有噪声和大面积的、波段连续的坏像元的高光谱图像二维矩阵 $\boldsymbol{Y}$ 投影到子空间基底 $\boldsymbol{E}$ 上。$\boldsymbol{E}$ 是通过 SVD 分解得到的，子空间的维度 p 设为 10。

图 2.37 是带有噪声和大面积的、波段连续的坏像元的 Pavia Center 高光谱图像的特征图像，从图中可以看出，特征图像的每个波段中同时存在噪声和坏像元。

(a) 第一波段灰度图　(b) 第二波段灰度图　(c) 第三波段灰度图　(d) 第四波段灰度图

图 2.37　破坏的 Pavia Center Scene 高光谱图像的特征图像

不同于 2.2 节介绍的 HyDRoS 降噪算法仅针对高光谱图像中的加性高斯噪声进行降噪处理，或 2.3 节介绍的 HyInpaint 修复算法仅针对高光谱图像中大面积的、波段连续的坏像元进行修复。HyDeIn 算法提出对特征图像进行降噪和修复同步处理。综合 HyDRoS 算法和 HyInpiant 算法对特征图像进行降噪和修复的 BM3D 算法和 Criminisi 算法，对特征图像 $\boldsymbol{Z}$ 进行降噪与修复同步处理，表示为

$$\min_{\boldsymbol{Z}} \frac{1}{2}\left\|\boldsymbol{Y}-\boldsymbol{EZM}\right\|_F + \lambda_1\phi(\boldsymbol{Z}) + \lambda_2\varphi(\boldsymbol{Z}) \tag{2.45}$$

式中，ϕ 和 φ 是对特征图像降噪和修复的 BM3D 降噪算子和 Criminisi 修复算子；λ_1 和 λ_2 是正则化参数。$z_i \equiv \left[\boldsymbol{Z}^{\mathrm{T}}\right]_{:,i}, z_i, i=1,\cdots; p$ 是特征图像（$\boldsymbol{Z}^{\mathrm{T}}$ 的第 i 列）的第 i 个波段；ϕ 和 φ 对于 $\boldsymbol{Z}=\sum_{i=1}^{p}(z_i)$ 是解耦的。

不同于 HyDRoS 算法只对特征图像应用 BM3D 算法进行降噪，或 HyInpaint 算法只对特征图像应用 Criminisi 算法进行修复，HyDeIn 算法对特征图像进行降噪和修复同步处理。$\boldsymbol{y}=\left[y_1,\cdots,\boldsymbol{y}_p\right]\in\mathbb{R}^{n\times p}$ 表示这种严重降质情况下的特征图像；$\boldsymbol{y}_i=\boldsymbol{M}\boldsymbol{z}_i+\boldsymbol{n}_i, i=1,\cdots,p$；$\boldsymbol{n}_i$ 是特征图像中的噪声。应用 BM3D 降噪算法和 Criminisi 修复算法对特征图像的每一波段进行降噪修复同步处理可以表示为

$$\hat{\boldsymbol{y}}_i = \arg\min_{\boldsymbol{z}_i} \frac{1}{2}\left\|\boldsymbol{y}_i-\boldsymbol{M}\boldsymbol{z}_i\right\|_2^2 + \lambda_1\phi_i(\boldsymbol{z}_i) + \lambda_2\varphi_i(\boldsymbol{z}_i) \tag{2.46}$$

降噪后的特征图像 $\hat{\boldsymbol{Z}}=[\hat{y}_1,\cdots,\hat{\boldsymbol{y}}_p]$，图 2.38 是降噪和修复同步处理后的 Pavia Center 高光谱图像的特征图像。

(a) 第一波段灰度图　(b) 第二波段灰度图　(c) 第三波段灰度图　(d) 第四波段灰度图

图 2.38　降噪和修复同步处理后的 Pavia Center Scene 高光谱图像的特征图像

最后，将得到的降噪和修复同步处理后的特征图像 $\hat{\boldsymbol{Z}}$ 逆变换回原始的维度，得到降噪和修复同步处理后的高光谱图像 $\hat{\boldsymbol{X}}$：

$$\hat{\boldsymbol{X}} = \boldsymbol{E}\hat{\boldsymbol{Z}} \tag{2.47}$$

1. 面向高斯非独立同分布噪声的算法处理

在式(2.43)中，$\boldsymbol{N}$ 是加性、零均值、高斯独立同分布噪声，其谱方差为 $\boldsymbol{C}_\lambda = E\left[\boldsymbol{n}_i\boldsymbol{n}_i^{\mathrm{T}}\right]$，式中 $\boldsymbol{n}_i$ 是 $\boldsymbol{N}$ 的列。需要注意的是，在假设 $\boldsymbol{N}$ 为高斯白噪声时，$\boldsymbol{C}_\lambda = \sigma^2\boldsymbol{I}$，$\boldsymbol{I}$ 为一定大小的单位矩阵。然而，当高光谱图像中的噪声服从高斯非独立同分布时，谱方差并非如此。设 $\boldsymbol{C}_\lambda$ 是正定的(当然也就是非奇异的)。为了将高斯非独立同分布噪声转换为高斯独立同分布噪声，HyDeIn 算法降噪修复同步处理前需对观测到的 $\boldsymbol{Y}$ 进行白化：

$$\tilde{\boldsymbol{Y}} = \sqrt{\boldsymbol{C}_\lambda^{-1}}\boldsymbol{Y} \tag{2.48}$$

式中，$\sqrt{\boldsymbol{C}_\lambda^{-1}}$ 为 $\boldsymbol{C}_\lambda^{-1}$ 的平方根，也是 $\sqrt{\boldsymbol{C}_\lambda}$ 的逆矩阵。此时，式(2.43)转化为

$$\tilde{\boldsymbol{Y}} = \sqrt{\boldsymbol{C}_\lambda^{-1}}\boldsymbol{X}\boldsymbol{M} + \sqrt{\boldsymbol{C}_\lambda^{-1}}\boldsymbol{N} = \boldsymbol{M}\tilde{\boldsymbol{X}} + \tilde{\boldsymbol{N}} \tag{2.49}$$

噪声 $\tilde{\boldsymbol{n}}_i$ 的协方差矩阵为

$$\tilde{\boldsymbol{C}}_\lambda = E\left[\tilde{\boldsymbol{n}}_i\tilde{\boldsymbol{n}}_i^{\mathrm{T}}\right] = \boldsymbol{I} \tag{2.50}$$

白化以后 $\tilde{\boldsymbol{Y}}$ 的噪声为高斯独立同分布噪声，此时特征图像 $\hat{\tilde{\boldsymbol{Z}}}$ 的求解模型为

$$\hat{\tilde{\boldsymbol{Z}}} = \min_{\tilde{\boldsymbol{Z}}} \frac{1}{2}\left\|\tilde{\boldsymbol{Y}} - \boldsymbol{E}\tilde{\boldsymbol{Z}}\boldsymbol{M}\right\|_F^2 + \lambda_1\phi_i(\tilde{\boldsymbol{Z}}) + \lambda_2\varphi_i(\tilde{\boldsymbol{Z}}) \tag{2.51}$$

$\tilde{\boldsymbol{E}}$ 表示从 $\tilde{\boldsymbol{Y}}$ 中学到的子空间基底。式(2.51)的求解方法与 $\boldsymbol{N}$ 为高斯独立同分布噪声时相同，降噪修复后的高光谱图像 $\hat{\tilde{\boldsymbol{X}}}$ 为

$$\hat{\tilde{\boldsymbol{X}}} = \tilde{\boldsymbol{E}}\hat{\tilde{\boldsymbol{Z}}} \tag{2.52}$$

也就是说，$\hat{\boldsymbol{X}} = \sqrt{\boldsymbol{C}_\lambda}\hat{\tilde{\boldsymbol{X}}}$。

2. 面向泊松噪声的算法处理

当高光谱图像中的噪声为泊松噪声时，HyDeIn 降噪和修复同步处理前需将观测到的 $\boldsymbol{Y}$ 进行 Anscombe 变换(Leslie, 1948)，将泊松噪声近似转换为式(2-43)中的加性高斯噪声。对 $\boldsymbol{Y}$ 进行 Anscombe 变换表示为

$$\tilde{\boldsymbol{Y}} = 2\sqrt{\boldsymbol{Y} + \frac{3}{8}} \tag{2.53}$$

转换之后再应用 HyDeIn 算法进行降噪和修复同步处理。

2.4.2 实验内容及结果分析

本节将 HyDeIn 高光谱图像降噪与修复同步处理算法应用于模拟的带噪声和大面积的、波段连续的坏像元的高光谱图像的降噪和修复中，验证算法的有效性。

实验选取反射光学系统成像光谱仪(reflective optics system imaging spectrometer, ROSIS)成像光谱仪在意大利帕维亚城市中心采集的Pavia Centre Scene高光谱图像作为实验数据。Pavia Center Scene高光谱图像去除水汽吸收波段后剩余102个波段，成像光谱范围为0.43~0.86μm，光谱分辨率约为5nm，空间分辨率是1.3m。实验中选取了一块大小为200×200个像元的图像区域。将原始Pavia Center Scene高光谱图像通过奇异值分解投影到维度为8的信号子空间中，通过逆变换和归一化得到干净的Pavia Center Scene高光谱图像，作为参考的干净图像。

本实验中分别人为添加噪声和像元值为零的坏像元。其中，添加了三种不同类型的噪声：①标准差分别为0.02，0.04，0.06，0.08，0.1的高斯独立同分布噪声；②高斯非独立同分布噪声；③泊松噪声。添加了宽度分别为3个像元宽和5个像元宽，连续102个波段像元值都为零的两条坏像元区域，如图2.39(b)、图2.41(b)和图2.43(b)所示。实验中，HyDeIn算法分别对存在不同类型噪声和坏像元的Pavia Center Scene高光谱图像进行降噪和修复同步处理。

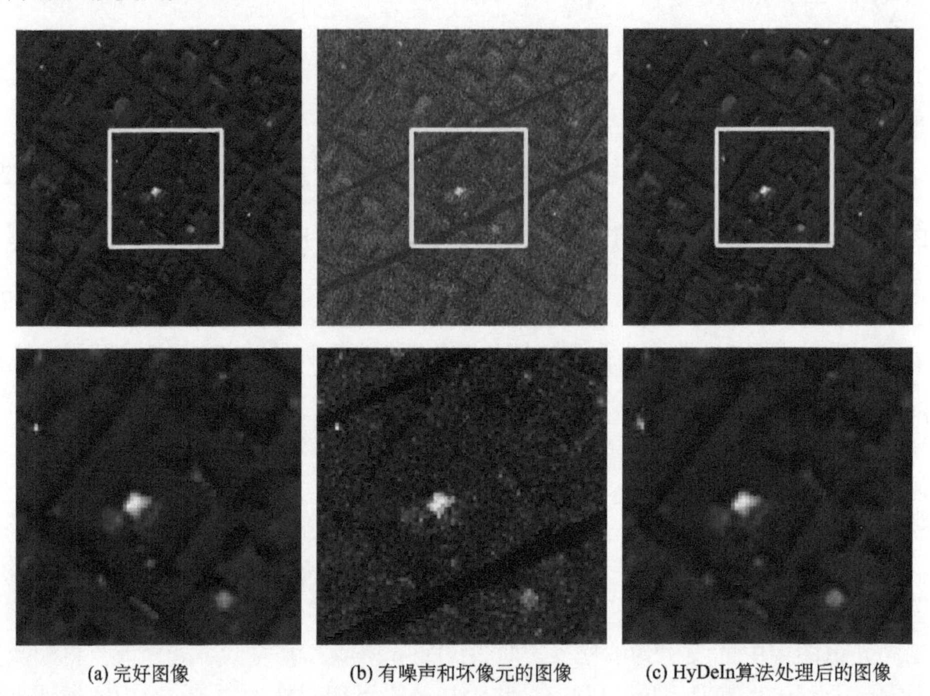

(a) 完好图像 (b) 有噪声和坏像元的图像 (c) HyDeIn算法处理后的图像

图2.39 HyDeIn算法在噪声为高斯独立同分布(噪声标准差为0.1)的Pavia Center Scene高光谱图像的空间信息修复结果(R:50,G:20,B:5)

图2.39和图2.40展示HyDeIn算法对噪声为高斯独立同分布的Pavia Center Scene高光谱图像进行降噪和修复同步处理的实验结果。其中，图2.39展示了HyDeIn算法对于高光谱图像空间信息的恢复结果，从图中可以看出，HyDeIn算法明显去除了Pavia Center Scene高光谱图像中的高斯独立同分布噪声，修复了大面积的、波段连续的坏像元，验证了HyDeIn算法能有效地恢复高光谱图像的空间信息。图2.40展示了HyDeIn算法对于高光谱图像光谱信息的恢复结果，图2.40(a)对比了有坏像元区域降噪修复同步

处理前后的光谱曲线，图 2.40(b)对比了无坏像元区域降噪修复同步处理前后的光谱曲线。从图中可以看出，HyDeIn 算法降噪修复同步处理后的光谱曲线与参考光谱曲线非常吻合，验证了 HyDeIn 算法能有效地恢复高光谱图像的光谱信息。实验结果表明，HyDeIn 算法能有效地恢复噪声为高斯独立同分布同时有大面积的、波段连续的坏像元的高光谱图像的空间信息和光谱信息。

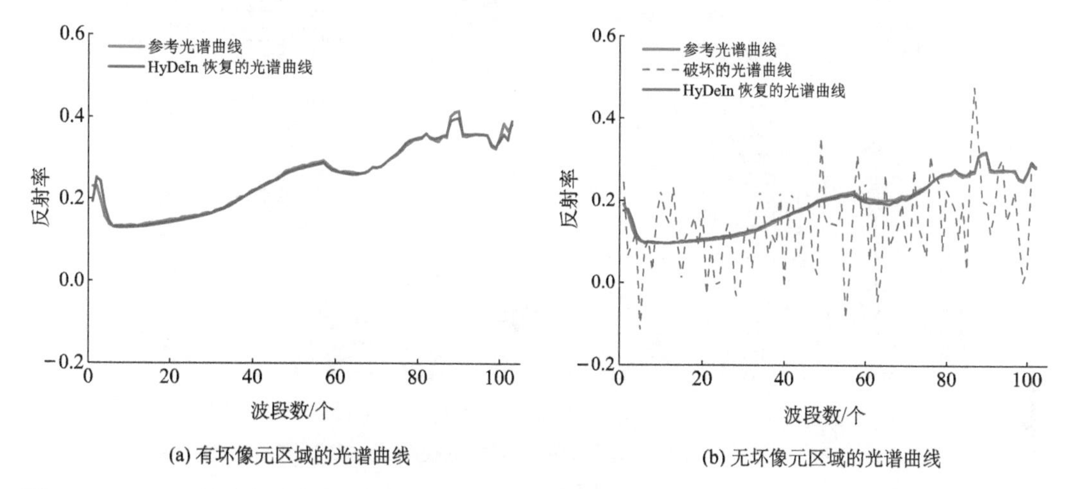

图 2.40　HyDeIn 算法在噪声为高斯独立同分布(噪声标准差为 0.1)的 Pavia Center Scene 高光谱图像的光谱信息修复结果

图 2.41 和图 2.42 展示了 HyDeIn 算法对噪声为高斯非独立同分布的 Pavia Center Scene 高光谱图像进行降噪和修复同步处理的实验结果。从图 2.41 可以看出，HyDeIn 算法明显去除了 Pavia Center Scene 高光谱图像中的高斯非独立同分布噪声，修复了大面积的、波段连续的坏像元，验证了 HyDeIn 算法恢复高光谱图像的空间信息的有效性。

图 2.42(a)对比了有坏像元区域降噪修复同步处理前后的光谱曲线，图 2.42(b)对比了无坏像元区域降噪修复同步处理前后的光谱曲线。从图中可以看出，HyDeIn 算法降噪修复同步处理后的光谱曲线与参考光谱曲线非常吻合，验证了 HyDeIn 算法恢复高光谱图像的光谱信息的有效性。实验结果表明，对于噪声为高斯非独立同分布同时有大面积的、波段连续的坏像元的高光谱图像，HyDeIn 算法能有效地恢复其空间信息和光谱信息。

对噪声为泊松分布的 Pavia Center Scene 高光谱图像，图 2.43 和图 2.44 展示了 HyDeIn 算法进行降噪和修复同步处理的实验结果。从 HyDeIn 算法对于高光谱图像空间信息的恢复结果(图 2.43)可以看出，HyDeIn 算法明显去除了 Pavia Center Scene 高光谱图像中的泊松噪声，修复了大面积的、波段连续的坏像元，验证了 HyDeIn 算法能恢复高光谱图像空间信息的有效性。图 2.44 展示了 HyDeIn 算法对于高光谱图像光谱信息的恢复结果，图 2.44(a)对比了有坏像元区域降噪修复同步处理前后的光谱曲线，图 2.44(b)对比了无坏像元区域降噪修复同步处理前后的光谱曲线。从图中可以看出，HyDeIn 算法降噪修复同步处理后的光谱曲线与参考光谱曲线非常吻合，验证了 HyDeIn 算法能有效地恢复高光谱图像的光谱信息。实验结果表明，对于噪声为泊松分布同时有大面积的、波段连续的坏像元的高光谱图像，HyDeIn 算法能有效地恢复其空间信息和光谱信息。

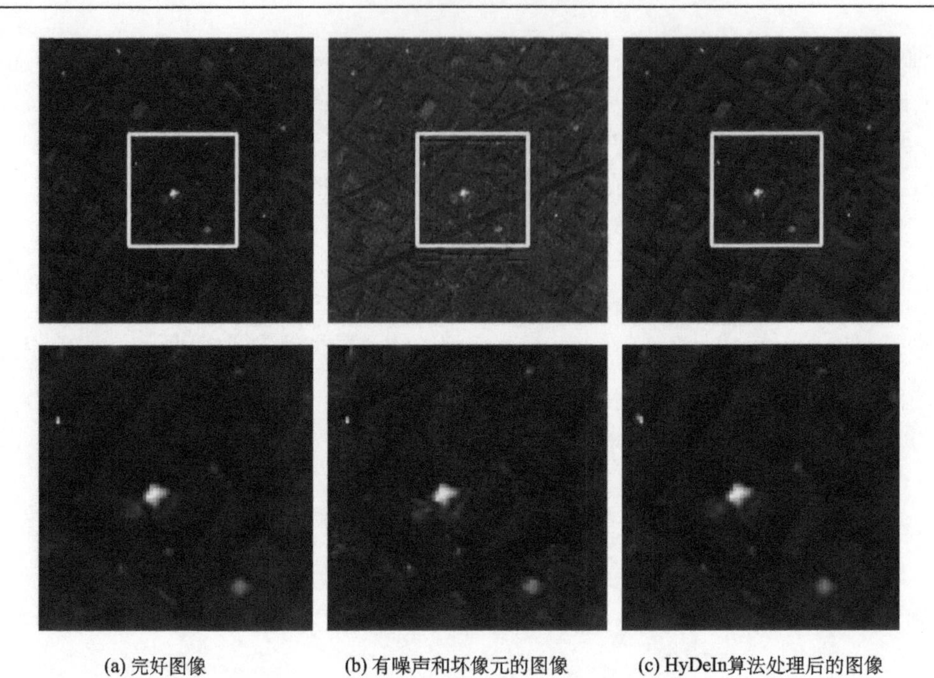

图2.41　HyDeIn算法在噪声为高斯非独立同分布的Pavia Center Scene高光谱图像的空间信息修复结果（R:50,G:20,B:5）

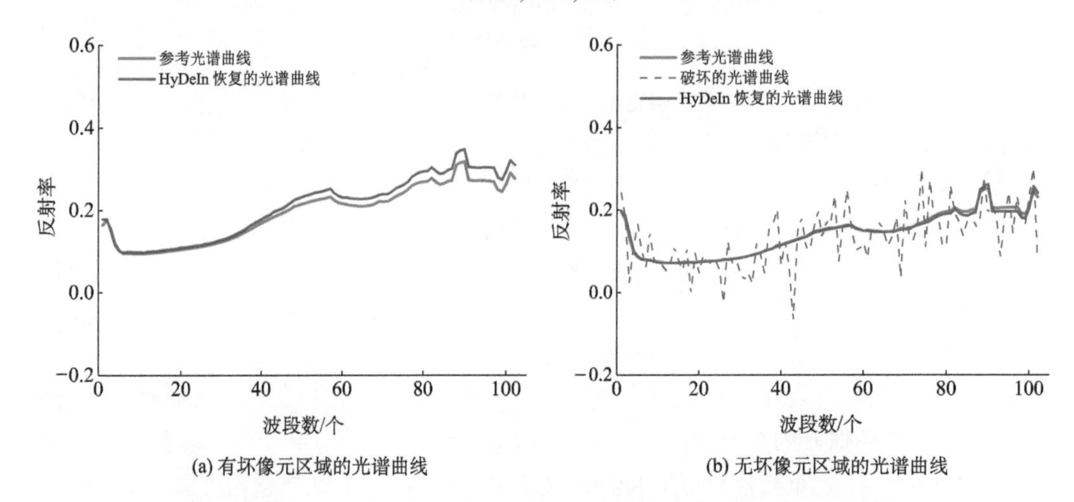

图 2.42　HyDeIn 算法在噪声为高斯非独立同分布的 Pavia Center Scene 高光谱图像的光谱信息修复结果

2.4.3　结论

本节介绍了一种基于低秩表示的高光谱图像降噪和修复同步处理算法 HyDeIn，是对第二节介绍的 HyDRoS 降噪算法和第三节介绍的 HyInpaint 修复算法的综合扩展。

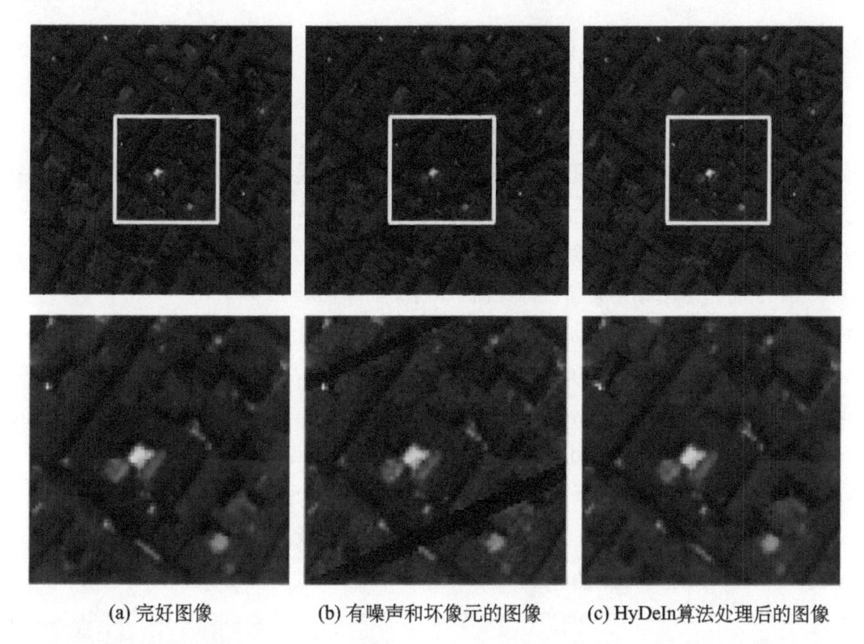

(a) 完好图像　　(b) 有噪声和坏像元的图像　　(c) HyDeIn算法处理后的图像

图 2.43　HyDeIn 算法在噪声为泊松分布的 Pavia Center Scene 高光谱图像的空间信息修复结果 (R:50,G:20,B:5)

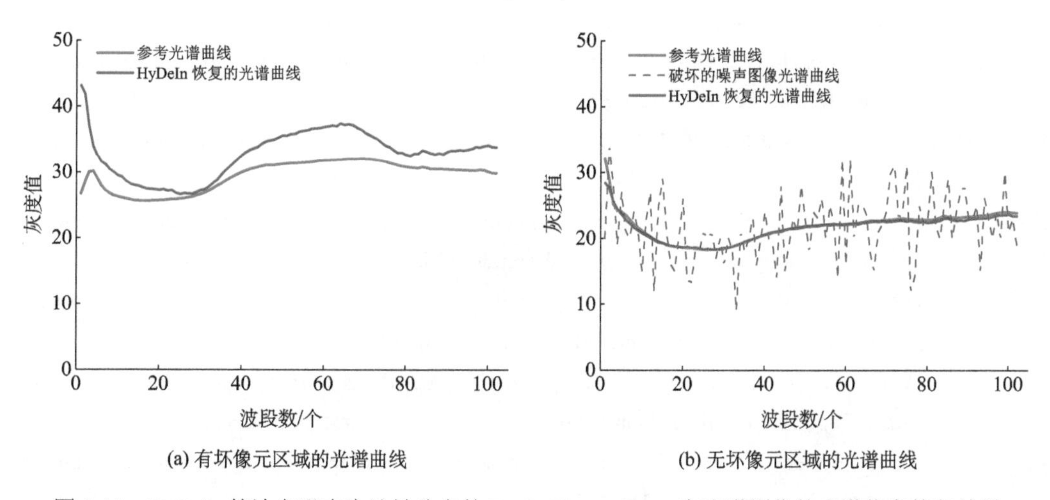

(a) 有坏像元区域的光谱曲线　　(b) 无坏像元区域的光谱曲线

图 2.44　HyDeIn 算法在噪声为泊松分布的 Pavia Center Scene 高光谱图像的光谱信息修复结果

HyDeIn 高光谱图像降噪与修复同步处理算法考虑到实际观测到的有大面积的、波段连续的坏像元的高光谱图像大多伴随着噪声，并且噪声的类型是信号不相关噪声和相关噪声两种类型。其中，信号不相关噪声用高斯独立同分布或高斯非独立同分布描述，信号相关噪声用泊松分布描述。算法首先通过奇异值分解从观测到的既有噪声，又有坏像元的高光谱图像中学习得到信号子空间；然后基于特征图像的自相似结构，用 BM3D 降噪方法降噪和 Criminisi 修复方法对特征图像进行降噪和修复同步处理；最后将处理后的特征图像逆变换回原始的维度，得到降噪和修复同步处理后的高光谱图像。实验结果表明，HyDeIn 算法对于存在信号不相关噪声和信号相关噪声，同时存在大面积的、波段连续的坏像元的高光谱图像，具有很好的降噪修复效果。

参 考 文 献

姚丹. 2018. 基于低秩表示的高光谱图像降噪和修复算法研究. 北京：中国科学院遥感与数字地球研究所硕士论文.

张良培. 2011. 高光谱遥感. 北京：测绘出版社.

张兵，高连如. 2011. 高光谱图像分类与目标探测. 北京：科学出版社.

Afonso M V, Bioucas-Dias, José M, et al. 2010. Fast image recovery using variable splitting and constrained optimization. IEEE Trans Image Process, 19(9): 2345-2356.

Ashley R P, Abrams M J. 1980. Alteration mapping using multispectral images; Cuprite mining district, Esmeralda County, Nevada. Applied and Environmental Microbiology, 39(1): 261.

Bertalmio M, Sapiro G, Caselles V, et al. 2005. Image inpainting. Siggraph, 4(9): 417-424.

Bioucas-Dias J M, Nascimento J M P. 2008. Hyperspectral subspace identification. IEEE Transactions on Geoscience and Remote Sensing, 46(8): 2435-2445.

Bioucas-Dias J M, Plaza A. 2011. An overview on hyperspectral unmixing: geometrical, statistical, and sparse regression based approaches. IEEE International Geoscience and Remote Sensing Symposium (IGARSS), 1135-1138.

Bioucas-Dias J M, Plaza A, Dobigeon N, et al. 2012. Hyperspectral unmixing overview: geometrical, Statistical, and Sparse Regression-Based Approaches. IEEE Journal of Selected Topics in Applied Earth Observations and Remote Sensing, 5(2): 354-379.

Bishop C A, Liu J G, Mason P J. 2011. Hyperspectral remote sensing for mineral exploration in Pulang, Yunnan Province, China. International Journal of Remote Sensing, 32(9): 2409-2426.

Boyd S, Parikh N, Chu E, et al. 2010. Distributed optimization and statistical learning via the alternating direction method of multipliers. Foundations and Trends in Machine Learning, 3(1): 1-122.

Buades A, Coll B, Morel J M. 2005. A non-local algorithm for image denoising. 2005 IEEE Computer Society Conference on Computer Vision and Pattern Recognition, 2: 60-65.

Chan S H, Wang X, Elgendy O A. 2016. Plug-and-play ADMM for image restoration: fixed point convergence and applications. IEEE Transactions on Computational Imaging, 3(1): 84-98.

Chen A, Bertozzi A L, Ashby P D, et al. 2013. Enhancement and recovery in atomic force microscopy images. Excursions in Harmonic Analysis, 2: 311-332.

Chen G, Bui T D, Quach K G, et al. 2014. Denoising hyperspectral imagery using principal component analysis and block-matching 4D filtering. Canadian Journal of Remote Sensing, 40(1): 60-66.

Combettes P L, Pesquet J C. 2011. Proximal splitting methods in signal processing. Fixed-point Algorithms for Inverse Problems in Science and Engineering. New York: Springer: 185-212.

Criminisi A, Perez P, Toyama K. 2004. Region filling and object removal by exemplar-based image inpainting. IEEE Transactions on Image Processing, 13(9): 1200-1212.

Dabov K, Foi A, Katkovnik V, et al. 2007. Image denoising by sparse 3-D transform-domain collaborative filtering. IEEE Transactions on Image Processing, 16(8): 2080-2095.

Eckstein J, Bertsekas D P. 1992. On the Douglas-Rachford splitting method and the proximal point algorithm for maximal monotone operators. Mathematical Programming, 55(1-3): 293-318.

Efros A A, Leung T K. 1999. Texture synthesis by non-parametric sampling. Proceedings of the Seventh IEEE International Conference on Computer Vision, 2: 1033-1038.

Gao L, Yao D, Li Q, et al. 2017. A new low-rank representation based hyperspectral image denoising method for mineral mapping. Remote Sensing, 9(11): 1145.

Goetz A F H, Srivastava V. 1985. Mineralogical mapping in the Cuprite mining district, Nevada. Proc. Airborne Imaging Spectrometer Data Analysis Workshop, 22-31.

Goetz A F H, Rock B N, Rowan L C. 1983. Remote sensing for exploration: an overview. Economic Geology, 78(4): 573-590.

Goetz A F, Vane G, Solomon J E, et al. 1985. Imaging spectrometry for Earth remote sensing. Science, 228(4704): 1147-1153.

Huntington J F. 2003. Comparison of airborne hyperspectral data and EO-1 hyperion for mineral mapping. IEEE Transactions on Geoscience and Remote Sensing, 41(6): 1388-1400.

Jafari R, Lewis M. M. 2012. Arid land characterisation with EO-1 Hyperion hyperspectral data. International Journal of Applied Earth Observation and Geoinformation, 19(10): 298-307.

Kruse F A. 1990. Mineral mapping at Cuprite, Nevada with a 63-channel imaging spectrometer. Photogrammetric Engineering and Remote Sensing, 56(1): 83-92.

Kruse F A, Boardman J W, Huntington J F. 2003. Comparison of airborne hyperspectral data and EO-1 Hyperion for mineral mapping. IEEE Transactions on Geoscience and Remote Sensing, 41(6): 1388-1400.

Kruse F A, Lefkoff A B, Dietz J B. 1993. Expert system-based mineral mapping in northern Death Valley, California/Nevada, using the airborne visible/Infrared imaging spectrometer (AVIRIS). Remote Sensing of Environment, 44(2-3): 309-336.

Leslie P H. 1948. The transformation of Poisson, binomial and negative-binomial data. Biometrika, 35(3/4): 246-254.

Li J, Zhang H, Zhang L, et al. 2015. Hyperspectral anomaly detection by the use of background joint sparse representation. IEEE Journal of Selected Topics in Applied Earth Observations and Remote Sensing, 8(6): 2523-2533.

Li W, Du Q. 2015. Collaborative representation for hyperspectral anomaly detection. IEEE Transactions on Geoscience and Remote Sensing, 53(3): 1463-1474.

Ma L, Tian J. 2007. Anomaly detection for hyperspectral images based on improved RX algorithm. MIPPR 2007: Multispectral Image Processing. International Society for Optics and Photonics, 6787: 67870Q.

Maggioni M, Katkovnik V, Egiazarian K, et al. 2013. Nonlocal transform-domain filter for volumetric data denoising and reconstruction. IEEE Transactions on Image Processing, 22(1): 119-133.

Mendez-Rial R, Calvino-Cancela M, Martin-Herrero J. 2012. Anisotropic inpainting of the hypercube. IEEE Geoscience and Remote Sensing Letters, 9(2): 214-218.

Nejati M, Samavi S, Soroushmehr S M R, et al. 2015. Low-rank regularized collaborative filtering for image denoising. 2015 IEEE International Conference on Image Processing (ICIP), 730-734.

Reed I S, Yu X. 1990. Adaptive multiple-band CFAR detection of an optical pattern with unknown spectral distribution. IEEE Transactions on Acoustics, Speech, and Signal Processing, 38(10): 1760-1770.

Shen H, Zhang L. 2009. A MAP-Based algorithm for destriping and inpainting of remotely sensed images. IEEE Transactions on Geoscience and Remote Sensing, 47(5): 1492-1502.

Swayze G A. 1997. The hydrothermal and structural history of the Cuprite mining district, southwestern Nevada: an integrated geological and geophysical approach. Colorado: Ph D. Dissertation, University of Colorado at Boulder.

Swayze G, Clark R, Sutley S, et al. 1992. Ground-truthing AVIRIS mineral mapping at Cuprite, Nevada. Summaries of the Third Jpl Airborne Geosciences Workshop, 1: 47-49.

Toh, K C, Yun S, et al. 2010. An accelerated proximal gradient algorithm for nuclear norm regularized least squares problems. Pacific Journal of Optimization, 6(3): 615-640.

Vane G, Goetz A F H. 1993. Terrestrial imaging spectrometry: current status, future trends. Remote Sensing of Environment, 44(2-3): 117-126.

Venkatakrishnan S V, Bouman C A, Wohlberg B. 2013. Plug-and-play priors for model based reconstruction. IEEE Global Conference on Signal and Information Processing (IGCSIP): 945-948.

Wang Z, Bovik A C, Sheikh H R, et al. 2004. Image quality assessment: from error visibility to structural similarity. IEEE Trans Image Process, 13(4): 600-612.

Wei H, Zhang H, Zhang L, et al. 2015. Hyperspectral image denoising via noise-adjusted iterative low-rank matrix approximation. IEEE Journal of Selected Topics in Applied Earth Observations and Remote Sensing, 8(6): 1-12.

Wright J, Yang A, Ganesh A, et al. 2009. Robust face recognition via sparse representation. IEEE Transactions on Pattern Analysis and Machine Intelligence, 431(2): 210-227.

Xu J, Lei Z, Zhang D, et al. 2017. Multi-channel weighted nuclear norm minimization for real color image denoising. IEEE International Conference on Computer Vision, 1096-1104.

Yao D, Zhuang L, Gao L, et al. 2017. Hyperspectral image inpainting based on low-rank representation: a case study on Tiangong-1 data. IEEE International Geoscience and Remote Sensing Symposium (IGARSS): 3409-3412.

Zhuang L, Bioucas-Dias J M. 2016. Fast hyperspectral image denoising based on low rank and sparse representations. IEEE International Geoscience and Remote Sensing Symposium (IGARSS): 1847-1850.

Zhuang L, Bioucas-Dias J M. 2017. Hyperspectral image denoising based on global and non-local low-rank factorizations. IEEE International Conference on Image Processing (ICIP): 1900-1904.

Zhuang L, Gao L, Zhang B, et al. 2017. Hyperspectral image denoising and anomaly detection based on low-rank and sparse representations, image and signal processing for remote sensing XXIII. International Society for Optics and Photonics, 10427: 104270M.

第 3 章　复杂场景混合像元的优化分解

混合像元是制约高光谱遥感影像信息精确提取的关键，目前，混合像元分解的基础模型一般分为 LMM 和 NLMM 两类。另外，在特别考虑端元光谱变异性时，则需要利用 NCM 模型进行求解。LMM 模型原理简单、实用性强，因此基于 LMM 模型的混合像元分解技术的研究仍是未来发展不可或缺的方向。NLMM 模型可以有效地解决复杂辐射传输过程造成的非线性混合像元问题，在近年来越来越受到学者们的关注。但是，目前的 LMM 和 NLMM 模型都忽略了由于地物覆盖复杂性造成的端元光谱变异问题，基于 NCM 模型的混合像元分解方法可以有效解决该类问题。上述模型为有效解决混合像元问题奠定了基础，但现有方法在处理有无纯像元、端元光谱变异和非线性作用等复杂混合像元时，仍存在很大不足，必须为此构建更精细更优异的求解算法。

3.1　基于群智能优化的混合像元分解方法

3.1.1　端元提取的群智能算法

1. 蚁群优化端元提取

蚁群优化算法的端元提取方法(ant colony optimization for endmember extraction, ACOEE)是以蚁群算法为基础(Zhang et al., 2011)。蚁群算法是通过模拟自然界中的蚂蚁的行动方式和交流方式解决问题的群智能启发式算法。自然界中的蚂蚁通过“信息素”进行交流，大量的蚂蚁组成的群体去寻找巢穴和食物源之间的最短路径。如果将寻找最短路径视为一个最优化问题，那么起点(巢穴)到终点(食物源)之间的每一条路径都可以视为这个最优化问题的可行解；相应的，最优化问题的目标函数是路径的长度，最优化问题就是将目标函数最小化，最短路径就是最优化问题的解。因此，只要一个问题能够转化成上述最优化问题，就可以用蚁群算法来求解。

根据 LMM 和纯像元假设，并将原始高光谱图像与反混图像的均方根误差(root mean square error, RMSE)作为目标函数，端元提取问题可转换为如下最优化问题

$$\begin{aligned} \min \quad & \mathrm{RMSE}(\{\boldsymbol{r}_i\}_{i=1}^{n}, \{\boldsymbol{e}_j\}_{j=1}^{m}) \\ \text{s.t.} \quad & \{\boldsymbol{e}_j\}_{j=1}^{m} \in \mathcal{C}(\{\boldsymbol{r}_i\}_{i=1}^{n}, m) \end{aligned} \tag{3.1}$$

式中，$\boldsymbol{r}_i$ 表示第 i 个位置；$\boldsymbol{e}_j$ 表示第 j 个端元；$\mathcal{C}(\{\boldsymbol{r}_i\}_{i=1}^{n}, m)$表示包含$\{\boldsymbol{r}_i\}_{i=1}^{n}$中 m 个元素的集合构成的集合。

设$\boldsymbol{G} = \{\boldsymbol{V}, \boldsymbol{E}, \boldsymbol{H}\}$为一个有向有权图，其中$\boldsymbol{V} = \{v_i\}_{i=0}^{n}$为顶点集合，每个顶点$v_i$对应一个像元$x_i$，$v_0$作为算法的起始顶点，不对应任何像元；$\boldsymbol{E} = \{< v_i, v_j >| \forall i, \forall j \neq 0\}$为有向边集，$< v_i, v_j >$表示从$v_i$(起点)指向$v_j$(终点)的一条有向边，$\boldsymbol{H} = \{\eta_{ij}\}$为有向边权值集，

η_{ij} 为有向边 $<v_i,v_j>$ 上的权值。这样，**G** 就构造了一个包括所有像元和像元关系的有向有权图。在这个图中，式(3.1)中的一个可行解就转化成了 **G** 中的一条包含 m 个顶点(不包括起始顶点)的路径。人工蚂蚁从起始顶点出发，沿有向边依次移动到 m 个顶点并构造一条路径即完成了一次端元选取，每条有向边的终点对应的像元即为端元。

对于单个人工蚂蚁，第 k 次迭代中，人工蚂蚁在第 $t-1$ 次移动后到达顶点 v_i，那么第 t 次移动时，由 v_i 向其他各顶点的转移概率为

$$p_{ij}^{k}(t)=\frac{\tau_{ij}^{k\alpha}\eta_{ij}^{\beta}}{\sum\limits_{j\in \text{allowed}_t}\tau_{ij}^{k\alpha}\eta_{ij}^{\beta}},\forall j\in \text{allowed}_t \tag{3.2}$$

式中，$\tau_{ij}^{k\alpha}$ 为第 k 次迭代过程中，有向边 $\langle v_i,v_j\rangle$ 上的信息素含量，指数 α 和 β 反映了信息素和能见度在路径选择中的相对重要程度。

对于人工蚂蚁群体，信息素是其中个体相互交流信息的唯一手段，也是蚁群算法能够完成复杂任务的根本原因。在初始状态下，各条边上的信息素含量相等，随着迭代的进行，信息素不断更新并通过式(3.2)影响人工蚂蚁选择顶点的概率，最终使得算法收敛到全局最优解。信息素更新公式为

$$\tau_{ij}^{k+1}=\rho\tau_{ij}^{k}+\Delta\tau_{ij}^{k} \tag{3.3}$$

式中，ρ 为信息素耗散系数；$\Delta\tau_{ij}^{k}$ 为信息素增量。如果第 k 次迭代中的最优目标函数值为 f_k，其对应的路径为 path_k，则 $\Delta\tau_{ij}^{k}$ 为

$$\Delta\tau_{ij}^{k}=\begin{cases}Q/f_k & v_i,v_j\in \text{path}\\ 0 & v_i,v_j\notin \text{path}\end{cases} \tag{3.4}$$

式中，Q 为一常数，控制信息素调整幅度，使得 $\Delta\tau_{ij}^{k}$ 与 τ_{ij}^{k} 相比不至于过大(陷入局部最优解)或过小(收敛很慢)。

2. 离散粒子群优化端元提取

基于离散粒子群算法的端元提取方法(discrete particle swarm optimization for endmember extraction, DPSOEE)是以粒子群算法为基础(Zhang et al., 2011)。粒子群算法是通过模仿自然界中鸟群的寻找食物源这种行为，以此达到寻找最优化问题的全局最优解的过程。在自然界中，鸟群在某区域内飞行并寻找食物源时，鸟群中的个体可以对自身所处的环境进行评估，以此来判断当前位置适合寻找食物源的程度。组成鸟群的每只鸟之间可以通过鸣叫等方式，在一定空间范围内可以彼此交流信息。每一只鸟会根据其他鸟传递的信息以及自身的经验来改变飞行速度和飞行方向，从而继续寻找食物源。通过这种方式，鸟群最终可以聚集在某区域食物源最丰富的地方。

若把“寻找食物源”看作是一个最优化问题，那么鸟群的搜索区域就可以等同于是这个问题的可行解空间。该区域中的每一个位置便是一个可行解，每只鸟对其位置适合寻找食物源程度的评价就是最优化问题的目标函数。原始的粒子群算法将鸟群中的这些鸟抽象为具有“速度”和“位置”两种属性的粒子，因此可以进行位置更新、速度更新。

在每个时刻，每只鸟会计算其所在位置的适应度，从而得到这个位置的适应度。然后，鸟群中的鸟会互相交换适应度信息，同时会回顾自身在运动过程中获得“社会经验”和“自身经验”的两种经验值。以这两种经验为根据，每只鸟会更新自身的速度，同时利用当前速度进行位置移动，然后会到达新的位置。最终，若鸟群中所有的鸟均停止在适应度值最高的位置时，则可以认为鸟群已经找到了最优化问题的全局最优解。

定义集合：$\boldsymbol{X}_{n,m}=\{(x_1,x_2,\cdots,x_n)\mid x_i\in\{0,1\},\sum_{i=1}^{n}x_i=m\}$，即 $\boldsymbol{x}\in\boldsymbol{X}_{n,m}$ 表示一个由 0 和 1 组成的 n 位数字串，其中有 $m(\leqslant n)$ 个位置为 1，其余为 0。若 $\{\boldsymbol{r}_i\}_{i=1}^{n}$ 中的某个像元 $\boldsymbol{r}_i$ 被选为端元(进入集合 $\boldsymbol{E}$)，则 $\boldsymbol{x}$ 对应位置上的 x_i 就取 1，否则就取 0。于是对于给定的图像 $\{\boldsymbol{r}_i\}_{i=1}^{n}$ 和端元数量 m，可用 $\boldsymbol{X}_{n,m}$ 表示式(3.1)的可行解空间，作为粒子的搜索空间。

第 k 个粒子在 t 时刻的位置 $\boldsymbol{x}_k(t)\in\boldsymbol{X}_{n,m}$。显然，第 k 个粒子在前 t 时刻的最优位置 $\boldsymbol{x}_{k,\text{best}}(t)\in\boldsymbol{X}_{n,m}$，所有粒子在前 t 时刻的最优位置 $\boldsymbol{x}_{\text{gbest}}(t)\in\boldsymbol{X}_{n,m}$。若定义集合 $\boldsymbol{V}_{n,q}=\{(v_1,v_2,\cdots,v_n)\mid v_i\in\{-1,0,1\},\sum_{i=1}^{n}v_i=0,\sum_{i=1}^{n}|v_i|=2q\}$，那么 $\boldsymbol{v}\in V_{n,q}$ 表示一个由 0、1 和 –1 组成的 n 位数字串(或者说 n 维向量)，且 1 的数量和–1 的数量均为 q 个。若 $\boldsymbol{E}_1,\boldsymbol{E}_2\in C\left(\{\boldsymbol{r}_i\}_{i=1}^{n},m\right)$ 对应的 $\boldsymbol{x}_1,\boldsymbol{x}_2\in\boldsymbol{X}_{n,m}$，那么从 $\boldsymbol{x}_2$ 到 $\boldsymbol{x}_1$ 的速度定义为 $\boldsymbol{v}=\boldsymbol{x}_1-\boldsymbol{x}_2=(v_1,v_2,\cdots,v_n)\in\boldsymbol{V}_{n,\text{q}}$，且满足

$$v_i=\begin{cases}1 & r_i\in\boldsymbol{E}_1,r_i\notin\boldsymbol{E}_2\\ -1 & r_i\notin\boldsymbol{E}_1,r_i\in\boldsymbol{E}_2\\ 0 & \text{其他}\end{cases}\tag{3.5}$$

事实上，$\boldsymbol{v}$ 反映了 $\boldsymbol{E}_1$ 与 $\boldsymbol{E}_2$ 的不同，而 q 反映了这种“不同”的程度，因此 q 称为“速度的大小”。

根据位置和速度的定义，显然 $\boldsymbol{x}_{k,\text{best}}(t)-\boldsymbol{x}_k(t)\in V_{n,q_1},\boldsymbol{x}_{\text{gbest}}(t)-\boldsymbol{x}_k(t)\in V_{n,q_2}$。在 $\boldsymbol{X}_{n,m}$ 中，速度更新方程为

$$\boldsymbol{v}_k(t+1)=\begin{cases}T\left(\left(\boldsymbol{x}_{k,\text{best}}(t)-\boldsymbol{x}_k(t)\right)+\left(\boldsymbol{x}_{\text{gbest}}(t)-\boldsymbol{x}_k(t)\right)\right)\\ R\left(\boldsymbol{x}_k(t)\right)\end{cases}\tag{3.6}$$

其中，T 和 R 均表示随机选择函数。$T(\boldsymbol{x})$ 表示从 $\boldsymbol{x}$ 的正分量对应的位置中随机选择一个赋值为 1，负分量对应的位置中随机选择一个赋值为–1，其余位置赋值为 0；$\boldsymbol{x}_k(t)\in\boldsymbol{X}_{n,m}$，$R(\boldsymbol{x})$ 表示从 $\boldsymbol{x}$ 的正分量对应的位置中随机选择一个赋值为–1，负分量对应的位置中随机选择一个赋值为 1，其余位置赋值为 0。$T(\boldsymbol{x})$ 表示根据自我经验和社会经验得到的速度，称为“定向移动”；$R(\boldsymbol{x})$ 表示放弃经验，随机选择一个速度，称为“随机移动”。每次迭代时，粒子会随机选择进行定向移动或随机移动，即预制一个随机选择概率 $p\in(0,1)$，粒子以 p 的概率选择定向移动，以 $1-p$ 的概率选择随机移动。另外，如果粒子所在位置恰好是全局历史最优位置，那么 $\left(\boldsymbol{x}_{k,\text{best}}(t)-\boldsymbol{x}_k(t)\right)+\left(\boldsymbol{x}_{\text{gbest}}(t)-\boldsymbol{x}_k(t)\right)=0$，

无法进行定向移动，只能进行随机移动。位置更新方程为

$$\boldsymbol{x}_k(t+1)=\boldsymbol{x}_k(t)+\boldsymbol{v}_k(t+1) \tag{3.7}$$

3. 蜂群优化端元提取

人工蜂群算法(artificial bee colony algorithm, ABC)通过模拟自然界中蜂群的觅食行为实现最优化问题的求解(Sun et al., 2015)。对于待求解最优化问题，可行解空间对应蜂群的搜索空间；一个可行解称为一个食物源(food source)；食物源中包含花蜜的数量称为适应度(fitness)，与该食物源对应的可行解所产生的目标函数值有关，较好的可行解会产生较高的适应度，也就会吸引更多的蜜蜂来此食物源采蜜。全部蜜蜂被分为三类：采蜜蜂(employed bee)、跟随蜂(onlooker bee)和侦察蜂(scout bee)。三类蜜蜂分别按照各自的策略进行搜索、判断和类型转换。

每个采蜜蜂对应一个食物源(及其适应度)，采蜜蜂可以在该食物源的邻域内进行局部搜索并发现新的食物源，若新的食物源的适应度优于原食物源，则将其对应关系更新为新的食物源(及其适应度)，否则放弃新食物源并继续在原食物源的邻域内搜索。若$\boldsymbol{x}_i=(x_{i1},x_{i2},\cdots,x_{i,m\times L})^{\mathrm{T}}\in\boldsymbol{R}_+^{M\times(M-1)}$表示第$i$个食物源，也就是第$i$个采蜜蜂的位置，则邻域局部搜索可表示为

$$x'_{ij}=x_{ij}+\phi(x_{ij}-x_{kj}) \tag{3.8}$$

式中，k为随机选择的不同于i的另一个食物源；j为从$\{1,2,\cdots,M\times(M-1)\}$中随机选择的一个整数。

每个跟随蜂会根据采蜜蜂获得的所有食物源的适应度，按照一定概率挑选一个食物源(等同于采蜜蜂)并在该食物源的邻域内进行局部搜索，如果发现的新食物源的适应度优于原食物源，则将采蜜蜂(而不是跟随蜂)对应的食物源更新为新的食物源，否则放弃新食物源。跟随蜂挑选第j个食物源的“跟随概率”表示为

$$p_j=\frac{\mathrm{fit}_j}{\Sigma_{i=1}^{N_e}\mathrm{fit}_i} \tag{3.9}$$

式中，fit_i为第i个食物源的适应度；N_e为食物源的总数量，也就是采蜜蜂的总数量。若最优化问题的目标函数非负，则食物源$\boldsymbol{x}_i$的适应度表示为

$$\mathrm{fit}_i=\frac{1}{f(\boldsymbol{x}_i)} \tag{3.10}$$

式中，$f(\boldsymbol{x})$为最优化问题的目标函数。综合考虑几何学方法中根据端元单形体与像元点云构成的凸包之间的关系的外部最小体积法，基于 ABC 的端元提取问题可描述为如下最优化模型：

$$\begin{aligned}&\min\quad V(\{\tilde{\boldsymbol{e}}_j\}_{j=1}^M)\\&\text{s.t.}\quad \mathrm{Cov}(\{\tilde{\boldsymbol{r}}_i\}_{i=1}^N)\subseteq S(\{\tilde{\boldsymbol{e}}_j\}_{j=1}^M)\end{aligned} \tag{3.11}$$

$$\begin{aligned}&\min\quad f(E)=V(\{\tilde{\boldsymbol{e}}_j\}_{j=1}^M)+\mu_R\mathrm{RMSE}(\{\tilde{\boldsymbol{r}}_i\}_{i=1}^N,\{\tilde{\boldsymbol{e}}_j\}_{j=1}^M)\\&\text{s.t.}\quad E\in\boldsymbol{R}_+^{M\times(M-1)},\forall j\end{aligned} \tag{3.12}$$

式中，μ_R 为惩罚系数，用来调节 $\text{RMSE}(\{\tilde{\boldsymbol{r}}_i\}_{i=1}^N,\{\tilde{\boldsymbol{e}}_j\}_{j=1}^M)$ 对整体目标函数的影响。

4. 离散蜂群优化端元提取

改进的离散蜂群优化端元提取算法(improved discrete bee colony algorithm，IDABC)与上述人工蜂群优化端元提取的原理相同，也是利用采蜜蜂、跟随蜂和侦查蜂搜索、评价、交流和分身转化的策略实现最优化问题的求解。但人工蜂群优化算法是在连续空间中搜索可行解，而离散蜂群优化算法是在离散空间中搜索，因此其可行解空间与前述 DPSO 的可行解空间一致，可行解的邻域搜索策略也与 DPSO 的速度、位置更新原理一致。

IDABC 的改进体现在端元提取的目标函数(Su et al., 2016)。ACOEE 和 DPSOEE 提取端元时，会出现同一种端元被重复识别的现象，这是因为提取相同或相近的端元能够有效减小反演误差，与目标函数式(3.1)的含义一致。为了避免端元被重复识别的问题，IDABC 法在目标函数式(3.1)中加入距离项 $g(\boldsymbol{d})$，其中 $\boldsymbol{d}$ 为图像中端元与端元之间的欧氏距离，即

$$f(\{\boldsymbol{e}_j\}_{j=1}^m)=\text{RMSE}(\{\boldsymbol{r}_i\}_{i=1}^N,\{\boldsymbol{e}_j\}_{j=1}^m)+\mu\times g(\boldsymbol{d}) \tag{3.13}$$

$$g(\boldsymbol{d})=\frac{1}{\boldsymbol{d}} \tag{3.14}$$

$$\boldsymbol{d}=\min\|\boldsymbol{e}_i-\boldsymbol{e}_j\|_2,\forall i\neq j \tag{3.15}$$

式中，μ 为惩罚系数，对 RMSE 和 g 调节平衡；$g(\boldsymbol{d})$ 为 $\boldsymbol{d}$ 的递减函数，$\boldsymbol{d}$ 值越大则 $g(\boldsymbol{d})$ 越小。利用 ABC 算法对目标函数式(3.13)进行最优化，获得的最优解既符合 ABC 算法找到最优解的目的，又能避免相邻纯净像元被同时识别。

如果将 ACO 和 DPSO 的目标函数更改为式(3.13)，并利用各自的优化策略进行搜索，则可得到 IACO 和 IDPSO。

3.1.2 丰度反演的群智能算法

基于 LMM 的光谱解混，在提取端元后，可以利用最小二乘法求解线性方程组进行丰度反演；而基于 NLMM 的光谱解混因为对应的是非线性方程组，无法通过最小二乘法求解，只能将丰度反演转化为最优化问题。群智能算法在求解最优化问题方面具有独特的优势，因此也被应用于非线性光谱解混。

根据 FM 模型，混合像元分解的优化问题为

$$\begin{aligned}&\min\quad V(\boldsymbol{E})\\&\text{s.t.}\quad \sum_{i=1}^{N}\left\|\boldsymbol{r}_i-\boldsymbol{E}\boldsymbol{\alpha}_i-\text{nl}\left(\boldsymbol{E},\boldsymbol{\alpha}_i\right)\right\|_2^2\leqslant\varepsilon\end{aligned} \tag{3.16}$$

其中，

$$\text{nl}\left(\boldsymbol{E},\boldsymbol{\alpha}_i\right)=\sum_{i=1}^{m-1}\sum_{j=i+1}^{m}\beta_{i,j}\boldsymbol{e}_i\odot\boldsymbol{e}_j \tag{3.17}$$

$V(\boldsymbol{E})$ 表示端元单形体的体积，体积的引入用于保证解的唯一性。

设第 i 个粒子的当前位置为 $\boldsymbol{x}_i$，速度为 $\boldsymbol{v}_i$，个体历史最优位置为 $\boldsymbol{p}_i$，全局历史最优位置为 $\boldsymbol{g}$，粒子个数为 s。那么其在第 j 步中的速度为

$$\boldsymbol{v}_i^{(j+1)} = w\boldsymbol{v}_i^{(j)} + c_1 r_1^{(j)}\left(\boldsymbol{p}_i^{(j)} - \boldsymbol{x}_i^{(j)}\right) + c_2 r_2^{(j)}\left(\boldsymbol{g}^{(j)} - \boldsymbol{x}_i^{(j)}\right) \tag{3.18}$$

式中，w 为惯性系数；c_1, c_2 称为加速因子；$r_1, r_2 \sim U(0,1)$ 为随机数。

其在第 j 步后的位置为

$$\boldsymbol{x}_i^{(j+1)} = \boldsymbol{x}_i^{(j)} + \boldsymbol{v}_i^{(j+1)} \tag{3.19}$$

第 j 步后，第 i 个粒子的个体历史最优位置为

$$\boldsymbol{p}_i^{(j+1)} \begin{cases} \boldsymbol{p}_i^{(j)}, \text{当 } f\left(\boldsymbol{x}_i^{(j+1)}\right) \geqslant f\left(\boldsymbol{p}_i^{(j)}\right) \\ \boldsymbol{x}_i^{(j+1)}, \text{当 } f\left(\boldsymbol{x}_i^{(j+1)}\right) < f\left(\boldsymbol{p}_i^{(j)}\right) \end{cases} \tag{3.20}$$

第 j 步后，全局历史最优位置为

$$\boldsymbol{g}^{(j+1)} = \underset{\boldsymbol{p}_i^{(j+1)}}{\arg\min}\left\{ f\left(\boldsymbol{p}_i^{(j+1)}, \text{for all } i \in 1, \cdots, s\right)\right\} \tag{3.21}$$

PSO 算法不断更新全局历史最优位置，直到满足算法终止条件。此时，全局历史最优位置即为最终解。

双种群粒子群优化(BiPSO) (Luo et al., 2016)考虑问题[式(3.16)]，需要同时估计 $\boldsymbol{E}$ 和 $\boldsymbol{A}$，$\boldsymbol{A} = \{\boldsymbol{a}_i\}_{i=1}^N$，因此需要在算法框架中定义两个种群来分别估计 $\boldsymbol{E}$ 和 $\boldsymbol{A}$，记 SE 种群用于估计 $\boldsymbol{E}$，SA 种群估计 $\boldsymbol{A}$。在第 t 次迭代中，首先固定 SA 种群，把 SA 种群的当前最优解代入式(3.16)作为常量，然后更新 SE 种群中的粒子速度和位置，从而获得历史最优位置以及当前最优粒子；然后固定 SE 种群，把当前最优粒子代入式(3.16)作为常量，用类似的方法来更新 SA 种群的粒子；两个种群相互交换各自的最优解，如此交替迭代，最后同时得到最终解。

在 SE 种群中，为了处理约束问题，引入了多目标优化机制，定义如下目标函数

$$f_1(\boldsymbol{X}) = \sum_{n=1}^{N}\left\|\boldsymbol{y}[n] - \boldsymbol{X}\boldsymbol{a}[n] - \mathrm{nl}\left(\boldsymbol{X}, \boldsymbol{a}[n]\right)\right\|_2^2 \tag{3.22}$$

$$f_2(\boldsymbol{X}) = V(\boldsymbol{X}) \tag{3.23}$$

则称粒子 $\boldsymbol{X}_i$ Pareto 支配 $\boldsymbol{X}_j$，当且仅当

$$\begin{aligned} &\forall k \in \{1,2\}, f_k\left(\boldsymbol{X}_i^{(j+1)}\right) \leqslant f_k\left(\boldsymbol{X}_j^{(j+1)}\right) \\ &\exists k \in \{1,2\}, f_k\left(\boldsymbol{X}_i^{(j+1)}\right) < f_k\left(\boldsymbol{X}_j^{(j+1)}\right) \end{aligned} \tag{3.24}$$

记

$$\mathrm{pd}(\boldsymbol{X}_i) = \mathrm{card}\left\{\boldsymbol{X}_j \,\middle|\, \forall \boldsymbol{X}_j \in \mathrm{SE} \text{ and } \boldsymbol{X}_i \text{ Pareto dominates } \boldsymbol{X}_j\right\} \tag{3.25}$$

其中 card{•} 为集合的势。最终可定义指标函数

$$u(\boldsymbol{X}_i)=\begin{cases}\text{order}(\boldsymbol{X}_i,\text{pd},\boldsymbol{S},'\boldsymbol{D}') & \boldsymbol{X}_i\in\boldsymbol{S}\\ n_s+\text{order}(\boldsymbol{X}_i,\text{pd},\overline{\boldsymbol{S}},'\boldsymbol{D}') & \boldsymbol{X}_i\in\overline{\boldsymbol{S}}\end{cases} \tag{3.26}$$

式中，$\boldsymbol{S}$ 为可行粒子集合；$\overline{\boldsymbol{S}}$ 为不可行粒子集合；n_S 为 $\boldsymbol{S}$ 的势；$\text{order}(\boldsymbol{X}_i,\text{pd},\boldsymbol{S},'D')$ 表示 $\boldsymbol{X}_i$ 根据 pd 值在集合中的降序序号。该函数表示了两个准则：具有更高的 pd 值得粒子排在低 pd 值的粒子前面；可行粒子排在不可行粒子的前面。

3.1.3　实验内容及结果分析

按照群智能算法在混合像元分解不同阶段中的应用，实验分为端元提取实验和丰度反演实验，利用不同的数据对比群智能算法和其他基于相同假设的算法之间的精度。

1. 端元提取实验

端元提取实验使用的真实高光谱数据为1994年(airborne visible infrared imaging spectrometer, AVIRIS)遥感器在美国内达华州Cuprite地区采集的数据，如图3.1所示。图像共50个波段，波长范围为1.99～2.48μm，空间大小为400×350像素，假彩色合成波段(R：2.10μm，G：2.20μm，B：2.34μm)。Cuprite数据在高光谱混合像元分解实验验证中被广泛应用，主要包括明矾石、高岭石、方解石等多种矿物(Swayze et al., 1992)。

图3.1　AVIRIS传感器Cuprite地区高光谱图像假彩色合成

端元提取结果的可信程度评价方法是比较提取的端元光谱与实验室光谱库中的光谱(或其他一些已知地物的光谱)的相似程度。光谱角距离(spectral angle divergence, SAD)是进行相似性度量的常用指标。若所得到的光谱角距离越小，说明提取的结果越接近真实图像。性能优越的端元提取方法，在提取端元的同时，也能最大限度地保存图像的原始信息。通过计算原始高光谱图像与反混图像的均方根误差RMSE值可以来检验混合像元分解产生的信息量损失，均方根误差越小，则说明信息量损失越少。

1)纯像元假设的端元提取算法实验

基于纯像元假设的群智能端元提取算法主要包括 ACOEE、DPSOEE、IACOEE、IDPSOEE 和 IDABC，另外，加入经典的 N-FINDR 和 VCA 作为对比，评价群智能端元提取算法的精度。为减少计算时间，先用 PPI 算法从图像中提取 80 个像元作为候选端元集，所有算法均从候选端元集中提取端元。

端元提取结果如表 3.1 所示。可以看出，当端元数目确定时，VCA、ACOEE 和 IACOEE 可识别出 5 种端元，N-FINDR 和 DPSOEE 可识别出 6 种端元，IDPSO 可识别出 7 种端元，IDABC 可识别出 8 种端元，IACOEE、IDPSO 比原先的 ACOEE 和 DPSOEE 识别出的端元种类要多，提取的精度也更高。另外，IACOEE、IDPSO 和 IDABC 的提取端元的精度明显高于 N-FINDR 和 VCA；IDABC 的 RMSE 结果最好，且提取出的矿物沙漠岩漆、明矾石和玉髓与标准光谱库中提供的光谱之间的 SAD 值最优。

表 3.1 纯像元假设的端元提取算法实验结果

端元提取算法	沙漠岩漆	明矾石	水铵长石	针铁矿	高岭石	黄钾铁矾 GD99	埃洛石	玉髓	均方根误差
N-FINDR	—	0.1458	0.1254	0.2038	0.0951	0.1261	—	0.1311	5.7215
VCA	0.0356	0.1454	—	0.1376	—	0.1265	0.0572	—	3.8559
ACOEE	0.0448	0.1087	—	0.2055	0.1145	—	—	0.057191	3.8245
DPSOEE	0.0453	0.1104	—	0.0979	0.1145	0.1002	0.0704	—	3.7415
IACOEE	0.0329	0.1087	—	0.1755	0.0845	—	—	0.0703	3.7747
IDPSO	0.0301	0.0904	0.0574	0.1178	0.0937	0.1142	0.1099	—	3.5526
IDABC	0.0275	0.0837	0.0640	0.1146	0.1186	0.1142	0.0987	0.0556	3.5227

2)非纯像元假设的端元提取算法实验

ABCEE 是不基于纯像元假设的端元提取算法，可以在连续空间中搜索最优端元。与 ABCEE 目标函数相似的算法包括 MVC-NMF、MVSA、MVES 和 SISAL 等，实验结果如表 3.2 所示。可以看出，MVC-NMF 提取的端元 SAD 结果最好，即最接近真实地物光谱，但是 RMSE 结果最差。ABCEE 提取的端元 RMSE 结果最好，而对于明矾石、方解石和白云母其 SAD 结果仅次于 MVC-NMF；SISAL 的结果与 ABCEE 近似。二者都很好地平衡了光谱真实性与反演误差之间的关系，与目标函数的意义一致。

表 3.2 非纯像元假设的端元提取算法实验结果

端元提取算法	明矾石 GDS84	方解石 WS272	高岭石 KGa-1	白云母 GDS107	均值	均方根误差
MVC-NMF	6.450	6.104	5.295	4.755	5.651	2.951
MVSA	10.937	6.887	7.709	8.518	8.513	2.592
SISAL	11.403	4.844	7.662	8.377	8.071	2.591
MVES	12.260	7.346	7.539	7.832	8.744	2.594
ABCEE	10.904	7.641	6.991	7.673	8.302	2.586

2. 丰度反演实验

丰度反演实验使用的是两幅高光谱影像。一幅为 1997 年由 AVIRIS 在 Moffett Field(美国，洛杉矶)地区所获取的高光谱图像，选取了其中 50×50 像元的子图像进行评价，去除了 1～7、108～113、152～169 和 221～224 水汽吸收以及低信噪比波段后，剩余 189 个波段，端元数量设置为 3。另一幅影响为 AVIRIS 在 1992 年 Indian Pines 地区获得高光谱影像，该影像有真实验证样本，选取了石头-钢铁-塔、大豆-无耕地、大豆-收割耕地以及植被四类地物进行评价，端元数量设置为 4。

参与对比的算法包括基于广义双线性模型(generalized bilinear mixture model, GBM)模型的梯度下降算法(记为 GDA) (Halimi et al., 2011)、基于 FAN 模型的非负矩阵分解算法(记为 Fan-NMF) (Eches and Guillaume, 2013)、约束非线性最小二乘算法(记为 CNLS) (Pu et al., 2014) 以及基于核混合模型的解混算法(记为 SK-Hype) (Chen et al., 2012)。所有的算法均以 VCA 算法(Nascimento and Bioucas-Dias, 2005)所提取的端元结果作为初始状态，GDA 和 CNLS 为监督算法，因此以 VCA 结果为端元集合，并以全约束丰度反演算法(Heinz, 2001)的丰度反演结果作为丰度估计的初始状态。设置算法最大迭代次数为 500，收敛阈值为 10^{-6}，算法运行 10 遍取均值作为结果进行评价。

图 3.2 是 Moffett Field 丰度反演结果，算法均能较好的反演水体、植被和土壤等 3 种地物的丰度；图 3.3 是 Indian Pines 子图像的丰度反演结果，可以看出 4 种算法清楚地显示了第一类的大部分区域，但 SK-Hype 包含了其他类别的信息；对于第二类地物，所有算法均与真实地物存在较大差异，这主要是由于其左边区域的地物光谱与该类别地物的光谱极为相似；第三类样本，所有算法在中间区域与第二类样本混淆，原因见第二类样本的分析，除此之外，其他区域 BiPSO 算法的结果比其他算法更为清晰；最后一类各算法均能准确提取。表 3.3 为重构误差，从结果可以看出，丰度结果各算法差异不大，而 BiPSO 的重构误差小于其他算法。

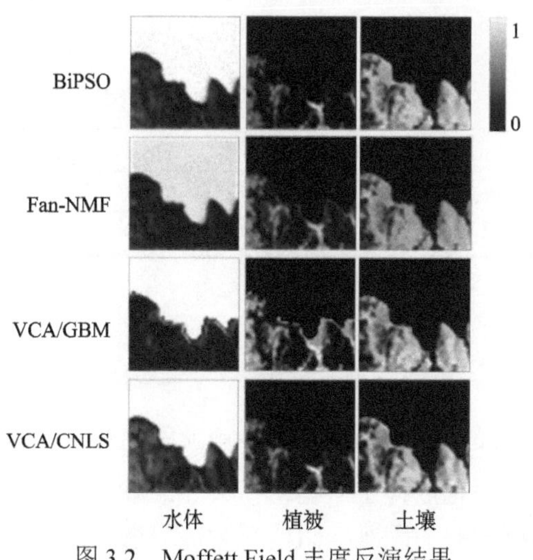

图 3.2　Moffett Field 丰度反演结果

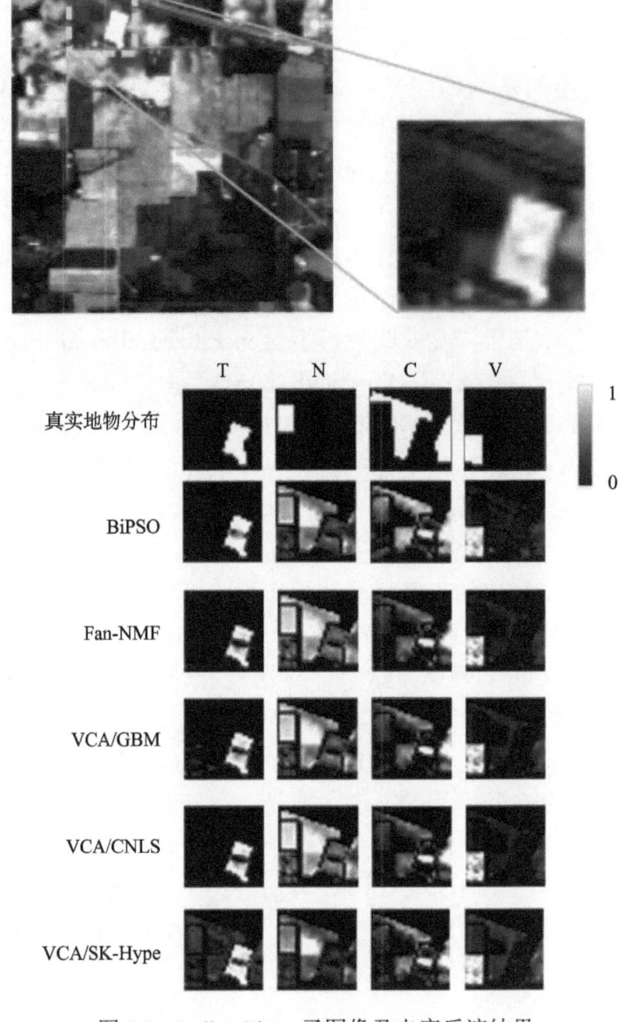

图 3.3　Indian Pines 子图像及丰度反演结果

表 3.3　非线性丰度反演 RMSE

图像	BiPSO	Fan-NMF	GBM	CNLS	SK-Hype
Moffett Field	0.0063	0.0130	0.1502	0.0730	10.002*
Indian Pines	0.0115	0.0131	0.0386	0.0247	0.0718*

*：SK-Hype 的 RMSE 由 FAN 模型进行估计

3.1.4　结论

群智能算法在求解一些比较困难的最优化问题方面体现出独特的优势，在高光谱图像混合像元分解方面的应用也取得了一些值得关注的成果，但是群智能算法在具体问题的应用中仍存在一些不可忽略的困难。阻碍群智能算法广泛应用的一个显而易见的问题就是搜索空间、种群规模与计算效率之间的矛盾：如果希望搜索到尽可能好的解，则应使用较大的搜索空间和种群规模，但这同时意味着更长的搜索时间和更多的无效搜索。

应用新型的计算技术是解决这一问题的重要方向。如目前已经在科学计算领域广泛使用的大型计算机集群并行计算技术、基于互联网的云计算技术和多智能体技术等，另外，GPU、FPGA 和非精确计算芯片等硬件的快速发展也为群智能算法的改进、扩展和应用提供了更多的选择。

3.2　基于非负矩阵分解的混合像元分解方法

本节从对端元和丰度两方面的约束考虑，在 NMF 的基础上找到适合高光谱图像特征的算法，同时考虑高光谱遥感图像体现出的平滑性以及地物分布在遥感图像上体现出的丰度稀疏性(Iordache et al., 2011)，进一步挖掘高光谱数据，使得解混所得的端元和丰度更加符合真实情况。本节内容包括如下：首先介绍稀疏非负矩阵分解(sparse NMF)和局部光滑约束非负矩阵分解(NMF with piecewise smoothness constraint，PSNMF)，进而结合两者的优势，介绍对丰度稀疏约束和对端元平滑约束的稀疏平滑非负矩阵分解(sparse piecewise smoothness constrained NMF，SPSNMF)，然后通过模拟数据和真实实验数据分别进行了有效验证，最后对本节进行总结。

3.2.1　稀疏非负矩阵分解

用 $\boldsymbol{A}\in\mathbb{R}^{L\times n}$ 表示 L 个波段、n 个端元的光谱库，$\boldsymbol{x}\in\mathbb{R}^{n}$ 表示丰度向量，$\boldsymbol{R}\in\mathbb{R}^{L}$ 是图像矩阵。当光谱库 $\boldsymbol{A}$ 已知，并且库中包含大量地物光谱(一般指光谱数量 n 大于波段数目 L)时，其实是一个约束稀疏回归问题(constrained sparse regression, CSR)，可定义为

$$(P_{\mathrm{CSR}})=\min(1/2)\|\boldsymbol{Ax}-\boldsymbol{R}\|_2^2+\lambda\|\boldsymbol{x}\|_1,\ \text{subject to: }\boldsymbol{x}\geqslant 0 \tag{3.27}$$

式中，$\|\boldsymbol{x}\|_2$ 和 $\|\boldsymbol{x}\|_1$ 分别为 $\boldsymbol{x}$ 的 2 范数和 1 范数，参数 $\lambda\geqslant 0$ 控制两个范数的相对权重。约束条件 $\boldsymbol{x}\geqslant 0$ 对应于解混中的丰度非负约束。

对于高光谱图像，每个像元中所包含的地物光谱相对于光谱库也是一个稀疏表达的过程(图 3.4)。作为解混中很重要的一个约束条件，稀疏约束被加入到 NMF 中，出现 L_1-NMF，但在解混模型中已经存在“和为一”约束的条件下，L_1 项不能促使丰度稀疏化。针对这个问题，有研究提出了加入 $L_{1/2}$ 稀疏约束的 $L_{1/2}$-NMF 方法(Qian et al., 2011)。$L_{1/2}$-NMF 解混的目标函数为

$$f(\boldsymbol{M},\boldsymbol{A})=\frac{1}{2}\|\boldsymbol{R}-\boldsymbol{MA}\|_F^2+\lambda\|\boldsymbol{A}\|_{1/2} \tag{3.28}$$

其中，

$$\|\boldsymbol{A}\|_{1/2}=\sum_{\boldsymbol{p},n=1}^{P,N}a_n(p)^{1/2} \tag{3.29}$$

式中，$a_n(p)$ 为第 p 个端元在第 n 个像元上所占的丰度分量。

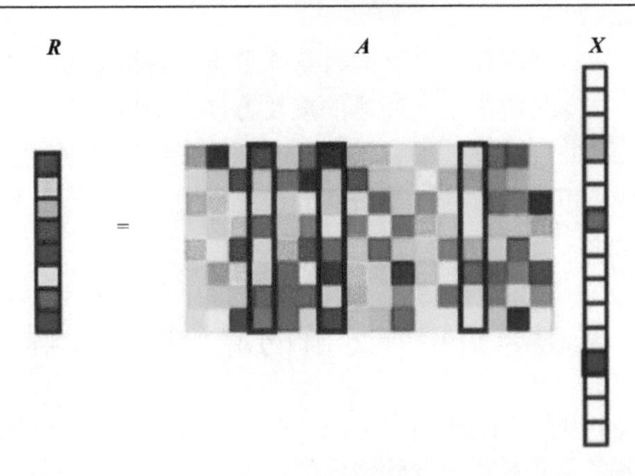

图 3.4 稀疏表达

$L_{1/2}$-NMF 的迭代规则与 NMF 类似，采用乘性迭代规则来对 $\boldsymbol{M}$ 和 $\boldsymbol{A}$ 进行更新，即

$$\boldsymbol{M} \leftarrow \boldsymbol{M}.*\boldsymbol{R}\boldsymbol{A}^{\mathrm{T}}./\boldsymbol{M}\boldsymbol{A}\boldsymbol{A}^{\mathrm{T}} \tag{3.30}$$

$$\boldsymbol{A} \leftarrow \boldsymbol{A}.*\left(\boldsymbol{M}^{\mathrm{T}}\boldsymbol{R}\right)./\left(\boldsymbol{M}^{\mathrm{T}}\boldsymbol{M}\boldsymbol{A}+\frac{1}{2}\lambda\boldsymbol{A}^{-\frac{1}{2}}\right) \tag{3.31}$$

式中，$(\cdot)^{\mathrm{T}}$ 为矩阵转置；$.*$ 和 $./$ 为矩阵点乘、点除。当 $\boldsymbol{A}$ 中的某元素为零时，为保证 $\boldsymbol{A}^{-\frac{1}{2}}$ 有意义，计算中添加一个很小的值。

3.2.2 局部光滑约束非负矩阵分解算法

平滑性是很多物理现象中的一个通用特性，它描述了事物在时间和空间上的一个连续性和同质性。均匀平滑的假设无处不在。然而，强加平滑作用，可能会导致过平滑的结果。考虑高光谱数据，由于其高光谱分辨率和低空间空间率，其端元和丰度都具有平滑性。然而因为噪声的干扰以及端元丰度的突变，不能够进行统一的平滑处理。具体而言，为了提升解混结果，需要提前去除水汽吸收波段等突变波段，同时端元丰度的突变类似图像分割中的区域边缘，因此需要在做平滑处理时考虑不连续因素，使用局部平滑。

局部光滑约束非负矩阵分解(PSCNMF)是在向 NMF 中加入了分段平滑性和稀疏性的约束条件(Jia and Qian, 2008)。所谓平滑是指缓慢变化，较少突变的性质。而分段平滑区别于整体平滑，允许个别的地方出现突变。该算法给端元和丰度两个矩阵均加上了平滑性的约束，因而目标函数为

$$f(\boldsymbol{M},\boldsymbol{A}) := \frac{1}{2}\|\boldsymbol{R}-\boldsymbol{M}\boldsymbol{A}\|_F^2 + \beta_M\left\langle g\left(\boldsymbol{M}-\boldsymbol{M}_N\right)\right\rangle + \beta_A\left\langle g\left(\boldsymbol{A}-\boldsymbol{A}_N\right)\right\rangle \tag{3.32}$$

式中，$\boldsymbol{M}_N$ 和 $\boldsymbol{A}_N$ 分别为 $\boldsymbol{M}$ 和 $\boldsymbol{A}$ 的邻域；β_M 和 β_A 是两种平滑的正则参数；$g(\cdot)$ 为平滑函数，有研究采用非连续自适应马尔可夫随机场模型(Jia and Qian, 2008)：

$$g(x) = -e^{-x^2/\gamma}+1 \tag{3.33}$$

式中，常数 1 控制 $g(x)$ 非负，γ 控制模型平滑度，如图 3.5 所示，γ 越小，$g(x)$ 变化越快。

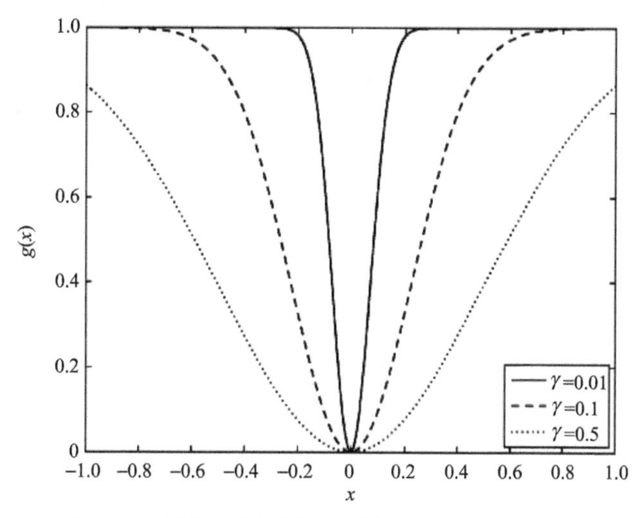

图 3.5　不同 γ 对应的势函数(Jia and Qian，2009)

对于 $\boldsymbol{M}$ 和 $\boldsymbol{A}$ 的邻域，$\boldsymbol{M}_N$ 和 $\boldsymbol{A}_N$ 的定义为

$$g\left(\boldsymbol{m}_i-\boldsymbol{m}_{N_i}\right)=\sum_{i'\in N_i} g\left(\boldsymbol{m}_i-\boldsymbol{m}_{i'}\right)=\sum_{i'\in N_i}\left(-e^{-\left(\boldsymbol{m}_i-\boldsymbol{m}_{i'}\right)^2/\gamma}+1\right) \tag{3.34}$$

$$g\left(\boldsymbol{a}_{pk}-\boldsymbol{a}_{N_{pk}}\right)=\sum_{i'j'\in N_{ijp}} g\left(\underline{\boldsymbol{a}}_{ijp}-\underline{\boldsymbol{a}}_{i'j'p}\right)=\sum_{i'j'\in N_{ijp}}\left(-e^{-\left(\underline{\boldsymbol{a}}_{\mathrm{ijp}}-\underline{\boldsymbol{a}}_{\mathrm{i'j'p}}\right)^2/\gamma}+1\right) \tag{3.35}$$

式中，$\boldsymbol{m}$ 为 $\boldsymbol{M}$ 的一列；$N_i=\{i-1,i+1\}$ 是 $\boldsymbol{m}_i$ 的邻域；$\boldsymbol{a}_{pk}=\underline{\boldsymbol{a}}_{ijp}$ 是位于 (p,k) 位置的丰度；N_{ijp} 是 $\underline{\boldsymbol{a}}_{\mathrm{ijp}}$ 的邻域；$N_{ijp}=\{(i-1)j,(i+1)j,i(j-1),i(j+1)\}$，邻域范围如图 3.6。

PSCNMF 的更新迭代规则为

$$\begin{aligned}\boldsymbol{M}\leftarrow\boldsymbol{M}.\bullet&\left(\boldsymbol{R}\boldsymbol{A}^{\mathrm{T}}+\beta\left(\boldsymbol{M}.*h\left(\boldsymbol{M}-\boldsymbol{M}_N\right)-g'\left(\boldsymbol{M}-\boldsymbol{M}_N\right)\right)\right)./\\&\left(\boldsymbol{M}\boldsymbol{A}\boldsymbol{A}^{\mathrm{T}}+\beta\boldsymbol{M}.*h\left(\boldsymbol{M}-\boldsymbol{M}_N\right)\right)\end{aligned} \tag{3.36}$$

$$\begin{aligned}\boldsymbol{A}\leftarrow\boldsymbol{A}.*&\left(\boldsymbol{M}^{\mathrm{T}}\boldsymbol{R}+\beta\left(\boldsymbol{A}.*h\left(\boldsymbol{A}-\boldsymbol{A}_N\right)-g'\left(\boldsymbol{A}-\boldsymbol{A}_N\right)\right)\right)./\\&\left(\boldsymbol{M}^{\mathrm{T}}\boldsymbol{M}\boldsymbol{A}+\beta\boldsymbol{A}.*h\left(\boldsymbol{A}-\boldsymbol{A}_N\right)\right)\end{aligned} \tag{3.37}$$

$$\boldsymbol{M}'=\begin{bmatrix}\boldsymbol{M}\\ \delta\boldsymbol{1}^{\mathrm{T}}\end{bmatrix},\boldsymbol{R}'=\begin{bmatrix}\boldsymbol{R}\\ \delta\boldsymbol{1}^{\mathrm{T}}\end{bmatrix} \tag{3.38}$$

在计算中，为了满足“和为一”(abundance sum-to-one constraint, ASC)约束，对 $\boldsymbol{M}$ 和 $\boldsymbol{A}$ 进行式(3.38)的变换。

3.2.3　稀疏平滑约束非负矩阵分解算法

通过对实际高光谱数据的分析，结合 3.2.1 节和 3.2.2 节的内容，介绍稀疏平滑约束非负矩阵分解。在 NMF 算法的基础上，对端元添加区域平滑约束，对丰度添加稀疏约束，同时满足因传感器造成的端元光谱分段平滑性以及地物分布所固有的稀疏特性。稀疏平滑约束非负矩阵分解的目标函数为

$$f(\boldsymbol{M},\boldsymbol{A}) := \frac{1}{2}\|\boldsymbol{R}-\boldsymbol{M}\boldsymbol{A}\|_F^2 + \alpha\|\boldsymbol{A}\|_k + \beta\langle g(\boldsymbol{M}-\boldsymbol{M}_N)\rangle \tag{3.39}$$

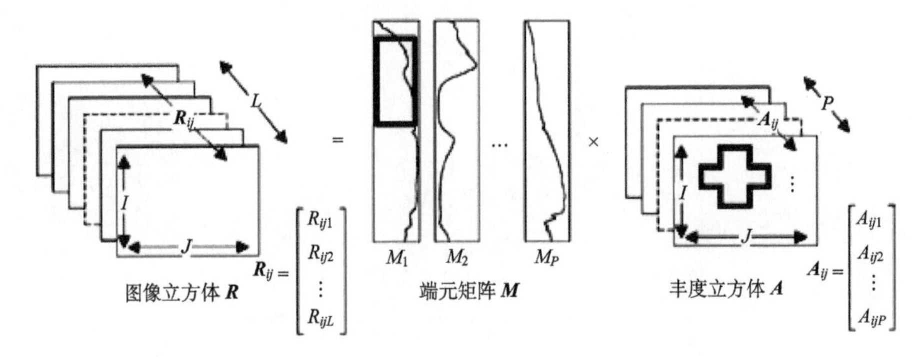

图 3.6　局部光滑约束非负矩阵分解(SPSNMF)邻域图示

其中，

$$\|\boldsymbol{A}\|_k = \sum_{\mathrm{p},n=1}^{P,N} a_n(p)^k \tag{3.40}$$

$$g(\boldsymbol{m}_i - \boldsymbol{m}_{N_i}) = \sum_{i'\in N_i} g(\boldsymbol{m}_i - \boldsymbol{m}_{i'}) = \sum_{i'\in N_i}\left(-e^{-(\boldsymbol{m}_i-\boldsymbol{m}_{i'})^2/\gamma}+1\right) \tag{3.41}$$

式中，$a_n(p)$ 为第 p 个端元在第 n 个像元上所占的丰度分量；$0<k<1$；$\boldsymbol{m}$ 为是 $\boldsymbol{M}$ 的一列；$N_i=\{i-1,i+1\}$；α 和 β 为正则参数。高光谱解混中包含 ASC 约束，故 $\|\boldsymbol{A}\|_1$ 稀疏难以满足系数要求，故选用 $\|\boldsymbol{A}\|_k(0<k<1)$，可产生更稀疏的解，同时从数学的角度进行解释，$\|\boldsymbol{A}\|_k(0<k<1)$ 相比于 $\|\boldsymbol{A}\|_1$ 具有抗异常点的特性。研究表明，$\frac{1}{2}\leqslant k<1$ 时，$\|\boldsymbol{A}\|_k$ 的稀疏性随着 k 的增加而减小(Qian et al., 2011)；$0<k\leqslant\frac{1}{2}$ 时，$\|\boldsymbol{A}\|_k$ 的稀疏性变化较小(Xu, 2010; Zong-Ben et al., 2012)，故本节中也采用 $k=\frac{1}{2}$。

采用乘法更新法则，SPSNMF 的迭代准则如下：

$$\begin{aligned}\boldsymbol{M} \leftarrow \boldsymbol{M}.*\left(\boldsymbol{R}\boldsymbol{A}^{\mathrm{T}}+\beta\left(\boldsymbol{M}.*h(\boldsymbol{M}-\boldsymbol{M}_N)-g'(\boldsymbol{M}-\boldsymbol{M}_N)\right)\right)./\\ \left(\boldsymbol{M}\boldsymbol{A}\boldsymbol{A}^{\mathrm{T}}+\beta\boldsymbol{M}.*h(\boldsymbol{M}-\boldsymbol{M}_N)\right)\end{aligned} \tag{3.42}$$

$$\boldsymbol{A} \leftarrow \boldsymbol{A}.*\left(\boldsymbol{M}^{\mathrm{T}}\boldsymbol{R}\right)./\left(\boldsymbol{M}^{\mathrm{T}}\boldsymbol{M}\boldsymbol{A}+\frac{1}{2}\alpha\boldsymbol{A}^{-\frac{1}{2}}\right) \tag{3.43}$$

算法 SPSNMF 的运行具体步骤如表 3.4 所示。

表 3.4　算法 SPSNMF 具体流程步骤

输入	高光谱数据 $\boldsymbol{R}\in\mathbb{R}^{L\times N}$，端元数量 P，参数 α、β、γ，最大迭代次数 maxiter
输出	端元矩阵 $\boldsymbol{M}\in\mathbb{R}^{L\times P}$，丰度矩阵 $\boldsymbol{A}\in\mathbb{R}^{P\times N}$
步骤 1	对 $\boldsymbol{R}\in\mathbb{R}^{L\times N}$ 预处理，归一化到 $(0,1]$ 之间
步骤 2	使用 VCA 提取端元 $\boldsymbol{M}$，并使用 FCLS 获得对应的丰度矩阵 $\boldsymbol{A}$
步骤 3	使用步骤 2 中所得的 $\boldsymbol{M}$ 和 $\boldsymbol{A}$ 进行端元和丰度的初始化
步骤 4	计算 $f(\boldsymbol{M},\boldsymbol{A})$
步骤 5	用式(3.42)更新 $\boldsymbol{M}$
步骤 6	用式(3.43)更新 $\boldsymbol{A}$
步骤 7	更新 $f(\boldsymbol{M},\boldsymbol{A})$。若小于 maxiter，转步骤 4；否则，结束

3.2.4　实验内容及结果分析

1. 模拟数据实验

1) 实验设计

本节模拟数据的端元是 USGS 的 veg_1dry 光谱库中的 5 个地物光谱，分别记为 $r1$，$r2$，$r3$，$r4$，$r5$，光谱范围为 0.4～2.5μm，波段数量为 826 个，构图方式与图 3.7 相同，像元数量为 100×100，5 个端元分别位于图像的四角和中心，各端元的丰度从纯像元所在位置向周围逐渐减小。按照每个像元中各个端元的丰度将端元光谱进行混合，即可得到无噪声的模拟图像。同时本模拟数据按照 100∶1 和 40∶1 两种信噪比加入白噪声，得到 2 组模拟数据。

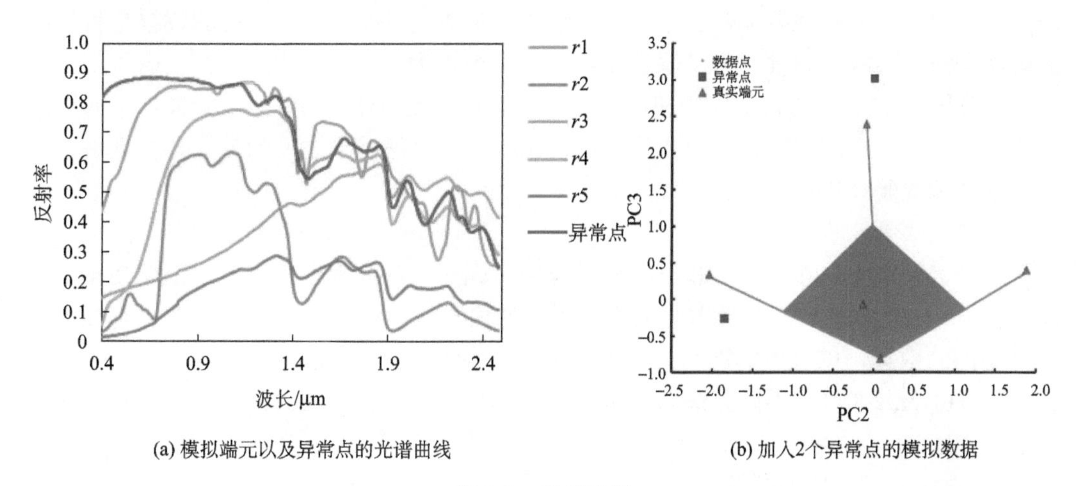

(a) 模拟端元以及异常点的光谱曲线　　(b) 加入2个异常点的模拟数据

图 3.7　模拟数据

由于上述模拟数据本身存在纯像元，对于那些基于非纯像元假设的端元提取算法而言，为减少纯像元对实验结果的影响，客观评价在无纯像元存在条件下各算法的性能，因此剔除模拟图像中丰度值大于 80%以及小于 5%的像元，再生成两幅无纯像元存在的高光谱模拟图像。

在实际高光谱图像中，往往会附带一些异常点(outliers)，这些异常点与背景差异较大，会对端元提取过程造成一定影响。为了更好地模拟出接近实际情况的高光谱图像，也可以在模拟图像中加入异常点来检测端元提取算法对异常点的抗干扰能力。

最终获得八组数据，分别为：①5 个端元，SNR=100，丰度介于 0～1 之间；②5 个端元，SNR=100，丰度介于 0.05～0.8 之间；③5 个端元，SNR=40，丰度介于 0～1 之间；④5 个端元，SNR=40，丰度介于 0.05～0.8；另外四组分别在以上四组的基础上加入两个异常点(outliers)获得。

2) 精度评价

精度评定即对提取端元的可信程度、完备程度及丰度反演的结果进行评价。本节对精度的评定主要介绍以下两个方面。

(1) 丰度的稀疏性

针对高光谱数据解混所得的丰度分量，因地物分布的物理特征使其具有稀疏特性，本节主要利用已有研究中所提到的稀疏性衡量指标来进行评价(Hoyer, 2004)。在该研究中，对矩阵 $\boldsymbol{x}$ 使用一种基于 L_1 范式和 L_2 范式之间关系的稀疏评价：

$$\text{sparseness}(\boldsymbol{x})=\frac{\sqrt{n}-\left(\sum\left|\boldsymbol{x}_i\right|\right)/\sqrt{\sum \boldsymbol{x}_i^2}}{\sqrt{n}-1} \tag{3.44}$$

式中，n 为矩阵 $\boldsymbol{x}$ 的维度。当 $\boldsymbol{x}$ 中只有一个非零元素时，函数值为 1；当 $\boldsymbol{x}$ 中所有元素都相等时，函数值为 0，然后在两者之间平滑地进行差值。

(2) Wilcoxon 秩和检验

Wilcoxon 秩和检验是一种非参数统计检验，是一种用样本秩来代替样本值的检验法，不考虑总体分布类型是否已知，不比较总体参数，只比较总体分布的位置是否相同的统计方法。“秩和”中的“秩”又称等级，即按数据大小排定的次序号。上述次序号的和称“秩和”，秩和检验就是用秩和作为统计量进行假设检验的方法。检验来自不同算法的实验结果，独立的但非正态分布的数据，比较不同算法结果之间的差异是否显著，可以采用秩和检验(Li et al., 2016)。

3) 实验结果分析

在光谱解混中，端元光谱和丰度分量作为研究对象，分别使用光谱角距离(SAD)和均方根误差(RMSE)来衡量。本节主要从不同的信噪比、是否有异常点、是否有纯像元三种不同的数据，以及对解混结果从均方根误差(RMSE)、光谱角距离(SAD)、丰度的稀疏性(Hoyer, 2004)和不同算法的 Wilcoxon 检验结果(Li et al., 2016)等方面来对比四种算法的性能。

(1) 对不同信噪比的图像

为了讨论四种方法对不同信噪比的影响，本节所用的模拟数据包括 SNR=100、40，两种不同的信噪比。在表 3.5 中，数据(1)和(5)、(2)和(6)、(3)和(7)、(4)和(8)的对比实验中可以看出，在纯像元和异常点相同的情况下，在不同的信噪比数据中，SPSNMF 的实验数据相比另外几个算法都有优化，在信噪比为 SNR=100 时，其优化效果更为明显，说明在噪声较小时，SPSNMF 的优化效果更佳；而在噪声较大时，SPSNMF 也能够一定程度的优化算法。如表 3.5 所示，SPSNMF 方法获得的 RMSE 最小。

表 3.5　模拟的 8 组数据实验所得 RMSE 结果

序号	SNR	纯像元	异常点	SPSNMF	PSNMF	SNMF	SPICE
(1)	100	有	0	0.0004	0.0036	0.0012	0.0033
(2)	100	有	2	0.0010	0.0042	0.0018	0.0065
(3)	100	无	0	0.0003	0.0038	0.0010	0.0024
(4)	100	无	2	0.0009	0.0030	0.0014	0.0049
(5)	40	有	0	0.0099	0.0107	0.0100	0.0111
(6)	40	有	2	0.0100	0.0109	0.0102	0.0114
(7)	40	无	0	0.0099	0.0105	0.0100	0.0123
(8)	40	无	2	0.0100	0.0108	0.0101	0.0112
得分(score)				24	6	16	2

(2)对有异常点的图像

模拟数据中通过去掉丰度小于 0.05 和大于 0.8 的像元，获得没有纯像元的数据。在表 3.5 中，数据(1)和数据(3)、数据(2)和数据(4)、数据(5)和数据(7)、数据(6)和数据(8)的对比实验中可以看出，在信噪比和异常点相同的情况下，在是否有纯像元的不同情况对比实验中，SPSNMF 的实验数据相比另外几个算法也都有优化，且 SPSNMF 实验结果几乎不受是否有纯像元的影响。但只从 RMSE 方面考虑并不全面，加入异常点后，对于原有的 5 个端元的提取造成干扰，使得部分算法不能够准确提取出 5 个端元，而将异常点作为端元提取出来。如表 3.6 中打阴影表格表示此种算法能够准确提取 5 个端元，而其中白色(无阴影)表格表示此种算法混淆了 5 个端元或者将异常点作为端元提取出来。可以看出在 8 组数据中。SPSNMF 都能够准确地提取出 5 个端元，而其他三种算法提取端元的情况并不稳定。在准确提取出的端元的基础上，SPSNMF 能够在均方根误差方面明显优于其他三种。

表 3.6　模拟的 8 组数据实验所得 SAD 结果

序号	SNR	纯像元	异常点	SPSNMF	PSNMF	SNMF	SPICE
(1)	100	有	0	0.0025	0.0072	0.0050	0.0974
(2)	100	有	2	0.0255	0.0356	0.0285	0.1668
(3)	100	无	0	0.0944	0.0901	0.0932	0.1048
(4)	100	无	2	0.1090	0.1055	0.1078	0.0986
(5)	40	有	0	0.0040	0.0081	0.0064	0.0471
(6)	40	有	2	0.0282	0.0354	0.0296	0.0967
(7)	40	无	0	0.0928	0.0902	0.0926	0.1420
(8)	40	无	2	0.1074	0.1084	0.1088	0.1546
得分(score)				16	15	14	3

注：灰色表格表示能够提取出 5 个端元的情况

(3)提取出的丰度分量的稀疏性

利用本节中提到的稀疏性指标计算方法，获得四种算法解混所得丰度的稀疏性，如图 3.8 所示。针对解混所得的丰度矩阵，利用式(3.44)计算稀疏程度，得到图 3.8 的结果，可以看出标出红色的 SPSNMF 的系数程度略低于 SNMF，而高于其他的两种算法。综合数据(1)(2)中针对 RMSE 和 SAD 的分析，SPSNMF 保证了较小的 RMSE，能够提取出对应 5 种端元的 SAD，且能够保证其丰度的稀疏性。

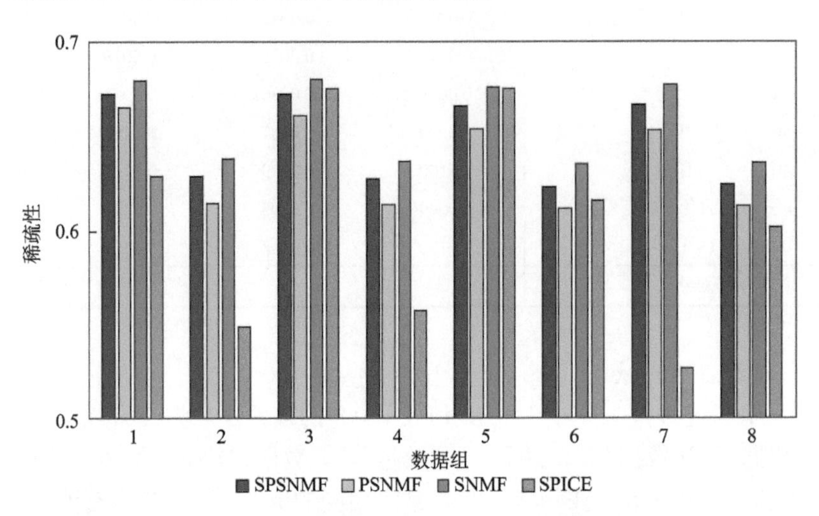

图 3.8　8 组模拟数据解混所得丰度分量的稀疏性

(4)不同算法的 Wilcoxon 秩和检验结果比较

利用本节中介绍的 Wilcoxon 秩和检验对四种算法的实验结果进行检验，将实验所得数据 $\boldsymbol{X}$， $\boldsymbol{X}$ 即为表 3.5、表 3.6 中 4 种算法处理 8 组数据的实验结果，矩阵 $\boldsymbol{X}$ 中每列是一个算法，每行是一个数据。逐行对 $\boldsymbol{X}$ 由小到大(大到小)进行等级排列，计算每行数据中每个数值的秩(最小的数据秩次编为 1，最大的数据秩次编为 n_1+n_2)，本节使用的是从小到大，所以最后所得的秩和越大越好。将每列的数值的秩相加，得到 4 种算法的秩和 Score1、Score2 、Score3、Score4。通过以上计算获得表 3.5、表 3.6 中最后一行的 Score 得分，可以看出，RMSE 实验结果中，SPSNMF 算法得分最高为 24；SAD 实验结果中，SPSNMF 算法得分也是最高，为 16 分。从统计角度可以看出，SPSNMF 的性能优势。

2. *真实数据实验*

本节使用两组真实数据来进行算法验证，第一组真实数据使用的是 HYDICE 传感器所获得的 Washington DC 地区的高光谱数据，第二组使用的是 Cuprite 地区的高光谱数据。

Washington DC 地区的 1995 年获得的高光谱数据包括 0.4～2.4μm 的 210 个波段。从其中截取 150×150 个像元的图像(图 3.9)进行实验，去除低信噪比和水汽吸收波段(103～106、138～148、207～210)，剩下 191 个波段，并将原始数据乘10^{-4}并归一化到$[0,1]$。这个区域中主要包含五种不同的地物：水体、草地、树木、屋顶和道路，考虑到光谱变异性，主要通过在 ENVI 中对高光谱数据勾选兴趣点，获得五种地物的参考光谱曲线(如图 3.10)，并将此作为波谱库文件，与算法所提取的波谱的进行比较实验。将端元数量设置为 p=5，考虑到此组真实数据去掉了低信噪比的波段，故而其光谱的平滑性受到一定影响，其平滑程度肯定要小于模拟数据，故而选择较小的 γ 值。

图 3.9　Washington DC 高光谱数据(假彩色)

表 3.7 中是 Washington DC 高光谱数据实验所得 SAD 和 RMSE 结果，包括 SPSNMF、PSNMF、SNMF 以及 SPICE 四种算法分别提取出的五种端元相比参考端元的光谱角距离(SAD)、5 种端元的光谱角距离均值(MEAN SAD)以及四种解混算法获得的均方根误差(RMSE)结果。同时，提取出的五种端元对应的丰度图如图 3.11 所示，其中前三种算法提取出了五种端元，SPICE 提取出来了四种端元。前三种 SPSNMF、PSNMF、SNMF 能够提取出五种端元，且 SPSNMF 提取出的端元与参考端元的光谱角距离(SAD)是前三种中最小的，均方根误差也是最优结果。图 3.11 中展示的是 SPSNMF、PSNMF、SNMF 三种算法提取出了屋顶、草地、水体、树木、道路五种端元，SPICE 提取出的 5 个端元中有两个对应参考光谱中的水体，而没有对应道路的端元。通过图 3.10 中的光谱曲线可以看出，水体和道路的光谱曲线相近，故而难以区分。

表 3.7　Washington DC 高光谱数据实验所得均方根误差(RMSE)和光谱角距离(SAD)结果

算法	SAD					MEAN SAD	RMSE	SCORE	稀疏性
	屋顶	草地	水体	树木	道路				
SPSNMF	0.1152	0.2564	0.0540	0.2687	0.3074	0.2003	0.0053	15	0.5821
PSNMF	0.1157	0.2604	0.0666	0.2756	0.3272	0.2091	0.0063	2	0.5651
SNMF	0.1215	0.2548	0.0543	0.2688	0.3174	0.2033	0.0054	9	0.5831
SPICE	0.1329	0.2340	0.0441	0.1073	—	—	0.0057	—	0.5577

注：无法提取端元的结果用“—”表示

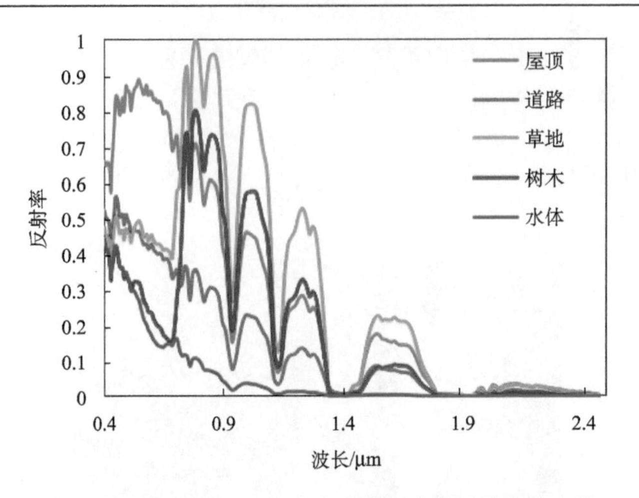

图 3.10　Washington DC 高光谱数据中的五种地物光谱

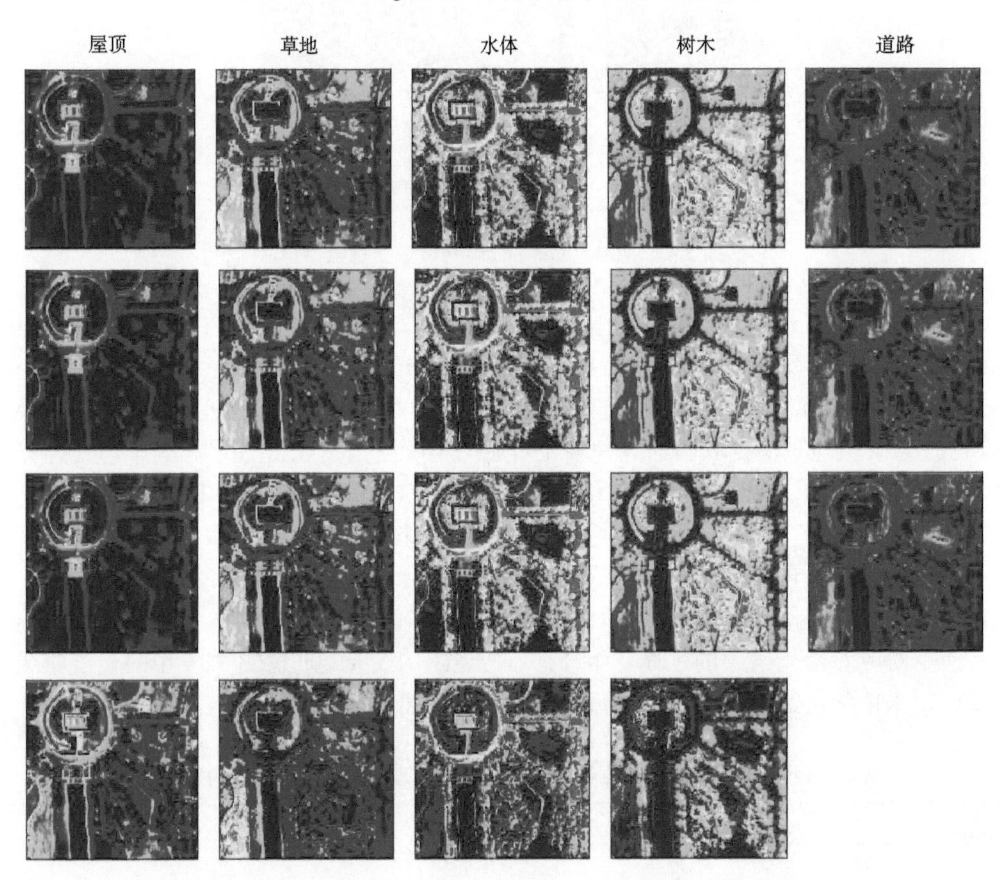

图 3.11　从上到下每行分别是 SPSNMF、PSNMF、SNMF、SPICE 4 种算法所对应的丰度图，5 列分别为屋顶、草地、水体、树木、道路

第二组真实数据使用的美国内华达州 Cuprite 地区 1997 年成像的 0.4～2.5μm 波段的 AVIRIS(airborne visible infrared imaging spectrometer)数据(Green et al., 1998)，截取 350×350 个像元的图像进行实验，去除低信噪比和水汽吸收波段(1～3、105～115、150～

170)，剩余 189 个波段，并将原始数据乘 10^{-4} 并归一化到(0,1]。这个区域中有多种矿物以及较为典型的矿物纯像元存在，在高光谱图像混合像元分解的研究中广泛应用，且其中矿物都在美国地质勘探局(United States Geological Survey，USGS)光谱库中。然后使用 VCA+FCLS 获得的端元和丰度作为初始端元和初始丰度，再利用 SPSNMF、PSNMF、SNMF 和 SPICE 四种算法进行解混。如表 3.8 中是 Cuprite 地区实验所得均方根误差(RMSE)、光谱角距离(SAD)、Wilcoxon 秩和检验结果(SCORE)、稀疏性。将实验所得端元与 USGS 光谱库中的光谱进行对比，找到对应最小光谱角距离的光谱，去除重复提取的端元获得 8 个端元，主要包括明矾石(alunite)、高岭石(kaolinite)、玉髓(chalcedony)、白云母(muscovite)、蒙脱石(montmorillonite)、黄钾铁矾(jarosite)、方解石(calcite)，还有少量的水铵长石(buddingtonite)等其他矿物(张兵和孙旭，2015)。由表 3.8 得出，SPSNMF 能够提取出 8 种端元，大部分端元的光谱角距离最小，且平均光谱角距离(MEAN SAD)最小，均方根误差最小，Wilcoxon 秩和检验结果(SCORE)最大。SPSNMF 解混所得丰度矩阵的稀疏性低于 SNMF，但是优于 PSNMF 和 SPICE。可见 SPSNMF 兼顾了对高光谱数据的端元平滑性和丰度稀疏性，故而显示出其优势。

表 3.8　Cuprite 数据实验所得均方根误差(RMSE)和平均光谱角距离(SAD)

算法	SAD								MEAN SAD	RMSE	SCORE	稀疏性
	明矾石	水铵长石	白云母	方解石	蒙脱石	高岭石	黄钾铁矾	玉髓				
SPSNMF	0.0717	0.1271	0.1356	0.1154	0.0833	0.1304	0.1127	0.1096	0.1012	0.1097	21	0.7424
PSNMF	—	0.1427	0.1337	0.1166	0.0811	0.1306	0.1496	0.1181	0.1282	0.1251	14	0.7225
SNMF	0.0725	0.1402	0.1506	0.1347	0.0875	0.1397	0.1380	0.1127	0.1408	0.1241	7	0.7747
SPICE	—	0.1279	0.1239	0.1514	0.0960	0.2043	0.1089	0.1394	0.1207	0.1341	13	0.6352

注：无法提取端元的结果用“—”表示

3.2.5　结论

本节针对高光谱遥感图像特征，在非负矩阵分解的基础上加入合适的约束项的过程。从对端元和丰度两方面的约束考虑，在 NMF 的基础上找到适合高光谱图像特征的算法，同时考虑高光谱遥感图像的平滑性以及地物分布在遥感图像上的体现出了丰度稀疏性，进一步挖掘高光谱数据，使得解混所得的端元和丰度更加符合真实情况。SPSNMF 算法对端元加入区域平滑约束，对丰度加入稀疏约束($L_{1/2}$ 范式)，利用从信噪比、异常点、纯像元三个角度考虑的 8 组不同的数据进行实验，并对解混结果从 RMSE、SAD、丰度的稀疏性和不同算法的 Wilcoxon 检验结果等方面来对比四种算法的性能。实验证明，SPSNMF 能够很好地提取出端元的同时，保证丰度的稀疏性。8 组数据中，针对 SNR=100 和 40 的两种不同信噪比数据，SPSNMF 都能体现出其优势，其实验所得均方根误差均在四种算法中最优，且其平均光谱角距离在能够提取出所有端元的算法中也是最小。针对模拟数据中添加的异常点，SPSNMF 表现出来了很好的鲁棒性，在(2)、(4)、(6)、(8)四组添加了异常点的数据实验结果中，SPSNMF 不仅能够准确提取出五种端元，且保证了较小的光谱角距离。而针对丰度反演所获得的矩阵稀疏性，利用稀疏性衡量指标计算得出 SPSNMF 解混算法所得的丰度矩阵的稀疏性介于 SNMF 与 PSNMF 之间，优于 SPICE，可见 SPSNMF 在满足均方根误差和光谱角距离的同时，兼顾了丰度矩阵的稀疏性。最后，利用 Wilcoxon 秩和检验，从统计角度比较四种算法，也可以看出 SPSNMF 所得的 SCORE 也是最佳的。本节同时也采用了两组真实实验数据，包括 Washington DC 和 Cuprite 地区的高光谱数据，所得实验结果也验证了利用模拟数据所得的结论，SPSNMF 能够提取出五种端元且均方根误差最小，丰度稀疏性也是介于 SNMF 与 PSNMF 之间，优于 SPICE。从高光谱遥感数据本身的理化特性来考虑对 NMF 的约束项优化，SPSNMF 兼顾了端元平滑性和丰度的稀疏性，故而在解混应用中，能够在很好地提取端元的同时，增强对噪声和异常点的鲁棒性，同时获得更符合地物特性的丰度稀疏性。

3.3　基于正态组分模型的混合像元分解方法

光谱变异对混合像元分解影响的研究中比较代表性的工作有两方面。其中一方面是扩展现有的模型，对光谱变异程度进行建模。代表性的工作是正态组分模型 NCM（Stocker and Schaum, 1997; Eches et al., 2010），它用概率来描述光谱的不确定性，将端元视为一个呈给定概率分布的随机变量。NCM 模型的优势是在混合像元分解过程中考虑到了端元光谱变异的影响，但 NCM 发挥优势的前提是对每个端元的变异程度要有正确的估计，这也是 NCM 模型应用的难点。为了解决 NCM 模型的参数估计问题，提出了基于粒子群优化的期望最大化算法 PSO-EM（Zhang et al., 2014），它采用了期望最大化算法（expectation maximization algorithm, EM）的一个变异版本：“赢者通吃”（“winner-take-all” version of EM）（Neal and Hinton, 1998; Roche, 2011），并且利用粒子群优化算法在 EM 框架中的 E 步寻找最优的丰度粒子（the “winner” abundance）。该算法用了机器学习的方法 EM 在数据中自我学习端元的变异程度，在存在小概率端元的图像中可能有“过拟合”的问题（Bishop, 2006）。为了避免这个问题，提出了一个新的贝叶斯方法：正态端元光谱解混算法 NESU（Zhuang et al., 2015）。它提出了一个新的思路计算端元变异程度，相对 PSO-EM 更简单高效。它将端元视为一个已知变量（从光谱束中可统计得到），用贝叶斯推理估计仅剩的一个未知参数，即丰度向量的值。但是，NESU 只适用于纯像元存在的图像。因此，本节将介绍另一种新的方法来估计端元光谱变异程度，它假设高光谱图像中存在均质区域（即某一块区域内部地物类别相似），从均质区域中统计端元方差。基于这种假设和 NCM 模型而推导出来的新的解混算法称为基于区域的随机期望最大化算法（region-based stochastic expectation maximization, R-SEM）。它可以适用于无纯像元存在的图像，也不存在“过拟合”的问题。

3.3.1　基于区域的随机期望最大化的分解算法

R-SEM 算法基于 NCM 的模型假设来做混合像元分解，由 NCM 可推导出式 (3.45)，为了求解其中的未知参数 $\{\boldsymbol{\theta}_1,\boldsymbol{\theta}_2\}$，R-SEM 算法的目标函数定义为如下的似然函数：

$$(\hat{\boldsymbol{\theta}}_1, \hat{\boldsymbol{\theta}}_2)_{ML} = \arg\max L(\boldsymbol{X}, \boldsymbol{\theta}_1, \boldsymbol{\theta}_2) = \arg\max \log f(\boldsymbol{X} \mid \boldsymbol{\theta}_1, \boldsymbol{\theta}_2) \tag{3.45}$$

上式目标函数与 PSO-EM 算法的目标函数是一致的。因此，此处也可类似地通过期望最大化方法 EM 框架求解，它将丰度视为隐藏变量，通过期望步(E-步)和最大化步(M-步)的迭代不断更新参数估计值，逼近真实值。在求解参数前，建议对高光谱数据先做降维，可以采用 HySime(Nascimento and Bioucas-Dias, 2005)或 PCA(Chang and Du, 1999)，原因有二：一是减少计算量和待求变量大小，由于降维后波段间一般是独立的，端元协方差矩阵非对角线元素此时为零，仅需估计对角线上的元素，且波段减少导致协方差矩阵也大大减小了；二是降维有降噪和减少光谱变异的作用(Somers et al., 2011)。

1. E-步

给定参数的当前估计值$(\hat{\boldsymbol{\theta}}_1^{(t)}, \hat{\boldsymbol{\theta}}_2^{(t)})$，计算对数似然函数的条件期望值

$$\begin{aligned} Q(\boldsymbol{\theta}, \hat{\boldsymbol{\theta}}^{(t)}) &= \mathrm{E}_{\boldsymbol{\alpha}}\left[\log f(\boldsymbol{X}, \boldsymbol{\alpha} \mid \boldsymbol{\theta}) \mid \boldsymbol{X}, \hat{\boldsymbol{\theta}}^{(t)}\right] \\ &= \sum_{i=1}^{N} \int \log f(\boldsymbol{x}_i, \boldsymbol{\alpha}_i \mid \boldsymbol{\theta}) p(\boldsymbol{\alpha}_i \mid \boldsymbol{x}_i, \hat{\boldsymbol{\theta}}^{(t)}) \mathrm{d}\boldsymbol{\alpha}_i \\ &= \sum_{i=1}^{N} \int \log\left[f(\boldsymbol{x}_i \mid \boldsymbol{\alpha}_i, \boldsymbol{\theta}_1) \mathrm{g}(\boldsymbol{\alpha}_i \mid \boldsymbol{\theta}_2)\right] \times \frac{f(\boldsymbol{x}_i \mid \boldsymbol{\alpha}_i, \hat{\boldsymbol{\theta}}_1^{(t)}) \mathrm{g}(\boldsymbol{\alpha}_i \mid \hat{\boldsymbol{\theta}}_2^{(t)})}{\int f(\boldsymbol{x}_i \mid \boldsymbol{\alpha}_i, \hat{\boldsymbol{\theta}}_1^{(t)}) \mathrm{g}(\boldsymbol{\alpha}_i \mid \hat{\boldsymbol{\theta}}_2^{(t)}) \mathrm{d}\boldsymbol{\alpha}_i} \mathrm{d}\boldsymbol{\alpha}_i \end{aligned} \tag{3.46}$$

式中，$\mathrm{E}(\cdot)$为均值算子。式(3.46)中的积分操作在 PSO-EM 算法中是用粒子群方法求解，为了节省时间，此处用采样方法将连续的积分运算简化为离散的求和运算，即在每次迭代过程中对丰度采样，得到丰度样本$\{\boldsymbol{\alpha}_{i,ni}, ni = 1, \cdots, NI\}$，此时积分运算可替代为

$$\int f(\boldsymbol{x}_i \mid \boldsymbol{\alpha}_i, \hat{\boldsymbol{\theta}}_1^{(n)}) \mathrm{g}(\boldsymbol{\alpha}_i, \hat{\boldsymbol{\theta}}_2^{(n)}) \mathrm{d}\boldsymbol{\alpha}_i \approx \sum_{ni=1}^{NI} p(\boldsymbol{\alpha}_{i,ni} \mid \boldsymbol{x}_i, \hat{\boldsymbol{\theta}}^{(t)}) \tag{3.47}$$

这种简化的方法叫随机期望最大化算法。

2. M-步

更新参数，使得 Q 函数最大化，即

$$\hat{\boldsymbol{\theta}}^{(t+1)} = \arg\max_{\boldsymbol{\theta}} Q(\boldsymbol{\theta}, \hat{\boldsymbol{\theta}}^{(t)}) \tag{3.48}$$

传统的无论是EM算法还是SEM算法都能从式(3.45)推导出端元均值和方差的更新公式，这种从全局高光谱数据中自我学习的机制在对图像毫无先验信息时是有效的且易操作的，但面对复杂的图像时却不是稳健的。例如，在迭代中通过增大端元构成的单形体(即使伴随着极小的端元变异值)，此时能获得很高的模型拟合度；或者剧烈增大端元的方差(伴随着缩小单形体体积)，此时同样能获得相当好的模型拟合度。但实际上，这两种情况并没有给出恰当的端元均值和方差估计值，第一种情况将像元光谱过度解释为由“端元光谱混合”产生的，第二种情况过度解释为由“端元变异”产生的。它们实际

的解混结果并不好，但模型拟合程度却非常好，这种假象其实是“过拟合”问题。机器学习领域的解决办法是在目标函数中加入正则项，即约束条件(Bishop, 2006)。而在混合像元分解的问题上，它们产生的关键原因是对端元光谱变异程度的估计不恰当，估计得过小(第一种情况)或过大(第二种情况)都导致模型走向极端化。

3. 基于均质区域的端元光谱变异程度估计方法

为解决上述问题，这里介绍一种新的方法来估计端元光谱变异程度，不从整幅图像的像元光谱中学习端元变异值，而是从仅从图像均质区域中学习。假设对图像进行分割后得到 K 个分割区域，其中第 k 个区域由像元集 $\{\boldsymbol{X}_k, k=1,\cdots,K\}$ 构成，同一区域内的像元组成成分非常相似，此处假设区域内的像元光谱差异主要由端元变异引起的而不是组成成分的不同。基于这个一假设，统计得到该区域像元光谱值的协方差矩阵 $\boldsymbol{C}_{k,i}$，则属于该区域的每个像元 $\boldsymbol{x}_{k,i} \in \boldsymbol{X}_k$ 的协方差矩阵值可近似于该值，即

$$\boldsymbol{C}_{k,i} = \operatorname{diag}(\sigma_{k,i1}^2,\cdots,\sigma_{k,iL}^2) \approx \operatorname{diag}\left[\operatorname{cov}(\boldsymbol{X}_k)\right] \tag{3.49}$$

式中，当 $\boldsymbol{v}$ 是向量时，函数 $\operatorname{diag}(\boldsymbol{v})$ 返回一个以 $\boldsymbol{v}$ 为对角线元素的对角矩阵；当 $\boldsymbol{v}$ 是一个矩阵时，函数 $\operatorname{diag}(\boldsymbol{v})$ 返回一个向量，该向量是输入矩阵的对角元素。由于高光谱图像已用 HySime 或 PCA 降维，波段间独立，式(3.49)中的协方差矩阵可表示为对角矩阵。注意同一区域内的每个像元共享一样的协方差矩阵。

第 i 个像元和第 m 个端元的协方差矩阵表示为

$$\boldsymbol{C}_i = \operatorname{diag}(\boldsymbol{\sigma}_i^2) \tag{3.50}$$

$$\boldsymbol{C}_m = \operatorname{diag}(\boldsymbol{\sigma}_m^2) \tag{3.51}$$

根据 NCM 模型的描述，第 i 个像元的方差可由端元方差的线性混合表示，即

$$\boldsymbol{C}_i = \sum_{m=1}^{M} \alpha_{im}^2 \boldsymbol{C}_m \tag{3.52}$$

可简化为

$$\boldsymbol{\sigma}_i^2 = \sum_{m=1}^{M} \alpha_{im}^2 \boldsymbol{\sigma}_m^2 \tag{3.53}$$

式(3.53)表达了均质区域中像元光谱变异与端元变异的关系，矩阵形式为

$$\boldsymbol{\sigma}_R = \boldsymbol{\alpha}_R \boldsymbol{\sigma}_E \tag{3.54}$$

式中，$\boldsymbol{\sigma}_R$ 和 $\boldsymbol{\sigma}_E$ 分别代表了均质区域中像元光谱变异信息和端元光谱变异，$\boldsymbol{\alpha}_R$ 是丰度矩阵。

给定 $\boldsymbol{\sigma}_R$ 和 $\boldsymbol{\alpha}_R^{(t)}$ 的当前估计值时，基于区域的端元协方差矩阵 $\boldsymbol{\sigma}_E$ 的更新规则为

$$\boldsymbol{\sigma}_E^{(t+1)} = \left[\left(\boldsymbol{\alpha}_R^{(t)}\right)^{\mathrm{T}} \boldsymbol{\alpha}_R^{(t)}\right]^{-1} \left(\boldsymbol{\alpha}_R^{(t)}\right)^{\mathrm{T}} \boldsymbol{\sigma}_R \tag{3.55}$$

算法 1　R-SEM

输入：$\boldsymbol{X} := [\boldsymbol{x}_1, \boldsymbol{x}_2, \cdots, \boldsymbol{x}_N]$, NI

输出：$\hat{\boldsymbol{\theta}}_1 = \{\boldsymbol{\mu}_m, \boldsymbol{\sigma}_m^2\} (m = 1, \cdots, M)$，$\boldsymbol{\alpha} := [\boldsymbol{\alpha}_1, \boldsymbol{\alpha}_2, \cdots, \boldsymbol{\alpha}_N]$

1. 初始化：$\boldsymbol{X} \leftarrow \text{HySime}(\boldsymbol{X}), M, \boldsymbol{\sigma}_R, \boldsymbol{\alpha}_i^{(0)} (i = 1, \cdots, N), \boldsymbol{\mu}_m^{(0)}, \boldsymbol{\sigma}_m^{(0)} (m = 1, \cdots, M)$
2. E-步: for $i = 1, \cdots, N$
3. 根据高斯分布 $\boldsymbol{N}(\alpha_i^{(t)}, 0.1)$ 抽样，得到 NI 个样本 $[\boldsymbol{\alpha}_{i,1}, \cdots, \boldsymbol{\alpha}_{i,\text{NI}}]$
4. 给定当前估计量 $\hat{\boldsymbol{\theta}}^{(t)}$，计算丰度样本的后验概值 $p(\boldsymbol{\alpha}_{i,ni} \mid \boldsymbol{x}_i, \hat{\boldsymbol{\theta}}^{(t)})$
5. end
6. M-步：更新端元均值和方差 $\boldsymbol{\theta}_1^{(t+1)} = \{\boldsymbol{\mu}_m^{(t+1)}, \boldsymbol{\sigma}_m^{2(t+1)}\}$
7. 迭代 E 步和 M 步直到收敛(即两次迭代间的参数估计值变化极小)

3.3.2　实验内容及结果分析

为了测试算法的解混结果，从高光谱图像 Moffett Field 中截取一块区域作为测试数据(图 3.12)，大小为 20×100，它包含三种地物：植被、土壤和水体。R-SEM 算法图像的分割信息，因此借助 ENVI 5.0 软件的 Feature Extraction 工具，得到图 3.13(a)的分割结果。由于 R-SEM 算法仅需图像的均质区域来统计光谱变异信息，本次实验仅用面积较大的分割区域[图 3.13(b)的彩色区域]，即像元个数大于 50 的分割块。同时，通过 HySime 算法将原始高光谱数据投影至一个二维的信号子空间。

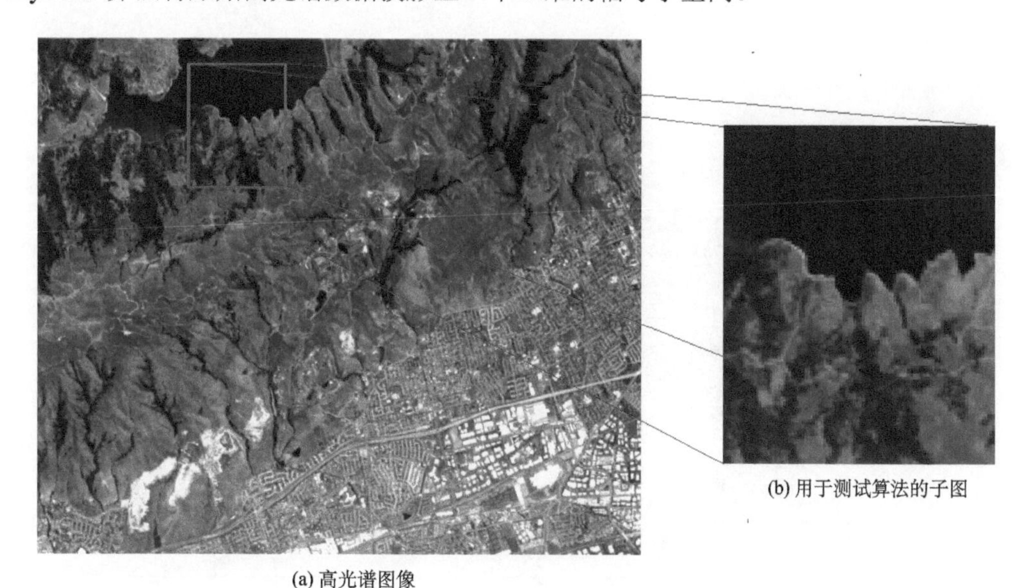

(a) 高光谱图像　　(b) 用于测试算法的子图

图 3.12　Moffett Field 高光谱图像和用于测试算法的子图

(a) 分割结果

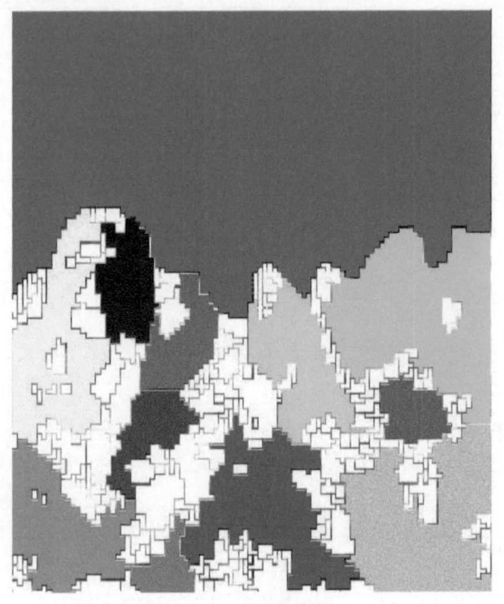

(b) R-SEM算法中使用的彩色均质区域

图 3.13　分割结果与在 R-SEM 算法中使用的彩色均质区域图

R-SEM 算法希望通过统计均质区域信息提高端元估计的精度，因此本次实验将它与 VCA、DECA（Nascimento and Bioucas-Dias, 2011）和原始的 SEM 算法对比。其中，VCA 和 DECA 算法均是目前很优秀的端元提取方法，分别针对的是有纯像元存在和无纯像元存在的情况。从图 3.14 中看到，显然当仅观察变异程度较小的水体端元时，它们的提取

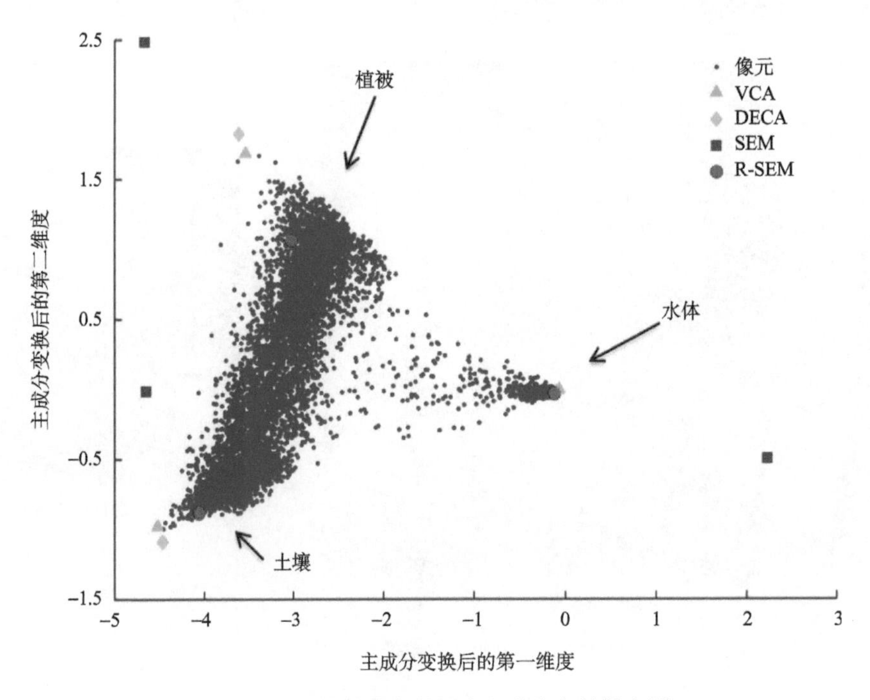

图 3.14　子图投影在前两个主成分上的散点图

效果都非常好。但这两个算法并不能应对光谱出现明显变异的端元。本次的测试图像中，植被和土壤端元的光谱表现出明显的波动性，再用固定的一条光谱曲线来表达端元势必会引起较大的解混误差，此时需要借助能表达端元变异性的解混模型，如 NCM。NCM 的参数估计通常可由 EM 框架完成，如 SEM 算法。图 3.15(a)显示了 SEM 的端元估计结果，结果并不好，原因可能是对端元变异程度的过度估计。该算法中端元方差是从模型拟合误差的信息中学习到的，在实验中第 9 次迭代时，急剧增大的模型拟合误差导致端元方差也相应增大，而错误的端元方差导致下一次迭代中给出了错误的端元估计。为解决这问题，设计了基于区域的 SEM 算法，它不从全局的模型拟合误差学习端元方差，而是从均质区域的统计信息中学习端元方差。R-SEM 算法的输出结果包括图 3.15(b)的端元估计结果和图 3.16 的丰度图像，它们表明基于区域的 R-SEM 算法的解混结果更为合理。

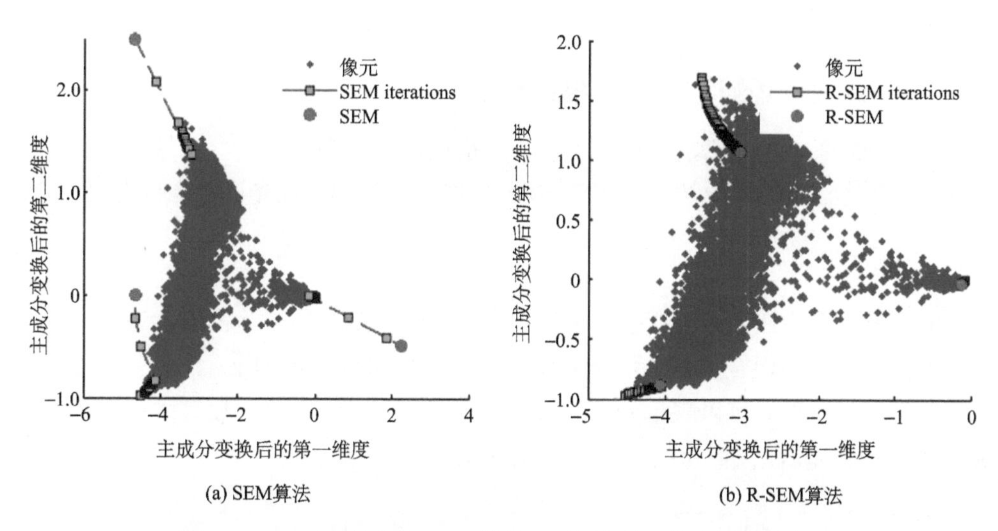

图 3.15　SEM 算法和 R-SEM 算法对子图的端元估计结果对比图

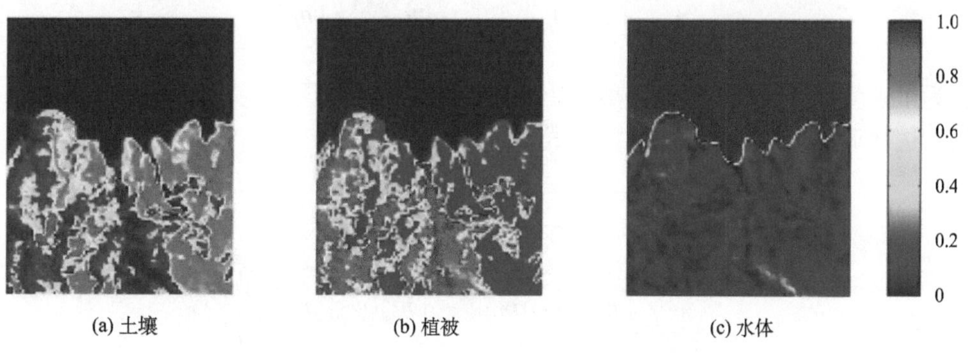

图 3.16　R-SEM 算法丰度图像

3.3.3 结论

本节介绍了一个基于 NCM 模型的非监督解混算法——基于区域的随机期望最大化算法 R-SEM，它通过 SEM 框架迭代估计丰度和端元分布，在迭代过程中通过模型拟合误差学习端元的变异程度，可能有过拟合的问题。为了避免这个问题，R-SEM 引出一种基于均质区域的端元变异程度估计方法。事实上，这种方法类似于添加一个关于端元方差的正则项(约束条件)，端元方差的线性组合被约束不得超过均质区域中像元的方差。这种新的方法已在 Moffett Field 的子图中证明是有效的，该区域是研究端元变异性的经典测试区域，因为它包含几种变异程度不同、易区别的地物端元。但该算法在其他区域和分割结果对它的影响仍有待验证。

3.4 正则化的 p-Linear 非线性解混方法

3.4.1 p-Linear 光谱混合模型原理及相关算法

由于复杂场景中的光谱混合更加多样，一般的线性光谱混合模型或是二阶的非线性光谱混合模型无法准确地表达光谱混合过程，此时高阶的非线性光谱混合模型更加合适。

1. p-Linear 光谱混合模型

目前，高阶非线性光谱混合模型中比较有代表性的是 p-Linear 模型，该模型能完备地表达给定阶的光谱混合过程。给定一幅高光谱影像可以表示为 $\boldsymbol{y} \equiv \{\boldsymbol{y}_1, \boldsymbol{y}_2, \cdots, \boldsymbol{y}_N\}$，$N$ 为像元个数，每个像元可以表示为 $\boldsymbol{y}_i = [y_{i1}, y_{i2}, \cdots, y_{iL}]^{\mathrm{T}}$，$L$ 为波段数。假设影像中一共有 R 个端元且其光谱已知，表示为 $\boldsymbol{M} = \{\boldsymbol{m}_1, \boldsymbol{m}_2, \cdots, \boldsymbol{m}_R\}$ 模型：

$$
\begin{aligned}
\boldsymbol{y}_l = \sum_{r=1}^{R} \alpha_{rl} \boldsymbol{m}_r + \sum_{k=2}^{p} \Bigg\{ \sum_{i=1}^{R} \sum_{j=i}^{R} \Bigg\{ \left[\vartheta_{ikl} \boldsymbol{m}_i + \vartheta_{jkl} \boldsymbol{m}_j \right]^k \\
+ \sum_{\xi_k=1}^{k-1} \left[\varsigma_{i v_k l} \boldsymbol{m}_i \right]^{v_k} \odot \left[\varsigma_{i \xi_k l} \boldsymbol{m}_i \right]^{\xi_k} \Bigg\} \Bigg\} + \boldsymbol{\eta}_l
\end{aligned}
\tag{3.56}
$$

为了求解改模型，需要一些数学上的假设，进而简化该模型。具体而言，首先对参数结构进行调整，将模型化为如下形式：

$$
\begin{aligned}
\boldsymbol{y}_l = \sum_{r=1}^{R} \alpha_{rl} \boldsymbol{m}_r + \sum_{k=2}^{p} \Bigg\{ \sum_{i=1}^{R} \sum_{j=i}^{R} \Bigg\{ \left[h_{\vartheta}(\psi_{ikl}) \boldsymbol{m}_i + h_{\vartheta}(\psi_{jkl}) \boldsymbol{m}_j \right]^k \\
+ \sum_{\xi_k=1}^{k-1} \left[h_{v_k}(\psi_{ikl}) \boldsymbol{m}_i \right]^{v_k} \odot \left[h_{\xi_k}(\psi_{jkl}) \boldsymbol{m}_i \right]^{\xi_k} \Bigg\} \Bigg\} + \boldsymbol{\eta}_l
\end{aligned}
\tag{3.57}
$$

这里需要说明的是 ψ_{ikl} 表示第 i 个端元对第 l 个像元光谱信息的全部贡献，它与其对应的非线性系数间的关系利用一个函数进行表示。针对调整结构后的参数，来对函数进行定义以简化模型：

$$h_{\vartheta}\left(\psi_{ikl}\right)=\psi_{ikl} \qquad h_{z}\left(\psi_{ikl}\right)=(-1)^{\chi(z,v_k)/v_k}\cdot\psi_{ikl}\cdot\begin{pmatrix}k\\ \xi_k\end{pmatrix}^{\frac{1}{k}} \tag{3.58}$$

其中，$z=\{v_k,\xi_k\}$　$\chi(u,v)=1\leftrightarrow u=v$ whilst $\chi(u,v)=0$ ，将式(3.58)代入模型式(3.57)可得

$$\begin{aligned}y_l&=\sum_{r=1}^{R}\alpha_{rl}\boldsymbol{m}_r\\&+\sum_{k=2}^{p}\left\{\sum_{i=1}^{R}\sum_{j=i}^{R}\left\{\left[\psi_{ikl}\boldsymbol{m}_i+\psi_{jkl}\boldsymbol{m}_j\right]^k\right.\right.\\&\left.\left.+\sum_{\xi_k=1}^{k-1}\left[(-1)^{1/v_k}\begin{pmatrix}k\\ \xi_k\end{pmatrix}^{1/k}\psi_{ikl}\boldsymbol{m}_i\right]^{v_k}\odot\left[\begin{pmatrix}k\\ \xi_k\end{pmatrix}^{1/k}\psi_{jkl}\boldsymbol{m}_i\right]^{\xi_k}\right\}\right\}\end{aligned} \tag{3.59}$$

考虑二项式分解$(a+b)^v=\sum_{u=0}^{v}\begin{pmatrix}v\\ u\end{pmatrix}a^{v-u}b^u$，式(3.59)可以转化为一个高阶多项式模型：

$$y_l=\sum_{r=1}^{R}\alpha_{rl}m_r+\sum_{k=2}^{p}\sum_{r'=1}^{R}\beta'_{r'kl}m_{r'}^{k} \tag{3.60}$$

式中，$\beta'_{r'kl}=\psi_{ikl}^{k}(n+1)$，考虑到光谱解混中参数的实际意义，p-Linear 模型对参数做如下约束：

$$\begin{cases}\alpha_{rl}\geqslant 0,\beta'_{rkl}\geqslant 0\\ \sum\limits_{r}\alpha_{rl}+\sum\limits_{rk}\beta'_{rkl}=1\end{cases}\quad \forall r\in\{1,\cdots,R\},k\in\{2,\cdots,p\} \tag{3.61}$$

2. 基于多胞形分解的 p-Linear 解混算法(POD)

为了基于 p-Linear 模型反演丰度信息，Andrea 等提出了一种基于几何的反演方法(Marinoni and Gamba, 2015)，其核心思想是：将一个像元的光谱信号以波段为单位拓展成一个多胞形，可视为一个单纯形，这个多胞形的特征是它的每个边的向量表示都是所在空间的一个基，换言之该多胞形的所有边是线性无关的并且张成整个 N 维空间(波段数量为 N)，如图 3.17 所示，进而基于两两正交的特性，可以用三角函数表示任意两个波段反射率的关系，以此形成线性方程组。

基于上述关系，可以将一个像元的 p-Linear 混合光谱表达为如下线性方程

$$\boldsymbol{A}_{M\times n}\boldsymbol{y}_{n\times 1}=\boldsymbol{b}_{M\times 1} \tag{3.62}$$

$$\begin{cases}A_l=[\alpha_{l_{k,n}}]_{(k,n)\in\{1,\cdots \mathrm{M}\}\times\{1,\cdots,N\}}\\ \alpha_{l_{k,n}}=\alpha_{l_{(\rho_t+\eta_t),n}}=\begin{cases}1 & 当\ t=n\\ \tan(\gamma_{tn}) & 当 t+\eta_t=n\\ 0 & 其他\end{cases}\\ b_{l_k}=b_{l_{(\rho_t+\eta_t)}}=2y_{l_t}\end{cases}$$

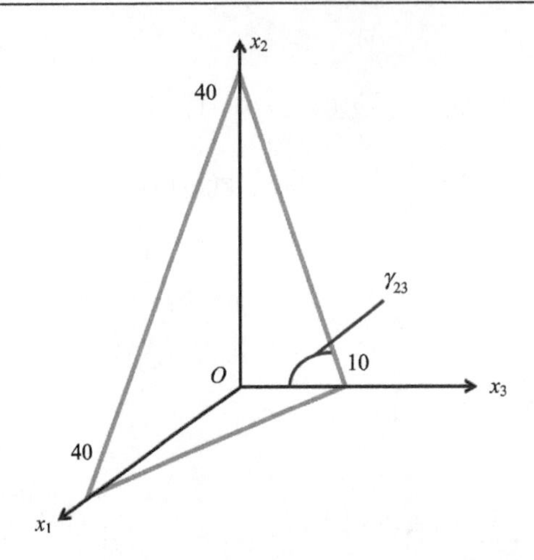

图 3.17　光谱在波段上展开成单纯形

式中，$k=\rho_t+\eta_t$，$t\in\{1,\cdots,N-1\}$，$\eta_t\in\{1,\cdots,N-t\}$；当 $t>1$ 时，$\rho_t=\sum_{u=1}^{t-1}N-u$，当 $t=1$ 时，$\rho_t=0$。若求解式(3.62)，可以直接用奇异值分解的方法进行求解。

POD 解混算法的优点是：它将一个非线性解混问题转化成求解线性方程组，可以一次性求解出参数值，不需要迭代求解。从机器学习的角度，POD 通过波段构建多胞形的过程就是一个增加样本的过程，增加样本量可以使解更加鲁棒。然而它存在两个问题，其多胞形的构建需要保证光谱波段间的正交性，这往往需要对数据进行预处理，但是在非线性解混中这种预处理是否可行，有待商榷；其次，在求解过程中依赖设计矩阵的性质，如果内部相关性强，设计矩阵的条件数大，则反演结果不稳定；最后，该算法直接反演参数，对噪声的鲁棒性不高，在高噪声的情况下，模型容易过拟合。

为了提高基于 p-Linear 模型的丰度反演精度，本节引入了正则化的思想并利用凸优化框架对问题进行求解，提出了正则化的 p-Linear 非线性解混算法(normalized p-Linear algorithm，NPLA)。

3.4.2　NPLA 非线性解混算法

1. 正则化的 p-Linear 非线性解混算法 NPLA

前文说明了尽管 POD 算法能避免迭代，但是结果不稳定，鲁棒性不高。为了改善这种缺陷，本节首先从机器学习中正则化的角度，对反演算法进行了重新设计。

首先，本节为式(3.60)引入虚拟端元将其线性化，联合线性与非线性参数，假设 $\boldsymbol{\theta}_l=\left[\alpha_{1,l},\alpha_{2,l},\cdots,\alpha_{R,l},\beta_{1,2,l},\beta_{2,2,l},\cdots,\beta_{R,p,l}\right]$，$\tilde{\boldsymbol{M}}=\left[\boldsymbol{m}_1,\boldsymbol{m}_2,\cdots,\boldsymbol{m}_R,\boldsymbol{m}_1^2,\boldsymbol{m}_2^2,\cdots\boldsymbol{m}_R^p\right]$，故其可以被重新表达为

$$\boldsymbol{y}_l=\tilde{\boldsymbol{M}}\bullet\boldsymbol{\theta}_l+\boldsymbol{\eta}_l \tag{3.63}$$

然后，将模型纳入优化框架下，通过最小化模型误差对参数进行求解，目标函数如下：

$$\begin{cases} L_l\left(\boldsymbol{\alpha}_l,\boldsymbol{\beta}_l\right)=\left\|\boldsymbol{r}_l-\boldsymbol{y}_l\right\|_2^2 \\ \boldsymbol{y}_l=\sum_{r=1}^{R}\alpha_{rl}\boldsymbol{m}_r+\sum_{k=2}^{p}\sum_{r'=1}^{R}\beta'_{r'kl}\boldsymbol{m}_{r'}^{k} \\ \boldsymbol{\alpha}_l=[\alpha_{rl}]_{r=1,\cdots,R}\ ,\boldsymbol{\beta}_l=[\beta'_{r'kl}]_{r'=1,\cdots,R,\ k=2,\cdots,p} \end{cases} \tag{3.64}$$

式中，$\boldsymbol{r}_l$ 为影像中对应像元的实测光谱。因此，可通过最小化重建误差的方式求得模型参数：

$$\left(\hat{\boldsymbol{\alpha}}_l,\hat{\boldsymbol{\beta}}_l\right)=\arg\min_{\alpha_l,\beta_l}L_l\left(\boldsymbol{\alpha}_l,\boldsymbol{\beta}_l\right) \tag{3.65}$$

为了降低数据中噪声为复杂模型带来的过拟合影响首先对非线性参数引入 L_2 正则约束，则式(3.65)式变为

$$\left(\hat{\boldsymbol{\alpha}}_l,\hat{\boldsymbol{\beta}}_l\right)=\arg\min_{\alpha_l,\beta_l}\left\{L_l\left(\boldsymbol{\alpha}_l,\boldsymbol{\beta}_l\right)+\mu\left\|\boldsymbol{\beta}_l\right\|_2^2\right\} \tag{3.66}$$

这项约束可以控制非线性系数，降低了它们的过拟合影响。在真实的场景中，考虑到光谱混合的物理过程，高阶的非线性作用一般会偏小，因此通常将 μ 设置偏大。考虑到在端元光谱较小时，数值计算过程中这些端元可能会被当作误差对模型残差进行填充，导致出现对应丰度奇异的现象，对线性参数引入 L_2 正则约束，则式(3.66)式变为

$$\left(\hat{\boldsymbol{\alpha}}_l,\hat{\boldsymbol{\beta}}_l\right)=\arg\min_{\boldsymbol{\alpha}_l,\boldsymbol{\beta}_l}\left\{L_l\left(\boldsymbol{\alpha}_l,\boldsymbol{\beta}_l\right)+\lambda\left\|\boldsymbol{\alpha}_l\right\|_2^2+\mu\left\|\boldsymbol{\beta}_l\right\|_2^2\right\} \tag{3.67}$$

丰度应满足“和为 1”与“非负性”约束。对于非线性参数，认为当其小于 0 时也是合理(Heylen and Scheunders, 2016)，具体而言，此时模型可具备考虑环境光的能力，当非线性参数小于零的时候可以认为场景中的非端元信号对混合光谱产生了影响，这种情况在真实场景中会经常出现。故综合可得完整的参数反演框架，将解混过程转换为求解如下凸优化问题

$$\left(\hat{\boldsymbol{\alpha}}_l,\hat{\boldsymbol{\beta}}_l\right)=\arg\min_{\boldsymbol{\alpha}_l,\boldsymbol{\beta}_l}\left\{\left\|\boldsymbol{r}_l-\boldsymbol{y}_l\right\|_2^2+\mu\left\|\boldsymbol{\beta}_l\right\|_2^2+\lambda\left\|\boldsymbol{\alpha}_l\right\|_2^2\right\}$$
$$\text{s.t.}\begin{cases} \boldsymbol{\alpha}_l=[\alpha_{rl}]_{r=1,\cdots,R}\ ,\boldsymbol{\beta}_l=[\beta'_{r'kl}]_{r'=1,\cdots,R,\ k=2,\cdots,p} \\ \alpha_{rl}\geqslant 0, \\ -1\leqslant\beta'_{rkl}\leqslant 1 \\ \sum_{r}^{R}\alpha_{rl}=1 \\ \forall r\in\{1,\cdots,R\},k\in\{2,\cdots,p\} \end{cases} \tag{3.68}$$

针对凸优化问题[式(3.68)]，本节采用了内点法(Boyd and Vandenberghe, 2004; Grant et al., 2009)，可以求得该问题的全局最优值。

2. NPLA 算法的解混流程

前文阐述了 NPLA 的算法细节，将它们组合起来构成一种新的非线性混合像元分解策略，整体流程如图 3.18 所示。

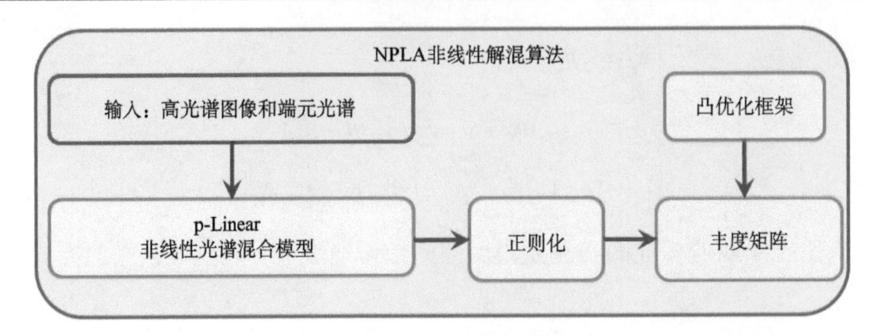

图 3.18　NPLA 非线性解混算法流程图

基于 NPLA 的解混过程中涉及对最优平衡参数 λ 与 μ 的确定，为此设计了两个版本的 NPLA 算法：第一种是通过多次实验确定相对最合适的值，然后在之后的实验中直接使用这个值，通过多次实验发现 $\lambda = 0.5$, $\mu = 0.08$ 相对合适，故在解混过程中可以直接设置该平衡参数的值，然后逐个像元进行求解；第二种是为每个像元搜索最佳参数组合（寻参版本），搜索过程基于格网搜索的方式，搜索中心根据邻接像元的参数值确定，其搜索范围为 0.0001～100。该搜索过程是逐个像元的，逐像元进行搜索可以保证对于每个像元都是最优的参数组合。

算法 2　NPLA 的非线性解混算法（寻参版本）

1. 输入图像，给定正则项参数的搜索范围
2. loop
3. 对每一个像元，先直接用线性解混得到的丰度和零向量初始化线性与非线性参数，并从正则项参数搜索范围的第一个格网点开始
4. 基于式(3.68)对参数进行反演得到 $\boldsymbol{\alpha},\boldsymbol{\beta}$，并利用式(3.63)反混得到重建光谱 $\hat{\boldsymbol{y}}$
5. 利用式(3.70)计算误差 $\hat{\sigma}$，记录下来
6. 遍历完所有格网点
7. end loop
8. 输出最小误差对应的平衡参数

3.4.3　实验内容及结果分析

1. 模拟图像实验与分析

1）图像仿真模拟

模拟数据由 USGS 光谱库（Clark et al., 1993）中选择的 5 个端元 Alunite、Calcite、Epidote、Kaolinite 和 Buddingtonite（图 3.19）以及在单纯形上均匀生成的丰度图像，其丰度分布分别位于四个顶点和中心（图 3.20），利用不同的混合模型（LMM、Bilinear、PNMM、pLMM-2order、pLMM-4order）生成。模拟图像包含 10000（100×100）个模拟像元，并分别加不同低信噪比的噪声（10db/20db/30db），用以测试算法的鲁棒性。在本次

实验中，为了客观评价评价 NPLA，本节利用了经典的线性解混算法——全约束最小二乘法(fully constrained least-squares method, FCLS)，经典的非线性解混算法——基于梯度下降的 GBM 模型，基于多项式的非线性模型(post polynomial mixture model, PPNM)，二阶 NPLA 算法(NPLA-2order，NPLA-2)以及四阶 NPLA 算法(NPLA-4order，NPLA-4)对模拟数据进行处理，进而进行分析与比较。

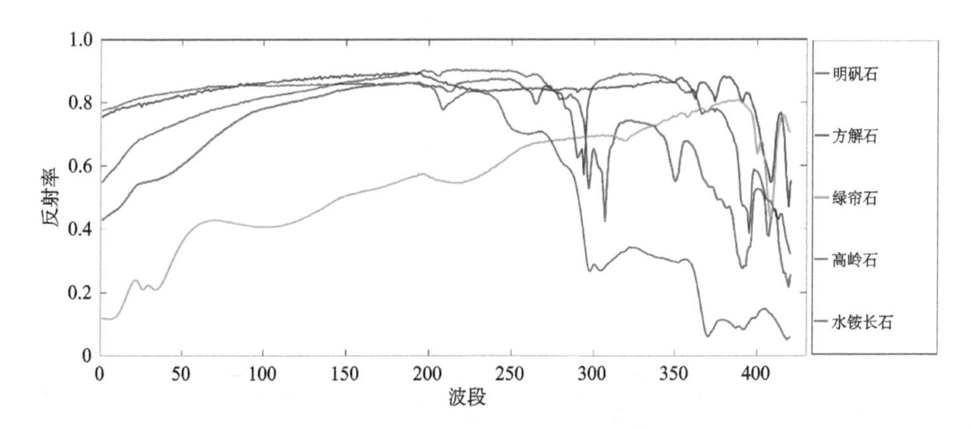

图 3.19　生成模拟图像的光谱特征曲线

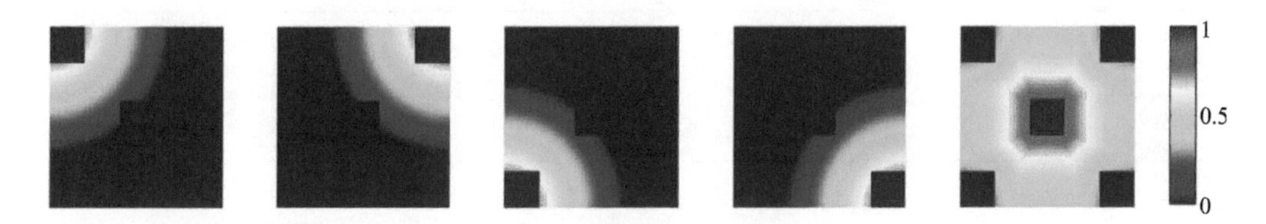

图 3.20　生成模拟图像的丰度分布图

为了定量的评价算法表现，在模拟数据实验中采用了丰度均方根误差和像元光谱重建误差作为评价指标。

丰度均方根误差(root mean squares error, RMSE)：

$$\mathrm{RMSE}=\sqrt{\frac{1}{N\times R}\sum_{i=1}^{N}\left\|\alpha_i-\hat{\alpha}_i\right\|_2^2} \tag{3.69}$$

图像重建误差(reconstruction errors, RE)：

$$\mathrm{RE}=\sqrt{\frac{1}{N\times L}\sum_{i=1}^{N}\left\|y_i-\hat{y}_i\right\|_2^2} \tag{3.70}$$

式中，N 表示像元数目；R 表示端元数目；L 表示波段数目。

2) 实验结果与分析

实验结果如表 3.9 和表 3.10 所示。从表 3.9 中展示的结果可以发现：对于线性模拟数据而言，信噪比相对高时，线性解混算法具有明显优势，如 SNR=20/30db 的 LMM 混合像元，FCLS 算法相对合适。并且，相对简单并可以退化为线性模型的非线性光谱混合模型也表现很好，如 GBM。但是在较低信噪比时可以发现，NPLA 是明显优于其他算法的。在非线性模拟数据中，除了在 Bilinear 模型的 20db 和 30db 数据中，RMSE 略高于 PPNM 算法，在其他情况下 NPLA 普遍明显优于其他算法。

表 3.9 丰度残差表

混合模型	解混算法					
	SNR	FCLS	GBM	PPNM	NPLA-2	NPLA-4
LMM	10	0.26	0.26	0.25	0.19	0.21
	20	0.02	0.01	0.03	0.07	0.09
	30	0.01	0.01	0.02	0.07	0.08
Bilinear	10	0.60	0.60	0.21	0.20	0.40
	20	0.61	0.61	0.06	0.10	0.13
	30	0.62	0.62	0.03	0.08	0.08
PNMM	10	0.42	4.84	0.50	0.36	0.33
	20	0.40	1.61	0.31	0.19	0.18
	30	0.40	0.54	0.32	0.20	0.19
pLMM-2	10	0.47	3.68	0.27	0.16	0.20
	20	0.47	1.52	0.21	0.10	0.11
	30	0.48	1.30	0.12	0.07	0.09
pLMM-4	10	0.57	4.97	0.49	0.15	0.20
	20	0.53	4.32	0.20	0.07	0.09
	30	0.52	5.95	0.73	0.12	0.09

分析其原因，在信噪比相对高的数据中模型关系是主导数据分布和结构的主要因素，根据奥卡姆剃刀原理，此时模型更简单且更接近数据分布的反演算法会表现更好；在信噪比相对低的数据中，假设更强的模型会更容易过拟合，而更具泛化能力的模型能在一定程度上对噪声中隐藏的数据结构进行学习，但是若没有约束，噪声也会被学习。通过对模型添加约束，可以让复杂模型只学习非噪声部分，避免学习噪声而产生过拟合。换言之，参数学习的过程，并非模型越复杂越好，复杂的模型联合考虑先验信息的正则约束，能在低信噪比数据中更准确的反演参数，而在相对高的信噪比中更准确的模型可能会比复杂的模型得到更准确的结果，这也是 PPNM 在 20/30db 的 Bilinear 数据中优于 NPLA 的原因。

表 3.10　重建误差表

混合模型	解混算法					
	SNR	FCLS	GBM	PPNM	NPLA-2	NPLA-4
LMM	10	4.34	4.34	4.34	4.33	4.32
	20	1.46	1.46	1.46	1.46	1.46
	30	0.43	0.43	0.43	0.43	0.43
Bilinear	10	5.81	5.81	5.54	5.53	5.49
	20	2.47	2.46	1.83	1.83	1.83
	30	1.82	1.80	0.54	0.55	0.55
PNMM	10	4.84	4.84	4.85	4.84	4.84
	20	1.61	1.61	1.61	1.60	1.59
	30	0.55	0.54	0.55	0.54	0.52
pLMM-2	10	3.68	3.68	3.51	3.51	3.50
	20	1.52	1.52	1.04	1.04	1.04
	30	1.30	1.30	0.34	0.34	0.35
pLMM-4	10	4.97	4.97	2.29	2.27	2.26
	20	4.32	4.32	0.83	0.79	0.76
	30	5.95	5.95	0.466	0.27	0.20

表 3.10 展示了不同算法的重建误差情况，可以看到 NPLA 算法处理不同的模拟数据可以稳定的获得最优的结果，在非最优值时，如 30db 的 Bilinear 数据中，NPLA 可以获得接近最优的次优结果，这种现象表现了 NPLA 的鲁棒性和稳定性。

另外，本节测试了不同非线性阶数对 NPLA 算法的影响，从实验结果可以发现，2 阶和 4 阶的 NPLA 算法在处理相同数据时，其 RMSE 和 RE 都比较接近，这说明模型阶数对 NPLA 有影响但并不是非常敏感，这也说明了 NPLA 的鲁棒性与稳定性。

2. 真实图像实验与分析

本节采用了 1997 年美国内华达州 Cuprite 矿区的 AVIRIS 数据，作为真实数据实验中用的测试图像。用于实验的区域大小为 350×350(图 3.21)，空间分辨率为 20m，包含 189 个波段，覆盖范围为 0.4～2.5μm。实验中首先用端元提取算法提取了 9 个端元，并选择了 FCLS、FM、GBM、PPNM 等算法作为对照组。在真实数据中，本节主要用重建误差评价算法，并用误差分布图对解混结果进行展示。

从图 3.22 中可以看到 NPLA 可以得到最优的反演结果，与此同时也可以从重建误差图 3.23 中发现，基于 NPLA 反演丰度的重建误差更加平滑。

3.4.4　结论

相较于 LMM 以及其他 NLMM 模型，p-Linear 光谱混合模型更加完备也更加复杂，这为它的参数估计带来了很多困难，尤其是在低信噪比数据中容易发生过拟合。本节介

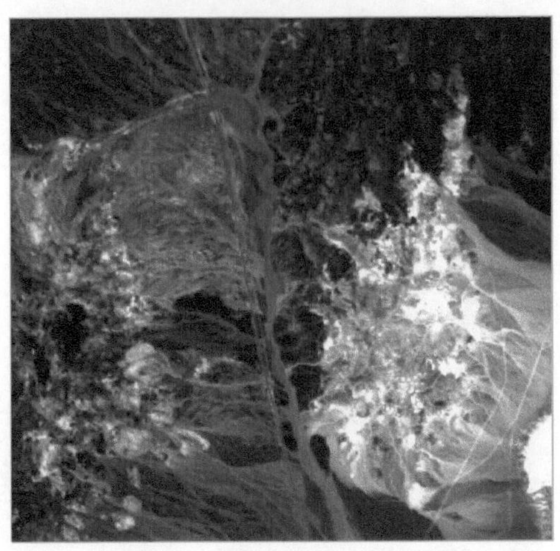

图 3.21　实验地区的假彩色图像

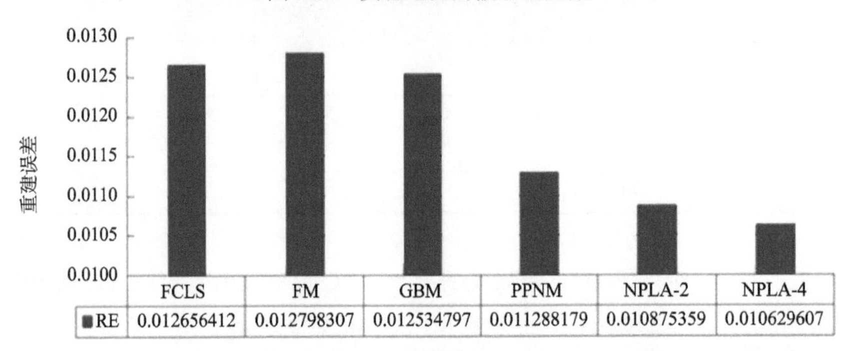

	FCLS	FM	GBM	PPNM	NPLA-2	NPLA-4
RE	0.012656412	0.012798307	0.012534797	0.011288179	0.010875359	0.010629607

图 3.22　Cuprite 地区不同算法的重建误差

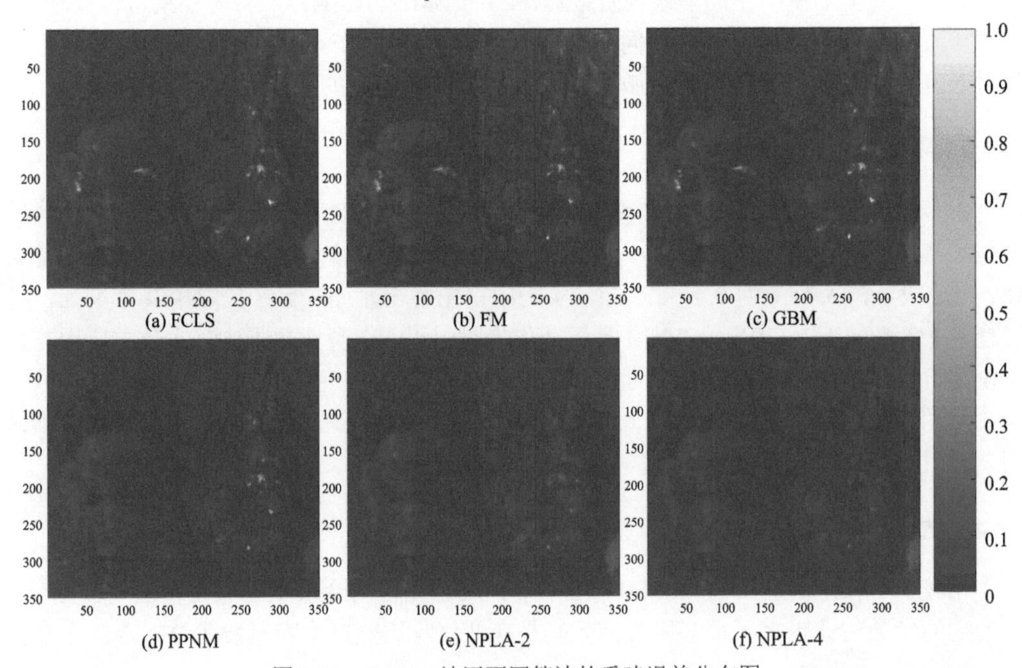

图 3.23　Cuprite 地区不同算法的重建误差分布图

绍了一个新的非线性丰度反演算法——正则化的 p-Linear 非线性解混算法 NPLA。NPLA 立足于 p-Linear 非线性光谱混合模型，通过设置虚拟端元将模型线性化，在反演丰度的过程中，分别考虑对原始模型中线性参数和非线性参数添加 l_2 正则项，最后在凸优化框架下对问题进行优化求解，以求得全局最优解。在处理正则项系数时，本节视非线性作用为对线性作用的扰动，故为非线性系数添加强的约束，减弱对线性系数的约束。在解混过程中，本节设计了两个版本的参数策略，一方面可以直接经验的给定正则项系数（λ=0.5, μ=0.08），用以加快处理速度；另一方面，可以逐像元启发式地搜索最优的参数组合，使得每个像元的正则项参数都是最优组合，这样提高了解混的精度，但是牺牲了时间。通过真实图像和模型图像，证明了 NPLA 算法在低信噪比数据中的表现优于其他线性和非线性解混算法，在高信噪比下也可以保持有竞争力的表现，具有较强的稳定性和鲁棒性。

3.5　基于多调和函数的多项式非线性解混方法

p-Linear 光谱混合模型的优势是在混合像元分解过程中考虑到了高阶的非线性影响，且 p-Linear 发挥最大优势的前提是准确地估计非线性混合的阶数，然而准确估计非线性光谱混合阶数是非常困难的。前面讨论了基于 p-Linear 的非线性丰度反演算法，通过添加正则项控制了高阶非线性模型的过拟合影响，却没有从根本上解决错误的模型阶数造成的误差。为了更完备地表达复杂场景下的高阶光谱混合，本节构建了一个新的非线性光谱混合模型，即基于多调和函数的多项式非线性光谱混合模型(multi-harmonic postnonlinear mixing model, MHPNMM)。

该模型利用调和函数来表达局部的非线性混合，然后利用无穷级数对宏观的多次反射进行表达，这使得模型能同时兼顾局部的致密混合与大场景下的多次反射效应。MHPNMM 能通过参数自适应调整，从而控制高阶非线性影响的大小，不需要非线性混合阶数的设定。

3.5.1　无穷阶非线性光谱混合建模

1. p-Linear(pLMM)和 p-Harmonic(pHMM)光谱混合模型

前文对 p-Linear 光谱混合模型进行了详细的描述，该模型可以描述最高阶数为 p 的非线性光谱混合。在此基础上，Andrea 等提出了 p-Harmonic 光谱混合模型(Marinoni et al., 2016)，具体如下：

$$\begin{aligned}\boldsymbol{y}_l &= \sum_{r=1}^{R}\alpha_{rl}\boldsymbol{m}_r + \sum_{k=2}^{+\infty}\sum_{r'=1}^{R}\beta_{r',\mathrm{k},l}\boldsymbol{m}_{r'}^{k} \\ &= \sum_{r=1}^{R}\tilde{\alpha}_{rl}(\cos\boldsymbol{m}_r+\sin\boldsymbol{m}_r) + \sum_{k=2}^{p}\sum_{r'=1}^{R}\tilde{\beta}_{r',\mathrm{k},l}(\cos\boldsymbol{m}_{r'}^{k}+\sin\boldsymbol{m}_{r'}^{k})\end{aligned} \tag{3.71}$$

考虑到调和函数的泰勒展开可以写为多项式的无穷级数的形式，即

$$\sin x = \sum_{t=0}^{+\infty} \frac{(-1)^t x^{2t+1}}{(2t+1)!} \quad \cos x = \sum_{k=0}^{+\infty} \frac{(-1)^t x^{2t}}{(2t)!} \tag{3.72}$$

将式(3.72)代入式(3.71)，结合式(3.60)可以发现 pHMM 具有表达无穷阶非线性混合的能力，因此它可以被视为光谱致密混合的近似。而且，在经过非线性映射后模型更加灵活，提高了模型拟合和重建光谱的能力。

2. 多次线性光谱混合模型 MLM

同样是对无穷阶非线性光谱混合的建模，Heylen 等提出了 Multilinear 光谱混合模型(MLM)(Heylen and Scheunders, 2015)。该模型拓展了 PPNM，利用线性混合的叠加表达多次散射，同时引入了一个概率参数 Q 以量化多次散射发生的可能性，模型如下：

$$\boldsymbol{y}_l = \sum_{K=1}^{+\infty} (\sum_{i_1=1}^{R} \cdots \sum_{i_K=1}^{R})(1-Q_l)Q_l^{K-1} \bigodot_{q=1}^{K} (\alpha_{i_q,l} \boldsymbol{m}_{i_q,l}) + \boldsymbol{\eta}_l \tag{3.73}$$

对于第 l 个像元，Q_l 代表了该像元覆盖的散射能量没有到达传感器而是再一次经历散射的概率，$(1-Q_l)$ 则代表了散射能量到达传感器的概率。式(3.73)对端元间的作用表达得很直观，即考虑了端元间可能存在的所有多次散射，通过展开式(3.73)的累加符号，并进行合并同类项可得到更具意义的表达形式，如下：

$$\begin{aligned} \boldsymbol{y}_l &= (1-Q_l)\sum_{i=1}^{R} \alpha_{i,l} \boldsymbol{m}_{i,l} + (1-Q_l)Q_l \sum_{i=1}^{R}\sum_{j=1}^{R} \alpha_{i,l}\alpha_{j,l} \boldsymbol{m}_{i,l} \odot \boldsymbol{m}_{j,l} \\ &\quad + (1-Q_l)Q_l^2 \sum_{i=1}^{R}\sum_{j=1}^{R}\sum_{k=1}^{R} \alpha_{i,l}\alpha_{j,l}\alpha_{k,l} \boldsymbol{m}_{i,l} \odot \boldsymbol{m}_{j,l} \odot \boldsymbol{m}_{k,l} \cdots + \boldsymbol{\eta}_l \\ &= (1-Q_l)(\sum_{i=1}^{R} \alpha_{i,l}\boldsymbol{m}_{i,l}) + (1-Q_l)Q_l(\sum_{i=1}^{R} \alpha_{i,l}\boldsymbol{m}_{i,l}) \odot (\sum_{i=1}^{R} \alpha_{i,l}\boldsymbol{m}_{i,l}) \\ &\quad + (1-Q_l)Q_l^2(\sum_{i=1}^{R} \alpha_{i,l}\boldsymbol{m}_{i,l}) \odot (\sum_{i=1}^{R} \alpha_{i,l}\boldsymbol{m}_{i,l}) \odot (\sum_{i=1}^{R} \alpha_{i,l}\boldsymbol{m}_{i,l}) + \cdots + \boldsymbol{\eta}_l \end{aligned} \tag{3.74}$$

式(3.74)说明 MLM 可以被视为一系列线性混合的叠加，并用参数量化叠加的可能性。MLM 有效地降低了模型的参数个数，同时兼具表达高阶光谱非线性混合的能力。除此之外，通过反演 MLM 的参数可以量化高阶混合发生的可能性。

3.5.2 基于多调和函数的多项式非线性解混算法

前一节描述了两个可表达无穷阶非线性光谱混合的模型，它们各具特点：pHMM 可以近似的表达紧密混合，MLM 可以近似表达无穷阶的多次散射过程。然而，pHMM 仍然需要已知模型阶数 p，无法对其进行估计，这个特点限制了它的广泛使用；MLM 假设多次散射就是线性混合的叠加，忽略了散射过程可能是非线性混合的情况。为了解决这两个问题，本节基于调和函数与多项式模型介绍了一种新的非线性光谱混合模型 MHPNMM，作为对上述模型的补充。MHPNMM 致力于对高阶的非线性混合进行表达，并量化其发生的概率。

首先，将 pHMM 重新构建，用调和函数和多项式模型对高阶的非线性作用进行表达，并将这个模型称为调和函数的多项式光谱混合模型(HPMM)。进而，利用 MLM 中提供的思想，利用概率对基于 HPMM 的多次散射进行建模，从而更完备地对光谱混合进行表达。

1. 调和函数的多项式光谱混合模型 HPNMM

在 pHMM 中，端元光谱被映射到一个非线性空间，新的空间中并没有保留线性混合的特征。为了使模型更具泛化性，本节采用了如下框架定义混合光谱模型：

$$\boldsymbol{y}_l = \underline{f}_{\text{lin}}(\boldsymbol{A}_l, \boldsymbol{M}) + \underline{f}_{\text{nonlin}}(\boldsymbol{A}_l, \boldsymbol{M}) \tag{3.75}$$

其中，$\boldsymbol{A}_l = [\alpha_{1l}, \cdots, \alpha_{Rl}]$，定义了第 l 个像元的丰度向量。定义式(3.75)中的线性部 $f_{\text{lin}}(\bullet)$ 为线性光谱混合模型，即

$$\underline{f}_{\text{lin}}(\boldsymbol{A}_l, \boldsymbol{M}) = \sum_{i=1}^{R} \alpha_{i,l} \boldsymbol{m}_{i,l} \tag{3.76}$$

至于式(3.75)中的非线性部的选择，本节希望它可以模拟无穷阶 pHMM 近似表达紧密混合，所以将其定义为端元光谱在非线性空间中的线性组合，其组合权重仍然为丰度向量，具体形式如下：

$$\underline{f}_{\text{nonlin}}\left(\boldsymbol{A}_l, \boldsymbol{M}\right) = \underline{\underline{F}}_{\text{nonlin}}(\boldsymbol{M}) \bullet \boldsymbol{A}_l = \sum_{i=1}^{R} \alpha_{i,l} \underline{F}_{\text{nonlin}}(\boldsymbol{m}_{i,l}) \tag{3.77}$$

基于调和函数的泰勒展开在形式上与无穷阶的 pLMM 的相似，以及其在 pHMM 中的对非线性混合的表达，本节利用调和函数定义了新的非线性映射，利用它将端元光谱映射到新的空间中。具体而言，式(3.77)中的非线性映射可以表示为如下形式：

$$\underline{F}_{\text{nonlin}}(\boldsymbol{m}_{i,l}) = b_l \bullet [\underline{1} + \boldsymbol{m}_{i,l} - \cos(\boldsymbol{m}_{i,l}) - \sin(\boldsymbol{m}_{i,l})] \tag{3.78}$$

将式(3.72)代入到式(3.78)中，式(3.78)等价于如下形式：

$$\begin{aligned}\underline{F}_{\text{nonlin}}(\boldsymbol{m}_{i,l}) &= b_l \bullet [\underline{1} + \boldsymbol{m}_{i,l} - (\underline{1} + \boldsymbol{m}_{i,l} - \frac{\boldsymbol{m}_{i,l}^2}{2!} - \frac{\boldsymbol{m}_{i,l}^3}{3!} + \frac{\boldsymbol{m}_{i,l}^4}{4!} + \frac{\boldsymbol{m}_{i,l}^5}{5!} + \cdots)] \\ &= b_l \bullet [\frac{\boldsymbol{m}_{i,l}^2}{2!} + \frac{\boldsymbol{m}_{i,l}^3}{3!} - \frac{\boldsymbol{m}_{i,l}^4}{4!} - \frac{\boldsymbol{m}_{i,l}^5}{5!} + \cdots]\end{aligned} \tag{3.79}$$

其中，b_l 是尺度因子用以控制非线性映射的绝对值大小，$\underline{1}$ 表示全为 1 的向量。

将式(3.76)、式(3.77)、式(3.78)、式(3.79)代入到式(3.75)中可以得到完整的 HPNMM 模型，如下

$$\boldsymbol{y}_l = \sum_{i=1}^{R} \alpha_{i,l} \boldsymbol{m}_{i,l} + \sum_{i=1}^{R} \alpha_{i,l} \bullet b_l \bullet (\frac{\boldsymbol{m}_{i,l}^2}{2!} + \frac{\boldsymbol{m}_{i,l}^3}{3!} - \frac{\boldsymbol{m}_{i,l}^4}{4!} - \frac{\boldsymbol{m}_{i,l}^5}{5!} \cdots) \tag{3.80}$$

对比式(3.60)与式(3.80)，可以发现 HPNMM 有效减少了待估参数的数量，究其原因，是因为 HPNMM 中只用 b_l 对非线性影响的绝对大小进行控制。不仅如此，HPNMM 可以近似的表达无穷阶 pLMM 和 pHMM，故 HPNMM 也具有近似紧密光谱混合的能力。

2. 多调和函数的多项式光谱混合模型 MHPNMM

上一节已经对 HPNMM 进行了详细的论述，它具有对局部的高阶非线性混合近似表

达。然而，在真实的场景中光信号不仅仅会在局部发生非线性混合，往往这种混合效应会再次叠加，最终被传感器接收的是多种信号的混合。由此，本节通过离散的马尔可夫链对多次散射的传播路径进行建模，其表达式如下：

$$\begin{aligned}\boldsymbol{y}_l &= (1-Q_l)\underline{f}_{\text{lin}}(\boldsymbol{A}_l,\boldsymbol{M}) + (1-Q_l)Q_l\underline{f}_{\text{nonlin}}(\boldsymbol{A}_l,\boldsymbol{M}) \\ &\quad + (1-Q_l)Q_l^2\underline{f}_{\text{nonlin}}(\boldsymbol{A}_l,\boldsymbol{M})\odot\underline{f}_{\text{nonlin}}(\boldsymbol{A}_l,\boldsymbol{M}) + \cdots + \boldsymbol{\eta}_l\end{aligned} \tag{3.81}$$

式(3.81)中，假设每一次多次散射发生在局部非线性混合的基础上，其中，Q_l表示每一次信号没有到达传感器，而是发生高阶非线性混合的概率，$(1-Q_l)$则表示信号被传感器接收的概率。当$Q_l=0$时，式(3.81)等价于线性光谱混合模型。需要说明的是，MLM 中多次散射的基础是线性混合，然而线性混合的基础是地物分布均匀且信号只与一种地物发生了作用就被传感器接收，这使得 MLM 发生的可能性并不大。因此，本节假设多次散射是发生在局部的高阶非线性混合的基础上的。另一方面，$\underline{F}_{\text{nonlin}}(\boldsymbol{m}_{i,l})$的构造足够灵活具有一定的泛化性能，通过合理设置$b_l$可以让其近似其他混合模型。

为了让式(3.81)便于反演，首先将其展开为如下形式：

$$\begin{aligned}\boldsymbol{y}_l &= (1-Q_l)\underline{f}_{\text{lin}} + (1-Q_l)Q_l\underline{f}_{\text{nonlin}} + (1-Q_l)Q_l^2\underline{f}_{\text{nonlin}}^2 + \cdots + \boldsymbol{\eta}_l \\ &= (1-Q_l)\underline{f}_{\text{lin}} + (1-Q_l)\bullet[Q_l\underline{f}_{\text{nonlin}} + Q_l^2\underline{f}_{\text{nonlin}}^2 + \cdots] + \boldsymbol{\eta}_l\end{aligned} \tag{3.82}$$

设$\tilde{\boldsymbol{y}} = Q_l\underline{f}_{\text{nonlin}} + Q_l^2\underline{f}_{\text{nonlin}}^2 + Q_l^3\underline{f}_{\text{nonlin}}^3 + \cdots$，对其进行下列数学变换可得

$$\begin{aligned}\tilde{\boldsymbol{y}}_l &= Q_l\underline{f}_{\text{nonlin}}\bullet(1 + Q_l\underline{f}_{\text{nonlin}} + Q_l^2\underline{f}_{\text{nonlin}}^2 + Q_l^3\underline{f}_{\text{nonlin}}^3 + \cdots) \\ &= Q_l\underline{f}_{\text{nonlin}}\bullet(1+\tilde{\boldsymbol{y}}_l) = \frac{Q_l\underline{f}_{\text{nonlin}}}{1-Q_l\underline{f}_{\text{nonlin}}}\end{aligned} \tag{3.83}$$

经过等价变换后，$\tilde{\boldsymbol{y}}$可用一个闭合的模型进行表示并将其代入到式(3.82)，可以闭合的 MHPNMM 混合光谱模型，如下：

$$\boldsymbol{y}_l = (1-Q_l)\underline{f}_{\text{lin}} + (1-Q_l)\frac{Q_l\underline{f}_{\text{nonlin}}}{1-Q_l\underline{f}_{\text{nonlin}}} + \boldsymbol{\eta}_l \tag{3.84}$$

考虑到 ANC 与 ASC 约束，参数$\{\boldsymbol{A}_l, P_l, b_l\}$可以通过最小化重建误差进行反演，反演框架如下：

$$\begin{aligned}\{\hat{\boldsymbol{A}}_l,\hat{Q}_l,\hat{b}_l\} &= \arg\min_{\boldsymbol{A}_l,P_l,b_l}\|y_l - (1-Q_l)\sum_{i=1}^{R}\alpha_{i,l}\boldsymbol{m}_{i,l} \\ &\quad -(1-Q_l)\frac{Q_l\bullet b_l\sum_{i=1}^{R}\alpha_{i,l}[\boldsymbol{m}_{i,l}-\cos(\boldsymbol{m}_{i,l})-\sin(\boldsymbol{m}_{i,l})]}{1-Q_l\bullet b_l\sum_{i=1}^{R}\alpha_{i,l}[\boldsymbol{m}_{i,l}-\cos(\boldsymbol{m}_{i,l})-\sin(\boldsymbol{m}_{i,l})]}\|_2 \\ &\text{s.t.}\begin{cases}\boldsymbol{A}_l = [\alpha_{i,l}]_{i=1,\cdots,R} & 0\leqslant\alpha_{i,l}\leqslant 1 \\ b_{\min}\leqslant b_l\leqslant b_{\max} \\ -1\leqslant Q_l\leqslant 1\end{cases}\end{aligned} \tag{3.85}$$

式中，$b_{\min}$和$b_{\max}$作为输入参数控制非线性影响的范围，需在反演前确定。为了求解问

题(3.85)，本节使用了 SQP 算法(Gill et al., 2005)。SQP 的每一步迭代都是在求解一个二次规划的子问题以确定参数的下降方向，直到确定原问题的最优解。

3.5.3 实验内容及结果分析

1. 模拟图像实验与分析

为了验证模型的有效性，本节首先利用模拟数据对模型进行了测试并与其他的光谱混合模型进行了比较分析，进而对模型做出评价。

模拟数据是由 USGS 光谱库中随机选出的 5 种端元组成，每个端元包含 420 个波段，覆盖范围为0.39~2.56μm 。然后，随机生成 1000 组丰度，每组丰度都是在 5 维单纯形中随机取点构成，从而满足丰度的 ANC 与 ASC 约束。进而，基于已有的端元和丰度，利用不同的光谱混合模型生成模拟数据，所用的模型包括：LMM、GBM、PPNM、pLMM 和 MLM。数据生成之后再添加不同信噪比的高斯白噪声。

实验具体方案是：针对不同混合模型模拟生成的数据，利用不同的模型进行丰度反演，然后利用式(3.69)与式(3.70)中丰度残差与重建误差作为评价指标对处理结果进行评价，目的是为了分析模型的准确性与泛化能力。除此之外，模型还在低信噪比数据上进行测试，用以分析模型的鲁棒性。因此本节分别在 100db 与 20db 的高斯白噪声的模拟数据上对模型进行了测试，实验结果如表 3.11～表 3.14 所示。

表 3.11　100db 模拟图像下不同算法的丰度均方根误差

图像	FCLS	GBM	PPNM	MLM	NPLA	MHPNMM
LMM	8.5×10^{-6}	8.5×10^{-6}	8.5×10^{-6}	8.5×10^{-6}	8.5×10^{-6}	8.5×10^{-6}
GBM	0.4949	0.0020	0.0274	0.3731	0.0586	0.0498
PPNM	0.1884	0.0076	1.4×10^{-5}	0.1220	0.0405	0.0104
MLM	0.4858	0.4858	0.4140	2.2×10^{-6}	0.1065	0.1584
p-Linear	0.8514	0.8514	0.2842	0.8510	1.2×10^{-6}	0.2299
MHPNMM	0.6145	0.6145	0.8120	0.3199	0.1318	1.0×10^{-5}

表 3.12　100db 模拟图像下不同算法的光谱重建误差

图像	FCLS	GBM	PPNM	MLM	NPLA	MHPNMM
LMM	3.4×10^{-7}	3.4×10^{-7}	3.4×10^{-7}	3.4×10^{-7}	3.4×10^{-7}	3.3×10^{-7}
GBM	0.0011	4.3×10^{-7}	2.3×10^{-5}	0.0009	0.0001	4.9×10^{-5}
PPNM	0.0004	1.2×10^{-6}	3.4×10^{-7}	0.0003	0.0001	1.5×10^{-5}
MLM	0.006	0.0068	0.0018	2.1×10^{-7}	0.0003	0.0002
p-Linear	0.0874	0.0874	0.0012	0.0800	1.5×10^{-7}	0.0011
MHPNMM	0.0230	0.0230	0.0024	0.0002	9.2×10^{-5}	4.8×10^{-8}

表 3.13　20db 模拟图像下不同算法的丰度均方根误差

图像	FCLS	GBM	PPNM	MLM	NPLA	MHPNMM
LMM	0.0200	0.1100	0.2000	0.2100	0.0800	0.0600
GBM	0.3990	0.1200	0.1050	0.2967	0.0875	0.0749
PPNM	0.6330	0.0517	0.0650	0.6862	0.0915	0.0611
MLM	0.4730	0.4730	0.3617	0.0290	0.0920	0.0437
p-Linear	0.8514	0.8514	0.1819	0.8500	0.0130	0.1463
MHPNMM	0.5227	0.5227	0.4743	0.2426	0.0876	0.0870

表 3.14　20db 模拟图像下不同算法的光谱重建误差

图像	FCLS	GBM	PPNM	MLM	NPLA	MHPNMM
LMM	0.0033	0.0033	0.0033	0.0033	0.0033	0.0033
GBM	0.0036	0.0035	0.0035	0.0036	0.0035	0.0035
PPNM	0.0054	0.0039	0.0039	0.0046	0.0039	0.0039
MLM	0.0037	0.0037	0.0028	0.0026	0.0027	0.0027
p-Linear	0.0884	0.0884	0.0011	0.0815	0.0018	0.0014
MHPNMM	0.0124	0.0124	0.0024	0.0016	0.0016	0.0015

在数据的生成过程中的一些模型参数选择如下：GBM 模型中的 γ 和 p-Linear 模型中的 β 由[0,1]的均匀分布中随机取出；PPNM 中的 b 被设置为 0.25；MLM 与 MHPNMM 中的 Q 是从均值为 0 标准差为 0.3 的正态分布的非负部分中随机取出。在参数的反演过程中，$b_{\min}$ 与 $b_{\max}$ 分别被设置为–100 和 100；式(3.85)中目标函数的迭代阈值是10^{-10}，限制函数的阈值为10^{-8}，因此最优化算子能得到该精度下的最优值。

从结果中可以发现：在信噪比 100db 的数据中，每种模型在反演其对应的数据类型时具有最佳的处理效果；非线性模型对于非线性数据更加适合；在线性数据集中，由于非线性模型可退化为线性模型，所以它们的表现与线性模型的表现相近；在 MLM 和 p-Linear 数据中 MHPNMM 模型的表现与接近原始模型的表现，这说明在模型上 MHPNMM 可以近似 MLM 与 p-Linear；在信噪比为 20db 的数据中，MHPNMM 在所有数据中都能得到最优或者次优的表现，这说明 MHPNMM 具有较强的泛化性能与鲁棒性。

2. 真实图像实验与分析

除了模拟数据外，本节也利用真实数据对模型进行了测试。真实实验数据仍然使用 1997 年 AVIRIS 数据，区域为美国内华达州的 Cuprite 矿区，空间分辨率为 20m，波段数为 224，去除坏死波段和水汽吸收带，最后剩 189 个波段，覆盖波长范围为 0.4～2.5μm。对比 USGS 端元光谱库，利用 EEA 算法提取了 9 个端元，包括：高岭石(kaolinite)、明矾石(alunite)、白云母(muscovite)、方解石(calcite)、埃洛石(halliysite)、水铵长石(buddingtonite)、绿脱石(nontronite)、蒙脱石(montmorillonite)和绿泥石(chlorite)。为了进行比较分析，本节采用了 LMM、GBM、PPNM、MLM 和 p-Linear 模型与 MHPNMM

进行比较，并利用式(3.70)所示的重建误差作为评价指标对模型进行定量分析。实验结果如图 3.24 所示。

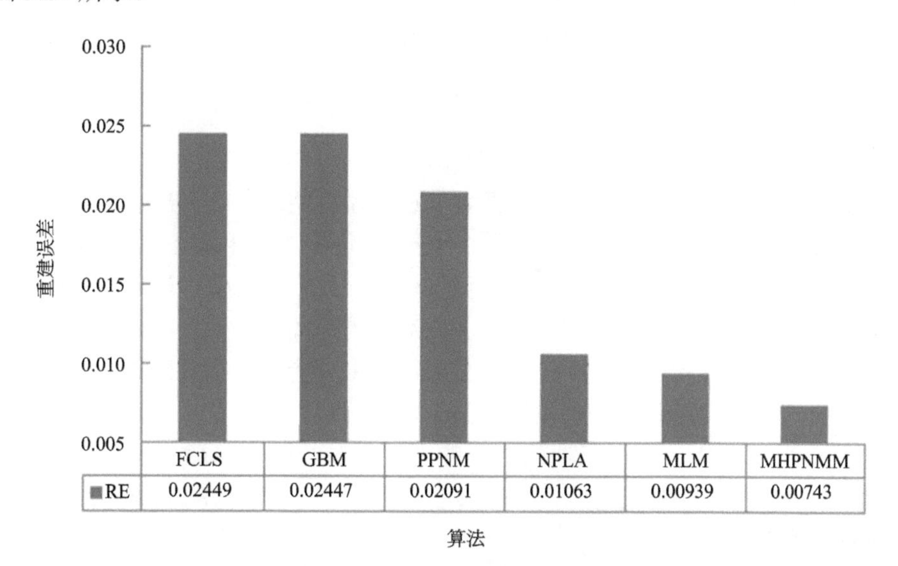

	FCLS	GBM	PPNM	NPLA	MLM	MHPNMM
RE	0.02449	0.02447	0.02091	0.01063	0.00939	0.00743

图 3.24　不同模型 Cuprite 矿区光谱重建误差

图 3.24 显示利用 MHPNMM 得到的重建误差的明显低于其他模型，在一定程度上证明了 MHPNMM 相对其他模型能更准确的表达光谱混合也更具泛化性能。为了更直观的比较模型的丰度反演结果，本节绘制了不同模型反演得到的丰度分布图，主要包括该区域典型的四种矿物：明矾石、高岭石、埃洛石和方解石，其分布图如图 3.25 所示。

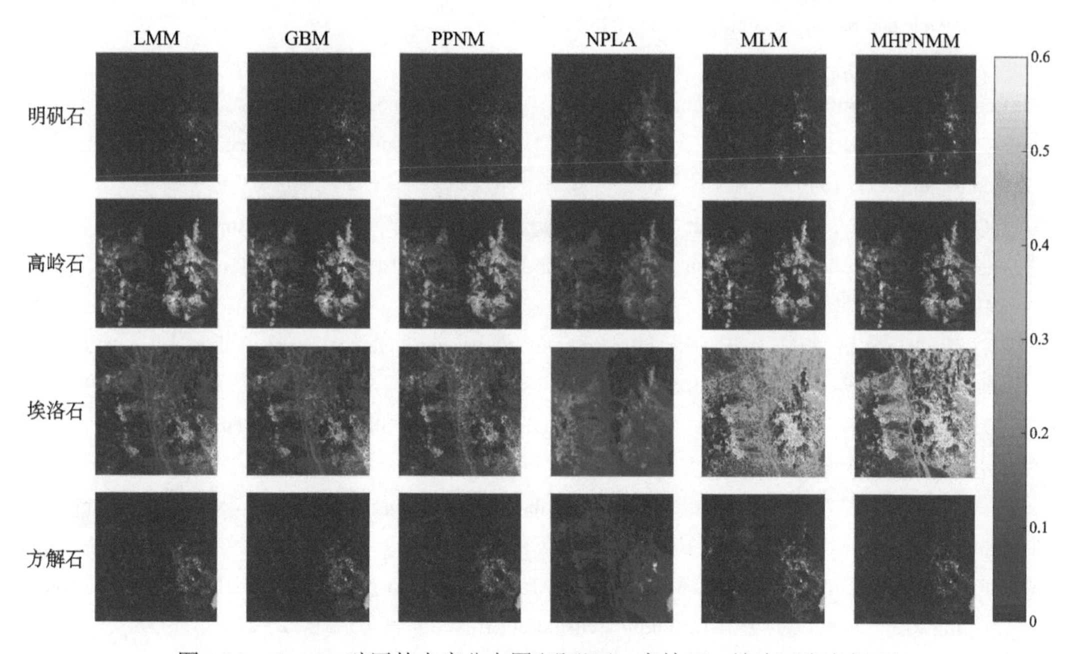

图 3.25　Cuprite 矿区的丰度分布图(明矾石、高岭石、埃洛石和方解石)

由于缺少真实的矿物分布图，通过不同模型反演丰度分布间地相互比较可以实现模型间的分析比较。图 3.25 显示，不同模型反演的到的丰度分布具有一致性，而且 MHPNMM 的分布细节更明显，在一定程度上证明了模型的有效性。

3.5.4 结论

本节介绍了一个新的非线性光谱混合模型——多调和函数的多项式光谱混合模型(MHPNMM)，它基于 pHMM 和 MLM 两种非线性模型的思想，提出在场景中同时考虑局部紧密混合与多次散射，进而对场景中的光谱混合进行更完备的表达。为了避免 pHMM 中模型阶数估计以及 MLM 模型中仅仅以线性混合作为多次散射的基础这两点缺陷，MHPNMM 假设局部非线性混合作为多次散射的基础，利用调和函数作为非线性映射对局部的紧密混合进行建模，在此基础上对场景中可能的多次散射进行建模，同时利用离散马尔可夫链对传播路径进行表达。整个模型的核心思想在于通过非线性映射对复杂的混合情形进行简化，利用多项式函数的灵活性对一般情况近似。在模拟数据中对 MHPNMM 光谱混合模型的泛化能力和鲁棒性进行了分析，同时在 Cuprite 矿区的 AVIRIS 子图中证明其有效。

参 考 文 献

张兵，孙旭. 2015. 高光谱图像混合像元分解. 北京：科学出版社.

Bishop C M. 2006. Pattern Recognition and Machine Learning. Berlin: Springer.

Boyd S, Vandenberghe L. 2004. Convex Optimization. Cambridge: Cambridge University Press.

Chang C I, Du Q. 1999.Interference and noise-adjusted principal components analysis. IEEE Transactions on Geoscience and Remote Sensing, 37(5): 2387-2396.

Chen J, Richard C, Honeine P. 2012. Nonlinear unmixing of hyperspectral data based on a linear-mixture/nonlinear-fluctuation model. IEEE Transactions on Signal Processing, 61(2): 480-492.

Clark R N, Swayze G A, Gallagher A, et al. 1993. The US geological survey digital spectral library. Open File Report, 93(592): 1340.

Eches O, Dobigeon N, Mailhes C, et al. 2010. Bayesian estimation of linear mixtures using the normal compositional model. Application to hyperspectral imagery. IEEE Transactions on Image Processing, 19(6): 1403-1413.

Eches O, Guillaume M. 2013. A bilinear–bilinear nonnegative matrix factorization method for hyperspectral unmixing. IEEE Geoscience and Remote Sensing Letters, 11(4): 778-782.

Gill P E, Murray W, Saunders M A. 2005. SNOPT: an SQP algorithm for large-scale constrained optimization. SIAM Review, 47(1): 99-131.

Grant M, Boyd S, Ye Y. 2009. CVX: Matlab software for disciplined convex programming. http://cvxr.com/cvx/.html[2019-12-10].

Green R O, Eastwood M L, Sarture C M, et al. 1998. Imaging spectroscopy and the airborne visible/infrared imaging spectrometer (AVIRIS). Remote Sensing of Environment, 65(3): 227-248.

Halimi A, Altmann Y, Dobigeon N, et al. 2011. Nonlinear unmixing of hyperspectral images using a generalized bilinear model. IEEE Transactions on Geoscience and Remote Sensing, 49(11): 4153-4162.

Heinz D C. 2001. Fully constrained least squares linear spectral mixture analysis method for material quantification in hyperspectral imagery. IEEE Transactions on Geoscience and Remote Sensing, 39(3): 529-545.

Heylen R, Scheunders P. 2015. A multilinear mixing model for nonlinear spectral unmixing. IEEE Transactions on Geoscience and Remote Sensing, 54(1): 240-251.

Hoyer P O. 2004. Non-negative matrix factorization with sparseness constraints. Journal of Machine Learning Research, 5(11): 1457-1469.

Iordache M D, Bioucas-Dias J M, Plaza A. 2011.Sparse unmixing of hyperspectral data. IEEE Transactions on Geoscience and Remote Sensing, 49(6): 2014-2039.

Jia S, Qian Y. 2008. Constrained nonnegative matrix factorization for hyperspectral unmixing. IEEE Transactions on Geoscience and Remote Sensing, 47(1):161-173.

Li J, Zheng S, Tan Y. 2016. The effect of information utilization: introducing a novel guiding spark in the fireworks algorithm. IEEE Transactions on Evolutionary Computation, 21(1): 153-166.

Luo W, Gao L, Plaza A, et al. 2016. A new algorithm for bilinear spectral unmixing of hyperspectral images using particle swarm optimization. IEEE Journal of Selected Topics in Applied Earth Observations and Remote Sensing, 9(12): 5776-5790.

Marinoni A, Gamba P. 2015. A novel approach for efficient p-linear hyperspectral unmixing. IEEE Journal of Selected Topics in Signal Processing, 9(6): 1156-1168.

Marinoni A, Plaza A, Gamba P. 2016. Harmonic mixture modeling for efficient nonlinear hyperspectral unmixing. IEEE Journal of Selected Topics in Applied Earth Observations and Remote Sensing, 9(9): 4247-4256.

Nascimento J M, Bioucas-Dias J M. 2005. Vertex component analysis: a fast algorithm to unmix hyperspectral data. IEEE transactions on Geoscience and Remote Sensing, 43(4):898-910.

Nascimento J M, Bioucas-Dias J M. 2007. Hyperspectral signal subspace estimation. IEEE International Geoscience and Remote Sensing Symposium, 3225-3228.

Nascimento J M, Bioucas-Dias J M. 2011. Hyperspectral unmixing based on mixtures of Dirichlet components. IEEE Transactions on Geoscience and Remote Sensing, 50(3): 863-878.

Neal R M, Hinton G E. 1998. A view of the EM algorithm that justifies incremental, sparse, and other variants. Learning in graphical models. Dordrecht: Springer: 355-368.

Pu H, Chen Z, Wang B, et al. 2014.Constrained least squares algorithms for nonlinear unmixing of hyperspectral imagery. IEEE Transactions on Geoscience and Remote Sensing, 53(3): 1287-1303.

Qian Y, Jia S, Zhou J, et al. 2011. Hyperspectral unmixing via $L_{1/2}$ sparsity-constrained nonnegative matrix factorization. IEEE Transactions on Geoscience and Remote Sensing, 49(11): 4282-4297.

Roche A. 2011. EM algorithm and variants: an informal tutorial. arXiv preprint arXiv:1105-1476.

Somers B, Asner G P, Tits L, et al. 2011. Endmember variability in spectral mixture analysis: a review. Remote Sensing of Environment, 115(7):1603-1616.

Sun X, Yang L, Zhang B, et al. 2015. an endmember extraction method based on artificial bee colony algorithms for hyperspectral remote sensing images. Remote Sensing, 7(12): 16363-16383.

Su Y, Sun X, Gao L, et al. 2016. Improved discrete swarm intelligence algorithms for endmember extraction from hyperspectral remote sensing images. Journal of Applied Remote Sensing, 10(4): 045018.

Stocker A D, Schaum A P. 1997. Application of stochastic mixing models to hyperspectral detection problems. Algorithms for Multispectral and Hyperspectral Imagery Ⅲ. International Society for Optics and Photonics, 3071: 47-60.

Swayze G, Clark R N, Kruse F, et al. 1992. Ground-Truthing AVIRIS Mineral Mapping at Cuprite, Nevada. Denver, CO, USA: NASA.

Xu Z. 2010. Data modeling: Visual psychology approach and L1/2 regularization theory. Proceedings of the International Congress of Mathematicians 2010（ICM 2010）（In 4 Volumes）Vol. I: Plenary Lectures and Ceremonies Vols. Ⅱ–Ⅳ: Invited Lectures, 3151-3184.

Zhang B, Sun X, Gao L, et al. 2011a. Endmember extraction of hyperspectral remote sensing images based on the Ant Colony Optimization（ACO）algorithm. IEEE Transactions on Geoscience and Remote Sensing, 49(7): 2635-2646.

Zhang B, Sun X, Gao L, et al. 2011b. Endmember extraction of hyperspectral remote sensing images based on the discrete particle swarm optimization algorithm. IEEE Transactions on Geoscience and Remote Sensing, 49(11): 4173-4176.

Zong-Ben X, Hai-Liang G U O, Yao W, et al. 2012.Representative of L1/2 regularization among Lq（$0<q\leqslant 1$）regularizations: an experimental study based on phase diagram. Acta Automatica Sinica, 38(7): 1225-1228.

Zhang B, Zhuang L, Gao L, et al. 2014. PSO-EM: a hyperspectral unmixing algorithm based on normal compositional model. IEEE Transactions on Geoscience and Remote Sensing, 52(12): 7782-7792.

Zhuang L, Zhang B, Gao L, et al. 2017. Normal endmember spectral unmixing method for hyperspectral imagery. IEEE Journal of Selected Topics in Applied Earth Observations and Remote Sensing, 8(6): 2598-2606.

第 4 章　基于子空间模型的高光谱分类

4.1　基于不同相似度衡量的最小正则子空间分类

4.1.1　最小正则子空间分类算法理论

最小正则子空间分类是一种监督算法(nearest regularized subspace for hyperspectral classification, NRS)(Li et al., 2013)，其核心是在原有协同表达算法的基础上引入吉洪诺夫正则化因子，通过线性回归的方式判定不同物质的类别属性，它相较于已有的 K 近邻算法、稀疏表达算法等有明显的效率和效果上的优势。支持向量机在 20 世纪 90 年被 Corinna Cortes 等提出，该方法在训练样本少、数据结构差及维度较高的分类识别中表现出很多优势(probability prediction using support vector machines, PPSVM)(McKay et al., 2000)，在机器学习之中，它通过构造一个超平面，用于大量数据的分类和回归分析。

给定一个高光谱图像数据集，从中挑选一些训练样本 $\boldsymbol{X}=\{\boldsymbol{x}_i\}_{i=1}^{n}$，其中这些数据所属的类别为 $w_i=\{1,2,\cdots,C\}$，其中 C 是整个图像的类别总数，n 为训练样本的个数，同时假定高光谱图像数据的波段数为 d，然后将整幅图像拥有标签的像元作为分类算法的测试数据。首先，对于一个测试样本 $\boldsymbol{y}$ (单个像元点)，可以通过每一类训练样本近似表示成一个 $\boldsymbol{y}_l$，它的表达式为

$$\boldsymbol{y}_l=\boldsymbol{X}_l\cdot a_l \tag{4.1}$$

式中，$\boldsymbol{X}_l$ 为 $d\times n_l$ 大小的矩阵，n_l 是标签为 l 的所有训练样本个数；$\boldsymbol{a}_l$ 为一个权重向量，它的大小为 $n_l\times 1$。假设已经获得权重向量，那决定一个测试样本的标签就变为了计算实际测试样本 $\boldsymbol{y}$ 与近似估计 $\boldsymbol{y}_l$ 之间的冗余，那样就可以表示为

$$\boldsymbol{r}(\boldsymbol{y})=\|\boldsymbol{y}-\boldsymbol{y}_l\|_2=\|\boldsymbol{y}-\boldsymbol{X}_l\cdot\boldsymbol{a}_l\|_2 \tag{4.2}$$

接下来，测试样本的标签分配则根据不同类别冗余值比较而来，也就是最小的冗余值代表着该测试样本所代表的类别，用数学表达式表示为

$$\text{class}(y)=\arg\min\nolimits_{l=1,2,\cdots,C}\boldsymbol{r}(\boldsymbol{y}) \tag{4.3}$$

这样对整幅图像中每个像素进行计算，就可以得到它们相应的类别。

在最小正则子空间分类算法之中，核心思想是尽可能保证预测值与观察值之间距离最小，因此，权重向量 $\boldsymbol{a}_l$ 为如下线性表达式，即

$$\boldsymbol{a}_l=\arg\min\|\boldsymbol{y}-\boldsymbol{X}_l\boldsymbol{a}_l\|_2^2+\lambda\|\boldsymbol{\Gamma}_{l,y}\boldsymbol{a}_l\|_2^2 \tag{4.4}$$

式(4.4)为求解线性回归的最优化方式，加入 $\|\boldsymbol{\Gamma}_{l,y}\boldsymbol{a}_l\|_2^2$ 是为了在训练过程中，减少过拟合的情况出现，其中 $\boldsymbol{\Gamma}_{l,y}$ 为吉洪诺夫正则矩阵，λ 作为一个全局的正则化参数，用来平衡冗余量与正则项之间的关系，对于最小正则子空间分类算法而言，将 $\boldsymbol{\Gamma}_{l,y}$ 矩阵设计为

$$\boldsymbol{\Gamma}_{l,y}=\begin{bmatrix}\left\|\boldsymbol{y}-\boldsymbol{x}_{l,1}\right\|_2 & \cdots & 0\\ \vdots & \ddots & \vdots\\ 0 & \cdots & \left\|\boldsymbol{y}-\boldsymbol{x}_{l,n_l}\right\|_2\end{bmatrix} \tag{4.5}$$

式中，$\boldsymbol{x}_1,\boldsymbol{x}_2,\cdots,\boldsymbol{x}_{n_l}$ 代表训练样本中类别为 l 的数据，一般而言，欧式距离在这里用来衡量训练样本和测试样本的关系， 同时也用来将不同的测试样本分配到合适的标签。通过上面两个式子，可以得到 $\boldsymbol{y}_l$ 的表达式为

$$\boldsymbol{y}_l=\boldsymbol{X}_l\left(\boldsymbol{X}_l^{\mathrm{T}}\boldsymbol{X}_l+\lambda\boldsymbol{\Gamma}_{l,y}^{\mathrm{T}}\boldsymbol{\Gamma}_{l,y}\right)^{-1}\boldsymbol{X}_l^{\mathrm{T}}\boldsymbol{y} \tag{4.6}$$

可以看到求解权重向量 $\boldsymbol{a}_l$ 是最小正则子空间分类算法的核心。同时，另外一个比较相似的分类算法，协同表示分类算法，与最小正则子空间分类算法最大的不同点是将前面正则化选项替换为一个单位矩阵。在多个已经发表文献中的实验表明最小正则子空间分类算法在高光谱图像分类之中效果明显好于协同表示分类算法。

除了最小正则子空间与协同表示分类算法，稀疏表达分类算法核心也是利用线性回归的思想，此算法在人脸识别领域表现良好，它与协同表示分类算法的区别在于，它的偏移项是基于 L_1 范数最小优化，而协同表示分类模型采用的是 L_2 范数，表示式为

$$\boldsymbol{a}_l=\arg\min\|\boldsymbol{y}-\boldsymbol{X}\boldsymbol{\alpha}\|_2^2+\lambda\|\boldsymbol{\alpha}\|_1 \tag{4.7}$$

该正则项约束将整个算法呈现稀疏状态，而正则化参数λ与最小正则子空间分类算法相同，用来平衡冗余项与稀疏项之间的关系，一旦求得权重向量 $\boldsymbol{a}_l$，将测试数据分配相应标签的过程则与最小正则子空间算法的思路基本一致，由于 L_1 范数的优化属于一个比较复杂过程，在实际使用之中一般采用开源的优化工具箱。

4.1.2　不同相似度衡量方法

在高光谱遥感图像处理之中，图像的数据量大且维度高，而且各个物质之间的光谱信息可能差别甚小，基于欧式距离的计算方式无法有效区别两种地物之间的差异，因此选择合适的光谱相似度衡量方式是有必要的，在最小正则子空间分类模型之中，采用吉洪诺夫正则化选项来衡量各个光谱之间的差异，欧式距离作为常用的衡量方式，根据最新发表的文献显示，除了数学上的欧式距离，还有很多更为有效的相似度度量方式，如光谱角度衡量，光谱信息散度和正交子空间投影等等一系列方式(Iii et al., 1992)，多篇论文及实验显示这些相似度呈现方式能够适应多种变换的情况，因此，将这些算法引入的最小正则子空间分类算法，可以提高分类算法的准确性。

1. 光谱角度衡量

在高光谱图像分类处理之中，光谱角度衡量通过计算两条光谱的空间夹角来衡量这两条光谱的空间相似度，依据数学理论，当两条光谱之间的夹角较小时，可以潜在地说明它们之间的相关程度高，光谱角度衡量在衡量光谱相似度方面相对于欧式距离的最大优势是它与光谱向量自身的数量级无关系，也就是说即使光谱向量数值上成倍数增长，但是此光谱角度并不会出现改变，这从另一种层面上避免了当数据未进行归一化而出现

的差错。这一点对应实际分类中光线、天气条件整体对拍摄到数据的影响，在识别含有山丘等含有阴影区域的时候，就可以很好避免其中的干扰，而光谱角度衡量(spectral angle measurement, SAM)可以表示为

$$\mathrm{SAM}(\boldsymbol{x},\boldsymbol{y})=\arccos\left(\frac{\boldsymbol{x}\cdot\boldsymbol{y}}{\|\boldsymbol{x}\|\cdot\|\boldsymbol{y}\|}\right) \tag{4.8}$$

而 $\boldsymbol{x}\cdot\boldsymbol{y}=\sum_{i=1}^{d}(x_i\cdot y_i)$，$\|\boldsymbol{x}\|=\sqrt{\sum_{i=1}^{n}x_i^2}$，$\|\boldsymbol{y}\|=\sqrt{\sum_{i=1}^{n}y_i^2}$。其中，$d$ 为光谱的波段数，$\boldsymbol{x}=(x_1,x_2,\cdots,x_d)$ 和 $\boldsymbol{y}=(y_1,y_2,\cdots,y_d)$ 表示各个波段的数据，$\|\boldsymbol{x}\|\cdot\|\boldsymbol{y}\|$则表示是光谱向量本身的数量积，在本节中试图将正则化矩阵之中的欧式距离衡量方法用光谱角度衡量来替换，其数字表达式为

$$\boldsymbol{\Gamma}_{l,y}=\begin{bmatrix}\mathrm{SAM}(\boldsymbol{y},\boldsymbol{x}_1) & \cdots & 0\\ \vdots & \ddots & \vdots\\ 0 & \cdots & \mathrm{SAM}(\boldsymbol{y},\boldsymbol{x}_{n_l})\end{bmatrix} \tag{4.9}$$

该方法能够显著地体现光谱数据的跨度大小，但是比较难以直接解释不同像元之间的逻辑内在联系，这也是该方法的不足之处。

2. 光谱信息散度

光谱信息散度(spectral information divergence, SID)理论来源于信息论之中的相对熵，主要用于描述两个变量之间的差异，与光谱角度衡量、欧式距离等作为比较，SID对光谱本身的波动比较敏感，更符合实际情况(基于光谱信息散度的光谱解混算法)(徐州和赵慧洁, 2009)。

假设光谱图像上两条光谱分别为$\boldsymbol{x}=(x_1,x_2,\cdots,x_d)$和$\boldsymbol{y}=(y_1,y_2,\cdots,y_d)$，这样可以得到两条光谱中各个波段对应位置的概率向量分别为 $\boldsymbol{p}=(p_1,p_2,\cdots,p_d)$ 和 $\boldsymbol{q}=(q_1,q_2,\cdots,q_d)$。其中，$p_i=x_i/\sum_{i=1}^{l}x_i$，$q_i=y_i/\sum_{i=1}^{l}y_i$，根据信息论的理论，可以得到 $\boldsymbol{x}$ 和 $\boldsymbol{y}$ 的自信息为

$$I_i(x)=-\log p_i \tag{4.10}$$

通过上面两个式子，可以得到 $\boldsymbol{y}$ 关于 $\boldsymbol{x}$ 的相对熵：

$$D(\boldsymbol{x}\|\,\boldsymbol{y})=\sum_{i=1}^{l}p_iD_i(\boldsymbol{x}\|\,\boldsymbol{y})=\sum_{i=1}^{l}p_i\left(I_i(\boldsymbol{x})-I_i(\boldsymbol{y})\right)=\sum_{i=1}^{l}p_i\log\left(\frac{p_i}{q_i}\right) \tag{4.11}$$

同理可以得到 $\boldsymbol{x}$ 关于 $\boldsymbol{y}$ 的相对熵:

$$D(\boldsymbol{x}\,\|\,\boldsymbol{y})=\sum_{i=1}^{l}q_i\log\left(\frac{q_i}{p_i}\right) \tag{4.12}$$

因此，$\boldsymbol{x}$ 与 $\boldsymbol{y}$ 的光谱信息散度为

$$\mathrm{SID}(\boldsymbol{x},\boldsymbol{y})=D(\boldsymbol{x}\|\boldsymbol{y})+D(\boldsymbol{y}\|\boldsymbol{x}) \tag{4.13}$$

信息散度将两条光谱的相对熵结合起来作为两条光谱之间的差异，可以在一定程度对光谱全局进行比较，值得关注的是 SID 也能用于描述两个像元间的相关性。

对于 SID 而言，矩阵度量的数学表达式为

$$\boldsymbol{\Gamma}_{l,y}=\begin{bmatrix}\mathrm{SID}(\boldsymbol{y},\boldsymbol{x}_1) & \cdots & 0\\ \vdots & & \vdots\\ 0 & \cdots & \mathrm{SID}(\boldsymbol{y},\boldsymbol{x}_{n_l})\end{bmatrix} \tag{4.14}$$

基于信息散度的衡量方式，从理论上而言更符合对光谱相似度进行度量，但实际的光谱数据变化较大，噪点和数据波动较为明显。

3. 正交子空间投影散度

正交子空间投影散度(orthogonal subspace projection divergence, OSPD)是由子空间投影发展而来，根据投影的原理，它将原始数据投影到一个特征空间，最大化两大光谱之间的差异性，在高光谱图像处理之中，假设有两条光谱向量$\boldsymbol{x}$和 $\boldsymbol{y}$ ，向量的长度即为波段数，则 OSPD 可以表示为

$$\mathrm{OSPD}(\boldsymbol{x},\boldsymbol{y})=\boldsymbol{x}^{\mathrm{T}}P_{y}^{\perp}\boldsymbol{x}+\boldsymbol{y}^{\mathrm{T}}P_{X}^{\perp}\boldsymbol{y} \tag{4.15}$$

而 $P_{y}^{\perp}=1-\boldsymbol{y}\left(\boldsymbol{y}^{\mathrm{T}}\boldsymbol{y}\right)^{-1}\boldsymbol{y}^{\mathrm{T}}$， $P_{X}^{\perp}=1-\boldsymbol{x}\left(\boldsymbol{x}^{\mathrm{T}}\boldsymbol{x}\right)^{-1}\boldsymbol{x}^{\mathrm{T}}$ ，正交子空间投影散度用投影到子空间两条向量的相似度来表示原始向量的关系，根据上面的理论，这种做法最大化了高光谱图像之中光谱之间的差异关系，使得两者之间更容易得到区分。

与 SAM、SID 理论一致，将原有的吉洪诺夫正则项变换为如下形式：

$$\boldsymbol{\Gamma}_{l,y}=\begin{bmatrix}\mathrm{OSPD}(\boldsymbol{y},\boldsymbol{x}_1) & \cdots & 0\\ \vdots & & \vdots\\ 0 & \cdots & \mathrm{OSPD}(\boldsymbol{y},\boldsymbol{x}_{n_l})\end{bmatrix} \tag{4.16}$$

本节的核心目标在原有最小正则子空间分类模型的基础上寻找合适的正则矩阵中相似度的衡量方法，在原有的方法之中，采用的是欧式距离，而本节试图采用光谱角度衡量、光谱信息散度、正交子空间投影等替换欧式距离的衡量方式，来提高其分类效果，因为这些相似度衡量方式相对于欧式距离有着其独特的优势，能够充分挖掘训练样本与测试样本之间的差异性，在正则化选项中可以为相似度更好的数据做相应补偿，使得最后的分类结果更加准确一些。

4.1.3 实验内容及结果分析

1. 实验数据简介

本节中，高光谱图像实验数据来自美国成像光谱仪 AVIRIS。AVIRIS 数据通常空间分辨率在 20m 左右，同时拥有超过两百个波段，这一小块数据在 1992 年拍摄于 Indian Pines，该数据集光谱覆盖范围为 400～2450nm，空间分辨率为 20m，包含 145×145 个像元和 220 个光谱波段，共包含 16 个地物类别，其中大多数代表不同类型的农作物。

在此数据中，2/3 为农业作物，1/3 为森林等自然植被，农业作物主要是为谷物和大豆，图 4.1(a) 是用原始图像数据合成的伪彩色图像，从图中可以按照颜色大致上分辨区块的不同，而图 4.1(b)是人工可视化的图像，将不同物质进行不同颜色标记，去除已知的噪点图像，将图中不属于任何一类物质的像元用最蓝的底色标识，在实际的分类过程之中，不对这些数据进行考虑。从图中也可看出不同物质分布的状态，在分类结果确定之后，可以做出这样一幅图来表示整个算法对高光谱图像的分类效果。

(a) 伪彩图

(b) 真值图

图 4.1　Indian Pines 高光谱数据实际场景及标记

在本次实验中，从每一类物质中随机选择了 187 个数据作为训练样本来确保结果的公正性，将余下的每一类物质作为测试样本，表 4.1 给出了在实验中的训练数据和测试数据。

表 4.1　用于实验的每类样本个数

类别	训练样本数目/个	测试样本数目/个
玉米-无耕地	187	1247
玉米-少量耕地	187	647
草地/牧场	187	310
干草-落叶	187	302
大豆-无耕地	187	781
大豆-少量耕地	187	2281
大豆-收割耕地	187	427
木材	187	1107

为了模拟现实情形，采取将训练数据调整为不同比例进行性能评估，因为实际情况之中可能出现某类物质本身就比较少，而从中提取的训练数据会更少。因此，在不同训练样本数量与分类精度关系的实验中，采取百分比的形式，选择每类训练样本个数 19, 38, 56, 75, 94, 113 对不同分类模型进行评估，然后所有含有标签的数据作为测试数据。

2. 实验结果及评价

在原有的最小正则化子空间分类模型之中，参数 λ 作为一个重要参数，影响了分类的最终结果，因此，第一步需要学习获得最优的 λ 值，使得分类结果达到一个最佳的状态。通过实验，选取一定的训练样本，如图 4.2 选取的分类结果是每个类别 38 个训练样本时候作为示例，在一个区间去调整训练样本个数，关于参数 λ，通常会选择在 0～1 之间按一定的比例去调整，逐个尝试得到一系列的结果，然后判断最优的分类结果。

在图 4.2 中，NRS-ED 指的是由欧式距离表示的最小正则化子空间分类算法，即原有算法。从图中可以观察到，在 38 个训练样本的情况下，基于光谱角度衡量与基于正交子空间投影的分类算法在不同区间获得了最优的分类效果，SAM 与 SID 正则化因子在 0.001～1 之间变化，而 OSPD 在 0.1～1.5 之间可以获得一个相对不错的准确率。同时也可以发现光谱角度衡量的最优 λ 值在 0.05 左右，最优准确率接近 80%，光谱信息散度的引入并没有改变原有算法的效果，反而使算法维持在一个较差的水平，而正交子空间投影则在 0.5 才获得了最好的分类效果，最优准确率在 79%左右，与 SAM 的表现相当，从分类结果来看，基于光谱角度衡量和正交子空间的分类算法大体上好于原有的算法，接近一到两个百分点，但是基于信息散度的分类算法并没有多少优势，相对比原有算法反而降低了几个百分点。

在此基础上，为了验证算法的有效性和公平性，在实验上基于多个不同训练样本数目进行了训练，然后经过交叉验证，具体来说就是，在训练样本中依次取出每个样本作为测试样本，训练样本中其他的数据作为训练样本，对一定区域内的参数进行调整，根据分类最好的情况作为当前分类的最优参数，然后将这一参数作为后面训练样本与测试样本最优参数，得到一个相对公平的准确率，对于每组实验采取连续多次进行，取平均值得到最终的结果。

如表 4.2 所示，可以看到基于欧式距离和正交子空间投影所取得的最优值主要集中在正则化参数值为 0.5～0.7 之间，而基于光谱角度衡量的算法主要集中在 0.05～0.1 之间，这两项都比较稳定，也就间接地证明了此算法的可靠性。从实验结果比较上来看，光谱的角度衡量和正交子空间投影散度的分类效果基本上都会优于原算法一到两个百分点，特别是 OPD 这一项，分类效果表现突出，无论训练样本如何改变，都达到一个比较好分类效果，从数据之中，可以看到在每类训练样本只有 19 个的时候，分类效果仍然能够高出原始分类算法一个百分点，这对于高光谱图像分类领域中常规分类方法而言还是比较可观的。

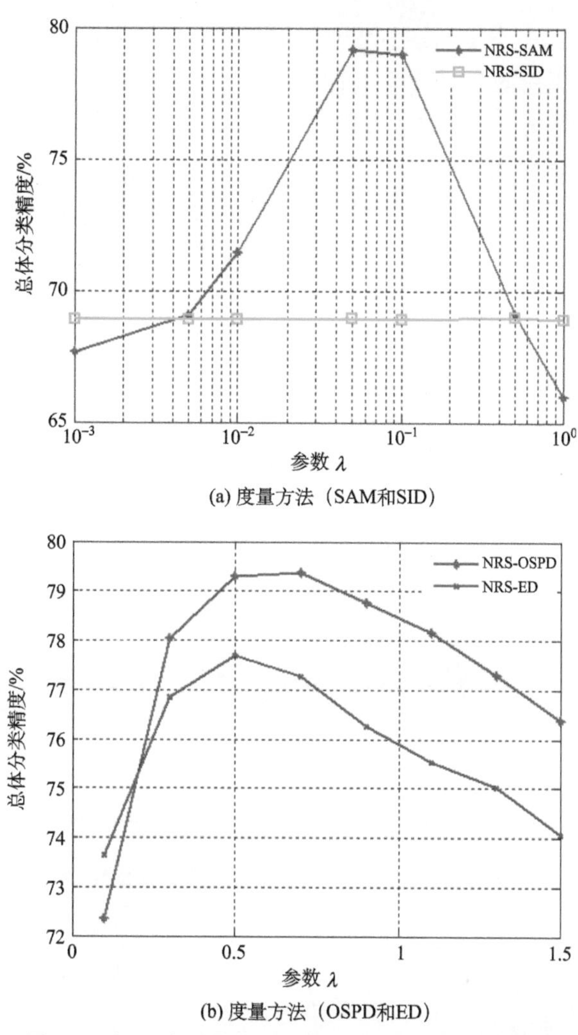

(a) 度量方法（SAM和SID）

(b) 度量方法（OSPD和ED）

图 4.2　在 38 个训练样本下的不同值的分类效果曲线

表 4.2　在不同训练样本情况下取得最优参数时分类准确率　　（单位：%）

训练样本	NSR-ED		NRS-SAM		NRS-OSPD	
	准确率	最优 λ	准确率	最优 λ	准确率	最优 λ
19	73.87	0.3	74.56	0.05	74.60	0.5
38	77.70	0.5	79.19	0.05	79.37	0.7
56	78.26	0.5	79.72	0.1	80.09	0.5
75	80.60	0.5	82.10	0.1	82.34	0.5
94	82.34	0.5	83.81	0.1	83.96	0.7
113	83.40	0.5	84.27	0.1	85.40	0.7

而且也可看出，在不同训练样本的基础上，对于正交子空间投影的分类算法优于原始的分类算法，相对于光谱角度衡量而言也会有些许精度的提高，不到百分之一，但是可以从另一个层面说明，正交子空间投影在衡量两个光谱向量的差异性上还是优于光谱

角度衡量，构造目标端元矩阵的正交补空间来抑制背景等其他信息，使得光谱之间的差异性得到充分展示，与光谱角度衡量这种无法考虑相邻维度之间数据联系的衡量方式对比，有了一些本质的提升。以表 4.2 最优准确率为基础，表 4.3 和表 4.4 选取的是实际分类中各个物质被分类识别的精度，所使用的训练样本分别为 38 个和 75 个，所有的分类精度数据都是通过调整最优参数后获得的，表中也对所有物质的准确率做了一个平均值来度量各个算法的优劣性，平均分类准确率不同于整体的分类准确率，它可以从全局上看出不同算法对各类物质的分辨能力。

表 4.3　38 个训练样本在最优参数情况的分类效果　（单位：%）

类别	NRS-ED	NRS-SAM	NRS-OPD
玉米-无耕地	73.22	77.63	74.98
玉米-少量耕地	71.87	73.57	73.72
草地/牧场	94.19	94.84	95.48
干草-落叶	100	100	100
大豆-无耕地	76.65	72.86	77.54
大豆-少量耕地	64.84	67.12	68.08
大豆-收割耕地	89.23	92.51	90.40
木材	98.01	98.37	97.74
平均准确率	83.54	84.61	84.75
整体准确率	77.70	79.19	79.37

表 4.4　75 个训练样本在最优参数情况的分类效果　（单位：%）

类别	NRS-ED	NRS-SAM	NRS-OPD
玉米-无耕地	77.87	79.47	78.83
玉米-少量耕地	83.00	85.63	85.01
草地/牧场	94.16	96.45	95.48
干草-落叶	100	100	100
大豆-无耕地	79.39	82.59	79.90
大豆-少量耕地	66.61	68.70	70.41
大豆-收割耕地	92.74	90.87	93.44
木材	98.10	98.01	98.28
平均准确率	86.60	87.71	87.67
整体准确率	80.60	82.10	82.34

从以上结果可以看出，基于正交子空间投影和光谱角度衡量的分类算法大致上好于原有基于欧式距离的分类算法，即使从表中也可以看到原始方法在某一类物种中分类效果比较好，比如在上面第二张表中，物种 Soybean-clean 原始分类效果就比 SAM 分类算法上改进接近 2%，Woods 的分类准确率也高 SAM 接近一个百分点，但是在结合其他物种综合的情况下，总体的分类效果还是光谱角度度量的分类算法会好一些，而基于正交

子空间投影的分类算法就优于光谱角度衡量算法。再从平均分类结果上来看，光谱角度衡量和子空间投影衡量在分类准确率上都会优于基于欧式距离方法的 1%，从另一个角度而言，对这些物质进行分类，即使在单个物质分类可能会出现稍显不足，但是全局而言，OSPD 和 SAM 所表现的优势是 ED 所无法比拟的。

因此根据各个结果，可以得出结论，光谱角度衡量和正交子空间散度衡量的引入，明显提升原有的算法在高光谱图像分类中的表现，为原算法的发展提供了一个改进方向。同时也可以看到，正交子空间及光谱角度衡量在高光谱图像研究领域有着重要的价值，它能够很好地表现不同光谱向量之间的相关程度，极力分辨出两个不同光谱之间的差异性，这种表现是比传统的欧式距离结果更为优秀的，这同时也为其在模式识别中，监督与非监督等领域的运用提供了一个良好的基础，比如在聚类之中，也用其来表示两个向量点的关联程度，从某种意义上可以使得物质类别聚集的效果更好。

最新的文献显示，最小正则化子空间分类算法在高光谱图像分类领域中拥有良好的效果，它可以看作是原有协同表示算法(collaborative representation classification, CRC)的一种提升，将原有的协同表示改进成为了一种用训练样本与测试样本之间相似度的衡量，这从某种意义上在线性模型求解过程中，为了防止过拟合进行的一种补偿而达到一种最优化的目的，而光谱角度衡量和正交子空间投影是在最小正则子空间模型上的提升与改进，它在原有线性模型的基础上，进一步分析出训练样本与测试样本之间的差异，了解这种差异，并从数学、光谱学的角度上去度量这种差异，使得新得到的分类算法获得更好的分类效果。

在本节中，依靠这两种思路的结合提升了原有分类算法准确率，但在高光谱图像分类领域中，其实也还有其他已经成熟的相似度衡量方式可以优化和融入，不少方法可能难以简单的借鉴进来，需要根据实际场景进行调整，使得其能使用本书中提到的模型。

4.1.4　结论

本节首先介绍了最小正则子空间模型理论，同时分析了在该模型中存在的不足，主要表现在该算法中的吉洪诺夫正则化因子相似度采用的是欧氏距离，它无法从物理结构上描述两个光谱向量之间的关系差异，紧接着在本章介绍了光谱角度衡量、光谱信息散度等多种光谱相似度衡量方式，试图将这些理论引入该模型，以求获得更好的效果。

通过高光谱图像数据的实验显示，基于光谱角度衡量和子空间投影散度确实有效改善了该算法的分类精度，但是光谱信息散度确没有任何的效果，从这些实验结果可以说明，欧式距离难以对光谱向量的差异性进行把握，通过这里的引入，可以有效改善原有算法的分类效果，为整个算法的优化进一步提供了一个方向。

4.2　结合光谱空间信息的最小正则子空间分类

4.2.1　结合 MRF 的最小正则子空间分类方法

在高光谱图像分类领域中，不同物质通常呈现块状区域，拥有明显的分界线，因而相邻像元之间往往拥有很高的相似率，运用空间信息相似度的各类分类算法应运而生，同时也取得了很好分类效果。在本节之中，将原有的正则子空间分类模型与马尔可夫模型结合，力图获得更好的分类准确率。马尔可夫模型是一种数学上的统计模型，在语音识别领域、视觉特效领域具有优良的表现，经过长期的发展，尤其是识别领域的成功应用，让它成了业内常用的一种工具。

马尔可夫模型(Markov random fields, MRF)是一种概率统计模型(Ghamisi et al., 2014)，在图像分类之中，主要是将空间信息融入分类方法，比较著名的是1984年最大后验马尔可夫统计模型框架，它主要是利用贝叶斯统计理论来分析解读机器视觉问题，在高光谱图像分类领域，前些年已经有研究人员将支持向量机与马尔可夫模型相结合，将高斯混合模型与马尔可夫模型相结合，从他们的实验结果中，马尔可夫模型通过空间纹理信息成功运用到了高光谱图像分类领域之中。

1. 马尔可夫随机场定义

首先是随机场，根据概率论的理论，由样本空间$\boldsymbol{\Omega}=\{0,1,\cdots,G-1\}^n$取样构成的随机变量$\boldsymbol{X}_i$取样所组成的$\boldsymbol{S}=\{\boldsymbol{X}_1,\cdots,\boldsymbol{X}_n\}$。假设其中在$\omega\in\boldsymbol{\Omega}$下完全成立，则称$\pi$可以成为一个随机场。从信号的角度讲，可将随机场看作是类似于随机信号的随机过程，其参数的取值不再是实数值而是多维的矢量值甚至为空间点集。而随机场主要描述的是一种分布形式，通俗来讲就是在一定空间随机赋予一些位置的值，这样就叫作随机场。

而对于马尔可夫性质解释，其原始模型为马尔可夫链，它的主要特征是目标在现有的状态下，它未来的变化并不依赖以往的变化，而仅仅与当前的状态有关，在实际场景中，通常假定场景的发生符合马尔可夫规律。因此从数学层面上定义的模型如下。

假设对于S_i而言代表事件发生的随机变量，同时对于其中某个事件而言，它具有相应的标签L_j，对于每个事件的发生都有可能属于标签集合之中的任意一个标签，同时也假定某个事件属于某标签的概率设为P，通常来讲，对于数学上的邻域系统，必须服从两种条件，首先对于任意事件的发生概率都是大于等于零的，也就是$P(s_1)\geqslant 0$始终成立，紧接着，对某个事件所属的概率只与身边事件发生的概率有关系，与太远的事件无任何关，也就是$P\left(s_i\mid s_n-\{i\}\right)\cdot=\cdot P\left(s_i\mid s_{N_i}\right)$。

那么称S是一个马尔可夫随机场。从上面两个要求中，S-$\{i\}$是所有像元点减去i之后其他的事件，从图像的角度来解读，i为图像任意的一个像元，相应的$s_n-\{i\}$就是在整幅图像之中剔除该像元点之后剩下来所有像元点的标签集；s_{N_i}表示邻域系统中所有像元点的标签集。通俗来讲它表示了一系列的变量按照规则排开之后，当前变量的取值仅仅和上一个变量的取值有关，但是与以前的变量无关，将该理论引入图像，图中的某个像元点一定是属于某一种标签的，尽管有可能是背景，同时邻域系统对该像元标签的影响与整幅图像对该像元点的影响相同，从实际场景考虑，当像元点之间距离过大的时候，无法度量这种大的状态，因此给定，它们之间的影响不被计入整个理论系统。

2. 概率模型的建立

在第 3 章，介绍了最小正则子空间分类算法，它是联合表达分类算法的特殊形式，对于测试样本所属的类别通过计算 $\boldsymbol{y}$ 与 $\boldsymbol{y}_l$ 的冗余值来决定，如果冗余值越小，测试样本就属于此类别，这里尝试将冗余表达分类模型转换为概率模式，引入标签概率表达。将转换模型设定为一个递减函数，而且该函数应该满足条件

$$f(0)=1, \lim_{r_l \to \infty} f(\boldsymbol{r}_l)=0 \tag{4.17}$$

上面变量 $\boldsymbol{r}_l$ 表示实际测试样本与计算值之间的冗余值，通过多个实验尝试，本章最终将递减函数定为如下形式：

$$f(\boldsymbol{r}_l)=\frac{1/\boldsymbol{r}_l^2}{\sum_{i=1}^{C} 1/\boldsymbol{r}_{l(i)}^2} \tag{4.18}$$

式中，C 为类别数，所求得概率在 0～1 之间。

通过这些设计，对于每一个像元而言，都可以计算对应每个类别的概率，一旦获取了这些数据，然后计算其中区域项和边界项，得到了相应的能量模型，最优化该能量模型涉及最大流/最小割算法，相应算法的优化可以在文献中获得，最后，将标签属性按照能量最小的形式来分配。

4.2.2　结合高斯模型的最小正则子空间分类方法

最小正则子空间分类算法最初设计是依据像元点的分类，只有每个像元的谱间信息可以运用与整个分类算法的表示，而空间信息特征会被相应的忽略。然而，随着光谱传感器技术的不断突破，对于高分辨高光谱图像获取成了一件相对容易的事情，越来越多的分类算法开始使用到了图像空间信息进行更为精确地分类，具体来说，就是将周围像元点联合表达中心像元点(hyperspectral image classification using dictionary-based sparse representation) (Chen et al., 2011)，采取平均的方式获得更好的分类效果。然而，对于很多传统的分类算法在使用空间信息的时候采取相同的权重，即平均的方式。这样的思路有个缺陷，就是当中心像元点与周围的完全不同，这时候再去采取相同权重，就无法很好地表达这个像元点，原有的很多特征信息都会被丢失。因此本节介绍一个简单而且有效的方法，也就是依据周围像元点与中心像元点的相关程度来自适应调整权重的参数，在这个关系相关程度的确定之中，引入了高斯模型来对周围像元点相似度进行衡量(Kernel sparse representation-based classifier, KSRC) (Zhang et al., 2012)。

对于权重联合表达，中心像元点与相邻像元点之间的相似度需要自适应，注意到以前的方法之中将周围像元点用平均的方式来表示中心像元点，而这里采取高斯函数来定义这个自适应的权重分布，高斯函数是一个应用很广的模型，在自然科学、社会科学及各种工程之中都可以看到其身影，反映的是正态分布的密度函数，因此，两个像元之间的权重表示为

$$w_i' = \exp\left(-\frac{\|\boldsymbol{y}_i - \overline{\boldsymbol{y}}\|^2}{2\sigma^2}\right) \tag{4.19}$$

式中，w_i'为中心像元点与周围i个像元之间的关系，而参数σ将被设为$\|\boldsymbol{y}_i - \overline{\boldsymbol{y}}\|^2$ $i=1,2,\cdots,m$的中值，而$\overline{\boldsymbol{y}}$是周围像元点的平均值，即$\overline{\boldsymbol{y}} = \frac{1}{m}\sum_{i=1}^{m}\boldsymbol{y}_i$，在选择高斯函数作为计算像元相似度的时候主要是基于两点：第一，它的输出值需要与空间像元呈现正相关，也就是相似度越高，其值也应该越大；第二，当像元标签不同时候，这个输出值无限接近于零。但是无法直接为零，因为在实验前，无法知道两个像元点完全的不相关，更多的是一种基于程度的判定，因此高斯函数，相对于传统欧式距离而言，有更大的优势。一旦获得上面数据，对于邻域所有像元点而言，计算权重向量$\boldsymbol{w} = \{w_1, w_2, \cdots, w_m\}$，即

$$w_i = \frac{w_i'}{\sum_{i=1}^{m} w_i'} \tag{4.20}$$

然后中心像元点可以表示为

$$\tilde{\boldsymbol{y}} = \boldsymbol{y}\boldsymbol{w} = \sum_{i=1}^{m} w_i \boldsymbol{y}_i \tag{4.21}$$

将这个式子运用于整幅图像中每个像素，之后从中抽取训练样本，再采用最小子空间分类模型分类算法进行分类。

4.2.3 实验内容及结果分析

1. 高光谱图像数据

测试实验的高光谱图像数据来自于反射光谱成像仪(ROSIS)，拍摄的地点位于意大利北部，University of Pavia，数据集光谱覆盖范围为430～860nm，空间分辨率为1.3m，包含610×340个像元和115个光谱波段，去掉了含有大量噪声的波段得到103个波段，共包含9个地物类别。实验之中的训练数据和测试数据都是在原有数据之中随机选择，保证实验的公平性。图4.3给出是该数据真实的情况以及认为标注之后的地物分布图。

2. 实验分类效果

1)结合MRF的算法分析

在联合表达分类模型分类算法之中，正则化的参数对于整个算法的分类效果具有至关重要的作用，因此，在实验中将该参数调整到了一个很大的范围来获取最优的分类结果，针对稀疏表达和最小正则化子空间各自做相应的调整。对于特定的训练样本而言，交叉验证的策略将用于参数的调优得到一个最优的值作为该训练数据的最优参数去获得分类准确率。例如，对第一份数据，当每类训练数据为60的时候，最优的参数值在0.5左右。

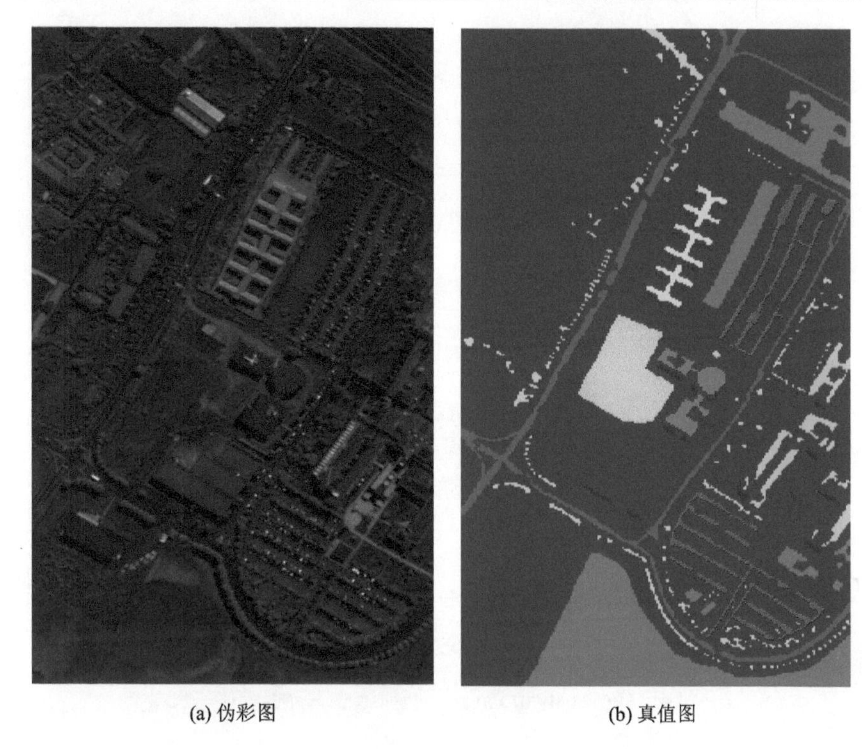

(a) 伪彩图　　(b) 真值图

图 4.3　University of Pavia 实际场景和标记图

针对测试数据，计算了多个分类器(如 NRS-MRF、SRC-MRF)的分类效果，同时也运用了一些已有的分类算法比如 SRC、SVM 等，为了保证实验结果不是偶然性，采取了多个不同训练样本进行了测试，训练样本主要涵盖在 40 到 120 之间，同时对于每组实验采取 10 次取平均值的方式，然后绘制出如图 4.4 所示的分类准确率。根据下面曲线图呈现这些算法的性能，可以看出 NRS-MRF 和 SRC-MRF 的分类效果明显好于原有的 NRS、SRC 分类算法，基于 SVM 的分类器同样有此结果，将这些算法与马尔可夫随机场进行结合之后，在分类准确率提升方面大致都达到了 10%左右，这说明对于马尔可模型的引入，起到了很好的效果，这种利用结构关系的模型大大增强了物质的区分率。它有效改善了原有最小正则子空间分类算法的对标判别出错的问题，使得原来错分的像元点，得到正确的标签分配。

当训练样本的数量从 40 到 120 变换时，改进算法整体针对原有算法提高在 7%～20%之间。例如，在 40 个训练样本的时候，NRS-MRF 的分类效果接近 92%，而原有 NRS 的分类精度为 72%，SRC-MRF 的准确率为 88%，而 SRC 的分类准确率为 71%。而且对于引入 MRF 理论的分类模型分类结果上比较平滑，也就是说在改变训练样本的同时，整个算法的分类准确变化没有原来这么明显，此外，将 NRS-MRF 与 SVM-MRF 比较的时候，注意到前者往往好于后者，整体准确率提升 20%左右。SVM-MRF 算法是由 Fauvel 于 2010 年提出(Fauvel et al., 2013)。在原有论文的实验中，该算法的分类准确就已经达到一个很好程度。同时，也可以看到，随着训练样本的不断增加，最小正则子空间分类算法的准确率在每类训练样本为 80 的时候，优于支持向量机分类算法，但是引入马尔可夫随机场模型的算法并没有表现出同样的趋势。

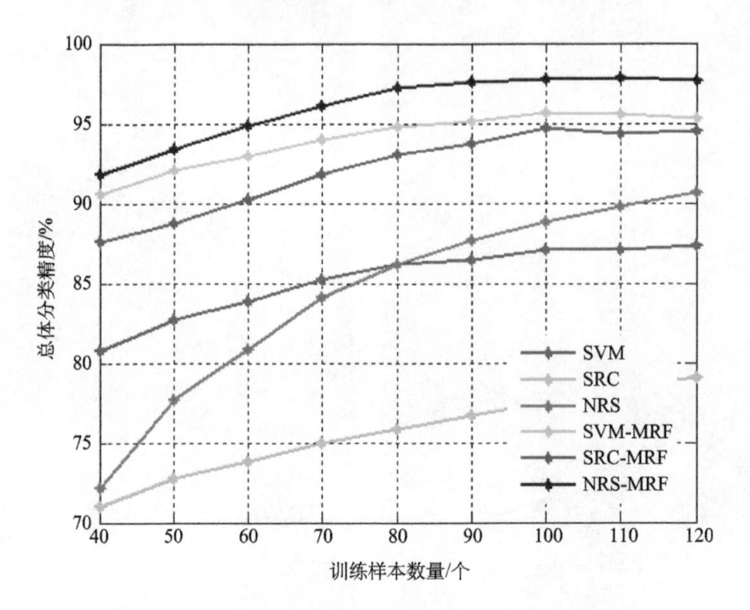

图 4.4　University of Pavia 不同训练样本分类准确率图

在表 4.5 中，当每类训练样本为 60 的时候，各个分类器针对不同物质的分类效果，在表中对于每类物质分类效果最好的精度已经用黑体进行了着重标注，用来分类的物质主要分为 9 类，训练样本为 60 个，然后整个图像所有有标记的像元点作为测试样本，可以看到测试样本的数据量不一致，比如树木这块的测试样本只有不到一千个，符合实际算法运用的场景。从表中可以看到，NRS-MRF 在大部分物质的分类之中都呈现了最好

表 4.5　训练样本为 60 各分类算法的分类准确率

类别	样本数目/个		分类算法/%					
	训练	测试	SRC	SRC-MRF	SVM	SVM-MRF	NRS	NRS-MRF
沥青 1	60	6631	78.87	99.74	80.29	95.66	79.05	**99.80**
裸土	60	18649	64.15	87.04	84.32	89.89	75.05	**92.22**
沥青 2	60	2099	78.75	88.18	82.84	91.09	76.80	**91.95**
砖块	60	3064	95.46	91.29	92.26	**96.74**	95.76	89.59
砾石	60	1345	99.26	99.63	99.11	99.41	99.55	**99.70**
草地	60	5029	82.98	98.83	89.12	99.54	91.27	**100**
金属	60	1330	86.77	76.92	92.01	**96.32**	94.89	95.04
阴影	60	3682	64.61	84.79	79.71	95.19	85.06	**95.87**
树木	60	947	98.20	98.52	99.75	99.79	99.47	**99.79**
整体准确率/%			74.21	90.89	84.16	93.64	81.95	**94.92**

注：加粗数字为每类物质分类效果最好的精度

的分类效果，整体分类效果好于 SVM-MRF 百分之一点多。在各个物质的分类结果之中，NRS-MRF 与 SVM-MRF 也会表现稍微好一些，但是 NRS-MRF 相对而言会显得更好一些，从表 4.5 也可以看到，引入马尔可夫随机场的分类算法，无论是支持向量机还是稀疏表达，最小正则子空间模型都会好于原有的算法，在分类准确率提升上甚至可以达到接近百分之十五，特别是稀疏表达分类模型，提升明显，总体分类效果已经接近 NRS 的结果，在这种情况下，有理由认为马尔可夫对图像标签分割的优越性，在传统分类算法的提升也具有非常重要的意义。

图 4.5 中展示的是在训练样本为 60 时不同算法在图像分类标记中的实际表现，下面的标识也给出各个颜色所代表的物质类型，图中大面积的蓝色背景因为没有标签，因而没有参与计算，是代表的其他物质。各个参与分类的物质也用明亮的颜色标识出来，具体的训练样本数，测试样本及分类得到的数据已经在表中予以了展示，首先看传统的三个分类算法稀疏表达、支持向量机、最小正则子空间分类模型，相对于原来本身的图像，显得有特别多的噪点，尤其是稀疏表达，在图中下边的区域，本来是很大一片草地的区域被误判为了沙砾和裸露的土壤，而中间土壤的区域很多都被分类为了砖头或者是沙砾等，而在经过 MRF 模型的优化之后，原有图像的噪点明显减少，尽管仍然存在大量的误判，但是整个图像显得更为平滑了一些，像 SRC-MRF 中下面的区域，草地的区域逐渐被分开，原有被错判为裸露土壤的部分被修正，同时沙砾的部分也形成了区域，整幅分类图像变得更为清楚明晰。

再比较 NRS 与 SVM 的结果，看起来两个算法的分类效果图差异并不大，因为在训练样本为 60 的时候，分类准确率几乎一样，但是经过引入 MRF 模型之后，两者的表现就可以看出一些差距，从分类效果中可以看出 NRS-MRF 在整个图中间部分明显分的更为清楚层次分明，如原来裸露土壤的部分几乎完全被分离开来，几乎没有任何杂质在其中。其他区域分类的也得到了一个比较清晰的结果，因此对最小正则子空间算法而言，引入 MRF 有效地改善了高光谱图像分类效果，使得原有分不太清楚的区域得到清晰化，原本有噪点的区域变得更加平滑，图像的分类结果更为优秀。

经过对 University of Pavia 高光谱图像数据的测试，MRF 模型的应用在图像分类之中表现良好，在与 NRS 结合的过程之中，优于 SVM-MRF 模型。

2) 结合高斯模型的算法分析

对于权重联合表达分类算法(weight joint collaborative representation, WJCR)而言，在最小正则子空间分类算法的基础上，作为一个全局的正则参数，它的调整对于整个分类算法的表现具有至关重要的作用，因此在本部分也会将这个参数在一定范围内进行调整，其次是邻域窗口的大小，对于算法的优化而言，将邻域像元的窗口集中固定设定为 3×3 显然不合理，同时这里也不会采用比较常见的四邻域或者八邻域策略。因为是自适应地将权重分配给中心像元周围的点，即使是当整个窗口比较大时，也会根据样本是与中心像元点有高度相关才赋予高权重的表达，所有在实验中将窗口的区域在一个范围内调整如上图给出的数据，图 4.6 是针对 University of Pavia 数据进行的实验，图中呈现的是当改

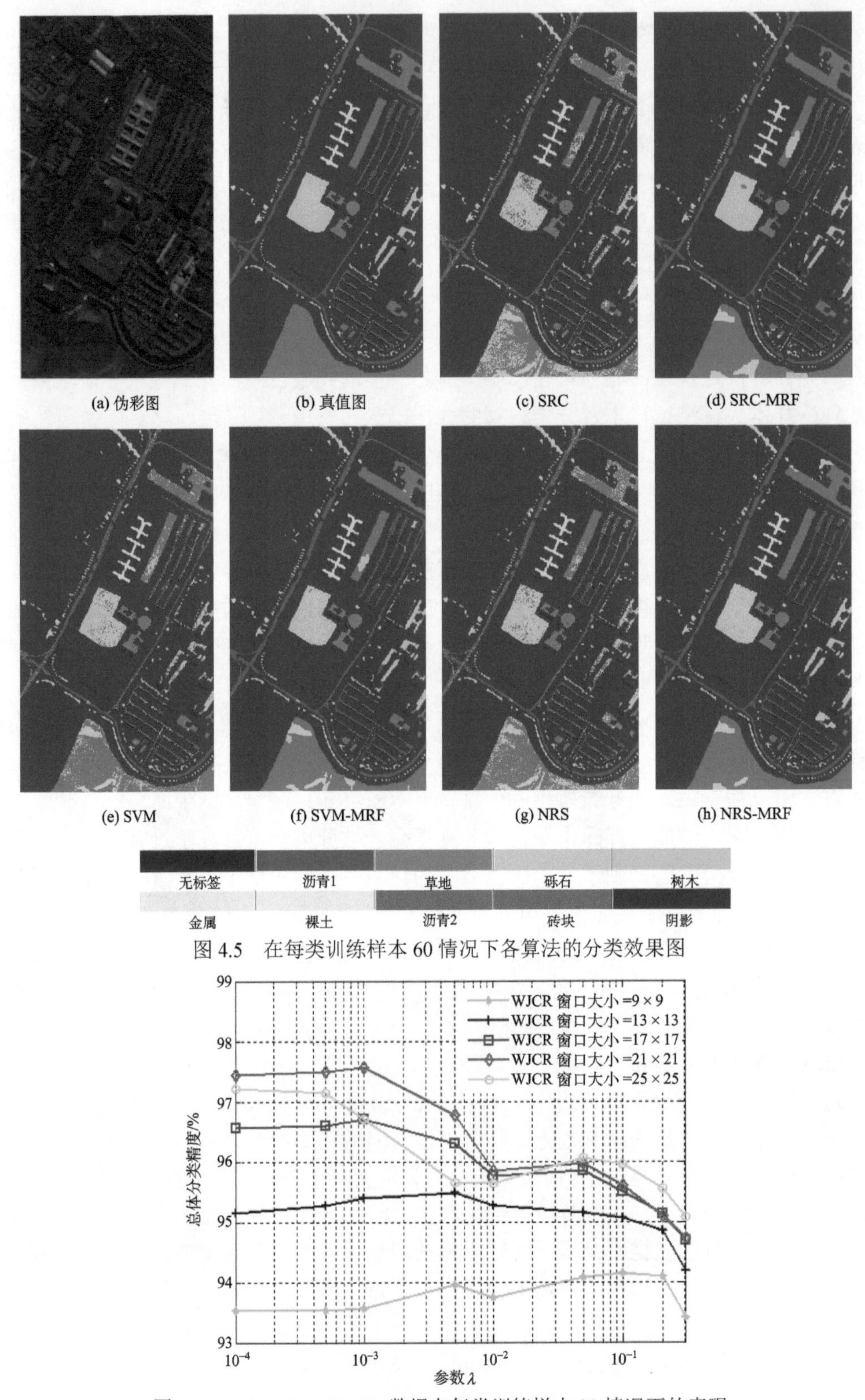

图 4.5　在每类训练样本 60 情况下各算法的分类效果图

图 4.6　University of Pavia 数据在每类训练样本 30 情况下的表现

变窗口大小和全局正则化参数进行调整时的结果(其中横坐标是正则化参数,纵坐标为分类准确率，小框中颜色对应不同邻域范围)。根据图中的出现情况，当窗口在 21×21 的时候，整个分类算法可以达到最优，除了窗口较小的时候，分类器的准确率会相对较低，整体的效果是比较好的。另外，窗口的变化可以改善分类的效果，调整全局正则化参数可以使得整个分类算法达到一个最好的分类状态。而对于其他的分类算法，采取的是交叉验证的方式来获得分类算法的最优分类参数。

图 4.7 是针对测试数据改变样本时候的测试结果，为了增强整个分类准确率的显示效果，图中用不同的颜色进行标记，小框中给出各个颜色的所代表的分类器。为了保证所有得到的结果，所有的实验皆是进行多次测试取平均值，从图中显然可以看出，权重联合表达分类算法明显优于其他算法，在 University of Pavia 数据上甚至高于联合表达分类算法(JCR)约 5%，同时也可以看到在训练样本只有 10 个的时候，目标算法的分类准确率已经超过了 90%,这说明目标算法比较适合实际运用中只含有比较少量样本的情况。而权重联合表达分类算法可以看作是 JCR 的延伸与拓展，这就间接证明，基于空间信息的权重联合表达能够很好地提高原有分类算法的分类效果。

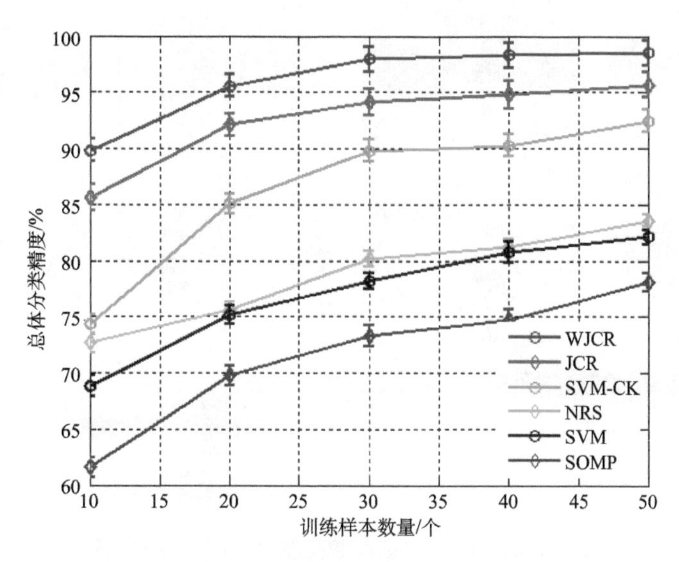

图 4.7 University of Pavia 数据在不同训练样本分类效果

同样，对于 University of Pavia 数据也给出了具体的分类效果，对应训练样本取为 30，所有的实验皆是重复 10 次，取平均值所得到的(图 4.8)。

从表 4.6 中可以看出，目标算法的分类准确率达到 97.90%，相比与 JCR 提升了百分之三，相比于原来的 NRS 提升了 10%以上。对于每一类物质而言，目标算法都达到了相对较好的分类准确率，对某些物质的分辨精度已经达到了 100%，这说明目标算法权重联合表达在分类效果优秀同时具有很强的适应能力。

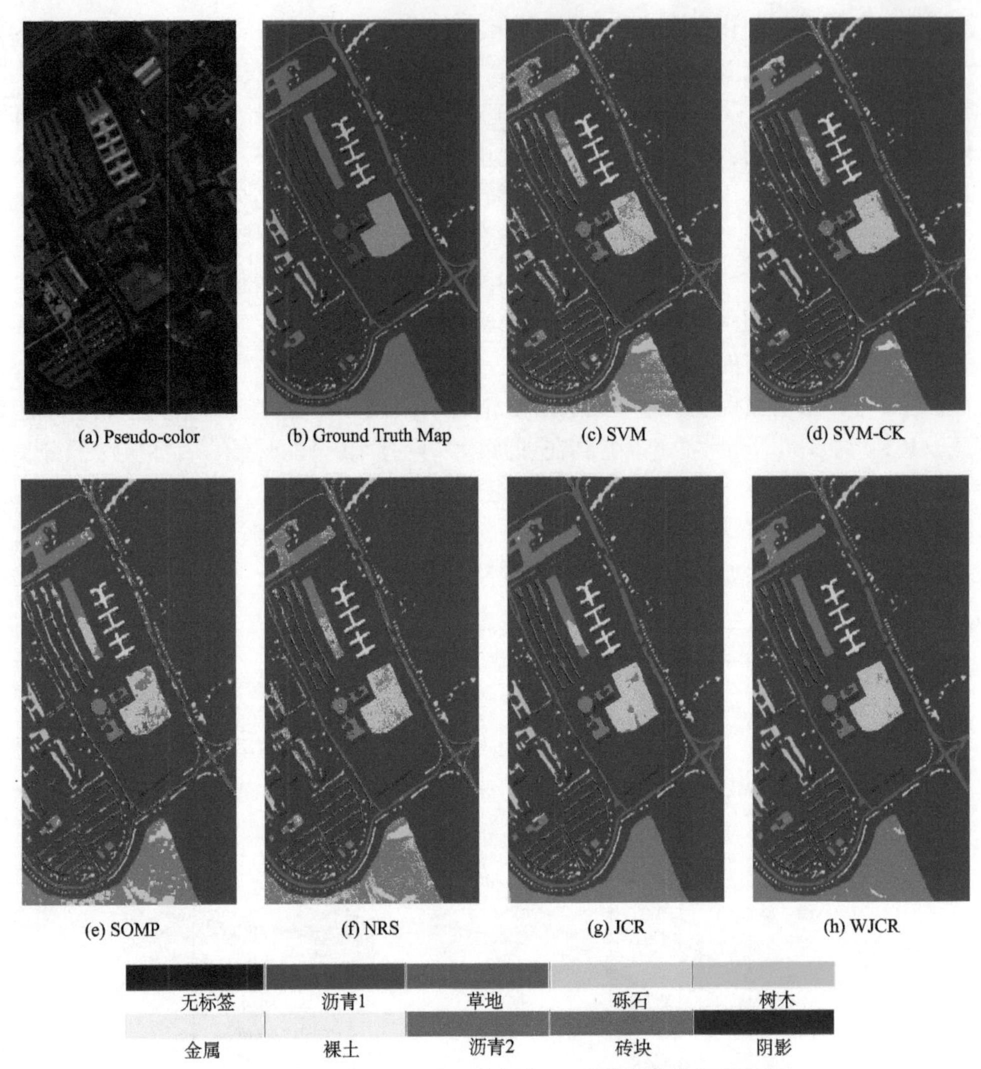

图 4.8　University of Pavia 数据在 30 训练样本实际效果图

表 4.6　University of Pavia 数据在 30 训练样本分类数据

类别	样本数目		分类算法/%					
	训练	测试	SVM	SVM-CK	SOMP	NRS	JCR	WJCR
沥青 1	60	6631	76.13	86.64	41.43	76.81	93.82	97.07
裸土	60	18649	71.55	88.12	80.15	76.15	95.64	98.72
沥青 2	60	2099	76.66	89.33	87.52	71.51	93.81	99.19
砖块	60	3064	92.92	93.86	86.33	94.42	92.85	95.79
砾石	60	1345	99.03	99.63	99.93	99.55	100	100
草地	60	5029	83.36	92.68	72.10	81.31	91.29	97.67
金属	60	1330	91.95	95.86	93.23	92.87	98.42	99.55
阴影	60	3682	79.11	88.59	63.61	81.48	89.84	94.73
树木	60	947	99.68	99.89	65.58	99.47	88.81	99.89
整体准确率/%			78.20	89.81	73.29	80.17	94.13	97.90

4.2.4　结论

本节以光谱空间的结构信息为导向，介绍了结合 MRF 和高斯模型的最小正则子空间分类模型，将空间信息以不同的方式表现出来，其中结合 MRF 的算法依据 MRF 的特性，来推导出图像之中中心像元与邻域数据的关系，而结合高斯模型的算法首先将中心像元周围的点联合平均来对其进行表示，同时考虑到如何剔除不相似的数据，来保证分类准确率，因此引入了高斯权值表达。

在理论的基础上，通过实验数据的测试，调整权值和邻域窗口的大小以获得更好的结果呈现，最终，整个目标算法，无论是前者还是后者均有效地改善了最小正则子空间分类算法。分类效果提升明显，同时保证了整个算法的执行效率不受特别大的影响。

4.3　子空间投影支持向量机分类方法

基于空间信息后处理的高光谱图像空谱综合分类方法，其主要特点是在分类的过程中，光谱信息和空间信息的处理和使用是分阶段且相对独立进行的。这类方法首先需要采用合适的谱分类器，对图像的光谱特征进行处理，得到初分类结果，再使用有效的空间信息处理模型，根据图像的局部空间特征，对初分类结果进行修正，得到整合光谱信息和空间信息后的分类结果。本节将以支持向量机与马尔可夫随机场模型为核心，介绍基于空间信息后处理的空谱综合分类方法的原理与流程。此外，重点针对高光谱图像有限样本条件下的波段冗余，局部空间像元分布差异，以及模型的稳定性等问题，引入子空间投影算法、自适应性模型与多任务学习框架，介绍了基于子空间支持向量机与马尔可夫随机场的多任务学习分类模型与基于子空间支持向量机与自适应马尔可夫随机场的分类模型。采用多组真实的高光谱图像进行实验验证，分析与评价上述模型的有效性和稳定性，最后对基于空间信息后处理的空谱综合分类方法进行总结。

4.3.1　支持向量机分类算法

20 世纪 60 年代，首次提出了支持向量方法，定义起决定作用的样本为支持向量，并开始了对 SVM 的相关研究。90 年代，SVM 获得全面发展，在实际应用中，获得比较满意的效果，成为机器学习领域的标准工具。广义上讲，SVM 是一种二分类模型，其基本定义为特征空间上的间隔最大的线性分类器，通过引入结构风险最小化原则，SVM 的学习策略是样本间隔最大化，从而将分类问题转化为凸二次规划问题的求解。

1. 支持向量机模型

根据数据的可分性，SVM 一般可以分为线性可分形式和线性不可分形式。线性 SVM 是根据一个带有类别标记的训练集合，通过学习一个线性分类面，对训练集合按照类别进行划分(黄昕等，2007)。而在线性不可分的条件下，则需要基于线性 SVM，通过增加软间隔，以及核函数来处理原始数据在线性分类面上分类效果不好或者不可分等情况

(Camps-Valls and Bruzzone, 2005)。

假定一组训练数据为$(\boldsymbol{x}_1,y_1),\cdots,(\boldsymbol{x}_n,y_n)$，其中$\boldsymbol{x}\in\mathbb{R}^d$是训练样本，$y\in\{+1,-1\}$是对应的类别标记(以二分类为例)。分类面的定义是将一个空间按照类别切分为两部分的平面，二维空间中相当于一条直线，三维空间中相当于一个平面，高维空间中则称为超平面。线性分类面函数定义为$f(\boldsymbol{x})=\boldsymbol{w}^{\mathrm{T}}\boldsymbol{x}+b$，其中$\boldsymbol{w}\in\mathbb{R}^d$为系数，$b\in\mathbb{R}^d$定义了偏移量。线性 SVM 要求找到最优分类面，不仅满足将两类训练样本分开，而且分类间隔最大。这两类样本中离分类面最近的点，且平行于分类面的样本定义为支持向量。如图 4.9 所示，两类样本的分类间隔可以表示为$\text{Margin}=2/\|\boldsymbol{w}\|$。因此，最优分类面的求解问题可以表示为约束优化问题：

$$\begin{cases}\arg\min\dfrac{1}{2}\|\boldsymbol{w}\|^2=\dfrac{1}{2}\left(\boldsymbol{w}^{\mathrm{T}}\boldsymbol{w}\right)\\ \text{s.t.}\ \ y_i\left(\boldsymbol{w}^{\mathrm{T}}\boldsymbol{x}_i+b\right)\geqslant 1, i\in[1,n]\end{cases}\tag{4.22}$$

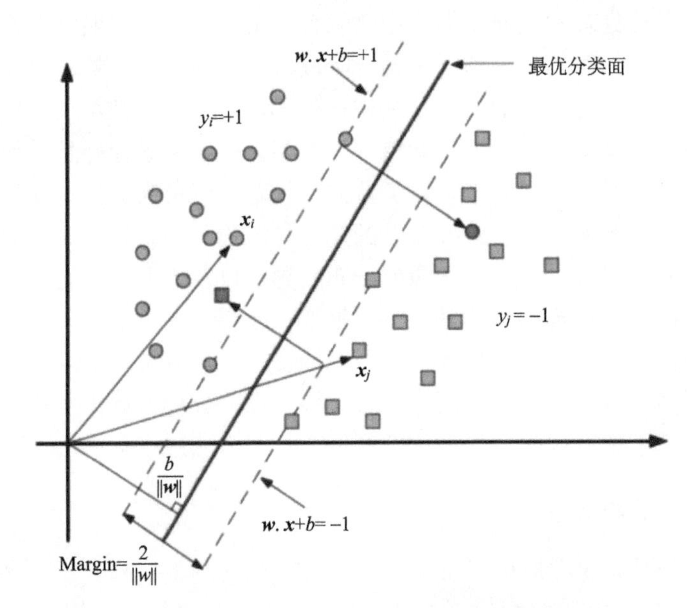

图 4.9　支持向量机(SVM)原理示意

1)线性 SVM

为了求解上述约束优化问题，首先定义拉格朗日(Lagrange)函数：

$$L(\boldsymbol{w},b,\alpha)=\frac{1}{2}\|\boldsymbol{w}\|^2-\sum_{i=1}^{n}\alpha_i\left(y_i\left(\boldsymbol{w}^{\mathrm{T}}\boldsymbol{x}_i+b\right)-1\right)\tag{4.23}$$

再通过引入对偶理论简化约束条件，即 Karush-Kuhn-Tucker 互补条件进行求解，获得系数，代入线性分类面函数得到线性 SVM 的目标函数形式为

$$f(\boldsymbol{x})=\boldsymbol{w}^{\mathrm{T}}\boldsymbol{x}+b=\sum\alpha_i y_i\boldsymbol{x}_i^{\mathrm{T}}\boldsymbol{x}+b=\sum\alpha_i y_i\left(\boldsymbol{x}_i^{\mathrm{T}}\boldsymbol{x}\right)+b \tag{4.24}$$

2) 线性不可分

在处理少量不可分情况时，可以通过增加软间隔的形式来构建最优化问题：

$$\begin{cases}\arg\min\dfrac{1}{2}\|\boldsymbol{w}\|^2+C\sum\limits_{i=1}^{n}\xi_i\\ y_i\left(\boldsymbol{w}^{\mathrm{T}}\boldsymbol{x}_i+b\right)-1+\xi_i\geqslant 0\\ \qquad\xi_i\geqslant 0\end{cases} \tag{4.25}$$

式中，ξ_i 为松弛变量；C 为软间隔参数。将上述问题表示成拉格朗日乘子式：

$$L=\frac{1}{2}\|\boldsymbol{w}\|^2+C\sum_{i=1}^{n}\xi_i+\sum_{i=1}^{n}\alpha_i\left[1-\xi_i-y_i\left(\boldsymbol{w}^{\mathrm{T}}\boldsymbol{x}_i-b\right)\right]-\sum_{i=1}^{n}\pi_i\xi_i \tag{4.26}$$

则可根据式(4.23)，增加相应的约束条件，得到类似式(4.24)的目标函数形式。

在处理大量不可分情况时，则需要构建核函数(Kernel)，将当前特征空间内不可分的原始数据映射到其他维度的特征空间，获得更好的分类性能。对于样本 $\boldsymbol{x}$，定义映射后的样本为 $\varphi(\boldsymbol{x})$，如果存在函数 $\boldsymbol{K}\left(\boldsymbol{x}_i,\boldsymbol{x}_j\right)$，对于 $\boldsymbol{x}$ 中的任意两个样本 $\boldsymbol{x}_i$ 和 $\boldsymbol{x}_j$，满足 $\boldsymbol{K}\left(\boldsymbol{x}_i,\boldsymbol{x}_j\right)=\varphi\left(\boldsymbol{x}_i\right)^{\mathrm{T}}\varphi\left(\boldsymbol{x}_j\right)$，则 $\boldsymbol{K}$ 可以定义为核函数。

一般的核函数类型有：

(1) 线性(linear)核函数：$\boldsymbol{K}\left(\boldsymbol{x}_i,\boldsymbol{x}_j\right)=\boldsymbol{x}_i^{\mathrm{T}}\boldsymbol{x}_j$。

(2) 多项式(polynomial)核函数：$K\left(\boldsymbol{x}_i,\boldsymbol{x}_j\right)=\left(1+\boldsymbol{x}_i^{\mathrm{T}}\boldsymbol{x}_j\right)^p$，$p$ 为多项式阶数。

(3) 高斯径向基(radial basis function, RBF)核函数：$K\left(\boldsymbol{x}_i,\boldsymbol{x}_j\right)=\exp\left(-\dfrac{\left\|\boldsymbol{x}_i-\boldsymbol{x}_j\right\|^2}{2\sigma^2}\right)$。

(4) S 型(sigmoid)核函数：$\boldsymbol{K}\left(\boldsymbol{x}_i,\boldsymbol{x}_j\right)=\tanh\left(v\left(\boldsymbol{x}_i^{\mathrm{T}}\boldsymbol{x}_j\right)+c\right),v>0,c<0$。

根据式(4.23)，基于核函数的 SVM(Kernel SVM)的目标函数可以表示为

$$f(\boldsymbol{x})=\sum\alpha_i y_i K\left(\boldsymbol{x}_i^{\mathrm{T}},\boldsymbol{x}\right)+b=\sum\alpha_i y_i\varphi\left(\boldsymbol{x}_i\right)^{\mathrm{T}}\varphi(\boldsymbol{x})+b \tag{4.27}$$

在实际应用中，可以令 $b=0$ 使得分类面经过坐标系原点，从而简化计算。

2. 基于支持向量机与马尔可夫随机场的高光谱图像分类模型

假定一幅待分类的高光谱图像记为 $\boldsymbol{X}=\left[\boldsymbol{x}_1,\boldsymbol{x}_2,\cdots,\boldsymbol{x}_N\right]$，共计包含 N 个像元，其中 $\boldsymbol{x}_i=\left[x_1,x_2,\ldots x_B\right]$ 表示 $\boldsymbol{X}$ 中的第 i 个像元，图像的总波段数和总类别数分别记为 B、K。根据式(4.34)，MRF 的目标函数可以抽象为两部分：光谱项和空间项。因此，在高光谱图像分类场景中，MRF 的目标函数可以表示为

$$p\left(\boldsymbol{x}_i\right)=a_i(k)+\beta b_i(k) \tag{4.28}$$

式中，$a_i(k)$ 定义为光谱项，表示 $\boldsymbol{x}_i$ 由谱分类器根据光谱特征信息判定其属于类别 k 的概率；$b_i(k)$ 为空间项，表示 $\boldsymbol{x}_i$ 在局部空间特征信息判定中，属于类别 k 的概率(倪丽, 2015)。根据式(4.28)，基于 MRF 的分类过程可以分解成两个独立的步骤：首先是采用合适的谱分类器，处理光谱特征信息，得到初分类结果；再采用后处理的方式，根据空间特征信息，对初分类的结果进行调整和修正，得到整合光谱和空间信息的空谱综合分类结果。根据谱分类器的选择，即 $a_i(k)$ 的不同定义，相继出现了基于 MRF 的不同形式的空谱综合分类模型，例如：

1) 光谱夹角(spectral angle, SA)马尔可夫随机场(SA-MRF)

$$a_i(k) = \arccos \frac{\boldsymbol{x}_i \boldsymbol{m}_k}{|\boldsymbol{x}_i||\boldsymbol{m}_k|} \tag{4.29}$$

2) 欧氏距离马尔可夫随机场(Euclidean-MRF)

$$a_i(k) = (\boldsymbol{x}_i - \boldsymbol{m}_k)^T (\boldsymbol{x}_i - \boldsymbol{m}_k) \tag{4.30}$$

支持向量机-马尔可夫随机场模型(SVM-MRF)是使用 SVM 作为谱分类器进行初分类，再使用 MRF 进行后处理。根据式(4.24)和式(4.27)，采用 Platt's 提出的后验概率改进形式，计算得到基于 SVM 的像元分类的后验概率分布为

$$a_i(k) = -\ln\left(1 + \exp\left[Af(\boldsymbol{x}_i) + B\right]\right) \tag{4.31}$$

式中，A 和 B 为参数，可通过最小化交叉熵误差函数获取。SVM-MRF 的目标函数为

$$p(\boldsymbol{x}_i) = -\ln\left(1 + \exp\left[Af(\boldsymbol{x}_i) + B\right]\right) - \beta \sum_{\partial \boldsymbol{x}} \left[1 - \delta(\omega_{k\boldsymbol{x}}, \omega_{\delta \boldsymbol{x}})\right] \tag{4.32}$$

4.3.2 基于多任务学习的子空间支持向量机与马尔可夫随机场分类算法

在高光谱图像分类的实际应用中，虽然 SVM 取得了一定的效果，但是大量研究工作表明，原始的高光谱图像中包含着大量的波段冗余信息，原始的波段数量对于分类任务而言可能过高，使得其与有限的训练样本之间存在不平衡，并导致出现了 Hughes 现象，即当训练样本数目有限时，分类精度在到达一定极值后，随着波段数目的增加而下降。因此，如何降低原始数据的维度，实现稳定且有效的光谱信息提取与特征化表达，成为解决波段冗余及有限样本条件制约下提高分类精度的关键问题。

1. 子空间投影算法

子空间投影技术(subspace projection)是处理光谱特征信息的一种非常有效的统计模式分类算法(Settle, 1996)。子空间投影算法的基本假设是每一类别的高维样本可以近似存在于一个低维的子空间中。子空间投影算法的基本原理是每一类别可以由一组基向量张成的子空间表示，当新样本进入时，其到类别子空间的距离将成为分类判据。如图 4.10 所示，在应用子空间投影算法于高光谱图像中时，该算法首先选择各类别的光谱端元，即已知类别标签的训练样本，构造依类别的子空间。再将原始的高光谱图像投影至张成的子空间上，从而可以有效地降低数据的维度，避免 Hughes 现象的影响

（Khodadadzadeh et al., 2015）。

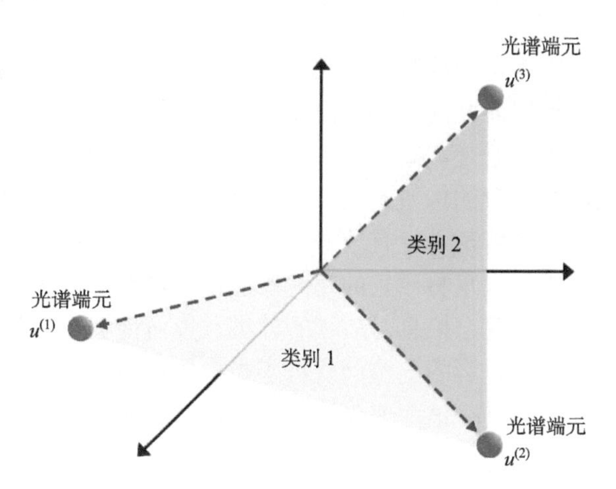

图 4.10　子空间投影算法原理示意

具体来说，子空间投影算法首先是基于线性混合模型（Chang et al., 1998），推广示按照基向量投影到子空间的过程：

$$\boldsymbol{x}_i = \sum_{k=1}^{K} \boldsymbol{U}^{(k)} \boldsymbol{z}_i^{(k)} + \boldsymbol{n}_i \tag{4.33}$$

式中，$\boldsymbol{U}^{(k)} = \{u_1^{(k)}, \cdots, u_{r^{(k)}}^{(k)}\}$ 为一组 $r^{(k)}$ 维的类别 $k \in [1, K]$ 的子空间正交基向量组；$\boldsymbol{z}_i^{(k)}$ 为像元 $\boldsymbol{x}_i$ 在基 $\boldsymbol{U}^{(k)}$ 下的坐标；$\boldsymbol{n}_i$ 为噪声。为了得到合适的基底 $\boldsymbol{U}^{(k)}$，令 $\boldsymbol{R}^{(k)} = \mathrm{E}\{\boldsymbol{x}_{l^{(k)}}^{(k)} \boldsymbol{x}_{l^{(k)}}^{(k)\mathrm{T}}\}$ 表示类别 k 的自相关矩阵，其中 $x_{l^{(k)}}^{(k)}$ 为类别 k 中的 $l^{(k)}$ 个标记样本，根据 $\boldsymbol{R}^{(k)} = \boldsymbol{E}^{(k)} \boldsymbol{\Lambda}^{(k)} \boldsymbol{E}^{(k)\mathrm{T}}$ 的特征表示形式，可以计算得到它的特征值矩阵 $\boldsymbol{\Lambda} = \mathrm{diag}\left(\lambda_1^{(k)}, \cdots, \lambda_B^{(k)}\right)$，以及特征向量矩阵 $\boldsymbol{\Lambda} = \mathrm{diag}\left(\lambda_1^{(k)}, \cdots, \lambda_B^{(k)}\right)$。通过定义参数 τ 来控制原始信息量的保留比例：

$$r^{(k)} = \min\left\{ r^{(k)} : \sum_{i=1}^{r^{(k)}} \lambda_i^{(k)} \geqslant \sum_{i=1}^{d} \lambda_i^{(k)} \times \tau \right\} \tag{4.34}$$

从而得到 $\boldsymbol{U}^{(k)} = \left\{e_1^{(k)}, \cdots, e_{r^{(k)}}^{(k)}\right\}$，其中 $r^{(k)} < B$。因此变换后的像元 $\boldsymbol{x}_i$ 可以表示为

$$\varphi(\boldsymbol{x}_i) = \left[\|\boldsymbol{x}_i\|^2, \left\|\boldsymbol{x}_i^{\mathrm{T}} \boldsymbol{U}^{(1)}\right\|^2, \cdots, \left\|\boldsymbol{x}_i^{\mathrm{T}} \boldsymbol{U}^{(k)}\right\|^2 \right]^{\mathrm{T}} \tag{4.35}$$

通过式(4.35)可以看出，投影的像元 $\varphi(\boldsymbol{x}_i)$ 的维度是 $(K+1)$ 维的，与原始图像的波段数目以及训练样本个数均无关，从而可以极大程度上避免了 Hughes 现象所带来的影响。根据式(4.36)，可以将子空间投影算法推广值原始图像 $\boldsymbol{X}$ 上的每一个像元。因此投影的图像可以表示为

$$\varphi(\boldsymbol{X}) = \left[\varphi(\boldsymbol{x}_1), \cdots, \varphi(\boldsymbol{x}_N) \right] \tag{4.36}$$

2. 基于子空间支持向量机与马尔可夫随机场分类模型

高光谱图像像元的光谱特征维数高，线性 SVM 显然无法满足高光谱图像分类任务的需求，这种情况下，根据前文的介绍，需要考虑引入核函数来处理大量的线性不可分数据。与处理其他数据不同的是，高光谱图像的波段众多，波段间相关性高，且存在大量的冗余信息，因此，核函数的构造不仅需要将原始数据映射至其他维度的空间，同时还需要对高光谱图像的光谱特征进行有效的去冗余以及特征化表示。基于这种条件下，子空间投影算法可以有效地满足将原始的高光谱图像投影至低维子空间，同时保证数据的可分性，降低原始数据的冗余信息对后续的分类过程可能造成的影响。

综上所述，基于子空间投影的支持向量机分类模型(subspace-based SVM, SVMsub)的主要核心是首先对原始的高光谱图像采用子空间投影技术，将其投影至依类别张成的低维子空间，从投影后的图像中，选择新的训练样本以及测试样本输入至 SVM 中进行训练和测试，并执行后续的分类(Gao et al., 2015)。根据式(4.27)和式(4.36)，对于像元 $\boldsymbol{x}_i$，SVMsub 的判别方程可以表示为

$$y_i = \operatorname{sgn}\left(\sum_{j=1}^{n} y_j \alpha_j \left(\varphi\left(\boldsymbol{x}_j\right)^{\mathrm{T}} \cdot \varphi\left(\boldsymbol{x}_i\right)\right) + b\right) \tag{4.37}$$

SVMsub 是在 SVM 模型的基础上，采用子空间投影算法，在光谱特征空间中进行去除信息冗余和特征提取等处理。根据前文的介绍，可以将 SVMsub 的分类结果作为初分类结果，加入局部空间特征信息，采用空间信息后处理方式，对 SVMsub 的初分类结果进行调整和修正。因此，本小节介绍了基于子空间支持向量机与马尔可夫随机场分类模型(SVMsub-MRF)，将 SVMsub 模型与 MRF 模型进行整合，得到的 SVMsub-MRF 模型不仅有效地解决波段冗余和有限样本制约问题，而且利用图像像元间的局部空间相关性对分类结果做了进一步提升，实现了高光谱图像的空谱综合分类新方法。根据式(4.32)和式(4.37)，对于像元 $\boldsymbol{x}_i$，SVMsub-MRF 的判别方程可以表示为

$$p\left(\boldsymbol{x}_i\right) = -\ln\left(1 + \exp\left[Af\left(\varphi\left(\boldsymbol{x}_i\right)\right) + B\right]\right) - \beta \sum_{\partial i}\left[1 - \delta\left(\omega_{ki}, \omega_{\theta i}\right)\right] \tag{4.38}$$

3. 基于多任务学习的子空间支持向量机与马尔可夫随机场分类模型

受传感器设计等因素限制，高光谱图像的空间分辨率相较于光谱分辨率相对较低，由此导致图像中存在掺杂多种光谱的像元，也被称为混合像元(Zhang et al., 2000)。混合像元的存在使得在某些既定的类别中，仍然存在某些光谱特征的集合(Zhong et al., 2014)。在建立子空间的过程中，训练样本的选择会对投影的效果产生一定的影响，在单次样本选择框架下，由混合像元组成的样本数据会导致较差的投影及分类效果(Chen et al., 2014;Jia et al., 2017)。

多任务学习框架(multitask learning framework)是在单线程处理模型的基础上，发展的一种多线程学习模型，通过并行处理和决策融合，多任务学习框架可以有效地提升单线程处理模型的鲁棒性和稳定性(Du et al., 2018)。因此，本小节在子空间投影算法的基

础上，引入多任务学习框架，介绍了基于子空间投影的多任务学习分类模型(subspace-based multitask learning framework, SML)。如图 4.11 所示，该方法首先通过多次随机选择不同的训练样本，分别构造多个子空间，并搭建对应的多线程处理分支。在每个处理分支中，首先采用子空间投影算法，将原始的高光谱图像$\boldsymbol{X}$投影至该分支的低维子空间中，投影的结果记为$\varphi\left(\boldsymbol{X}\right)^{(\mathrm{t})}$，其中$t\in[1,T]$表示对应的第 t 次样本选择；接下来分别采用 SVM 和 MRF 模型对各个分支中的投影结果$\varphi\left(\boldsymbol{X}\right)^{(\mathrm{t})}$进行分类，获取分类图像；最后采用决策融合的方式，对各分支获取的分类图像，基于主投票法判定其最终的类别结果。基于多任务学习的子空间支持向量机与马尔可夫随机场分类模型($\mathrm{SML}_{\mathrm{SVM\text{-}MRF}}$)可以有效地提升空谱综合分类的鲁棒性和稳定性，其判定方程可以表示为

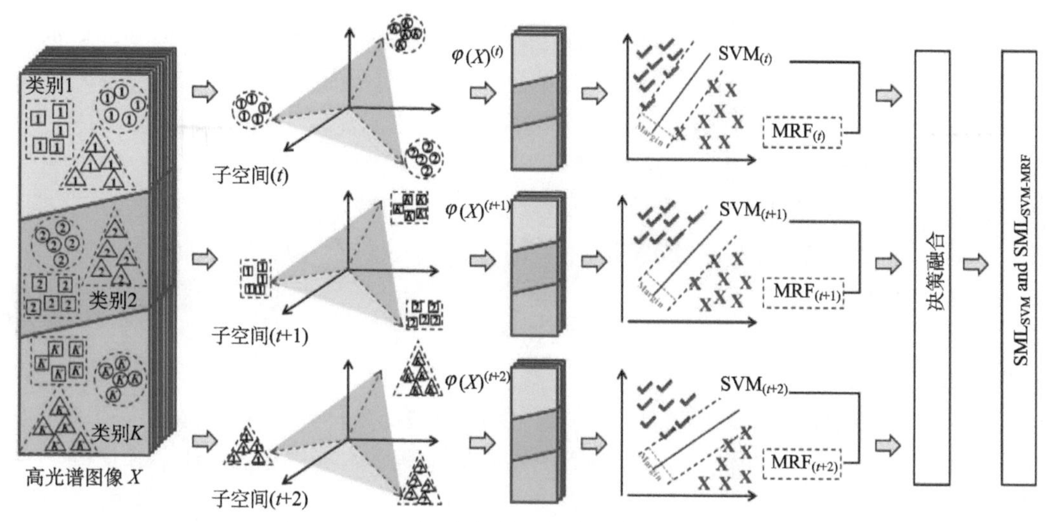

图 4.11　基于子空间投影的多任务学习分类模型

$$y_i=\arg\max_{k}\sum_{t=1}^{\mathrm{T}}\xi\left(y_i^t,k\right)\tag{4.39}$$

式中，y_i^t 为在第 t 分支中，像元 $\boldsymbol{x}_i$ 的标记结果。$\xi\left(y_i^t,k\right)$定义了一个指示函数，当y_i^t与类别标记 k 相同时，该函数等于 1，否则该函数值等于 0。

> $\mathrm{SML}_{\mathrm{SVM\text{-}MRF}}$ 算法流程
>
> **输入**：高光谱图像$\boldsymbol{X}=\left\{\boldsymbol{x}_i\right\}_{i=1}^{N}$，子空间总数$T$，信息量保留参数$\tau$，以及空间项权重系数$\beta$
>
> 步骤 1，随机选取 T 次训练样本，根据式(4.33)和式(4.34)分别构建 T 个子空间
>
> 步骤 2，根据式(4.35)和式(4.36)，将$\boldsymbol{X}$分别投影至步骤 1 所构建的T个子空间中，并将投影后的图像记为$\left\{\varphi^1(\boldsymbol{X}),\varphi^2(\boldsymbol{X}),\cdots,\varphi^{\mathrm{T}}(\boldsymbol{X})\right\}$
>
> 步骤 3，将步骤 2 所获得的投影后的图像，分别输入 SVM 进行分类，根据式(4.37)，计算得到分类后的结果

步骤 4，对步骤 3 所获得的初分类结果，根据式(4.38)，使用 MRF 计算得到各分支的分类结果集合，记为 $Y=\{y^1,y^2,\cdots,y^{\mathrm{T}}\}$

步骤 5，对步骤 4 所得到的各分支结果集合，采用主投票法，根据式(4.39)，判定图像各个位置的像元类别

输出：分类标记结果 Y

4.3.3 基于子空间支持向量机与自适应马尔可夫随机场分类算法

1. 自适应马尔可夫随机场模型

在高光谱图像分类场景下，MRF 的目标函数可以抽象为光谱项和空间项，根据式(4.28)，光谱项是通过选择合适的谱分类器获取待分类像元属于各个类别的概率，空间项则是通过引入 Kroneker 函数来计算待分类像元在其空间测度中属于不同类别的概率。空间项对于光谱项的纠正是通过权重系数常数 β 来进行调节。在传统的 MRF 中，β 通常被设定为一个常数，意味着无论当前待分类像元的局部邻域是否具有较好的空间一致性，空间项都会对光谱项贡献相同强度的纠正，这对于以下两种不同空间分布情况，在分类结果上会产生很大的区别。

如图 4.14(a)所示，假设待分类像元的真实类别为 k，且位于一个相对平坦分布的局部空间邻域，同质性较高，假设该区域内存在空间噪声或者谱分类器因为同物异谱(相同地物所包含的光谱不同)等原因产生了错分，如图 4.12(a)所示为(k+1)，MRF 的空间项在常规的权重系数 β 的平衡下，会在正确类别的后验概率中提供足够的纠正和调整，并得到正确的分类结果。

如图 4.13(b)所示，假设某邻域中心待分类像元的类别为 k，位于两种类别的边界或者地物分布较为复杂的区域，假设通过光谱特征的判断对于当前待分类像元得到了正确的类别判定，却因为邻域内不同类别的像元提供的空间信息以及不变的权重系数，导致空间项依然提供了高强度的纠正，并最终可能调整至了错误的类别。因此在实际应用中，如何有效地避免过纠正，合理的根据地物分布调整空间项的权重系数，成为提升 MRF 分类精度的关键因素(Ni et al., 2014)。

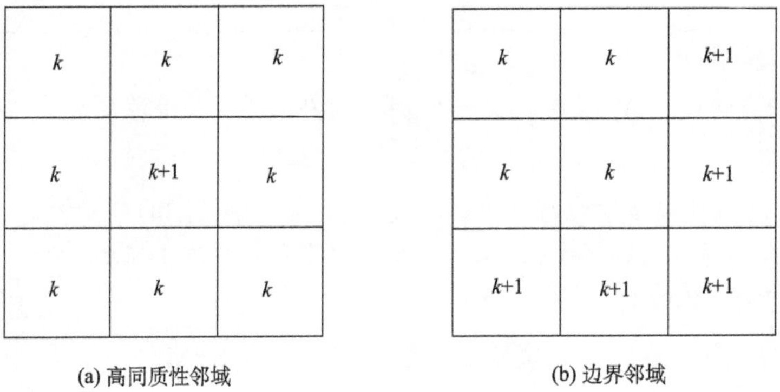

k	k	k
k	k+1	k
k	k	k

(a) 高同质性邻域

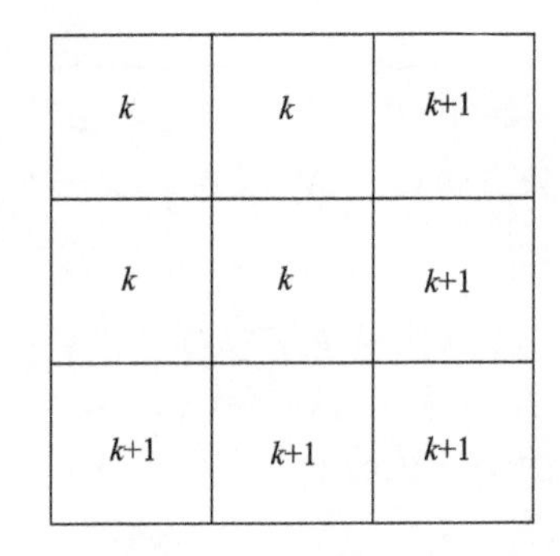

(b) 边界邻域

图 4.12　权重示意图

为了使得处于同质性区域的内部以及地物边界的不同像元在使用 MRF 进行判定时，可以获得不同的纠正强度，从而避免过纠正问题，本小节引入相对同质性指数(relative homogeneity index, RHI)(李山山, 2011)。RHI 的定义如下：

$$\mathrm{RHI}_i=\frac{\mathrm{var}_k}{\mathrm{var}_i} \tag{4.40}$$

式中，var_k 为 $\boldsymbol{x}_i$ 的邻域决策类方差，根据光谱项初分类的结果，计算其中 $\boldsymbol{x}_i$ 邻域内个数最多的像元类别的方差获得，代表该类别的平均离散度。var_i 为像元 $\boldsymbol{x}_i$ 的局部方差，通过计算邻域内所有像元的方差获得，代表该邻域的局部离散度。当 RHI 的值较大时，说明该像元可能处于同质性区域内部；当 RHI 的值较小时，说明该像元所处的局部区域同质性较差，位于地物边界的可能性较高。

基于 RHI 的性质，可以对 MRF 中的空间项权重系数 β 采取自适应性处理，当待分类像元处于同质性区域内部时，对应图 4.12(a)的情形，其空间项应该分配正常的权重系数，进而在出现空间噪声或者光谱项错分的情况下，可以提供足够的纠正强度；当待分类像元处于地物边界时，对应图 4.12(b)的情形，则需要尽可能地减小空间项的纠正强度，避免出现过纠正问题，应该分配一个较小的权重系数(Zhang et al., 2011)。因此，结合 RHI，对于像元 $\boldsymbol{x}_i$ 的自适应性的权重系数为

$$\beta_i=\beta_0\mathrm{RHI}_i=\beta_0\frac{\mathrm{var}_k}{\mathrm{var}_i} \tag{4.41}$$

其中，β_0 为初始定义的权重系数常数。

2. 基于子空间支持向量机与自适应马尔可夫随机场分类模型

基于 RHI 定义的自适应性权重系数，MRF 可以扩展为自适应 MRF(adaptive MRF, aMRF)，如前文所述，自适应 MRF 的空间项权重系数基于各个像元的 RHI 可以进行自适应性调整，从而可以有效地去除同质性区域内的噪声，纠正谱分类器的错分，并且可以较好地保持图像的边缘细节。因此自适应 MRF 的判定方程可以抽象表达为

$$p(\boldsymbol{x}_i)=a_i(k)+\beta_i b_i(k) \tag{4.42}$$

综上所述，本小节介绍了基于子空间支持向量机与自适应马尔可夫随机场的高光谱图像分类模型(SVMsub-aMRF)。该模型首先通过 SVMsub 计算得到光谱项的初分类结果，再与 MRF 进行整合，加入局部空间特征信息，采用自适应性权重系数调整空间项对光谱项的纠正强度，得到最终的分类结果。SVMsub-aMRF 集成了子空间投影算法和自适应权重系数各自在处理光谱信息和空间信息的优点，不仅可以有效的解决有限样本条件下的信息冗余问题，提供良好的特征化表达，同时更加合理地根据地物的分布使用局部空间信息，避免了过纠正等问题，实现了高光谱图像的空谱综合分类新方法。根据式(4.38)和式(4.41)，本小节所介绍的 SVMsub-aMRF 的判别方程可以表示为

$$p(\boldsymbol{x}_i)=-\ln\Big(1+\exp\big[Af\big(\varphi(\boldsymbol{x}_i)\big)+B\big]\Big)-\beta_i\sum_{\partial i}\big[1-\delta(\omega_i,\omega_{\delta i})\big] \tag{4.43}$$

SVMsub-aMRF 算法流程

输入： 高光谱图像 $\boldsymbol{X}=\{\boldsymbol{x}_i\}_{i=1}^{N}$，信息量保留参数 τ，以及初始权重系数 β_0

步骤 1，在 $\boldsymbol{X}$ 中随机选取训练样本，根据式(4.30)～式(4.33)，构建子空间，并将 $\boldsymbol{X}$ 投影至该子空间上，记投影后的图像为 $\varphi(\boldsymbol{X})$

步骤 2，将步骤 1 所获得的投影后的图像，采用 SVMsub 进行分类，根据式(4.37)，计算得到分类后的结果

步骤 3，根据步骤 2 所获得的初分类结果，根据式(4.40)和式(4.41)，计算 $\boldsymbol{X}$ 中各像元的同质性指数 RHI 和自适应权重 β_i

步骤 4，在步骤 2 得到的分类结果基础上，根据式(4.38)得到的自适应性权重 β_i。根据式(4.43)，采用自适应 MRF 进行分类

输出： 分类标记结果 Y

4.3.4 实验内容及结果分析

1. 实验数据及参数设定

本节实验主要采用 AVIRIS Inidan Pines、ROSIS University of Pavia 和 AVIRIS Salinas 三组真实的高光谱图像数据集，对本节所介绍的的 SVMsub-MRF 模型、$\text{SML}_{\text{SVM-MRF}}$ 模型以及 SVMsub-aMRF 模型进行了实验验证。在对比分析方面，实验加入了 SVM 模型、MLRsub 模型、SVMsub 模型、SVM-MRF 模型、MLRsub-MRF 模型、基于 SVMsub 的多任务学习分类模型(SML_{SVM})以及基于 MLRsub 的多任务学习分类模型(SML_{MLR})作为对照组，全面分析和评价所改进后算法的有效性和稳定性。

在主要参数设置方面，子空间投影算法中的信息量保留参数根据参考文献(Gao et al., 2015)，将其设置为 $\tau=99\%$。MRF 中的初始空间项权重系数依据文献(Li et al., 2012)，将其设置为 $\beta=2$。$\text{SML}_{\text{SVM-MRF}}$ 模型中的子空间总数 T 的设定，在实验中进行了测试，根据图 4.13 所展示的测试结果，针对 Indian Pines 数据集、University of Pavia 数据集以

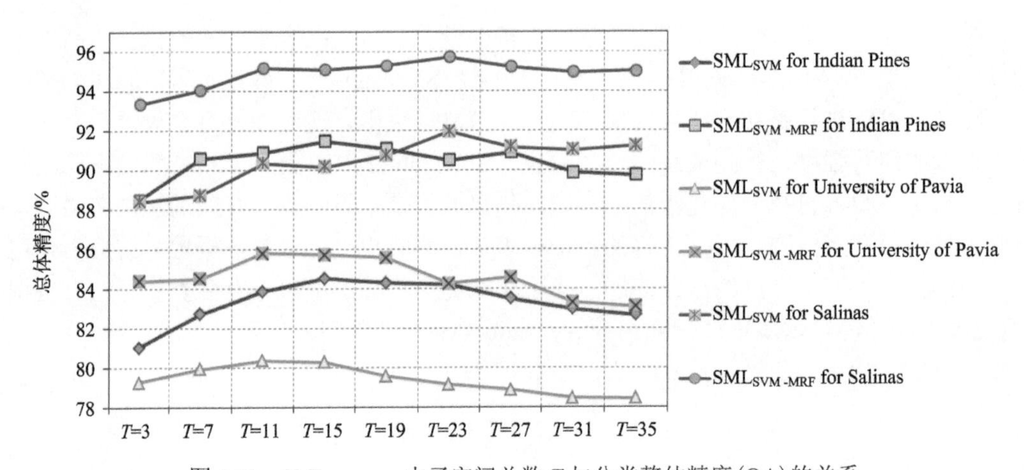

图 4.13 $\text{SML}_{\text{SVM-MRF}}$ 中子空间总数 T 与分类整体精度(OA)的关系

及 Salinsa 数据集分别设定 T=15、T=11 以及 T=23。这部分实验所引入的其他相关对比模型算法的参数设置均参照相应的文献中的经验值进行设定。

实验结果的评价标准，主要采用整体精度(overall accuracy, OA)，即模型在所有测试集上预测正确的样本数量与总体数量之间的比值，以及类别精度(class-specific accuracy, CA)，即模型在测试集的某种类别上预测正确的样本数量与该类样本数量之间的比值，两种指标来进行评价。

2. 实验结果分析

对本小节第一组实验的 3 个数据集分别从每种类别随机选取 30 个样本，总计分别为 480 个样本、270 个样本和 480 个样本，占各自数据集总样本数量的 4.63%、0.63%和 0.89%，其余的样本则作为测试集。表 4.7～表 4.9 分别展示了不同算法应用在三个数据集上时，得到的分类整体精度和类别精度。图 4.14～图 4.16 分别展示了对应获取的分类图像。从这些结果中，可以总结出以下结论。

(1) 相比于 SVM，MLRsub 和 SVMsub 都取得了更好的分类结果，而且 SVMsub 的分类精度整体高于 MLRsub，说明了子空间投影算法对于解决有限样本条件下波段冗余的有效性，同时证明其与 SVM 的结合对分类效果带来的提升，这一点也在 SVMsub-MRF 和 $\text{SML}_{\text{SVM-MRF}}$ 的分类效果优于 SVM-MRF 和 SML_{SVM} 中同样得到证明。

(2) 相比于 SVM、MLRsub 和 SVMsub，它们与 MRF 结合后均实现了分类精度的提升，并且得到了较为均质的分类图像。首先证明了空间信息的加入确实可以在使用光谱信息分类的基础上进一步提升分类效果。SVMsub-aMRF 的分类结果优于 MLRsub-MRF 和 SVMsub-MRF，证明了自适应 MRF 对于局部空间特征信息使用的合理性，以及其与 SVMsub 相结合的有效性。

(3) 相较于 SVM，MLRsub、SVMsub 以及 SVMsub-MRF，SML_{SVM}、SML_{MLR} 和 $\text{SML}_{\text{SVM-MRF}}$ 无论是在分类整体精度上均取得了更好的结果，并且在各类别精度上也整体优于单线程算法。证明了多任务学习框架解决子空间投影对于样本选择的不稳定性以及提高模型整体分类效果的能力。

在本小节的第二组实验中对 3 个数据集分别选用了不同数量的训练样本来对改进后算法以及其他对比算法进行测试。训练集的大小从每类 10 个训练样本开始，增加到每类 50 个训练样本。表 4.10～表 4.12 分别展示了不同算法使用三个数据集进行分类所得到的结果，从中可以得出以下结论：

(1) 分类的整体精度随着训练样本个数的增加而增加，两者成正相关关系，这种变化趋势在训练样本个数较少时，较为明显。

(2) 在仅适用光谱信息的分类模型中，子空间投影算法确实可以提升分类的效果，其与支持向量机等模型的结合，可以有效地解决有限样本条件下的信息冗余，带来更好的特征化表示结果。在空谱综合分类模型中，MRF、aMRF 与 SVMsub 结合是稳定且有效的，自适应性权重系数的引入可以更加合理的处理和使用局部空间特征信息，带来更好的分类结果。

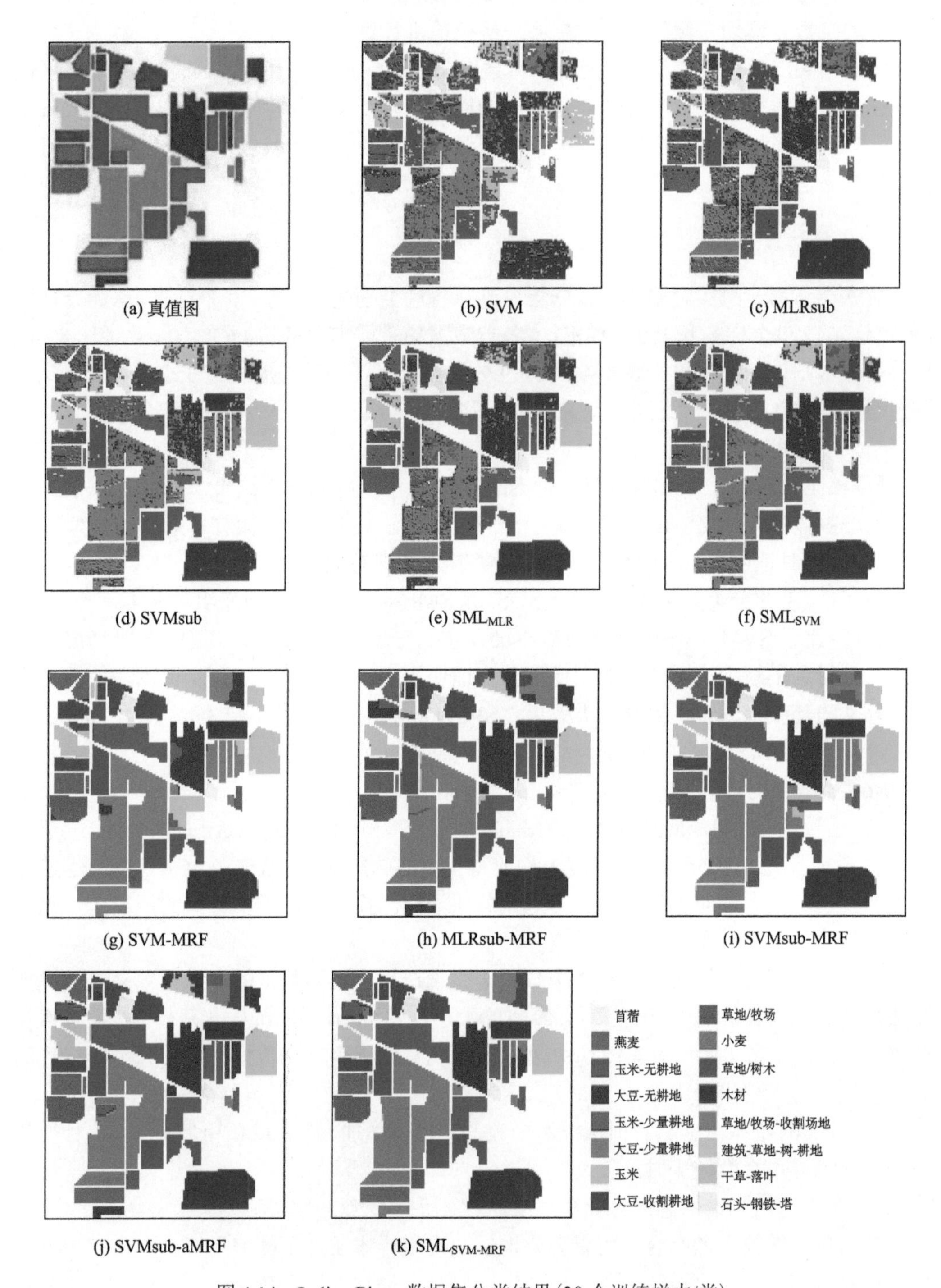

(a) 真值图　(b) SVM　(c) MLRsub

(d) SVMsub　(e) SML_{MLR}　(f) SML_{SVM}

(g) SVM-MRF　(h) MLRsub-MRF　(i) SVMsub-MRF

(j) SVMsub-aMRF　(k) $SML_{SVM\text{-}MRF}$

图 4.14　Indian Pines 数据集分类结果(30 个训练样本/类)

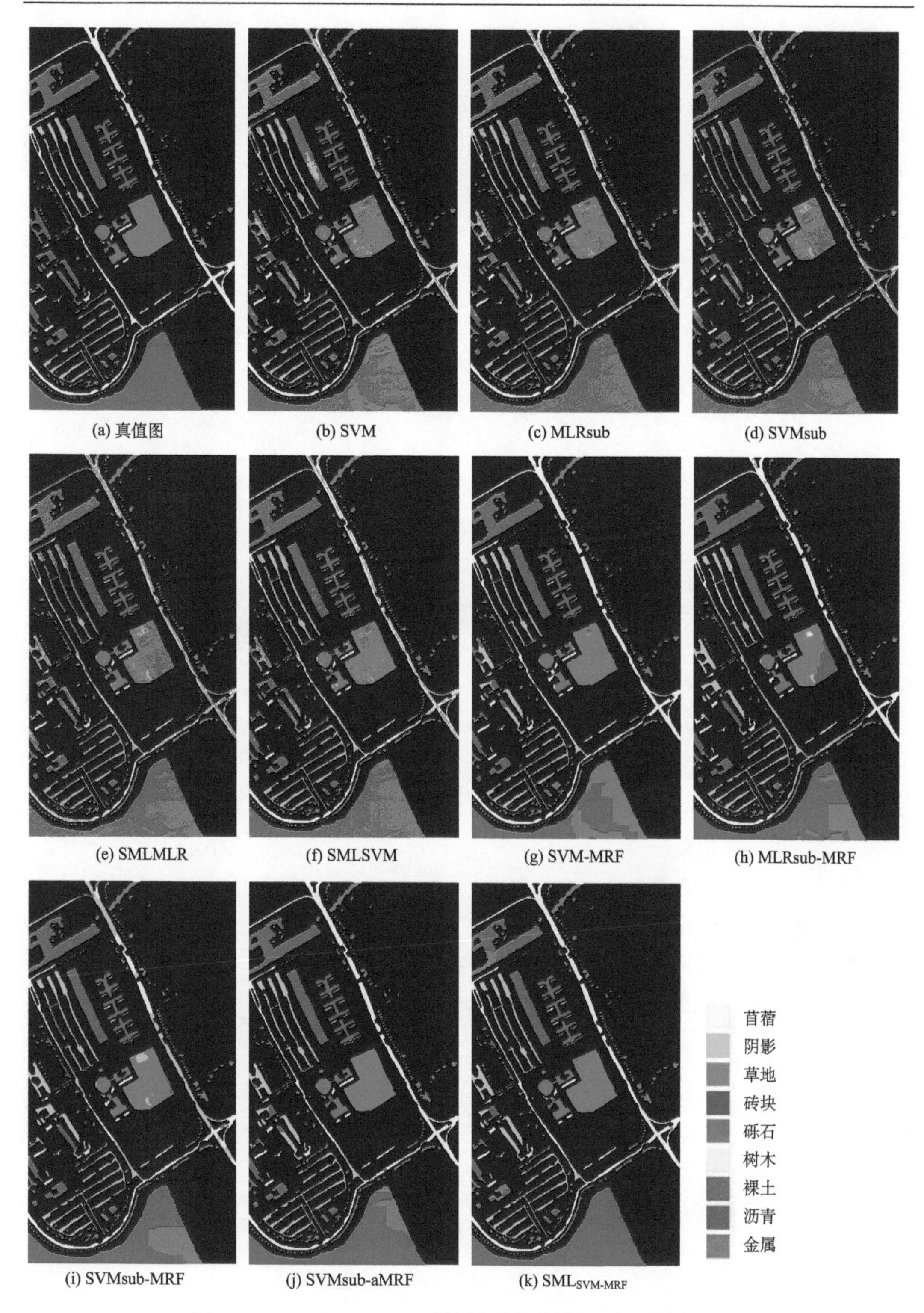

图 4.15　University of Pavia 数据集分类结果(30 个训练样本/类)

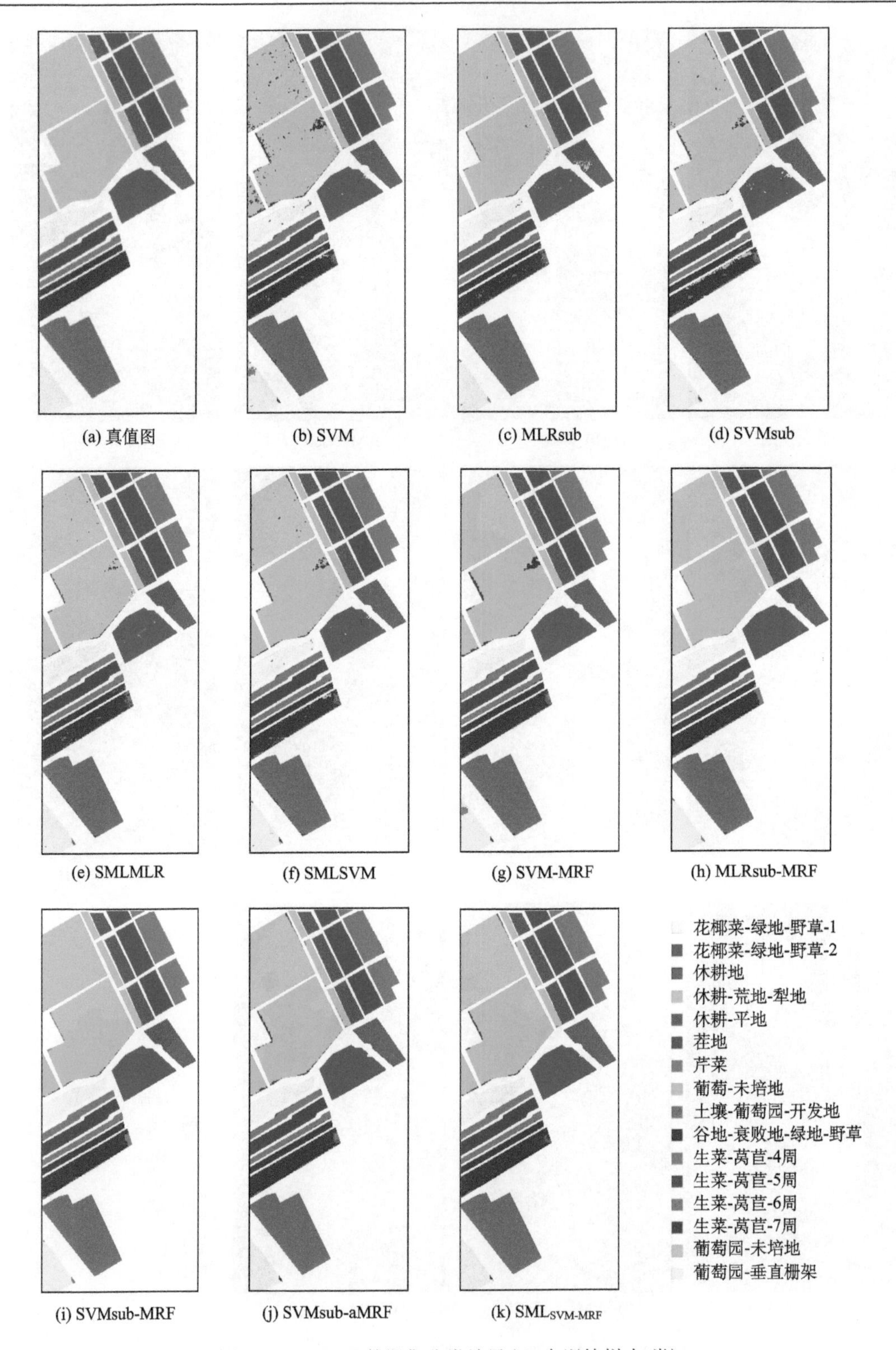

图 4.16　Salinas 数据集分类结果(30 个训练样本/类)

表 4.7　**AVIRIS Indian Pines 数据集分类整体精度及类别精度(30 个训练样本/类)**(单位：%)

类别	SVM	MLRsub	SVMsub	SML_{MLR}	SML_{SVM}	SVM-MRF	MLRsub-MRF	SVMsub-MRF	SVMsub-aMRF	$SML_{SVM\text{-}MRF}$
1	78.63	87.30	86.42	100.00	100.00	93.55	98.25	96.10	100.00	100.00
2	38.50	59.49	59.66	79.33	77.12	51.81	82.92	76.59	88.64	88.03
3	45.00	60.11	57.12	81.46	75.53	66.24	87.31	76.06	89.62	90.01
4	72.56	75.98	78.26	96.17	97.55	99.64	98.19	99.06	99.52	100.00
5	76.15	84.32	89.92	92.57	93.52	90.08	91.45	91.56	94.27	95.90
6	76.32	92.54	92.79	96.67	95.81	97.15	98.32	98.69	99.58	100.00
7	84.12	90.91	87.34	100.00	100.00	98.01	98.31	98.76	100.00	100.00
8	82.04	96.79	95.58	97.41	98.03	97.38	99.49	99.40	99.78	99.34
9	60.75	95.40	86.06	100.00	100.00	87.38	98.80	37.10	100.00	90.00
10	55.39	65.71	60.33	84.61	76.39	74.62	89.56	77.65	96.92	78.97
11	53.61	51.03	61.46	56.36	78.23	85.01	80.84	83.70	80.39	90.31
12	49.56	72.51	77.02	89.13	91.92	90.03	92.46	95.06	97.79	98.11
13	92.22	99.64	99.20	99.46	99.45	98.84	99.90	99.50	100.00	100.00
14	76.89	95.40	89.31	98.34	96.43	89.75	99.66	88.08	99.84	90.09
15	48.17	34.50	66.76	38.98	73.93	95.16	55.88	97.17	55.08	100.00
16	93.94	92.21	90.06	97.14	92.31	97.12	99.04	97.66	100.00	96.92
OA	58.96	69.22	71.92	79.60	84.54	81.43	88.22	86.08	90.40	91.50

表 4.8　**ROSIS University of Pavia 数据集分类整体精度及类别精度(30 个训练样本/类)**(单位：%)

类别	SVM	MLRsub	SVMsub	SML_{MLR}	SML_{SVM}	SVM-MRF	MLRsub-MRF	SVMsub-MRF	SVMsub-aMRF	$SML_{SVM\text{-}MRF}$
1	78.63	87.30	86.42	100.00	100.00	93.55	98.25	96.10	100.00	100.00
2	38.50	59.49	59.66	79.33	77.12	51.81	82.92	76.59	88.64	88.03
3	45.00	60.11	57.12	81.46	75.53	66.24	87.31	76.06	89.62	90.01
4	72.56	75.98	78.26	96.17	97.55	99.64	98.19	99.06	99.52	100.00
5	76.15	84.32	89.92	92.57	93.52	90.08	91.45	91.56	94.27	95.90
6	76.32	92.54	92.79	96.67	95.81	97.15	98.32	98.69	99.58	100.00
7	84.12	90.91	87.34	100.00	100.00	98.01	98.31	98.76	100.00	100.00
8	82.04	96.79	95.58	97.41	98.03	97.38	99.49	99.40	99.78	99.34
9	60.75	95.40	86.06	100.00	100.00	87.38	98.80	37.10	100.00	90.00
10	55.39	65.71	60.33	84.61	76.39	74.62	89.56	77.65	96.92	78.97
11	53.61	51.03	61.46	56.36	78.23	85.01	80.84	83.70	80.39	90.31
12	49.56	72.51	77.02	89.13	91.92	90.03	92.46	95.06	97.79	98.11
13	92.22	99.64	99.20	99.46	99.45	98.84	99.90	99.50	100.00	100.00
14	76.89	95.40	89.31	98.34	96.43	89.75	99.66	88.08	99.84	90.09
15	48.17	34.50	66.76	38.98	73.93	95.16	55.88	97.17	55.08	100.00
16	93.94	92.21	90.06	97.14	92.31	97.12	99.04	97.66	100.00	96.92
OA	58.96	69.22	71.92	79.60	84.54	81.43	88.22	86.08	90.40	91.50

表 4.9　AVIRIS Salinas 数据集分类整体精度及类别精度(30 个训练样本/类)(单位：%)

类别	SVM	MLRsub	SVMsub	SML_{MLR}	SML_{SVM}	SVM-MRF	MLRsub-MRF	SVMsub-MRF	SVMsub-aMRF	$SML_{SVM-MRF}$
1	98.32	99.54	98.92	100.00	99.39	99.75	100.00	100.00	99.88	100.00
2	98.09	98.51	98.18	98.73	99.19	99.50	99.80	99.89	99.61	99.76
3	98.00	43.85	98.02	46.76	99.49	99.68	46.10	46.09	99.85	99.95
4	98.67	98.91	98.70	99.19	98.90	99.02	98.10	99.71	98.72	98.90
5	97.33	98.96	97.66	98.94	97.70	98.63	99.15	99.28	98.79	98.87
6	99.14	99.62	98.10	99.77	98.73	99.89	99.89	99.92	99.75	99.92
7	99.28	99.77	99.37	99.83	99.41	99.64	99.87	99.89	99.79	99.80
8	66.34	59.97	71.76	53.01	85.26	85.37	67.27	67.58	87.37	92.18
9	97.88	98.67	97.90	99.19	98.32	98.72	99.93	100.00	99.34	100.00
10	89.87	88.18	86.40	91.32	89.35	95.66	93.45	94.52	94.97	96.83
11	96.55	93.29	97.67	94.70	98.17	98.41	100.00	100.00	98.31	98.84
12	98.93	99.35	99.83	100.00	100.00	100.00	100.00	100.00	99.99	100.00
13	97.45	99.49	99.03	99.21	99.32	98.32	99.57	99.21	99.16	99.32
14	93.86	94.00	93.80	95.48	95.38	97.40	97.67	97.79	97.78	98.85
15	66.95	68.84	68.47	88.78	74.00	82.99	92.00	99.38	80.10	83.71
16	97.36	97.88	97.06	98.42	97.75	98.59	98.20	98.59	98.87	99.10
OA	86.74	83.91	87.91	85.65	91.98	93.89	89.47	90.67	94.00	95.77

表 4.10　AVIRIS Indian Pines 数据集使用不同数量训练样本的分类整体精度　(单位：%)

样本数(类)	SVM	MLRsub	SVMsub	SML_{MLR}	SML_{SVM}	SVM-MRF	MLRsub-MRF	SVMsub-MRF	SVMsub-aMRF	$SML_{SVM-MRF}$
160(10)	40.80	60.97	61.84	71.49	75.25	53.27	72.48	73.46	80.94	84.94
240(15)	45.82	64.13	66.10	73.66	77.49	66.81	78.10	78.37	81.22	84.98
320(20)	53.85	66.54	68.63	75.92	81.53	76.51	82.76	81.90	85.55	88.49
400(25)	55.76	67.23	69.84	77.95	81.73	78.28	84.87	83.72	88.02	89.40
480(30)	58.96	69.22	71.92	79.60	84.54	81.43	88.22	86.08	90.40	91.50
560(35)	60.98	70.03	72.88	82.84	86.42	83.01	89.53	87.65	90.99	92.00
640(40)	62.05	70.98	73.91	84.14	87.21	83.99	90.96	88.91	91.31	92.70
720(45)	63.42	71.41	74.80	85.81	87.74	84.57	92.44	89.96	92.07	93.91
810(50)	64.50	71.62	74.63	87.20	88.91	86.02	92.49	89.81	93.56	94.76

表 4.11　ROSIS University of Pavia 数据集使用不同数量训练样本的分类整体精度(单位：%)

样本数(类)	SVM	MLRsub	SVMsub	SML_{MLR}	SML_{SVM}	SVM-MRF	MLRsub-MRF	SVMsub-MRF	SVMsub-aMRF	$SML_{SVM-MRF}$
90(10)	65.55	61.26	65.59	65.11	73.91	73.79	75.83	77.15	77.17	79.10
135(15)	67.39	63.79	69.54	67.63	76.84	78.04	77.10	78.17	77.65	80.27
180(20)	70.48	63.63	71.62	69.50	75.47	79.17	80.06	79.19	80.49	82.76
225(25)	70.07	65.30	75.16	71.56	79.72	80.45	81.46	84.09	82.72	84.89
270(30)	72.23	66.87	75.01	72.14	80.37	82.12	83.74	83.59	84.97	85.82

续表

样本数(类)	SVM	MLRsub	SVMsub	SML_{MLR}	SML_{SVM}	SVM-MRF	MLRsub-MRF	SVMsub-MRF	SVMsub-aMRF	$SML_{SVM\text{-}MRF}$
315(35)	73.88	68.24	75.16	73.91	80.38	82.88	85.88	85.17	86.05	86.18
360(40)	72.60	71.49	76.02	75.02	81.16	81.52	86.19	84.94	86.95	87.72
405(45)	74.28	72.11	76.42	76.92	82.06	83.60	87.64	86.04	88.29	89.42
450(50)	75.30	74.87	77.62	77.74	83.23	85.29	89.42	86.69	90.26	91.11

表 4.12　AVIRIS Salinas 数据集使用不同数量训练样本的分类整体精度　（单位：%）

样本数(类)	SVM	MLRsub	SVMsub	SML_{MLR}	SML_{SVM}	SVM-MRF	MLRsub-MRF	SVMsub-MRF	SVMsub-aMRF	$SML_{SVM\text{-}MRF}$
160(10)	82.83	78.51	83.83	80.67	88.00	89.22	85.59	86.53	90.86	94.04
240(15)	83.33	80.53	85.44	81.95	90.14	89.78	86.33	87.80	90.72	94.25
320(20)	84.43	81.54	85.79	83.37	90.08	89.30	86.71	89.33	91.75	95.06
400(25)	86.66	82.80	86.29	84.95	90.54	92.80	88.15	89.80	94.01	95.63
480(30)	86.74	83.91	87.91	85.65	91.98	93.89	89.47	90.67	94.00	95.77
560(35)	86.77	83.70	87.29	86.96	91.40	93.42	89.92	91.37	94.16	96.16
640(40)	87.92	84.12	87.53	87.29	91.68	93.34	90.09	93.18	95.52	95.98
720(45)	88.19	84.66	87.78	88.14	91.79	93.97	90.47	95.48	95.04	96.99
810(50)	88.24	85.29	87.36	89.95	92.12	94.03	92.38	95.61	95.75	97.46

(3)通过多任务学习框架，确实可以提高特征化表示的稳定性，结合 MRF 的空间信息后处理能力，可以实现稳定且有效的空谱综合分类。

总体来看，本节所介绍的 SVMsub-MRF、SVMsub-aMRF 及 $SML_{SVM\text{-}MRF}$ 三种模型，相较于其原始模型均带来了分类效果的提升，尤其是后两者在各组实验的不同条件下均取得了最优或者次优的分类结果，实验结果证明了基于空间信息后处理的高光谱图像空谱综合分类模型的有效性。

4.3.5　结论

基于空间信息后处理的高光谱图像空谱综合分类模型主要分为两个部分，首先采用合适的谱分类器对高光谱图像的光谱特征进行初分类，再通过空间信息后处理的方式，使用局部空间特征对初分类的结果进行调整和修正。本节主要以 SVM 和 MRF 分类模型为核心，针对其在应用于高光谱图像在分类中的关键问题，展开分析并介绍了对应的解决方法。

针对高光谱图像有限样本条件下的波段冗余问题，本节引入了子空间投影算法，降低数据维度的同时，去除冗余信息，将其与 SVM 模型结合，实现基于子空间投影的 SVM 分类模型(SVMsub)，并在此基础上，整合 MRF 处理局部空间信息，介绍了基于 SVMsub 与 MRF 的分类模型(SVMsub-MRF)。此外，针对子空间投影效果受训练样本选择影响等问题，构建多任务学习框架，介绍了基于 SVMsub 与 MRF 的多任务学习分类模型

($SML_{SVM\text{-}MRF}$)。

针对 MRF 对于不同局部空间分布的像元可能产生过纠正等问题，本节引入同质性指数，对位于同质性区域内部以及地物边界的像元采用不同的纠正强度，定义自适应权重系数，实现自适应 MRF(aMRF)，并与 SVMsub 相结合，介绍了基于 SVMsub 与自适应 MRF 的分类模型(SVMsub-aMRF)。实验部分通过三组真实的高光谱图像，对比分析并验证了基于空间信息后处理的高光谱图像空谱综合分类新方法的有效性和稳定性。

参考文献

黄昕, 张良培, 李平湘. 2007. 基于多尺度特征融合和支持向量机的高分辨率遥感影像分类. 遥感学报, 11(1): 48-54.

康立山, 谢云. 1998. 非数值并行计算——模拟退火算法. 北京: 科学出版社.

李山山. 2011. 整合空间上下文特征的高光谱图像精细分类. 北京: 中国科学院大学博士学位论文.

倪丽. 2015. 高光谱数据复合多源遥感数据地表精细分类研究. 北京: 中国科学院大学博士学位论文.

徐州, 赵慧洁. 2009. 基于光谱信息散度的光谱解混算法. 北京航空航天大学学报, 35(9): 1091-1094.

Camps-Valls G, Gómez-Chova L, Calpe-Maravilla J, et al. 2004. Robust support vector method for hyperspectral data classification and knowledge discovery. IEEE Transactions on Geoscience and Remote sensing, 42(7): 1530-1542.

Chang C I, Zhao X L, Althouse M L G, et al. 1998. Least squares subspace projection approach to mixed pixel classification for hyperspectral images. IEEE Transactions on Geoscience and Remote Sensing, 36(3): 898-912.

Chen C, Li W, Tramel E W, et al. 2014. Spectral–spatial preprocessing using multihypothesis prediction for noise-robust hyperspectral image classification. IEEE Journal of Selected Topics in Applied Earth Observations and Remote Sensing, 7(4): 1047-1059.

Chen Y, Nasrabadi N M, Tran T D. 2011. Hyperspectral image classification using dictionary-based sparse representation. IEEE Transactions on Geoscience and Remote Sensing, 49(10): 3973-3985.

Du B, Wang S, Xu C, et al. 2018. Multi-task learning for blind source separation. IEEE Transactions on Image Processing, 27(9): 4219-4231.

Fauvel M, Tarabalka Y, Benediktsson J A, et al. 2013. Advances in spectral-spatial classification of hyperspectral images. Proceedings of the IEEE, 101(3): 652-675.

Fjortoft R, Delignon Y, Pieczynski W, et al. 2003. Unsupervised classification of radar images using hidden Markov chains and hidden Markov random fields. IEEE Transactions on Geoscience and Remote Sensing, 41(3): 675-686.

Gao L, Li J, Khodadadzadeh M, et al. 2015. Subspace-based support vector machines for hyperspectral image classification. IEEE Geoscience and Remote Sensing Letters, 12(2): 349-353.

Geman S, Geman D. 1987. Stochastic relaxation, Gibbs distributions, and the Bayesian restoration of images. Readings in computer vision. Morgan Kaufmann: 564-584.

Ghamisi P, Benediktsson J A, Ulfarsson M O. 2014. Spectral–spatial classification of hyperspectral images based on hidden Markov random fields. IEEE Transactions on Geoscience and Remote Sensing, 52(5): 2565-2574.

Iii J F B, Lucey P G, Mccord T B. 1992. Charge-coupled device imaging spectroscopy of Mars. I-Instrumentation and data reduction/analysis procedures. Experimental Astronomy, 2(5): 287-306.

Jia S, Deng B, Zhu J, et al. 2017. Superpixel-based multitask learning framework for hyperspectral image classification. IEEE Transactions on Geoscience and Remote Sensing, 55(5): 2575-2588.

Jia X, Richards J A. 2008. Managing the spectral-spatial mix in context classification using Markov random fields. IEEE Geoscience and Remote Sensing Letters, 5(2): 311-314.

Khodadadzadeh M, Li J, Plaza A, et al. 2015. Hyperspectral image classification based on union of subspaces 2015 Joint Urban Remote Sensing Event (JURSE). IEEE, 1-4.

Kirkpatrick S, Gelatt C D, Vecchi M P. 1983. Optimization by simulated annealing. Science, 220(4598): 671-680.

Li J, Bioucas-Dias J M, Plaza A. 2012. Spectral–spatial hyperspectral image segmentation using subspace multinomial logistic regression and Markov random fields. IEEE Transactions on Geoscience and Remote Sensing, 50(3): 809-823.

Li W, Tramel E W,Prasad S. 2013. Nearest regularized subspace for hyperspectral classification. IEEE Transactions on Geoscience and Remote Sensing, 52(1): 477-489.

Mckay D, Fyfe C. 2000. Probability prediction using support vector machines knowledge-based intelligent engineering systems and allied technologies, 2000. Proceedings Fourth International Conference on IEEE, 189-192.

Ni L, Gao L, Li S, et al. 2014. Edge-constrained Markov random field classification by integrating hyperspectral image with LiDAR data over urban areas. Journal of Applied Remote Sensing, 8(1): 085-089.

Settle J J. 1996. On the relationship between spectral unmixing and subspace projection. IEEE Transactions on Geoscience and Remote Sensing, 34(4): 1045-1046.

Zhang B, Wang X, Liu J, et al. 2000. Hyperspectral image processing and analysis system (HIPAS) and its applications. Photogrammetric Engineering and Remote Sensing, 66(5): 605-610.

Zhang L, Yang M, Feng X. 2011. Sparse representation or collaborative representation: which helps face recognition?2011 International conference on computer vision. IEEE, 471-478.

Zhang L, Zhou W D, Chang P C, et al. 2012. Kernel sparse representation-based classifier. IEEE Transactions on Signal Processing, 60(4): 1684-1695.

Zhong Y, Lin X, Zhang L. 2014. A support vector conditional random fields classifier with a Mahalanobis distance boundary constraint for high spatial resolution remote sensing imagery. IEEE Journal of Selected Topics in Applied Earth Observations and Remote Sensing, 7(4): 1314-1330.

第 5 章　高光谱图像稀疏特征提取及分类

5.1　结合空谱特征的稀疏张量分类方法

如本书的前面章节所述，读者已经了解到高光谱遥感图像中几百个连续的波段包含着丰富的光谱数据信息，可以对地物进行更加准确的分类和识别。然而，在实际应用中，随着高光谱图像光谱量化精度的升高，波段数量也随之增多，维数灾难理论表明，图像的计算复杂度和运算量进而也会增加；另一方面，对于小样本问题，根据休斯现象表明，当波段数增加到一定程度时，数据后期分析解译中分类和识别的准确率也会存在一定的限制。因此，在实际的高光谱图像处理任务中，对高光谱图像判别性特征进行提取对于分类任务具有重大的实际意义。高光谱特征提取通常基于变换的思想，即按照某种投影方式将原始的高维遥感图像数据映射成为一个更低维的新特征数据。

主成分分析(PCA)方法目前已被广泛应用于各个领域(Wold, 1987)，如人脸识别、生物医学、军事以及遥感图像等领域。主成分分析方法，顾名思义，就是用一些主成分变量尽可能多地表示原始数据信息，从而达到特征提取的目的。其本质也是求得一个最佳的投影矩阵，并且使得投影之后，在新的较低维特征空间中各个数据之间的方差最大化，从而使得原始数据信息尽量多地被保留下来，削弱数据信息的损失。

作为一种经典的非监督特征提取方法，虽然 PCA 已得到了广泛地应用，但是其也存在着一定的不足之处：首先，PCA 方法将所有的样本集作为一个整体，去寻找一个使得样本集中各个数据之间的方差最大化的最佳投影，但是，在投影的过程中，该方法忽略了样本集中数据的类别属性，进而忽略了可能被包含在投影方向上的重要的可分性信息；其次，PCA 方法中所求得的主成分变量只是原始数据的一个线性组合，其投影矩阵并不是稀疏的，这使得人们很难解释主成分变量所对应的特征具体是什么含义。

线性判别分析法(linear discriminant analysis, LDA)(Riffenburgh and Clunies-Ross, 1960)又称 Fisher 线性判别法，作为一种监督的特征提取方法，线性判别分析比较简单容易实现，并且其具有良好的鲁棒性，这使得它在多种应用领域中取得了较好的成果。它与 PCA 方法类似，都是寻找一个最佳投影将高维数据映射到低维空间中，而 LDA 方法在寻找最佳投影之前对遥感数据集中数据的类别属性信息是可知的，因此，LDA 方法投影之后会使得在新的低维空间中，同类别的数据之间更为紧密，而不同类别的数据之间更为疏远，从而为后续的模式识别过程提供更有利的条件。换而言之，LDA 方法就是通过投影的方式达到类间数据均值最大化，类内数据方差最小化的目的。

近些年，随着压缩感知模型的出现与发展，基于表示的分类与检测模型逐渐成了相关研究领域的重点方向之一(宋相法和焦李成, 2012)。其中，最具有代表性的稀疏表示模型已经成功应用于人脸识别、动作识别和手势识别等研究工作，并且取得了一定的进展(宋琳等, 2012)。不仅如此，由于稀疏表示模型不需要数据分布的先验知识，已经逐渐被应用于诸如光学高光谱影像、热影像与雷达影像等众多遥感图像处理等相关领域(Li and Du, 2016)。尤其对于包含丰富的光谱特征信息的高光谱图像，稀疏表示模型因此对数据特征良好的分析表达能力，已经成为分类等领域重要的研究方向。

稀疏性，是指大多数信号的能量较小，而几个能量较大的信号分布相隔较远的一种数据特性(Jia et al., 2016)。原始获取的高光谱遥感图像虽然不是稀疏的，但是由于其在光谱域及空间域中都包含高相关性信息，因此，高光谱遥感图像本质上是可以被稀疏表示(Fang et al., 2014)。信号的稀疏表示目的就是在给定的字典中用尽可能少的元素来表示信号，获得信号更为简洁的表示方式，从而更容易地获取信号中所蕴含的信息，方便进一步对信号进行加工处理(Liu et al., 2013)。

基于稀疏矩阵的特征提取方法——稀疏主成分分析方法(sparse principal component analysis, SPCA)可以使 PCA 方法中的投影矩阵变为稀疏矩阵，从而使得主成分变量便于理解 (Zou et al., 2006)，该方法的思想来源于弹性网络。弹性网络(Zou and Hastie, 2005)是一个不断迭代的方法，其永远可以产生有效的解，它是由岭回归的惩罚因子和最小绝对收缩与选择算子(least absolute shrinkage and selection operator, LASSO)回归的惩罚因子共同组成。其中，LASSO 回归是在最小二乘法的基础上对回归系数施加 L_1 范数的约束，从而能够产生稀疏的回归系数矩阵。而岭回归是对最小二乘法的补充，它丢弃了其无偏性，通过对回归系数施加 L_2 范数的限制来获得更符合实际、更可靠的回归方程，有效地避免了线性回归模型中的过拟合现象。

通过将 PCA 方法中投影矩阵的获取过程转化为回归模型的形式，并且引入 LASSO 回归的惩罚因子，即加上对投影矩阵的 L_1 范数约束，即可得到 SPCA 的目标函数：可以获得 PCA 的稀疏投影矩阵，目标函数建立如下：

$$(\hat{\boldsymbol{\alpha}}, \hat{\boldsymbol{\beta}}) = \arg\min_{\boldsymbol{\alpha},\boldsymbol{\beta}} \sum_{i=1}^{n} \left\| \boldsymbol{x}_i - \boldsymbol{\alpha}\boldsymbol{\beta}^{\mathrm{T}} \boldsymbol{x}_i \right\|^2 + \lambda \sum_{j=1}^{r} \left\| \boldsymbol{\beta}_j \right\|^2 + \sum_{j=1}^{r} \lambda_{1,j} \left\| \boldsymbol{\beta}_j \right\|_1 \tag{5.1}$$

式中，$\boldsymbol{X} = \{\boldsymbol{x}_i\}_{i=1}^{n} \in \mathbb{R}^{n \times d}$ 为高光谱遥感图像训练样本集；$\boldsymbol{x}_i$ 为第 i 个训练样本；$\lambda > 0$ 为一个正则化参数；$\boldsymbol{\alpha} = [\boldsymbol{\alpha}_1, \boldsymbol{\alpha}_2, \cdots, \boldsymbol{\alpha}_r]$ 和 $\boldsymbol{\beta} = [\boldsymbol{\beta}_1, \boldsymbol{\beta}_2, \cdots, \boldsymbol{\beta}_r]$ 为待求解的稀疏表示矩阵和稀疏投影矩阵：$\boldsymbol{I}$ 为 $r \times r$ 大小的单位矩阵。这样便建立起了 PCA 方法和回归模型之间的关系。对于不同主成分的投影矩阵 $\boldsymbol{\beta}_j$，惩罚因子应取不同的惩罚系数 $\lambda_{1,j}$，而对于全部的 r 个主成分，λ 值均是相同的，该目标函数可以通过 LARS-EN 算法进行求解。当 $\lambda_{1,j}$ 对于不同的主成分取足够大的值时，$\boldsymbol{\beta}_j$ 即可以形成稀疏向量，从而形成最终的稀疏投影矩阵 $\boldsymbol{\beta}$。

同理，稀疏判别分析(sparse discriminant analysis, SDA) (Clemmensen et al., 2011)是在 LDA 方法的基础上发展来的一种特征提取方法，与 SPCA 方法相似，它们所求得的投影矩阵都是稀疏的，且投影矩阵的稀疏性均由 LASSO 回归的惩罚因子所形成。该方法利用最佳得分的方法将 LDA 方法变换成回归模型的形式。假设高光谱遥感图像的样本集 $\boldsymbol{X} = \{\boldsymbol{x}_i\}_{i=1}^{n} \in \mathbb{R}^{n \times d}$ 共有 C 类样本， 考虑添加 LASSO 回归的惩罚因子和岭回归的惩罚因子，即对投影矩阵施加 L_1 范数和 L_2 范数的限制，则可以得到 SDA 方法的回归模型：

$$(\hat{\boldsymbol{\theta}}, \hat{\boldsymbol{\beta}}) = \arg\min_{\boldsymbol{\theta},\boldsymbol{\beta}} n^{-1}(\|\boldsymbol{Y\theta} - \boldsymbol{X\beta}\|^2 + \lambda_2 \left\|\boldsymbol{\Omega}^{\frac{1}{2}}\boldsymbol{\beta}\right\|^2 + \lambda_1 \|\boldsymbol{\beta}\|_1) \tag{5.2}$$

$$\text{s.t.} n^{-1}\boldsymbol{\theta}^{\mathrm{T}}\boldsymbol{Y}^{\mathrm{T}}\boldsymbol{Y\theta} = 1$$

式中，$\boldsymbol{\Omega}$ 为一个对称正定矩阵；$\boldsymbol{Y}$ 为一个由虚拟变量组成的 $n \times C$ 大小的矩阵，该矩阵中的元素值为 0 或 1；$\boldsymbol{\theta}$ 为对应的得分变量；而 $\boldsymbol{\beta}$ 就是得到的 LDA 方法的投影矩阵。若想要将高光谱遥感数据的样本集投影到 r 维的低维空间中，通过 $\boldsymbol{Y\theta}$ 这样一个 $n \times r$ 大小的矩阵来回归输入矩阵 $\boldsymbol{X} \in \mathbb{R}^{n \times d}$，从而得到 $d \times r$ 大小的投影矩阵 $\boldsymbol{\beta}$。λ_1 和 λ_2 分别对应为 L_1 范数和 L_2 范数的规则化系数，它们一般情况下为比较小的非负数，当 λ_1 足够大时，所得到的投影矩阵 $\boldsymbol{\beta}$ 即是稀疏的。

在高光谱遥感图像的数据处理过程中，一方面，目前已存在的大多数特征提取方法均从光谱维的角度来提取光谱信息特征，如已被广泛应用的 PCA 和 LDA，以及在它们的基础上衍生出的一些其他特征提取方法等。这些方法在对高光谱遥感数据进行特征提取之前，均是将原有的三维高光谱遥感图像数据中每个波段的样本点以按列的形式排列，最终转换成二维形式的遥感数据。例如，假设高光谱遥感数据为 $\boldsymbol{X} \in \mathbb{R}^{m \times n \times d}$，$m \times n$ 为该高光谱遥感图像的空间维大小，d 为该高光谱遥图像的光谱维大小，则转换之后的遥感数据变为 $\boldsymbol{X} \in \mathbb{R}^{m \times n \times d}$。这种数据形式的转换虽然使数据处理的复杂度降低，但是却使得高光谱遥感数据的空间信息并没有进行有效的利用。

另一方面，PCA 方法和 LDA 方法的过程均相当于寻找一个最优投影矩阵，而该矩阵只是原始高光谱遥感数据的一个线性组合，其矩阵中各个元素的物理意义使人们难以理解。然而，SPCA 方法和 SDA 方法却很好地弥补了这一缺点，通过求解得到稀疏的最优投影矩阵，使得矩阵中的非零元素代表对应波段的权重系数，从而提高了该方法的可解释性。对于高光谱遥感图像来讲，但是 SPCA 和 SDA 方法存在着一定的不足，因为该类方法仅仅能从高光谱遥感图像的光谱维进行谱间特征提取，并没有考虑到高光谱遥感图像中的空间特征。

结合光谱信息特征和空间信息特征的高光谱遥感图像的稀疏特征提取方法(Wang et al., 2015)可以利用张量的概念在高光谱遥感数据的特征提取过程中保留数据空间信息并加以利用，同时，沿用了 SPCA 方法和 SDA 方法的稀疏投影方式，通过在目标函数的回归模型中加入投影矩阵的 L_1 范数和 L_2 范数得到稀疏的投影矩阵，使得投影矩阵中的元素均具有相应的物理意义，换言之，该方法在特征提取的同时进行了波段选择，稀疏投影矩阵中的非零元素则代表了所选择的波段的权重系数。

5.1.1　结合空谱特征的稀疏张量判别分析算法

作为数学领域的一个分支学科，张量(tensor)理论最早在力学领域代表了弹性介质中不同点的受力情况(Kolda and Bader, 2009)。后来，随着张量理论的扩展，它又被广泛应用于物理学、微分几何学、代数学等多个领域。近几年，在计算机视觉及特征提取等领域也相应地引入了张量的概念，因为其可以直接表达复杂的数据而不需要转换数据的原有存在形式，从而更大限度地保留了数据的原始信息。事实上，张量相当于一个多维数组，它是数据的数学表达方式的一种推广，例如，零阶张量代表一个标量，一阶张量代表一个矢量，二阶张量代表一个矩阵，对于三维及其以上的多维数据则相当于三阶张量和高阶张量。张量的数学运算本质上就是多维数组的线性代数，其包括两个张量的内积运算、张量的范数运算、两个张量的距离运算以及张量的模-k 展开运算等，以下将具体介绍这些运算的数学表达式。

假设一个 n 阶的张量表示为 $\boldsymbol{\chi} \in \boldsymbol{R}^{I_1 \times I_2 \times \cdots \times I_n}$，其中的某个元素表示为 $\chi_{i_1 i_2 \cdots i_n}$，则该张量的范数定义为

$$\|\boldsymbol{\chi}\| = \sqrt{<\boldsymbol{\chi}, \boldsymbol{\chi}>} = \sqrt{\sum_{i_1=1}^{I_1} \sum_{i_2=1}^{I_2} \cdots \sum_{i_n=1}^{I_n} \chi_{i_1 i_2 \cdots i_n}^2} \tag{5.3}$$

另有一个 n 阶的张量为 $\boldsymbol{\gamma} \in \boldsymbol{R}^{I_1 \times I_2 \times \cdots \times I_n}$，则这两个张量的内积定义为

$$<\boldsymbol{\chi}, \boldsymbol{\gamma}> = \sum_{i_1=1}^{I_1} \sum_{i_2=1}^{I_2} \cdots \sum_{i_n=1}^{I_n} \chi_{i_1 i_2 \cdots i_n} \gamma_{i_1 i_2 \cdots i_n} \tag{5.4}$$

这两个张量之间的距离定义为

$$\boldsymbol{D}(\boldsymbol{\chi}, \boldsymbol{\gamma}) = \|\boldsymbol{\chi} - \boldsymbol{\gamma}\| \tag{5.5}$$

张量的模-k 展开形式就是对张量中的元素更换一种数据表达形式，把数据进行二次排列形成一个矩阵的数据表达形式。对于以上的 n 阶张量 $\boldsymbol{\chi} \in \boldsymbol{R}^{I_1 \times I_2 \times \cdots \times I_n}$，其模-$k$ 展开运算共有 n 种形式，其中，$k = 1, 2, \cdots, n$。对张量按照模-k 展开就是以 I_k 这一维为顺序再次排列张量中的元素，从而使得张量以矩阵的形式存在，且张量的模-k 展开表示为 $\boldsymbol{X}^{(k)} \in \boldsymbol{R}^{I_k \times \prod_{i \neq k} I_i}$。以下通过一个具体实例来描述张量的模-$k$ 展开。

假设存在一个三阶张量 $\boldsymbol{\chi} \in \boldsymbol{R}^{3 \times 4 \times 2}$：

$$\boldsymbol{X}_1 = \begin{bmatrix} 1 & 2 & 3 & 4 \\ 5 & 6 & 7 & 8 \\ 9 & 0 & 1 & 2 \end{bmatrix}$$

$$\boldsymbol{X}_2 = \begin{bmatrix} 11 & 21 & 31 & 41 \\ 51 & 61 & 71 & 81 \\ 91 & 10 & 11 & 21 \end{bmatrix}$$

则其模-1 展开形式为

$$\boldsymbol{X}^{(1)} = \begin{bmatrix} 1 & 2 & 3 & 4 & 11 & 21 & 31 & 41 \\ 5 & 6 & 7 & 8 & 51 & 61 & 71 & 81 \\ 9 & 0 & 1 & 2 & 91 & 10 & 11 & 21 \end{bmatrix}$$

其模-2 展开形式为

$$\boldsymbol{X}^{(2)} = \begin{bmatrix} 1 & 5 & 9 & 11 & 51 & 91 \\ 2 & 6 & 0 & 21 & 61 & 10 \\ 3 & 7 & 1 & 31 & 71 & 11 \\ 4 & 8 & 2 & 41 & 81 & 21 \end{bmatrix}$$

其模-3展开形式为

$$\boldsymbol{X}^{(3)}=\begin{bmatrix}1 & 5 & 9 & 2 & 6 & 0 & 3 & 7 & 1 & 4 & 8 & 2\\ 11 & 51 & 91 & 21 & 61 & 10 & 31 & 71 & 11 & 41 & 81 & 21\end{bmatrix}$$

张量的模-k展开与矩阵$\boldsymbol{U}\in\boldsymbol{R}^{J\times I_k}$的乘积表示为

$$\boldsymbol{Y}=\boldsymbol{\chi}\times_k\boldsymbol{U} \tag{5.6}$$

式中，$\boldsymbol{Y}$也是一个张量，其大小为$I_1\times I_2\times\cdots\times I_{k-1}\times J\times I_{k+1}\times\cdots I_n$。

由于高光谱遥感图像的数据是一个立方体的形式，包括空间维和光谱维，共三个维度，因此，通过三阶张量可以有效表示原始高光谱遥感图像。同时，对于高光谱遥感图像中的每个像元点，为了保留它的邻域空间信息，取每个像元点邻域窗口的一些像元点来形成针对某个像元点的三阶张量。

高光谱遥感图像数据是一个三维形式的数据，用三阶张量来表示其原始的三维数据。假设高光谱遥感图像数据的训练样本集有n个样本点，那么，利用张量的概念可以将某个训练样本表示为$\{\boldsymbol{\chi}_i\in\boldsymbol{R}^{I_1\times I_2\times I_3},i=1,2,\cdots,n\}$，其中，$I_3$是该高光谱遥感图像的光谱波段数，$I_1\times I_2$是该训练样本在空间维中一个邻域窗口的大小，选取合适的I_1值和I_2值来保留原始高光谱遥感图像的空间信息。根据上一小节中所给出的张量模-k展开定义，该训练样本的模-k展开形式共有3种：

$$\begin{aligned}&\boldsymbol{X}^{(1)}\in\boldsymbol{R}^{I_1\times(I_2\times I_3)}\\&\boldsymbol{X}^{(2)}\in\boldsymbol{R}^{I_2\times(I_1\times I_3)}\\&\boldsymbol{X}^{(3)}\in\boldsymbol{R}^{I_3\times(I_1\times I_2)}\end{aligned} \tag{5.7}$$

设该高光谱遥感图像数据的训练样本集中共有C类，某类中的样本个数为$N_j(j=1,2,\cdots,C)$，那么，类内张量散度矩阵的模-k展开形式为

$$\boldsymbol{S}_w^{(k)}=\sum_{j=1}^{C}\sum_{i=1}^{N_C}(\boldsymbol{X}_i^{(k)}-\bar{\boldsymbol{X}}_j^{(k)})(\boldsymbol{X}_i^{(k)}-\bar{\boldsymbol{X}}_j^{(k)})^{\mathrm{T}} \tag{5.8}$$

式中，$\bar{\boldsymbol{X}}_j^{(k)}$为第$j$类张量训练样本均值的模-$k$展开形式；$\boldsymbol{X}_i^{(k)}$为第$j$类训练样本中的第$i$个张量训练样本，类间张量散度矩阵的模-$k$展开形式为

$$\boldsymbol{S}_b^{(k)}=\sum_{i=1}^{C}N_C(\bar{\boldsymbol{X}}_i^{(k)}-\bar{\boldsymbol{X}}^{(k)})(\bar{\boldsymbol{X}}_i^{(k)}-\bar{\boldsymbol{X}}^{(k)})^{\mathrm{T}} \tag{5.9}$$

式中，$\bar{\boldsymbol{X}}^{(k)}$为所有张量训练样本均值的模-$k$展开形式。

由于稀疏张量判别方法(sparse tensor discriminant analysis, STDA)方法(Lai et al., 2013)不仅仅提取了光谱信息的特征，此外还结合了空间信息的特征，因此，其在三种模-k展开形式下会产生三个投影矩阵$\{\boldsymbol{U}_i\in\boldsymbol{R}^{I_i\times r_i},r_i\leqslant I_i,i=1,2,3\}$。与LDA方法的思想一致，STDA方法的主要思想也是在投影之后，使得类间散度矩阵最大化，同时类内散度矩阵最小化。于是，STDA的目标函数定义为如下形式：

$$\begin{aligned}&\hat{\boldsymbol{U}}_k=\arg\min\mathrm{tr}(\boldsymbol{U}_k^{\mathrm{T}}(\boldsymbol{S}_w^{(k)}-\mu\boldsymbol{S}_b^{(k)})\boldsymbol{U}_k)\\&\mathrm{s.t.}\,\boldsymbol{U}_k^T\boldsymbol{U}_k=\boldsymbol{I}_k\end{aligned} \tag{5.10}$$

然后对投影矩阵添加$\|\boldsymbol{x}_i-\boldsymbol{x}_j\|^2<\varepsilon$范数约束和$\boldsymbol{x}_i$范数约束，将式(5.10)改写为如下形式：

$$\hat{\boldsymbol{U}}_k=\arg\min tr(\boldsymbol{U}_k^{\mathrm{T}}(\boldsymbol{S}_w^{(k)}-\mu\boldsymbol{S}_b^{(k)})\boldsymbol{U}_k)+\alpha_k\|\boldsymbol{U}_k\|^2+\sum_j\beta_{kj}\|\boldsymbol{u}_{kj}\|_1 \\ \text{s.t.}\ \boldsymbol{U}_k^{\mathrm{T}}\boldsymbol{U}_k=\boldsymbol{I}_k \tag{5.11}$$

式中，$\boldsymbol{u}_{kj}$表示矩阵$\boldsymbol{U}_k$中的第j列；α_k和β_{kj}分别为L_1范数和L_2范数的系数，它们均为非负数。此式中的L_1范数约束可以使得所求的投影矩阵为稀疏矩阵，而L_2范数约束可以使得该回归模型具有较强的泛化能力。

在得到了稀疏投影矩阵之后，可以利用张量的模-k展开与矩阵的乘积运算将高光谱遥感图像数据投影到低维的张量特征空间中：

$$\boldsymbol{y}_i=\boldsymbol{\chi}_i\times_1\boldsymbol{U}_1^{\mathrm{T}}\times_2\boldsymbol{U}_2^{\mathrm{T}}\times_3\boldsymbol{U}_3^{\mathrm{T}} \tag{5.12}$$

5.1.2　实验内容及结果分析

1. 实验数据

利用两个常见的高光谱图像数据来验证所介绍的谱间稀疏特征提取方法的有效性。University of Pavia 数据光谱覆盖范围为 430～860nm，共包含 103 个光谱波段，图像大小为 610×340 像素，空间分辨率为 1.3m，共包含 9 种类别的地物。每种类别的地物所包含的样本数量如表 5.1 所示。

表 5.1　University of Pavia 数据所包含的地物类别及各类的样本数量

序号	类别	样本数量/个
1	沥青 1	6631
2	草地	18649
3	砾石	2099
4	树木	3064
5	金属	1345
6	裸土	5029
7	沥青 2	1330
8	砖块	3682
9	阴影	947

Indian Pines 数据集光谱覆盖范围为400～2450nm，空间分辨率为20m，包含 145×145 个像元和 220 个光谱波段，共包含 16 个地物类别，其中大多数代表不同类型的农作物，各地物类别及其样本数量如表 5.2 所示。为了简化数据的复杂度，在实验中，从该数据中取其中的 8 类地物作为实验数据，其中包括玉米-无耕地、玉米-少量耕地、草地-牧场、干草-落叶、大豆-无耕地、大豆-少量耕地、大豆-收割耕地和木材。

表 5.2 Indian Pines 数据所包含的地物类别及各类的样本数量

序号	类别	样本数量/个
1	苜蓿	46
2	玉米-无耕地	1428
3	玉米-少量耕地	830
4	玉米地	237
5	草地/牧场	483
6	草地/树木	730
7	草地/牧场-收割草地	28
8	干草-落叶	478
9	燕麦	20
10	大豆-无耕地	972
11	大豆-少量耕地	2455
12	大豆-收割耕地	593
13	小麦	205
14	木材	1266
15	建筑-草地-树-耕地	386
16	石头-钢铁-塔	93

2. 实验结果及分析

本小节通过上述的两个高光谱遥感图像数据可验证稀疏特征提取方法的有效性，在分类过程中均通过 KNN 分类器实现高光谱遥感数据的分类工作。

首先进行稀疏特征提取方法参数选取的实验，本实验以 University of Pavia 数据为例说明参数选取过程。在光谱维方面，稀疏特征提取方法中的稀疏参数 s 直接影响稀疏矩阵中非零元素的数量，即影响着在特征提取过程的同时所选取的重要波段特征，而另一个比较重要的参数是所降维数 r。根据以往的经验，SPCA 方法和 SDA 方法在稀疏参数 s 选取 20 时能够保留大多数有价值的遥感数据信息，因此将 SPCA 方法和 SDA 方法中的稀疏参数设定为 20。对于 STDA 方法，在高光谱遥感图像中随机选取 40 个像元点当作训练样本，其余像元点当作测试样本进行 STDA 方法的参数选取实验，其结果如图 5.1 和图 5.2 所示。

从以上两图可以看出，当参数 $r \geqslant 3$ 和 $s \in [-100,-80]$ 时，高光谱遥感图像的分类准确率更高，因此在 STDA 方法中，取 $r = 3$ 和 $s = -100$。此外，在空间维方面，STDA 方法还包括一个比较重要的参数，即选取的邻域窗口大小 $I \times I$。通过实验，当 I 值过大时，会消耗大量的内存和时间，因此，本实验仅针对 I 取值较小时进行讨论，参数 I 的最优取值为 3。

然后，在各个稀疏特征提取方法均取最优参数的基础上，对比了各个特征提取方法的分类效果。从高光谱遥感图像中随机选取不同数量的训练样本，其余作为测试样本，为了剔除随机性的干扰，将该实验重复 10 次，并计算出 10 次实验结果的平均值，然后将这个平均值当作最终的实验结果。University of Pavia 数据和 Indian Pines 数据的实验结果分别如图 5.3 和图 5.4 所示。

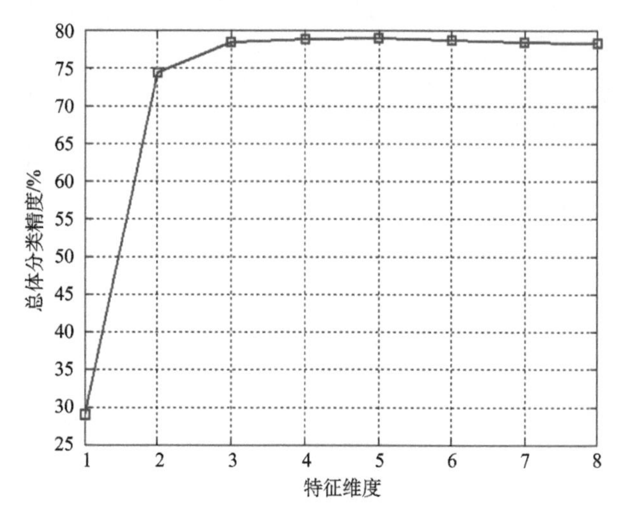

图 5.1　参数 r 的选取实验结果

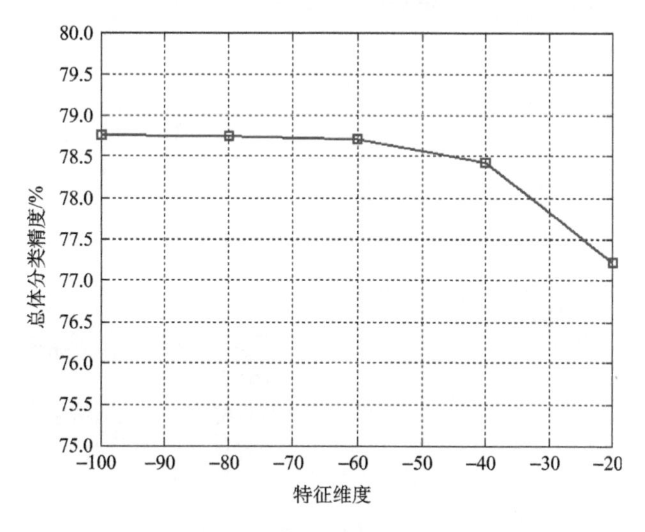

图 5.2　参数 s 的选取实验结果

从以上两图可以看出，在高光谱遥感数据分类过程中，采用 STDA 方法进行特征提取相比于其他特征提取方法具有更好的分类效果，尤其是对于 Indian Pines 数据而言。此外，作为监督特征提取方法，LDA 方法和 SDA 方法的分类准确率均高于非监督特征提取方法 PCA 方法和 SPCA 方法，虽然 SPCA 方法和 PCA 方法的分类效果基本相同，但是，SPCA 方法的投影矩阵为稀疏矩阵，其可以更好地解释所提取特征的物理意义，而 SDA 方法要明显优于 LDA 方法，其很好地证明了稀疏投影矩阵在监督特征提取方法中的重要性。

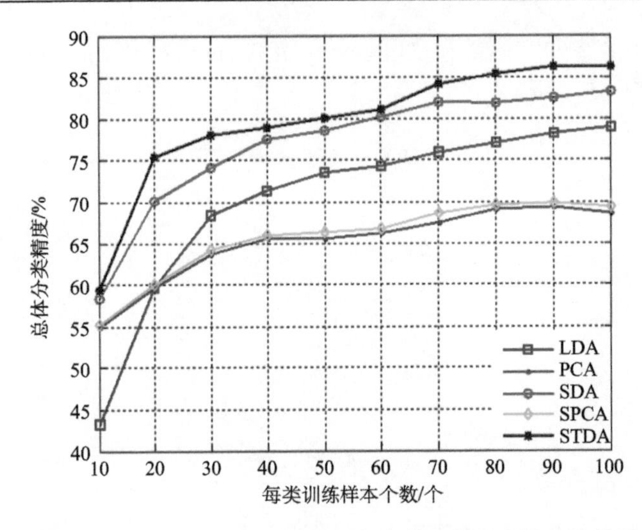

图 5.3　University of Pavia 数据的各个特征提取方法实验结果

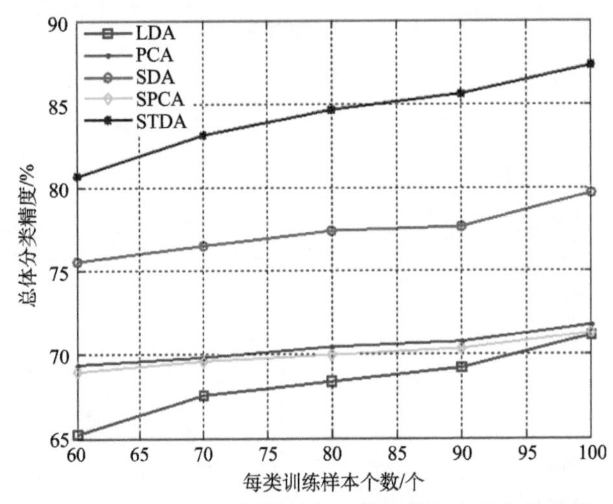

图 5.4　Indian Pines 数据的各个特征提取方法实验结果

5.1.3　结论

本节介绍了一种结合谱间和空间特征的稀疏张量判别分析方法。首先，分别在 PCA 方法和 LDA 方法的基础上介绍了 SPCA 方法和 SDA 方法，分析并讨论了稀疏特征提取的优势并详细地介绍了 SPCA 方法和 SDA 方法的具体计算步骤。然后，讲述了张量的概念及其基本运算，并在此基础上介绍了用于高光谱遥感图像进行特征提取的 STDA 方法，同时对 STDA 方法的具体计算步骤进行了详细地介绍。最后，通过参数选取实验和方法对比实验证实了 STDA 方法的有效性。

5.2　基于稀疏表示近邻的高光谱分类方法

在众多的分类方法中，最近邻（nearest neighbor, NN）和 k-近邻分类器（k-NN）可以看作是最简单的不依赖于任何数据分布假设的非参数分类器(Blanzieri and Melgani, 2008)。它们只是利用欧几里得距离来度量测试样本与所有训练数据之间的相似性，并根据最近邻样本或 k 个最近范围内的最频繁类标签来分配类标签。但是基于欧几里得距离的解往往过于密集，对于非常高维特征的相似性评估能力容易受到限制。此外，在高光谱图像中，由于相对低的空间分辨率，像元光谱特征通常被混合，并且一个像元可能覆盖两种或更多种不同的材料，从而导致光谱的混合，由此产生的类内变异和类间相似性的现象增加了高光谱图像分类的难度，而具有简单欧氏距离的 NN 或 k-NN 可能无法很好地处理这种困难。

信号稀疏度的概念在许多科学领域得到了广泛的应用，稀疏表示作为一种自然的信号表示方法，有望在高维数据中更准确地找到最近邻样本。在原始稀疏表示分类器(sparse representation-based classification, SRC)(Wright et al., 2009)中，类标签分配基于最小表示残差。本节将原有的 NN 分类器扩展到一个新的版本，称为基于稀疏表示的近邻分类器(sparse representation-based nearest neighbor, SRNN)分类器(Zou et al., 2005)，其中每个测试样本被看作所有训练样本的稀疏线性组合，并且与 k 个最大系数相对应的 k 个最近邻对测试样本的类标签进行投票。同时，局部均值最近邻分类器(local mean-based NN, LMNN)(Mitani and Hamamoto, 2006)与稀疏表示相结合可扩展到局部稀疏表示的最近邻分类器(local SRNN, LSRNN)，对每个类中的 k 个最大稀疏系数进行平均，并将具有最大平均稀疏系数的类的标签分配给测试样本。可以看出，SRNN 和 LSRNN 的本质是充分利用稀疏系数来度量特征相似性，从而可以提供更多的判别信息。

此外，考虑到像元间的空间相关性，空间联合稀疏的 LSRNN(joint sparse LSRNN, JSRNN)假设空间邻域最可能属于与邻域中心的测试像元相同的类。在 JSRNN 中，当从标记样本中寻找稀疏表示时，联合考虑局部窗口中的测试像元及其空间邻域间接地施加平滑性约束。

通过在若干实际高光谱数据集进行检验各分类器的分类性能，并与传统的 k-NN、LMNN 和 SRC 进行比较，可以看出考虑高光谱图像稀疏特性的 LSRNN 和 JSRNN 可以显著提高分类精度，这意味着稀疏表示系数比欧氏距离或表示残差具有更高的判别能力。

5.2.1　基于稀疏表示近邻的高光谱分类算法

考虑在一个 $\mathbb{R}^{B\times 1}$ 特征空间中具有由 $\boldsymbol{X}=\left\{\boldsymbol{x}_i\right\}_{i=1}^{n}$ 表示的 n 个训练样本的高光谱图像数据集，其中 B 是波段数量。设 C 为类标签的数量，即样本标签 $w_i \in \left\{1,2,\cdots C\right\}$，设 n_l 为第 l 类中可用训练样本的数量，并且 $\sum_{l=1}^{C} n_l = n$。传统的 NN 分类器根据一定的距离度量寻找最近的训练数据，并将最近样本的标签分配给测试样本。通常采用欧氏距离来度量训练样本 $\boldsymbol{x}_i$ 与测试样本 $\boldsymbol{y}$ 之间的相似度，即

$$\mathrm{d}\left(\boldsymbol{y},\boldsymbol{x}_i\right)=\left\|\boldsymbol{y}-\boldsymbol{x}_i\right\|_2 \tag{5.13}$$

k-NN 分类器从所有训练数据中选择 k 个最近样本，并根据多数投票规则将标签分配给 $\boldsymbol{y}$。LMNN 分类器是原始 k -NN 的扩展。首先，用欧几里得距离测量法从每个类别中

选取 k 个最近邻训练样本，然后用第 l 类中 k-最近邻训练样本计算局部均值向量 $\tilde{\boldsymbol{y}}^l$，表示为 $\left\{\boldsymbol{x}_1^l, \boldsymbol{x}_2^l, \ldots, \boldsymbol{x}_k^l\right\}$，即 $\tilde{\boldsymbol{y}}^l = (1/k)\sum_{j=1}^{k}\boldsymbol{x}_j^l$。最后，根据最近的平均值的类别确定测试像元 $\boldsymbol{y}$ 的类标签，例如，

$$\text{class}(\boldsymbol{y}) = \arg\min_{l=1,2,\ldots,C}\left\|\boldsymbol{y} - \tilde{\boldsymbol{y}}^l\right\|_2 \tag{5.14}$$

显然，当 $k=1$，LMNN 被简化为 k-NN。

1. 基于稀疏表示的近邻分类器和局部稀疏表示的最近邻分类器

在 SRNN 中，测试样本由与 C 类相关的样本稀疏地表示，即

$$\begin{aligned}\boldsymbol{y} &= \boldsymbol{X}^1\alpha^1 + \boldsymbol{X}^2\alpha^2 + \cdots + \boldsymbol{X}^C\alpha^C \\ &= \left[\boldsymbol{X}^1, \cdots, \boldsymbol{X}^C\right]\begin{bmatrix}\alpha^1 \\ \vdots \\ \alpha^C\end{bmatrix} = \boldsymbol{X}\boldsymbol{\alpha}\end{aligned} \tag{5.15}$$

式中，$\boldsymbol{X}$ 为一个由所有类训练样本组成的 $B\times n$ 结构字典，$\boldsymbol{\alpha}$ 是一个通过连接稀疏向量 $\left\{\boldsymbol{\alpha}^l\right\}_{l=1}^{C}$ 构成的 $n\times 1$ 向量。$\boldsymbol{X}^l$ 是一个 $B\times n_l$ 类的子字典，$\boldsymbol{\alpha}^l$ 是一个未知的 n_l 维向量，其项是对应原子的权重。α_{λ_m} 表示第 m 个非零项，即

$$\begin{aligned}\boldsymbol{y} &= \alpha_{\lambda_1}\boldsymbol{x}_{\lambda_1} + \alpha_{\lambda_2}\boldsymbol{x}_{\lambda_2} + \cdots + \alpha_{\lambda_M}\boldsymbol{x}_{\lambda_M} \\ \Lambda &= \left[\boldsymbol{x}_{\lambda_1}, \ldots, \boldsymbol{x}_{\lambda_M}\right]\begin{bmatrix}\alpha_{\lambda_1} \\ \vdots \\ \alpha_{\lambda_M}\end{bmatrix} = \boldsymbol{X}_{\Lambda_M}\boldsymbol{\alpha}_{\Lambda_M}\end{aligned} \tag{5.16}$$

式中，$M = \|\boldsymbol{\alpha}\|_0$ 表示 $\boldsymbol{\alpha}$ 中非零项的数量，索引集 $(\Lambda_M = \{\lambda_1, \lambda_2, \ldots, \lambda_M\})$ 是 $\boldsymbol{\alpha}$ 的支持，$\boldsymbol{X}_{\Lambda_M}$ 是 $B\times M$ 的矩阵，其每列对应于 $\boldsymbol{X}$ 的第 λ_m 个索引集 $(\Lambda_M = \{\lambda_1, \lambda_2, \ldots, \lambda_M\})$，$\boldsymbol{\alpha}_{\Lambda_M}$ 是一个 $M\times 1$ 矢量，由 Λ_M 索引的 $\boldsymbol{\alpha}$ 内的元素组成；稀疏向量 $\boldsymbol{\alpha}$ 可通过求解以下优化问题来估计：

$$\hat{\boldsymbol{\alpha}} = \arg\min\|\boldsymbol{\alpha}\|_0 \quad \text{s.t.} \quad \boldsymbol{X}\boldsymbol{\alpha} = \boldsymbol{y} \tag{5.17}$$

前面的问题可以解释为当满足误差容限 σ 时，将 $\boldsymbol{\alpha}$ 中的非零项最小化，即

$$\hat{\boldsymbol{\alpha}} = \arg\min\|\boldsymbol{\alpha}\|_0 \quad \text{s.t.} \quad \|\boldsymbol{X}\boldsymbol{\alpha} - \boldsymbol{y}\|_2 \leqslant \sigma \tag{5.18}$$

或者，通过在一定的稀疏度水平内最小化近似误差 σ，可以将问题修改为

$$\hat{\boldsymbol{\alpha}} = \arg\min\|\boldsymbol{X}\boldsymbol{\alpha} - \boldsymbol{y}\|_2 \quad \text{s.t.} \quad \|\boldsymbol{\alpha}\|_0 \leqslant M_0 \tag{5.19}$$

式中，M_0 为稀疏级别上给定的上界。由于该算法是 NP 难实现的，因此可以通过经典的正交匹配追踪贪婪追踪算法来近似求解(Li et al., 2015)。

传统的 SRC 根据最小表示残差来决定测试像元的标签。在 SRNN 中，在获得重量矢量 $\hat{\boldsymbol{\alpha}} = [\alpha_1,\ \alpha_2, \cdots,\ \alpha_n]$ 后，计算产生 k 个最大表示系数第 l 类的次数(表示为 $N_l(\boldsymbol{\alpha})$)。测试像元 $\boldsymbol{y}$ 的最终标签由多数票决定为

$$\text{class}(\boldsymbol{y}) = \arg\max_{l=1,\cdots,C} N_l(\boldsymbol{\alpha}) \tag{5.20}$$

对于 LSRNN 中，使用第 l 类中的 k 个最大稀疏系数将局部平均值计算为 $\tilde{\boldsymbol{\alpha}}^l$ 表示为 $\tilde{\boldsymbol{\alpha}}^l=(1/k)\sum_{j=1}^{k}\alpha_j^l$。最后根据平均系数最大化的类别确定测试像元 $\boldsymbol{y}$ 的类别标签，即

$$\operatorname{class}(\boldsymbol{y})=\arg\max_{l=1,\cdots,C}\tilde{\alpha}^l \tag{5.21}$$

2. 联合稀疏表示的近邻分类器

SRNN 和 LSRNN 是仅考虑像元谱特征而忽略空间相邻像元的逐像元分类器。为了考虑空间邻域，假设一个小邻域中的像元共享同一个稀疏模式，并且由一个给定结构化字典中的几个常见原子稀疏线性组合来近似，但具有不同的系数集。假设 $\boldsymbol{y}_i$ 和 $\boldsymbol{y}_j$ 在小空间区域中并且由相似的材料组成，它们可以被线性表示为

$$\boldsymbol{y}_i=\boldsymbol{X}\boldsymbol{\alpha}_i=\alpha_{i,\lambda_1}\boldsymbol{x}_{\lambda_1}+\alpha_{i,\lambda_2}\boldsymbol{x}_{\lambda_2}+\cdots+\alpha_{i,\lambda_M}\boldsymbol{x}_{\lambda_M} \tag{5.22}$$

$$\boldsymbol{y}_j=\boldsymbol{X}\boldsymbol{\alpha}_j=\alpha_{j,\lambda_1}\boldsymbol{x}_{\lambda_1}+\alpha_{j,\lambda_2}\boldsymbol{x}_{\lambda_2}+\cdots+\alpha_{j,\lambda_M}\boldsymbol{x}_{\lambda_M} \tag{5.23}$$

其中，$\boldsymbol{y}_i$ 和 $\boldsymbol{y}_j$ 共享一组训练样本，其来自结构化字典 $\{\boldsymbol{X}_{\Lambda_M}\}$，$\Lambda=\{1,2,\ldots,M\}$，但具有不同的系数集 $\{\alpha_{i,\Lambda}\}$ 和 $\{\alpha_{j,\Lambda}\}$，$\Lambda=\{1,2,\ldots,M\}$。此外，假设 $\boldsymbol{Y}=[\boldsymbol{y}_1,\boldsymbol{y}_2,\ldots,\boldsymbol{y}_T]$ 是一个 $B\times T$ 矩阵，其中 $\boldsymbol{y}_1,\boldsymbol{y}_2,\ldots,\boldsymbol{y}_T$ 是空间相关的邻域（T 是由所选窗口大小 W 确定的邻域数）。则 $\boldsymbol{Y}$ 的稀疏表示是

$$\begin{aligned}\boldsymbol{Y}&=[\boldsymbol{y}_1,\boldsymbol{y}_2,\ldots,\boldsymbol{y}_T]=[\boldsymbol{X}\boldsymbol{\alpha}_1,\boldsymbol{X}\boldsymbol{\alpha}_2,\ldots,\boldsymbol{X}\boldsymbol{\alpha}_T]\\&=\boldsymbol{X}[\boldsymbol{\alpha}_1,\boldsymbol{\alpha}_2,\ldots,\boldsymbol{\alpha}_T]=\boldsymbol{X}\boldsymbol{S}\end{aligned} \tag{5.24}$$

其中，$\boldsymbol{S}\in\mathbb{R}^{n\times T}$ 是一个只有 K 个非零行的稀疏矩阵，可以通过求解如下问题来获得

$$\min\|\boldsymbol{S}\|_{\text{row},0}\quad \text{s.t.}\quad \boldsymbol{X}\boldsymbol{S}=\boldsymbol{Y} \tag{5.25}$$

其中，$\|\boldsymbol{S}\|_{\text{row},0}$ 表示 $\boldsymbol{S}$ 的非零行数。上述问题可以松弛为

$$\hat{\boldsymbol{S}}=\arg\min\|\boldsymbol{S}\|_{\text{row},0}\quad \text{s.t.}\quad \|\boldsymbol{X}\boldsymbol{S}-\boldsymbol{Y}\|_F\leqslant\sigma \tag{5.26}$$

或者

$$\hat{\boldsymbol{S}}=\arg\min\|\boldsymbol{X}\boldsymbol{S}-\boldsymbol{Y}\|_F\quad \text{s.t.}\quad \|\boldsymbol{S}\|_{\text{row},0}\leqslant M_0 \tag{5.27}$$

上述问题可以通过同步正交匹配追踪贪婪追踪算法（simultaneous orthogonal matching pursuit, SOMP）同时解决。对于中心像元 $\boldsymbol{y}_c$，估计并融合小邻域稀疏系数 $\boldsymbol{S}=[\boldsymbol{\alpha}_1,\ldots,\boldsymbol{\alpha}_c,\ldots,\boldsymbol{\alpha}_T]$，产生像元 $\boldsymbol{y}_c$ 的空间系数 $\tilde{\boldsymbol{\alpha}}_c$，即

$$\tilde{\boldsymbol{\alpha}}_c=\frac{\boldsymbol{\alpha}_1+\boldsymbol{\alpha}_2+\cdots+\boldsymbol{\alpha}_T}{T} \tag{5.28}$$

然后，用 LSRNN 法确定 $\tilde{\boldsymbol{\alpha}}_c$ 的类别标签。

5.2.2 实验内容及结果分析

Indian Pines 数据集光谱覆盖范围为 400～2450nm，空间分辨率为 20m，包含 145×145 像素和 220 个光谱波段，共包含 16 个地物类别，其中大多数代表不同类型的农作物。在表 5.3 中，选取大约 10%的标记样本作为训练集。

表 5.3　Indian Pines 数据的各地物类别以及每种类别的训练和测试集

序号	类别	训练	测试
1	苜蓿	6	48
2	玉米-无耕地	144	12900
3	玉米-少量耕地	84	750
4	玉米地	24	210
5	草地/牧场	50	447
6	草地/树木	75	672
7	草地/牧场-收割草地	3	23
8	干草-落叶	49	440
9	燕麦	2	18
10	大豆-无耕地	97	871
11	大豆-少量耕地	247	2221
12	大豆-收割耕地	62	552
13	小麦	22	190
14	木材	130	1164
15	建筑-草地-树-耕地	38	342
16	石头-钢铁-塔	10	85

将所 SRNN、LSRNN 和 JSRNN 算法与 k-NN、LMNN、OMP(即 SRC)和 SOMP 算法进行了比较。至于参数设置，LMNN 只有 k=1 的结果，因为其中一个类中的训练样本数小于 3。因此，对于 k-NN 和 LMNN，选择 k=1。注意，当 k=1 时，LMNN 相当于 NN 分类器。对于其他基于稀疏表示的方法，SRNN 和 LSRNN 的残差 σ 选择为 0.01，上边界 M_0 设置为 30 以避免过多迭代。在 SOMP 和 JSRNN 中，残差 σ 为 0.1(因为同时计算了一组邻域和中心像元，使得残差更大)，迭代上边界 M_0 设置为 100。SOMP 和 JSRNN 的最佳空间邻域大小都是 $\boldsymbol{A}$，如图 5.5 所示。

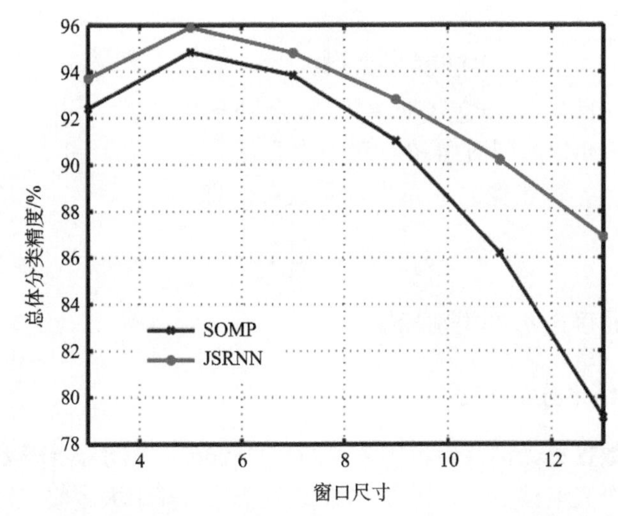

图 5.5　不同窗口尺寸下 SOMP 和 JSRNN 对 Indian Pines 数据的分类精度

表 5.4 列出了每类的分类精度以及总体精度(OA)。显然，由于采用稀疏平均策略和额外的空间结构，JSRNN 具有最高的精度。SRNN 和 LSRNN 优于传统的 k-NN、LMNN 和 OMP。不同窗口大小的 SOMP 和 JSRNN 的分类结果如图 5.5 所示。很明显，JSRNN 始终优于 SOMP，特别是对于窗口较大的情况。

表 5.4　各分类器在 Indian Pines 数据的每类分类精度　(单位：%)

序号	分类算法						
	k-NN	LMNN	OMP	SRNN	LSRNN	SOMP	JSRNN
1	70.37	70.37	72.22	74.07	79.17	92.59	98.15
2	60.60	60.60	66.32	66.67	73.26	93.03	92.96
3	59.59	59.59	65.47	63.55	66.93	93.95	94.96
4	50.00	50.00	51.70	51.28	57.62	88.89	85.90
5	87.73	87.73	90.14	90.34	93.06	96.58	95.99
6	96.39	96.39	97.05	97.46	98.81	97.86	99.6
7	84.62	84.62	76.92	76.92	69.57	92.31	99.18
8	97.75	97.75	97.34	97.96	98.18	100	100
9	15.00	15.00	30.00	30	38.89	55.00	45.00
10	78.00	78.88	78.00	78.51	73.13	95.75	93.49
11	77.47	77.49	78.00	78.08	81.67	95.75	96.72
12	58.79	58.79	65.64	65.31	72.46	92.81	93.81
13	94.34	94.34	99.53	98.58	99.15	99.15	96.79
14	87.40	87.40	90.88	90.8	91.15	99.46	99.30
15	43.16	43.16	45.26	48.95	57.31	85.00	94.47
16	93.68	93.68	93.68	90.53	96.82	93.68	96.84
OA	75.76	75.76	77.86	78.08	80.69	94.68	95.91

Purdue 数据光谱覆盖范围为 450～2500nm，包含 377×512 个像元和 126 个波段，空间分辨率为 3.5 m。共有 6 个类别，每个类别的训练样本数为 10 个，测试样本数分别为 1287、1114、219、379、1351 和 1285。对于参数设置，k-NN、LMNN 和 SRNN 在 k=1 时得到优化结果，LSRNN 和 JSRNN 在 k=3 时得到优化结果，进一步显示了上述分类器的分类精度。LSRNN 仍然优于传统的 k-NN 和 LMNN。结果表明，稀疏表示一般优于欧氏距离测量。JSRNN 在添加上下文信息时提供了最佳性能。当窗口大小变大时，JSRNN 和 SOMP 之间的增益是明显的，如图 5.6 所示。

University of Pavia 数据光谱覆盖范围为 430～860nm，共包含 103 个光谱波段，图像大小为 610×340 个像元，空间分辨率为 1.3m，共包含 9 种类别的地物，每类 120 个训练样本，测试样本数分别为 6631、18649、2099、3067、1345、5029、1330、3682 和 947。至于参数设置，k-NN、LMNN 和 SRNN 分别在 k=1、3 和 1 时得到优化结果，LSRNN 和 JSRNN 在 k=5 时得到优化结果，如表 5.5 所示，OMP 和 LSRNN 的迭代上界设为 30，稀疏问题的停止准则 σ 设为 0.01。在 SOMP 和 JSRNN 中，残差 σ 为 0.1，迭代上边界

$k \in [1, K]$ 设置为 100。表 5.6 列出了每类的分类精度，从中可以清楚地看到，JSRNN 比其他分类器效果更优，比 SOMP 提高了 3%。

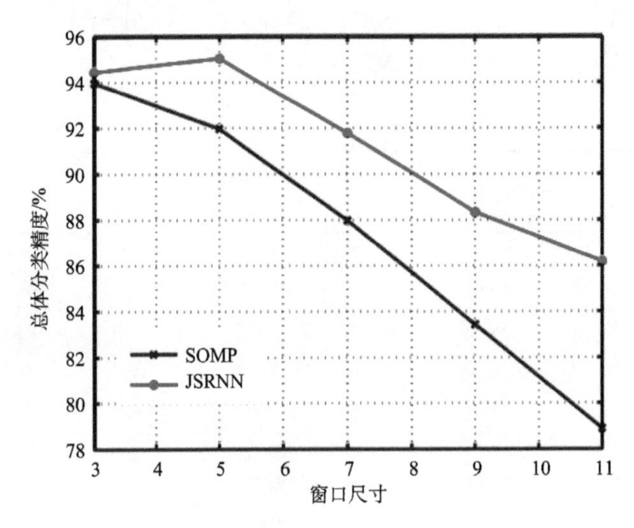

图 5.6 不同窗口尺寸下 SOMP 和 JSRNN 对 Purdue 数据的分类精度

表 5.5 各分类器在 University of Pavia 数据的总体分类精度随 *k* 的变化 （单位：%）

类别	k=1	k=3	k=5
k-NN	76.45	76.24	75.44
LMNN	76.45	78.16	78.01
SRNN	75.75	64.04	56.73
LSRNN	75.75	80.44	80.90
JSRNN	86.33	89.08	90.71

表 5.6 各分类器使用 University of Pavia 数据的每类分类精度 （单位：%）

类别	分类算法						
	k-NN	LMNN	OMP	SRNN	LSRNN	SOMP	JSRNN
沥青 1	71.93	81.28	61.59	63.69	74.77	75.06	77.47
草地	73.25	69.49	75.46	78.11	79.57	95.68	95.79
砾石	75.56	73.94	71.13	73.65	78.58	96.47	98.24
树木	91.48	94.97	90.86	93.60	95.79	90.41	84.04
金属	98.96	99.26	99.41	99.63	99.84	98.96	100.00
裸土	73.14	82.98	68.72	67.31	82.79	93.50	97.63
沥青 2	91.73	90.15	89.32	89.32	90.99	96.39	96.54
砖块	73.55	78.84	72.24	69.31	71.25	92.40	93.78
阴影	99.89	99.89	97.57	97.30	99.15	98.36	98.27
OA	76.45	78.16	74.81	75.75	80.90	87.53	90.71

5.2.3　结论

本节结合传统的LMNN和稀疏系数，介绍了3种基于稀疏表示的神经网络分类器(即SRNN、LSRNN 和 JSRNN)。通过 L_0 或 L_1 最小化得到的稀疏系数计算局部平均值，确定测试像元标签，这比传统的欧几里得距离和表示残差更具辨别性。特别是，将像元级的 LSRNN 进一步扩展到空间联合版本，即 JSRNN 后，通过合并空间信息，与传统的 *k*-NN 和 LMNN 方法相比，该方法能获得更高的分类精度。

5.3　融合协同与稀疏表示的高光谱分类方法

在统计模式分类中，通常做出一个简单的假设，即数据遵循正态或多模态分布。因此，通常选择的分类器是单高斯极大似然分类器和高斯混合模型分类器。然而在训练样本少的情况下，单个或多个高斯分布可能不正确，这样的情况通常发生在地物分布复杂的遥感高光谱图像中。近年来，基于表征的分类方法(不假设任何数据密度分布)引起了人们极大的兴趣。这种分类的原则是测试像元可以由标记样本线性表示。权重系数通过 L_0 范数或 L_1 范数来解决，称为稀疏表示或为协作表示。

基于稀疏表示的分类最初是为人脸识别而开发的，它不需要一个训练过程，这与传统分类器(如支持向量机)的训练测试方式明显不同。在稀疏表示中，测试像元的类标签被确定为其标记样本提供的最小近似误差类的标签。

有学者认为，提高分类精度的实质是依赖于表示模型的“协作”性质，而不是稀疏约束强加的“竞争”性质。协作表示所有原子在单个像元的表示上“协作”，并且每个原子都有平等的参与机会。它用 L_2 范数正则化求解最小二乘公式。

注意到基于 L_1 最小化的稀疏表示和基于 L_2 最小化的协作表示都有一定的局限性。稀疏表示的一个缺点是，由于凸优化性质，它往往只从高度校正的样本中选择一两个原子，这导致权重系数过于稀疏，最终的残差可能会有偏差。特别是当标记样本数量相对较小时，对应的稀疏性组合系数变弱，分类性能变差。在协作表示中，权系数不要求是稀疏的，当标记样本包含混合类信息时，权系数的判别能力受到限制。

直观地说，应该选择更多的原子来反映类内变化而不是像在稀疏表示中那样选择非常少的原子，非稀疏系数应该只允许选择的原子消除类间干扰，而不是像协作表示那样允许所有的原子都参与表示。因此，本节介绍一种基于融合表示的分类方法(fused representation-based classification, FRC) (Li et al., 2016)来实现协作表示和稀疏表示在残差域中的平衡；此外，本节还介绍了一种基于弹性网络表示的分类方法(elastic net representation-based classification, ENRC)，将目标函数中的 L_1 和 L_2 范数结合起来，对高度相关的数据进行分组选择，从而估计出更鲁棒的权重系数并获得更好的分类性能。

5.3.1　融合协同与稀疏表示的高光谱分类算法

考虑一个包含训练样本的数据集 $\boldsymbol{X}=\{\boldsymbol{x}_i\}_{i=1}^{n}\in\mathbb{R}^d$ (d 是光谱带的数量) 和类标签

$\omega_i \in \{1,2,\cdots,C\}$，其中 C 为类的数量；n 为训练样本的总数；$\boldsymbol{x}_i$ 为第 i 类的训练样本；$\sum_{l=1}^{C} n_l = n$。通过所有可用标记训练数据的线性组合来表示测试样本 $\boldsymbol{y}$ 的近似值，在 SRC 中，对于测试样本 $\boldsymbol{y}$，稀疏表示的目标是找到线性组合的权重向量 $\boldsymbol{\alpha}^{(\mathrm{SR})}$ 使得有稀疏约束项 $\|\boldsymbol{\alpha}^{(\mathrm{SR})}\|_1$ 的 $\left\|\boldsymbol{y}-\boldsymbol{X}\boldsymbol{\alpha}^{(\mathrm{SR})}\right\|_2^2$ 最小化。因此目标函数可以表示为

$$\arg\min_{\boldsymbol{\alpha}^{(\mathrm{SR})}} \left\|\boldsymbol{y}-\boldsymbol{X}\boldsymbol{\alpha}^{(\mathrm{SR})}\right\|_2^2 + \lambda_1 \left\|\boldsymbol{\alpha}^{(\mathrm{SR})}\right\|_1 \tag{5.29}$$

式中，λ_1 为正则化参数，式(5.33)中的权重向量 $\boldsymbol{\alpha}^{(\mathrm{SR})}$ 可以通过基追踪(basic pursuit, BP)或基追踪去噪(basis pursuit denoising，BPDN)算法计算得出。得到 $\boldsymbol{\alpha}^{(\mathrm{SR})}$ 后，$\boldsymbol{X}$ 和 $\boldsymbol{G}_w$ 根据训练样本的给定类别标签分为 $\{\boldsymbol{X}_l\}_{l=1}^{C} \in \mathbb{R}^{d\times n_l}$ 和 $\left\{\boldsymbol{\alpha}_l^{(\mathrm{SR})}\right\}_{l=1}^{C} \in \mathbb{R}^{n_l\times 1}$。然后根据最小化类特定近似与原始像元之间残差的类来确定测试样本的类别标签。具体公式可表示为

$$\boldsymbol{r}_l^{\mathrm{SRC}}(\boldsymbol{y}) = \left\|\boldsymbol{X}_l\boldsymbol{\alpha}_l^{(\mathrm{SR})} - \boldsymbol{y}\right\|_2 \tag{5.30}$$

则该样本的标签被判定为 $\mathrm{SRC}(\boldsymbol{y}) = \arg\min_{l=1,\cdots,C} r_l^{\mathrm{SRC}}(\boldsymbol{y})$。

在 CRC 中，目标是找到线性组合的权重向量 $\boldsymbol{\alpha}^{(\mathrm{CR})}$，使得线性组合 $\left\|\boldsymbol{y}-\boldsymbol{X}\boldsymbol{\alpha}^{(\mathrm{CR})}\right\|_2^2$ 在最小 $\left\|\boldsymbol{X}\boldsymbol{\alpha}^{(\mathrm{CR})}\right\|_2^2$ 的约束下也最小，表达式为

$$\arg\min_{\boldsymbol{\alpha}^{(\mathrm{CR})}} \left\|\boldsymbol{y}-\boldsymbol{X}\boldsymbol{\alpha}^{(\mathrm{CR})}\right\|_2^2 + \lambda_2 \left\|\boldsymbol{\alpha}^{(\mathrm{CR})}\right\|_2^2 \tag{5.31}$$

λ_2 是正则化参数，取 $\boldsymbol{\alpha}^{(\mathrm{CR})}$ 的导数并将得到的方程置零之后可得

$$\boldsymbol{\alpha}^{(\mathrm{CR})} = \left(\boldsymbol{X}^{\mathrm{T}}\boldsymbol{X} + \lambda_2\boldsymbol{I}\right)^{-1}\boldsymbol{X}^{\mathrm{T}}\boldsymbol{y} \tag{5.32}$$

得到 $\boldsymbol{\alpha}^{(\mathrm{CR})}$ 后，然后根据最小残差 $\boldsymbol{r}_l^{\mathrm{CRC}}(\boldsymbol{y})$ 确定测试样本的类别标签。

1. 基于融合表示的分类方法

在 CRC 中，训练样本协同地形成测试像元的表示。换句话说，该表示可以被视为对由标记样本共同跨越的子空间投影。类似地，SRC 中的表示可以被视为对由标记样本稀疏地跨越的子空间投影，其中仅使用几个原子。实际上，协作表示意味着所有原子“协同”作用在单个像元的表示上，并且每个原子具有平等的机会参与表示；相反，稀疏表示反映了稀疏约束所施加的“竞争”性质。例如，在复杂的遥感场景中，由于空间分辨率或其他现象不足而出现的一些像元，如混合像元，更适合用稀疏表示。

为了使表示更合适，FRC 可以表示为

$$r_l^{\mathrm{FRC}}(\boldsymbol{y}) = (1-\theta)r_l^{\mathrm{CRC}}(\boldsymbol{y}) + \theta r_l^{\mathrm{SRC}}(\boldsymbol{y}) \tag{5.33}$$

式中，θ 为平衡参数($0 \leqslant \theta \leqslant 1$)，测试样本的类别标签根据残差最小的类别决定，当 $\theta=0$ 时，该方法简化到 CRC；当 $\theta=1$ 时，该方法简化到 SRC。

为了说明 FRC 的好处，描述了使用 University of Pavia 数据测试像元 CRC 和 SRC 权重系数的示例。在该示例中，选择每类 50 个训练样本并且将 $\min_{U} \boldsymbol{U}^{\mathrm{T}}\boldsymbol{X}\boldsymbol{L}_b\boldsymbol{X}^{\mathrm{T}}\boldsymbol{U}$ 设置为 0.5。图 5.7(c)展示出了测试像元相对于每个类训练数据的残差。在该示例中，测试像元来自类 8(即 bricks)。从比较结果来看，CRC 和 SRC 的最小残差分别来自第 3 类(即 Gravel)和第 2 类（即 meadows)，这意味着测试像元被错误分类为第 2 类或第 3 类。FRC 可以识别正确的类，因为最小残差对应于第 8 类。可以直接看出，FRC 的残差在 SRC 和 CRC 的残差之间，并且 θ 值不是很严格，只要它在该示例中约为 0.5。特别是，当 SRC 和 CRC 的结果不一致时，FRC 起着关键作用。 该示例验证残余级别融合(如 FRC)比 SRC 和 CRC 更具辨别力。

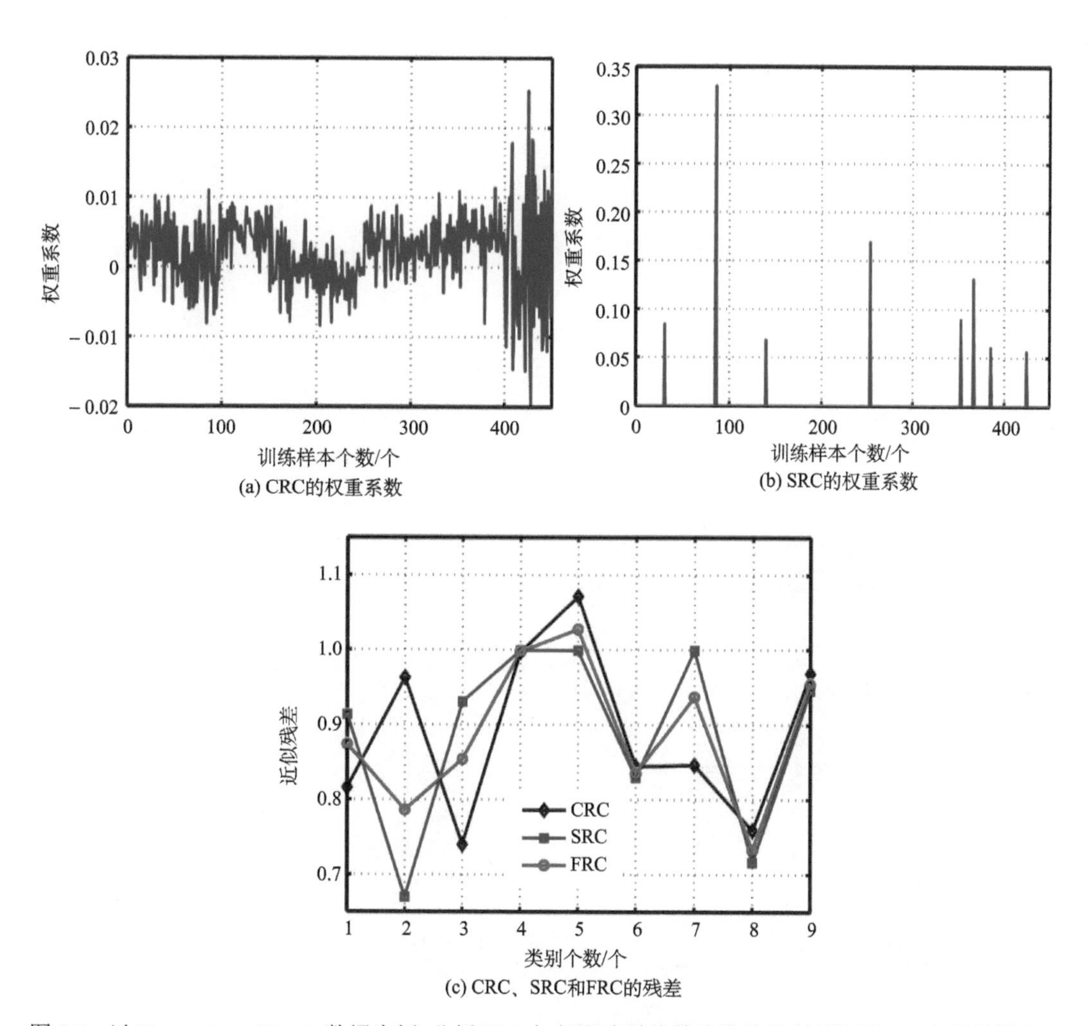

图 5.7　以 University of Pavia 数据为例，分析 FRC 如何影响最终的分类结果(每类选取 50 个训练样本，测试样本来自第 8 类)

2. 基于弹性网络表示的分类方法

在基于表示的分类中，得到的权重系数具有意义，因为它们反映了每个训练样本的重要性。因此，权重向量的求解是这种方法的核心部分。例如，如果相应的样本不太相关，则 SRC 中的稀疏约束将系数缩小为零。然而，当字典尺寸很小时，权重系数的稀疏性变得不准确和较弱。幸运的是，弹性网模型可以通过稀疏表示和协作表示凸组合有效地避开问题，从而得到鲁棒系数。在这项工作中，在基于表示的分类框架中使用弹性网模型，命名为 ENRC。优化目标变为

$$\arg\min_{\boldsymbol{\alpha}^{(\mathrm{EN})}}\left\|\boldsymbol{y}-\boldsymbol{X}\boldsymbol{\alpha}^{(\mathrm{EN})}\right\|_2^2+\lambda_1\left\|\boldsymbol{\alpha}^{(\mathrm{SR})}\right\|_1+\lambda_2\left\|\boldsymbol{\alpha}^{(\mathrm{CR})}\right\|_2^2 \tag{5.34}$$

当 $\lambda_1=0$ 时，该方法简化为 CRC，并且当 $\lambda_2=0$ 时，该方法简化为 SRC。

为了有效地解决 ENRC，首先定义一个合成数据集：

$$\boldsymbol{X}^*=(1+\lambda_2)^{-\frac{1}{2}}\begin{pmatrix}\boldsymbol{X}\\ \sqrt{\lambda_2 I}\end{pmatrix},\ \boldsymbol{y}^*=\begin{pmatrix}\boldsymbol{y}\\ 0\end{pmatrix} \tag{5.35}$$

当 $\boldsymbol{X}^*\in\mathbb{R}^{(d+n)\times n}$， $\boldsymbol{y}^*\in\mathbb{R}^{(d+n)\times 1}$，ENRC 问题实际上变成了 L_1 范数最小值问题：

$$\arg\min_{\boldsymbol{\alpha}^*}\left\|\boldsymbol{y}^*-\boldsymbol{X}^*\boldsymbol{\alpha}^*\right\|_2^2+\frac{\lambda_1}{\sqrt{1+\lambda_2}}\left\|\boldsymbol{\alpha}^*\right\|_1 \tag{5.36}$$

注意：$\boldsymbol{\alpha}^*$ 是具有多种 $n\times 1$ 尺寸的 $\boldsymbol{\alpha}^{(\mathrm{EN})}$ 的表示。权重向量可由下式来解决：

$$\boldsymbol{\alpha}^{(\mathrm{EN})}=\frac{\boldsymbol{\alpha}^*}{\sqrt{1+\lambda_2}} \tag{5.37}$$

得到 $\boldsymbol{\alpha}^{(\mathrm{EN})}$ 后，测试样本的类标签由最小残域 $\boldsymbol{r}_l^{\mathrm{ENRC}}(\boldsymbol{y})$ 确定。证明过程如下：根据式(5.35)得到 $\boldsymbol{X}^{*\mathrm{T}}\boldsymbol{X}^*=\frac{\boldsymbol{X}^{\mathrm{T}}\boldsymbol{X}+\lambda_2 I}{1+\lambda_2}$， $\boldsymbol{y}^{*\mathrm{T}}\boldsymbol{X}^*=\frac{\boldsymbol{y}^{\mathrm{T}}\boldsymbol{X}}{\sqrt{1+\lambda_2}}$， $\boldsymbol{y}^{*\mathrm{T}}\boldsymbol{y}^*=\boldsymbol{y}^{\mathrm{T}}\boldsymbol{y}$，式(5.36)可以进一步表示为

$$\begin{aligned}&\left\|\boldsymbol{y}^*-\boldsymbol{X}^*\boldsymbol{\alpha}^*\right\|_2^2+\frac{\lambda_1}{\sqrt{1+\lambda_2}}\left\|\boldsymbol{\alpha}^*\right\|_1\\&=\boldsymbol{\alpha}^{*\mathrm{T}}(\boldsymbol{X}^{*\mathrm{T}}\boldsymbol{X}^*)\boldsymbol{\alpha}^*-2\boldsymbol{y}^{*\mathrm{T}}\boldsymbol{X}^*\boldsymbol{\alpha}^*+\boldsymbol{y}^{*\mathrm{T}}\boldsymbol{y}^*+\frac{\lambda_1}{\sqrt{1+\lambda_2}}\left\|\boldsymbol{\alpha}^*\right\|_1\\&=(1+\lambda_2)(\boldsymbol{\alpha}^{(\mathrm{EN})\mathrm{T}}(\frac{\boldsymbol{X}^{\mathrm{T}}\boldsymbol{X}+\lambda_2\boldsymbol{I}}{1+\lambda_2})\boldsymbol{\alpha}^{(\mathrm{EN})})-2\boldsymbol{y}^{\mathrm{T}}\boldsymbol{X}\boldsymbol{\alpha}^{(\mathrm{EN})}+\lambda_1\left\|\boldsymbol{\alpha}^{(\mathrm{EN})}\right\|_1+\boldsymbol{y}^{\mathrm{T}}\boldsymbol{y}\\&=\left\|\boldsymbol{y}-\boldsymbol{X}\boldsymbol{\alpha}^{(\mathrm{EN})}\right\|_2^2+\lambda_1\left\|\boldsymbol{\alpha}^{(\mathrm{EN})}\right\|_1+\lambda_2\left\|\boldsymbol{\alpha}^{(\mathrm{EN})}\right\|_2^2\end{aligned} \tag{5.38}$$

图 5.8 说明了 ENRC 如何改进最终分类。测试像元选自第 3 类(即 gravel)。如果权重系数太密集[图 5.8(a)所示的 CRC]，这样并不合理，因为不希望有任何来自其他类的影响。另一方面，如果权重系数太稀疏[图 5.8(b)所示的 SRC]，图 5.8(d)所示的残差可

能不准确或不可靠。这里，CRC 和 SRC 的最小残差都来自第 8 类(即 Bricks)，这是不正确的。因此，理想的情况是相应的非零系数大多来自最相关的类。通过在目标函数中将 L_1 和 L_2 范数正则项组合在一起，弹性网表示实际上利用了协作表示和稀疏表示的优点，这保证了对高度相关数据的分组选择，同时也增强了样本的内在稀疏性和自相似性。与 FRC 不同，即使来自 SRC 和 CRC 的决策始终是错误的，ENRC 也可以提供一个正确的标签。

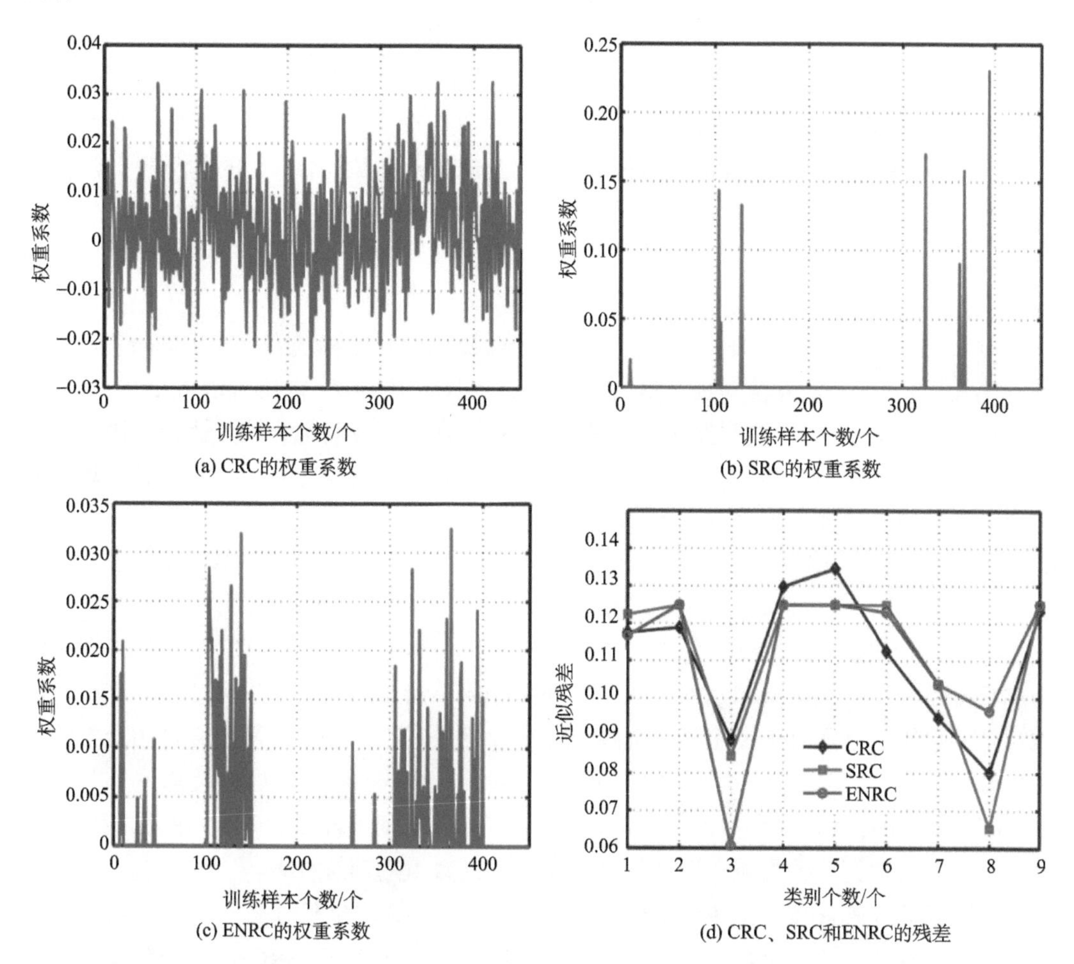

图 5.8　以 University of Pavia 数据为例，分析 ENRC 如何影响最终的分类结果(每类选取 50 个训练样本，测试样本来自第 3 类)

5.3.2　实验内容及结果分析

1. 实验数据

本节的实验采用前文介绍的 Indian Pines 数据集和 University of Pavia 数据集。对于 Indian Pines 数据，使用 8 个类别，以避免少数训练样本很少的类别，其中包括玉米-无耕地、玉米-少量耕地、草地-牧场、干草-落叶、大豆-无耕地、大豆-少量耕地、大豆-

收割耕地和木材。每类从地面真值图中随机抽取 120 个训练样本，其余样本作为测试(即 1314、714、377、369、848、2348、494 和 1174)。

对于 University of Pavia 数据，在实验中使用的 9 个类别是沥青 1、草地、砾石、树木、金属、裸土、沥青 2、砖块和阴影。每一类从地面真值图中随机抽取 120 个训练样本，其余样本作为测试(即 6512、18530、1980、2945、1226、4910、1211、3563 和 828)。

2. 参数调整

作为正则化参数，λ 的调整对基于表示分类器的性能很重要，需要进行证明其灵敏度的实验。通常，选用基于可用训练样本的留一交叉验证策略作为参数调整。图 5.9(a)显示了针对 Indian Pines 数据和 University of Pavia 数据不同 λ 的基于表示建模的分类效果。图 5.9 (c)说明了 ENRC 的参数调整。在 University of Pavia 数据中，L_1 范数和 L_2 范数都设置为 10^{-2}，在 Indian Pines 数据里，最优的 λ_1 和 λ_2 可以分别被设置为 10^{-2} 和 10^{-3}。

对于 FRC，另一个重要的参数就是用于平衡协作表示和稀疏表示产生的残差的 θ。图 5.9 (b)显示了不同 θ 值对应 FRC 的性能。很明显观察到对于 Indian Pines 数据集当 θ=0.4 或者 θ=0.6 时，性能明显比 θ=0 或者 1 时要好，这表明融合残差比单独协作表示或稀疏表示的判别性要强，同样 University of Pavia 数据也提供了最佳 θ，得到了相似的结论。所有最佳参数均用于以下实验。

3. 分类性能

对于实验数据，各方法的分类性能总结在表 5.7 和表 5.8 中。除 CRC 和 SRC 外，还与加权协作表示分类器(weighted collaborative representation, WCR)进行比较。这两个数据都是从可用的地面真值图中随机选择 120 个训练样本。为避免偏差，重复实验 10 次，并计算平均分类准确度。每个类别的准确度(average accuracy, AA)以及总体分类精度(overall accuracy, OA)也会被说明。值得一提的是，由于基于表示的分类器的性能可能受到不平衡训练数据集的影响，因此每个类使用相同数量的训练样本。

对于 Indian Pines 数据，FRC 和 ENRC 基本上可以产生比单独分类器(CRC 或者 SRC)更好的分类性能。事实上，对于某些类(如第 1 类和第 3 类)，SRC 的分类精度要高于 CRC；而对于其他类(如第 5 类和第 7 类)，CRC 优于 SRC。WCR 一般介于 CRC 和 SRC 之间。然而，FRC 和 ENRC 基本上优于这些传统的表示分类器。所有结果验证了基于融合的分类策略的方法。在 University of Pavia 数据中，仍然可以清楚地看到 FRC 和 ENRC 的表现优于其他。

采用标准化的 McNemar 测试验证 FRC 和 ENRC 在提高准确率方面的统计学意义。如表 5.9 所列，McNemar 检验的 $|z|$ 值大于 1.96 和 2.58，意味着两个结果在 95%和 99%置信水平上有统计学差异。它进一步证实了 FRC 和 ENRC 的性能改进。

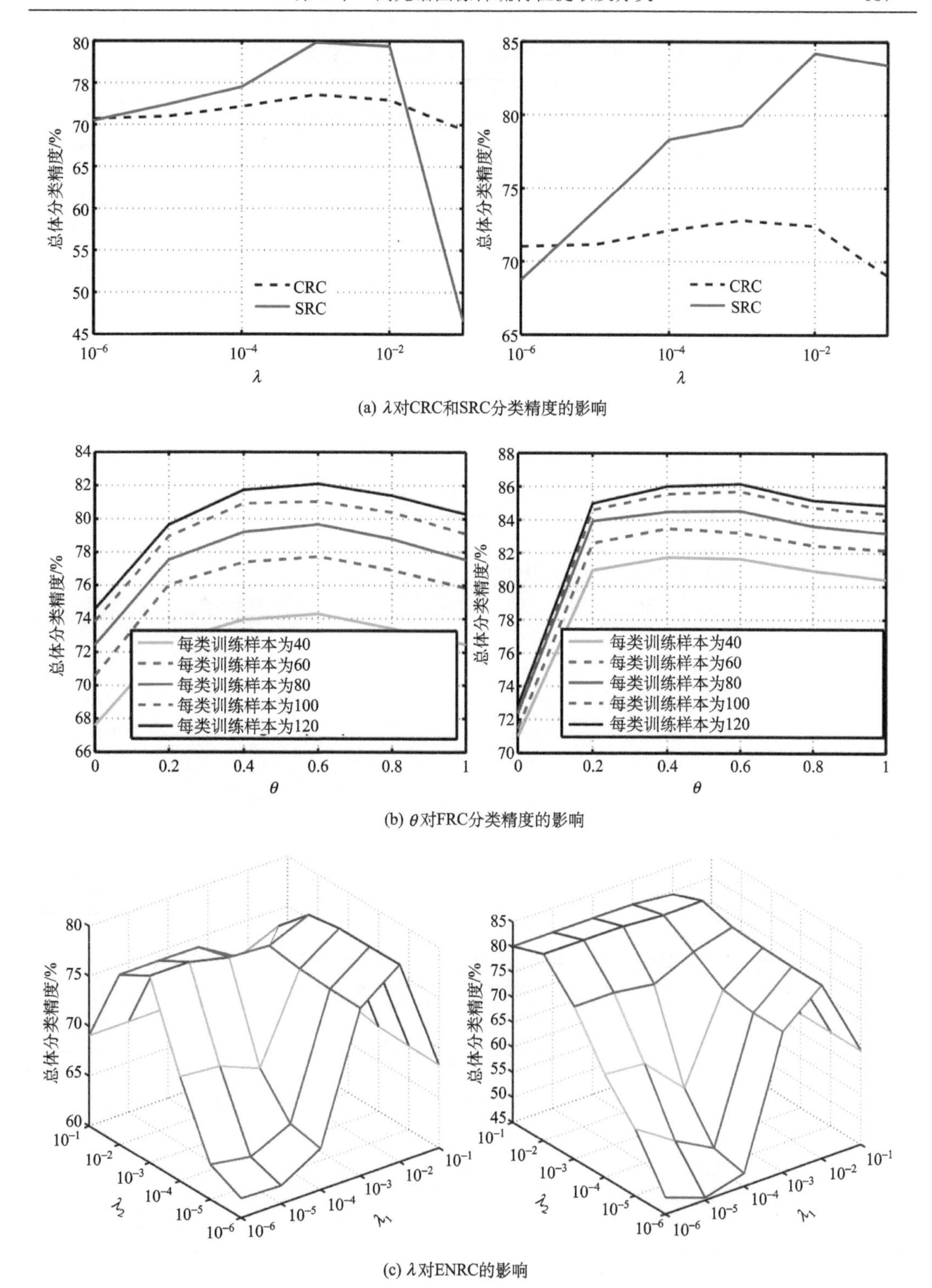

图 5.9　参数调优

（每类 120 个训练样本；左：Indian Pines 数据；右：University of Pavia 数据）

表 5.7　Indian Pines 数据各类分类精度以及每类 120 个训练样本的 OA　（单位：%）

类型	分类算法				
	CRC	WCR	SRC	FRC	ENRC
玉米-无耕地	85.21	85.53	87.19	89.52	90.21
玉米-少量耕地	48.92	54.58	69.66	70.86	69.18
草地/牧场	91.75	96.99	96.38	97.18	96.38
干草/落叶	99.80	100.00	100.00	100.00	100.00
大豆-无耕地	59.71	58.72	51.45	74.48	72.60
大豆-少量耕地	54.90	54.34	70.22	70.91	70.54
大豆-收割耕地	83.22	87.62	81.92	87.30	87.79
木材	97.37	99.00	99.77	99.92	99.92
OA	74.71	77.13	80.18	82.03	81.96

表 5.8　University of Pavia 数据各类分类精度以及每类 120 个训练样本的 OA　（单位：%）

类别	分类算法				
	CRC	WCR	SRC	FRC	ENRC
沥青 1	31.47	76.8	78.53	79.87	78.89
草地	82.87	80.27	80.6	81.6	81
砾石	84.8	85.53	85.07	87.2	88.22
树木	92.4	92.8	94.67	95.07	94
金属	99.87	99.87	100	100	100
裸土	46.93	85.33	87.07	88.13	89.36
沥青 2	88	88.33	88.93	94.93	92.67
砖块	16.83	46.73	46	46.8	47.71
阴影	97.33	97.4	98.93	99.33	99.89
OA	72.9	82.49	84.41	86.03	85.99

表 5.9　从统计学意义上利用标准化的 McNemar 检验算法之间的差异

类型	Indian Pines 数据	University of Pavia 数据
	z/重要性?	z/重要性?
FRC vs. CRC	23.72/是	84.53/是
FRC vs. WCR	12.85/是	27.15/是
FRC vs. SRC	4.97/是	8.21/是
ENRC vs. CRC	23.61/是	83.97/是
ENRC vs. WCR	12.19/是	23.41/是
ENRC vs. SRC	4.58/是	7.82/是

图 5.10 和图 5.11 显示出了用 CRC、SRC、FRC 和 ENRC 对这些高光谱场景进行分类，得到分类图。为了便于性能比较，只显示具有可用真值的区域。显然，与 CRC 相比，FRC 和 ENRC 生成的分类图噪声更小、更准确。

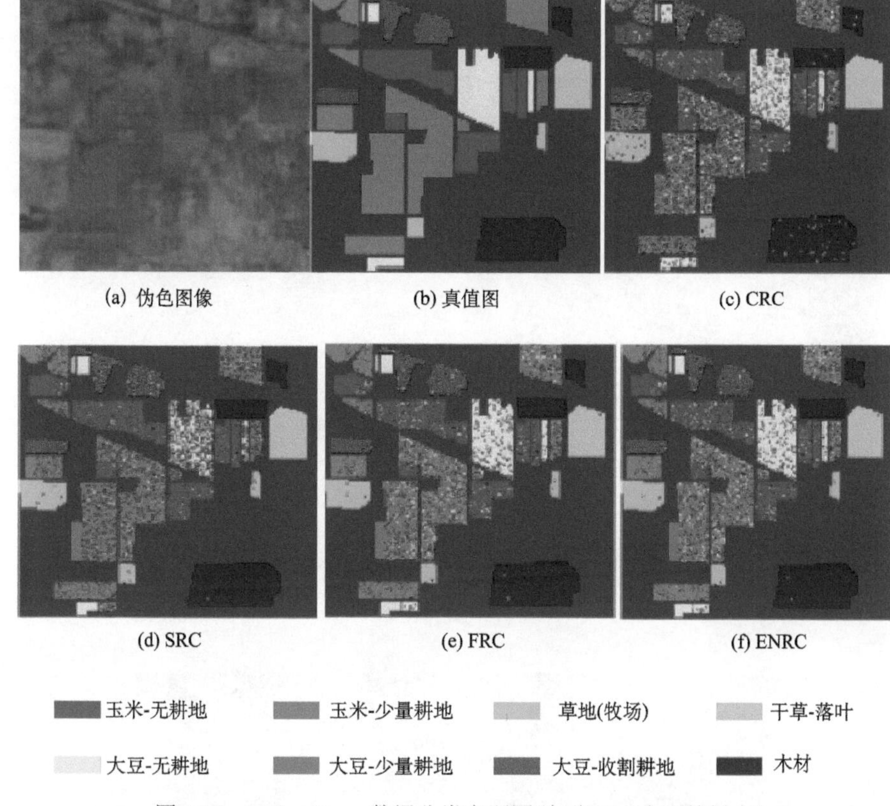

图 5.10　Indian Pines 数据分类专题图(每类 120 个训练样本)

图 5.12 展示出了实验数据训练样本大小不同的分类性能。对于这两个数据，每个类的训练样本数量都在 40～120 之间，并且使用真值图中所有标记的像元作为测试数据。可以看出，FRC 的分类性能随着训练样本数量的增加而增加，且始终优于 CRC 和 SRC。以 Indian Pines 数据为例，FRC 和 SRC 之间的差距为 2%。当样本数量少的时候，ENRC 的性能优于 FRC。

最后，上述方法的计算复杂度见表 5.10。所有实验均在具有 8GB RAM 的 Intel(R) Core(TM) i7-3770 CPU 机器上使用 MATLAB 进行。注意，ENRC 的成本略高于 SRC，因为它们的目标函数类似。值得一提的是，相关工具箱中 SRC 的 L_1 范数最小化使用了在 MATLAB 中调用 C 程序的 MEX 函数；否则，使用 L_2 范数最小化的计算成本应该比 CRC 高得多。

表 5.10　两个实验数据集的执行时间　(单位：s)

	Indian Pines 数据	University of Pavia 数据
CRC	238	406
SRC	4992	718
FRC	558	838
ENRC	516	725

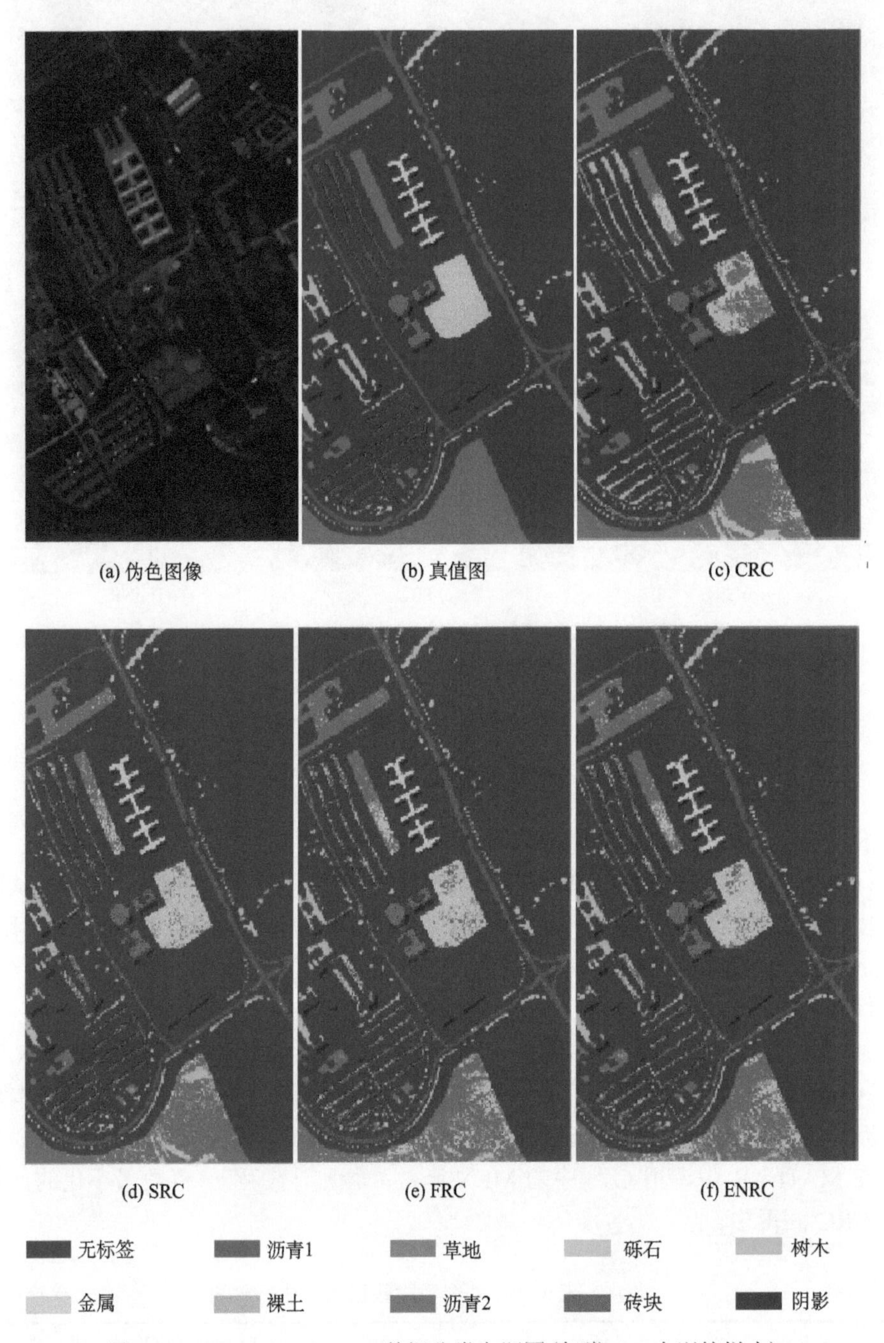

图 5.11　University of Pavia 数据分类专题图(每类 120 个训练样本)

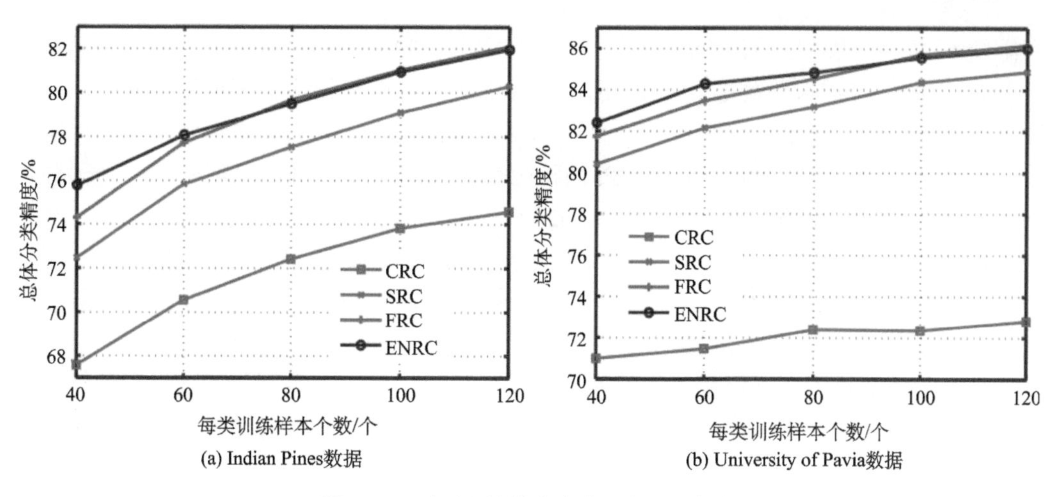

图 5.12　不同训练样本个数下的分类性能

5.3.3　结论

本节介绍了基于融合的分类策略(即残差级融合和 ENRC)。FRC 是为了在残差域实现协作表示和稀疏表示之间的平衡。结果表明，融合后的残差比单纯的协作表示或稀疏表示产生的残差具有更强的鉴别能力，更适合于在复杂场景下表示高光谱像元。对于 ENRC，目标函数中 L_1 和 L_2 范数的组合被证明能够对高度相关的数据进行分组选择，从而产生更鲁棒的权重系数。在真实高光谱图像上的实验结果验证了该算法优于现有的基于表示的分类器。当训练样本数量较少时，ENRC 可能比 FRC 提供更好的性能。注意，虽然 FRC 引入了一个额外的平衡参数，但在两个实验数据集中，它的最佳值在[0.4～0.6]之内。因此，简单地将该参数值设为 0.5 可以在不进行调优的情况下获得令人满意的性能，不会增加算法的复杂度。

5.4　高光谱图像群稀疏分类方法

相较于空间信息后处理的方式，采用超像元分割等图像处理方式，再与原始图像进行空间和光谱特征的融合，更多地考虑了像元的局部空间和光谱一致性，在高光谱图像分类效果上带来了一定的提升。但是在这个过程中，空间信息和光谱信息的特征提取和表达依然是两个相对独立的过程，在实际应用中，比较容易受到各自的适用条件限制，从而对分类的结果产生一定的影响。

本节将从高光谱图像包含潜在的稀疏特性的角度出发，首先介绍稀疏表示分类(SRC)模型的原理和流程，并在基础上，根据图像像元间的局部空间相关性和稀疏表示字典潜在的群组特性，引入联合表示框架和双向约束条件，采用群组优化的方式协同表示和处理高光谱图像的空间和光谱信息，构建群稀疏表示(group SRC, GSRC)分类模型，实现基于空间和光谱信息协同表示的空谱综合分类方法。

在高光谱图像群稀疏表示分类模型的基础上，本节将针对高光谱图像的波段冗余及有限样本条件制约，以及混合像元的存在对分类产生的影响等问题，进一步展开介绍。一方面，通过流形学习算法，介绍如何将原始图像投影至低维度的流形子空间上，降低数据维度的同时，通过对信息的特征化表示提高模型的响应能力，实现基于局部保留投影(locality preserving projection, LPP)的稀疏表示分类模型和基于局部敏感判别性分析(locality sensitive discriminant analysis, LSDA）的群稀疏表示分类模型；另一方面，在子空间投影算法的基础上，通过在类别内随机选择样本建立更低维度的子空间，建立联合子空间投影(union of random subspace projection)算法，解决混合像元对子空间投算法造成的不稳定性等问题。并在此基础上，介绍基于联合子空间投影的群稀疏表示分类模型。本节采用多组真实的高光谱图像进行实验，验证和评价所以上模型的有效性和稳定性。最后对基于空间和光谱信息协同表示的空谱综合分类新方法进行总结。

5.4.1 基于光谱特征优化的高光谱图像稀疏表示分类算法

在高光谱图像稀疏表示分类的过程中，参与表示与响应的内在核心是像元的光谱特征，因此特征表达和特征提取对于稀疏表示分类的结果有着重要的影响。然而原始的高光谱图像的波段众多，波段间相关性高，包含大量的冗余信息，导致在稀疏表示的过程中，容易产生干扰和误差(Li et al., 2013)。因此，如何有效地使用光谱特征信息，充分发挥稀疏表示模型的能力，是高光谱图像稀疏表示分类模型需要解决的关键问题。

1. *局部保留投影算法*

基于流形学习的投影算法的基本假设是高维度的原始数据可以近似存在于一个低维度的流形子空间上(Cai et al., 2005)。它是一种在不损失原始图像所包含的类别判别信息的前提下，将高维度的原始数据投影至低维的流形子空间的特征提取技术(Tang et al., 2014)。在众多基于流形学习的投影算法中，局部保留投影算法(locality preserving projection, LPP)因其能够留图像的邻域细节信息，且计算效率高等原因，成为该领域的经典算法之一。

LPP 算法是基于拉普拉斯图的概念，通过连接图像中的相邻像元点，对每条连接线定义相应的权重，构建邻接特征图(He and Niyogi, 2004)。对该特征图进行矩阵形式表示后，采用广义特征值分解求得其特征值和特征向量。根据特征值的排列顺序，定义流形学习后的空间维度，并提取对应的特征向量组成变换矩阵实现最终的投影变换(Wang et al., 2011)。

假定一幅原始的高光谱图像记为 $\boldsymbol{X}$，其包含的波段总数和像元为 B， $\boldsymbol{X}$ 中任意像元记为 $\boldsymbol{x}_i$，共计有 n 个像元。LPP 算法的具体流程为：

1) *构建邻接图*

将距离相近的两个像元 $\boldsymbol{x}_i$ 和 $\boldsymbol{x}_j$ 用一条边连接，这里距离可以采用如下两种定义：

(1) $\left\|\boldsymbol{x}_i - \boldsymbol{x}_j\right\|^2 < \varepsilon$，即常用的欧式距离。

(2) $\boldsymbol{x}_i$ 是 $\boldsymbol{x}_j$ 最近的 n 个像元，或 $\boldsymbol{x}_j$ 是 $\boldsymbol{x}_i$ 最近的 n 个像元。

2) 定义权重

将上述步骤中的连接边赋予权重，权重的赋值有如下两种方式：

(1) 热核形式：$W_{ij} = e^{-\frac{\|x_i - x_j\|^2}{t}}$。

(2) 简单形式：$W_{ij} = 1$，当且仅当 $\boldsymbol{x}_i$ 和 $\boldsymbol{x}_j$ 之间只有一条边连接。

3) 特征映射

构建如下式的广义特征值问题，求解其特征值和特征向量。

$$\boldsymbol{XLX}^{\mathrm{T}}z = \lambda \boldsymbol{X\Lambda X}^{\mathrm{T}}z \tag{5.39}$$

式中，$\boldsymbol{\Lambda}$ 为一个对角阵，$\boldsymbol{\Lambda} = \sum_j W_{ji} = \sum_i W_{ij}$，$\boldsymbol{L} = \boldsymbol{\Lambda} - \boldsymbol{W}$ 为拉普拉斯矩阵，$\boldsymbol{Z} = (z_1, z_2, \cdots, z_n)$ 为特征向量矩阵，对应升序排列的特征值 $\lambda_1 < \lambda_2 < \cdots < \lambda_n$。

最终，LPP 算法的投影结果为

$$\varphi(\boldsymbol{x}_i) = \boldsymbol{Z}_m{}^{\mathrm{T}} \boldsymbol{x}_i \tag{5.40}$$

式中，$\boldsymbol{Z}_m = (z_1, z_2, \ldots z_m)$ 为由特征向量定义的投影变换矩阵；$\boldsymbol{Z}_m \subset \boldsymbol{R}^{B\times m}$；$\varphi(\boldsymbol{x}_i)$ 表示投影后的像元向量。

2. 基于局部保留投影的稀疏表示分类模型

基于高光谱图像的潜在稀疏特性，针对有限样本条件下的波段冗余，避免冗余信息对稀疏表示产生的误差和干扰，有效使用高光谱图像的光谱特征信息，充分发挥稀疏表示模型的能力。介绍基于局部保留投影的高光谱图像稀疏表示分类模型(LPP-based SRC, LPSRC)，该模型的具体流程如图 5.13 所示。

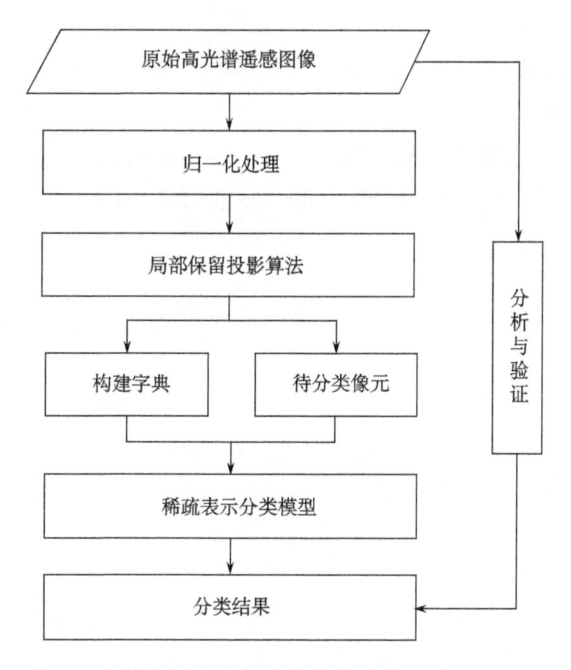

图 5.13　基于局部保留投影的高光谱图像稀疏表示(LPSRC)分类模型

具体来说，LPSRC 模型首先采用 LPP 算法将原始的高光谱图像 $\boldsymbol{X}$ 投影至低维度的流形子空间中，记投影的后图像为 $\varphi(\boldsymbol{X})$，其包含的任意位于位置 (i,j) 的待分类像元为 $\varphi(\boldsymbol{x}_{i,j})$。从 $\varphi(\boldsymbol{X})$ 随机挑选已知类别信息的训练样本，构建字典，记为 $\varphi(\boldsymbol{D})$，其中 $\varphi(\boldsymbol{D})$ 的任意一列表示一个投影后的训练样本。根据 SRC 模型，使用投影后的字典 $\varphi(\boldsymbol{D})$ 来表示投影后的待分类像元 $\boldsymbol{x}_{i,j}$，使得 $\varphi(\boldsymbol{x}_{i,j}) \approx \varphi(\boldsymbol{D})\boldsymbol{\alpha}^{\mathrm{LPSR}}$。通过对权系数向量 $\boldsymbol{\alpha}^{\mathrm{LPSR}}$ 施加 L_1 范数约束进行求解，根据 $\varphi(\boldsymbol{D})\boldsymbol{\alpha}^{\mathrm{LPSR}}$ 计算得到的近似值与 $\varphi(\boldsymbol{x}_{i,j})$ 之间的依类别残差，判定分类像元 $\boldsymbol{x}_{i,j}$ 的类别。因此 LPSRC 模型的判断方程表示为

$$\begin{cases} \arg\min\limits_{\boldsymbol{\alpha}^{\mathrm{LPSR}}} \dfrac{1}{2}\left\|\varphi(\boldsymbol{x}_{i,j}) - \varphi(\boldsymbol{D})\boldsymbol{\alpha}^{\mathrm{LPSR}}\right\|_2^2 + \lambda\left\|\boldsymbol{\alpha}^{\mathrm{LPSR}}\right\|_1 \\ \mathrm{class}(\boldsymbol{x}_{i,j}) = \arg\min\limits_{k}\left\|\varphi(\boldsymbol{x}_{i,j}) - \varphi(\boldsymbol{D})\delta_k(\boldsymbol{\alpha}^{\mathrm{LPSR}})\right\|_2 \end{cases} \tag{5.41}$$

5.4.2　基于群稀疏表示的高光谱图像空谱分类算法

高光谱图像稀疏表示分类模型的字典是通过随机选取各个类别已知标记的训练样本进行构建的。实际上，字典中潜藏着一种群组结构特性，在应用中可以通过一些特定的选取顺序与排列技巧，在构建字典时，将属于同种类别的训练样本放置在一起，组成各个依类别的子字典，整个字典即可以看作是子字典的集合，从而稀疏表示分类过程可以抽象地理解为衡量各个子字典对于待分类像元的表示效果(Zhang et al., 2014)。受这种思路的启发，可以对字典和权系数向量根据类别信息划分不同的群组，在使用字典和权系数向量表示待分类像元的过程中，以群组组合表示方式代替原始的像元组合表示方式；将权系数向量中的元素级别的稀疏约束上升至群组级别的稀疏约束，提升稀疏表示模型的表示能力(Sun et al., 2014)。

另外，稀疏表示分类模型主要侧重于字典对于单个待分类像元光谱特征的表示与响应效果。根据高光谱图像像元间的局部空间相关特性，引入联合表示框架，将局部邻域空间的像元集合作为一个整体考虑，协同表示空间和光谱信息，结合群组组合的表示方式，扩展稀疏约束，可以进一步提升模型的表示能力(Li et al., 2015; Yang et al., 2017)。

1. *群稀疏表示分类模型*

群稀疏表示分类(group SRC, GSRC)模型是在稀疏表示模型的基础上，根据字典和权系数向量的群组结构特性发展的一种表示分类模型(Huang et al., 2010)。早期的 GSRC 模型是基于单个待分类像元的表示形式，后通过加入像元间的局部相关特性，发展为基于待分类像元邻域集合的表示形式。本质上说，GSRC 模型的核心是通过对字典的重建，挖掘字典和稀疏系数的群组结构特性，激活群组元素共同表示替代单元素的表示方式，通过引入混合范数的稀疏约束，提高稀疏表示的性能。

1) 群稀疏表示分类(单分类像元形式)

假定一幅原始的高光谱图像记为 $\boldsymbol{X}$，$\boldsymbol{X}$ 的总波段数和包含地物类别的总数分别记为 B 和 K。$\boldsymbol{X}$ 中位于位置 (i,j) 的待分类像元表示为 $\boldsymbol{x}_{i,j}$。基于单个待分类像元的 GSRC

模型首先随机选取已知类别信息的标记样本，按照类别顺序组成字典 $\boldsymbol{D}=(\boldsymbol{D}_1,\cdots,\boldsymbol{D}_K)$，式中，$\boldsymbol{D}_k$ 表示类别 k 的子字典，$\boldsymbol{D}_k$ 的每一个列向量表示从类别 k 中随机挑选的标记样本。根据字典 $\boldsymbol{D}$ 中各类别的子字典 $\boldsymbol{D}_k$ 的分布形式，定义群组 $g\subset\{G_1,\cdots,G_K\}$，将权系数向量 $\boldsymbol{\alpha}$ 对应划分为 K 个群组，即 $\boldsymbol{\alpha}=\{\boldsymbol{\alpha}_g\mid g\in G\}$。

与 SRC 模型相似，GSRC 模型的目的同样是通过合理的约束与优化，找到稀疏性最好的权系数向量 $\boldsymbol{\alpha}$，使得 $\boldsymbol{D\alpha}$ 可以最好的表示待分类像元 $\boldsymbol{x}_{i,j}$。所不同的是 GSRC 模型根据字典的群组结构特性，重新定义了字典 $\boldsymbol{D}$ 和对应的权系数向量 $\boldsymbol{\alpha}$ 的结构，在表示的过程中，对应激活的是各个群组，而不再是单个元素，从而根据字典和权系数向量中对应活跃的群组稀疏性，判定待分类像元的类别。因此，对于权系数向量 $\boldsymbol{\alpha}$ 的稀疏性约束不再使用 L_1 范数，而是采用混合范数（$L_{1,2}$ 范数）对各个群组和整体同时进行约束，通过 Group Lasso 优化算法来进行判求解。这里对于权系数向量 $\boldsymbol{\alpha}$ 的混合范数的定义如式(5.42)所示：

$$\|\boldsymbol{\alpha}\|_{1,2}=\sum_{g\in G}\|\boldsymbol{\alpha}_g\|_2 \tag{5.42}$$

因此对于单个待分类像元 $\boldsymbol{x}_{i,j}$，GSRC 模型的判定方程表示为

$$\arg\min_{\boldsymbol{\alpha}}\frac{1}{2}\|\boldsymbol{x}_{i,j}-\boldsymbol{D\alpha}\|_2^2+\lambda\sum_{g\in G}\omega_g\|\boldsymbol{\alpha}_g\|_2 \tag{5.43}$$

式中，表示与群组的大小相关的补偿系数。

2) 群稀疏表示分类(局部邻域协同表示形式)

在基于单个待分类像元的 GSRC 模型基础上，加入对像元间的局部相关特性的考虑，可以将其扩展为基于待分类像元邻域集合的表示形式，实现空间和光谱信息的协同表示分类。如图 5.14 所示，假定 $\boldsymbol{X}_{i,j}$ 表示以待分类像元 $\boldsymbol{x}_{i,j}$ 为中心的邻域像元集合，局部邻域协同表示形式的 GSRC 模型的判别方程表示为

$$\arg\min_{\boldsymbol{A}}\frac{1}{2}\|\boldsymbol{X}_{i,j}-\boldsymbol{DA}\|_F^2+\lambda\sum_{g\in G}\omega_g\|\boldsymbol{A}_g\|_2 \tag{5.44}$$

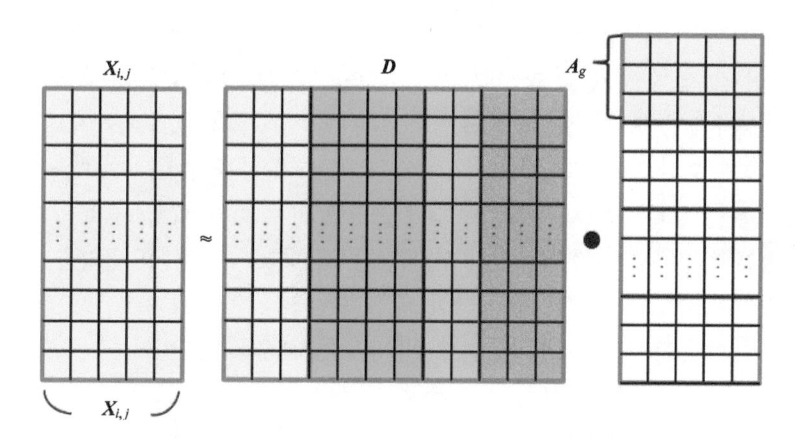

图 5.14　群稀疏表示(GSRC)分类模型原理示意

式中，$\boldsymbol{A}$ 为权系数矩阵；$\boldsymbol{A}$ 的每一列对应为 $\boldsymbol{X}_{i,j}$ 中每个像元的权系数向量；$\boldsymbol{A}_g$ 为对应字典 $\boldsymbol{D}$ 中各个群组的权系数矩阵；$\|\bullet\|_F$ 为矩阵的 F 范数约束。以权系数矩阵 $\boldsymbol{A}$ 为例，F 范数的定义为

$$\|\boldsymbol{A}\|_F = (\sum_{u=1}^{n}\sum_{v=1}^{m}\alpha_{u,v}^2)^{1/2} \tag{5.45}$$

式中，$\alpha_{u,v}$ 为权系数矩阵 $\boldsymbol{A}$ 中位于位置 (u,v) 的值；n 为字典 $\boldsymbol{D}$ 中标记样本的数量；m 为局部邻域像元集合 $\boldsymbol{X}_{i,j}$ 中包含的像元个数。

在获取权系数矩阵 $\boldsymbol{A}$ 后，位于 $\boldsymbol{X}_{i,j}$ 中心的待分类像元 $\boldsymbol{x}_{i,j}$ 的类别可以通过下式的方程进行判定：

$$\text{class}(\boldsymbol{x}_{i,j}) = \arg\min_k \|\boldsymbol{X}_{i,j} - \boldsymbol{D}\delta_k(\boldsymbol{A})\|_2^2 \tag{5.46}$$

式中，$\delta_k(\boldsymbol{A})$ 定了一种指示算子，可以将权系数矩阵 $\boldsymbol{A}$ 对应字典 $\boldsymbol{D}$ 中不属于类别 k（$k \in [1,K]$）的位置的元素赋值为零。

2. *基于局部敏感判别性分析的群稀疏表示分类模型*

同稀疏表示分类模型一样，高光谱图像的群稀疏表示分类模型同样面临着原始图像在有限样本条件下的波段冗余等问题。在基于待分类像元邻域集合的表示形式中，如何有效地对光谱信息进行特征表示，去除冗余信息的同时，保留局部空间的判别性结构，提高空间和光谱信息协同表示和判别能力，是高光谱图像群稀疏表示分类模型面临的关键问题。

局部敏感判别性分析（locality sensitive discriminant analysis, LSDA）算法是一种在保留局部流形结构的基础上，最大化挖掘数据判别信息的流形学习投影算法（Cai et al., 2007）。LSDA 算法是基于拉普拉斯图的概念，通过连接图像中的相邻像元点，对每条连接线定义相应的权重，构建邻接特征图。再将得到的邻接图像拆分成类内特征图和类间特征图，并分别用于对流形数据的几何结构以及判别性结构进行特征化表示。最后通过线性变换将原始数据投影至低维度的流形子空间，使得在局部邻域内，不同类别的样本间距最大化。

假定原始的高光谱图像记为 $\boldsymbol{X} = \{\boldsymbol{x}_1, \boldsymbol{x}_2, \cdots, \boldsymbol{x}_N\}$，其中第 i 个像元记为 $\boldsymbol{x}_i$，N 表示像元总数，$\boldsymbol{X}$ 中包含的波段总数记为 B。LSDA 算法的主要原理是确定变换矩阵 $\boldsymbol{U} = \{\boldsymbol{u}_1, \boldsymbol{u}_2, \cdots, \boldsymbol{u}_d\}$，将原始图像 $\boldsymbol{X}$ 映射至 $\boldsymbol{Z} = \boldsymbol{U}^{\mathrm{T}}\boldsymbol{X}$，其中 $\boldsymbol{Z} = \{z_1, z_2, \cdots, z_N\}$ 为投影后的图像，z_i 表示像元 $\boldsymbol{x}_i$ 经过投影后的像元。对于像元 $\boldsymbol{x}_i$，LSDA 算法首先搜索其相近的 t 个像元，构建邻域像元集合 $N(\boldsymbol{x}_i) = \{\boldsymbol{x}_i^1, \cdots, \boldsymbol{x}_i^t\}$。再将像元 $\boldsymbol{x}_i$ 与 $N(\boldsymbol{x}_i)$ 中的每一个像元使用一条边分别进行连接。并按照此规则建立全图的邻接图 G，并对邻接图 G 中的每条边赋予权重，这里邻接图 G 的权重矩阵 $\boldsymbol{W}$ 的定义为

$$\boldsymbol{W}_{ij} = \begin{cases} 1, & \text{当}\ \boldsymbol{x}_i \in N(\boldsymbol{x}_j)\ \text{或}\ \boldsymbol{x}_j \in N(\boldsymbol{x}_i) \\ 0, & \text{其他} \end{cases} \tag{5.47}$$

为了保留原始数据的空间分布信息和结构判别信息，LSDA 算法将像元 $\boldsymbol{x}_i$ 的邻域像

元集合 $N(\boldsymbol{x}_i)$ 分为两个子集 $N_w(\boldsymbol{x}_i)$ 和 $N_b(\boldsymbol{x}_i)$，分别构建类内邻接图 G_w 和类间邻接图 G_b。这里 $N_w(\boldsymbol{x}_i)$ 和 $N_b(\boldsymbol{x}_i)$ 的定义如下：

$$\begin{cases} N_w(\boldsymbol{x}_i) = \{x_i^j \mid l(x_i^j) = l(\boldsymbol{x}_i), 1 \leqslant j \leqslant t\} \\ N_b(\boldsymbol{x}_i) = \{x_i^j \mid l(x_i^j) \neq l(\boldsymbol{x}_i), 1 \leqslant j \leqslant t\} \end{cases} \tag{5.48}$$

其中，$l(\boldsymbol{x}_i)$ 表示像元 $\boldsymbol{x}_i$ 的类别。参考邻接图 G，可以定义类内邻接图 G_w 和类间邻接图 G_b 的权重矩阵 $\boldsymbol{W}_w$ 和 $\boldsymbol{W}_b$ 为

$$\begin{aligned} \boldsymbol{W}_{w,ij} &= \begin{cases} 1, & \text{当}\ \boldsymbol{x}_i \in N_w(\boldsymbol{x}_j)\ \text{或}\ \boldsymbol{x}_j \in N_w(\boldsymbol{x}_i) \\ 0, & \text{其他} \end{cases} \\ \boldsymbol{W}_{b,ij} &= \begin{cases} 1, & \text{当}\ \boldsymbol{x}_i \in N_b(\boldsymbol{x}_j)\ \text{或}\ \boldsymbol{x}_j \in N_b(\boldsymbol{x}_i) \\ 0, & \text{其他} \end{cases} \end{aligned} \tag{5.49}$$

为了满足类内邻接图 G_w 中的连接点之间的局部尽可能近，而在类间邻接图 G_b 中尽可能远，对 $\boldsymbol{Z}$ 构建如下两个优化方程：

$$\min \sum_{ij} (z_i - z_j)^2 \boldsymbol{W}_{w,ij} \tag{5.50}$$

$$\max \sum_{ij} (z_i - z_j)^2 \boldsymbol{W}_{b,ij} \tag{5.51}$$

由于 $\boldsymbol{Z} = \boldsymbol{U}^{\mathrm{T}}\boldsymbol{X}$，式(5.50)可以转简化表示为$(\boldsymbol{U}^{\mathrm{T}}\boldsymbol{X}\boldsymbol{D}_w\boldsymbol{X}^{\mathrm{T}}\boldsymbol{U} - \boldsymbol{U}^{\mathrm{T}}\boldsymbol{X}\boldsymbol{W}_w\boldsymbol{X}^{\mathrm{T}}\boldsymbol{U})$，其中 $\boldsymbol{D}_w$ 为对角阵，对角元素的定义为 $D_{w,ii} = \sum_j \boldsymbol{W}_{w,ij}$。同理，式(5.51)可以简化表示为 $\boldsymbol{U}^{\mathrm{T}}\boldsymbol{X}\boldsymbol{L}_b\boldsymbol{X}^{\mathrm{T}}\boldsymbol{U}$，其中 $\boldsymbol{L}_b = \boldsymbol{D}_b - \boldsymbol{W}_b$ 为邻接图 G_b 的拉普拉斯矩阵，$\boldsymbol{D}_b$ 为对角阵，对角元素的定义为 $D_{b,ii} = \sum_j \boldsymbol{W}_{b,ij}$。考虑到 $D_{w,ii}$ 与像元 $\boldsymbol{x}_i$ 周围分布密度的相关性，LSDA 算法在这里添加了约束 $\boldsymbol{Z}^{\mathrm{T}}\boldsymbol{D}_w\boldsymbol{Z} = 1$。

综上，式(5.50)中的优化方程可以进一步表示为

$$\min_{\boldsymbol{U}} \quad 1 - \boldsymbol{U}^{\mathrm{T}}\boldsymbol{X}\boldsymbol{W}_w\boldsymbol{X}^{\mathrm{T}}\boldsymbol{U} \tag{5.52}$$

或者等价表示为

$$\max_{\boldsymbol{U}} \quad \boldsymbol{U}^{\mathrm{T}}\boldsymbol{X}\boldsymbol{W}_w\boldsymbol{X}^{\mathrm{T}}\boldsymbol{U} \tag{5.53}$$

进一步可以表示为

$$\min_{\boldsymbol{U}} \quad \boldsymbol{U}^{\mathrm{T}}\boldsymbol{X}\boldsymbol{L}_b\boldsymbol{X}^{\mathrm{T}}\boldsymbol{U} \tag{5.54}$$

整合式(5.53)和式(5.54)可以简化为优化方程：

$$\begin{aligned} &\arg\max_{\boldsymbol{A}} \quad \boldsymbol{U}^{\mathrm{T}}\boldsymbol{X}[\gamma\boldsymbol{L}_b + (1-\gamma)\boldsymbol{W}_w]\boldsymbol{X}^{\mathrm{T}}\boldsymbol{U} \\ &\text{s.t.} \qquad \boldsymbol{U}^{\mathrm{T}}\boldsymbol{X}\boldsymbol{D}_w\boldsymbol{X}^{\mathrm{T}}\boldsymbol{U} = 1 \end{aligned} \tag{5.55}$$

式中，$\gamma \in [0,1]$ 为参数常数。这里对于式(5.55)的优化问题可以转化为求解下式的广义特征值问题：

$$\boldsymbol{X}[\gamma\boldsymbol{L}_b + (1-\gamma)\boldsymbol{W}_w]\boldsymbol{X}^{\mathrm{T}}\boldsymbol{U} = \lambda\boldsymbol{X}\boldsymbol{D}_w\boldsymbol{X}^{\mathrm{T}}\boldsymbol{U} \tag{5.56}$$

记式(5.56)中的解为 $\boldsymbol{U}=(\boldsymbol{u}_1,\boldsymbol{u}_2,\cdots,\boldsymbol{u}_d)$，其中 $\boldsymbol{u}_1,\boldsymbol{u}_2,\cdots,\boldsymbol{u}_d$ 表示按照特征值降序排列的特征向量。最终，对于原始图像 $\boldsymbol{X}\in\mathbb{R}^{N\times B}$，LSDA 算法的投影结果为

$$\boldsymbol{Z}=\boldsymbol{U}^{\mathrm{T}}\boldsymbol{X} \tag{5.57}$$

式中，$\boldsymbol{U}\in\mathbb{R}^{N\times B}$ 为投影的变换矩阵。

为了提高高光谱图像的群稀疏表示分类模型对于图像特征的响应能力，对原始的图像特征实现有效的特征化表示，去除原始图像的冗余信息的同时，保留局部空间的判别性结构，提高空间和光谱信息协同表示和判别能力，介绍基于局部敏感判别性分析的高光谱图像群稀疏表示分类模型(LSDA-GSRC)。该模型的具体流程如图 5.15 所示。

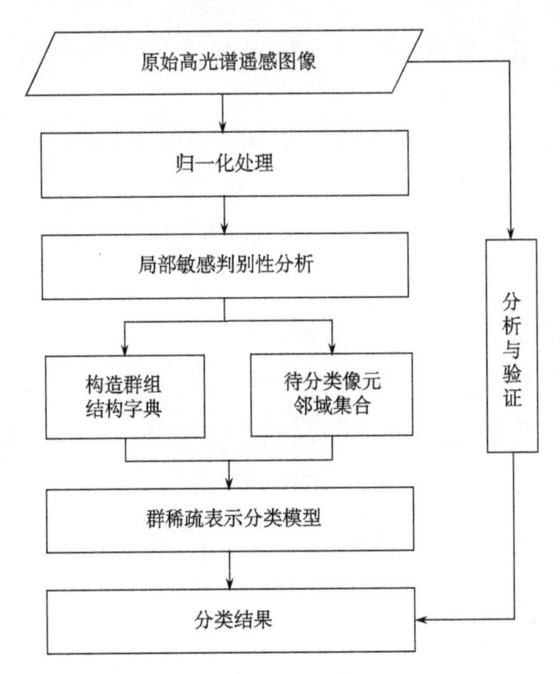

图 5.15　基于局部敏感判别性分析的高光谱图像群稀疏表示(LSDA-GSRC)分类模型

假定原始的高光谱图像记为 $\boldsymbol{X}$，$\boldsymbol{X}$ 中包含的地物类别总数记为 K，位于位置 (i,j) 的待分类像元记为 $\boldsymbol{x}_{i,j}$，以 $\boldsymbol{x}_{i,j}$ 为中心的局部邻域像元集合记为 $\boldsymbol{X}_{i,j}$。LSDA-GSRC 模型首先采用 LSDA 算法将原始的高光谱图像 $\boldsymbol{X}$ 投影至低维度的流形子空间中。记投影后的图像为 $\varphi(\boldsymbol{X})$，$\varphi(\boldsymbol{x}_{i,j})$ 和 $\varphi(\boldsymbol{X}_{i,j})$ 分别表示投影后的待分类像元及其邻域像元集合。参考 GSRC 模型的字典构造规则，从投影后的图像 $\varphi(\boldsymbol{X})$ 中，按照类别顺序从各个类别中随机选取训练样本，构建字典 $\varphi(\boldsymbol{D})$，根据各个类别选取的样本个数，定义群组 $g\subset\{G_1,\cdots,G_K\}$，对应构建权系数矩阵 $\boldsymbol{A}^{\mathrm{LSDA}}=\{\boldsymbol{A}_g^{\mathrm{LSDA}}\mid g\in G\}$，使 $\varphi(\boldsymbol{X}_{i,j})\approx\varphi(\boldsymbol{D})\boldsymbol{A}^{\mathrm{LSDA}}$。通过对权系数矩阵 $\boldsymbol{A}^{\mathrm{LSDA}}$ 施加混合范数约束进行优化求解。根据 $\varphi(\boldsymbol{D})\boldsymbol{A}^{\mathrm{LSDA}}$ 计算得到的近似值与 $\varphi(\boldsymbol{X}_{i,j})$ 之前的依类别残差，判定位于 $\boldsymbol{X}_{i,j}$ 中心的待分类像元 $\boldsymbol{x}_{i,j}$ 的类别。因此 LSDA-GSRC 模型的判别方程可以表示为

$$\begin{cases}\arg\min\limits_{A^{\mathrm{LSDA}}}\dfrac{1}{2}\left\|\varphi(\boldsymbol{X}_{i,j})-\varphi(\boldsymbol{D})\boldsymbol{A}^{\mathrm{LSDA}}\right\|_F^2+\lambda\sum\limits_{g\in G}\omega_g\left\|\boldsymbol{A}_g^{\mathrm{LSDA}}\right\|_2 \\ \mathrm{class}(\boldsymbol{x}_{i,j})=\arg\min\limits_{k}\left\|\varphi(\boldsymbol{X}_{i,j})-\varphi(\boldsymbol{D})\delta_k(\boldsymbol{A}^{\mathrm{LSDA}})\right\|_2^2\end{cases} \tag{5.58}$$

3. 基于联合子空间投影的群稀疏表示分类模型

局部保留投影(LPP)算法和局部敏感判别性分析(LSDA)算法都属于基于流形学习的投影算法。根据本节的介绍，基于流形学习的投影算法的核心是基于拉普拉斯图的概念，建立投影的变换矩阵，将原始的高维度数据映射至低维度的流形子空间上。在本节后文的实验中，也证明了基于流形学习的投影算法与稀疏表示分类模型的结合对于高光谱图像分类任务的有效性。

子空间投影可以有效地解决高光谱图像有限样本条件下的波段冗余，实现良好的特征化表示。不同于基于图的流形学习投影算法，子空间投影算法是选择原始图像各个类别的训练样本作为基向量，构造依类别的子空间。当新样本进入时，其到类别子空间的距离将成为分类判据，从而实现将原始的图像投影至张成的子空间上。在第 4 章实验中，已经证明了子空间投影算法和支持向量机(SVM)模型相结合对于高光谱图像分类的有效性。但是子空间投影算法是否同 LPP 算法和 LSDA 算法一样，可以和稀疏表示类的算法相结合，是其应用于高光谱图像分类的关键问题。

高光谱图像因其空间分辨率相对较低，图像中通常会存在掺杂多种地物光谱的混合像元，混合像元的存在导致在高光谱图像某些既定的类别中，可能依然存在不同光谱特征的集合，从而导致在应用子空间投影算法时，投影效果易受训练样本选择的影响(Khodadadzadeh et al., 2016)，直接与稀疏表示类算法相结合，可能会带来一定的表示误差。在子空间投影算法的基础上，介绍联合子空间投影算法(union of random subspace projection)。如图 5.16 所示，该算法的主要原理是在子空间投影算法对于原始图像各类别初次选取的训练样本基础上，再通过多次随机选取，扩展各个类别的类内基底，在当前各类别子空间下建立更低维度的子空间，最后通过联合子空间的表示，解决类内因混合像元导致存在不同光谱特征的集合，及其对子空间投影算法的影响。

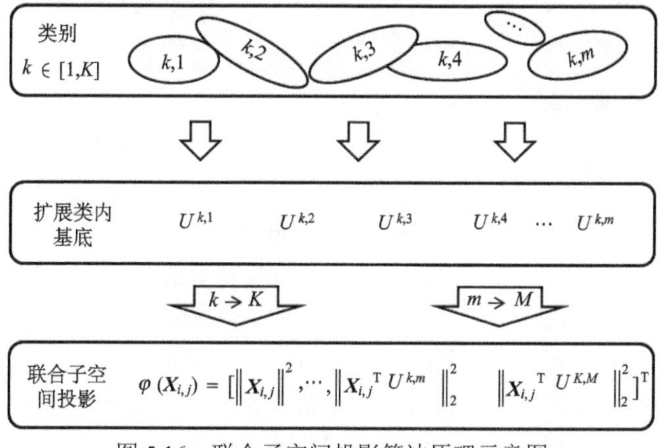

图 5.16　联合子空间投影算法原理示意图

联合子空间投影算法是在子空间投影算法基础上，在每种类别初次选定的标记样本内再随机抽取若干次，构建各类别的类内自相关矩阵集合。令 $\boldsymbol{R}^{(k,m)}=E\{x_{l^{(k)}}^{(k,m)}x_{l^{(k)}}^{(k,m)\mathrm{T}}\}$ 表示根据第 m 次随机选择的标记样本计算的自相关矩阵，$x_{l^{(k)}}^{(k,m)}$ 表示该次选择的类别 k 中的 $l^{(k)}$ 个标记样本，根据 $\boldsymbol{R}^{(k,m)}=\boldsymbol{E}^{(k,m)}\boldsymbol{\Lambda}^{(k,m)}\boldsymbol{E}^{(k,m)\mathrm{T}}$ 的特征表示形式，可以计算得到 $\boldsymbol{U}^{(k,m)}=\{e_1^{(k,m)},\cdots,e_{r^{(k)}}^{(k,m)}\}$，进而可以确定构建类别 k 子空间的一组更全面的基底 $\boldsymbol{U}^{(k)}=\{\boldsymbol{U}^{(k,m)}\}_{m=1}^{M}$，其中 M 表示类内随机抽取的总次数。

因此，对于像元 $\boldsymbol{x}_{i,j}$，联合子空间投影后的结果可以表示为

$$\varphi(\boldsymbol{x}_{i,j})=[\|\boldsymbol{x}_{i,j}\|^2,\|\boldsymbol{x}_{i,j}{}^{\mathrm{T}}\boldsymbol{U}^{(1,1)}\|_2^2,\cdots,\|\boldsymbol{x}_{i,j}{}^{\mathrm{T}}\boldsymbol{U}^{(1,M)}\|_2^2,\cdots,\|\boldsymbol{x}_{i,j}{}^{\mathrm{T}}\boldsymbol{U}^{(K,M)}\|_2^2]^{\mathrm{T}} \tag{5.59}$$

联合子空间投影更加全面的考虑了地物分布状况，是一种更加稳定的特征化表示方法，介绍了基于联合子空间投影的高光谱图像群稀疏表示分类算法(union of random subspace-based GSRC, GSRCusub)。该模型的其主要核心是使用联合子空间投影算法降低原始图像数据的维度，实现更加稳定的特征化表示，解决因混合像元导致类内存在不同光谱特征的集合及其对投影和稀疏表示分类造成的影响。使用经过联合子空间投影后的图像进行群稀疏表示分类，实现空间和光谱信息协同表示分类新方法。

假定原始的高光谱图像记为 $\boldsymbol{X}$，位于位置 (i,j) 的待分类像元记为 $\boldsymbol{x}_{i,j}$，$\boldsymbol{X}_{i,j}$ 表示以 $\boldsymbol{x}_{i,j}$ 为中心的局部邻域像元集合。GSRCsub 模型首先将 $\boldsymbol{X}$ 投影至低维度的联合子空间中，记投影的后图像为 $\varphi(\boldsymbol{X})$，$\varphi(\boldsymbol{x}_{i,j})$ 和 $\varphi(\boldsymbol{X}_{i,j})$ 分别表示投影后的 $\boldsymbol{x}_{i,j}$ 和 $\boldsymbol{X}_{i,j}$。再从 $\varphi(\boldsymbol{X})$ 中构建群组结构的字典 $\varphi(\boldsymbol{D})$ 及其对应的权系数矩阵 $\boldsymbol{A}^{\mathrm{usub}}$，通过对权系数矩阵 $\boldsymbol{A}^{\mathrm{usub}}$ 施加混合范数约束，进行优化求解。并根据 $\varphi(\boldsymbol{X}_{i,j})$ 与近似值 $\varphi(\boldsymbol{D})\boldsymbol{A}^{\mathrm{usub}}$ 之前的依类别残差，判定位于 $\boldsymbol{X}_{i,j}$ 中心的待分类像元 $\boldsymbol{x}_{i,j}$ 的类别。因此 GSRCsub 模型的判别方可以表示为

$$\begin{cases}\arg\min\limits_{\boldsymbol{A}^{\mathrm{usub}}}\dfrac{1}{2}\|\varphi(\boldsymbol{X}_{i,j})-\varphi(\boldsymbol{D})\boldsymbol{A}^{\mathrm{usub}}\|_F^2+\lambda\sum\limits_{g\in G}\omega_g\|\boldsymbol{A}_g^{\mathrm{usub}}\|_2 \\ \mathrm{class}(\boldsymbol{x}_{i,j})=\arg\min\limits_{k}\|\varphi(\boldsymbol{X}_{i,j})-\varphi(\boldsymbol{D})\delta_k(\boldsymbol{A}^{\mathrm{usub}})\|_2^2\end{cases} \tag{5.60}$$

5.4.3 实验内容及结果分析

1. 实验数据及参数设定

本节的实验采用前文介绍的 Indian Pines 数据集和 University of Pavia 数据集对所如上的 LPSRC 模型、LSDA-GSRC 模型和 GSRCusub 模型进行测试和验证。为了满足稀疏表示模型中对于稀疏性的准则要求，根据文献(Li and Du, 2014)，本实验从 Indian Pines 数据集的 16 类地物中，挑选了 8 个尺寸较大的互斥类别进行测试。另一方面，出于模型计算效率的考虑，本实验从 University of Pavia 数据集中，选择了 200×180 像素的区域进行测试，其中原始图像的 9 种地物均有分布，共计包含 8981 个标记样本。在对比分析

方面，实验引入了 SVM 模型、SRC 模型、GSRC 模型、基于主成分分析的(principle component analysis, PCA)的 SRC 模型(PCA-SRC)、基于邻域保留嵌入投影(neighborhood preserving emmbedding, NPE)的 GRSC 模型(NPE-GSRC)(He et al., 2005)和基于子空间投影的 GSRC 模型(GSRCsub)作为对照组，采用分类整体精度(OA)作为主要评价指标，全面分析和评价三种算法的有效性及稳定性。

针对 LPSRC 模型、LSDA-GSRC 模型和 GSRCusub 模型，首先对 LPP 算法投影后的维度 m 、LSDA 算法投影后的维度 d 以及联合子空间投影中类内随机抽取总次数 M (M 乘以总类别数为投影后维度)，采用两个数据集分别进行了测试分析。如图 5.17(a)～图 5.17(c)所示，根据测试的结果，对于 LPP 算法在 Indian Pines 数据集中，设定 $m=25$；在 University of Pavia 数据集，设定 $m=10$。对于 LSDA 算法在 Indian Pines 数据集中，设定 $d=30$；在 University of Pavia 数据集，设定 $d=10$。对于联合子空间投影算法在 Indian Pines 数据集中，设定 $M=3$ (即投影后维度为 24)；在 University of Pavia 数据集，设定 $M=6$ (即投影后维度为 54)。

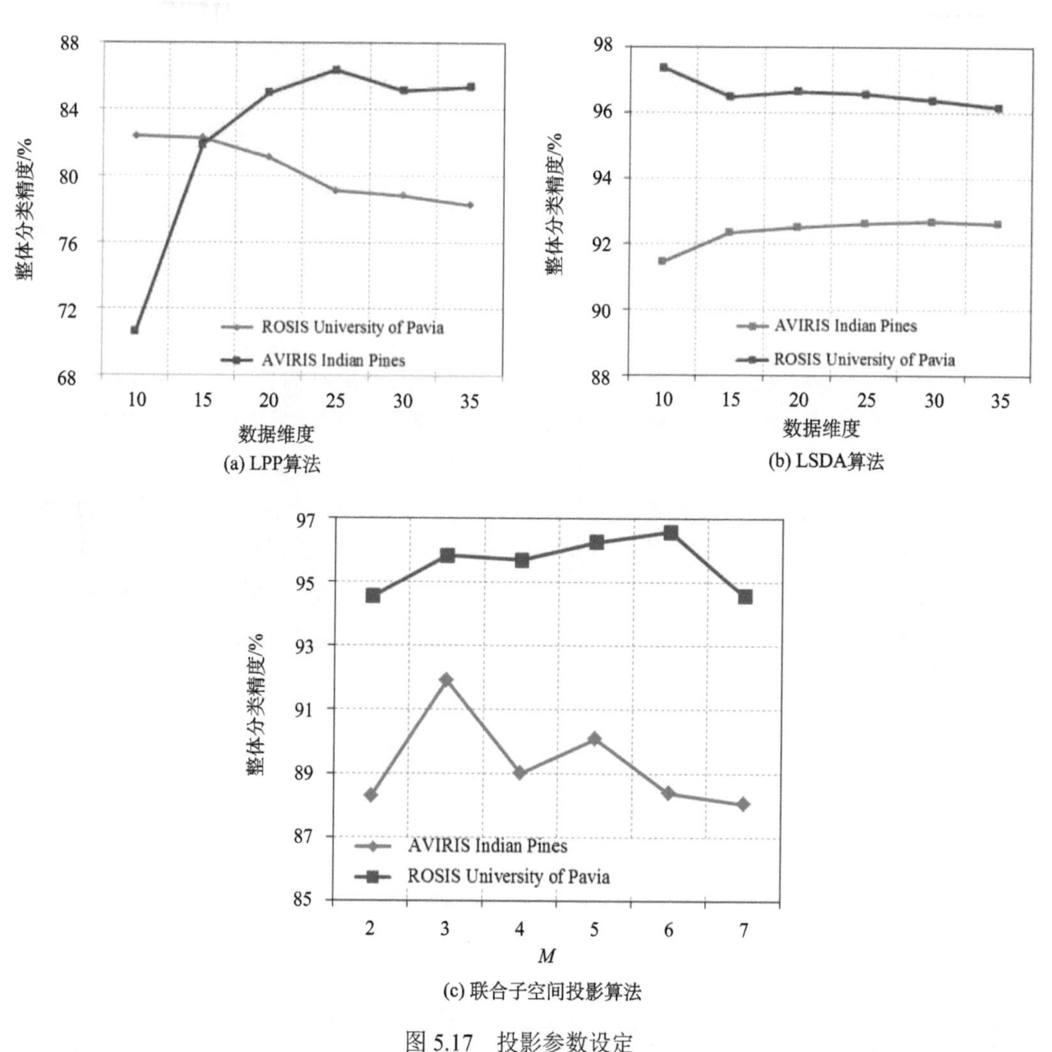

(a) LPP算法　(b) LSDA算法

(c) 联合子空间投影算法

图 5.17　投影参数设定

本节的实验对涉及的所有基于稀疏表示(SRC)的分类模型和基于群稀疏表示(GSRC)的分类模型，其中的稀疏约束的正则化参数λ进行了测试分析。如图 5.18(a)和图 5.18(b)所示，根据测试的结果，对基于 SRC 的分类模型在 Indian Pines 数据集中，设定$\lambda = 0.01$；在 University of Pavia 数据集，设定$\lambda = 0.1$。对基于 GSRC 的分类模型在 Indian Pines 数据集中，设定$\lambda = 0.01$；在 University of Pavia 数据集，设定$\lambda = 0.1$。

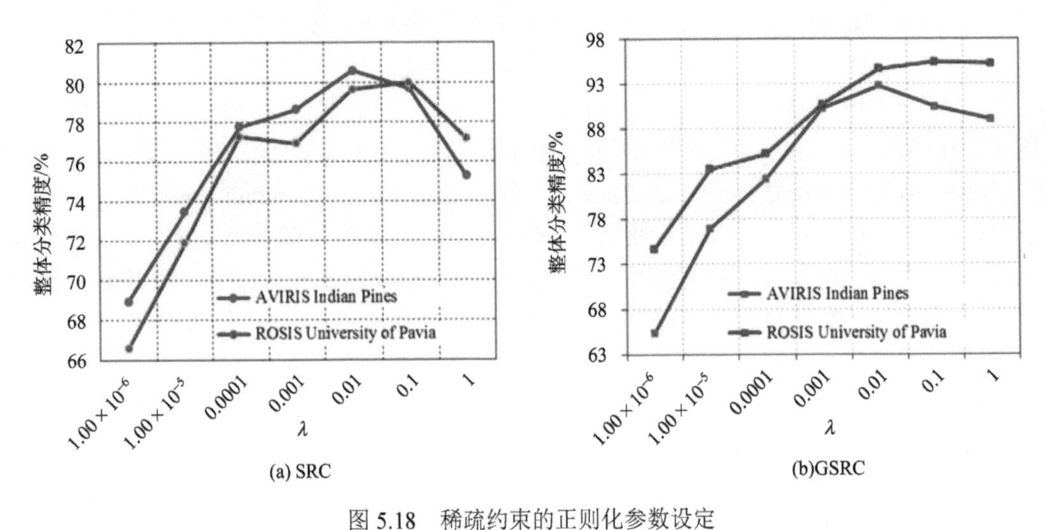

图 5.18　稀疏约束的正则化参数设定

2. 实验结果分析

本节实验中，对两个数据集分别选用了不同数量的训练样本来对 LPSRC 模型、LSDA-GSRC 模型和 GSRCusub 模型以及其他相关模型进行对比测试。针对 AVIRIS Indian Pines 数据集，为了满足稀疏性准则，训练集的大小从每类 30 个训练样本开始，增加到每类 100 个训练样本。针对 ROSIS University of Pavia 数据集，训练集的大小从每类 20 个训练样本开始，增加到每类 100 个训练样本。表 5.11 和表 5.12 分别展示了不同算法使用两个数据集进行分类所得到的结果，图 5.19 和图 5.20 则在表 5.11 和表 5.12 的结果中，挑选了 AVIRIS Indian Pines 数据集以及 ROSIS University of Pavia 数据集在使用每种类别 100 个训练样本时所获取的分类结果图像进行展示。从这些结果中，可以总结出以下结论：

表 5.11　Indian Pines 数据集使用不同数量训练样本的分类整体精度　(单位：%)

训练样本个数(每类)	占总样本比例	SVM	SRC	LPSRC	GSRC	LP-GSRC	GSRCsub	LSDA-GSRC	GSRCusub
240 (30)	2.78	58.80	71.37	74.74	78.70	78.10	78.92	81.34	81.63
320 (40)	3.71	61.18	73.62	76.12	83.17	81.41	81.63	83.36	83.95
400 (50)	4.64	63.96	75.86	78.31	85.53	84.50	83.92	86.42	86.89
480 (60)	5.57	64.60	76.59	79.46	85.41	85.32	85.31	88.37	87.50
560 (70)	6.49	66.21	77.45	80.69	85.88	86.13	86.15	89.20	88.67

续表

训练样本个数(每类)	占总样本比例	SVM	SRC	LPSRC	GSRC	LP-GSRC	GSRCsub	LSDA-GSRC	GSRCusub
640 (80)	7.42	67.90	78.04	81.06	86.74	87.48	86.48	90.89	90.75
720 (90)	8.35	68.44	78.78	81.93	86.02	87.94	87.07	90.99	90.34
800(100)	9.28	68.69	79.24	82.18	87.53	89.20	87.85	91.85	91.91

表 5.12　University of Pavia 数据集使用不同数量训练样本的分类整体精度　（单位：%）

训练样本个数(每类)	占总样本比例	SVM	SRC	LPSRC	GSRC	LP-GSRC	GSRCsub	LSDA-GSRC	GSRCusub
180 (20)	2.00	90.32	79.96	85.49	8835	89.46	87.76	92.81	90.34
270 (30)	3.01	93.00	81.14	86.17	89.54	90.89	88.48	93.83	91.26
360 (40)	4.01	93.39	81.71	85.47	90.35	92.34	89.53	95.01	93.31
450 (50)	5.01	93.99	83.48	87.41	91.58	93.83	90.04	95.94	94.71
540 (60)	6.01	94.59	84.69	88.58	92.11	94.07	91.01	96.24	94.72
630 (70)	7.01	94.91	85.29	89.44	92.95	94.90	92.31	96.95	94.92
720 (80)	&02	95.07	85.78	89.43	93.22	95.13	92.01	96.99	95.75
810(90)	9.02	95.44	86.57	89.83	93.79	95.87	93.67	97.24	96.46
900(100)	10.02	95.57	86.77	90.29	94.07	96.18	94.11	97.36	96.58

(1)分类精度与训练样本数量直接相关，各个模型均得到了相同的规律，即分类精度随训练样本数量增加而提高。

(2)相较于 SVM 模型，SRC 模型取得了相当的分类效果，证明了基于稀疏表示的分类模型用于高光谱图像分类的可行性；不仅如此，LPSRC 模型的分类效果优于 SRC 模型，证明了基于流形学习的光谱特征优化对于高光谱图像稀疏表示分类的有效性。

(3)相较于 SRC 模型，GSRC 模型取得了更高的分类精度和更加均质的分类效果，首先说明了像元间的局部空间相关性对于类别判定的帮助，同时也说明了对于字典和稀疏系数中群组特性的挖掘，以及基于空间和光谱信息的协同表示模型对于高光谱图像分类的有效性。另一方面，LSDA-GSRC 模型的分类效果优于 LP-GSRC 模型，说明了空间分布信息和结构判别信息的保留对光谱图像空间和光谱信息的协同表示分类的重要性。

(4)相较于 GSRC 模型，LP-GSRC 模型和 LSDA-GSRC 模型都取得了更好的分类结果，首先证明了基于流形学习的光谱特征化算法对于提升高光谱图像群稀疏表示分类效果的有效性。另一方面，LSDA-GSRC 模型的分类效果优于 LP-GSRC 模型，说明了空间分布信息和结构判别信息的保留对光谱图像空间和光谱信息的协同表示分类的重要性。

(5)相较于 GSRC 模型，GSRCsub 模型的分类效果并没有明显的提升，在某些样本数量情况下，分类精度还出现了下降。相比之下 GSRCusub 模型在分类精度和效果上带来了较为稳定且明显的提高。说明了联合子空间投影算法对子空间投影算法的改进和优化是有效的，在一定程度上解决了类别内复杂地物分布对于光谱特征化的影响，证明了其与群稀疏表示模型相结合对于高光谱图像的空间和光谱信息协同表示分类的有效性和稳定性。

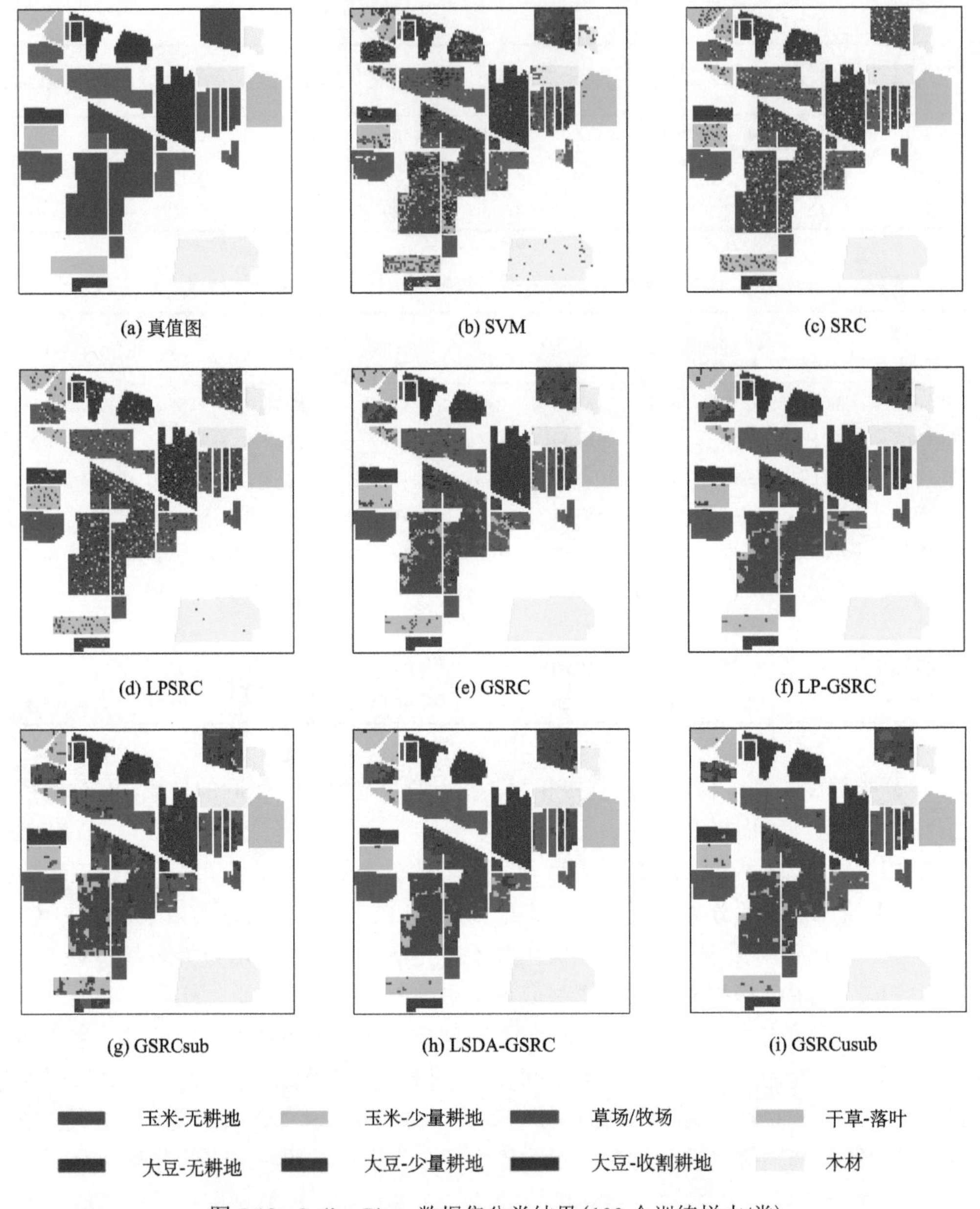

图 5.19　Indian Pines 数据集分类结果(100 个训练样本/类)

以图 5.19 和图 5.20 所展示的分类结果图为例，在 Indian Pines 数据集中，当使用每类 100 个训练样本时，LSDA-GSRC 模型与 GSRCusub 模型的分类精度分别为 91.85%和 91.91%，比 GSRC 模型高出 4.32%和 4.38%，比 SRC 模型高出 12.61%和 12.67%。在 University of Pavia 数据集中，当使用每类 100 个训练样本时，LSDA-GSRC 模型与 GSRCusub 模型的分类精度分别为 97.36%和 96.58%，比 GSRC 模型高出 3.29%和 2.51%。比 SRC 模型高出 10.59%和 9.81%。综合上述实验结果，可以证明本节所介绍的 LSDA-GSRC 模型与 GSRCusub 模型对于高光谱图像分类的有效性与稳定性。

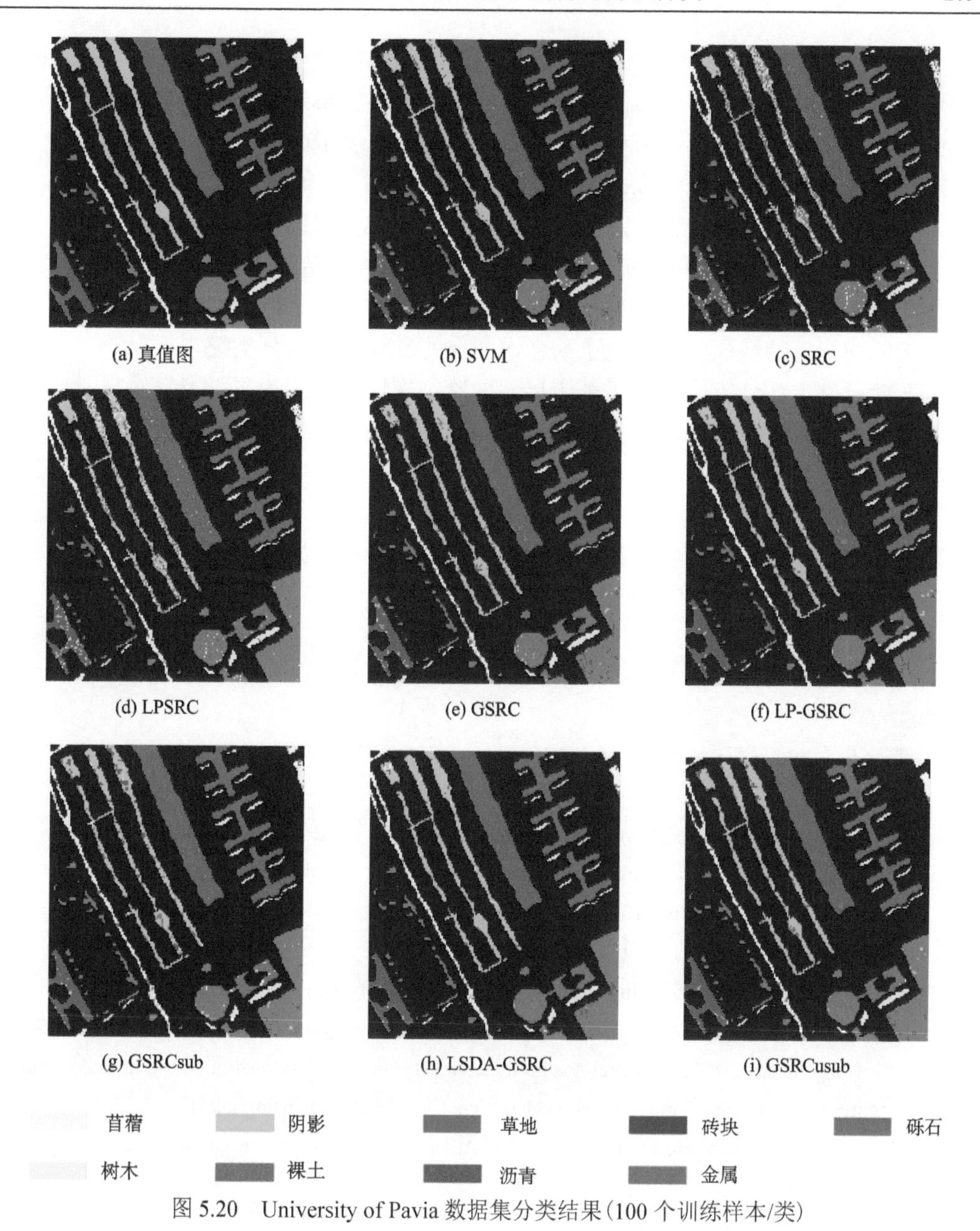

图 5.20　University of Pavia 数据集分类结果(100 个训练样本/类)

5.4.4　结论

分别介绍了基于空间信息处理的高光谱图像分类模型，以及基于局部空间和光谱信息一致性的高光谱图像分类模型。相较于前者利用局部空间相关特性对光谱特征分类结果进行调整和修正的处理方式,后者将具有高度空谱一致性的像元作为一个整体来考虑,更加有效地融合了局部空间和光谱特征信息，在一定程度上提高了高光谱图像空谱信息综合分类的效果。但是在这个过程中，空间和光谱特征的提取和处理的过程是相对独立的，比较容易受到各自的适用条件限制，进而可能影响分类精度的进一步提升。

局部保留投影的流形学习算法，对原始的高光谱图像进行光谱特征优化，保留图像的邻域细节信息的同时，有效地解决有限条件下的波段冗余等问题。将其与稀疏表示模型相结合，可实现基于局部保留投影的高光谱图像稀疏表示分类模型，验证了光谱特征优化对于稀疏表示分类性能的提升。

为了实现空间信息和光谱信息的深入协同，挖掘字典和稀疏系数中潜藏的群组结构特性，在稀疏表示分类模型的基础上，通过引入混合范数稀疏约束以及群组优化的方式，增强稀疏表示的响应；同时采用局部邻域联合表示的方式代替原始的单像元表示方式，引入局部空间相关特性，最终实现了高光谱图像的群稀疏表示分类模型。

并在此基础上，一方面介绍了基于局部敏感判别性分析的流形学习算法，对原始数据的光谱特征进行优化的同时，有效地保留局部空间的判别性结构，与群稀疏表示分类模型相结合，提高模型的协同表示能；另一方面，联合子空间投影算法可以解决高光谱图像类别内因地物分布情况复杂导致的子空间投影效果不佳等问题，从而与群稀疏表示分类模型相结合，实现光谱特征优化的同时，提高模型的判别能力。

参 考 文 献

宋琳，程咏梅，赵永强. 2012. 基于稀疏表示模型和自回归模型的高光谱分类. 光学学报，32(3)：314-320.

宋相法，焦李成. 2012. 基于稀疏表示及光谱信息的高光谱遥感图像分类. 电子与信息学报，34(2)：268-272.

Blanzieri E, Melgani F. 2008. Nearest neighbor classification of remote sensing images with the maximal margin principle. IEEE Transactions on Geoscience and Remote Sensing, 46(6): 1804-1811.

Cai D, He X, Han J. 2005. Document clustering using locality preserving indexing. IEEE Transactions on Knowledge and Data Engineering, 17(12): 1624-1637.

Cai D, He X, Zhou K, et al. 2007. Locality sensitive discriminant analysis. IJCAI, 2007: 1713-1726.

Clemmensen L, Hastie T, Witten D, et al. 2011. Sparse discriminant analysis. Technometrics, 53(4): 406-413.

Fang L, Li S, Kang X, et al. 2014. Spectral-spatial hyperspectral image classification via multiscale adaptive sparse representation. IEEE Transactions on Geoscience and Remote Sensing, 52(12): 7738-7749.

He X, Niyogi P. 2004. Locality preserving projections. Advances in Neural Information Processing Systems, 16: 153.

He X, Yan S, Hu Y, et al. 2005. Face recognition using laplacianfaces. IEEE Transactions on Pattern Analysis and Machine Intelligence, 27(3): 328-340.

Huang J, Zhang T. 2020. The benefit of group sparsity. The Annals of Statistics, 38(4): 1978-2004.

Jia S, Xie Y, Tang G, et al. 2016. Spatial-spectral-combined sparse representation-based classification for hyperspectral imagery. Soft Computing , 20(12): 4659-4668.

Khodadadzadeh M, Bruzzone L, Li J, et al. 2016. A Gaussian approach to subspace based classification of hyperspectral images. IEEE International Geoscience and Remote Sensing Symposium (IGARSS), 3278-3281.

Kolda T G, Bader B W. 2009. Tensor decompositions and applications. Siam Review, 51(3): 455-500.

Lai Z, Xu Y, Yang J, et al. 2013. Sparse tensor discriminant analysis. IEEE Transactions on Image Processing,

22(10): 3904-3915.

Li J, Bioucas-Dias J M, Plaza A. 2013. Semisupervised hyperspectral image classification using soft sparse multinomial logistic regression. IEEE Geoscience and Remote Sensing Letters, 10(2): 318-322.

Li J, Zhang H, Zhang L. 2015. Efficient superpixel-level multitask joint sparse representation for hyperspectral image classification. IEEE Transactions on Geoscience and Remote Sensing, 53(10): 5338-5351.

Li W, Du Q. 2016. A survey on representation-based classification and detection in hyperspectral remote sensing imagery. Pattern Recognition Letters, 83: 115-123.

Li W, Du Q, Zhang F. 2016. Hyperspectral image classification by fusing collaborative and sparse representations. IEEE Journal of Selected Topics in Applied Earth Observations and Remote Sensing, 9(9): 4178-4187.

Liu J, Wu Z, Wei Z, et al. 2013. Spatial-spectral kernel sparse representation for hyperspectral image classification. IEEE Journal of Selected Topics in Applied Earth Observations and Remote Sensing, 6(6): 2462-2471.

Mitani Y, Hamamoto Y. 2006. A local mean-based nonparametric classifier. Pattern Recognition Letters, 27(10): 1151-1159

Riffenburgh R H, Clunies-Ross C W. 1960. Linear discriminant analysis. Pacific Science, 14(6): 27-33.

Sun X, Qu Q, Nasrabadi N M, et al. 2014. Structured priors for sparse-representation-based hyperspectral image classification. IEEE Geoscience and Remote Sensing Letters, 11(7): 1235-1239.

Tang Y Y, Yuan H, Li L. 2014. Manifold-based sparse representation for hyperspectral image classification. IEEE Transactions on Geoscience and Remote Sensing, 52(12): 7606-7618.

Wang L, Xie X, Li W, et al. 2015. Sparse feature extraction for hyperspectral image classification. IEEE Signal and Information Processing: 1067-1070.

Wang Z, He B. 2011. Locality perserving projections algorithm for hyperspectral image dimensionality reduction. 19th International Conference on Geoinformatics, 1-4.

Wold S. 1987. Principal component analysis. Chemometrics and Intelligent Laboratory Systems, 2(1): 37-52.

Wright J, Yang A, Ganesh A, et al. 2009. Robust face recognition via sparse representation. IEEE Transactions on Pattern Analysis and Machine Intelligence, 431(2): 210–227.

Yang J, Li Y, Chan J, et al. 2017. Image fusion for spatial enhancement of hyperspectral image via pixel group based non-local sparse representation. Remote Sensing, 9(1): 53.

Zhang H, Li J, Huang Y, et al. 2014. A nonlocal weighted joint sparse representation classification method for hyperspectral imagery. IEEE Journal of Selected Topics in Applied Earth Observations and Remote Sensing, 7(6): 2056-2065.

Zou H, Hastie T. 2005. Regularization and variable selection via the elastic net. Journal of the Royal Statistical Society, 67(2): 301-320.

Zou H, Hastie T, Tibshirani R. 2006. Sparse principle component analysis. Journal of Computation and Graphical Statistics, (15): 265-286.

Zou J, Li W, Du Q. 2005. Sparse representation-based nearest neighbor classifiers for hyperspectral imagery. IEEE Geoscience and Remote Sensing Letters, 12(12): 2418-2422.

第 6 章　高光谱图像空谱多特征提取及分类

6.1　基于 Gabor 小波的空间特征提取及分类方法

如 4.1 节所述，最近正则化子空间(NRS)的思想可有效应用于高光谱图像地物分类与解译任务中(Qian et al., 2013)。然而，NRS 分类器是基于高光谱图像的光谱特征所设计，这意味着将 NRS 应用于高光谱图像分类任务中只是利用了其光谱信息而忽略了图像的空间信息(包括像素的空间相对位置、图像的边缘信息以及纹理细节等内容)。事实上，学者们通过对高光谱图像空间信息分布进行研究发现，相邻像素属于同一类别的概率也很大(Zhang and Huang, 2010)。因此，高光谱图像分类任务逐渐从仅使用光谱信息向综合考虑空谱多特征的方向发展，因此，空-谱联合分类器的研究和发展获得了业界和学术界极大的关注。另一方面，Gabor 特征被证明能够很好地表示高光谱图像的空间信息，因此在高光谱图像联合空间信息提取的分类任务中获得了极大的成功(Bau et al., 2010; Shen and Jia, 2011)。

作为高光谱图像空谱多特征提取及分类内容中的代表性工作，本节主要介绍基于 Gabor 的高光谱图像空间特征提取及分类算法(Li and Du, 2014)。通常，在空-谱分类中，对空间特征的提取和利用主要体现为两种形式：第一，提取某些类型的空间特征(比如纹理、形态学属性和小波特征等)；第二，基于局部连续性理论来假设在空间邻域内分布的像素属于同一类，因此直接使用该邻域内的像素进行分类。尽管第二种形式在不增加特征维度的同时可以提供较为鲁棒的分类性能，但是局部连续性的假设在空间纹理信息较为丰富时不一定会成立，且分类的性能普遍不高。因此，本节主要介绍介绍第一种形式，通过设计有效的空间特征提取或者选择方法，可以更好地对地物类别进行判别，得到更高的分类精度。具体地，介绍如何有效地实现 Gabor 特征提取，并考虑在小样本条件下(Das and Nenadic, 2009)将 Gabor 特征应用于 NRS 分类器的过程。

6.1.1　基于波段选择的 Gabor 空间特征提取

1. 波段选择

高光谱图像由大量波段组成，但其中许多包含冗余信息，这就需要使用特定的方法将其投影到子空间进行后续处理。与 PCA 作用相同，波段选择(如 linear prediction error, LPE)也是针对高光谱图像谱段降维的，可以通过选择具有独特和信息丰富的波段子集来将其投影到子空间进行降维；在前人的研究中，已经探索了基于空间特征的高光谱图像分类的 LPE 和 PCA，发现 LPE 的分类性能优于 PCA。原因可能是，微小的空间结构往往存在于不重要主成分而不是主要主成分中。因此，本节中也会介绍波段选择(LPE方法)的内容。

LPE 是一种基于频带相似性测量的频带选择方法。假设有两个初始波段 $B1$ 和 $B2$。对于每隔一个频带 B，近似值可以表示为 $B = a_0 + a_1 B_1 + a_2 B_2$，其中 a_0, a_1, a_2 是最小化 LPE 的参数：$\boldsymbol{e} = \|\boldsymbol{B} - \boldsymbol{B}'\|_2$。设参数矢量为 $a = [a_1, a_2, a_3]^{\mathrm{T}}$。采用最小二乘解得到 $a = \left(X_{B1B2}^{\mathrm{T}} X_{B1B2}\right)^{-1} X_{B1B2}^{\mathrm{T}} x_B$，其中 X_{B1B2} 是 N 行 3 列的矩阵，其所有列全部为 1，第二列为 $B1$ 波段，第三列为 $B2$ 波段。这里，N 是像素的总数，x_B 是 B 光谱波段。产生最大误差 e 的频带被认为是与 $B1$ 和 $B2$ 最不相似的频带，它将被选中。然后，使用这三个频段，可以通过类似的策略等找到第四个频段，以此类推。

2. Gabor 特征提取

Gabor 滤波器是一个由高斯包络调制的正弦函数，已被广泛应用于计算机视觉与图像处理领域中（Daugman et al., 1985; Clausi and Jernigan, 2000）。在二维 (a,b) 坐标系下，Gabor 滤波器由实部和虚部组成，可以表示为

$$\mathrm{g}(a,b,\delta,\theta,\psi,\sigma,\gamma) = \exp\left(-\frac{a'^2 + \gamma^2 b'^2}{2\sigma^2}\right) \times \exp\left(j\left(2\pi\frac{a'}{\delta} + \psi\right)\right) \tag{6.1}$$

其中，

$$\mathrm{a}' = a\cos\theta + b\sin\theta \tag{6.2}$$

$$b' = -a\sin\theta + \mathrm{b}\sin\theta \tag{6.3}$$

式中，δ 为正弦因子的波长；θ 为 Gabor 核的取向分离角，如图(6.1)所示；ψ 是相位偏移，σ 是高斯包络的标准差，γ 是空间纵横比，决定了 Gabor 函数形状的椭圆率；$\psi = 0$ 和 $\psi = \dfrac{2}{\pi}$ 分别对应 Gabor 滤波器的实部和虚部；参数 σ 由 δ 和空间频率带宽 bw 决定，即

$$\sigma = \frac{\delta}{\pi}\sqrt{\frac{\ln 2}{2}}\frac{2^{\mathrm{bw}} + 1}{2^{\mathrm{bw}} - 1} \tag{6.4}$$

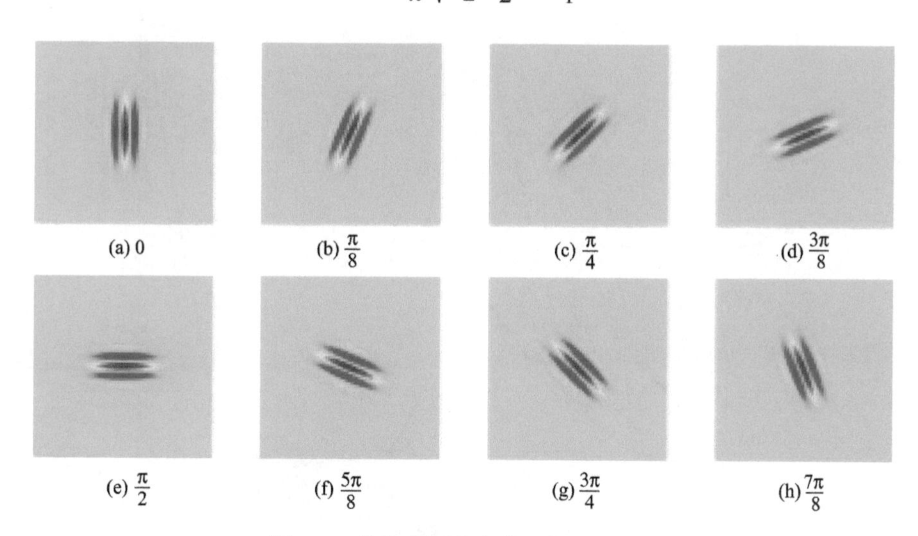

图 6.1　具有不同方向的二维 Gabor 核

Gabor 滤波器利用空间卷积核可以捕获图像中特定目标对象的物理结构，如特定方向信息等。之前也有一些学者应用提取的 Gabor 空间特征来表示图像区域，并将其应用于分类任务中(Bau et al., 2010; Shen and Jia, 2011; Huo and Tang, 2011; Zhang et al., 2012)。最新的工作中，二维 Gabor 滤波器可被应用于主成分分析法(PCA)投影子空间中以提取有用的空间信息。在实现上，Gabor 滤波器通常被用作 NRS 分类器的预处理步骤，即先利用 Gabor 滤波器提取空间特征，然后将所提的特征输入到 NRS 分类器中进行分类。在本书中，将基于 Gabor 特征提取的 NRS 分类器简称为 Gabor-NRS，整体描述在算法 1 给出。

算法 1　Gabor-NRS 分类器

输入：高光谱数据，类别标签 ω_i 和正则化参数 λ

1. 将 Gabor 滤波器应用于特征子空间
2. 将有标记的训练数据 $\boldsymbol{X}=\{\boldsymbol{x}_i\}_{i=1}^{n}$（包括对应的标签 ω_i）和待分类样本 $\boldsymbol{y}$ 映射到 Gabor 特征子空间
3. 实现 NRS 算法

输出：样本 $\boldsymbol{y}$ 的类别

具体地，通过与原始 NRS 比较，可以说明本节所介绍的 Gabor-NRS 分类器的优势(分别以主成分子空间和波段选择子空间为例：PC-Gabor-NRS / BS-Gabor-NRS)。根据算法 1，对于每个待分类的样本，类别标签由具有最小残差的类别确定。如图 6.2 所示，随机选取类别 1 中的某一个样本，计算通过三种对比方法下的归一化残差。从比较结果可以明显看出，PC-Gabor-NRS / BS-Gabor-NRS 达到正确类别(类别 1)的归一化残差比传统 NRS 小得多。此示例可证明 Gabor 特征具有比原始光谱特征更好的判别力。

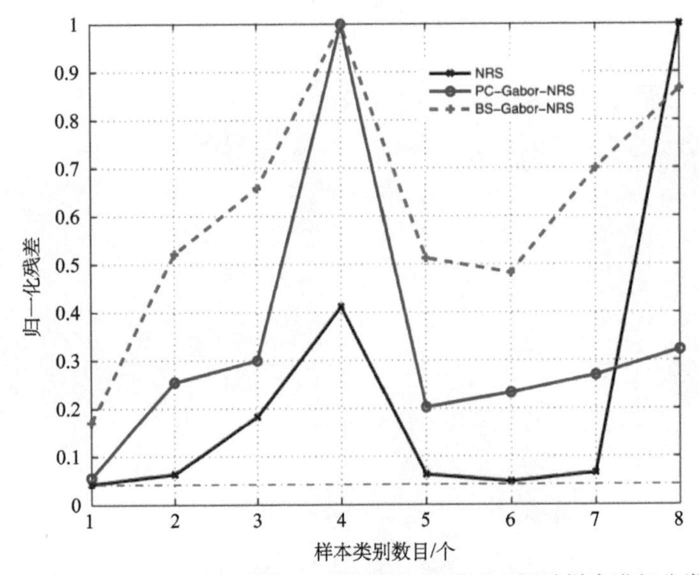

图 6.2　NRS、PC-Gabor-NRS 和 BS-Gabor-NRS 对类别 1 测试样本进行分类的残差

事实上，PC-Gabor-NRS / BS-Gabor-NRS 的判别能力可以通过权重向量的产生过程进一步可视化，如图 6.3 所示。正如本节之前所说，正则化项由待分类样本和特定类别标记样本集之间的距离度量确定，因此二次正则化项的一个好处是可以克服小样本条件

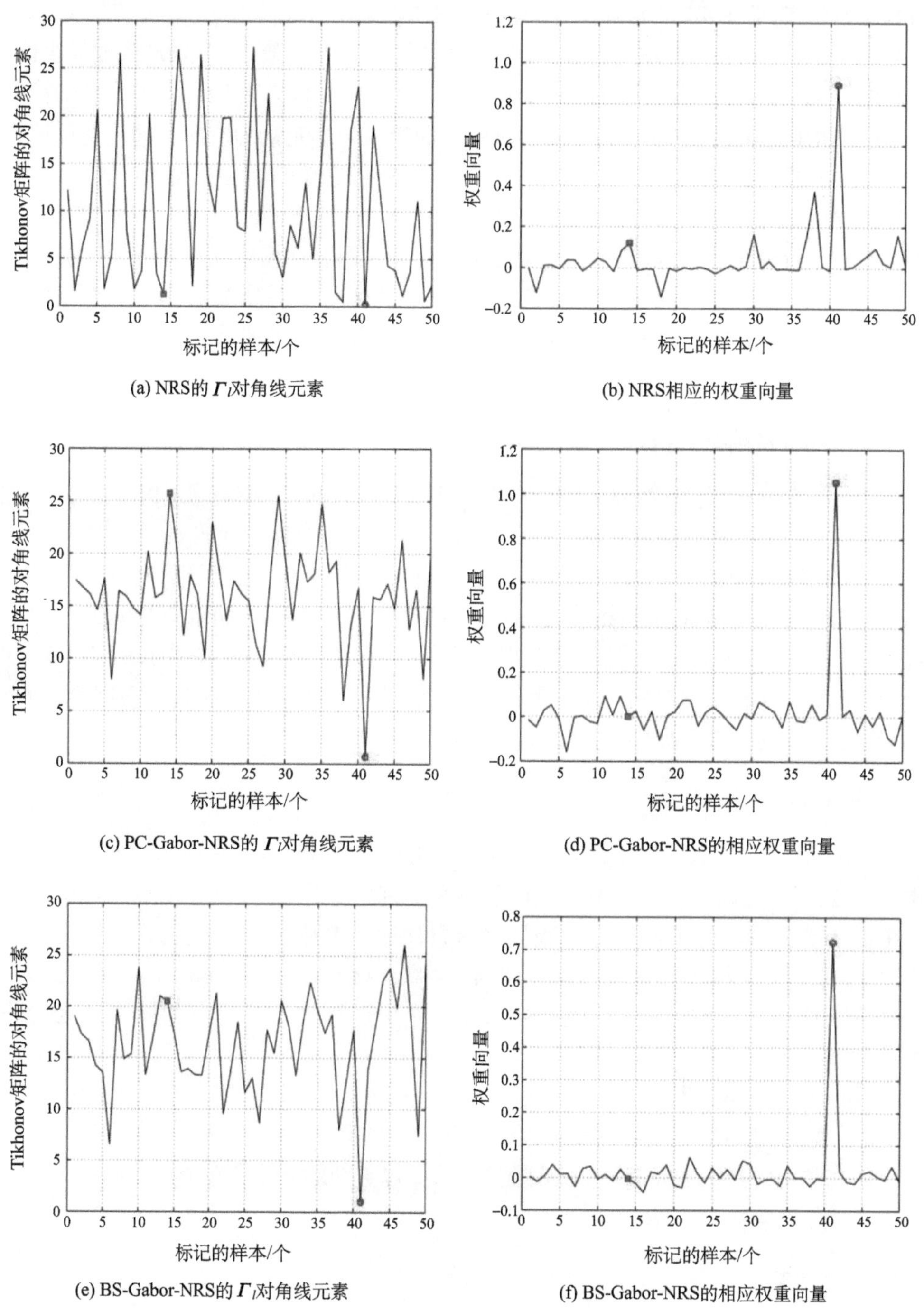

图 6.3　偏置 Tikhonov 矩阵 $\boldsymbol{\Gamma}_l$（利用 50 个有标记样本）对 NRS、PC-Gabor-NRS 和 BS-Gabor-NRS 中权重向量的影响

下逆问题中潜在的病态和不适定性；另一个好处是自适应地进行权重向量的计算。图 6.3 给出一个示例，该示例显示了针对 PC-Gabor-NRS 和原始 NRS，使用 50 个标记样本对 Tikhonov 矩阵 $\boldsymbol{\Gamma}_l$ 进行偏置后权重向量受到的影响。对于本节所介绍的 PC-Gabor-NRS，很明显观察到 $\boldsymbol{\Gamma}_l$ 的第 14 个元素接近最大值(用蓝色方块标记)，相应 α_l 中的权重接近 0，表示标记集中的第 14 个元素与待分类的样本不同；$\boldsymbol{\Gamma}_l$ 中的第 41 个元素接近最小值(用红色圆圈标记)，在 α_l 中相应的权重是最大的，这提供了最大的加权能力。特别注意到 PC-Gabor-NRS/BS-Gabor-NRS 与原始 NRS 之间第 14 个元素的有所不同，对最原始的 NRS，计算出的元素距离具有较小的值，而 PC-Gabor-NRS 的结果相反，这表明第 14 个元素被识别为分配了较小权重的样本，该样本近似估计要在 Gabor 滤波特征空间中而非原始空间中进行分类。PC-Gabor-NRS/BS-Gabor-NRS 拥有并增强了原始 NRS 的属性-距离权重度量对正则化项以及计算出权重的结构意义。即与要分类的样本最不相似的标记样本(Gabor 滤波特征空间中的训练样本)对线性表示的贡献要比相似样本的贡献要小的多。

6.1.2　实验内容及结果分析

在了解 Gabor 空间特征提取优势的基础上，进一步分析 PC-Gabor-NRS / BS-Gabor-NRS 在高光谱图像分类方面的性能。具体地，对比了 Gabor 空间特征提取器在不同类型分类器中的分类性能。比如，基于最大似然估计原理的正则化线性判别分类器(regularized linear discriminative analysis, RLDA)以及本书前面章节介绍的 SVM 和 SRC 等。为了便于对比，各类型分类器简称如下：基于 Gabor 滤波器的 RLDA(PC-Gabor-RLDA/BS-Gabor-RLDA)、基于 Gabor 滤波的 SVM(PC-Gabor-SVM/BS-Gabor-SVM)和基于 Gabor 滤波的 SRC(PC-Gabor-SRC/BS-Gabor-SRC)。

1. 实验数据

Indian Pines 数据集光谱覆盖范围为 400～2450nm，空间分辨率为 20m，包含 145×145 个像元和 220 个光谱波段，共包含 16 个地物类别，其中大多数代表不同类型的农作物。在本节实验中，为了便于分析和展示，只使用了其中的 8 个类别，总标记像元为 8624 个，每个类的样本分别为 1460、834、497、489、968、2468、614 和 1294。每个类别分别选择 20 个标记样本(总共 160 个)作为训练样本，剩下的样本则为待分类的测试样本。

University of Pavia 数据集光谱覆盖范围为 430～860nm，空间分辨率为 1.3m，包含 610×340 个像元和 115 个光谱波段，去掉了含有大量噪声的波段得到 103 个波段，共包含 9 个地物类别。本节随机选择多个标记样本(如每类 20、30 或 70 个)和 6660 个待分类的样本来评估所介绍的方法。

2. 参数调整

首先，本节介绍了 Gabor 滤波器针对高光谱的滤波器的参数。在本节中，最初考虑了八个方向，并且根据式(6.4)，Gabor 滤波器的参数各不相同，如图 6.4 所示，(a)和

(b) 是 Indian Pines 数据，(c)和(d) University of Pavia 数据。图 6.4 说明了所介绍的 PC-Gabor-NRS 和 BS-Gabor-NRS 相对于δ和 bw 的分类准确性。注意，对于本节中的 PC-Gabor-NRS，一些参数是根据经验选择的，如 PC 的维度为 10，其他参数根据以下实验估算，如正则化参数$\lambda=0.5$。从结果来看，两个实验数据的最佳δ值都为 16，Indian Pines 数据的最佳 bw 值为 1，University of Pavia 数据的最佳 bw 值为 5。本节进一步给出了不同的选择以及空间频率带宽 bw 的选择。八个方向是图 6.1 中所示的方向，四个方向包括$[0,\pi/4,\pi/2,3\pi/4]$，两个方向包括$[0,\pi/2]$,一个方向是$[\pi]$。

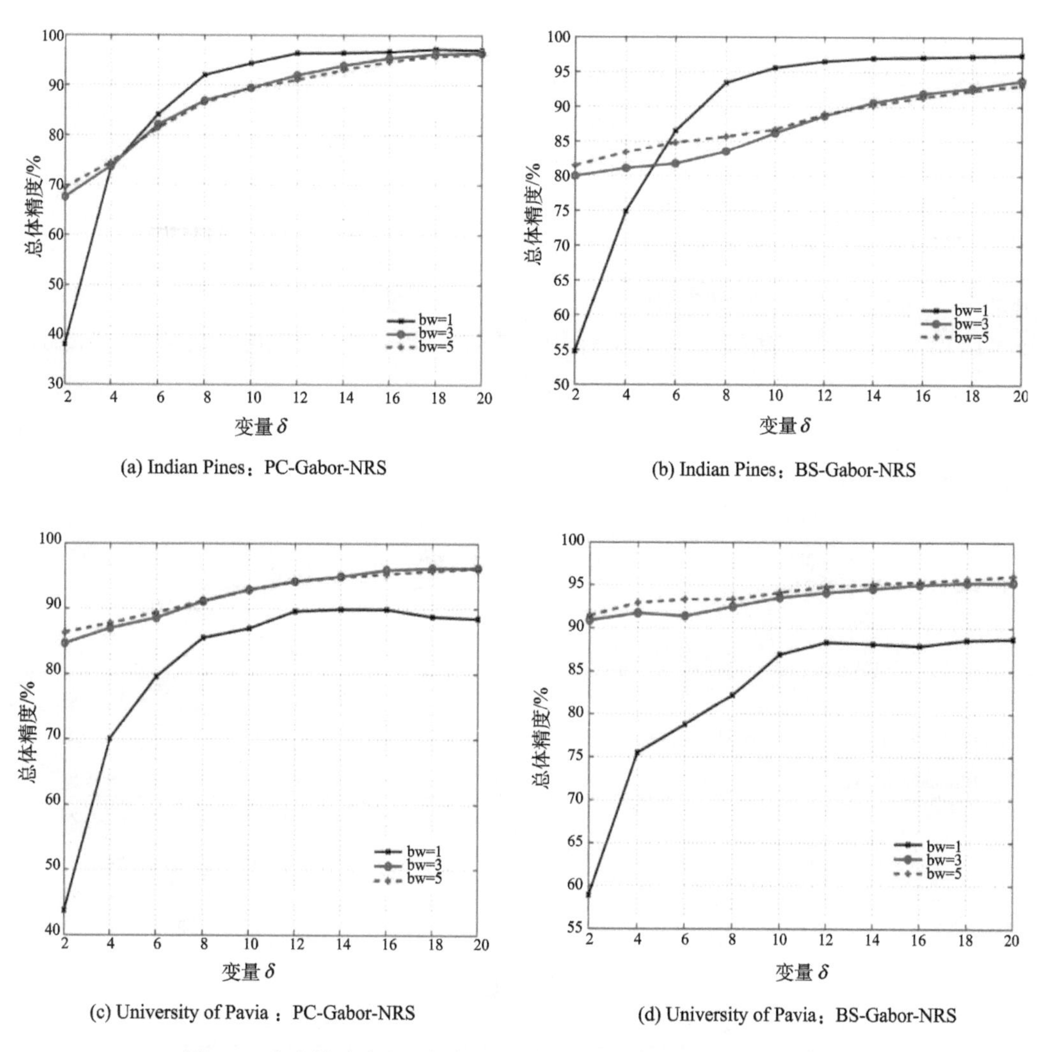

(a) Indian Pines：PC-Gabor-NRS

(b) Indian Pines：BS-Gabor-NRS

(c) University of Pavia ：PC-Gabor-NRS

(d) University of Pavia：BS-Gabor-NRS

图 6.4　分类精确度(%)与变量δ的关系(每类使用 70 个标记样本)

3. 分类结果

表 6.1 和表 6.2 中给出了各分类方法的性能。在实际中，标记样本的数量通常足以用

于高光谱图像的分类。首先分析训练样本和测试样本在不同占比下各个方法的分类精度。为避免任何偏差，所有实验重复10次，给出平均分类精度以及表中列出的相应标准偏差。从每个单独分类器的结果可以看出，使用Gabor特征的性能要比仅使用原始光谱特征的分类性能更佳；例如，在表6.1中，当每类有70个标记样本时，BS-Gabor-RLDA的准确度比RLDA高12%，BS-Gabor-SVM的准确度比SVM高15%，PC-Gabor-SRC的准确度比SRC高19%，PC-Gabor-NRS准确度比NRS高16%。此外，对于Indian Pines数据集，PC-Gabor-NRS / BS-Gabor-NRS与PC-Gabor-SRC / BS-Gabor-NRS相比更有竞争力，并且该方法的计算成本低得多。对于如表6.2所示的Univerisity of Pavia数据集，可以看出PC-Gabor-NRS/BS-Gabor-NRS的准确度总是比PC-Gabor-SVM/BS-Gabor-SVM高约4%。因此，可以得出结论，PC-Gabor-NRS和BS-Gabor-NRS能有效提高小样本条件下高光谱数据的分类精度。随后，图6.5和图6.6进一步给出了高光谱图像的分类结果图(注意这些区域被视为要分类的数据)。图6.6中的"不可用区域"表示的是无法从真值图中获取类别标签的区域。这些图与表6.2和表6.3中显示的结果一致。显然，基于Gabor-filtering的分类器使得真值图中的噪声更小、更准确。最后，使用每类70个标记样本给出上述分类方法的计算复杂性。所有实验均在具有4GB RAM的Intel(R) Core(TM) 2Duo CPU机器上使用MATLAB进行。两个实验数据的执行时间如表6.4所示。为了公平的进行对比，不考虑SVM以及PC-Gabor-SVM，因为相关工具箱使用MEX函数，该函数在MATLAB中调用C程序。

表6.1　Indian Pines数据集总体精确度(平均值±偏差)　　(单位：%)

标记的#每类 (比率)	20 (1.89%)	40 (3.85%)	60 (5.89%)	70 (6.94%)
RLDA	62.27±0.04	71.63±0.02	76.13±0.01	76.60±0.01
PC-Gabor-RDAL	75.18±0.05	83.41±0.02	85.51±0.01	87.04±0.01
BS-Gabor-RDAL	76.61±0.06	80.86±0.03	85.07±0.01	88.79±0.01
SVM	71.53±2.00	77.37±0.79	78.98±0.82	80.03±0.46
PC-Gabor-SVM	75.06±3.61	86.33±1.02	91.77±1.58	92.84±1.43
BS-Gabor-SVM	85.26±3.81	91.79±1.89	94.52±0.84	95.77±0.74
SRC	69.91±1.69	75.45±1.24	76.80±0.85	76.96±0.61
PC-Gabor-SRC	78.82±1.50	90.13±1.27	94.81±0.63	95.66±0.58
BS-Gabor-SRC	81.34±1.62	92.47±1.33	95.11±0.65	95.76±0.42
NRS	71.10±1.58	76.65±1.33	79.38±1.14	80.57±0.98
PC-Gabor-NRS	84.73±2.68	93.00±1.01	96.08±0.71	96.35±0.42
BS-Gabor-NRS	85.73±1.34	92.58±1.08	95.59±0.58	96.43±0.57

注：#表示不同数量的标记样本，比率表示训练样本和测试样本比例

表 6.2　Indian Pines 数据集各类别分类精确度

编号	类别	样本		算法精确度/%		
		标记	待分类	BS-Gabor-SVM	BS-Gabor-SRC	BS-Gabor-NRS
1	苜蓿	6	48	82.92	87.61	87.50
2	玉米-无耕地	144	1290	96.90	95.82	97.91
3	玉米-少量耕地	84	750	98.40	94.24	98.80
4	玉米地	24	210	91.90	93.60	95.24
5	草地-牧场	50	447	92.39	90.95	92.84
6	草地-树木	75	672	97.71	99.06	98.81
7	草地-牧场-收割草地	3	23	78.26	82.31	82.61
8	干草-落叶	49	440	100	100	100
9	燕麦	2	18	100	100	100
10	大豆-无耕地	97	871	91.85	85.64	92.19
11	大豆-少量耕地	247	2221	99.23	95.38	98.65
12	大豆-收割耕地	62	552	93.12	94.14	94.38
13	小麦	22	190	97.37	99.53	97.89
14	木材	130	1164	98.05	99.00	98.88
15	建筑-草地-树-耕地	38	342	92.69	93.16	94.44
16	石头-钢铁-塔	10	85	94.71	95.79	90.59
	整体分类精确度/%			96.20	94.90	97.17

表 6.3　University of Pavia 数据集总体精确度平均值偏差　（单位：%）

标记的#每类（比率）	20（1.89%）	40（3.85%）	60（5.89%）	70（6.94%）
RLDA	59.48±0.18	74.64±0.01	79.16±0.01	81.17±0.01
PC-Gabor-RDAL	74.18±0.05	88.26±0.02	90.77±0.01	92.08±0.01
BS-Gabor-RDAL	76.43±0.11	88.26±0.02	90.59±0.01	91.86±0.01
SVM	83.36±3.13	87.17±1.12	88.14±0.74	88.57±0.46
PC-Gabor-SVM	74.18±2.29	90.60±0.96	93.69±1.20	94.17±0.49
BS-Gabor-SVM	86.83±1.54	90.73±1.47	93.68±1.05	94.53±0.49
SRC	77.39±1.45	78.86±1.06	79.43±0.82	81.29±0.72
PC-Gabor-SRC	79.98±1.71	85.25±1.84	88.44±1.44	89.58±0.86
BS-Gabor-SRC	81.88±1.49	85.24±1.80	88.07±1.16	89.74±0.70
NRS	83.58±1.14	87.26±0.81	88.64±0.58	89.02±0.47
PC-Gabor-NRS	87.83±1.34	95.24±0.84	97.08±0.46	97.54±0.39
BS-Gabor-NRS	89.21±1.26	93.46±0.81	95.96±0.47	96.03±0.26

注：#表示不同数量的标记样本，比率表示训练样本和测试样本比例

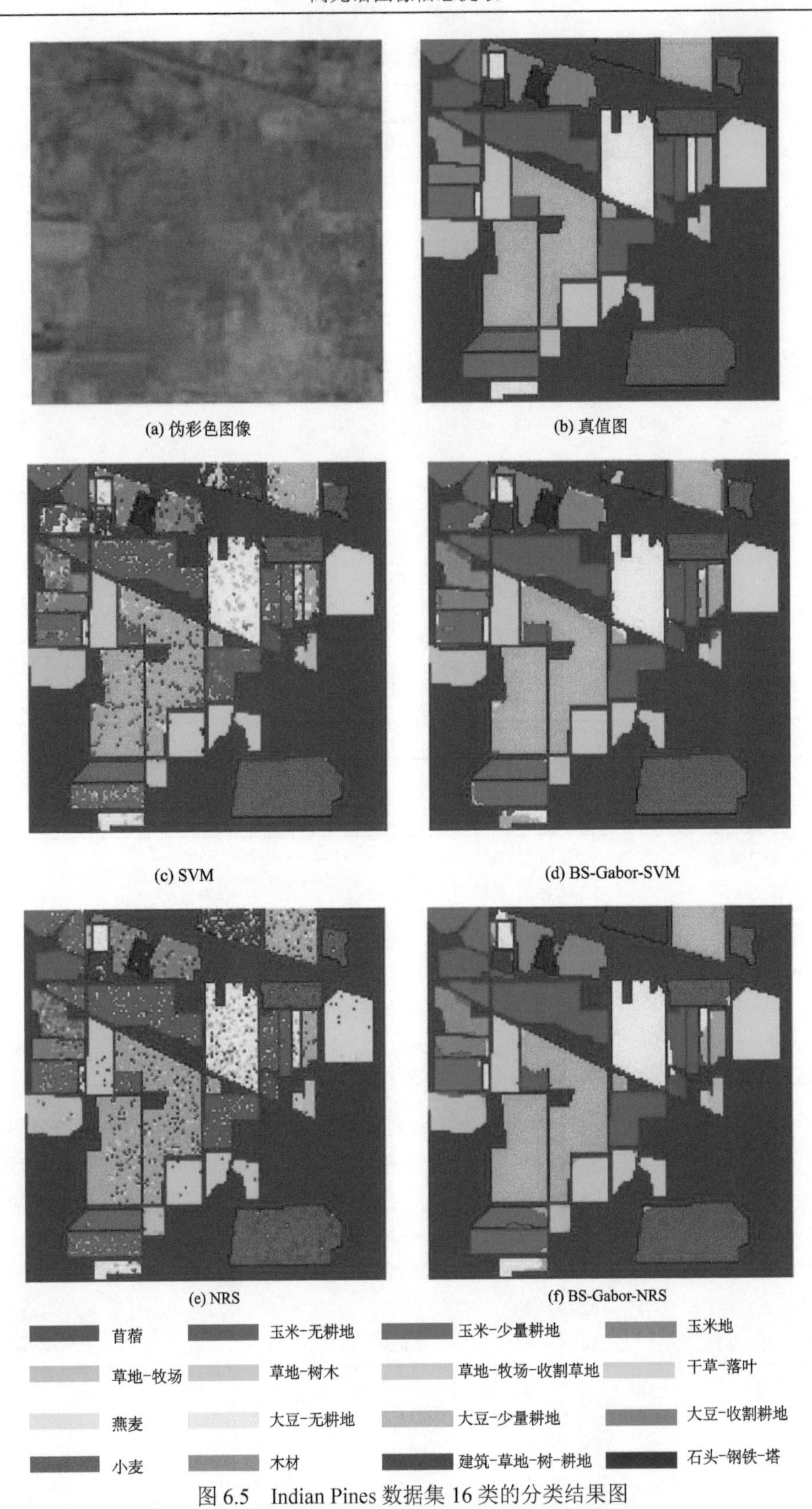

图 6.5　Indian Pines 数据集 16 类的分类结果图

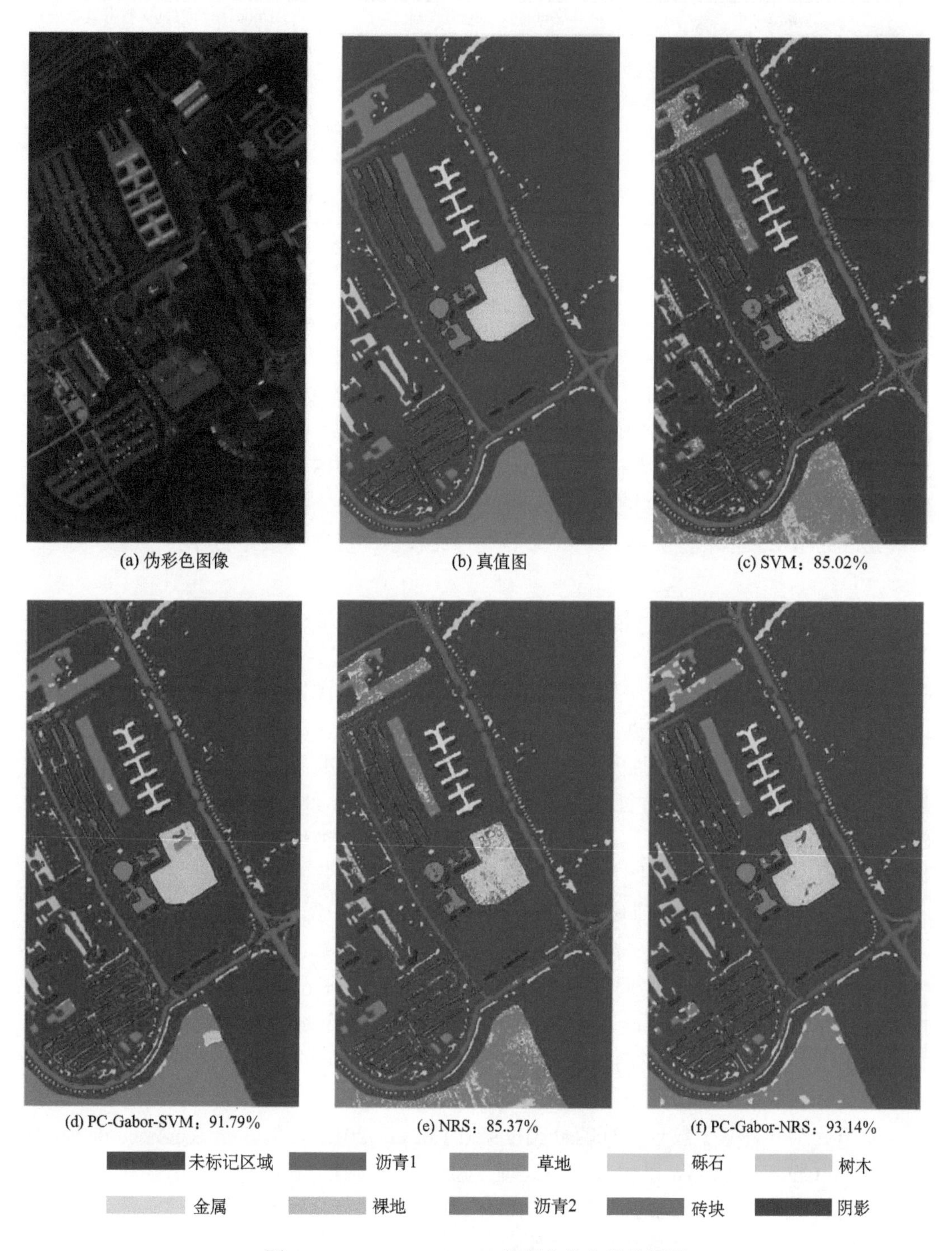

(a) 伪彩色图像　(b) 真值图　(c) SVM：85.02%

(d) PC-Gabor-SVM：91.79%　(e) NRS：85.37%　(f) PC-Gabor-NRS：93.14%

图 6.6　University of Pavia 数据集的分类结果图
（每类使用 50 个标记样本）

表 6.4 算法运行时间 (单位：s)

算法	Indian Pines 数据集	University of Pavia 数据集
RLDA	24	26
PC-Gabor-RLDA	89	138
SRC	13789	13394
PC-Gabor-SRC	17342	13603
NRS	55	35
PC-Gabor-NRS	125	119

6.1.3 结论

Gabor 滤波器作为一种有效空间特征提取方法，可以极大地改进 NRS 分类器对高光谱图像分类的精度。具体来说，该方法通过一个简单的二维 Gabor 滤波器来提取 PCA 投影子空间或波段选择子空间中的图像空间特征，充分挖掘了高光谱图像的空间和光谱信息。同时，本节所介绍的分类技术，即 PC-Gabor-NRS 和 BS-Gabor-NRS，在高光谱图像分类任务中，尤其是在小样本条件下，通过与传统经典的分类器(如 RLDA 和 SVM)以及最先进的基于表示的分类器(如 SRC)等进行比较，均能取得很好的分类性能。

6.2 基于 LBP 的空间特征提取及分类方法

随着传感器技术的进步，具有高空间分辨率的高光谱图像不断涌现。在传统的高光谱图像分类系统中，一些分类器仅考虑光谱特征，而忽视了相邻位置的空间信息。如上一节所述，利用空间特征来提升高光谱图像分类性能具有重要意义。此外，SVM 也被发展于对联合的光谱和空间特征进行分类 (Camps-Valls et al., 2006)；MRF(Moser and Serpico, 2013) 通过空间上下文信息对高光谱图像进行分类也得到了很大关注。由此可以看出对高分辨率的高光谱图像提取精细化的空间纹理特征具有重要意义。本节介绍一种基于高光谱图像丰富纹理信息提取的分类框架。所介绍的框架采用局部二值模式(local binary pattern, LBP)来提取图像的局部特征，如边缘、几何角和斑点等。LBP 是一个简单有效的可用于描述局部空间模式的算子，近几年在旋转不变性纹理分类任务中表现出优越的性能(Ojala et al., 2002)。原始 LBP 是在邻域的像元级别上提取纹理特征。简言之，这种方法是使用二进制阈值来标记局部区域的像元，而不需要局部的分布做出任何假设。

本节介绍一种基于纹理特征的分类框架(Li et al., 2015)。它在一组选定的波段中使用 LBP 和 Gabor 滤波器，以生成空间纹理信息的全面描述。在所介绍的方法中，在提取的多个特征上应用特征级融合和决策级融合。特征级融合是将不同的特征向量组合成一个特征向量。决策级融合是对每个单独的分类通道的概率输出执行，并将不同的决策组合成最终的决策。决策融合过程可以分为基于类标签级别的“硬”融合(Prasad and Bruce, 2008)(如多数投票规则)或基于概率水平的“软”融合(Prasad et al., 2012; Li et al., 2014)(如线性意见汇集规则或对数意见汇集规则(logarithm opinion pool, LOP))。在本节中，选择 LOP 是因为它是不同概率分布的加权乘积，并且它在多个分类中的决策融合过程中被独立处理。

6.2.1　局部二值模式算法

1. 局部二值模式(LBP)

LBP 属于灰度和旋转不变纹理算子(Ojala et al., 2002)。给定一个中心像元(标量值) t_c，根据中心像元是否具有更大的强度值，每个相邻的地区区域被指定为“0”或“1”。相邻像元是取自以中心像元为中心，半径为 r 的圆上的一组等间隔样本。半径 r 确定相邻像元远离中心像元的距离。连同所选择的 m 个相邻像元 $\{t_i\}_{i=0}^{m-1}$，中心像元 t_c 的 LBP 码由下式给出

$$\mathrm{LBP}_{m,r}(t_c)=\sum_{i=0}^{m-1}U(t_i-t_c)2^i \tag{6.5}$$

当 $t_i>t_c$ 时，$U(t_i-t_c)=1$，当 $t_i\leqslant t_c$ 时 $U(t_i-t_c)=0$。图 6.7 给出了给定中心像元 t_c 的八个($(m,r)=(8,1)$)相邻周围像元的二进制阈值处理的示例。然后以顺时针方向计算 LBP 码，即二进制标签序列“11001010”= 83。假设 t_c 的坐标是(0,0)，每个相邻像元 t_i 的坐标为($r\sin(2\pi i/m), r\cos(2\pi i/m)$)。在实际中，参数集(m,r)可能会改变，如(4,1)、(8,2)等。通过双线性插值法估计不完全落在图像网格上的圆形邻域的位置(Liao et al., 2009)。LBP 运算符的输出表示邻域中 的二进制标签，表示为 m 位二进制数(包括2^m个不同值)，反映了局部区域中的纹理方向和平滑度。获得 LBP 编码后，在局部图像块上计算得到直方图，作为非参数统计估计。

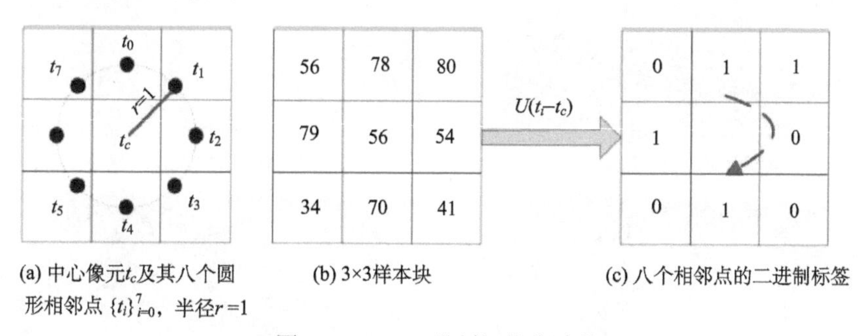

图 6.7　LBP 二进制阈值化过程

2. LBP 和 Gabor 滤波器的比较

前面描述了 Gabor 滤波器和 LBP，可以注意到前者属于全面操作，后者属于局部操作。所以，Gabor 特征和 LBP 表示来自不同视角的纹理信息。图 6.8 给出了尺寸为 256×256 的自然图像(即船)中的 LBP 和 Gabor 特征之间的比较示例。图 6.8(b)给出了使用式(6.5)获得的 LBP 编码图像(m,r) =(8,1)，图 6.8(c)～图 6.8(f)给出了由具有不同 θ(即 0，π/ 4、π/ 2 和 3π/ 4)的 Gabor 滤波器获得的滤波图像。由每个 Gabor-filtered 图像的平均幅度响应产生的 Gabor 特征反映了全局信号功率，而 LBP 编码图像更好地表达了详细的局部空

间特征，如边缘、角。因此，可以应用 Gabor 滤波器作为局部 LBP 算子的补充，因为 LBP 算子缺乏对远距离像元相互作用的考虑。

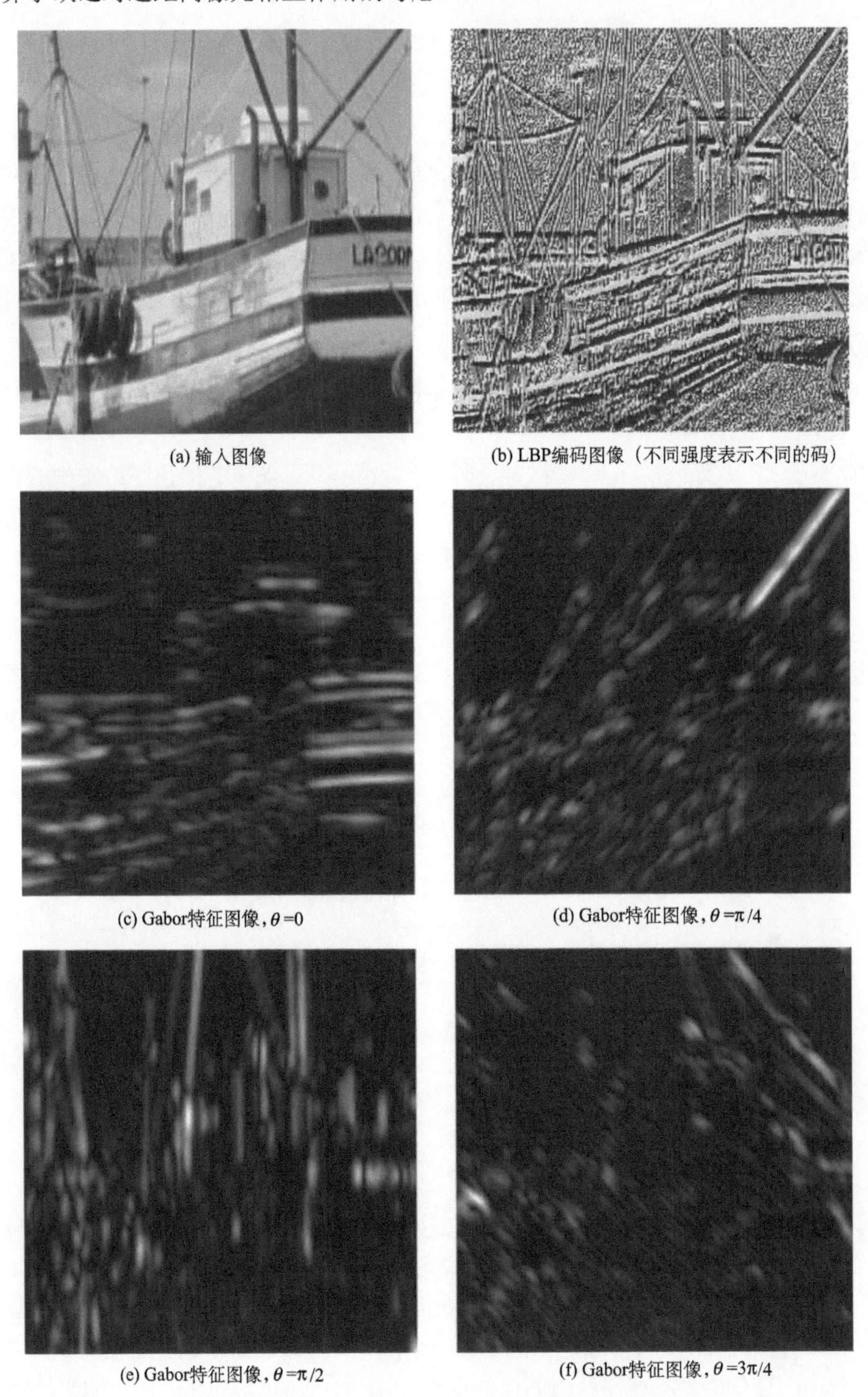

(a) 输入图像　(b) LBP编码图像（不同强度表示不同的码）

(c) Gabor特征图像，$\theta=0$　(d) Gabor特征图像，$\theta=\pi/4$

(e) Gabor特征图像，$\theta=\pi/2$　(f) Gabor特征图像，$\theta=3\pi/4$

图 6.8　LBP 与 Gabor 滤波器对比

Gabor 滤波器可以捕获图像的全局纹理信息，而 LBP 表示局部纹理信息。众所周知，HSI 数据通常包含的均匀区域中的像素是属于同一类的，由于 Gabor 滤波器可以有效地捕获场景中物理结构的方向和比例，所以 Gabor 特征能够反映这些全局纹理信息。因此与仅使用 LBP 特征相比，结合 Gabor 和 LBP 特征可以获得更好的分类性能。

6.2.2　极限学习机

极限学习机(extreme learning machine, ELM)是一个只有一个隐藏层和一个线性输出层的神经网络(Huang et al., 2012;Chen et al., 2014)，随机分配输入层和隐藏层之间的权重，并使用最小二乘法计算输出层的权重。因此，计算成本远低于任何其他基于神经网络的方法。对于 C 类，类标签可以定义为 $y_k \in \{1,-1\}$　$(1 \leqslant k \leqslant C)$。因此，构造的行向量 $\boldsymbol{y}=\left[y_1,\cdots,y_k,\cdots,y_C\right]$表示样本所属的类。例如，如果 y_k=1 且 $\boldsymbol{y}$ 中的其他元素为–1，则样本属于第 k 类。因此，训练样本和相应的标签表示为$\left\{\boldsymbol{x}_i,\boldsymbol{y}_i\right\}_{i=1}^{n}$，其中，$\boldsymbol{x}_i \in \mathbb{R}^d$ 和 $\boldsymbol{y}_i \in \mathbb{R}^C$，具有 L 个隐藏节点的 ELM 的输出函数可表示为

$$f_L\left(\boldsymbol{x}_i\right)=\sum_{j=1}^{L}\boldsymbol{\beta}_j h\left(\boldsymbol{w}_j \cdot \boldsymbol{x}_i + b_j\right)=\boldsymbol{y}_i,\quad i=1,\cdots,n \tag{6.6}$$

式中，$h(\cdot)$为非线性激活函数(如 sigmoid 函数)；$\boldsymbol{\beta}_j \in \mathbb{R}^c$ 为将第 j 个隐藏节点连接到输出节点的权重向量；$\boldsymbol{w}_j \in \mathbb{R}^d$ 为将第 j 个隐藏节点连接到输入节点的权重向量；b_j 为第 j 个隐藏节点的偏差；$\boldsymbol{w}_j \cdot \boldsymbol{x}_j$ 为 $\boldsymbol{w}_j$ 和 $\boldsymbol{x}_j$ 的内积。如果将 1 值填充到 $\boldsymbol{x}_i$ 以使其成为$(d+1)$维向量，则可以将偏差视为权重向量的元素，其也是随机分配的。对于 n 个方程，式(6.6)可以写成：

$$\boldsymbol{H}\boldsymbol{\beta}=\boldsymbol{Y} \tag{6.7}$$

式中，$\boldsymbol{Y}=\left[\boldsymbol{y}_1;\boldsymbol{y}_2;\cdots;\boldsymbol{y}_n;\right]\in\mathbb{R}^{n\times C}$；$\boldsymbol{\beta}=\left[\boldsymbol{\beta}_1;\boldsymbol{\beta}_2;\cdots;\boldsymbol{\beta}_n;\right]\in\mathbb{R}^{L\times C}$；$\boldsymbol{H}$ 是神经网络的隐藏节点输出矩阵，可以表示为

$$\boldsymbol{H}=\begin{bmatrix} h\left(\boldsymbol{x}_1\right) \\ \vdots \\ h\left(\boldsymbol{x}_n\right) \end{bmatrix}=\begin{bmatrix} h\left(\boldsymbol{w}_1\cdot\boldsymbol{x}_1+b_1\right) & \dots & h\left(\boldsymbol{w}_L\cdot\boldsymbol{x}_1+b_L\right) \\ \vdots & \ddots & \vdots \\ h\left(\boldsymbol{w}_1\cdot\boldsymbol{x}_n+b_1\right) & \dots & h\left(\boldsymbol{w}_L\cdot\boldsymbol{x}_n+b_L\right) \end{bmatrix} \tag{6.8}$$

在式(6.8)中，$h\left(\boldsymbol{x}_i\right)=\left[h\left(\boldsymbol{w}_1\cdot\boldsymbol{x}_i+b_1\right),\cdots,h\left(\boldsymbol{w}_L\cdot\boldsymbol{x}_i+b_L\right)\right]$是响应于输入 $\boldsymbol{x}_i$ 的隐藏节点的输出，其中将数据从 d 维输入空间映射到 L 维特征空间。在大多数情况下，隐藏神经元的数量远小于训练样本的数量，即 L 远小于 n，可以使用式(6.7)的最小二乘解。

$$\boldsymbol{\beta}'=\boldsymbol{H}^{\dagger}\boldsymbol{Y} \tag{6.9}$$

式中，$\boldsymbol{H}^{\dagger}=\boldsymbol{H}^{\mathrm{T}}\left(\boldsymbol{H}\boldsymbol{H}^{\mathrm{T}}\right)^{-1}$。为了得到更好的稳性和普遍性，将一个正值 I/ρ 加到每一个矩阵 $\boldsymbol{H}\boldsymbol{H}^{\mathrm{T}}$ 上。ELM 分类器的输出可以表示为

$$\boldsymbol{f}_L\left(\boldsymbol{x}_i\right)=h\left(\boldsymbol{x}_i\right)\boldsymbol{\beta}=h\left(\boldsymbol{x}_i\right)\boldsymbol{H}^{\mathrm{T}}\left(\frac{\overline{I}}{\rho}+\boldsymbol{H}\boldsymbol{H}^{\mathrm{T}}\right)^{-1}\boldsymbol{Y} \tag{6.10}$$

在 ELM 中，假设特征映射 $h(\boldsymbol{x}_i)$ 是已知的。最近，通过将 ELM 中的显式激活函数扩展到隐式映射函数，基于内核的 ELM 已经被提出了，这种方法具有更好的泛化能力。如果特征映射未知，则可以将 ELM 的核矩阵视为

$$\boldsymbol{\Omega}_{\mathrm{ELM}} = \boldsymbol{H}\boldsymbol{H}^{\mathrm{T}} : \boldsymbol{\Omega}_{\mathrm{ELM}_{ij}} = h(\boldsymbol{x}_i)\cdot h(\boldsymbol{x}_j) = K(\boldsymbol{x}_i, \boldsymbol{x}_j) \tag{6.11}$$

因此，KELM 的产出函数可以设定为

$$\boldsymbol{f}_L(\boldsymbol{x}_i) = \begin{bmatrix} K(\boldsymbol{x}_i, \boldsymbol{x}_1) \\ \vdots \\ K(\boldsymbol{x}_i, \boldsymbol{x}_n) \end{bmatrix}^{\mathrm{T}} \left(\frac{I}{\rho} + \boldsymbol{\Omega}_{\mathrm{ELM}}\right)^{-1} \boldsymbol{Y} \tag{6.12}$$

输入数据标签最终根据输出节点的指标确定最大值。在本节的实验部分中，将会看到 ELM 可以提供与 SVM 类似或甚至更好的分类精度。

6.2.3　基于空间纹理特征的分类框架

1. 空间特征提取

在波段选择之后，将 LBP 特征提取过程或 Gabor 滤波应用于每个所选择的波段来进行空间特征提取。图 6.9 示出了 LBP 特征提取的实现。输入图像来自 University of Pavia 的 63 波段数据，具体将在本节实验部分中详细介绍。在图 6.9 中，首先为整个图像计算 LBP 码以形成 LBP 图像，然后根据感兴趣的像元生成 LBP 特征，并得到其对应的局部 LBP 图像块。请注意，块大小是自动定义参数，并且本节实验部分将会看到具有不同图像块大小的分类性能的不同。

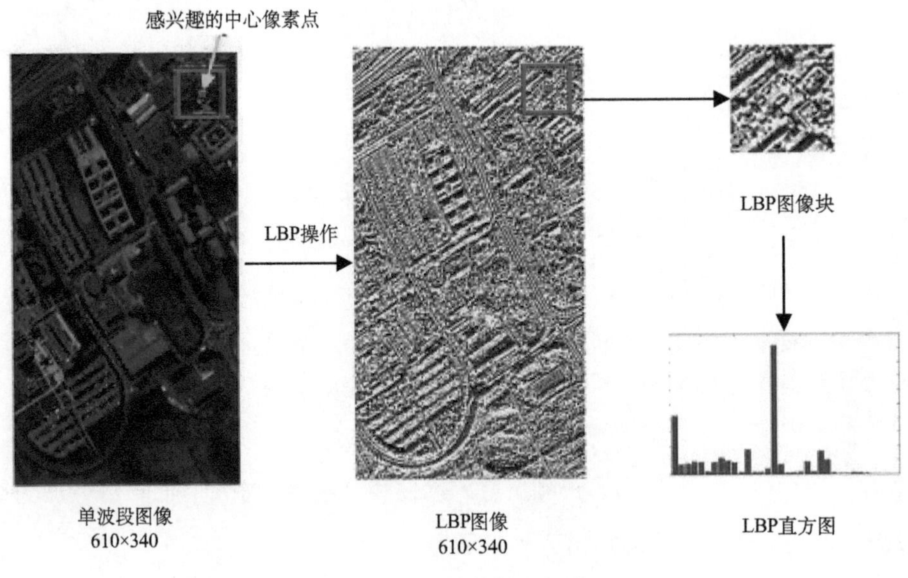

图 6.9　LBP 特征提取方法

2. 特征级融合

本节中，首先在介绍的分类框架中使用最常见的特征级融合，如图 6.10(a)所示。每个特征都反映了各种属性并具有其特殊含义，如 Gabor 特征提供空间定位和方向选择性，LBP 特征显示局部图像纹理(如边缘、角落等)，并且光谱特征表示波段之间的相关性。对于不同的分类场景，这些特征各有优缺点，很难确定哪一个融合方法总是最优的。因此，将多个特征堆叠成复合特征是一个比较直接的方法。在该融合策略中，在特征堆叠之前的特征归一化是修改特征值的缩放的必要预处理步骤。一种简单的处理方法是对这些数据执行线性变换并保留值之间的关系。例如，min-max 方法将所有值映射到[0,1]的范围。

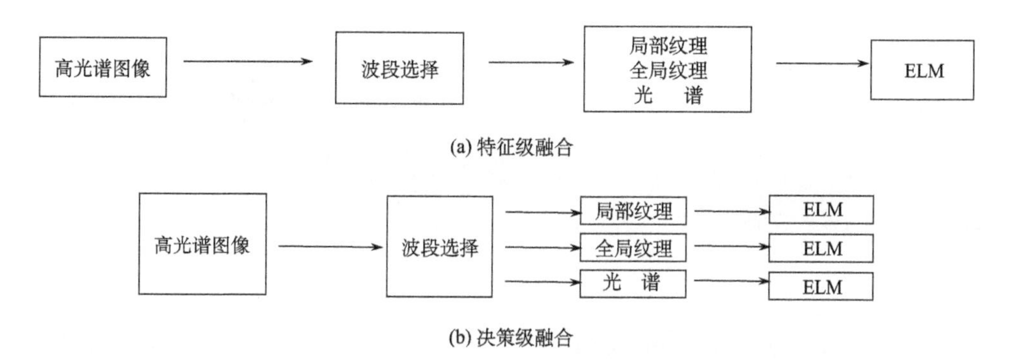

图 6.10　介绍的基于纹理特征的分类框架

本节实验中介绍了三个特征，即 LBP 特征(局部纹理)、Gabor 特征(全局纹理)和选定的波段(光谱特征)。并且给出了它们的组合，如 LBP 特征+ Gabor 特征+光谱特征、LBP 特征+光谱特征、Gabor 特征+光谱特征等。注意，特征级的融合至少存在两个潜在的缺点：①要堆叠的多个特征集可能不兼容，这导致诱导特征空间高度非线性；②使得特征空间具有更大的维数，这可能降低分类精度和处理效率。

3. 决策级融合

与特征级融合不同，决策级融合是合并来自多个特征的分类器集合的结果，如图 6.10(b)所示。该机制将不同的分类结果组合成最终决策，提高了使用某种类型特征的单个分类器的准确性。

本节利用每种类型特征的信息，通过 ELM 计算概率输出，然后将它们与软 LOP 结合起来进行最终决策。由于 ELM 的输出函数[即式(6-6)]估计预测标签的准确性并反映分类器的置信度，因此本节也介绍了来自决策函数的条件类概率。正如 Platt 所指出的，对于决策函数的较大输出，概率应该更高。采用以下形式的缩放函数的 Platt 经验分析：

$$P_q\left(\boldsymbol{y}_k \mid \boldsymbol{x}\right)=\frac{1}{1+\exp\left(A_k f_L(\boldsymbol{x})+B_k\right)} \tag{6.13}$$

式中，$P_q\left(\boldsymbol{y}_k \mid \boldsymbol{x}\right)$表示第 q 个分类器的条件类概率；$\boldsymbol{f}_L\left(\boldsymbol{x}\right)$是每个 ELM 的输出决策函数；

(A_k, B_k)是 k 类中 ELM 估计的参数（$1 \leqslant k \leqslant C$））。参数 A_k 和 B_k 是通过最小化验证数据的交叉熵得到的。需要注意的是，A_k 是负数。

在本节介绍的框架中，LOP 使用条件类概率来估计全局关系函数 $P(\boldsymbol{y}_k \mid \boldsymbol{x})$，这个函数是这些输出概率的加权乘积。最终的分类标签 $\boldsymbol{y}$ 为

$$\boldsymbol{y} = \arg\max_{k=1,\cdots,C} P(\boldsymbol{y}_k \mid \boldsymbol{x}) \tag{6.14}$$

其中，全局关系函数为

$$P(\boldsymbol{y}_k \mid \boldsymbol{x}) = \prod_{q=1}^{Q} P_q(\boldsymbol{y}_k \mid \boldsymbol{x})^{\alpha_q} \tag{6.15}$$

或者

$$\log P(\boldsymbol{y}_k \mid \boldsymbol{x}) = \prod_{q=1}^{Q} \alpha_q P_q(\boldsymbol{y}_k \mid \boldsymbol{x}) \tag{6.16}$$

式中，$\{\alpha_q\}_{q=1}^{Q}$ 为在所有分类器上均匀分布的分类器权重；Q 为图 6.10(b)中的通道(分类器)数。

6.2.4　实验内容及结果分析

1. 实验数据

高光谱图像数据 University of Pavia 来自于反射光谱成像仪 ROSIS，拍摄地为意大利北部，数据集光谱覆盖范围为 430～860nm，空间分辨率为 1.3m，包含 610×340 个像元和 115 个光谱波段，去掉了含有大量噪声的波段得到 103 个波段，共包含 9 个地物类别。更多有关训练样本和测试样本的信息如表 6.5 所示。

表 6.5　University of Pavia 数据集的样本的分类标签和训练及测试样本数

编号	类别	训练样本/个	测试样本/个
1	沥青 1	30	6601
2	草地	30	18619
3	砾石	30	2069
4	树木	30	3034
5	金属	30	1315
6	裸地	30	4999
7	沥青 2	30	1300
8	砖块	30	3652
9	阴影	30	917
总计		270	42506

高光谱图像实验数据 Indian Pines 来自美国成像光谱仪 AVIRIS，该数据集光谱覆盖范围为 400～2450nm，空间分辨率为 20m，包含 145×145 个像元和 220 个光谱波段，共包含 16

个地物类别，其中大多数代表不同类型的农作物。训练样本和测试样本数如表 6.6 所示。

表 6.6　Indian Pines 数据集的样本的分类标签和训练及测试样本数

序号	类别	训练样本/个	测试样本/个
1	苜蓿	6	48
2	玉米地-无耕地	30	1404
3	玉米地-少量耕地	30	804
4	玉米地	24	210
5	草地-牧场	30	467
6	草地-树木	30	717
7	草地-牧场-收割草地	3	23
8	干草-落叶	30	459
9	燕麦	2	18
10	大豆-无耕地	30	938
11	大豆-少量耕地	30	2438
12	大豆-收割耕地	30	584
13	小麦	22	190
14	木材	30	1264
15	建筑-草地-耕地	30	350
16	石头-钢铁-塔	10	85
	总计	270	42506

2. 参数调整

在本节所介绍的分类框架中，一些参数，如 LPE 的选定波段数、Gabor 滤波器的 bw、LBP 算子的 (m, r) 和 ELM 的高斯核都是至关重要的；此外，LBP 算子的块大小影响空间 LBP 码的数量，如图 6.9 所示。

对于前面介绍的特征或决策级融合，需要首先估计 LBP 特征的最佳参数。以 University of Pavia 数据为例，(m, r) 固定为 $(8,1)$，如图 6.11 显示的是不同块大小和所选波段数的影响。交叉验证策略是用于调整这些参数。可以看出，具有 7 个或更多选择波段并具有 21×21 个像元图像块尺寸的时候，精确度趋于最大。对于每个所选择的波段，LBP 特征的维度(即波段数)是 $m(m-1)+3$。因此，LBP 特征的维数和计算复杂度将会随着选择波段数目的增加而增加。随后将讨论参数 (m,r) 的影响。在 LBP 中，半径 r 定义的是选择相邻像元的范围，m 确定 LBP 直方图的维数。表 6.7 显示了在不同的 (m,r) 下 LBP-ELM 方法的分类精度。当 m 为 8 或更大且对各种 r 值不敏感时，分类的精度趋于稳定。由于空间相邻像元可能属于相同材料，LBP 算子的半径 r 应保持在较小值。Dim 表示每个波段的 LBP 特征的维数，大约是 m 的平方；计算成本(以秒为单位)表示 LBP-ELM 对不同 m 值的计算时间。当 m 变大时，Dim 和计算成本都会增加。基于上述观察，在分类精度和计算复杂度方面，$(m,r)=(8,2)$ 被认为是最优的。使用 Indian Pines

数据和 University of Pavia 数据进行类似的调整实验，并获得相关结果。这里，针对 ELM 分类器进一步评估了选波段的数量和空间频率带宽 bw 的有效性。LBP 和 Gabor 的最佳参数总结在表 6.8 中。

表 6.7 基于不同的 LBP 算子参数(m, r)的 University of Pavia 数据的 LBP-ELM 的分类精度

	分类精度/%			
	m=4	m=6	m=8	m=10
r=1	86.14	87.99	88.53	88.84
r=2	81.37	86.57	89.49	89.31
r=3	84.59	87.10	88.11	87.55
特征维数	15	33	59	93
计算时间/s	56.53	59.88	65.60	86.43

表 6.8 使用两个数据集的 ELM 分类器的 LBP 算子和 Gabor 滤波器的最佳参数

	选择波段	尺寸	Bw
University of Pavia			
LBP	7	21×21	-
Gabor	10	-	5
Indian Pines			
LBP	7	17×17	-
Gabor	7	-	1

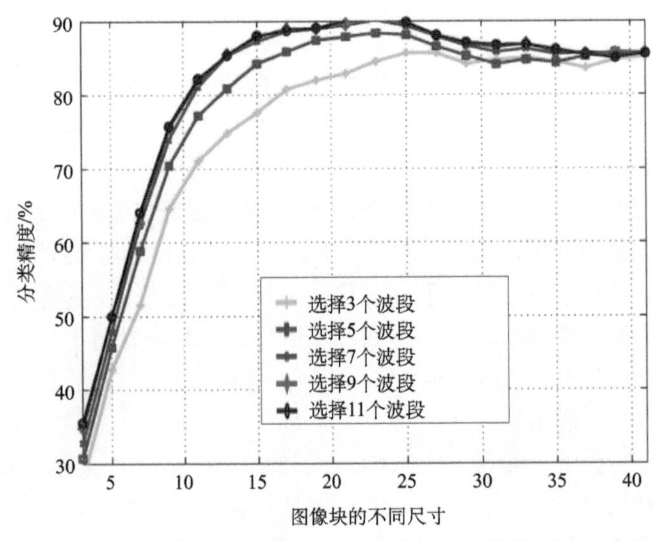

图 6.11 使用 University of Pavia 数据的 LBP-ELM：分类性能与块的不同尺寸及选定波段数的关系

3. 分类结果

所介绍的分类方法的性能如表 6.9 和表 6.10 所示，用于具有不同特征和特征组合的两个实验数据，其中 FF-ELM 表示基于特征级融合的 ELM，其特征是使用 Gabor 特征、LBP 特征和光谱特征级联，DF-ELM 表示基于决策级融合的 ELM，其合并来自 Gabor 特征、LBP 特征和光谱特征的分类器集合的概率输出。

表 6.9　University of Pavia 数据的不同分类方法的总体分类精度(%)和 kappa 系数(k)

序号	Spec-SVM	SVM-MRF	Gabor-SVM	LBP-SVM	FF-SVM	DF-SVM	Spec-ELM	Gabor-ELM	LBP-ELM	FF-ELM	DF-ELM
1	77.79	94.16	79.16	81.12	91.22	95.57	69.52	79.49	77.35	92.88	98.55
2	77.31	83.56	89.82	92.65	98.42	98.54	77.93	92.13	92.19	98.98	99.73
3	79.37	89.33	89.90	91.69	97.33	98.86	79.32	90.23	88.50	99.57	99.71
4	92.89	92.59	90.31	69.84	96.15	98.63	91.12	86.91	75.51	98.04	98.69
5	98.88	99.33	99.78	93.38	99.70	99.93	97.84	99.93	94.52	99.93	100
6	76.34	93.12	88.67	97.28	96.38	97.24	81.37	95.72	99.14	99.40	99.96
7	87.97	94.89	90.90	96.31	98.87	98.57	91.35	94.44	96.85	100	100
8	77.51	90.20	76.83	93.73	94.60	96.58	75.94	91.44	96.65	98.70	99.73
9	99.79	99.79	93.03	70.34	100	99.89	99.89	91.34	69.25	100	99.89
OA/%	80.01	89.04	87.37	89.47	96.61	97.85	79.40	90.37	89.43	98.11	99.25
k	0.7440	0.8586	0.8354	0.8635	0.9716	0.9716	0.7375	0.8742	0.8633	0.9750	0.9836

表 6.10　Indian Pines 数据的不同分类方法的总体分类精度(%)和 kappa 系数(k)

序号	Spec-SVM	SVM-MRF	Gabor-SVM	LBP-SVM	FF-SVM	DF-SVM	Spec-ELM	Gabor-ELM	LBP-ELM	FF-ELM	DF-ELM
1	88.89	71.69	98.15	98.15	100	100	75.93	98.15	100	100	100
2	76.50	80.47	83.61	88.49	92.12	91.84	71.34	83.96	88.35	91.03	91.28
3	78.18	90.05	91.85	96.28	97.96	95.56	74.58	93.53	97.00	98.44	97.96
4	80.34	97.86	100	97.44	98.72	100	82.91	100	100	100	100
5	94.16	94.97	97.59	98.79	98.59	97.99	95.17	97.99	98.59	99.20	98.59
6	93.78	99.46	95.58	98.13	97.19	97.99	94.91	95.98	98.93	98.93	99.06
7	76.92	63.57	88.46	92.13	96.15	99.15	69.17	88.46	100	96.15	100
8	98.77	99.80	100	100	100	100	99.39	100	100	100	100
9	50.00	0	100	100	100	100	55.00	100	100	100	100
10	69.73	92.87	86.26	86.16	88.12	88.84	64.26	86.98	90.19	89.36	89.98
11	57.29	77.84	74.35	82.62	79.29	83.51	51.09	77.39	85.21	85.36	88.49
12	79.15	98.05	79.32	82.08	81.43	81.27	86.32	80.29	79.32	85.78	79.80
13	99.53	100	99.53	99.53	99.06	99.13	99.53	99.53	100	100	99.53
14	72.33	76.51	91.58	95.05	99.46	99.61	78.98	93.43	97.76	99.00	99.69
15	80.79	100	98.42	98.68	99.74	100	87.63	99.74	100	100	100
16	96.84	98.95	94.74	96.84	100	100	90.53	94.74	96.84	100	100
OA/%	75.14	86.20	86.82	90.63	91.21	92.21	73.72	88.18	92.03	92.93	93.58
k	0.7215	0.8438	0.8514	0.8939	0.9006	0.9122	0.7062	0.8667	0.9098	0.9271	0.9199

从每个单独分类器的结果来看，利用 LBP 特征，性能比仅使用原始光谱特征的性能要好得多；例如，在表 6.9 中，LBP-SVM 的精度比 Spec-SVM 高 9%以上，而 LBP-ELM 的精度比 Spec-ELM 高 10%。此外，除了 LBP-ELM 对于 University of Pavia 的实验，基

于 LBP 特征的分类方法(即 LBP-SVM 和 LBP-ELM)比基于 Gabor 特征的方法(即 Gabor-SVM 和 Gabor-ELM)对所有数据实现了更高的分类精度。这表明 LBP 是一个高度辨别力的空间算子。本节还介绍了 SVM-MRF(基于马尔可夫的 SVM)的实验结果作为比较。SVM-MRF 属于分类后处理策略，通过在分类好的图中做标记的改进来提高其初始准确度，这与本节介绍的方法不同。从结果来看，SVM-MRF 优于 Spec-SVM 但不如 LBP-SVM。特别地，对于具有小样本尺寸的类(如燕麦)，SVM-MRF 甚至会因仅使用原始光谱而降低了分类精度。

通过比较特征级融合与决策级融合(即基于 FF 方法和基于 DF 方法)，可以看出基于 DF 的方法在所有实验数据中都得到了优于基于 FF 方法的结果，这是因为基于特征级融合的方法可能无法利用每个单独特征的辨别力。如上文所述，特征级融合具有潜在的缺点，如多个特征集的不兼容性和更大的维度。此外，从表 6.9 和表 6.10 看出 ELM 通常具有比 SVM 更好的性能。因此，基于 ELM 分类方法在小样本条件下对高光谱图像分类非常有效。

图 6.12 和图 6.13 提供了上述分类器的分类图。这些图与表 6.9 和表 6.10 中显示的结果一致。使用空间特征(如 Gabor 或 LBP)产生的分类结果图比使用光谱特征的分类结果图噪声更小且更准确。此外，基于 LBP 的方法比基于 Gabor 的方法产生更清晰和更平滑的分类结果图。LBP-SVM 的分类图在每个标记的类区域内表现出空间平滑性。

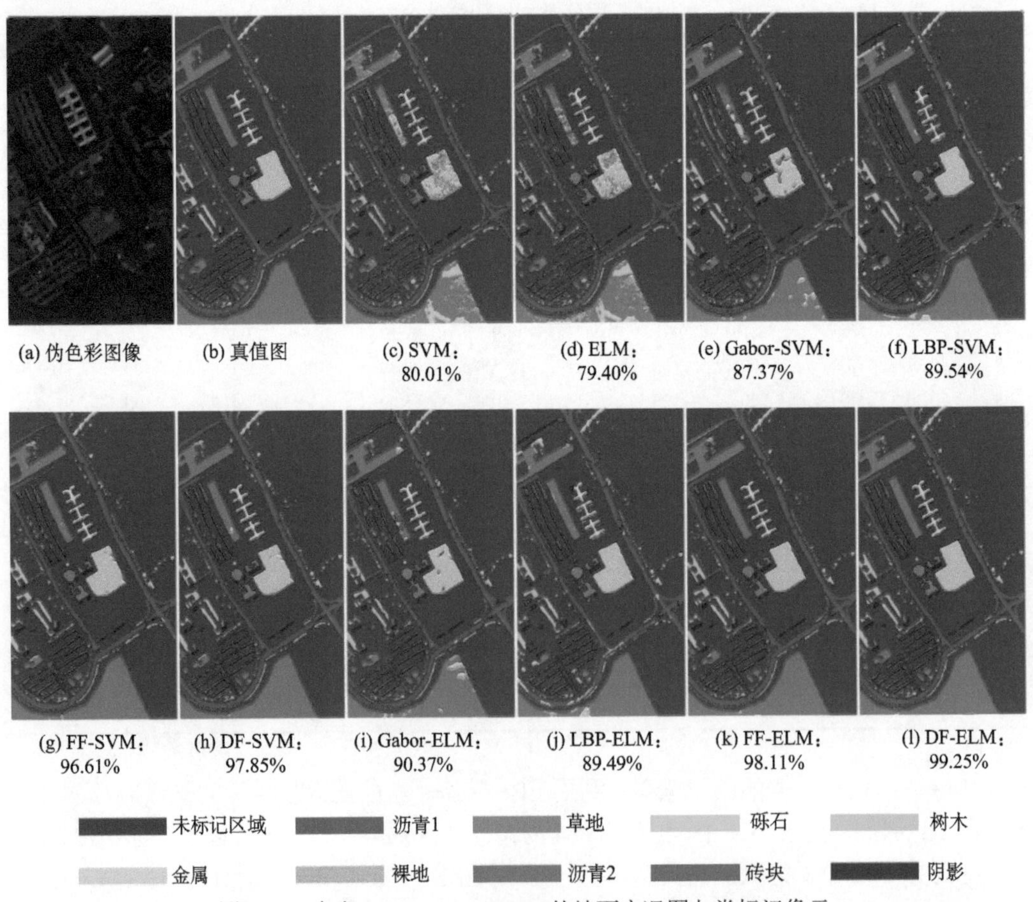

图 6.12　来自 University of Pavia 的地面实况图九类标记像元

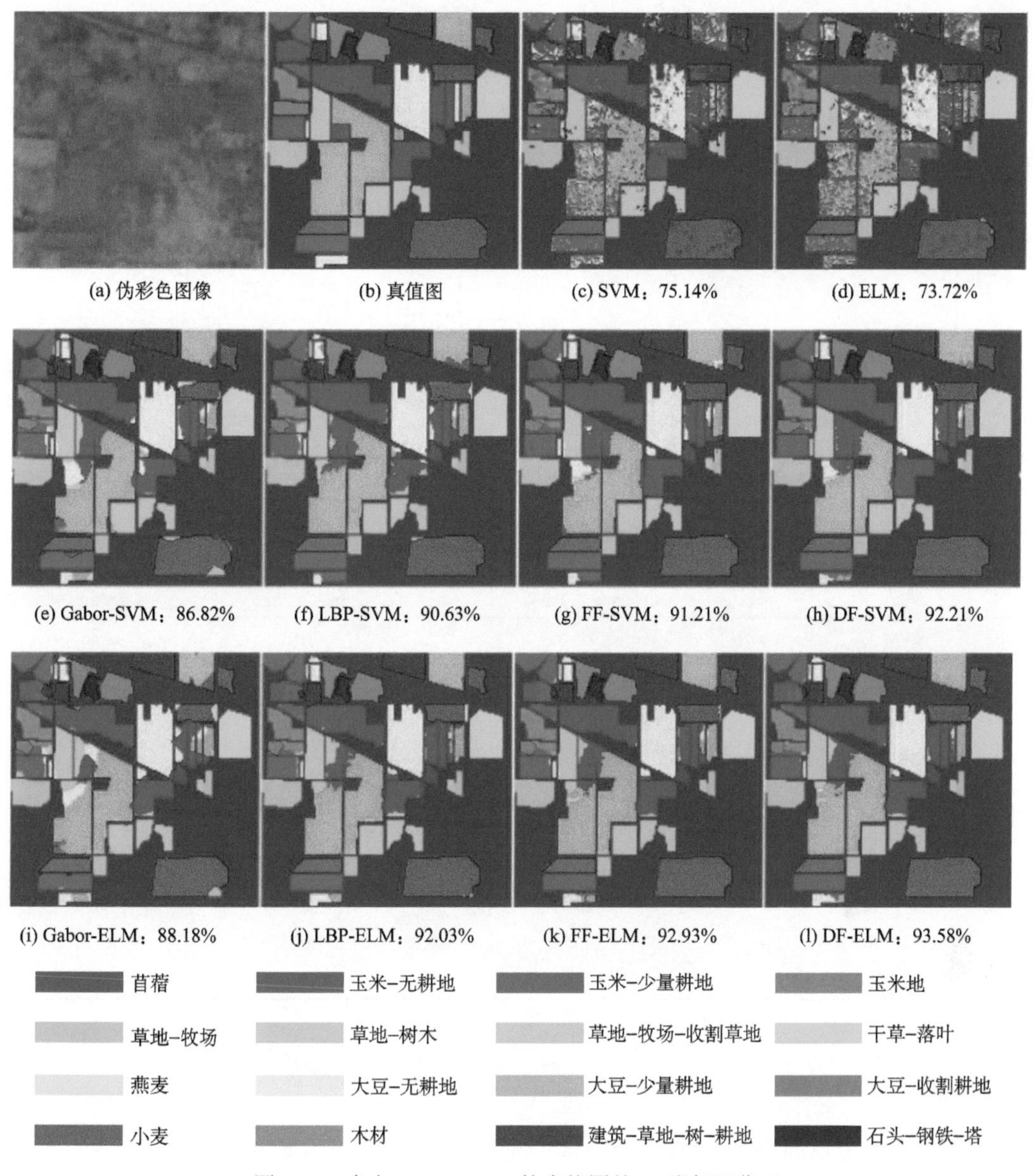

(a) 伪彩色图像　(b) 真值图　(c) SVM：75.14%　(d) ELM：73.72%

(e) Gabor-SVM：86.82%　(f) LBP-SVM：90.63%　(g) FF-SVM：91.21%　(h) DF-SVM：92.21%

(i) Gabor-ELM：88.18%　(j) LBP-ELM：92.03%　(k) FF-ELM：92.93%　(l) DF-ELM：93.58%

图 6.13　来自 Indian Pines 的真值图的 16 类标记像元

图 6.14 显示了不同训练样本数目对分类结果的影响。从 Indian Pines 数据来看，训练量从 1/10 变为 1/6(注意 1/10 是训练样本数与总标记数据的比率)，而对于 University of Pavia 数据训练样本，大小为每类 10～30 个样本。很明显，DF-ELM 的分类性能始终与 Spec-ELM 相当。因此，结论是通过整合两个互补特征，即全局 Gabor 特征和局部 LBP 特征，可以极大地提高分类精度。

最后，表 6.11 中简单介绍了上述分类方法的计算复杂度。所有实验均在电子计算机(具有 4 GB 内存，Intel Core 双核 CPU)上使用 MATLAB 进行。值得注意的是，SVM 是在 libsvm 包中实现，它使用 MEX 函数在 MATLAB 中调用 C 程序，而 ELM 完全在 MATLAB 中实现。

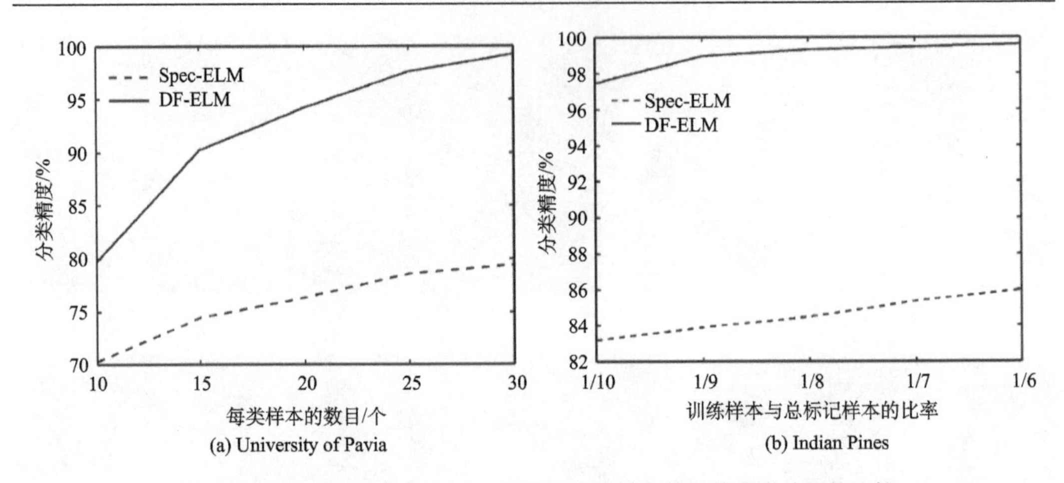

图 6.14　Spec-ELM 和 DF-ELM 的不同训练样本数目的分类结果的比较

表 6.11　数据集执行时间　　　　(单位：s)

类别	University of Pavia	Indian Pines	Salinas
SVM	1.95	1.15	3.43
Gabor-SVM	33.26	3.75	21.37
LBP-SVM	60.97	8.43	167.56
FF-SVM	79.07	12.95	106.45
DF-SVM	99.20	20.31	157.77
ELM	1.13	0.73	4.37
Gabor-ELM	31.67	2.94	20.42
LBP-ELM	55.54	5.74	77.69
FF-ELM	71.05	8.73	82.14
DF-ELM	92.24	16.73	116.32

6.2.5　结论

LBP 算子可以有效提取高光谱图像的空间纹理信息和局部图像特征。本节介绍了基于 LBP 特征的高光谱图像空-谱分类框架：首先对高光谱图像进行波段选择，然后在所选择的波段组合基础上应用 LBP 算子。综合考虑这些因素，最后分析了两种融合类型(即特征级和决策级融合)对高光谱图像分类任务的影响。利用 LOP 的 ELM 软判决融合过程也被用来融合多个纹理和光谱特征的概率输出。实验结果表明，局部 LBP 高光谱图像空间特征提取中是有效的，因为这种方法在提供局部结构模式的同时对图像纹理配置信息进行编码。此外，决策级融合器能够提供有效的分类，并且优于基于 SVM 的分类效果。

6.3 基于超像元分割的空谱融合分类方法

高光谱图像包含丰富的光谱信息和空间信息，根据前面介绍，基于空间信息后处理的空谱信息综合分类方法，在一定程度上对高光谱图像的分类效果带来了提升。这类方法通过空间信息后处理的方式，在处理光谱特征信息的基础上，加入了对局部空间相关性的分析和使用。但是在这个过程中，空间信息后处理的方式更加侧重于对光谱特征分类结果的调整和纠正，并没有将具有高度空谱一致性的像元作为一个整体来进行考虑。

在本节的工作中，将从局部空间光谱信息一致性的角度出发，针对如何有效的结合图像像元的光谱信息和空间信息，介绍面向对象的图像分类框架(object-based image classification, OBIC)，引入超像元(superpixel)分割算法，以超像元代替传统像元，采用特征融合的方式融合高光谱图像的光谱特征和空间特征。并在此基础上，加入子空间投影支持向量机，形成结合超像元分割和子空间支持向量机的高光谱图像空谱综合分类新方法。

在基于超像元分割的高光谱图像分类基础上，本节将进一步针对实际应用中，受到不同地物的尺寸和分布等影响，超像元分割的尺度难以确定等问题，展开重点分析，并在此基础上，引入决策融合的方式，建立多尺度的超像元分割框架，产生基于多尺度超像元分割和子空间投影支持向量机的分类模型。最后采用多组真实的高光谱图像进行实验验证，分析与评价基于局部空间光谱信息一致性的空谱综合分类新方法的稳定性和有效性，并做出总结。

6.3.1 基于超像元分割的高光谱图像分类算法

在高分辨率图像等其他类型的遥感图像分类场景中，像元的光谱特征数量及其提供的判别信息有限，此时，像元所处的空间分布及其包含的空间信息往往是实现正确分类的关键因素(Zhang et al., 2013)。因此，在高光谱图像的分类场景中，虽然光谱信息更加丰富，但是像元类别的判定除了需要光谱特征信息，其自身所包含的空间特征信息以及其所处的空间分布信息同样至关重要(Zhang et al., 2006)。基于超像元分割的高光谱图像分类既是基于这个角度出发，采用图像分割算法以及特征融合的方式，结合光谱特征和空间特征，实现分类的目的。

1. 面向对象的图像分类

面向对象的图像分类(object-based image classifcation, OBIC)方法的主要特点是在图像分割的基础上进行图像分类(Sridharan and Qiu, 2013)。面向对象的图像分类方法的基本单元不再是图像的像元，而是图像的对象，或者称为图块对象，这里的图块通常是指图像分割后的图块(赵荣椿等, 1998)。一般来说，图块对象的定义是指空间特征和光谱特征具有同质性的图像区域(Du et al., 2016)。如图 6.15 所展示的面向对象的图像分类框架，首先采用合适的图像分割算法对原始的高光谱图像进行分割，得到图块级别的图像。接下来从原始图像以及分割后的图像中分别提取光谱特征和空间特征，通过某种方式进行空间和光谱特征的融合，最后采用分类器进行分类。

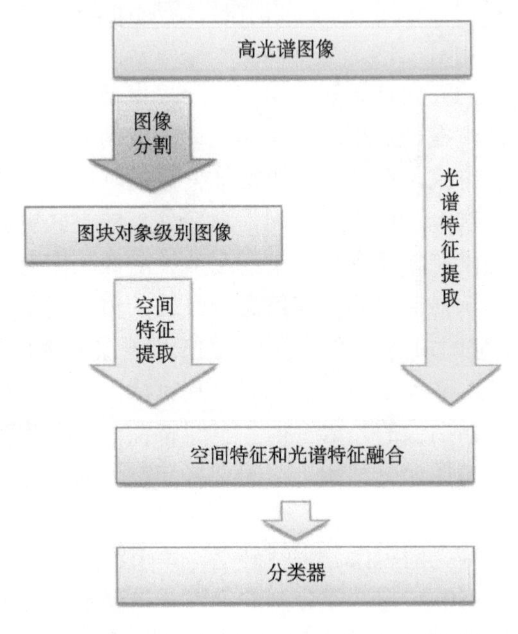

图 6.15　面向对象的高光谱图像分类模型图

面向对象的高光谱图像分类的核心是图像分割，图像分割的方式和效果对于后续光谱特征和空间特征的融合有重要的作用和影响(魏弘博等, 2004)。在大多数情况下，图块对象能够对分类提供很多有意义的信息。在获取图块对象后，可以配合使用其他的分类方法来对其进行更深层次的分类。

2. 超像元分割算法

在图像分割算法出现之前，图像处理的基本单元以像元为主，并未考虑局部像元之间的空间相关性。图像分割算法是指将图像按照约定的相似性准则，分割成许多个无重叠的同质性区域。超像元是指图像分割后，具有相似颜色、纹理等特征的邻域像元组成的图像块。超像元分割主要采用过分割的方式，根据像元之间特征的相似程度，将像元分组，划分出多个同质性区域，获取超像元(Li et al., 2016)。每一个超像元内部的像元被认为是具有相同属性的物质，可以使用超像元来表示图像的局部空间信息，降低后续图像分类任务的复杂程度。

超像元分割算法主要可以分为两类方法，一种是基于图论的方法，另一种是基于梯度下降的方法。基于图论的方法比较具有代表性的工作有normalized cuts (Ncut)算法(Shi et al., 2000)、superpixel lattice 算法(Moore et al., 2008)和 graph-based 算法(Felzenswalb et al., 2004)等。Ncut 算法主要是使用图像中的纹理等特征对代价函数进行优化，其分割生成的超像元较为规则，但边界信息容易丢失，且计算耗时较大；super-pixel lattice 算法能够较好的保留图像的结构信息，但是分割的效果较为依赖预先提取的边界信息；Graph-based 算法是基于最小生成树模型来进行图像分割，其能够较好的保留图像的边界信息，且计算耗时较小，但是分割得到的超像元的形状和尺寸较为不规则。

另一方面，基于梯度下降的方法中，比较具有代表性的是分水岭(watersheds)算法(Vincent et al., 1991)、MeanShift 算法(Comaniciu et al., 2002)、Turbopixels 算法(Levinshtein et al., 2009)和简单线性迭代聚类(simple linear iterative clustering, SLIC)算法(Achanta et al., 2012)。这些方法的主要核心都是聚类算法，其中分水岭算法是在拓扑学理论上发展的一种数学形态学的分割算法，它的优点是计算效率高，但问题是对于超像元生成的个数和紧凑程度无法控制；MeanShift 算法的本质上是一个迭代搜索模型，其优点是分割生成的超像元形状较为规则，但计算效率较慢，且对于超像元的数量无法控制；Turbopixels 算法是一种水平集算法，通过逐步碰撞初始种子点，在图像平面上生成均匀分布的超像元，但计算效率较慢，且容易受初始种子点定义的影响；SLIC 算法是基于像元颜色和距离相似性进行分割，其生成的超像元分布均匀且形状规则，计算效率较高，是目前应用较为广泛的超像元分割算法，本节将重点以 SLIC 算法为核心，介绍基于超像元分割的高光谱图像分类算法。

3. 结合超像元分割和子空间支持向量机分类模型

1)基于简单线性迭代聚类的超像元分割算法

简单线性迭代聚类(SLIC)算法的核心思想是在图像的局部区域采用 K 均值(K-means)算法，通过聚类生成分割的结果。假定原始的高光谱图像记为 $\boldsymbol{X}$，共包含 N 个像元，其中任意一个像元记为 $\boldsymbol{x}_i=\left[x_i^1,\cdots,x_i^B\right]$，$B$ 表示图像的总波段数。SLIC 算法首先在原始图像 $\boldsymbol{X}$ 上选取 P 个聚类中心，通过定义和衡量不同像元之间的距离，将每个像元关联至距离最近的聚类中心，生成不同的聚类簇。接下来计算每个生成簇的均值向量，并将每个簇的聚类中心更新为该向量所在的位置，开始下一次的距离衡量和聚类，迭代更新直至聚类中心的变化趋于稳定。

不同于其他的聚类算法，SLIC 算法在衡量的像元与像元间的距离时，其衡量的搜索范围并不是在全图范围，而是在各个超像元定义的局部区域范围，这在很大程度上降低了模型分割的计算复杂度。SLIC 算法中，距离的衡量定义为

$$D=D_{\text{spectral}}+\frac{m}{d}D_{\text{spatial}} \tag{6.17}$$

式中，D_{spectral} 定义为光谱距离项，主要用于确保每一个超像元内部的同质性，具体来说，像元 $\boldsymbol{x}_i$ 和 $\boldsymbol{x}_j$ 的光谱距离项定义为

$$D_{\text{spectral}}=\sqrt{\sum_{b=1}^{B}\left(x_i^b-x_j^b\right)^2} \tag{6.18}$$

式中，$\boldsymbol{x}_i^b$ 和 $\boldsymbol{x}_j^b$ 为像元 $\boldsymbol{x}_i$ 和 $\boldsymbol{x}_j$ 在第 b 个波段的值，$b\in[1,B]$。式(6.22)中，D_{spatial} 定义为空间距离项，主要用于确保超像元之间的紧凑型和规律性，具体来说，像元 $\boldsymbol{x}_i$ 和 $\boldsymbol{x}_j$ 的光谱距离项定义为

$$D_{\text{spatial}}=\sqrt{\left(a_i-a_j\right)^2+\left(b_i-b_j\right)^2} \tag{6.19}$$

式中，(a_i,b_i)和(a_j,b_j)为像元$\boldsymbol{x}_i$和$\boldsymbol{x}_j$在超像元中的位置。式(6-17)中，m是一个平衡参数，主要用于平衡空间信息和颜色信息在相似性衡量中的比重。$d=N/K$是一个尺度参数，K表示初始定义的预分割超像元个数。式(6-17)中，D的取值越大，说明像元$\boldsymbol{x}_i$和$\boldsymbol{x}_j$之间的相似程度越高。

2) 空间和光谱特征融合

通过 SLIC 算法分割得到超像元图像后，如何有效地实现原始图像的光谱特征和超像元图像的空间特征的融合是后续分类的关键。主要采用了如图 6.16 所展示的方法，假设超像元图像中的某一个超像元共包含n个像元，(图 6.16 中，$n=14$)，记为$\boldsymbol{x}_1,\cdots,\boldsymbol{x}_n$。根据超像元所在的位置，找到其在原始高光谱图像$X$中对应像元的位置，并计算它们的均值向量，记为$\overline{\boldsymbol{X}}$。在融合后的图像中，将$\boldsymbol{x}_1,\cdots,\boldsymbol{x}_n$对应位置的像元值替换成为$\overline{\boldsymbol{X}}$，从而完成空间和光谱特征的融合。

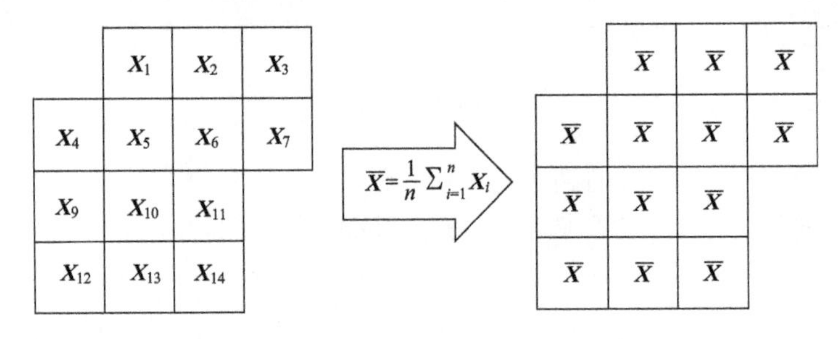

图 6.16 空间和光谱特征融合原理示意图

3) 结合超像元分割和子空间支持向量机分类模型

假设原始的高光谱图像$\boldsymbol{X}$通过 SLIC 算法分割得到的超像元图像记为$\boldsymbol{S}$，通过上述的空间和光谱特征融合后的图像记为$\boldsymbol{X}^S$，接下来，如何选用合适的分类器来对$\boldsymbol{X}^S$实施分类，是实现基于超像元分割的高光谱图像分类的另一个关键问题。这里需要说明的是，$\boldsymbol{X}^S$虽然包含了融合后的空间和光谱特征信息，但是其数据维度依然和$\boldsymbol{X}$相同，并且在有限的样本条件下，对$\boldsymbol{X}^S$的分类同样存在波段信息冗余等问题。因此，在分类器的选择上，沿用了前文介绍的子空间支持向量机模型(SVMsub)，介绍了结合超像元分割和子空间支持向量机的高光谱图像分类模型(SP-SVMsub)。

如图 6.17 展示的 SP-SVMsub 的算法流程，SP-SVMsub 首先使用 SLIC 算法对原始的高光谱图像进行超像元分割，得到超像元图像后，与原始图像进行空间和光谱特征的融合，获得融合后的图像$\boldsymbol{X}^S$。接下来对$\boldsymbol{X}^S$采用子空间投影算法将其投影至低维度的子空间上，记投影后的图像为$\varphi(\boldsymbol{X}^S)$。最后，采用 SVM 模型对投影后的图像进行分类得到最终的分类结果。因此，对于像元$\boldsymbol{x}_i$，SP-SVMsub 的判别方程表示为

$$y_i=\operatorname{sgn}\left(\sum_{j=1}^{N}y_j\alpha_j\left(\varphi\left(\boldsymbol{x}_j^S\right)^{\mathrm{T}}\cdot\varphi\left(\boldsymbol{x}_i^S\right)\right)+b\right) \tag{6.20}$$

式中，$\varphi\left(\boldsymbol{x}_i^S\right)$和$\varphi\left(\boldsymbol{x}_j^S\right)$分别表示投影后的图像$\varphi\left(\boldsymbol{X}^S\right)$中的第$i$个和第$j$个像元。

SP-SVMsub 算法流程

输入：高光谱图像 $\boldsymbol{X}=\{\boldsymbol{x}_i\}_{i=1}^{N}$，尺度参数 d

步骤 1，对 $\boldsymbol{X}$ 采用 SLIC 算法进行超像元分割，根据式(6.17)～式(6.18)，得到分割后超像元图像记为 $\boldsymbol{S}$

步骤 2，遍历 $\boldsymbol{S}$ 中的每一个超像元区域，计算 $\boldsymbol{X}$ 中对应区域的像元平均向量，并以此替换该区域中的像元值，得到新的图像记为 $\boldsymbol{X}^{\boldsymbol{S}}$

步骤 3，将 $\boldsymbol{X}^{\boldsymbol{S}}$ 分别投影至低维度的子空间中，并将投影后的图像记为 $\varphi(\boldsymbol{X}^{\boldsymbol{S}})$

步骤 4，将步骤 3 所获得的投影后的图像 $\varphi(\boldsymbol{X}^{\boldsymbol{S}})$，输入 SVM 进行分类，根据式(6.20)计算得到分类后的结果

输出：分类标记结果 y

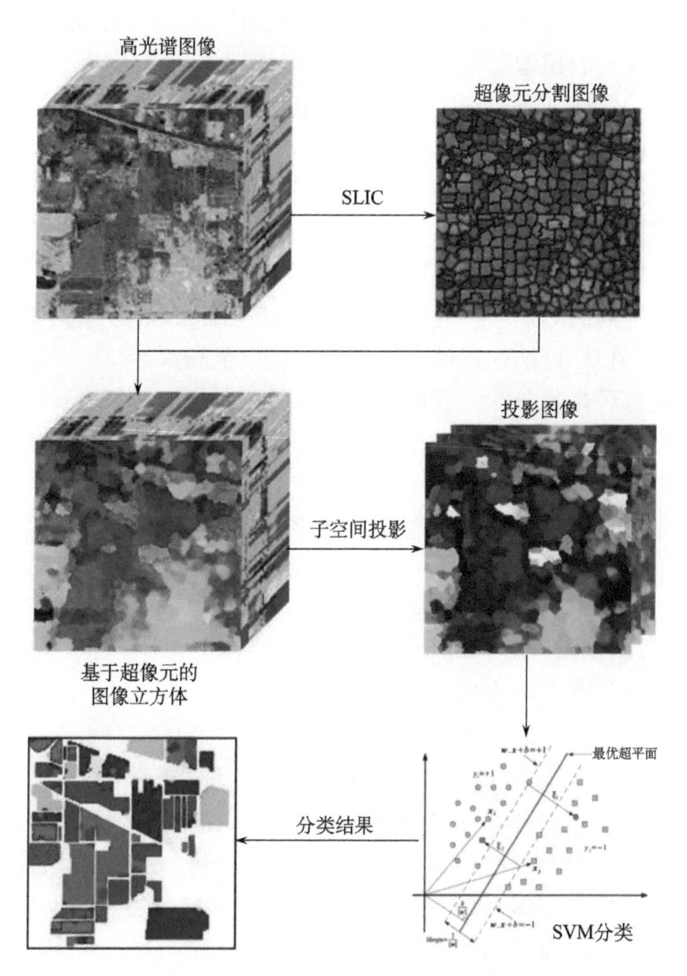

图 6.17　结合超像元分割和子空间支持向量机的高光谱图像分类模型图

6.3.2 基于多尺度超像元分割的高光谱图像分类算法

基于超像元分割的高光谱图像分类模型，将具有高度局部空间光谱一致性的像元作为一个整体来考虑，通过融合光谱特征信息和局部空间特征信息，结合有效的分类器，实现了高光谱图像分类效果的提升。在所介绍的 SP-SVMsub 模型中，超像元图像主要是通过采用 SLIC 算法获取的，SLIC 算法分割生成的超像元均匀规则且计算效率较快，是实用性效果非常好的超像元分割算法。但是，包括 SLIC 算法在内，无论采用任何一种超像元算法，基于超像元分割的高光谱图像分类都存在一个共同的问题，就是超像元分割尺度的确定。

在面向对象的高光谱图像分类框架下，超像元分割的尺度对于分割的结果具有很大的影响，并且会直接影响到后续的分类进程和效果。目前大多数的超像元分割算法，都是选择一个固定的分割尺度来直接进行图像分割。例如，前文介绍的 SLIC 算法，根据式(6.17)，尺度参数 $d = N / K$ 中的预分割超像元个数 K 即是通过人工设定至一个固定值。但是在实际的应用场景中，图像内部各个类别的尺寸、形状和地物分布可能存在较大的差异，固定单尺度的超像元分割可能难以适配图像中所有类别的空间特性。因此，最优的超像元分割尺度通常难以确定，需要构建多尺度分割等方式来进一步提升分类的性能。

1. *超像元尺度分析*

为了进一步说明超像元分割尺度对于分类效果的影响，采用前文介绍的 SP-SVMsub 算法，进行了两组不同的测试。首先，选用 AVIRIS Indian Pines 数据集，随机选取每类 30 个训练样本，在 SLIC 算法的基础上，设定了从低至高共计 7 种分割尺度，并在不同的尺度下，分别进行超像元分割，获取对应的超像元图像。对每个尺度下分割得到的超像元图像，将它们分别与原始图像进行空间和光谱特征的融合，再使用 SVMsub 分类器处理并获得分类结果。

从测试的结果中，挑选了比较具有代表性的几种类别来展示它们的类别精度变化。如图 6.18 所示，对于某些尺寸较大，分布较广的类别，如类别 2(玉米-无耕地)和类别 11(大豆-少量耕地)，它们最优的分类结果对应的超像元尺度出现在较高的尺度范围。相比之下，某些尺寸和分布较小的类别，比如类别 16(石头-钢铁-塔)，它最优的分类结果对应的超像元尺度则出现在较小的尺度范围。从这组对比的结果中，可以初步得出结论，基于超像元分割的分类方法对于不同的地物类别，其最优的超像元分割尺度是不同的。

另一方面，针对不同尺度下的超像元分割图像，测试了在不同数量的训练样本条件下所获取的分类精度，根据图 6.19 所展示的结果可以看出，随着训练样本个数的增加，基于超像元分割的图像分类精度总体呈上升趋势。但是不同数量的训练样本条件下，分类精度达到最优时对应的超像元分割尺度是不同的。综上所述，基于超像元分割的高光谱图像分类在固定单一尺度的超像元分割条件下所获取的分类精度可能并不是最优的结果。不同图像的最优超像元分割尺度通常难以确定，如何避免这个问题，是进一步分类效果的关键。

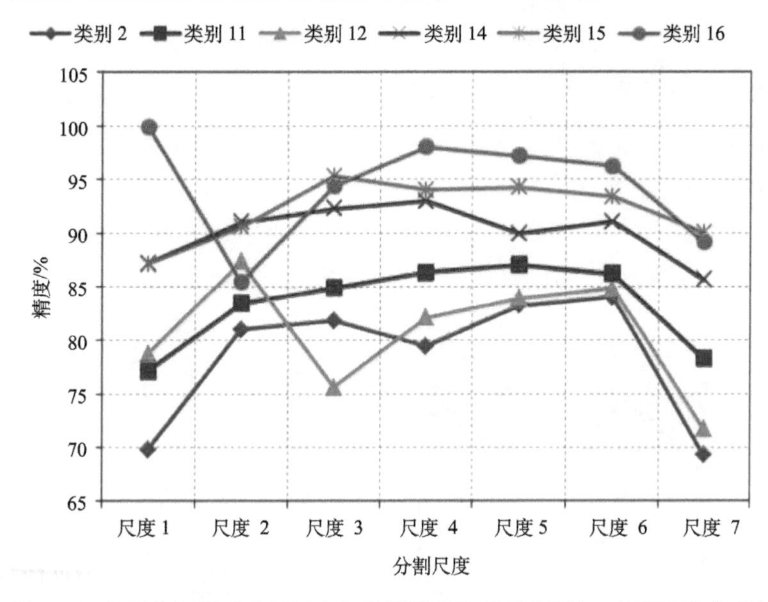

图 6.18　数据集超像元分割尺度与类别精度关系示意图(30 个训练样本/类)

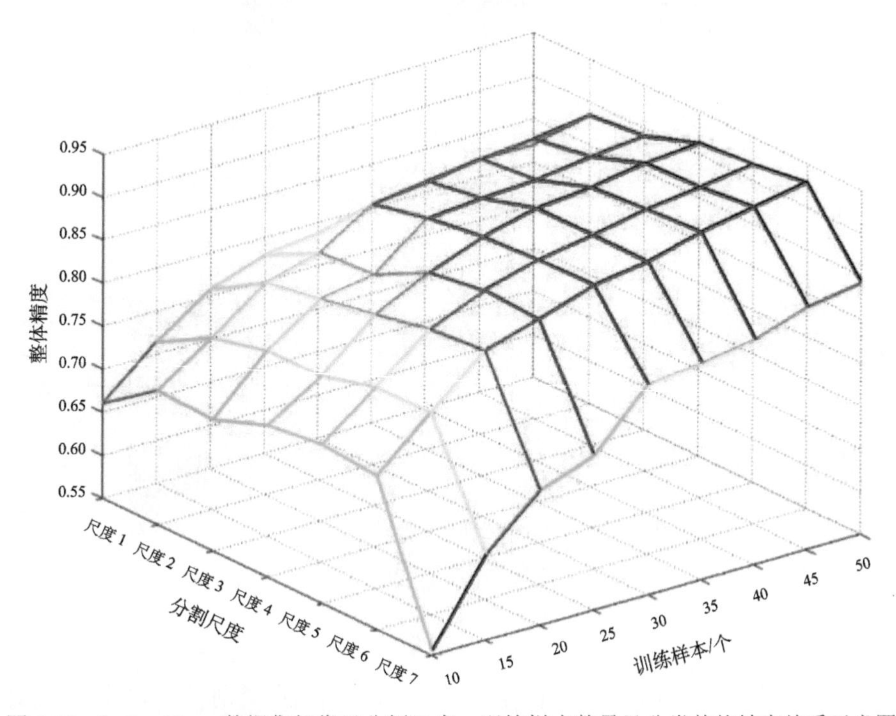

图 6.19　Indian Pines 数据集超像元分割尺度、训练样本数量及分类整体精度关系示意图

2. 基于多尺度超像元分割和子空间支持向量机分类模型

为了避免超像元分割尺度对于分类的影响，在 SP-SVMsub 模型的基础上介绍了基于多尺度超像元分割和 SVMsub 的高光谱图像分类模型(multi-scale SP-SVMsub, MSP-SVMsub)。如图 6.20 所示，假设原始的高光谱图像记为 $\boldsymbol{X}$ ，采用 SLIC 算法，设

定不同的分割尺度 $d_1,d_2\cdots,D$，在每个尺度下，对 $\boldsymbol{X}$ 进行超像元分割，记分割后的超像元图像集合为 $\boldsymbol{S}=\left[\boldsymbol{S}^{d_1},\boldsymbol{S}^{d_2},\cdots,\boldsymbol{S}^{D}\right]$。根据图 6.16 所展示的空间光谱融合方式，将 $\boldsymbol{S}$ 的每一个超像元图像分别与 $\boldsymbol{X}$ 进行特征融合，记融合后的图像集合为 $\boldsymbol{X}^S$，最后采用前文介绍的 SVMsub 分类器对 $\boldsymbol{X}^S$ 中的每一个图像进行分类，得到不同超像元分割尺度下的分类结果图。最后采用主投票法的方式统计各组分类的结果中每一个位置像元的类别出现的次数，出现次数最多的类别则判定为该位置像元的最终类别。

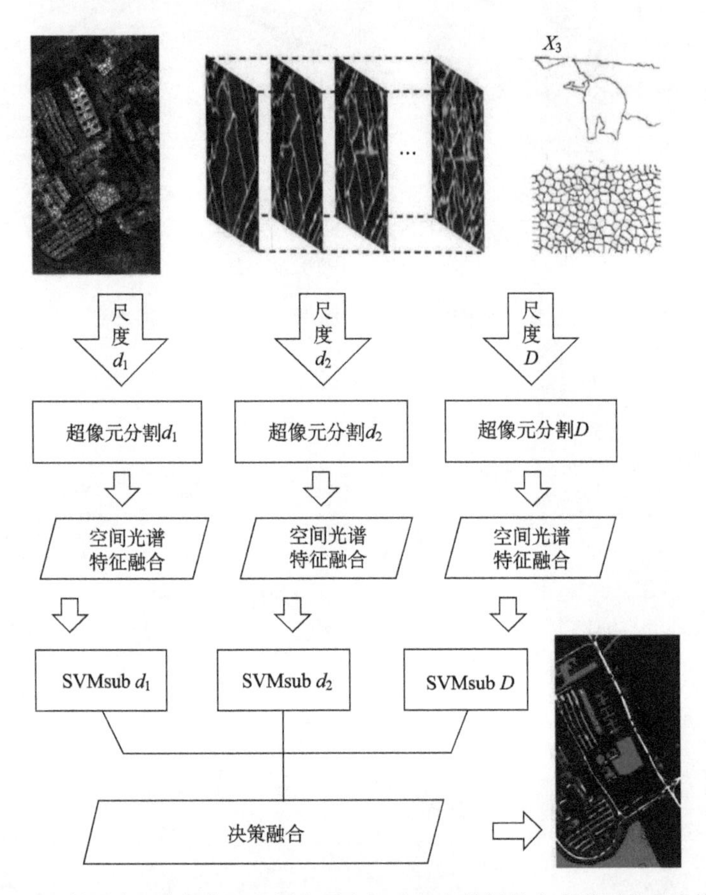

图 6.20　基于多尺度超像元分割和子空间支持向量机的高光谱图像分类模型

MSP-SVMsub 模型的某个尺度下的处理过程可以看作是 SP-SVMsub 模型，根据公式(6.20)，可以得到像元 $\boldsymbol{x}$ 在分割尺度为 $d\in\left[d_1,D\right]$ 时的判定类别 $\boldsymbol{y}_i^d$，因此，对于像元 $\boldsymbol{x}$，MSP-SVMsub 模型的类别判定表达式定义为

$$\operatorname{class}\left(\boldsymbol{y}_i\right)=\arg\operatorname{mod}_{d=d_1,\cdots,D}\operatorname{class}\left(\boldsymbol{y}_i^d\right) \tag{6.21}$$

其中，mod 是众数函数，表示将 $\left[\boldsymbol{y}_i^{d_1},\cdots,\boldsymbol{y}_i^{D}\right]$ 中出现次数最多的类别赋值给 $\boldsymbol{y}_i$。

MSP-SVMsub 算法流程

输入： 高光谱图像 $\boldsymbol{X}=\left\{\boldsymbol{x}_i\right\}_{i=1}^{N}$，分割尺度 $d_1,d_2,\cdots,D$。

步骤 1：对 $\boldsymbol{X}$ 采用 SLIC 算法在不同尺度下进行超像元分割，记分割后的超像元图像集合为 $\boldsymbol{S}=\left\{\boldsymbol{S}^d\right\}_{d=d_1}^{D}$。

步骤 2：对 $\boldsymbol{S}$ 中的每一个超像元图像 $\boldsymbol{S}^d$，遍历其中的每一个超像元区域，计算 $\boldsymbol{X}$ 中对应区域的像元平均向量，并以此替换该区域中的像元值，得到新的图像集合 $\boldsymbol{X}^S$。

步骤 3：将 $\boldsymbol{X}^S$ 中的每一个图像，根据式(6.20)，采用 SVMsub 分类器进行分分类，得到分类图像集合 $\boldsymbol{y}^S$。

步骤 4：对于步骤 3 所获得的分类图像集合，统计每个像元位置的类别信息，根据式(6.21)，得到最终的分类结果。

输出： 分类标记结果 $\boldsymbol{y}$。

6.3.3　实验内容及结果分析

1. 实验数据及参数设定

本实验主要采用前文介绍的 Indian Pines 数据集和 University of Pavia 数据集对所介绍的 SP-SVMsub 和 MSP-SVMsub 模型进行验证和分析。在对比分析方面，实验引入了 SVM 模型、SVMsub 模型、SVM-MRF 模型、SVMsub-MRF 模型、基于超像元分割的 SVM 分类模型(SP-SVM)以及基于多尺度超像元分割的 SVM 分类模型(MSP-SVM)作为对照组，全面分析和评价所介绍算法的有效性和稳定性。

在主要参数设置方面，考虑到所介绍的 MSP-SVMsub 模型中的多尺度框架以及基于主投票法的决策融合机制，对两个数据集都设定了 7 个不同的分割尺度，$d=\{N/K, K=5,10,15,25,50,75,100\}$，并在每个尺度下，分别使用 SLIC 算法来进行超像元分割。SP-SVMsub 模型则在设定的 7 个尺度分割后的得到的分类结果中，挑选最优分类结果对应的尺度进行设定。在其他参数设置方面，本实验所引入的相关对比模型算法的参数设置均参照其相应的文献以及前一节节实验部分的参数介绍进行设定。

实验结果的评价标准，主要采用整体精度(OA)，以及 kappa 系数(k)两种指标来进行评价。其中，kappa 系数(k)的定义为整体精度和期望精度的差值，与 1 和期望精度差值的比值。它是一种定量评价分类结果图像与参考图像之间一致性的方法，能够反映图像的分类误差性(Congaliton, 1981)。

2. 实验结果分析

本节实验中，对两个数据集分别选用了不同数量的训练样本来对所介绍的算法以及其他相关算法进行对比测试。针对 AVIRIS Indian Pines 数据集，训练集的大小从每类 10 个训练样本开始，增加到每类 50 个训练样本。针对 ROSIS University of Pavia 数据集，由于图像的尺寸较大，训练集的大小从每类 10 个训练样本开始，增加到每类 100 个训练样本。表 6.12 和表 6.13 分别展示了不同算法使用两个数据集进行分类所得到的结果，图 6.21 和图 6.22 则在表 6.12 和表 6.13 的结果中，分别挑选了 AVIRIS Indian Pines 数据集在使用每种类别 30 个训练样本，以及 ROSIS University of Pavia 数据集在使用每种类别 20 个训练样本时所获取的分类结果图像进行展示。从这些结果中，可以总结出以下结论。

(1) 相较于 SVM 模型和 SVMsub 模型，SVM-MRF 模型、SVMsub-MRF 模型、SP-SVM 模型和 SP-SVMsub 模型均获得了更好的分类效果。这说明了空间信息的加入，确实可以提高模型对于像元的判别能力，也证明了整合空间和光谱信息的空谱综合分类模型对于高光谱图像分类的有效性。

(2) 相较于 SVM-MRF 模型和 SVMsub-MRF 模型，SP-SVM 模型和 SP-SVMsub 模型整体上分别对应取得了更好的分类结果，这一点在 AVIRIS Inidan Pines 数据集的分类结果上较为明显，首先说明了基于超像元分割的高光谱图像分类模型，即结合超像元分割和子空间支持向量机的高光谱图像分类模型的有效性。另一方面，也说明了基于局部空间和光谱信息一致性的分类模型可以更好地融合高光谱图像的空间和光谱特征，提高分类的整体精度。

(3) 相较于 SP-SVM 模型和 SP-SVMsub 模型，MSP-SVM 模型和 MSP-SVMsub 模型分别对应取得了更好的分类效果，首先说明了多尺度分割对于基于超像元分割的高光谱图像分类的必要性。更重要的是，MSP-SVMsub 模型在两组数据集的所有对比算法中，均取得了最高的分类精度，证明了所介绍的基于多尺度超像元分割的高光谱图像分类模型的有效性和稳定性。

以图 6.21 和图 6.22 所展示的分类结果图为例，在 Indian Pines 数据集中，当使用每类 30 个训练样本时，MSP-SVMsub 与 SP-SVMsub 模型的分类精度分别为 92.41%和 88.03%，比 SVM-MRF 模型高出 11.91%和 7.53%。在 University of Pavia 数据集中，当使用每类 20 个训练样本时，MSP-SVMsub 与 SP-SVMsub 模型的分类精度分别为 91.90% 和 85.32%，比 SVM-MRF 模型高出 13.87%和 7.29%。综合上述实验结果，可以证明所介绍的 SP-SVMsub 与 MSP-SVMsub 模型的有效性。

6.3.4 结论

本节主要以超像元分割为核心，从局部空间和光谱一致性的角度出发，介绍了新的空谱信息综合分类方法。

为了更好地融合像元的光谱特征和局部空间特征，本节引入了面向对象的图像分类框架，通过图像分割-空谱特征融合-分类器分类的模式，建立具高光谱图像分类模型。具体以超像元分割为核心，通过 SLIC 算法对原始图像进行分割获取超像元图像，并在此基础上与原始图像进行空间和光谱特征的融合，对融合后的图像采用前文介绍的 SVMsub 模型进行分类，获取分类的结果。最终构建并实现了结合超像元分割与 SVMsub 的高光谱图像分类模型(SP-SVMsub)。

针对高光谱图像中不同类别的地物空间特性和空间分布不同，导致超像元分割尺度难以确定等问题，本节介绍构建不同尺度的超像元分割，采用并行处理的方式，获取不同尺度下的融合分类图像，通过决策融合的方式获取分类的结果。最终构建并实现了基于多尺度超像元分割与 SVMsub 的高光谱图像分类模型(MSP-SVMsub)，进一步提升了分类的效果。

图 6.21　Indian Pines 数据集分类结果(30 个训练样本/类)

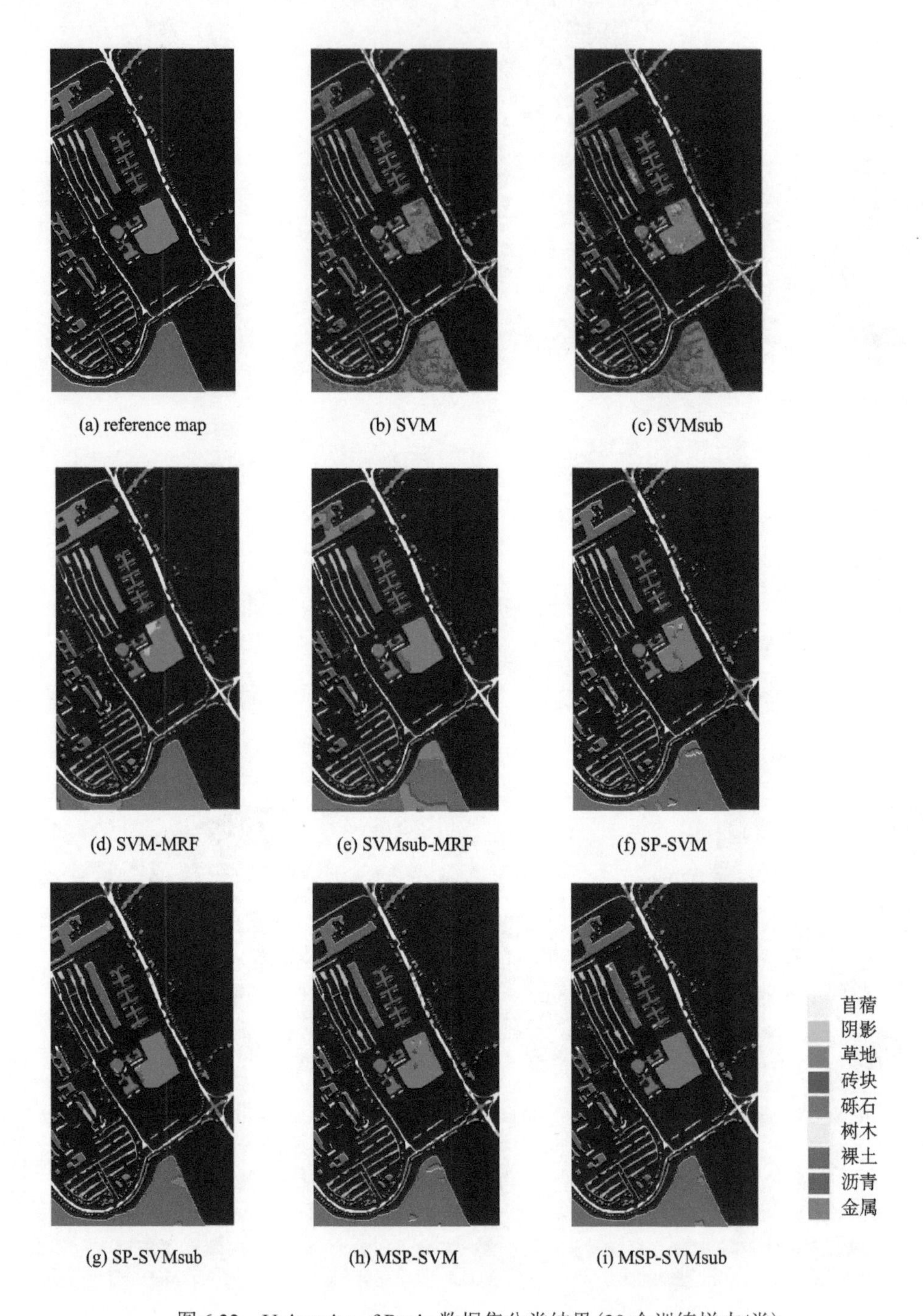

(a) reference map　(b) SVM　(c) SVMsub

(d) SVM-MRF　(e) SVMsub-MRF　(f) SP-SVM

(g) SP-SVMsub　(h) MSP-SVM　(i) MSP-SVMsub

图 6.22　University of Pavia 数据集分类结果(20 个训练样本/类)

表 6.12　AVIRIS Indian Pines 数据集使用不同数量训练样本的分类整体精度(%)和 kappa 系数(k)

训练样本个数(每类)	SVM	SVMsub	SVM-MRF	SVMsub-MRF	SP-SVM	SP-SVMsub	MSP-SVM	MSP-SVMsub
160	38.98	53.75	50.59	67.49	67.77	72.91	76.31	80.48
(10)	(0.33)	(0.48)	(0.46)	(0.63)	(0.64)	(0.69)	(0.73)	(0.78)
240	44.56	58.23	58.03	74.86	73.87	78.49	83.44	84.01
(15)	(0.39)	(0.53)	(0.54)	(0.72)	(0.70)	(0.76)	(0.81)	(0.82)
320	51.83	61.87	72.58	79.82	78.47	83.99	87.95	90.74
(20)	(0.46)	(0.57)	(0.69)	(0.77)	(0.76)	(0.82)	(0.86)	(0.89)
400	55.30	65.27	77.64	82.09	81.88	85.87	89.73	91.47
(25)	(0.50)	(0.61)	(0.75)	(0.80)	(0.79)	(0.84)	(0.88)	(0.90)
480	57.81	68.63	80.50	84.69	83.99	88.03	90.36	92.41
(30)	(0.53)	(0.64)	(0.78)	(0.83)	(0.82)	(0.86)	(0.89)	(0.91)
560	60.33	69.79	82.50	86.39	85.71	88.98	91.31	93.68
(35)	(0.55)	(0.66)	(0.80)	(0.84)	(0.84)	(0.87)	(0.90)	(0.93)
640	61.45	71.34	83.43	87.98	8&12	90.65	92.11	94.43
(40)	(0.57)	(0.67)	(0.81)	(0.86)	(0.86)	(0.89)	(0.91)	(0.94)
720	62.48	72.56	84.92	88.08	88.47	91.84	92.69	95.13
(45)	(0.58)	(0.69)	(0.83)	(0.86)	(0.87)	(0.91)	(0.92)	(0.94)
800	64.19	74.11	86.36	90.07	90.08	92.91	93.58	95.28
(50)	(0.59)	(0.70)	(0.84)	(0.89)	(0.89)	(0.92)	(0.93)	(0.95)

表 6.13　ROSIS University of Pavia 数据集使用不同数量训练样本的分类整体精度(%)和 kappa 系数(k)

训练样本个数(每类)	SVM	SVMsub	SVM-MRF	SVMsub-MRF	SP-SVM	SP-SVMsub	MSP-SVM	MSP-SVMsub
180	70.82	71.99	78.03	81.36	79.66	85.32	87.98	91.90
(20)	(0.64)	(0.65)	(0.73)	(0.77)	(0.74)	(0.81)	(0.84)	(0.89)
270	73.87	74.27	84.34	85.14	83.60	88.29	90.34	93.83
(30)	(0.67)	(0.68)	(0.81)	(0.82)	(0.79)	(0.85)	(0.87)	(0.92)
360	77.26	77.30	87.01	87.31	88.30	90.92	92.81	94.94
(40)	(0.71)	(0.71)	(0.84)	(0.84)	(0.85)	(0.88)	(0.90)	(0.93)
450	78.28	78.74	88.62	88.64	88.25	91.82	94.28	96.13
(50)	(0.72)	(0.73)	(0.86)	(0.86)	(0.85)	(0.89)	(0.92)	(0.95)
540	79.85	81.33	89.53	90.33	90.63	93.31	93.87	96.78
(60)	(0.74)	(0.76)	(0.87)	(0.88)	(0.88)	(0.91)	(0.92)	(0.96)
630	80.70	81.59	90.04	90.76	90.83	93.13	95.32	97.03
(70)	(0.75)	(0.76)	(0.88)	(0.89)	(0.88)	(0.91)	(0.94)	(0.96)
720	81.29	81.68	91.34	92.11	92.25	94.57	95.60	97.53
(80)	(0.76)	(0.77)	(0.89)	(0.90)	(0.90)	(0.93)	(0.94)	(0.97)
810	82.24	82.45	92.16	92.36	92.91	95.05	95.71	97.33
(90)	(0.77)	(0.77)	(0.90)	(0.91)	(0.91)	(0.93)	(0.94)	(0.96)
900	83.21	83.23	92.19	92.74	93.00	95.21	96.07	97.57
(100)	(0.78)	(0.78)	(0.90)	(0.91)	(0.91)	(0.94)	(0.95)	(0.97)

最后，本节使用两组真实的高光谱数据集，通过设计不同条件下的对比实验，分析并验证了所介绍的基于局部空间和光谱信息一致性的高光谱图像空谱综合分类新方法的有效性和稳定性。

6.4 基于形态学的空谱融合分类方法

高光谱图像包含数百个具有丰富的光谱信息的窄连续波段，对远距离地物目标的精确分类很有用处。然而，对于复杂场景(比如同谱异物)而言很难单独依靠光谱特性进行分类。此时，高光谱图像空间和上下文信息是对于地物目标分类显得尤为重要，并且在很大程度上，光谱特征和空间特征的融合可以极大地改善分类性能(Benediktsson and Ghamisi, 2015; Zhou and Zhang, 2015; Tarabalka et al., 2010)。前面几节介绍的 Gabor 滤波器、LBP 算子和超像元分割技术等是传统的空间特征提取手段。在这些基础上发展而来的形态学轮廓特征提取手段 (Ghamisi et al., 2015)作为一种高效的空间特征表示方式，已经得到了很好的研究(Khodadadzadeh et al., 2015; Zhang et al., 2017)。传统意义上，通过对尺寸增大的结构元素(structural element, SE)应用一组开运算和闭运算可引入形态学轮廓特征(Pesaresi and Benediktsson, 2001)。即使典型的形态学轮廓特征能产生良好的分类性能，但也存在一些缺点：首先，SE 的形状是固定的；其次，SE 不能表征与该区域的灰度特性相关的信息。为了解决这些缺点，属性轮廓(attribute profile, AP)的概念应运而生(Dalla Mura et al., 2010; Pedergnana et al., 2012)，通过使用形态属性滤波器(attribute filters, AFs)的序列运用提供多级表征(Kiwanuka and Wilkinson, 2016; Dalla Mura et al., 2009)，这可以通过选择适当的阈值来达到过滤的目的。然而，它仍然具有以下缺点：①难以掌握最佳阈值的设置；②不同类型的图像需要设置不同的阈值。

为了解决上述问题，有学者提出了一种快速、准确、自动的形态特征提取方法，即消光轮廓(extinction profile, EP) (Ghamisi et al., 2016)。形态特征提取过程可以归纳为以下 3 个步骤：①树的构建；②滤波；③图像恢复。AP 和 EP 之间的主要区别在于第二步，也就是说，AP 是基于阈值导向的连接幂等滤波器，而 EP 则是基于极值导向的连接幂等滤波器。EP 基于消光滤波器提取空间和上下文信息(Vachier et al., 1995)，已被证明优于 AFs(Souza et al.,2015)。由于 EP 已经成功地应用于遥感图像(如高光谱和 LiDAR 数据)，因此也已提出了许多扩展版本的 EP，如多变量 EP(multivariate EP, MEP) (Huang et al., 2014)、扩展多变量 EP(extebded multivariate EP, EMEP) (Ghamisi et al., 2016) 和 EP(derivative of EP, DEP)的衍生物。

作为 EP 的替代方案，已经有学者研究了在树生成过程中采用拓扑树的局部包含轮廓(local contain profile, LCP)。EP 基于图像灰度值来构建相应的组件树(Jones, 1997; Salembier Clairon et al., 1998)，而本节所介绍的 LCP 基于拓扑树，也称为形状树和包含树，它是由属于图像中同一级别的连通分量之间的包含关系构成的。由于 LCP 仅考虑膨胀操作，因此特征维的尺寸相对较小；此外，LCP 基于形状之间的包含关系，而不考虑像元值，这保证了它对光反射率和噪声的不敏感。本节所介绍的 LCP 有望于有效地保留更多有用的信息。其优点可概括如下：①在传统意义上增加了几个新的特性，如圆度、伸长度和锐度，可以更好地提取特定形状的区域。因此，LCP 在丢弃不重要的空间细节的同时保留了形状之间的局部空间信息。②当参数相同时，通过采用拓扑树所提取的特征维度是 EP 的一半，而其分类性能却更加优越。

6.4.1　基于局部包含属性的特征提取及分类

1. 局部包含属性(LCP)算法

图 6.23 给出了所介绍的 LCP 特征提取过程的流程图。构建对应的拓扑树，并通过对树节点执行剪切和重构操作来实现信息的过滤和获取是有必要的。该过程包括以下 3 个部分：①拓扑树创建；②消光过滤；③图像恢复。

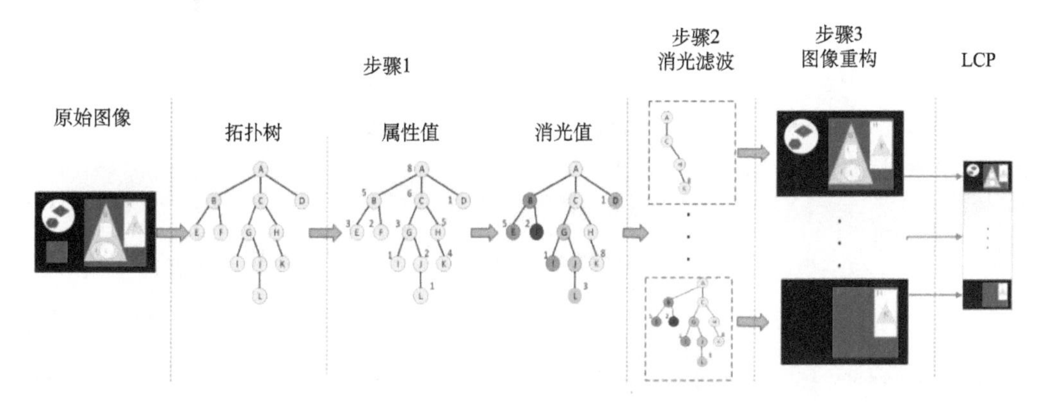

图 6.23　LCP 特征提取过程的流程图

1) 拓扑树创建

拓扑树由水平集的连通分量构成，其体现了连通分量之间的包含关系。树中的每个节点存储连接组件的所有像素，连接的组件存储在单个节点(即复合节点)中，并且每个节点仅存储图像中可见的连接组件的像元。连通分量具有层次关系，主要体现在 3 个方面：①与属于同一分支的节点对应的连通分量具有包含或交集关系；②与属于同一级别的节点对应的连通组件之间具有分离或相邻关系；③与既不属于同一分支又不属于相同级别的节点对应的连通组件只能相互分离。所有树节点仅具有一个根节点(即所有连通的组件包含在一个根组件中)，其由对应于不同节点的连通组件形成的混合组件所确定。

树构建过程在图 6.23 部分中说明。拓扑树是基于 Géraud 等(2013)提出的准线性算法计算的。该算法也基于联合查找(union-find)过程，该过程主要由以下两个步骤构成：①按递减树顺序对像元进行排序；②以相反的顺序，依靠 union-find 过程来计算树。对于拓扑树，排序步骤很复杂，首先需要使用 Khalimskey 网格对比例图像进行插值，然后使用分层队列来存储按顺序提取的像元信息，Geraud 等(2013)给出了此过程的详细信息。该算法还可以计算 Max-tree/Min-tree，唯一的区别在于排序步骤。

在构建好拓扑树之后，需要使用属性值来表征每个节点，然后使用消光值来表征叶节点以表征分支的最大属性值。对于 Max-tree / Min-tree，消光值可以很好地衡量区域极值的持续性(最大值/最小值)。对于拓扑树，消光值可以很好地证明形状块的持久性。消光值不表示与某个节点对应的连通分量的属性值，但是可以在与叶节点对应的连通分量所在的区域块上表示最大的属性值。也就是说，消光值表示了由叶节点所在的分支形成的最大属性值。对于增属性和非增属性，确定消光值的过程是不同的。

假设 M 是图像 X 的最小连通分量，而 $\Psi=(\psi_\lambda)_\lambda$ 是递减连通的抗扩张变换族。与 M 相对应的消光值(由 ψ 表示)定义为 $\varepsilon_\psi(M)$，其是最大的 λ 值，使得 M 仍然是 $\psi_k(\boldsymbol{X})$ 的最小连通分量。这个定义可以表示为

$$\varepsilon_\psi(M)=\sup\left\{\lambda\geqslant 0\mid\forall k\leqslant\lambda, M\subset\operatorname{Min}\left(\left(\psi_k(\boldsymbol{X})\right)\right)\right\}\tag{6.22}$$

其中，$\min\left(\left(\psi_k(\boldsymbol{X})\right)\right)$ 是包含 $\psi_k(\boldsymbol{X})$ 的所有最小连通分量的集合。

2) 消光滤波

消光滤波 (EF) 过程保留对应于图像中连通分量的相关叶节点。设 $\operatorname{Max}(\boldsymbol{X})=\{M_1,M_2,\cdots,M_N\}$ 是图像 $\boldsymbol{X}$ 的最小连通分量的集合，N 表示最小连通分量的数量。每个 $M_i(i=1,\cdots,N)$ 具有相应的消光值 ω_i，这个消光值在本节中给出了定义，并且给定了保留最高消光值的极值

$$\mathrm{EF}^n(\boldsymbol{X})=R_g^\delta(\boldsymbol{X})\tag{6.23}$$

其中，$R_g^\delta(\boldsymbol{X})$ 为来自标记图像 $\boldsymbol{X}$ 的掩模图像 $\boldsymbol{g}$ 的扩张的重建。掩模图像 $\boldsymbol{g}$ 表示为

$$\boldsymbol{g}=\max_{1\leqslant i\leqslant n}\left\{M_i^*\right\}\tag{6.24}$$

式中，max 为对应于消光值的最小连通分量的最大化操作；n 为叶节点数；M_1^* 为具有最高消光值的最小连通分量；M_2^* 具有第二高消光值，依此类推。

主要的过滤原则是保留重要的树节点和切除不重要的树节点。其目的是设置具有最大消光值的 n 个连接组件(树节点)以进行分析和保留。从它们的叶节点到根节点的路径上的节点被标记为保留，而其他未标记的节点从树中被切除。因为拓扑树中的节点是连接关系，所以处理这些节点的 EF 必须是连通的过滤器。更具体的过程如图 6.24 所示。

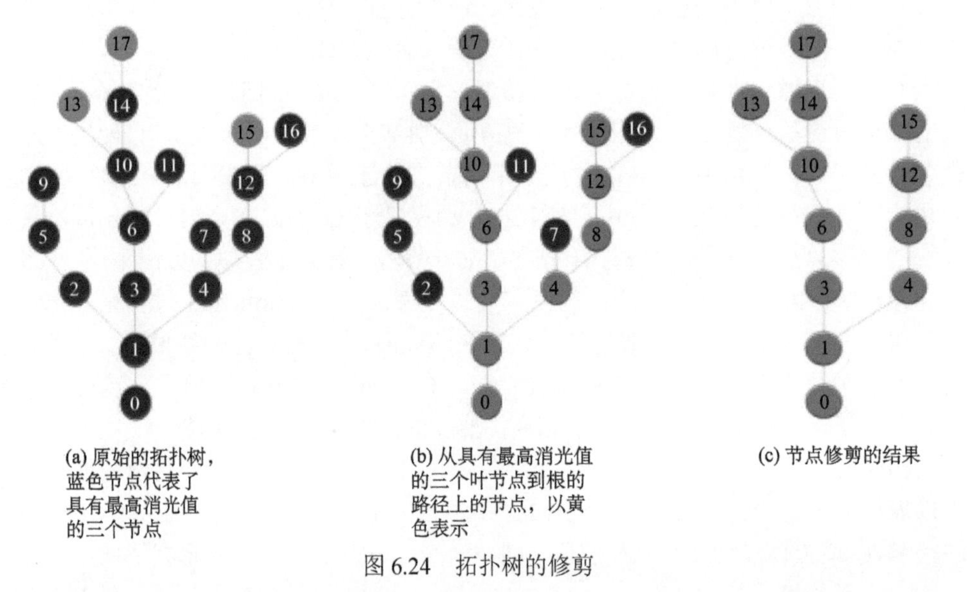

(a) 原始的拓扑树，蓝色节点代表了具有最高消光值的三个节点

(b) 从具有最高消光值的三个叶节点到根的路径上的节点，以黄色表示

(c) 节点修剪的结果

图 6.24　拓扑树的修剪

3) 图像恢复

在剪切树之后，许多分支节点都被切除了，并且它们对应的连接组件也被对应于父节点的连接组件所覆盖。因此，对应于剪切树的每个节点的连通分量改变，这表示了分支上多个节点的连接区域的组合形式。当树被重建为图像时，获得的图像是原始的特征映射。图像和原始图像中的无用信息被删除，只保留有用的信息。具体效果可见于图 6.23 中的步骤 3。

通过设置一系列阈值然后通过消光滤波来获得 LCP 特征。换句话说，当设置阈值的数量为 s 时，可以 $s+1$ 个滤波特征带(包括 s 个特征和原始灰度图像)。因此，LCP 不仅代表波段特征，而且代表 s 个波段特征的组合。类似于 EP，其由对灰度图像的一系列腐蚀和膨胀变换构成，它是膨胀 EP 和腐蚀 EP 的组合。可以给出 LCP 的结构原理，

$$\mathrm{LCP}(\boldsymbol{f})=\left\{\varphi_{\lambda_1}(\boldsymbol{f}),\cdots,\varphi_{\lambda_{s-1}}(\boldsymbol{f}),\varphi_{\lambda_s}(\boldsymbol{f})\right\} \tag{6.25}$$

其中，$\boldsymbol{f}$ 为灰度图像；s 为阈值数；$\lambda=\left\{\lambda_1,\ldots,\lambda_{s-1},\lambda_s\right\}$ 是特定阈值的列表，并满足以下条件：当 $\lambda_i,\lambda_j\in\lambda$ 并且 $j>i$ 时，$\lambda_i<\lambda_j$。

2. LCP 中定义的新属性

为了更好地反映形态特征，研究人员将一些数学形态学属性概念引入到图像处理中，并对连通区域进行了表征，如面积、高度、标准偏差等。面积用于表征连接区域的像元块大小，高度用于表征连接区域中像元值与周围最小像元值之间的差异，标准差用于表征像元值之间的标准差差异。通过有效地表征连通区域，对应于每个连通区域的树节点具有特定的属性值。通过设置合适的剪切策略，切除一些节点或一些分支，并且与删除的节点对应的连接区域被其父节点的连接区域覆盖，用以实现特定的特征提取。前人已经很好地验证了这些传统属性对图像空间信息的提取效果。

为了更好地提取特定的形态目标，如圆形目标、长目标和尖目标，有学者引进了几个新的属性，即紧致度、伸长度、锐度等。紧致度用于检测连通区域的伸长率，伸长度用于检测连通区域的圆度，锐度用于检测连通区域的锐度等。它具有与节点对应的连通区域的良好形态表示，然后通过适当的修剪策略，保留满足要求的节点，删除不满足要求的节点，实现对特定形状的提取效果。这些属性不仅可以提取图像中包含的空间信息，还可以检测实际场景中特定形状的目标。

几个新属性的构造原则定义如下：

$$C(N)=\frac{4\pi A(N)}{P^2(N)} \tag{6.26}$$

$$E(N)=\frac{l_{\max}(N)}{l_{\min}(N)} \tag{6.27}$$

$$S(N)=\frac{V(N)}{H(N)\times A(N)} \tag{6.28}$$

式中，N 为连通区域；$C(N)$ 为 N 的紧致度；$A(N)$ 为 N 的面积；$E(N)$ 为 N 的伸长度；$P(N)$ 为 N 的周长 $S(N)$ 是 N 的锐度；$V(N)$ 为 N 的体积；$H(N)$ 是 N 的高度；$l_{\max}(N)$ 和

$l_{\min}(N)$ 分别为由 N 标识的连通区域的最佳拟合椭圆的长轴和短轴：$A(N)=\{\# p \mid p \in N\}, V(N)=\sum_{p\in N}\left(\mathrm{Max}_{p\in N}\, g(p)-g(p)\right), H(N)=\mathrm{Max}_{p\in N}\, f(p)-\min_{p\in N} f(p)$。

这些新属性可以提取一些特定形状的目标(如圆形、细长形或椭圆形)。通过滤波原理，保留满足圆度、长度、曲率等属性条件的节点，删除其他节点，可以很好地实现提取特定目标的目的。这些属性可用于检测图片中的污水处理厂，检测图片中的汽车，以及实际场景中的其他特定目标。

为了验证这些新属性是否能够准确地提取特定对象，选择包含圆形、矩形和尖形对象的 RGB 图像进行测试。设置不同的属性和消光值以实现特定形状的提取。特定目标的提取完成如下：①将 RGB 图像转换为灰度图像并构建其对应的拓扑树；②选择特定属性，计算每个节点对应形状的属性值，构造非增长树的第二个树；③设置特定的消光值(需要根据保留的形状数确定)来切割树节点；④将剪切后的拓扑树重建为图像。具体的提取性能如图 6.25 所示。

3. 扩展的 MLCP 和 EMLCP

由于每个属性都是唯一的，因此使用不同的属性可以提取不同的形态特征。为了从图像中完全提取空间信息，通常同时考虑多个属性。本节主要使用五个属性，即面积，体积、标准偏差、紧致度和伸长度。定义的多 LCP(multi-LCP，MLCP)可以在数学上表示为

$$\mathrm{MLCP}=\left\{\mathrm{LCP_a}, \mathrm{LCP_h}, \mathrm{LCP_{std}}, \mathrm{LCP_c}, \mathrm{LCP_e}\right\} \tag{6.29}$$

式中，a,h,std,c,e 分别为面积、高度、标准差、紧致度和伸长度。

在高光谱图像中，需要选择多个波段来进行特征提取。在本节中，经典主成分分析(PCA)用于减少维度和消除信息冗余(Li et al., 2015)，并保留前三个波段用于空间特征提取。这是 MLCP 的扩展，即扩展的多 LCP(extended multi-LCP, EMLCP)，可以给出

$$\mathrm{EMLCP}(\boldsymbol{F})=\left\{\mathrm{MLP}\left(\boldsymbol{F}_1\right), \mathrm{MLCP}\left(\boldsymbol{F}_2\right), \cdots, \mathrm{MLCP}\left(\boldsymbol{F}_m\right)\right\} \tag{6.30}$$

式中，m 为波段数；$\boldsymbol{F}=\{\boldsymbol{F}_1, \boldsymbol{F}_2, \cdots, \boldsymbol{F}_m\}$ 代表一系列多波段图像。

在五个属性中，面积和高度是增属性，而标准偏差、紧致度、伸长度和锐度是非增属性。这两种类型的属性的处理方法不同，可以定义为增加属性：

$$\forall N \in T, A(N) \leqslant A\left(N_p\right) \tag{6.31}$$

式中，N_p 为节点N的父节点；T 为第一棵树。令 $A^{\uparrow}$ 表示增属性。对于给定节点 $N \in T$，增加属性 $A^{\uparrow}(N)$ 的一些实例有边界框的面积、高度、体积、对角线等。对于那些，树过滤是相当直接，它是通过修剪属性函数 $A^{\uparrow}$ 在给定者阈值之下的节点来执行的，其可以被视为属性阈值化。

相比之下，对于非增属性，特别是那些描述形状形式的形状属性，如标准偏差、紧致度、伸长度、锐度等。树过滤并不简单。这需要在第一树的基础上构建第二树(Xu et al., 2012)，使得对应于树节点的属性值处于有序排列中。

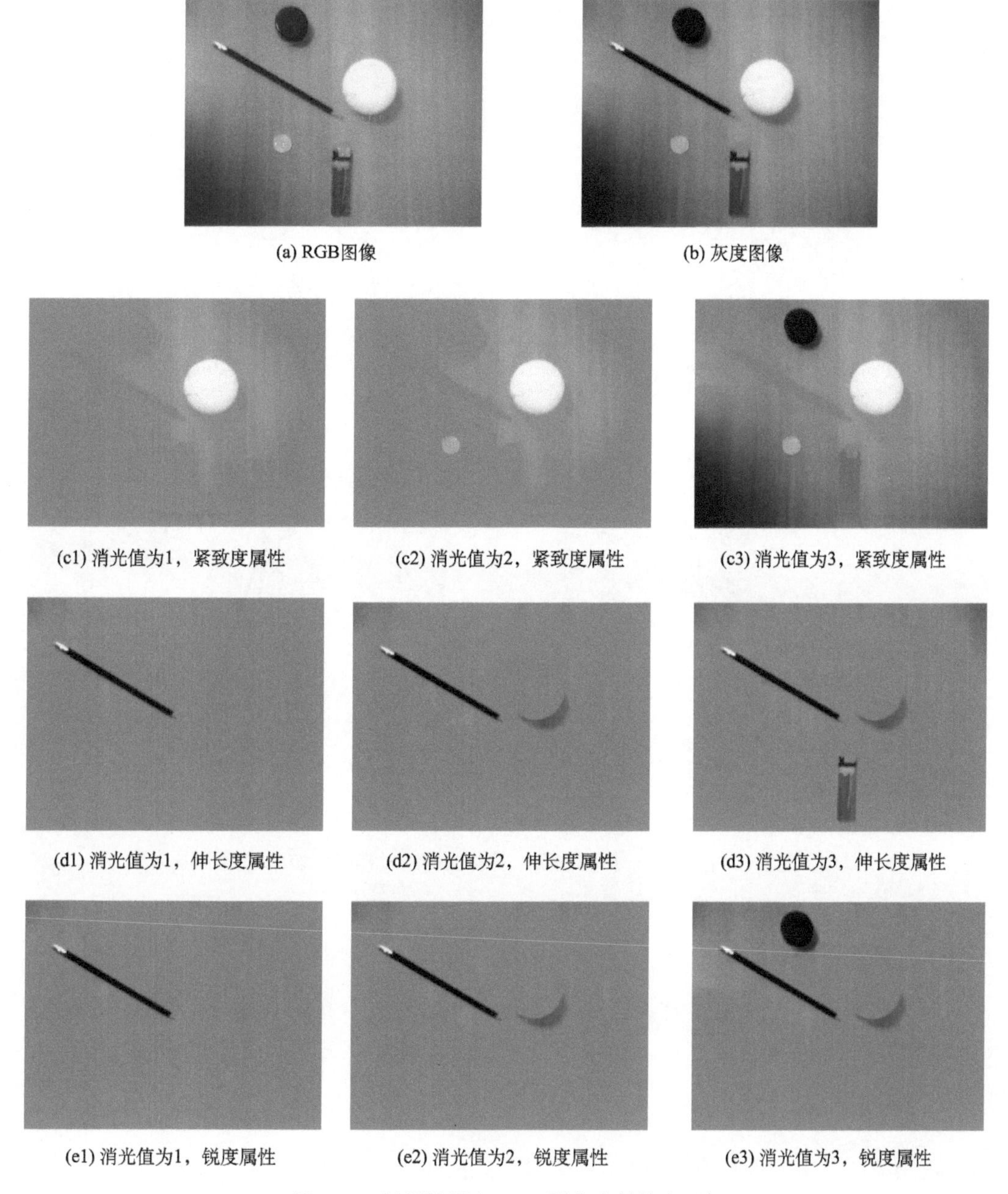

(a) RGB图像　　(b) 灰度图像

(c1) 消光值为1，紧致度属性　　(c2) 消光值为2，紧致度属性　　(c3) 消光值为3，紧致度属性

(d1) 消光值为1，伸长度属性　　(d2) 消光值为2，伸长度属性　　(d3) 消光值为3，伸长度属性

(e1) 消光值为1，锐度属性　　(e2) 消光值为2，锐度属性　　(e3) 消光值为3，锐度属性

图 6.25　新属性提取 RGB 图像中的特定目标

第二棵树 TT 的构造原理是：TT 是基于第一棵树 T 从图$(G_T;F_A)$构建，第一棵树 T 是最小树或最大树表示。它们之间的选择基于应用和属性函数 A 的性质。在非期望形状滤波的情况下，标准是保持 G_T 中的顶点(即节点$N \in T$)，这个顶点表示第二棵树 TT 的叶子附近的非期望形状。第二树 TT 的每个节点是一组具有相似类型形状的相邻连接组件。另外请注意，位于 T 的同一分支中的两个不同的对象可能会出现在 TT 的两个不同分支上。TT^* 表示通过阈值切割第二棵树节点的效果，T^* 表示非增属性的树节点剪切效

果。图 6.26 给出了基于第一棵树的第二棵树的构造过程和剪切的效果。

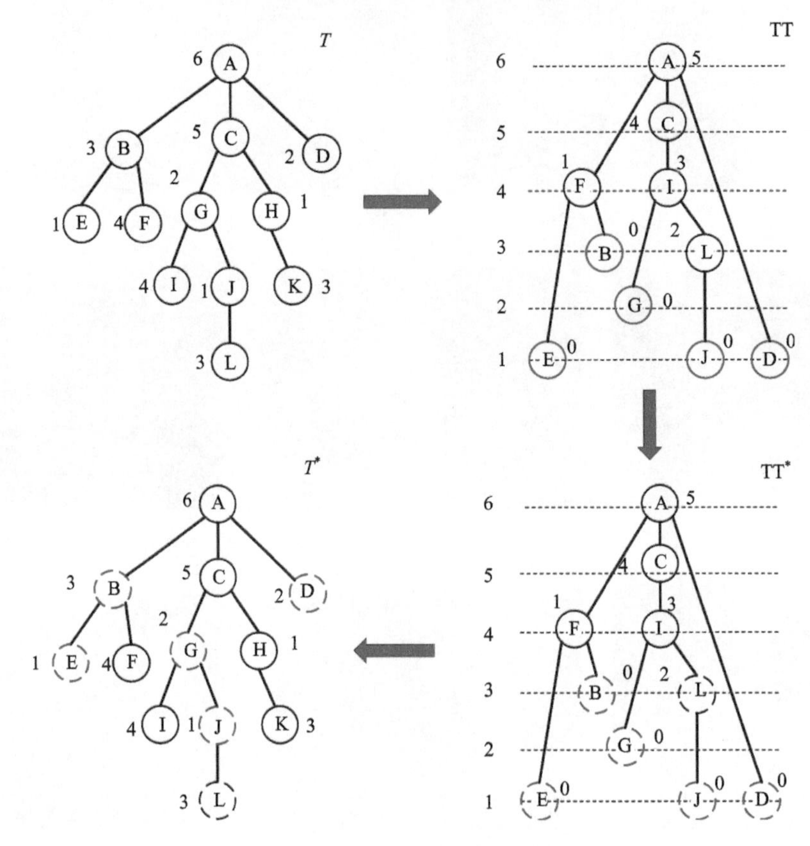

图 6.26　基于第一棵树的第二棵树的构造过程和剪切的效果

6.4.2　实验内容及结果分析

本节的实验部分使用了常用的高光谱图像和基于复合核的典型支持向量机分类器(SVM-CK)。在 PCA 投影之后，基于前三个波段提取五个属性以生成 EMLCP。

1. 实验数据

高光谱图像实验数据 Indian Pines 来自美国成像光谱仪 AVIRIS，包含 145×145 个像元和 220 个波段，共包含 16 个地物类别，其中大多数代表不同类型的农作物。表 6.14 列出了训练和测试样品的数量。

Salinas Scene 数据集由 AVIRIS 传感器采集于加利福尼亚州萨利纳斯山谷区域，包括 512 ×217 像素，空间分辨率为 3.7m，同样包含 224 个波段，删除无效波段后，实验中所用波段数为 200 个，包含 16 类地物。表 6.15 列出了训练和测试样本的数量。

表 6.14　Indian Pines:通过选择参数的不同值(如 μ)获得的整体分类精度用于 SVM-CK (单位：%)

μ	0.0	0.1	0.2	0.3	0.4	0.5	0.6	0.7	0.8	0.9	1.0
$X_{ori}+X_{EP}$	81.33	84.34	84.80	85.50	86.10	86.83	87.20	88.13	88.50	88.92	87.13
$X_{ori}+X_{LCP}$	81.33	88.40	88.98	89.11	89.75	90.22	90.80	91.31	92.10	92.36	90.29

表 6.15　Salinas Scene:通过选择 SVM-CK 参数的不同值(如 μ)获得的总体分类准确度　(单位：%)

μ	0.0	0.1	0.2	0.3	0.4	0.5	0.6	0.7	0.8	0.9	1.0
$X_{ori}+X_{EP}$	77.63	88.10	89.86	90.55	91.20	92.11	92.88	93.70	94.22	94.58	92.52
$X_{ori}+X_{LCP}$	77.63	90.32	92.88	94.18	95.12	95.98	96.56	97.60	98.10	98.56	96.40

2. 分类性能和分析

为了比较 LCP(基于拓扑树)与 EP(基于最大树/ 最小树)在整体精度(OA)、平均准确度(AA)和 kappa 系数(k)上的优越性。主要考虑了五个属性，包括两个增属性(面积和高度)和三个非增属性(标准偏差、紧致度和伸长度)。

为了公平比较，对 EP 和 LCP 始终使用相同的参数。根据阈值设定规则：$[a^k, k=0,1,\cdots,s-1]$,其中 a 是基本参数，s 是阈值数。设置 a=3 和 s=7，可以获得 7 个阈值$\{1,3,9,27,81,243,729\}$，使得总 EP 尺寸为 15(包括膨胀 EP、腐蚀 EP 和原始图像)并且总 LCP 尺寸为 8(包含特征 LCP 和原始灰度图像)。

对于分类性能，平衡参数(即 μ)在 SVM-CK 分类器中的影响是显著的。表 6.16 和表 6.17 列出了具有验证数据的不同 μ 值的准确度 od。很明显，当 $\mu=0$ 时，这意味着只考虑光谱信息，而当 $\mu=1$ 时，它表示仅使用空间特征。当 $\mu=0.9$ 时提供最佳性能，并且在之后实验中也选择该值。原始高光谱图像表示为 X_{ori}，并且先进的 EP 和所介绍的 LCP 被分别定义为 X_{EP} 和 X_{LCP}。

表 6.16 列出了原始图像的分类准确度[OA、AA 和 kappa 系数(k)]以及由 Indian Pines 数据的单个属性组成的 EP 和 LCP。可以看出，在同时考虑光谱和空间信息时，可以明显改善分类效果，如 $EP_a, EP_h, EP_{std}, EP_c$ 和 EP_e 将原始图像的分类精度(即 Raw)分别提高了 4%,4%,1.5%,4% 和 3.5%，$LCP_a, LCP_h, LCP_{std}, LCP_c$ 和 LCP_e 使原始图像的 OA 分类精度提高了近 7.5%,7%,5.5%,7.5% 和 1.5%。此外，LCP 和 EP 使用相同的参数和属性来提取特征和分类，对比结果明显地显示了与 $EP_a, EP_h, EP_{std}, EP_c$ 相比，$LCP_a, LCP_h, LCP_{std}, LCP_c$ 在 OA 中分别高了 3.5%,3%,4.5%,4%。

表 6.16　Indian Pines：EP 和 LCP 的分类结果

Metrics	Raw	LCP_e	LCP_a	EP_h	LCP_h	EP_{std}	LCP_{std}	EP_c	LCP_c	EP_e	LCP_e
OA/%	81.33	85.30	88.93	85.46	88.41	82.64	86.95	85.28	89.20	84.97	82.73
AA/%	84.47	83.78	88.49	82.91	86.91	83.51	84.15	80.45	83.94	80.59	81.50
k	0.7935	0.8338	0.8748	0.8351	0.8690	0.8025	0.8517	0.8337	0.8773	0.8292	0.8212

注：a,h,std,c,e 分别代表面积，高度，标准差，紧致度和伸长度。AA 和 OA 以百分比形式记录。kappa 系数(k)是在 0 和 1 的范围内变化的系数

Salinas Scene 数据的分类性能总结在表 6.17 中，表明 EP_a,EP_h,EP_{std},EP_c 和 EP_e 将原始图像的分类准确度分别提高了大约 16%，15.5%，14.5%，15%和 14.5%。此外，LCP_a, LCP_h, LCP_{std}, LCP_c 和 LCP_e 将原始图像的 OA 分类准确度分别提高了近 19%，18%，17.5%，17%和 12.5%；LCP_a, LCP_h, LCP_{std}, LCP_c 在 OA 中分别比 EP_a,EP_h,EP_{std},EP_c 高 3%，2.5%，2.5%和 2%。

表 6.17　Salina Scene：EP 和 LCP 的分类结果

Metrics	Raw	LCP_e	LCP_a	EP_h	LCP_h	EP_{std}	LCP_{std}	EP_c	LCP_c	EP_e	LCP_e
OA/%	77.63	93.91	96.78	93.24	95.80	92.34	94.97	92.87	94.73	91.97	90.36
AA/%	82.12	95.90	96.98	95.52	97.01	95.55	96.33	95.17	96.57	95.56	93.50
k	0.7553	0.9321	0.9643	0.9248	0.9533	0.9184	0.9442	0.9206	0.9414	0.9111	0.8907

注：a,h,std,c,e 分别代表面积、高度、标准差、紧致度和伸长度。AA 和 OA 以百分比形式记录。kappa 系数(k)是在 0 和 1 的范围内变化的系数

在表 6.16 和表 6.17 中，不同的属性具有各种提取效果，因为它们都具有不同的形态特征，并且提取的信息是互补的。因此，通过协同分类可以取得良好的效果。首先，考虑面积、高度和标准偏差之间的组合，然后，测试标准偏差、紧致度和伸长度之间的组合，因为这三个属性是非增属性，以验证非增属性的协同效应是否是优于单个属性的性能。最后，所有五个属性将被一起考虑。在表 6.18 中，协同分类的准确性明显优于任何单个属性，并且当将所有属性一起考虑时，分类准确性最佳。值得一提的是，在考虑多波段和多属性时，有时并不能提高分类精度。主要原因是冗余特征可能会降低性能。Salina Scene 数据的类似观察结果可在表 6.19 中获得。

表 6.18　使用 Indian Pines 数据对扩展的 EMEP 和 EMLCP 进行分类

Metrics	Raw	$LCP_{a,h,std,c,e}$	$LCP_{a,h,std}$	$EP_{std,c,e}$	$LCP_{std,c,e}$	$EP_{a,h,std,c,e}$	$LCP_{a,h,std,c,e}$
OA/%	81.33	87.17	90.35	88.69	90.09	88.92	92.39
AA/%	87.47	83.66	88.45	85.96	87.20	86.34	89.90
k	0.7935	0.8544	0.8907	0.8714	0.8878	0.8742	0.9135

表 6.19　使用 Salina Scene 数据对扩展 EMEP 和 EMLCP 的分类结果

Metrics	Raw	$LCP_{a,h,std,c,e}$	$LCP_{a,h,std}$	$EP_{std,c,e}$	$LCP_{std,c,e}$	$EP_{a,h,std,c,e}$	$LCP_{a,h,std,c,e}$
OA/%	77.63	94.12	98.00	94.30	96.07	94.58	98.56
AA/%	82.12	96.12	97.87	95.94	96.97	96.53	98.47
k	0.7533	0.9347	0.9777	0.9367	0.9563	0.9398	0.9840

表 6.20 和表 6.21 进一步列出了具体的分类准确度。显然，基本上除了少数特殊类别，LCP 对每个类别的提取效果都比 AP 和 EP 好。以表 6.20 为例，有三个相似的类别(即大豆-无耕地、大豆-少量耕地和大豆-收割耕地)。与 EP 相比，LCP 的分类效果与 EP 相比分别增加了 13%，8%和 5%。与 AP 相比，分别增加了 20%，24%和 33%。表 6.20 和表 6.21 进一步列出了具体的分类准确度。为了更直观地表达各种方法的提取

效果，图 6.27 和图 6.28 分别给出了通过不同方法(即 EP 和 LCP)获得的分类图。可以看出，在小样本和大样本的类别中，所介绍的 LCP 的分类效果优于 EP，充分证实了它的有效性。

表 6.20　Indian Pines：每个类别的培训样本和测试样本的数量，以及使用 EP 和 LCP 考虑五个属性时每个类别的分类准确度系数(%)和 kappa 系数(*k*)

序号	类别	Train	Test	The AP	The EP	The LCP
1	苜蓿	20	46	100	97.82	100
2	玉米-无耕地	20	1428	85.92	83.61	99.49
3	玉米-少量耕地	20	830	81.20	94.10	100
4	玉米地	20	237	97.05	96.62	99.64
5	草地-牧场	20	483	88.20	88.82	98.36
6	草地-数目	20	730	99.59	99.41	99.65
7	草地-牧场-收割草地	20	28	100	100	99.55
8	干草-落叶	20	478	98.95	100	97.13
9	燕麦	20	20	100	100	99.90
10	大豆-无耕地	20	972	77.06	83.13	96.85
11	大豆-少量耕地	20	2455	74.70	91.04	98.78
12	大豆-收割耕地	20	593	66.27	94.60	99.95
13	小麦	20	205	98.54	99.51	99.24
14	木材	20	1265	98.74	99.84	99.07
15	建筑-草地-树-耕地	20	386	91.71	98.19	97.33
16	石头-钢铁-塔	20	93	98.92	98.92	98.67
OA/%				85.12	88.92	92.36
AA/%				82.15	86.34	89.90
k				0.8315	0.8742	0.9135

表 6.21　Salina Scene：每个类别的培训样本和测试样本的数量，以及使用 EP 和 LCP 考虑五个属性时每个类别的分类准确度(%)和 kappa 系数(*k*)

序号	类别	Train	Test	The AP	The EP	The LCP
1	花椰菜-绿地-野草-1	20	2009	99.20	100	100
2	花椰菜-绿地-野草-2	20	3726	96.54	99.22	99.49
3	休耕地	20	1976	99.44	99.70	100
4	休耕-荒地-犁地	20	1394	99.21	97.85	99.64
5	休耕-平地	20	2678	96.90	98.06	98.36
6	茬地	20	3959	99.29	95.66	99.65
7	芹菜	20	3579	99.61	99.44	99.55
8	葡萄-未培地	20	11271	72.10	85.57	97.13

续表

序号	类别	Train	Test	The AP	The EP	The LCP
9	土壤-葡萄园-开发地	20	6203	99.05	99.84	98.90
10	谷地-衰败地-绿地-野草	20	3278	86.94	95.67	96.89
11	生菜-莴苣-4 周	20	1068	97.00	94.48	98.78
12	生菜-莴苣-5 周	20	1927	100	100	99.95
13	生菜-莴苣-6 周	20	916	98.14	98.47	99.24
14	生菜-莴苣-7 周	20	1070	91.31	96.36	99.07
15	葡萄园-未培地	20	7268	89.28	89.90	97.33
16	葡萄园-垂直栅架	20	1807	99.17	100	98.67
OA/%				91.02	94.58	98.56
AA/%				94.15	96.53	98.47
k				0.9004	0.9398	0.9840

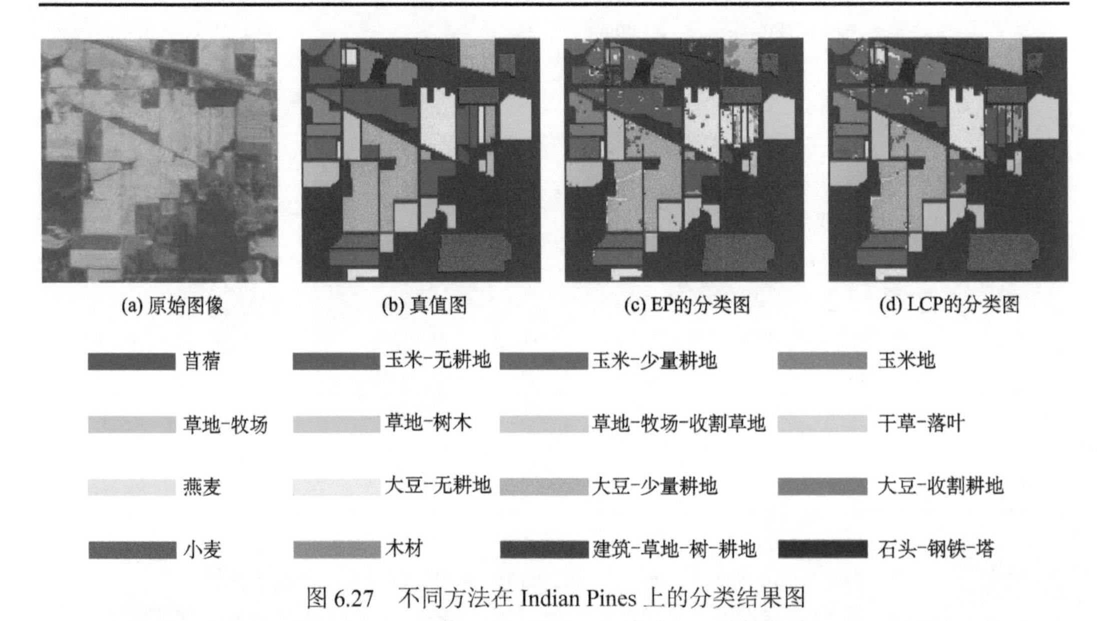

图 6.27　不同方法在 Indian Pines 上的分类结果图

为了验证小尺寸训练样本对分类任务的影响，每级训练样本的数量从 5 到 20 不等，间隔为 5。图 6.29 进一步说明了不同训练样本数的分类性能。显然，即使训练样本的数量非常小(即 5)，所介绍的 LCP 通常也优于 EP。

6.4.3　结论

本节介绍了一种在高光谱图像中提取形态特征的有效方法。所介绍的 LCP 在树生成过程中使用拓扑树。使用若干新属性，如紧致度、伸长度和锐度，以便提取图像中的特定目标。与先进的 EP 相比，LCP 具有以下优点：①典型的 EP 对材料的光反射和噪声敏感，而 LCP 受这些因素影响很小，是因为事实上它是基于形状之间的包含关系而不考虑像元值；②因为 LCP 仅考虑膨胀操作，所以在相同参数下特征尺寸是 EP 的一半大小。通过使用常用的高光谱图像得到分类结果，已经证明所介绍的 LCP 分类性能优于先进的 EP。

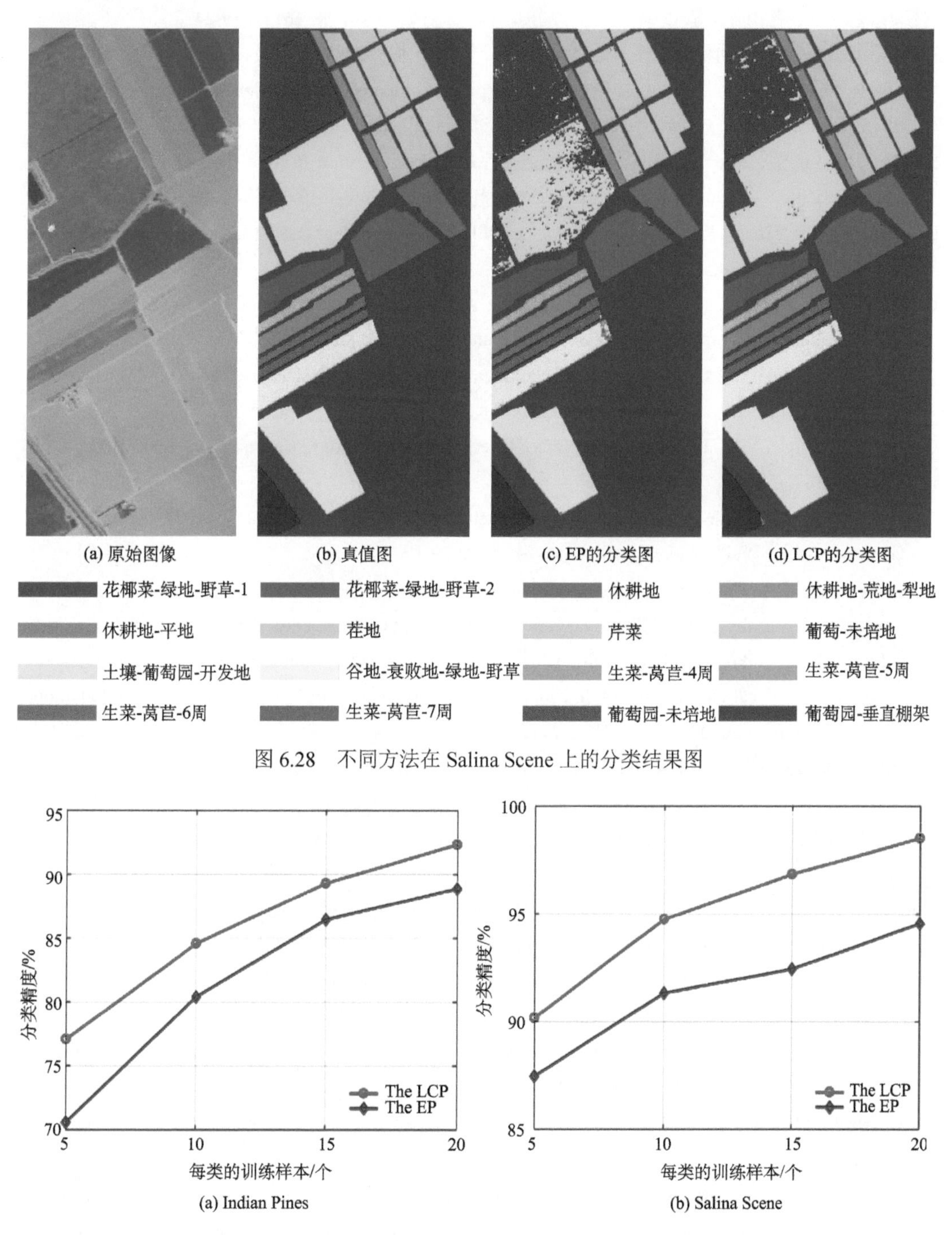

图 6.28　不同方法在 Salina Scene 上的分类结果图

图 6.29　使用不同数据的具有不同数量的训练样本的方法的分类性能

参 考 文 献

魏弘博, 吕振肃, 蒋田仔, 等. 2004. 图像分割技术纵览. 甘肃科学学报, 16(2): 19-24.

赵荣椿, 迟耀斌. 1998. 图像分割技术进展. 中国体视学与图像分析, 3(2): 121-128.

Achanta R, Shaji A, Smith K, et al. 2012.SLIC Superpixels compared to state-of-the-art superpixel methods. IEEE Transactions on Pattern Analysis and Machine Intelligence, 34(11): 2274-2281.

Bau T C, Sarkar S, Healey G. 2010. Hyperspectral region classification using a three- dimensional Gabor filterbank. IEEE Transactions on Geoscience and Remote Sensing, 48(9): 3457-3464.

Beneduktsson J A, Ghamisi P. 2015. Spectral-Spatial Classification of Hyperspectral Remote Sensing Images. Norwood: Artech House.

Camps-Valls G, Gomez-Chova L, Muñoz-Marí J, et al. 2006. Composite kernels for hyperspectral image classification. IEEE Transactions on Geoscience and Remote Sensing Letters, 3(1): 93-97.

Chen C, Li W, Su H. 2014. Spectral–spatial classification of hyperspectral image based on kernel extreme learning machine. Remote Sensing, 6(6): 5795-5814.

Clausi D A, Jernigan M E. 2000. Designing Gabor filters for optimal texture separability. Pattern Recognition, 33(11): 1835-1849.

Comaniciu D M P. 2002. Mean shift: a robust approach toward feature space analysis. IEEE Transactions on Pattern Analysis and Machine Intelligence, 24(5): 603-619.

Congalton R G. 1981. The Use of Discrete Multivariate Analysis for the Assessment of Landsat Classification Accuracy. Mater thesis, Virginia Polytechnic Institute and State University, Blacksburg, VA.

Dalla Mura M, Benediktsson J A, Bruzzone L. 2009. Modeling structural information for building extraction with morphological attribute filters. Image and Signal Processing for Remote Sensing XV, International Society for Optics and Photonics, 7477: 747703.

Dalla Mura M, Benediktsson J A, Waske B, et al. 2010. Morphological attribute profiles for the analysis of very high resolution images. IEEE Transactions on Geoscience and Remote Sensing, 48(10): 3747-3762.

Das K, Nenadic Z. 2009. An efficient discriminant-based solution for small sample size problem. Pattern Recognition, 42(5): 857-866.

Daugman J G. 1985. Uncertainty relation for resolution in space, spatial frequency, and orientation optimized by two-dimensional visual cortical filters. Journal of the Optical Society of America, 2(7): 1160-1169.

Du Q, Yang H. 2008. Similarity-based unsupervised band selection for hyperspectral image analysis. IEEE Transactions on Geoscience and Remote Sensing, 5(4): 564-568.

Du B, Zhang M, Zhang L, et al. 2016. PLTD: patch-based low-rank tensor decomposition for hyperspectral images. IEEE Transactions on Multimedia, 19(1): 67-79.

Felzenszwalb P F, Huttenlocher D P. 2004. Efficient graph-based image segmentation. International Journal of Computer Vision, 59(2): 167-181.

Géraud T, Carlinet E, Crozet S, et al. 2013. A quasi-linear algorithm to compute the tree of shapes of nD images. International Symposium on Mathematical Morphology and Its Applications to Signal and Image Processing. Springer, 98-110.

Ghamisi P, Dalla Mura M, Benediktsson J A. 2015. A survey on spectral–spatial classification techniques based on attribute profiles. IEEE Transactions on Geoscience and Remote Sensing, 53(5): 2335-2353.

Ghamisi P, Souza R, Benediktsson J A, et al. 2016. Extinction profiles for the classification of remote sensing data. IEEE Transactions on Geoscience and Remote Sensing, 54(10): 5631-5645.

Huang G B, Zhou H, Ding X, et al. 2012. Extreme learning machine for regression and multiclass classification. IEEE Transactions on Systems, Man, and Cybernetics, Part B(Cybermetics), 42(2): 513-529.

Huang X, Guan X, Benediktsson J A, et al. 2014. Multiple morphological profiles from multicomponent-base images for hyperspectral image classification. IEEE Journal of Selected Topics in Applied Earth Observations and Remote Sensing, 7(12): 4653-4669.

Huo L Z, Tang P. 2011. Spectral and spatial classification of hyperspectral data using SVMs and Gabor textures. IEEE Geoscience and Remote Sensing Symposium, 1708-1711.

Jones R. 1997. Component trees for image filtering and segmentation. IEEE Workshop on Nonlinear Signal and Image Processing, Mackinac Island.

Khodadadzadeh M, Li J, Prasad S, et al. 2015. Fusion of hyperspectral and LiDAR remote sensing data using multiple feature learning. IEEE Journal of Selected Topics in Applied Earth Observations and Remote Sensing, 8(6): 971-2983.

Kiwanuka F N, Wilkinson M H F. 2016. Automatic attribute threshold selection for morphological connected attribute filters. Pattern Recognition, 53: 59-72.

Levinshtein A, Stere A, Kutulakos K N, et al. 2009. Turbopixels: fast superpixels using geometric flows. IEEE Transactions on Pattern Analysis and Machine Intelligence, 31(12): 2290-2297.

Li S, Ni L, Jia X, et al. 2016. Multi-scale superpixel spectral–spatial classification of hyperspectral images. International Journal of Remote Sensing, 37(20): 4905-4922.

Li W, Chen C, Su H, et al. 2015. Local binary patterns and extreme learning machine for hyperspectral imagery classification. IEEE Transactions on Geoscience and Remote Sensing, 53(7): 3681-3693.

Li W, Du Q. 2014. Gabor-Filtering-Based nearest regularized subspace for hyperspectral image classification. IEEE Journal of Selected Topics in Applied Earth Observations and Remote Sensing, 7(4): 1012-1022.

Li W, Prasad S, Fowler J E, et al. 2012. Locality-preserving dimensionality reduction and classification for hyperspectral image analysis. IEEE Transactions on Geoscience and Remote Sensing, 50(4): 1185-1198.

Li W, Prasad S, Fowler J E, et al. 2013. Noise-adjusted subspace discriminant analysis for hyperspectral imagery classification. IEEE Transactions on Geoscience and Remote Sensing Letters, 10(6): 1374-1378.

Li W, Prasad S, Fowler J E. 2014. Decision fusion in kernel-induced spaces for hyperspectral image classification. IEEE Transactions on Geoscience and Remote Sensing, 52(6): 3399-3411.

Liao S, Law M W K, Chung A C. 2009. Dominant local binary patterns for texture classification. IEEE Transactions on Image Processing, 18(5): 1107-1118.

Moore A P, Prince S J D, Warrell J, Mohammed U, et al. 2008. Superpixel lattices. IEEE Conference on Computer Vision and Pattern Recoginition, 1-8.

Moser G, Serpico S B. 2013. Combining support vector machines and Markov random fields in an integrated framework for contextual image classification. IEEE Transactions on Geoscience and Remote Sensing, 51(5): 2734-2752.

Ojala T, Pietikäinen M, Mäenpää T. 2002. Multiresolution gray-scale and rotation invariant texture classification with local binary pattern. IEEE Transactions on Pattern Analysis and Machine Intelligence, 24(7): 971-987.

Pedergnana M, Marpu P R, Dalla Mura M, et al. 2012. Classification of remote sensing optical and LiDAR data using extended attribute profiles. IEEE Journal of Selected Topics in Signal Processing, 6(7): 856-865.

Pesaresi M, Benediktsson J A. 2001. A new approach for the morphological segmentation of high-resolution satellite imagery. IEEE transactions on Geoscience and Remote Sensing, 39(2): 309-320.

Prasad S, Bruce L M. 2008. Decision fusion with confidence-based weight assignment for hyperspectral target recognition. IEEE Transactions on Geoscience and Remote Sensing, 46(5): 1448-1456.

Prasad S, Li W, Fowler J E, Bruce L M. 2012. Information fusion in the redundant-wavelet-transform domain for noise-robust hyperspectral classification. IEEE Transactions on Geoscience and Remote Sensing, 50(9): 3474-3486.

Qian Y, Ye M, Zhou J. 2013. Hyperspectral image classification based structured sparse logistic regression and three-dimensional wavelet texture features. IEEE Transactions on Geoscience and Remote Sensing, 1(4): 2276-2291.

Salembier P, Oliveras A, Garrido L. 1998. Antiextensive connected operators for image and sequence processing. IEEE Transactions on Image Processing, 7(4): 555-570.

Shah-hosseini H. 2002. SLIC Superpixels compared to state-of-the-art superpixel methods. IEEE Transactions on Pattern Analysis and Machine Intelligence, 1388-1393.

Shen L, Jia S. 2011. Three-dimensional Gabor wavelets for pixel-based hyperspectral imagery classification. IEEE Transactions on Geoscience and Remote Sensing, 49(12): 5039-5046.

Shi J, Malik J. 2000. Normalized cuts and image segmentation. Departmental Papers(CIS), 22(8): 888-905.

Souza R, Rittner L, Machado R, et al. 2015. A comparison between extinction filters and attribute filters. International Symposium on Mathematical Morphology and Its Applications to Signal and Image Processing. Springer, Cham: 63-74.

Sridharan H, Qiu F. 2013. Developing an object-based hyperspatial image classifier with a case study using WorldView-2 data. Photogrammetric Engineering and Remote Sensing, 79(11): 1027-1036.

Tarabalka Y, Benediktsson J A, Chanussot J, et al. 2010. Multiple spectral-spatial classification approach for hyperspectral data. IEEE Transactions on Geoscience and Remote Sensing, 48(11): 4122-4132.

Tikhonov A N, Goncharsky A V, Stepanov V V. 1997. Numerical methods for solutions of ill-posed problems. Springer Science and Business Media, 328: 65-79.

Vachier C, Meyer F. 1995. Extinction value: a new measurement of persistence. IEEE Workshop on Nonlinear Signal and Image Processing, 1: 254-257.

Vincent L, Soille P. 1991. Watersheds in digital spaces: an efficient algorithm based on immersion simulations. IEEE Transactions on Pattern Analysis and Machine Intelligence, (6): 583-598.

Xu Y, Géraud T, Najman L. 2012. Morphological filtering in shape spaces: applications using tree-based image representations. Proceedings of the 21st International Conference on Pattern Recognition (ICPR2012): 485-488.

Zhang B, Jia X, Chen Z, et al. 2006. A patch-based image classification by integrating hyperspectral data with

GIS. International Journal of Remote Sensing, 27(15): 3337-3346.

Zhang B, Li S, Wu C, Gao L, et al. 2013. A neighbourhood-constrained k-means approach to classify very high spatial resolution hyperspectral imagery. Remote Sensing Letters, 4(2): 161-170.

Zhou L, Zhang X. 2015. Discriminative spatial-spectral manifold embedding for hyperspectral image classification. Remote Sensing Letters, 6(9): 715-724.

Zhang L, Huang X. 2010. Object-oriented subspace analysis for airborne hyperspectral remote sensing imagery. Neurocomputing, 73(4): 927-936.

Zhang L, Zhang L, Tao D. 2012. On combining multiple features for hyperspectral remote sensing image classification. IEEE Transactions on Geoscience and Remote Sensing, 50(3): 879-893.

Zhang M, Ghamisi P, Li W. 2017. Classification of hyperspectral and LiDAR data using extinction profiles with feature fusion. Remote Sensing Letters, 8(10): 957-966.

第 7 章　基于背景精确估计的高光谱图像目标探测

7.1　基于背景精确估计的异常检测方法

异常检测主要是针对未知背景和目标信息的情况，正是缺乏相关的先验知识，导致检测问题比较棘手。针对异常目标在图像中出现的概率低的特点，很多异常检测算法假设高光谱图像服从多元正态分布，通过计算不同假设下像元出现的概率来判断目标是否存在。Reed 和 Yu 介绍了一种光谱异常检测算法(后被称为 RX 算法)，为高光谱图像的异常检测奠定了基础(Eismann et al.，2009；Stein et al.，2002)，Kwon 等(2003)利用子空间模型构建了局部子空间异常检测算法。此后，相关学者对高光谱图像中未知目标的探测应用展开了大量研究并取得了很好的实用效果(Hytla et al.，2007；Ranney and Soumekh，2006)，根据 RX 算法扩展得到的不同版本也相继推出，如适用于微小目标的局部异常检测算法(Matteoli et al.，2010；Duran and Petrou，2009；Khazai et al.，2013)，适用于快速处理的实时 RX 算法(Du and Zhang，2011；Tarabalka et al.，2009；Rossi et al.，2014)等。此外，与匹配探测算法一样，所有这些异常目标探测算法同样可以扩展各自的非线性版本(Kwon and Nasrabadi，2005；Banerjee et al.，2006)。

本节首先介绍多元正态分布模型，然后介绍异常检测中最常见的算法——RXD 算法及其变形算法。针对 RXD 算法的缺点，即估计的背景无法满足多元正态分布这一问题，介绍了 W-RXD 算法和 LF-RXD 算法。最后根据模拟和真实数据的实验结果，分析算法的检测效率(郭乾东，2014)。

7.1.1　多元正态分布模型

在解决高光谱图像异常检测实际问题时，为了对问题进行简化，研究者通过设定一系列的假设，以便为所用的数学模型提供理论依据，其中应用最为广泛的模型是概率统计学中的多元正态分布模型，众多异常检测算法都是以该模型为基础的，如 RXD 算法、UTD 算法、LPTD 算法等。该模型基于多元统计模型，对目标信号 H_1 和背景信号 H_0 做出假设，再利用统计学知识，对像元是目标的概率进行估计。目标信号和背景信号可分别假设为

$$H_0 : \boldsymbol{x} = \boldsymbol{n} \tag{7.1}$$

$$H_1 : \boldsymbol{x} = \boldsymbol{s} + \boldsymbol{n} \tag{7.2}$$

假设 $\boldsymbol{n}$ 是服从多元正态分布的加性噪声，且 $\boldsymbol{n} \sim N(\boldsymbol{\mu}, \Sigma)$，$\boldsymbol{s}$ 是未知目标光谱向量，则有 $\boldsymbol{x} \mid H_0 \sim N(\boldsymbol{\mu}, \Sigma), x \mid H_1 \sim N(\boldsymbol{\mu} + \boldsymbol{s}, \Sigma)$。根据多元正态分布概率密度函数，可以得到像元 $\boldsymbol{x}$ 是背景 H_0 的概率的计算公式：

$$p(\boldsymbol{x} \mid H_0) = \frac{1}{(2\pi)^{K/2} \mid \boldsymbol{\Sigma} \mid^{1/2}} e^{-\frac{1}{2}(x-\mu)^{\mathrm{T}} \Sigma^{-1}(x-\mu)} \tag{7.3}$$

式中，K 是图像波段数。由于异常像元 $\boldsymbol{X}_s$ 与背景像元差异很大，$p(\boldsymbol{X}_S|H_0)$ 的值应该非常小，因此对于特定一幅图像，由于背景集是一定的，那么 $\frac{1}{(2\pi)^{K/2}|\boldsymbol{\Sigma}|^{1/2}}$ 就是恒定的，$(\boldsymbol{x}_s-\boldsymbol{\mu})^{\mathrm{T}}\boldsymbol{\Sigma}^{-1}(\boldsymbol{x}_s-\boldsymbol{\mu})$ 的值就会比背景像元对应的值要大得多。基于该理论，RXD 算法表达式可以写为

$$D_{\mathrm{RXD}}(\boldsymbol{x}) = (\boldsymbol{x}-\boldsymbol{\mu})^{\mathrm{T}} \boldsymbol{\Sigma}^{-1} (\boldsymbol{x}-\boldsymbol{\mu}) \tag{7.4}$$

RXD 算法的结果值是用来衡量光谱向量 $\boldsymbol{x}$ 到背景集合的距离，该距离可以减弱高光谱图像各波段之间的相关性对异常检测结果的影响。如果将协方差矩阵 $\boldsymbol{\Sigma}$ 对角化：

$$\boldsymbol{\Sigma} = \boldsymbol{V}\boldsymbol{D}\boldsymbol{V}^{\mathrm{T}} \tag{7.5}$$

式中，$\boldsymbol{D}$ 是对角矩阵。将式(7.5)代入式(7.4)，RXD 算法可变形为

$$D_{\mathrm{RXD}}(\boldsymbol{x}) = [\boldsymbol{D}^{-1/2}\boldsymbol{V}^{\mathrm{T}}(\boldsymbol{x}-\boldsymbol{\mu})]^{\mathrm{T}}[\boldsymbol{D}^{-1/2}\boldsymbol{V}^{\mathrm{T}}(\boldsymbol{x}-\boldsymbol{\mu})] \tag{7.6}$$

事实上，数据白化后的像元向量可以表示为

$$\boldsymbol{z} = \boldsymbol{D}^{-1/2}\boldsymbol{V}^{\mathrm{T}}(\boldsymbol{x}-\boldsymbol{\mu}) \tag{7.7}$$

经过白化后，图像数据已经在白化空间中被中心化和均一化，在这个空间中，距离值可以用如下公式描述：

$$D_{\mathrm{RXD}}(\boldsymbol{x}) = \|\boldsymbol{z}\|^2 \tag{7.8}$$

从式(7.8)可以得到，RXD 结果值是用来衡量数据白化后的距离的。根据多元正态分布理论，RXD 的结果值满足卡方分布，如图 7.1 所示。特别的，在服从背景假设条件下，RXD 探测结果值服从无偏心的卡方分布。

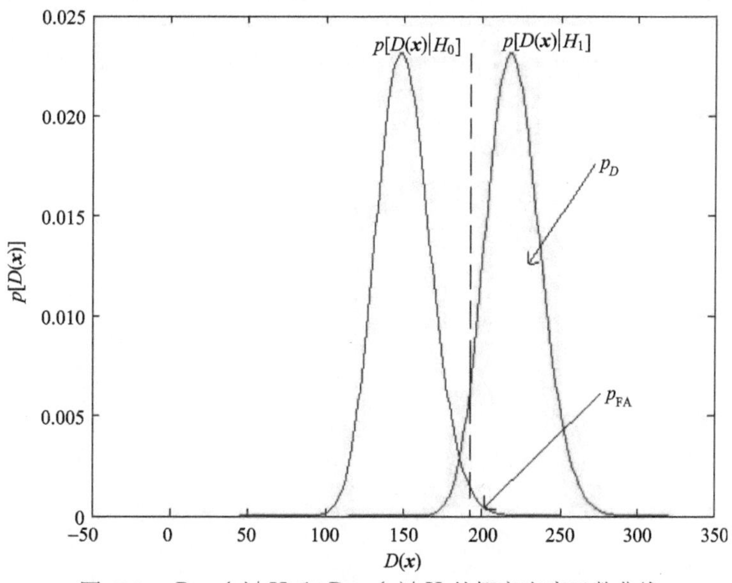

图 7.1　$D_{\mathrm{RXD}}(\boldsymbol{x})|H_0$ 和 $D_{\mathrm{RXD}}(\boldsymbol{x})|H_1$ 的概率密度函数曲线

$$D_{\mathrm{RXD}}(\boldsymbol{x})\,|\,H_0 \sim \chi_K^2(D) \tag{7.9}$$

概率密度函数可以表示如下：

$$p(D;K)=\frac{1}{\Gamma(K/2)\,2^{K/2}}r^{K/2-1}e^{-D/2} \tag{7.10}$$

在服从目标假设条件下，检测结果值服从偏向的卡方分布。

$$D_{\mathrm{RXD}}(\boldsymbol{x})\,|\,H_1 \sim \chi_K^2(D;\lambda^2) \tag{7.11}$$

该概率密度函数可以表示如下：

$$\begin{aligned}p(D;K,\lambda^2)&=\sum_{n=0}^{\infty}e^{-\lambda^2/2}\frac{(\lambda^2/2)^n}{n!}\frac{1}{\Gamma(K/2+n)\,2^{K/2+n-1}}r^{K/2+n-1}e^{-D/2}\\&=\frac{\lambda e^{-\lambda^2/2}}{2(\lambda^2 r)^{K/4}}r^{(K-1)/2}e^{-D/2}I_{K/2-1}(\sqrt{\lambda^2 D})\end{aligned} \tag{7.12}$$

其中，$I_v(x)$是贝塞尔函数。偏心参数λ^2的计算公式如下：

$$\lambda^2=(\boldsymbol{s}-\boldsymbol{\mu})^{\mathrm{T}}\boldsymbol{\Sigma}^{-1}(\boldsymbol{s}-\boldsymbol{\mu}) \tag{7.13}$$

因此，可以得到检出率为

$$P_D=\int_{\eta}^{\infty}p(r\,|\,H_1)\mathrm{d}r \tag{7.14}$$

虚警率则可以表示为

$$P_{\mathrm{FA}}=\int_{\eta}^{\infty}p(r\,|\,H_0)\mathrm{d}r \tag{7.15}$$

计算像元$\boldsymbol{x}$是目标H_1或背景H_0的概率，得到两个概率值。用目标概率减去背景概率，得到一个似然比：

$$\begin{aligned}l(\boldsymbol{x})&=\exp\{-\frac{1}{2}(\boldsymbol{x}-\boldsymbol{s}-\boldsymbol{\mu})^{\mathrm{T}}\boldsymbol{\Sigma}^{-1}(\boldsymbol{x}-\boldsymbol{s}-\boldsymbol{\mu})+\frac{1}{2}(\boldsymbol{x}-\boldsymbol{\mu})^{\mathrm{T}}\boldsymbol{\Sigma}^{-1}(\boldsymbol{x}-\boldsymbol{\mu})\}\\&=\exp\{\boldsymbol{s}^{\mathrm{T}}\boldsymbol{\Sigma}^{-1}\boldsymbol{x}-\frac{1}{2}\boldsymbol{s}^{\mathrm{T}}\boldsymbol{\Sigma}^{-1}\boldsymbol{s}-\boldsymbol{s}^{\mathrm{T}}\boldsymbol{\Sigma}^{-1}\boldsymbol{\mu}\}\end{aligned} \tag{7.16}$$

在这种情况下，利用对数似然比，得到

$$r(\boldsymbol{x})=\boldsymbol{s}^{\mathrm{T}}\boldsymbol{\Sigma}^{-1}\boldsymbol{x}-\frac{1}{2}\boldsymbol{s}^{\mathrm{T}}\boldsymbol{\Sigma}^{-1}\boldsymbol{s}-\boldsymbol{s}^{\mathrm{T}}\boldsymbol{\Sigma}^{-1}\boldsymbol{\mu} \tag{7.17}$$

式(7.17)是一个常用的线性滤波器。此外还可以得到

$$\mu_r\,|\,H_0=E[r(\boldsymbol{x}\,|\,H_0)]=-\frac{1}{2}\boldsymbol{s}^{\mathrm{T}}\boldsymbol{\Sigma}^{-1}\boldsymbol{s} \tag{7.18}$$

$$\mu_r\,|\,H_1=E[r(\boldsymbol{x}\,|\,H_1)]=\frac{1}{2}\boldsymbol{s}^{\mathrm{T}}\boldsymbol{\Sigma}^{-1}\boldsymbol{s} \tag{7.19}$$

$$\sigma_r^2\,|\,H_0=E[\{r(\boldsymbol{x}\,|\,H_0)-\mu_r\,|\,H_0\}^2]=\boldsymbol{s}^{\mathrm{T}}\boldsymbol{\Sigma}^{-1}\boldsymbol{s} \tag{7.20}$$

$$\sigma_r^2\,|\,H_1=E[\{r(\boldsymbol{x}\,|\,H_1)-\mu_r\,|\,H_1\}^2]=\boldsymbol{s}^{\mathrm{T}}\boldsymbol{\Sigma}^{-1}\boldsymbol{s} \tag{7.21}$$

定义信噪比(SNR)为

$$\mathrm{SNR}=\sqrt{\boldsymbol{s}^{\mathrm{T}}\boldsymbol{\Sigma}^{-1}\boldsymbol{s}} \tag{7.22}$$

然后得到$r|H_0 \sim N(-\mathrm{SNR}^2/2,\mathrm{SNR}^2)$和$r|H_1 \sim N(\mathrm{SNR}^2/2,\mathrm{SNR}^2)$。因此有

$$\begin{aligned}P_D&=\int_{\eta}^{\infty}p(r|H_1)\mathrm{d}r=\int_{\eta}^{\infty}\frac{1}{\sqrt{2\pi\mathrm{SNR}^2}}\exp\{-\frac{1}{2\mathrm{SNR}^2}(r-\frac{\mathrm{SNR}^2}{2})\}\mathrm{d}r\\&=\int_{\frac{1}{\mathrm{SNR}}(\eta-\frac{\mathrm{SNR}^2}{2})}^{\infty}\frac{1}{\sqrt{2\pi}}e^{-z^2/2}\mathrm{d}z=\frac{1}{2}\mathrm{erfc}(\frac{1}{2\sqrt{2}}\frac{2\eta-\mathrm{SNR}^2}{\mathrm{SNR}})\end{aligned} \tag{7.23}$$

和

$$\begin{aligned}P_{\mathrm{FA}}&=\int_{\eta}^{\infty}p(r|H_0)\mathrm{d}r=\int_{\eta}^{\infty}\frac{1}{\sqrt{2\pi\mathrm{SNR}^2}}\exp\{-\frac{1}{2\mathrm{SNR}^2}(r+\frac{\mathrm{SNR}^2}{2})\}\mathrm{d}r\\&=\int_{\frac{1}{\mathrm{SNR}}(\eta+\frac{\mathrm{SNR}^2}{2})}^{\infty}\frac{1}{\sqrt{2\pi}}\mathrm{e}^{-z^2/2}\mathrm{d}z=\frac{1}{2}\mathrm{erfc}(\frac{1}{2\sqrt{2}}\frac{2\eta+\mathrm{SNR}^2}{\mathrm{SNR}})\end{aligned} \tag{7.24}$$

$\mathrm{erfc}(x)$叫作余误差函数分布(complementary error function)。

7.1.2　RXD 及其改进算法

1. RXD 算法及其问题分析

上一小节已经列出 RXD 算法的公式及推导过程，RXD 算法主要用于解决未知目标信息和未知背景信息的异常检测问题，即在没有光谱库数据支持情况下，可以考虑采用 RXD 算法，该算法性能稳定，基于马氏距离进行探测，有很强的理论依据，RXD 算法适用于原始 DN 值数据、辐亮度数据和反射率数据。对数据进行线性变换不影响计算结果值，是该算法具有很强适用性的原因之一，RXD 算法检测效果好，并且针对不同检测情况，还有其他子形式，例如，当待检测数据像元数过多或事先已知异常目标空间尺寸，此时可以考虑使用 Local-RXD 算法。Local-RXD 是 RXD 算法的一种子形式，它需要事先输入探测窗口大小参数，检测窗口用于背景估计。Local-RXD 算法具有 RXD 算法的优良特性，也适用于原始 DN 值数据、辐亮度数据和反射率数据，针对特定大小异常目标选择窗口大小，既节约了处理时间，又可以提高检测性能。

RXD 算法既有很多优点，又存在一些问题。通过归纳总结，RXD 算法主要有如下 4 个缺点：①RXD 算法假设背景数据满足高斯分布，实际数据无法满足，导致虚警率偏高；②高光谱数据空间分辨率较低，会有很多亚像元目标，不利于探测；③有些目标与背景差异不显著，在光谱维相互耦合，很难精确划分边界；④高光谱数据相关性太强，在现有计算精度下存在很大计算误差，导致检测效果不理想。

针对以上提到的 RXD 算法的缺点，相关学者们提出了解决方案，归纳如下：

(1) 对高光谱数据进行特征选择或特征提取，增强目标与背景差异，主要有 Subspace-RX 算法和 Random Project-RX 算法。Subspace-RX 算法基于背景信息主要存在于前几个主成分中，目标信息存在于中间的主成分(特征向量)中或前几个主成分中这一特点，用主成分估计背景信息，并且用正交子空间法尽可能地抑制背景信息。Subspace-RX 方法的局限性在于决定哪几个主成分是背景信息，哪几个主成分是目标信息。这种划分

方法过于主观武断，没有严格依据。Random Project-RX 选择随机向量作为子空间进行投影，目的为了消除高光谱数据波段间的强相关性。

(2) 先用特定算法得到图像信息，作为先验知识，指导随后的目标探测，如 Segment-RX 算法。首先，Segment-RX 算法将图像分类，分类器可以选择 K-means 分类器；然后，对每个 Segment 进行背景估计。该方法能够得到更加准确的背景信息，所以会有更好的检测结果。

(3) 选择更为准确的样本来估计背景信息，使假设得到更好的满足。RXD 算法的主要问题是计算较慢且用全图均值和协方差矩阵估计背景均值和协方差矩阵会影响探测精度，针对这一问题对 RXD 的改进主要是利用局部计算代替全局计算，可以得到局部 RXD (Local-RX, LRX)。Local-RX 是仅利用待测像元周边的若干个像元进行局部均值和协方差的估计。Iteration-RX 算法是使用 RX 算法将探测出的异常像元从图像中剔除从而得到新的背景估计，再进行计算，得到新的异常像元，直到异常收敛为止。

(4) 使用智能算法和数据挖掘的方法进行异常检测，如 SVM 算法。

RXD 的这些子算法从不同方面提高了异常检测的性能，在保证检出率的同时降低虚警率，接下来将对这些算法做出详细介绍。

2. 基于 RXD 算法的改进算法

1) Global-RXD 算法

Global-RXD 算法 (Reed and Yu，1990) 是 RXD 各种子算法中最常用的一种，在公式 $y=D_{\mathrm{RXD}}(\boldsymbol{x})=(\boldsymbol{x}-\boldsymbol{\mu}_G)^{\mathrm{T}}\boldsymbol{\Sigma}_G^{-1}(\boldsymbol{x}-\boldsymbol{\mu}_G)$ 中，$\boldsymbol{\Sigma}_G$ 是由全局数据计算得到的协方差矩阵，$\boldsymbol{\mu}_G$ 是全局数据计算得到的均值向量 (Chang，2003)。

$D_{\mathrm{RXD}}(\boldsymbol{x})$ 是 n 个正态总体样本向量中的各个元素 $\{\boldsymbol{x}_i\}_{i=1}^{n}$ 的二阶线性组合。探测算法统计分布满足：

$$y=D_{\mathrm{RXD}}(\boldsymbol{x})=\sim\begin{cases}\chi_k^2(0), & \text{under } H_0\\ \chi_k^2(\Delta), & \text{under } H_1\end{cases} \tag{7.25}$$

式中，$\Delta^2=(\boldsymbol{\mu}_1-\boldsymbol{\mu}_0)^{\mathrm{T}}\boldsymbol{\Sigma}^{-1}(\boldsymbol{\mu}_1-\boldsymbol{\mu}_0)$，$\chi_k^2(\beta)$ 是有着 k 自由度和偏心系数 β 的偏心分布 χ_k^2 (无偏心的 χ_k^2 分布起点在原点)。异常检测算法的执行性能依赖于目标和背景分布之间的马氏距离，可以依据 $\chi_k^2(0)$ 确定门限。

2) Local-RXD 算法

RXD 算法的一个主要缺点是计算比较慢。并且，使用全局样本像元估计背景均值和协方差矩阵会影响异常检测的精度，导致虚警率较高。学者们对 RXD 的改进主要是利用局部样本计算代替全局样本进行计算，可以得到局部 RXD (Local-RXD, LRXD) 和邻域 RXD (Segment-RXD, SRXD) (Gorelnik et al.，2010)。LRXD 的思想是利用一个像元周边的 8 个像元进行局部均值和协方差的估计。具体公式为：$D_{\mathrm{LRXD}}(\boldsymbol{x})=(\boldsymbol{x}-\boldsymbol{\mu}_8)^{\mathrm{T}}\boldsymbol{\Sigma}_8^{-1}(\boldsymbol{x}-\boldsymbol{\mu}_8)$。其中，$\boldsymbol{\mu}_8$ 为 $\boldsymbol{x}$ 周边的 8 个像元的均值，$\boldsymbol{\Sigma}_8$ 为这 8 个像元的协方差矩阵。在实际应用中，

由于高光谱数据多为上百个波段，协方差矩阵 $\boldsymbol{\Sigma}_8 = \sum_{i=1}^{8}(\boldsymbol{x}_i - \boldsymbol{\mu}_8)(\boldsymbol{x}_i - \boldsymbol{\mu}_8)^{\mathrm{T}}$，所以 $\boldsymbol{x}$ 周边 8 个像元的协方差矩阵的秩最大为 8，协方差矩阵必为奇异矩阵，在实数范围内协方差矩阵的逆矩阵不存在。在实验中采用 $\boldsymbol{\Sigma}_G$ 来代替 $\boldsymbol{\Sigma}_8$，这样可以计算协方差矩阵的逆矩阵，以便得到 LRXD 的计算结果。

3) Segment-RXD 算法

Segment-RXD 采取与 Local-RXD 算法截然不同的思路来估计背景样本。该算法先对全图进行 K-means 聚类，得到分类结果。然后利用一个像元的邻域（同类且不间断的最大区域）进行均值向量和协方差矩阵的估计，具体公式为 $D_{\mathrm{SRX}}(\boldsymbol{x}) = (\boldsymbol{x} - \boldsymbol{\mu}_{Si})^{\mathrm{T}} \boldsymbol{\Sigma}_{Si}^{-1} (\boldsymbol{x} - \boldsymbol{\mu}_{Si})$。其中，$\boldsymbol{\mu}_{Si}$ 为 $\boldsymbol{x}$ 邻域的均值，$\boldsymbol{\Sigma}_{Si}$ 为 $\boldsymbol{x}$ 邻域的协方差矩阵，Si 为 $\boldsymbol{x}$ 周边像元所属的类别。与 Local-RXD 算法类似，当一个像元的邻域所包含的像元总数小于使用波段数时，协方差矩阵 $\boldsymbol{\Sigma}_{Si}$ 是奇异矩阵，无法求逆，这是该算法的主要缺点之一，很大程度上影响了算法的普适性。

4) Kernel RXD 算法

在很多情况下，高光谱图像中的背景数据不满足高斯正态分布，导致算法检测性能不高。Kernel RXD 算法针对这种情况，利用核函数将数据映射到高维特征空间进行处理，具有很好的非线性异常检测能力（Kwon and Nasrabadi，2005）。

首先假定输入的高光谱数据所在空间可以表示为 $\boldsymbol{x} \subseteq \boldsymbol{R}^J$，$\mathcal{F}$ 是经过非线性映射函数 $\boldsymbol{\Phi}$ 投影后的特征空间，标记为

$$\boldsymbol{\Phi}: \mathcal{X} \to \mathcal{F} \qquad \boldsymbol{x} \to \boldsymbol{\Phi}(\boldsymbol{x}) \tag{7.26}$$

式中，$\boldsymbol{x}$ 是在空间 χ 的将要映射到高维特征空间中的输入向量。将原始输入数据 $\boldsymbol{X}_b := [\boldsymbol{x}(1), \boldsymbol{x}(2), \cdots, \boldsymbol{x}(M)]$ 代替为映射数据 $\boldsymbol{\Phi}(\boldsymbol{X}_b) := [\boldsymbol{\Phi}(\boldsymbol{x}(1)), \boldsymbol{\Phi}(\boldsymbol{x}(2)), \cdots, \boldsymbol{\Phi}(\boldsymbol{x}(M))]$，任何一个线性算法都可以在这个高维空间中被重新建模。由于特征空间 $\mathcal{F}$ 的高维特性，在该空间上直接运行异常检测算法不具有可行性。然而，基于核的学习算法通过使用核函数，利用高效的核方法在特征空间中进行点积运算。根据式(7.26)，核方法能够在没有将输入向量映射到特征空间 $\mathcal{F}$ 的情况下计算在特征空间 $\mathcal{F}$ 中的点积。因此，在核方法中，无需定义具体的映射 $\boldsymbol{\Phi}$。在特征空间 $\mathcal{F}$ 中的点积运算可以表示为

$$k(\boldsymbol{x}_i, \boldsymbol{x}_j) = \left\langle \boldsymbol{\Phi}(\boldsymbol{x}_i), \boldsymbol{\Phi}(\boldsymbol{x}_j) \right\rangle = \boldsymbol{\Phi}(\boldsymbol{x}_i) \cdot \boldsymbol{\Phi}(\boldsymbol{x}_j) \tag{7.27}$$

式(7.27)展示了在特征空间 $\mathcal{F}$ 中的点积能够通过核函数 k 被避免和代替，在没有映射函数 $\boldsymbol{\Phi}$ 的确切定义下，一个非线性的函数能够被很容易计算。最为常用的核函数是高斯径向基函数：$k(\boldsymbol{x}, \boldsymbol{y}) = \exp((-\|\boldsymbol{x} - \boldsymbol{y}\|^2) / c))$，其中常数 $c > 0$。在映射后的特征空间中，Kernel RXD 算法可以表示为

$$RX(\boldsymbol{\Phi}(\boldsymbol{r})) = (\boldsymbol{\Phi}(\boldsymbol{r}) - \hat{\boldsymbol{\mu}}_{\mathrm{b}\Phi})^{\mathrm{T}} \hat{C}_{\mathrm{b}\Phi}^{-1} (\boldsymbol{\Phi}(\boldsymbol{r}) - \hat{\boldsymbol{\mu}}_{\mathrm{b}\Phi}) \tag{7.28}$$

式中，$\hat{C}_{\mathrm{b}\Phi}$ 和 $\hat{\boldsymbol{\mu}}_{\mathrm{b}\Phi}$ 是在新的特征空间中被估计得到的背景的协方差矩阵和均值向量。计算公式如下：

$$\hat{C}_{b\Phi} = \frac{1}{M}\sum_{i}^{M}(\Phi(\boldsymbol{x}(i)) - \hat{\boldsymbol{\mu}}_{b\Phi})(\Phi(\boldsymbol{x}(i)) - \hat{\boldsymbol{\mu}}_{b\Phi})^{\mathrm{T}} \tag{7.29}$$

$$\hat{\boldsymbol{\mu}}_{b\Phi} = \frac{1}{M}\sum_{i=1}^{M}\Phi(\boldsymbol{x}(i)) \tag{7.30}$$

5) 子空间 RXD 算法

子空间RXD算法与传统的RXD算法最大的差异在于该算法先将图像投影到背景的正交子空间上，然后再进行异常检测。在背景的正交子空间中，背景信息被抑制，目标信息被保留(Harsanyi，1993)。正是基于这个原因，子空间 RXD 算法才有更好的检测性能。

与传统的RXD算法模型假设不同，子空间RXD算法对目标和背景信息的假设做了一些修正，来更好地分析背景信息。模型如下：

$$H_0 : \boldsymbol{x} = \boldsymbol{B\beta} + \boldsymbol{n} \tag{7.31}$$

$$H_1 : \boldsymbol{x} = \boldsymbol{s} \tag{7.32}$$

式中，$\boldsymbol{\beta}$ 为背景像元集的基础系数向量；$\boldsymbol{n}$ 为噪声信号和背景信号的综合。假设 $\boldsymbol{n} \sim N(\boldsymbol{\mu}_{\text{local}}, \boldsymbol{\Sigma}_{\text{local}})$，这里的局部统计量是具有空间差异性的，其估计方法与传统的RXD的估计方法类似。由于异常检测事先没有目标和背景信号的信息，因此，对于目标信号 $\boldsymbol{s}$，最大可能性估量就是待测光谱，在这种选择性假设下的概率密度函数可认为是恒定。

此时假设已经将数据变换到基于全局样本的主成分空间中，在这种情况下，选择利用主成分变换矩阵 $\boldsymbol{V}$ 中的前 L 个特征向量来估计背景信息。基于此，背景的正交子空间投影算子可以表示为

$$\boldsymbol{P}_{\boldsymbol{B}}^{\perp} = \boldsymbol{I} - \boldsymbol{B}\boldsymbol{B}^{\mathrm{T}} \tag{7.33}$$

在经过主成分变换和正交投影之后，异常检测的假设就变为

$$H_0 : \boldsymbol{P}_{\boldsymbol{B}}^{\perp}\boldsymbol{z} = \boldsymbol{n} \tag{7.34}$$

$$H_1 : \boldsymbol{P}_{\boldsymbol{B}}^{\perp}\boldsymbol{z} = \boldsymbol{s} \tag{7.35}$$

这里，事先假设 $\boldsymbol{s}$ 和 $\boldsymbol{n}$ 正交于子空间 $\boldsymbol{B}$。基于该假设，子空间 RXD 算法就可以描述为

$$r_{\text{SSRX}}(\boldsymbol{z}) = (\boldsymbol{P}_{\boldsymbol{B}}^{\perp}\boldsymbol{z} - \boldsymbol{P}_{\boldsymbol{B}}^{\perp}\hat{\boldsymbol{\mu}}_{\text{local}})^{\mathrm{T}}\hat{D}_{\text{local}}^{-1}(\boldsymbol{P}_{\boldsymbol{B}}^{\perp}\boldsymbol{z} - \boldsymbol{P}_{\boldsymbol{B}}^{\perp}\hat{\boldsymbol{\mu}}_{\text{local}}) \tag{7.36}$$

式中，在正交子空间中的局部统计量的估计方法和传统的 RXD 算法的估计方法是相同的。正交子空间投影将前 L 个主成分信息作为背景，从数据中剔除出去。

7.1.3　加权异常检测和线性滤波异常检测算法

在前面的讨论中，主要介绍了高光谱异常检测中的主要算法以及这些算法的优势和不足。针对这些缺点，这里介绍两种新算法，在保证检出率不变的情况下，降低虚警率。这一小节就这些新算法的原理和工作流程做出详细的描述。

1. 加权异常检测算法

在上一小节中提到，RXD算法在背景估计时会受到异常像元及噪声的干扰，导致背

景估计不准确，无法满足多元正态分布的假设，最终的探测结果出现较高的虚警率。RXD 算法在估计协方差矩阵和均值向量时将所有像元赋予相同的权重，即 $\frac{1}{N}$，其中 N 是样本像元数，在此基础上，为了尽可能地保留背景信息，减小异常像元和噪声的干扰，有关学者提出了加权异常检测(weighted-RXD, W-RXD)算法(Guo et al.，2014)。该算法的思路是将背景像元赋予较高的权重，将异常像元和噪声赋予较低的权重。在式(7.37)中，$p(\boldsymbol{x}\,|\,H_0)$ 是待测像元作为背景的概率，将其作为像元的权重表达式。由于异常像元的 RXD 值要比背景像元的 RXD 值要大，异常像元和背景是背景的概率值会很小，它们的权重就很小。另一方面，由于噪声像元和背景像元的光谱差异很大，因此噪声在式(7.38)上的值也很小。基于上述原理，当将 $p(\boldsymbol{x}\,|\,H_0)$ 作为权重时，异常像元和噪声的权重就很小，背景信息中就会包含极少的异常信号或噪声。为了使得 $p(\boldsymbol{x}\,|\,H_0)$ 作为一组权重值，首先对 $p(\boldsymbol{x}\,|\,H_0)$ 进行归一化：

$$\hat{p}(\boldsymbol{x}_k\,|\,H_0)=p(\boldsymbol{x}_k\,|\,H_0)\Big/\sum_{i=1}^{N}p(\boldsymbol{x}_i\,|\,H_0)\quad(k=1,2,\cdots,N)\tag{7.37}$$

归一化后，$\hat{p}(\boldsymbol{x}\,|\,H_0)$ 就可以被用于作为计算均值向量 $\hat{\boldsymbol{\mu}}$ 和协方差矩阵 $\hat{\boldsymbol{\Sigma}}$。具体计算公式如下:

$$\hat{\boldsymbol{\mu}}=\sum_{i=1}^{N}\hat{p}(\boldsymbol{x}_i\,|\,H_0)\,\boldsymbol{x}_i\tag{7.38}$$

$$\hat{\boldsymbol{\Sigma}}=\sum_{i=1}^{N}\hat{p}(\boldsymbol{x}_i\,|\,H_0)(\boldsymbol{x}_i-\hat{\boldsymbol{\mu}})(\boldsymbol{x}_i-\hat{\boldsymbol{\mu}})^{\mathrm{T}}\tag{7.39}$$

式中，$\boldsymbol{x}_i$ 为图像中的第 i 个像元。在得到新的均值向量 $\hat{\boldsymbol{\mu}}$ 和协方差矩阵 $\hat{\boldsymbol{\Sigma}}$ 后，W-RXD 的公式为

$$D_{\text{W-RXD}}(\boldsymbol{x})=(\boldsymbol{x}-\hat{\boldsymbol{\mu}})^{\mathrm{T}}\hat{\boldsymbol{\Sigma}}^{-1}(\boldsymbol{x}-\hat{\boldsymbol{\mu}})\tag{7.40}$$

图 7.2 说明了传统 RXD 算法和 W-RXD 算法在分配权重时的差别。从图中可以看出，W-RXD 的原理在于根据待测像元到背景集合的光谱距离来分配权重大小。在光谱空间中，如果像元距离背景的距离较大，那它的在背景估计中会获得一个较小的权重。然而，在传统 RXD 算法中，各个样本像元的权重相同。在 W-RXD 算法中，根据不同的权重，异常信号和噪声会在背景估计中被极大压制，背景会更符合多元正态分布模型假设。

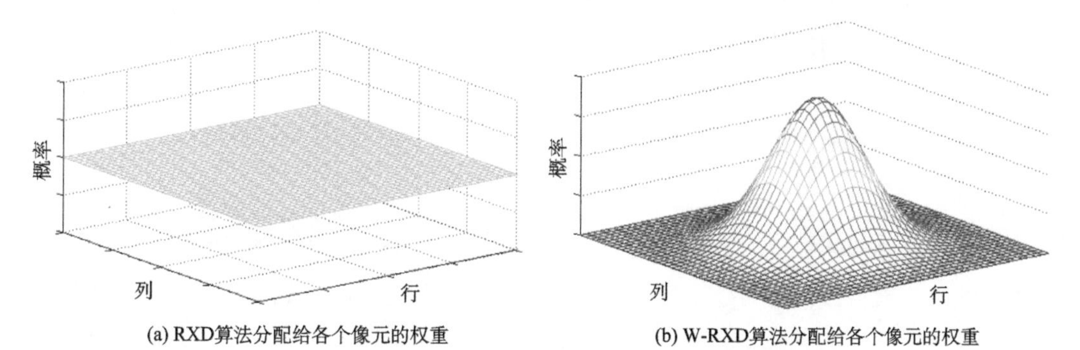

(a) RXD算法分配给各个像元的权重　　(b) W-RXD算法分配给各个像元的权重

图 7.2　RXD 算法和 W-RXD 算法在分配权重时的差别

2. 线性滤波异常检测算法

线性滤波器被广泛地应用于信号处理当中并且有很多实际应用。线性滤波异常检测(linear filter based-RXD, LF-RXD)算法(Guo et al., 2014)正是基于滤波理论，将 $p(\boldsymbol{x} \mid H_0)$ 作为滤波算子，过滤信号：

$$\hat{p}(\boldsymbol{x}_k \mid H_0) = p(\boldsymbol{x}_k \mid H_0) \times N / \sum_{i=1}^{N} p(\boldsymbol{x}_i \mid H_0) \quad (k = 1, 2, \cdots, N) \tag{7.41}$$

$$\overline{\boldsymbol{x}}_i = \boldsymbol{x}_i \times \hat{p}(\boldsymbol{x}_i \mid H_0) \quad (i = 1, 2, \cdots, N) \tag{7.42}$$

式(7.41)的主要目的是保证新数据 $\overline{\boldsymbol{x}}$ 和原始数据有相同的尺度。这样，LF-RXD 的计算结果就满足卡方分布。接下来，均值向量和协方差矩阵可以被估计为

$$\overline{\boldsymbol{\mu}} = \sum_{i=1}^{N} \frac{\overline{\boldsymbol{x}}_i}{N} \tag{7.43}$$

$$\overline{\boldsymbol{\Sigma}} = \sum_{i=1}^{N} \frac{1}{N-1} (\overline{\boldsymbol{x}}_i - \overline{\boldsymbol{\mu}})(\overline{\boldsymbol{x}}_i - \overline{\boldsymbol{\mu}})^{\mathrm{T}} \tag{7.44}$$

$$D_{\text{LF-RXD}}(\boldsymbol{x}) = (\boldsymbol{x} - \overline{\boldsymbol{\mu}})^{\mathrm{T}} \overline{\boldsymbol{\Sigma}}^{-1} (\boldsymbol{x} - \overline{\boldsymbol{\mu}}) \tag{7.45}$$

这一算法的思想是：在线性滤波之后，$\overline{\boldsymbol{\Sigma}}$ 和 $\overline{\boldsymbol{\mu}}$ 能够更为准确的代表背景信息。LF-RXD 对图像进行滤波，将每个像元赋予不同的缩放尺度，该缩放尺度由 $p(\boldsymbol{x} \mid H_0)$ 决定。如果样本像元距离背景集的光谱距离大，则它会被赋予一个小的缩放系数来削弱该像元在背景信息中的能量。反之，一个较大的值来放大背景信号。因此，相比于传统 RXD 算法，LF-RXD 算法能够更容易的将异常目标识别出来。

7.1.4 实验内容及结果分析

这部分介绍采用 W-RXD 和 LF-RXD 算法得到的异常检测结果。无论是 W-RXD 算法还是 LF-RXD 算法，都采用全局模式(global)和局部模式(local)来估计协方差矩阵。全局 W-RXD(W-GRXD)算法将一幅图像的所有像元赋予不同的权重进行背景信息的估计，而局部 W-RXD(W-LRXD)算法使用待测像元周围的样本来估计背景信息。全局 LF-RXD(LF-GRXD)算法和局部 LF-RXD(LF-LRXD)算法也是采用相似的策略进行背景估计，与 W-RXD 算法不同的是，LF-RXD 采用线性滤波的方式对图像进行预处理。为了更好地评价算法的性能，将正交子空间投影(OSP)预处理方法加入实验中与原方法进行对比。

1. ROC 曲线

ROC(receiver operating characteristic)曲线来源于雷达领域的接收器操作特性，用于评价一个探测算法的理论探测性能。探测器在以决策函数(算法)获得决策统计量后需设置阈值区分背景与目标，对于系统设计而言，一个重要的问题是如何设置适当的门限，在虚警更少的情况下探测更多的目标。对于不同的决策函数，根据阈值选择的不同可以

得到不同的检出率-虚警率对，以不同的检出率-虚警率绘制一条连续的二维曲线即 ROC 曲线。实验中对于目标探测算法的期望是有较低的虚警率和较高的检出率，所以 ROC 曲线越往左上偏，曲线下的面积越大，其对应算法的性能就越好。

2. 实验数据

1) 模拟数据

实验所用的模拟数据来自于罗切斯特理工学院提供的目标探测的盲检测数据，该数据为 HyMap 数据，覆盖蒙大拿的库克小镇，拍摄时间是 2006 年 7 月。图像区域(图 7.4)大小为 280×800 个像元，共 126 个波段，该图像的空间分辨率较高，大概为 3m。

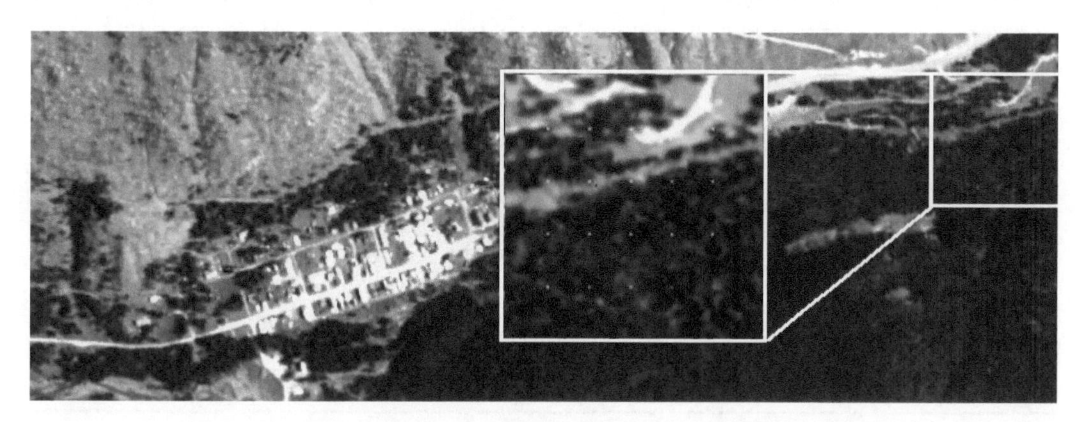

图 7.3　HyMap 数据假彩色图像(在 ROI-1 区域内植入 20 个目标)

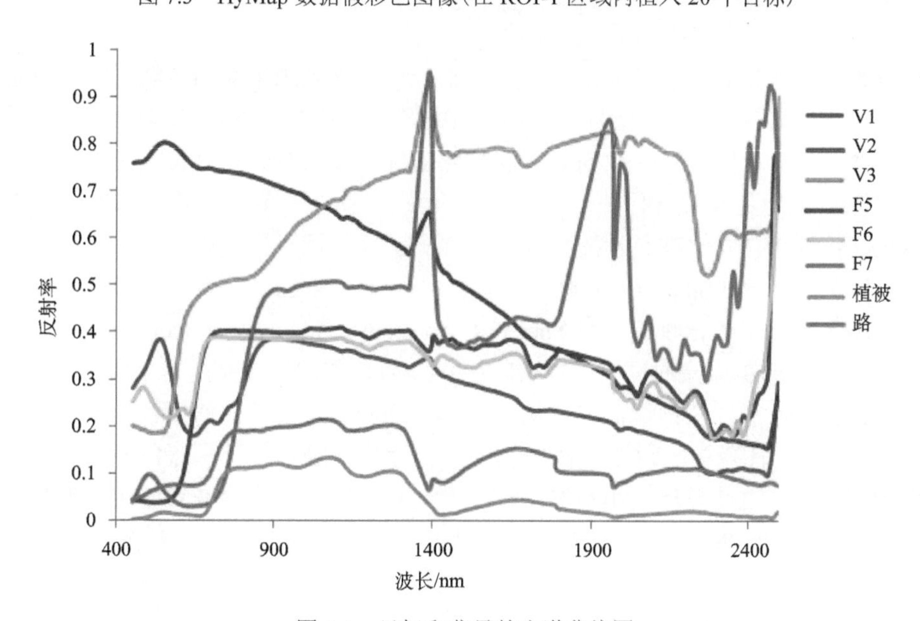

图 7.4　目标和背景的光谱曲线图

为得到模拟数据，采用目标植入的方法去模拟一系列的异常检测模拟图像。目标植入的方法的优点在于能够利用得到的模拟图像有效的评价探测算子的检测能力。设置丰度参数 f 将目标信号 $\boldsymbol{t}$ 与背景信号 $\boldsymbol{b}$ 融合，再植入背景图像(图 7.4)中，这就意味着植入目标将以亚像元的形式存在。采用线性混合模型：

$$\boldsymbol{z}=f\cdot\boldsymbol{t}+(1-f)\cdot\boldsymbol{b} \tag{7.46}$$

将目标植入图像中。这 6 种目标特性见表 7.1。在每幅图像中只插入一类目标，这样就得到 6 幅模拟图像。在模拟图像中，植入目标的位置是固定的，4 行 5 列共 20 个点目标。其中不同目标的丰度参数 f 满足等差数列分布，左上方目标丰度值是 0.4，右下方丰度值是 0.02，行之间的公差是 0.1，列之间的公差是 0.02。将丰度最大值设置为 0.4 的主要原因是丰度大于 0.4 的目标非常容易被检测出来，不利于评价算法，区别算法性能。实验中将植入目标丰度值的最小公差设为 0.02 是为了 ROC 曲线更加光滑，便于算法评价。

表 7.1　插入目标的特性介绍表

目标名称	目标特性
V1	绿色雪佛兰汽车
V2	白色丰田汽车
V3	红色斯巴鲁汽车
F5	栗色尼龙目标
F6	灰色尼龙目标
F7	绿色棉布目标

2) 真实数据一——世界贸易中心数据

这一数据集包含真实 AVIRIS 高光谱数据，该数据来源于美国宇航局喷气推进实验室，影像拍摄地点是美国纽约世界贸易中心，成像时间是 2001 年 9 月 16 日。数据共 224 个波段，波段覆盖范围是 0.4～2.5μm。实验从图像中截取 200×200 像元的区域，该图像包含的火源被视为是异常目标。图 7.5(a)展示了所选择区域的假彩色图像，图 7.5(b)是目标真实位置图像，这些目标的真实位置由美国地质调查局提供。

3) 真实数据二——SpecTIR 数据

这一图像来自于数据收集竞赛 SpecTIR hyperspectral airborne Rochester experiment (SHARE)实验。数据采集时间为 2010 年 7 月 29 号，使用的传感器是 ProSpecTIR-VS2。图像波段数为 360 个，波谱覆盖范围从 390～2450nm，波谱分辨率大致为 5nm，空间分辨率大致为 1m。图像中，道路和植被是主要的背景地物，红色和蓝色的纤维织布可以被看作异常目标，这些目标大小不等，有 $9m^2$、$4m^2$ 和 $0.25m^2$。在实验中，选择一块包含织布目标的 180×180 的区域。图 7.6(a)展示了该真实数据的假彩色图像，图 7.6(b)提供了目标的真实位置分布。

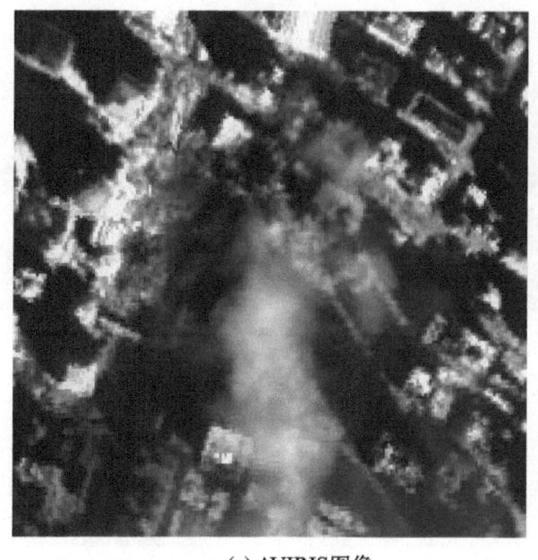
(a) AVIRIS图像

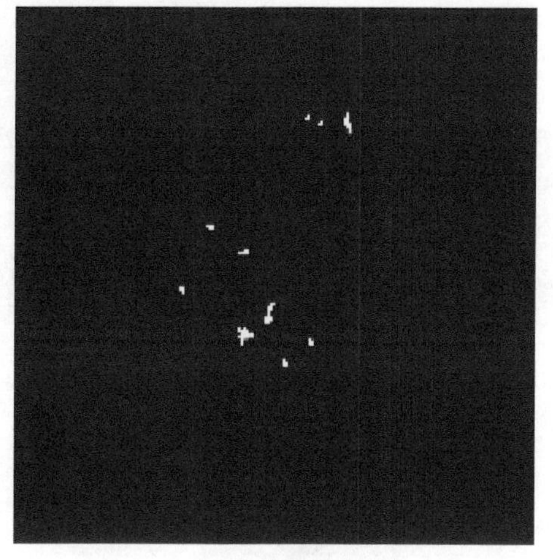
(b) 地面真实目标图像

图 7.5　纽约世界贸易中心的 AVIRIS 图像和地面真实目标图像

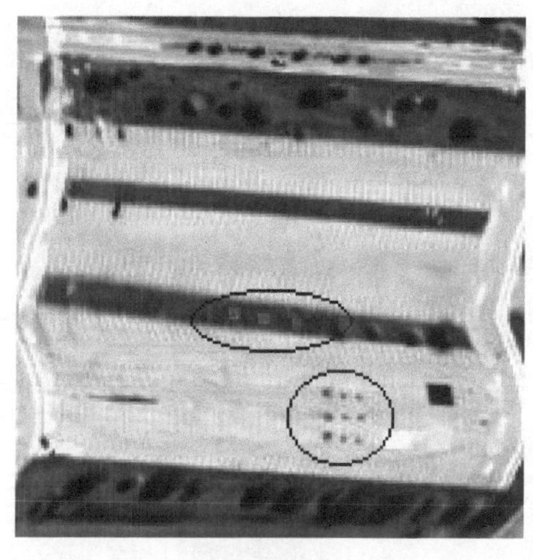
(a) SpecTIR图像

(b) 地面真实目标位置图像

图 7.6　SpecTIR 图像和地面真实目标位置图像，其中人工布设的织布目标由黑圈圈出

3. 模拟数据实验结果及分析

本小节前面对模拟数据的特性以及目标植入的方法进行了详细的描述，事先已知模拟数据中真实目标的位置(植入目标)，这些信息有助于计算检出率和虚警率，比较和分析各个异常检测算法的检测效率。在模拟数据实验中，局部算法的窗口大小均设为 3×3，这个窗口大小能够获得最好的检测效果。图 7.7 展示了 12 种不同算法的异常检测结果。

在图 7.7 中，W-RXD 算法和 LF-RXD 算法能够更加凸显目标，因此 W-RXD 和 LF-RXD 能够更好地检测人工植入的目标。根据图 7.8，将异常目标的比例设定为一个常数。由图可以看出，与传统算法相比，W-RXD 和 LF-RXD 能够检测出更多的异常目标。

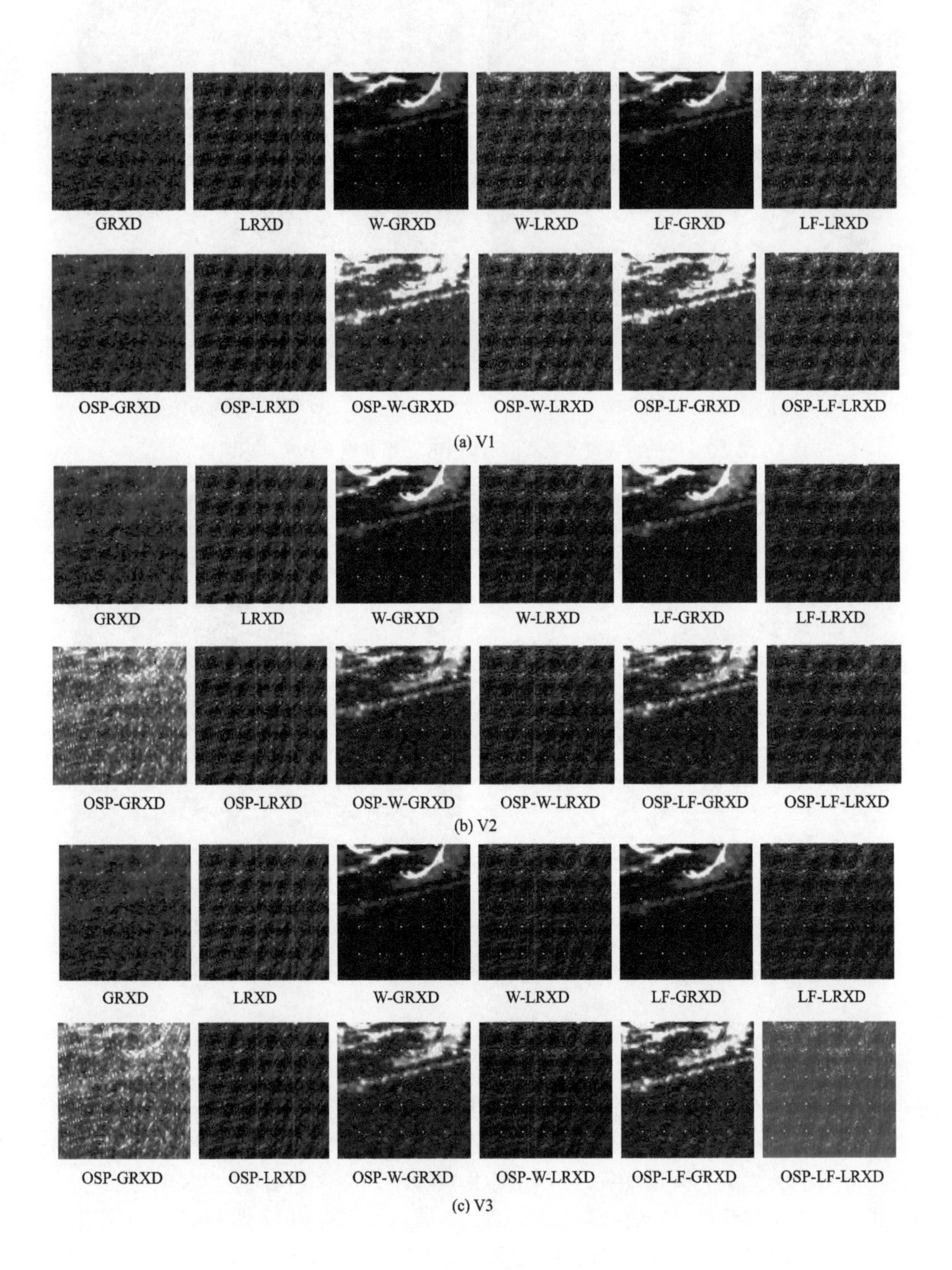
GRXD
LRXD
W-GRXD
W-LRXD
LF-GRXD
LF-LRXD
OSP-GRXD
OSP-LRXD
OSP-W-GRXD
OSP-W-LRXD
OSP-LF-GRXD
OSP-LF-LRXD
GRXD
LRXD
W-GRXD
W-LRXD
LF-GRXD
LF-LRXD
OSP-GRXD
OSP-LRXD
OSP-W-GRXD
OSP-W-LRXD
OSP-LF-GRXD
OSP-LF-LRXD
GRXD
LRXD
W-GRXD
W-LRXD
LF-GRXD
LF-LRXD
OSP-GRXD
OSP-LRXD
OSP-W-GRXD
OSP-W-LRXD
OSP-LF-GRXD
OSP-LF-LRXD

(a) V1

(b) V2

(c) V3

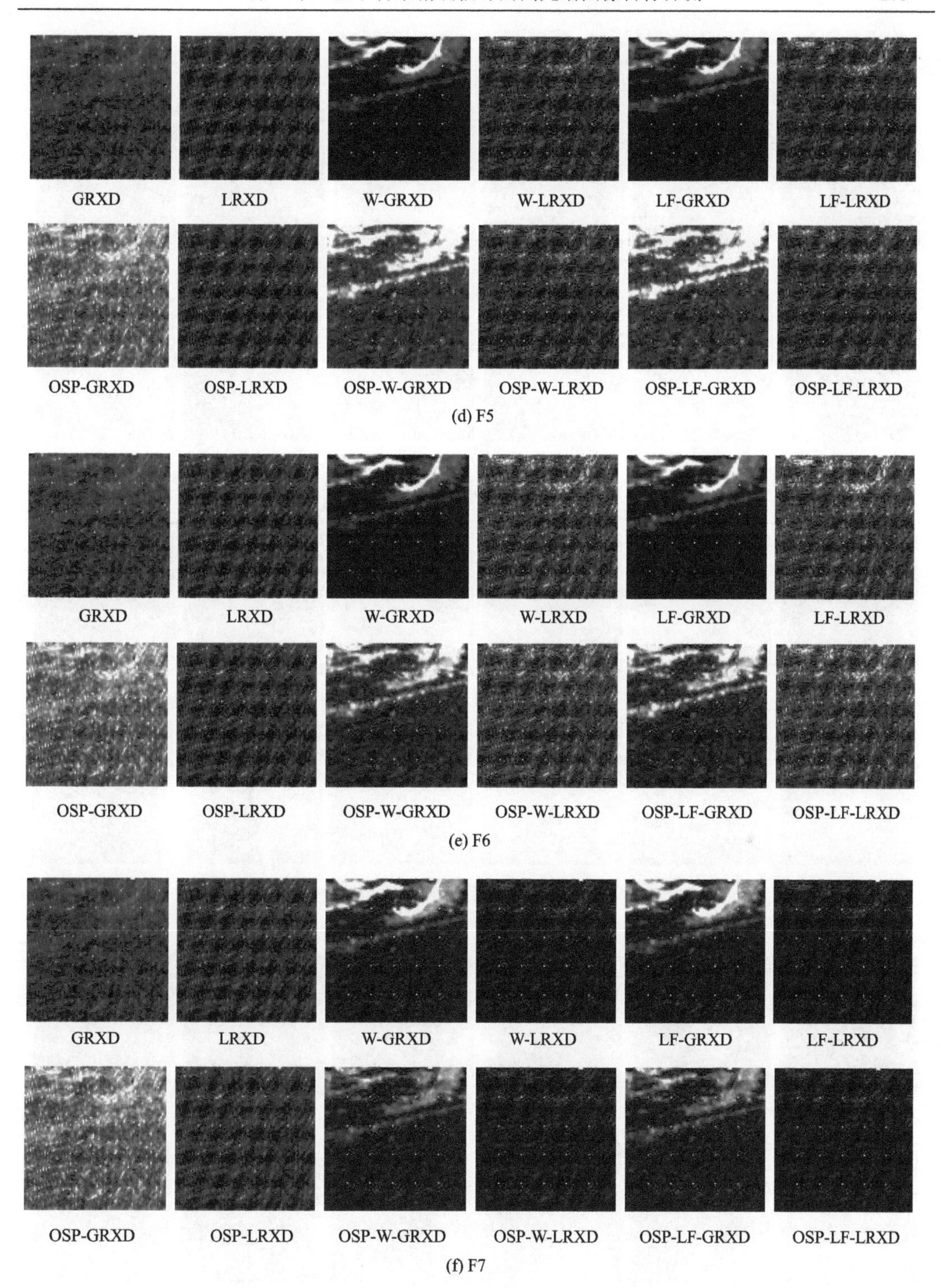

图 7.7　不同算法在模拟数据上的检测结果图

图 7.8 展示了在人为设定阈值后获得的二值图像。

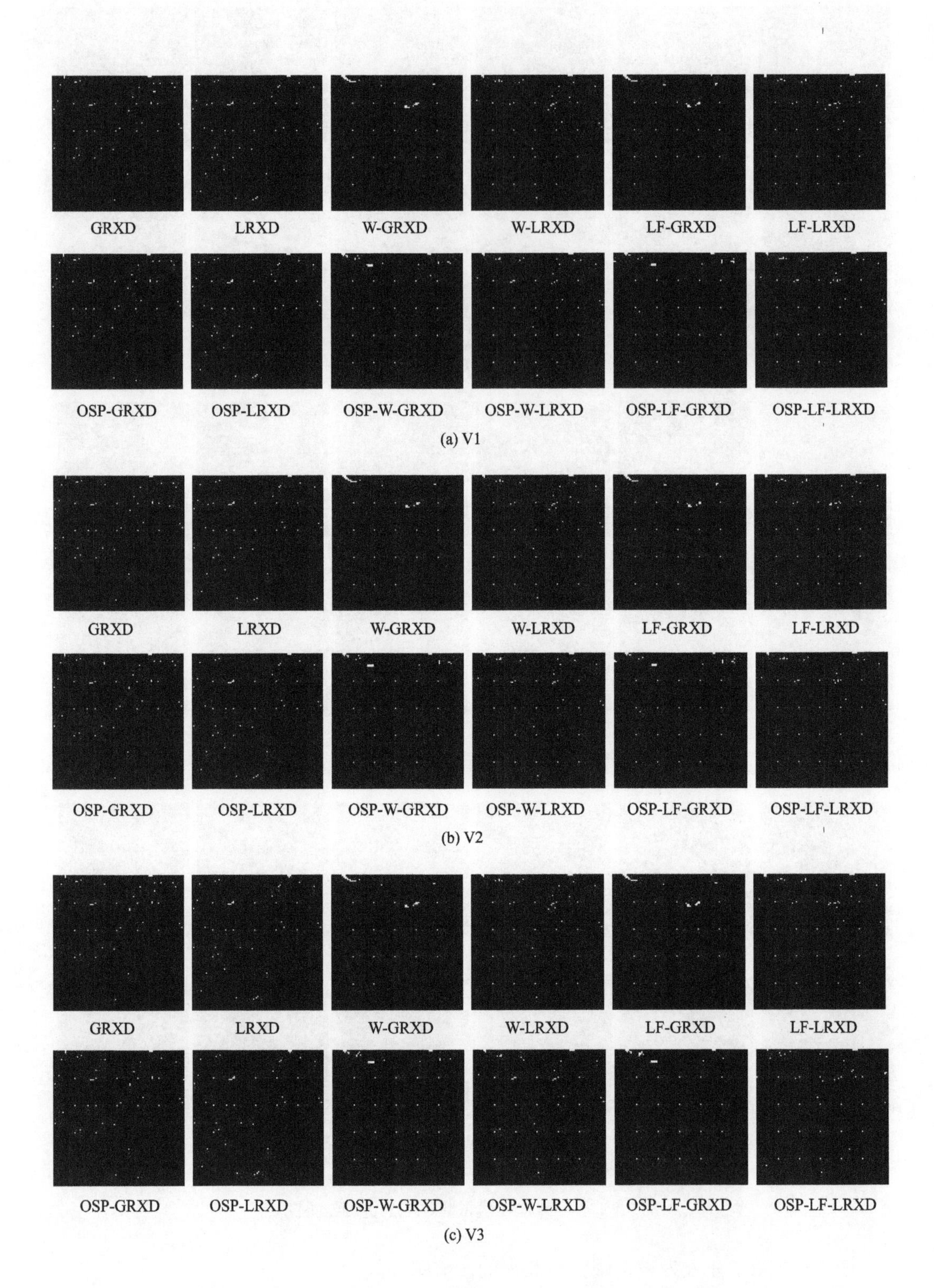
GRXD
LRXD
W-GRXD
W-LRXD
LF-GRXD
LF-LRXD
OSP-GRXD
OSP-LRXD
OSP-W-GRXD
OSP-W-LRXD
OSP-LF-GRXD
OSP-LF-LRXD
(a) V1
GRXD
LRXD
W-GRXD
W-LRXD
LF-GRXD
LF-LRXD
OSP-GRXD
OSP-LRXD
OSP-W-GRXD
OSP-W-LRXD
OSP-LF-GRXD
OSP-LF-LRXD
(b) V2
GRXD
LRXD
W-GRXD
W-LRXD
LF-GRXD
LF-LRXD
OSP-GRXD
OSP-LRXD
OSP-W-GRXD
OSP-W-LRXD
OSP-LF-GRXD
OSP-LF-LRXD
(c) V3

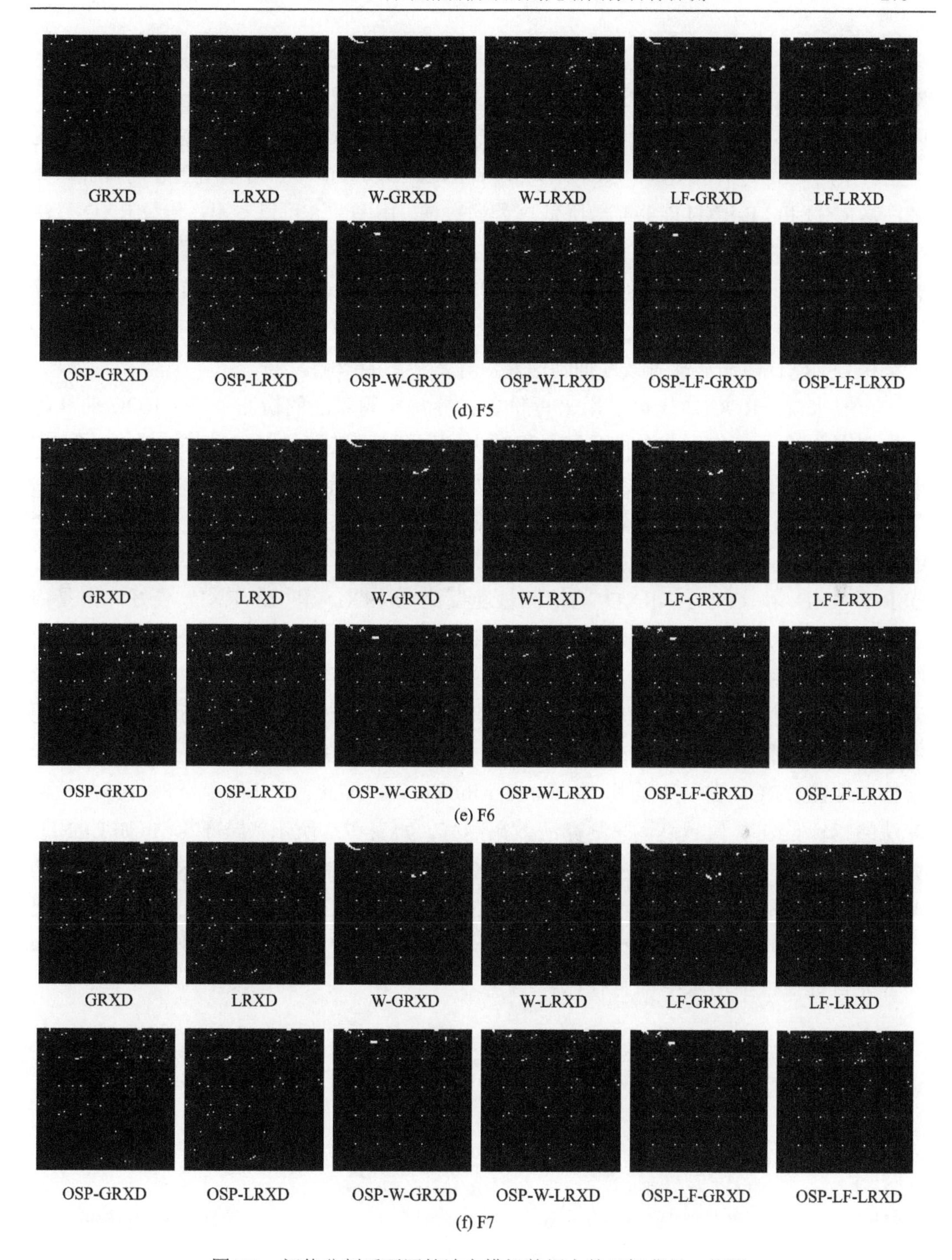

图 7.8　阈值分割后不同算法在模拟数据上的目标背景二值图

由图 7.8 可以得出如下结论：第一，OSP-W-GRXD 和 OSP-LF-GRXD 能够检测出更多的目标(20 个目标中的 18 个)，而 OSP-GRXD 只能够检测出 12 个目标。第二，如果不经过 OSP 预处理，W-GRXD 和 LF-GRXD 能够检测出 16 个植入目标，而 GRXD 只能够检测出 12 个目标。在图像 V2 中，OSP-W-GRXD 和 OSP-LF-GRXD 能够检测出异常丰度高于 0.04 的目标，W-GRXD 和 LF-GRXD 能够检测出异常丰度高于 0.06 的目标，而 OSP-GRXD 和 GRXD 只能够检测出异常丰度大于等于 0.18 的目标。这个现象说明无论是否采用 OSP 进行预处理，W-RXD 和 LF-RXD 都能够检测异常丰度更小的目标。并且，W-RXD 和 LF-RXD 能够有效降低虚警的数量。由图 7.8 可以看出，传统 RXD 算法产生的虚警主要都是离散的孤立点，这些虚警可能由噪声、光照和背景差异等引起。W-RXD 算法和 LF-RXD 算法能够有效地抑制背景和噪声对目标探测的干扰。这两种算法产生的虚警是一些连续的区域。这种虚警能够通过形状特征被剔除。因此，W-RXD 算法和 LF-RXD 算法能够有效地抑制虚警对异常检测的影响。

一般来说，ROC 曲线可以用来评价各种异常检测算法的检测效率，ROC 曲线越往靠左上并越往左上凸，曲线下方面积越大，探测效果越好，反之效果越差。图 7.9 展示了各种算法的 ROC 曲线图。由图可以看出，与传统的 RXD 算法相比，W-RXD 算法和 LF-RXD 算法能够提高检出率、降低虚警率。也就是，W-RXD 和 LF-RXD 能够在保持检出率恒定的情况下有效降低虚警率。另一方面，针对模拟数据，OSP-W-RXD 和 OSP-LF-RXD 的检测性能要比 W-RXD 和 LF-RXD 要好。但是，OSP-RXD 和 RXD 在所有图像中表现出的检测性能基本相同。由于 OSP 对数据采用线性变换，而线性变换对 RXD 的运算结果没有影响。但是，由于 W-RXD 对样本像元采用不同的权重估计背景信息，LF-RXD 采用线性滤波器对数据进行滤波，OSP 的线性变换能够影响 W-RXD 和 LF-RXD 的结果值，导致 OSP-W-RXD 是具有最好的异常检测性能。ROC 曲线下面积(area under the curve，AUC)是一种定量评价异常检测算法的指标，AUC 值越高，探测算法效果越好。如表 7.2 所示，局部算法(如 LRXD、W-LRXD 和 LF-LRXD)比对应的全局算法(GRXD、W-GRXD 和 LF-GRXD)有更高的 AUC。这主要是因为所有插入目标都是以亚像元的形式存在，因此，局部像元包含更少的异常信息，能够更好地代表背景。由于很多高光谱探测器的分辨率不够高，因此，亚像元目标在很多图像中都有存在。

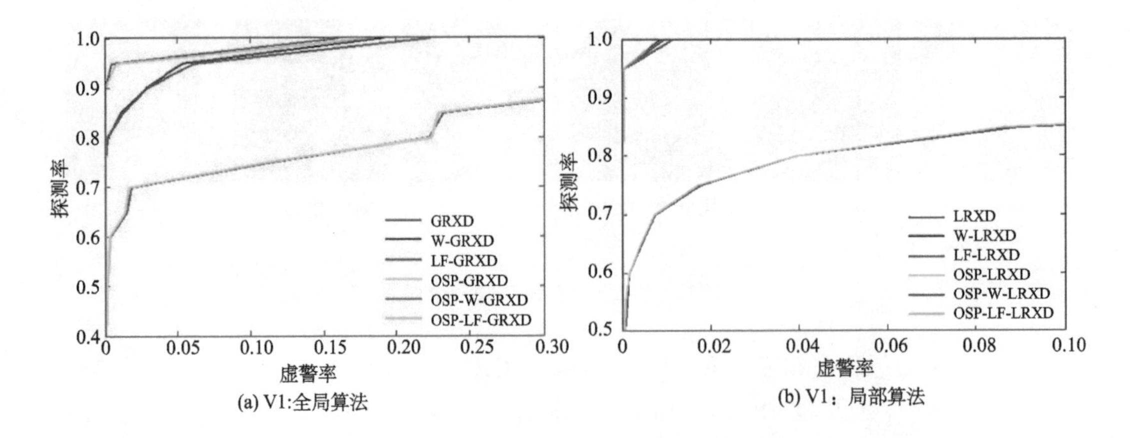

(a) V1:全局算法　　(b) V1：局部算法

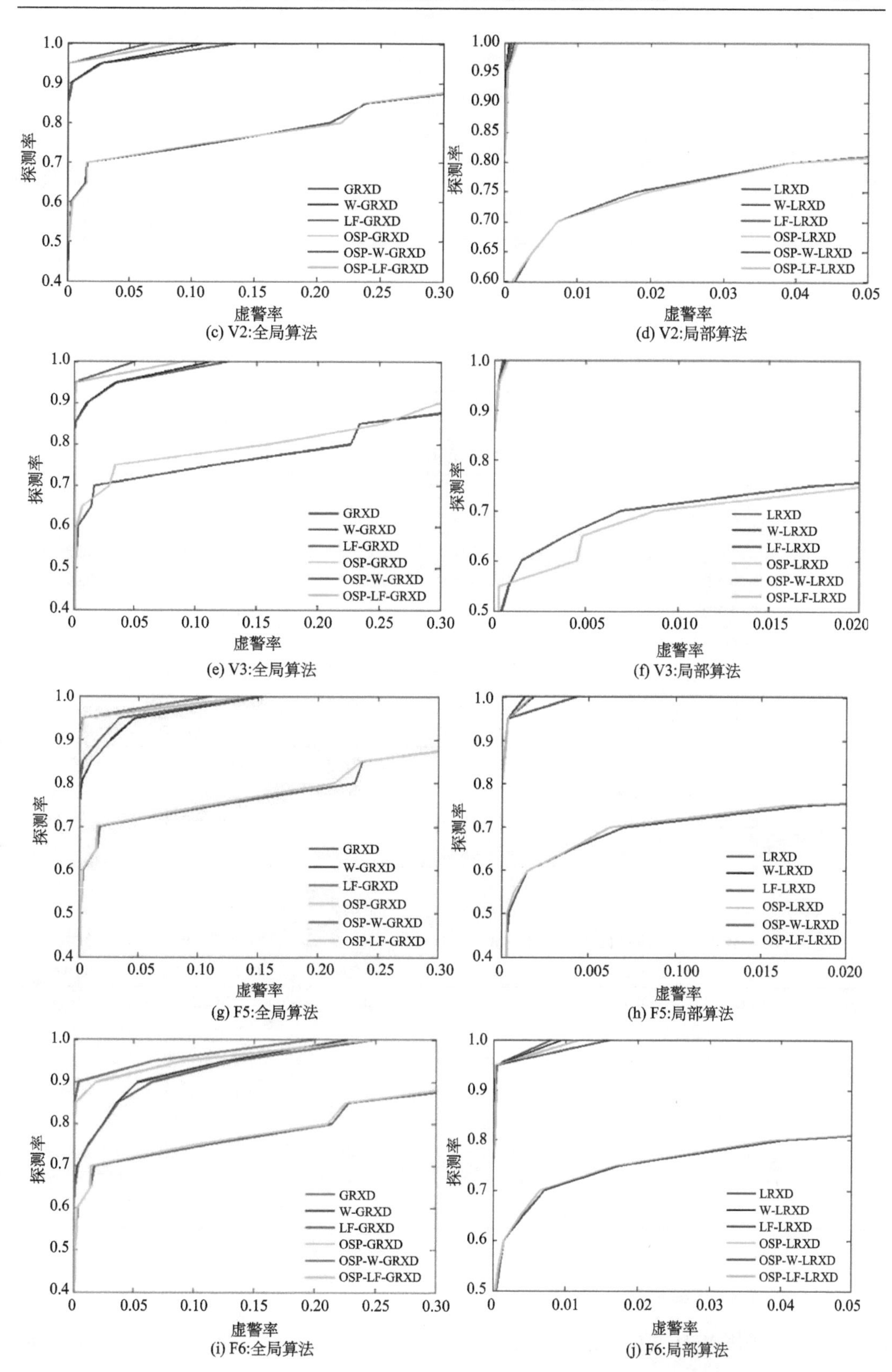

(c) V2:全局算法

(d) V2:局部算法

(e) V3:全局算法

(f) V3:局部算法

(g) F5:全局算法

(h) F5:局部算法

(i) F6:全局算法

(j) F6:局部算法

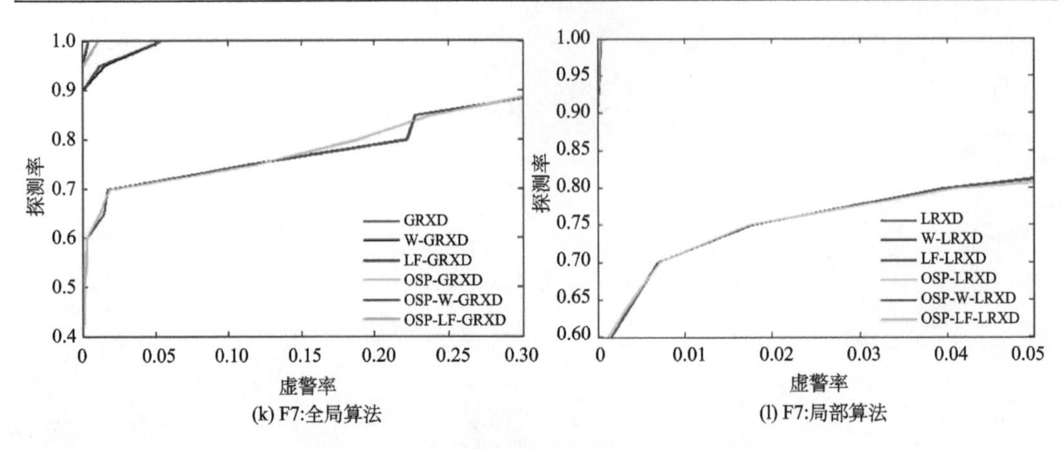

图 7.9 不同算法在模拟数据上的 ROC 曲线图

表 7.2 不同算法的 ROC 曲线下面积

目标	算法	AUC	算法	AUC	算法	AUC
V1	GRXD	0.9079	W-GRXD	0.9905	LF-GRXD	0.9893
	LRXD	0.9422	W-LRXD	0.9997	LF-LRXD	0.9997
	OSP-GRXD	0.9099	OSP-W-GRXD	0.9958	OSP-LF-GRXD	0.9950
	OSP-LRXD	0.9431	OSP-W-LRXD	0.9997	OSP-LF-LRXD	0.9998
V2	GRXD	0.9098	W-GRXD	0.9959	LF-GRXD	0.9951
	LRXD	0.9420	W-LRXD	1.0000	LF-LRXD	1.0000
	OSP-GRXD	0.9104	OSP-W-GRXD	0.9984	OSP-LF-GRXD	0.9979
	OSP-LRXD	0.9447	OSP-W-LRXD	0.9999	OSP-LF-LRXD	0.9999
V3	GRXD	0.9114	W-GRXD	0.9950	LF-GRXD	0.9945
	LRXD	0.9455	W-LRXD	1.0000	LF-LRXD	1.0000
	OSP-GRXD	0.9168	OSP-W-GRXD	0.9987	OSP-LF-GRXD	0.9977
	OSP-LRXD	0.9452	OSP-W-LRXD	1.0000	OSP-LF-LRXD	1.0000
F5	GRXD	0.9100	W-GRXD	0.9919	LF-GRXD	0.9935
	LRXD	0.9446	W-LRXD	0.9999	LF-LRXD	0.9999
	OSP-GRXD	0.9112	OSP-W-GRXD	0.9970	OSP-LF-GRXD	0.9962
	OSP-LRXD	0.9446	OSP-W-LRXD	0.9999	OSP-LF-LRXD	0.9999
F6	GRXD	0.9105	W-GRXD	0.9816	LF-GRXD	0.9799
	LRXD	0.9446	W-LRXD	0.9997	LF-LRXD	0.9995
	OSP-GRXD	0.9125	OSP-W-GRXD	0.9915	OSP-LF-GRXD	0.9883
	OSP-LRXD	0.9434	OSP-W-LRXD	0.9998	OSP-LF-LRXD	0.9997
F7	GRXD	0.9127	W-GRXD	0.9979	LF-GRXD	0.9981
	LRXD	0.9438	W-LRXD	1.0000	LF-LRXD	1.0000
	OSP-GRXD	0.9145	OSP-W-GRXD	0.9999	OSP-LF-GRXD	0.9997
	OSP-LRXD	0.9423	OSP-W-LRXD	1.0000	OSP-LF-LRXD	1.0000

4. 真实数据一实验结果及分析

这部分采用 WTC 数据对 W-RXD 算法和 LF-RXD 算法进行性能评价。由于 WTC 数据中的目标尺寸大于一个像元，在实验中，局部算法采用双窗口方法来估计背景信息。内窗口和外窗口的大小分别设为 5×5 和 15×15。

在 WTC 实际数据实验中，除了 W-RXD 算法和 LF-RXD 算法，此外还采用了 RXD 两次迭代(LAIRX2)算法和 OSP 预处理算法。检测结果灰度图像如图 7.10 所示。其中，在 LAIRX2 算法中，阈值设定为 $\chi^2_{0.001,K}$ (K 是波段数)。从检测结果的灰度图像可以看出，

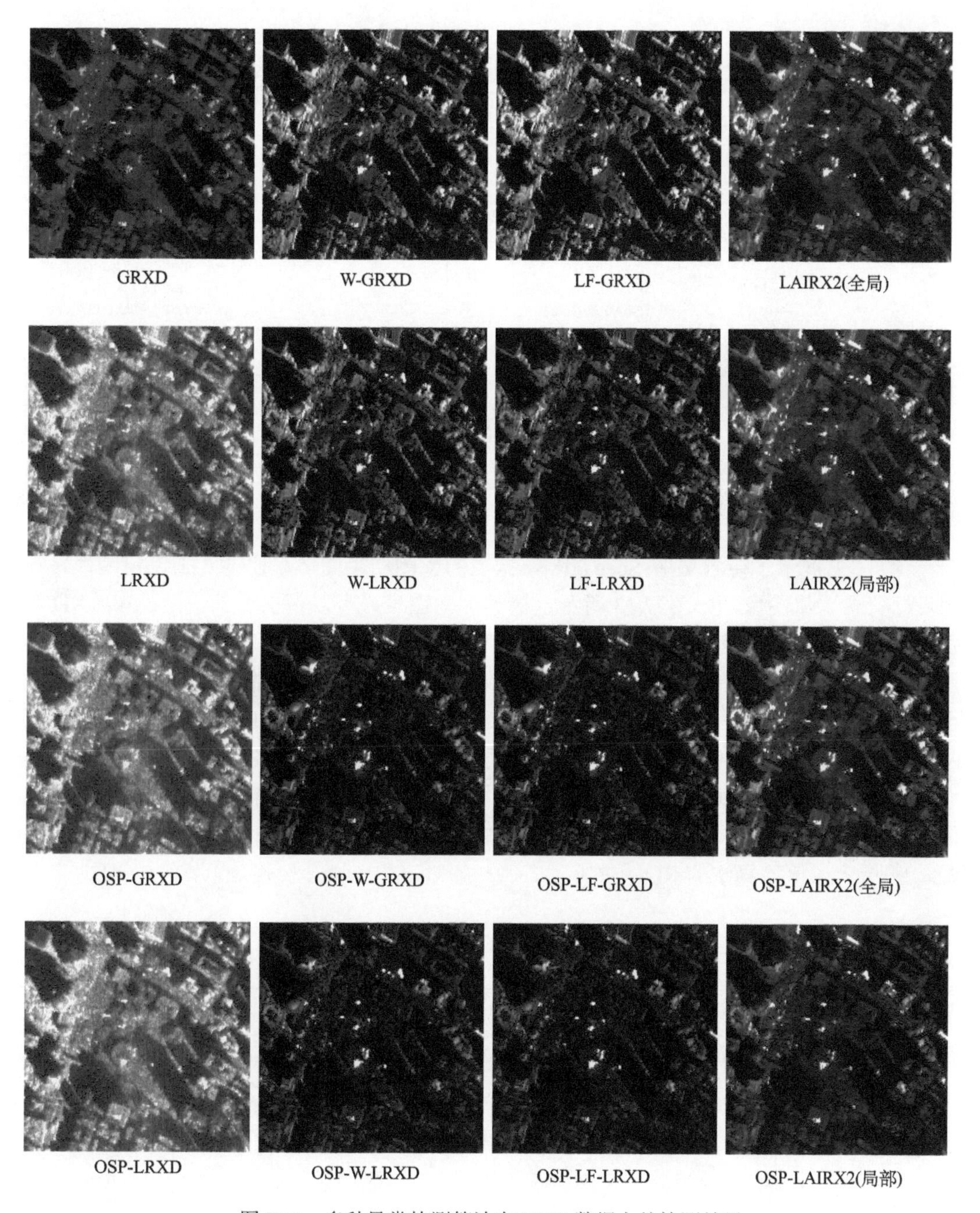

图 7.10　多种异常检测算法在 WTC 数据上的检测结果

与传统 RXD 算法相比，W-RXD 算法、LF-RXD 算法和 LAIRX2 算法能够检测出更多的目标。由于 OSP 预处理是线性变换，无法提高 RXD 算法和 LAIRX2 算法的性能。相比于 LAIRX2，OSP-W-RXD 和 OSP-LF-RXD 能够检测出更多的真实目标。图 7.11 是这些算法对应的 ROC 曲线。由 ROC 曲线可以看出，W-RXD 和 LF-RXD 算法的检测效率比传统 RXD 算法要好很多。表 7.3 列出各个算法的 AUC，其中，OSP-LF-LRXD 算法在 WTC 图像上检测性能最好。

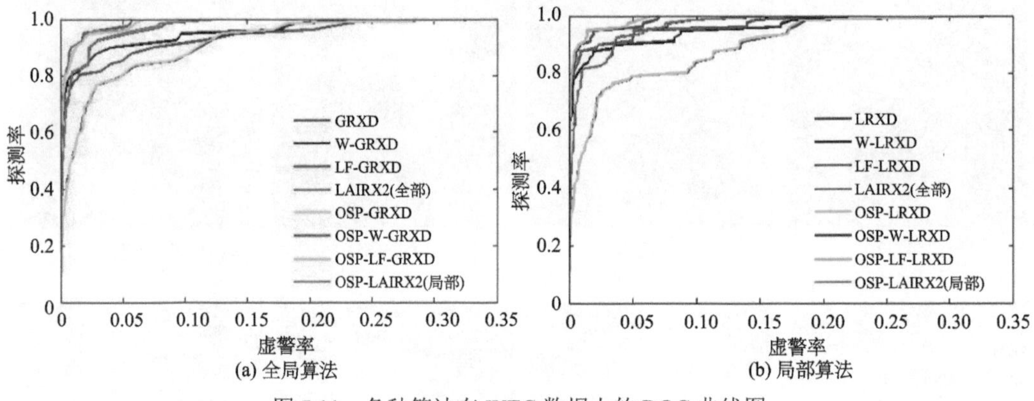

图 7.11 各种算法在 WTC 数据上的 ROC 曲线图

5. 真实数据二实验结果及分析

图 7.12 展示了待测算法 SpecTIR 数据上的检测结果图像，通过人工设定阈值，得到目标背景二值图像，如图 7.13 所示，根据这些图表，可以得出如下结论：W-RXD 和 LF-RXD 能够检测出亚像元的异常目标，这些目标无法被 GRXD 和 LRXD 检测识别。由图 7.13 可以看出，所有算法可以检测出目标尺寸为 $9m^2$ 和 $4m^2$ 的目标。但是，对于大小为 $0.25m^2$ 的异常目标，W-RXD 和 LF-RXD 能够检测出 6 个中的 4 个，而 GRXD 和 LRXD 无法检测出其中的任何一个。这个事实揭示了 W-RXD 和 LF-RXD 算法在检测亚像元目标时具有更好的检测性能。此外，传统的 RXD 算法检测出了较多的离散的虚警像元，改进后的检测方法能够有效抑制噪声和背景对检测结果的影响，降低虚警的产生。图 7.14 展示了检测算法的 ROC 曲线。

表 7.3 各种算法的 AUC

算法	AUC	算法	AUC
GRXD	0.9689	LRXD	0.9638
W-GRXD	0.9837	W-LRXD	0.9856
LF-GRXD	0.9772	LF-LRXD	0.9895
LAIRX2（全局）	0.9905	LAIRX2（局部）	0.9888
OSP-GRXD	0.9692	OSP-LRXD	0.9642
OSP-W-GRXD	0.9956	OSP-W-LRXD	0.9955
OSP-LF-GRXD	0.9951	OSP-LF-LRXD	0.9963
OSP-LAIRX2（全局）	0.9909	OSP-LAIRX2（局部）	0.9890

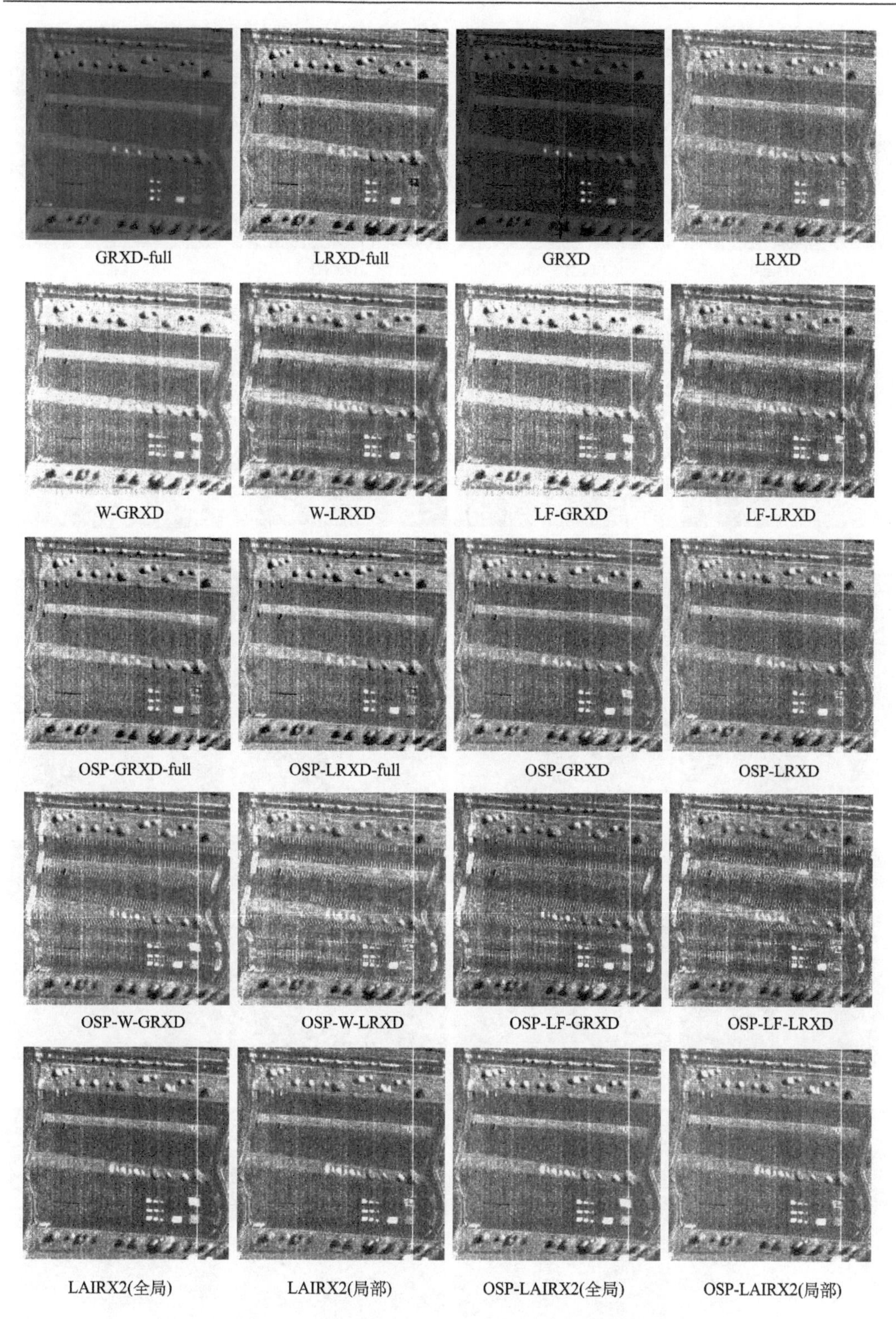

图 7.12　不同算法在 SpecTIR 图像上的检测结果灰度图

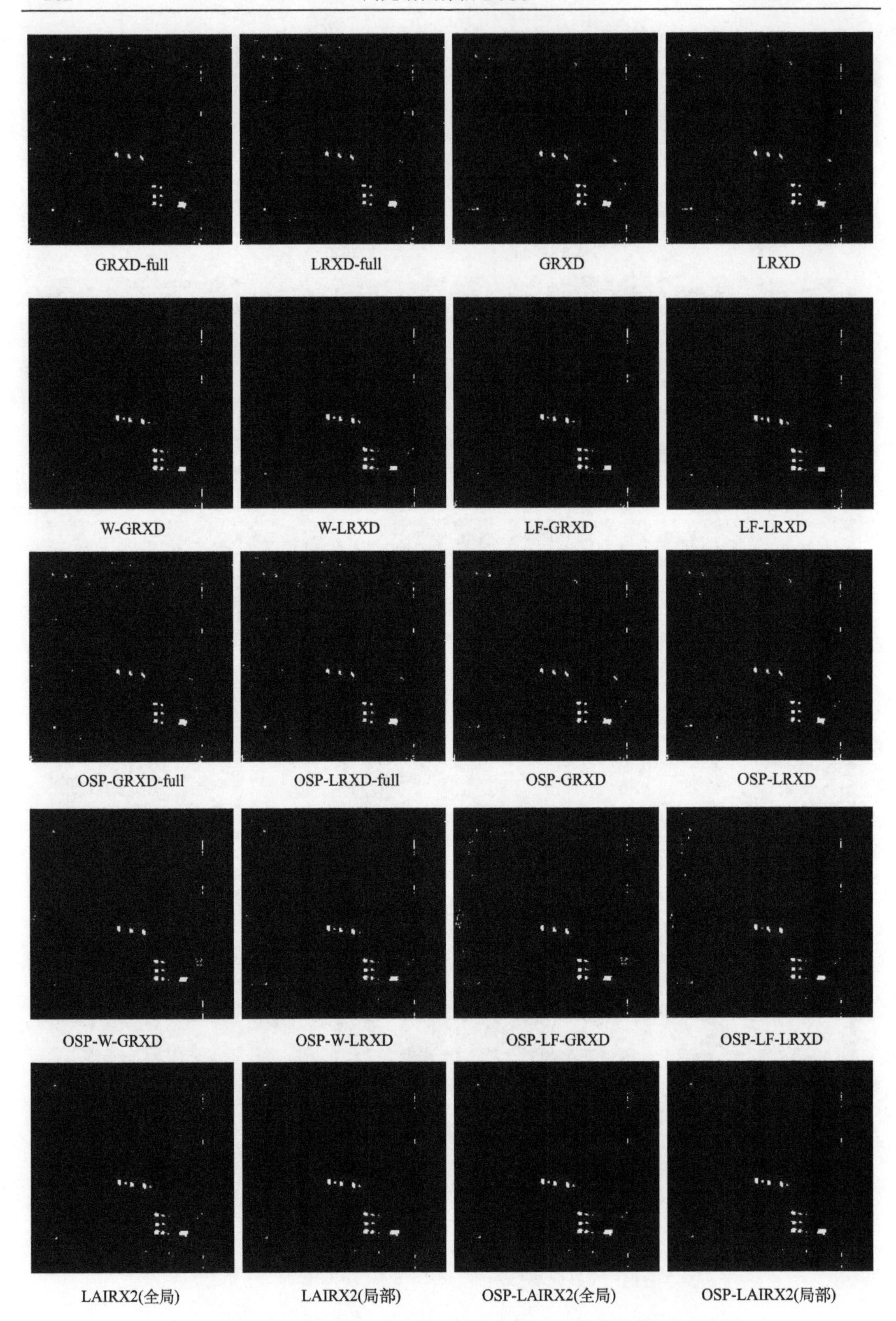

图 7.13　不同算法在 SpecTIR 图像上的检测结果二值图

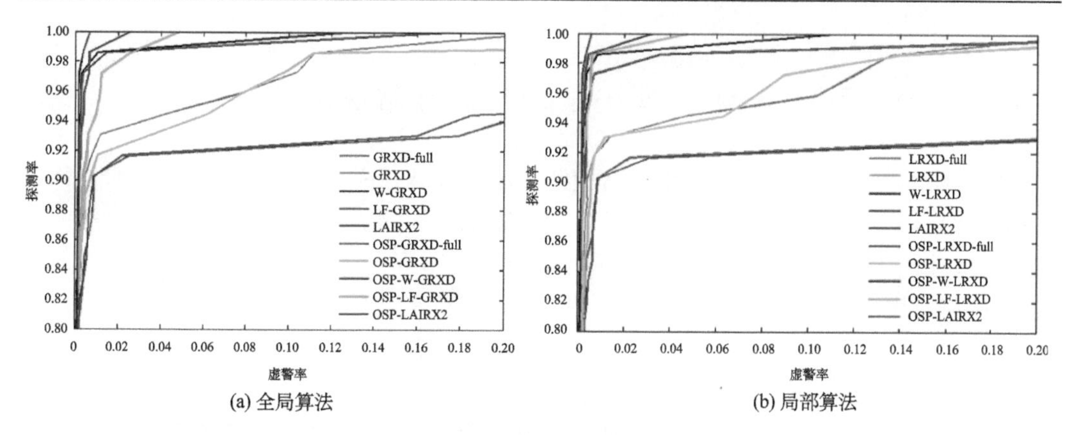

(a) 全局算法　　(b) 局部算法

图 7.14　各种算法对应的 ROC 曲线

表 7.4　各种算法的 AUC

算法	AUC	算法	AUC
GRXD-full	0.9683	LRXD-full	0.9651
GRXD	0.9929	LRXD	0.9919
W-GRXD	0.9986	W-LRXD	0.9987
LF-GRXD	0.9982	LF-LRXD	0.9970
LAIRX（全局）	0.9996	LAIRX（局部）	0.9996
OSP-GRXD-full	0.9699	OSP-LRXD-full	0.9648
OSP-GRXD	0.9896	OSP-LRXD	0.9918
OSP-W-GRXD	0.9992	OSP-W-LRXD	0.9993
OSP-LF-GRXD	0.9983	OSP-LF-LRXD	0.9990
OSP-LAIRX（全局）	0.9996	OSP-LAIRX（局部）	0.9996

表 7.4 列出了各种算法的 AUC 指标。W-GRXD、W-LRXD、LF-GRXD 和 LF-LRXD 的检测性能基本相同，比传统算法要高很多。OSP 预处理方法能够提升 W-RXD 和 LF-RXD 的性能。在 SpecTIR 图像中，LAIRX2 的检测结果最好。

7.1.5　结论

本节首先介绍了异常检测中最常见的模型：多元正态分布模型。该模型假设高光谱数据服从多元正态分布，然后计算概率分布以判断待测像元是否为目标。目前异常检测中最流行的算法是 RXD 算法，该算法正是基于多元正态分布模型。本节详细介绍了 RXD 算法原理，分析概括了 RXD 算法的优缺点，列举了 RXD 算法的变形算法。针对 RXD 算法的缺点，即背景估计无法满足多元正态分布这一特点，介绍了 W-RXD 算法和 LF-RXD 算法。通过模拟数据和真实数据的实验可知，改进后的算法比传统算法有更高的检测效率和更低的虚警率。

7.2 基于多窗决策融合的异常探测方法

RX 检测器已成为高光谱图像异常检测算法的基准，成功的关键是对有效抑制背景的局部背景协方差矩阵进行适当的估计。自适应 RX 检测器采用双窗口策略：内部窗口比像元尺寸稍大，外部窗口比内部窗口更大，并且仅中间区域的样本(即内部和外部窗口之间的部分)用于估计背景协方差矩阵，以避免该潜在的异常像元被用于背景计算。直观上，中间区域中的像元(与内部窗口和外部窗口的大小有关)的数量应该大于频带的数量，使得所得到的协方差矩阵能够满秩，以便进行逆矩阵运算。然而，即使协方差矩阵非满秩，它的逆矩阵仍然可以通过几种方法来计算，例如，非零特征值和特征向量的特征分解和重构，数据降维或简单的矩阵正则化。因此，这里暂不讨论局限于满秩的局部协方差矩阵的情况。

除了经典的 RX 检测器之外，还有高光谱数据的许多扩展算法和其他异常检测算法。例如，时间高效的异常检测方法(Duran and Petrou, 2008)、改进的基于峰度最大化的异常检测(Du and Kopriva, 2008)、亚像元异常检测(Khazai et al., 2013)、基于随机选择的异常检测器(Du and Zhang, 2011)以及基于加权和线性滤波器的 RX(Guo et al., 2014)。同时还有基于子空间投影的探测器(Ranney and Soumekh, 2006)、将判别度量学习应用于异常检测的方法(Du and Zhang, 2014)。特别是引入基于核的检测器，如核 RX(KRX)(Kwon and Nasrabadi, 2005)、核特征空间分离变换(Goldberg et al., 2007)以及核回归分析(Zhao et al., 2014)等来进行异常检测。另外，还有很多不同的背景建模方法，如支持向量数据描述(Sakla et al., 2011)、自动化建模方法(Matteoli et al., 2014)，以及基于协作表示的方法(Li and Du, 2015a)。然而，基于双窗口的 RX 算法仍然是基准，因为它相对其他算法具有抗变换性和易实现性。

另外，基于多窗口的 RX(MW-RX)检测器(Liu and Chang, 2013)，其最终输出与窗口大小无关。在 MW-RX 中，RX 在不同的双窗口下实现了多次，但是对于每个像元，只有最大的 RX 输出用于生成最终的检测图。这里介绍一种使用多窗口的高光谱异常检测的决策融合方法(Li and Du, 2015b)，每个双窗口检测器生成一个决策图，并使用投票策略生成最终决策图。

7.2.1 双窗口 RX 检测器

一个三维高光谱立方体 $\boldsymbol{X}=\{\boldsymbol{x}_i\}_{i=1}^{n}\in R^d$ (d 为光谱波段数，n 为样本总数)，对于每个像元 $\boldsymbol{y}$(大小为 $d\times 1$)，在外部窗口内(大小为 $w_{\text{out}}\times w_{\text{out}}$)和内部窗口外(大小为 $w_{\text{in}}\times w_{\text{in}}$)收集周围数据，以像元 $\boldsymbol{y}$ 为中心。选定的数据被调整为二维矩阵 $\boldsymbol{X}_s=\{\boldsymbol{x}_i\}_{i=1}^{s}$ (s 是选择的样本个数，$s=w_{\text{out}}\times w_{\text{out}}-w_{\text{in}}\times w_{\text{in}}$)。因此，针对每个像元 $\boldsymbol{y}$ 在自己的局部窗口获得矩阵 $\boldsymbol{X}_{\text{s}}$ (尺寸为 $d\times s$)。

RX 算法的单像元形式通常近似于式(7.47)：

$$r(\boldsymbol{y})=(\boldsymbol{y}-\boldsymbol{\mu}_{\text{local}})^{\text{T}}\boldsymbol{\Sigma}_{\text{local}}^{-1}(\boldsymbol{y}-\boldsymbol{\mu}_{\text{local}}) \tag{7.47}$$

式中，Σ_{local} 为背景数据的 $d \times d$ 协方差矩阵；$\mu_{\text{local}} = \sum_{i=1}^{s} x_i$ 为向量平均值。测试数据 $r(y)$ 与规定阈值 η 相比，如果 $r(y) > \eta$，将该像元判定为异常，否则判定为背景像元。

在 KRX 算法中，可将数据投影到使数据变得更加可分离的高维特征空间。在核引导的特征空间中，映射函数 Φ 映射到像元 $y \to \Phi(y) \in \mathbb{R}^{d' \times l}$（$d' \times d$ 是核特征空间的维数）Φ=$\Phi(x_1)$，Φ=$\Phi(x_2)$，…，Φ=$\Phi(x_s) \in R^{d' \times s}$。KRX 的相应输出是

$$r_{\Phi}(y) = [\Phi(y) - \mu_{\Phi_{\text{local}}}]\Sigma_{\text{local}}^{-1}(\Phi(y) - \mu_{\text{local}})^{\mathrm{T}} \tag{7.48}$$

式中，Σ_{local} 和 $\mu_{\Phi_{\text{local}}}$ 为核特征空间中估计的背景数据的协方差矩阵和向量均值。

7.2.2　决策融合检测器

自适应异常检测用于检测光谱特征不同于局部背景的异常点，根据局部定义的不同，最终的异常检测性能也将会不同。在双窗口的设置中，内窗和外窗之间的像元被认为是局部背景；当然，双窗口尺寸的变化将会带来不同的异常检测性能。需要注意的是，设置内部窗口的目的是防止背景信息被目标中心像元干扰。因此，内窗的大小应该略大于目标大小，不过在完全未知的环境下，这个信息也是未知。受多分类器融合(Petrakos et al.,2001)的启发，在合适的窗口设置下可以通过融合检测器来降低这种困难。

在决策融合方法中，使用 m 个检测器检测像元 y 的输出，其中 m 个不同窗口表示为 $\{r_i(y), i = 1, 2, \cdots, m\}$，其中 $r_i(y)$ 通过式(7.47)和式(7.48)用第 I 对 $(w_{\text{in}}, w_{\text{out}})$ 表示第 i 个输出。整个图像的输出被归一化到[0,1]的范围并且与规定的阈值 η 进行比较。如果输出大于 η，则像元将被称为异常。将像元 y 分配为异常的次数计为

$$N(y) = \{\text{Count} | r_i(y) - \eta > 0, i = 1, 2, \cdots, m\} \tag{7.49}$$

最终的类别标签决策遵循如下过程：

$$D^{\text{RX-Fusion}}(y) = \begin{cases} 1 & 当 N(y) \geqslant t \\ 0 & 当 N(y) < t \end{cases} \tag{7.50}$$

式中，1 表示 y 为异常像元；0 表示正常。

在 MW-RX 中，对于像元 y，在获得具有多个双窗口的 RX 输出之后，最大值表示为

$$r^{\text{MW-RX}}(y) = \max_{1 \leqslant i \leqslant m} r_i(y) \tag{7.51}$$

结果将与决策阈值进行比较。MW-RX 算法和 RX-Fusion 方法之间的差异显而易见。一方面，前者只考虑最大值而忽略其他值，而后者则通过多重检测(阈值)过程，实现多个决策的实际融合。另一方面，MW-RX 中的“赢家通吃”概念可能敏感地将背景点检测为异常情况，导致虚警率高，而后者则利用附加参数 t 来自适应地控制问题。在实验中，可以很容易地选择参数 t，以达到接近最佳状态的次优性能状态。这意味着 RX-Fusion 和 KRX-Fusion 可以无参数运行。

7.2.3 实验内容及结果分析

1. 实验数据

第一个实验数据是高光谱数字图像采集实验(HYDICE)图像(Mitchell,1995)，该场景由城市地区的80×100个像元组成，空间分辨率约为1m，光谱覆盖范围为400～2500nm，除去无效波段之后，剩余175个波段，图像中包含有大约21个代表汽车和屋顶的异常像元。场景和异常的地面真值如图 7.15 所示。

(a) HYDICE城市场景伪彩色图像

(b) 21个异常像元的真值图

图 7.15 高光谱图像采集实验(HYDICE)城市场景的伪彩色图像和21个异常像元的真值图

第二个数据集由HyMap机载高光谱成像传感器获取(Snyder et al., 2008)，光谱覆盖范围为400～2500nm，包含126个光波段。该图像数据集覆盖蒙大拿州库克城的一个区域，于2006年7月4日收集，空间尺寸为200×800个像元，每个像元都有大约3m的地面分辨率。其在感兴趣的地区部署了7种类型的目标，其中包括4个织物面板目标和3个车辆目标。

在实验中，将图像裁剪为尺寸为100×300像素的子图像，包括所有这些目标(异常)，如图 7.16 所示。图 7.17 进一步说明了七个目标的光谱特征，它们与背景的平均值有明显不同。

2. 检测性能

KRX采用常用的高斯径向基核函数。根据实验，针对这两个数据，内核参数设置为50。至于窗口$(w_{\text{in}}, w_{\text{out}})$，因为异常目标的尺寸通常很小，所以在表 7.5 中设置了一般选择，共包括8对窗口尺寸。首先用HYDICE城市数据不同大小的窗口$(w_{\text{in}}, w_{\text{out}})$来说明性能。采用受试者工作特征(ROC)曲线来定量评估检测能力。如图 7.18 所示，结果清楚地表明，检测器的性能随着不同的$(w_{\text{in}}, w_{\text{out}})$而显著变化，并且如果选择了不适当的窗口，检测结果将会恶化，因此需要设计一个与窗口无关的检测器。而基于决策融合策略的RX-Fusion和KRX-Fusion同时采用多个窗口，并通过投票过程产生最终决策图。

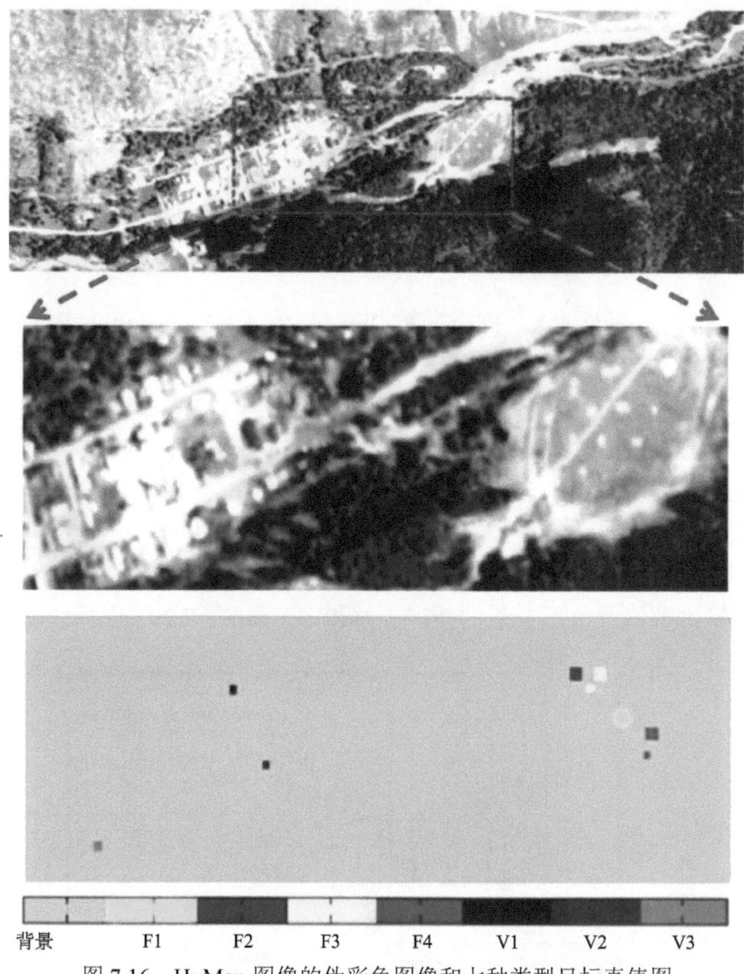

图 7.16　HyMap 图像的伪彩色图像和七种类型目标真值图

F1：3m 红棉目标；F2：3m 黄尼龙目标；F3：1m 和 2m 蓝棉目标；F4：1m 和 2m 红尼龙目标；V1：1993 年雪佛兰西弗勒；V2：1997 年丰田 T100；V3：1985 年斯巴鲁 GL Wagon

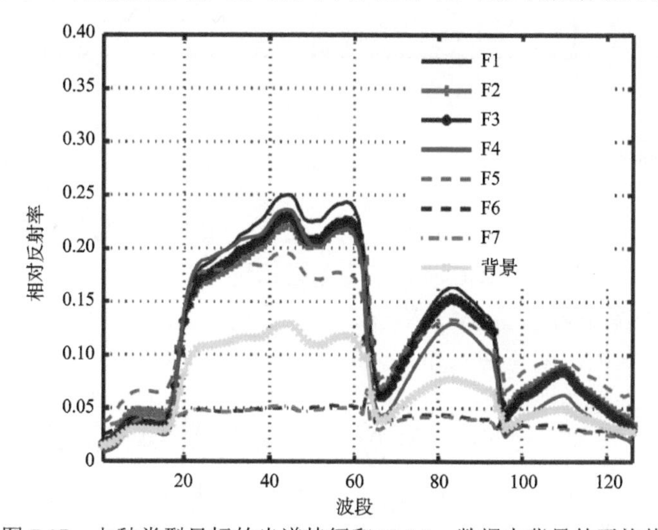

图 7.17　七种类型目标的光谱特征和 HyMap 数据中背景的平均值

表 7.5　窗口尺寸选择

w_{in}		w_{out}	
3	5	7	9
5	7	9	11
7	9	11	13
9	11	13	15

图 7.19 和图 7.20 说明 RX、KRX、RX-Fusion 和 KRX-Fusion 的 ROC(AUC)性能。在图 7.19 (a)中，对于 RX 和 KRX 最好的窗口尺寸选择(w_{in}, w_{out})是(7,9)；此外，可以观察到 RX 和 KRX 的 AUC 性能对窗口大小的选择很敏感。在图 7.19 (b)中，对于 RX-Fusion 和 KRX-Fusion 最佳 t 值(超出 12)分别是 5 和 4。当 t=6 时，RX-Fusion 和 KRX-Fusion 的性能与最佳窗口非常相似，如图 7.19 (b)。在图 7.20 中，对于 HyMap 数据，RX 和 KRX 的最佳的窗口尺寸选择(w_{in}, w_{out})是(7,11)，RX-Fusion 和 KRX-Fusion 的最佳 t 值分别是 9 和 8。在图 7.20 (b)中，如果 t=6，RX-Fusion 和 KRX-Fusion 的性能稍微差一点，但比窗口大小不合适的情况要好得多，如图 7.20 (a)所示。

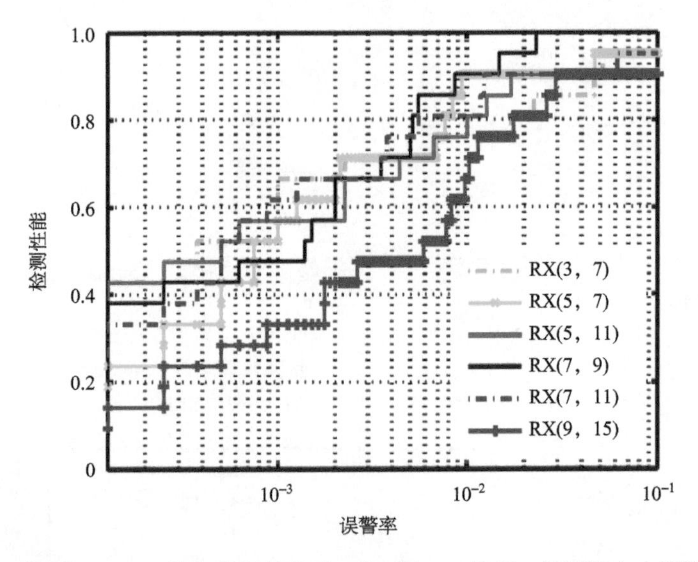

图 7.18　使用 HYDICE 城市数据的基于双窗口的 RX 的窗口的不同大小的检测性能

在最佳参数下，图 7.21 和图 7.22 说明了与 RX、KRX、MW-RX 和 MW-KRX 相比，RX-Fusion 和 KRX-Fusion 的 ROC 性能。为了显示更直观，将 RX-Fusion 和 KRX-Fusion 的情况分开。从结果中可以看出，RX-Fusion 总是优于 RX 和 MW-RX，KRX-Fusion 也优于 KRX 和 MW-KRX。对于 HYDICE 城市数据，MW-KRX 表现出比 KRX 更好的性能；然而，对 HyMap 数据并非如此。为了进一步分析在 HYDICE 城市数据中的检测性能，图 7.23 解释了当 p_f 固定为小值(如 0.005)并且 p_d 最大时的检测图。RX-Fusion 和 KRX-Fusion 仍然表现最好，得到最大的 p_d 值，这与图 7.17 中的结果一致。

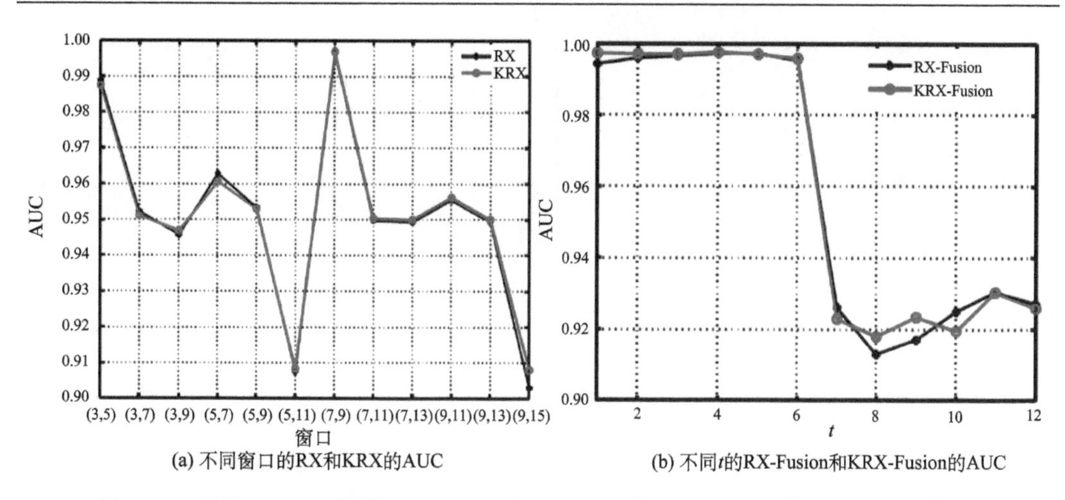

(a) 不同窗口的RX和KRX的AUC　　(b) 不同t的RX-Fusion和KRX-Fusion的AUC

图 7.19 对于 HYDICE 数据 RX、KRX、RX-Fusion 和 KRX-Fusion 的 ROC(AUC)性能

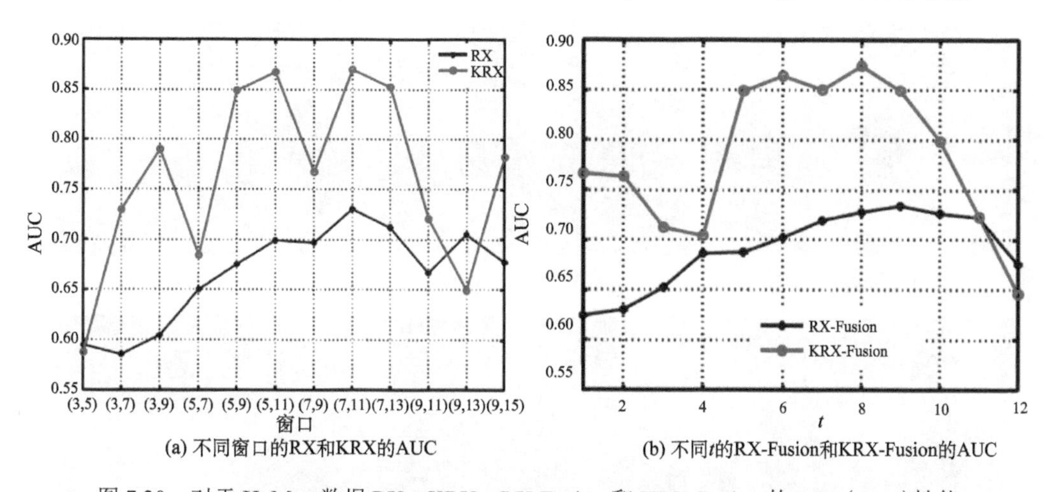

(a) 不同窗口的RX和KRX的AUC　　(b) 不同t的RX-Fusion和KRX-Fusion的AUC

图 7.20 对于 HyMap 数据 RX、KRX、RX-Fusion 和 KRX-Fusion 的 ROC(AUC)性能

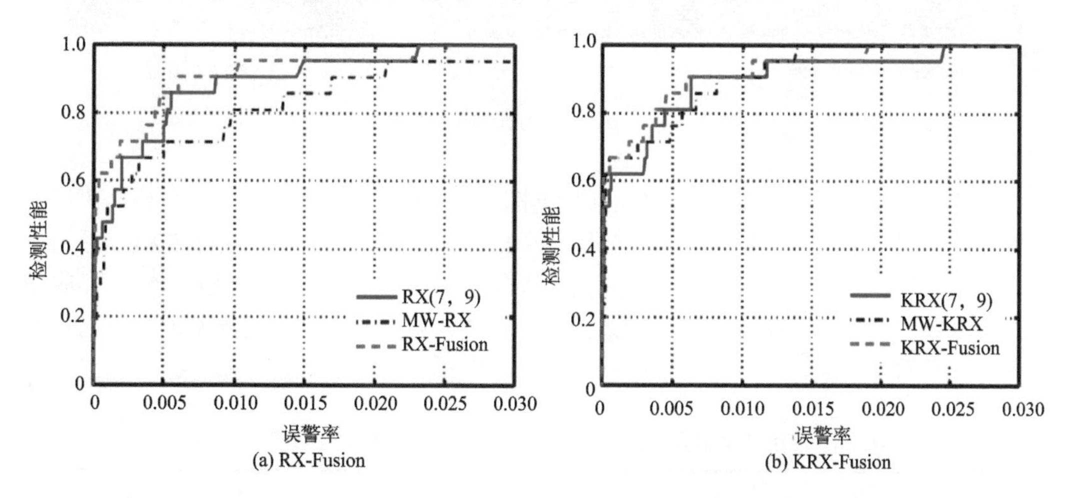

(a) RX-Fusion　　(b) KRX-Fusion

图 7.21 RX-Fusion 和 KRX-Fusion 对 HYDICE 城市数据的接收机(ROC)的工作性能

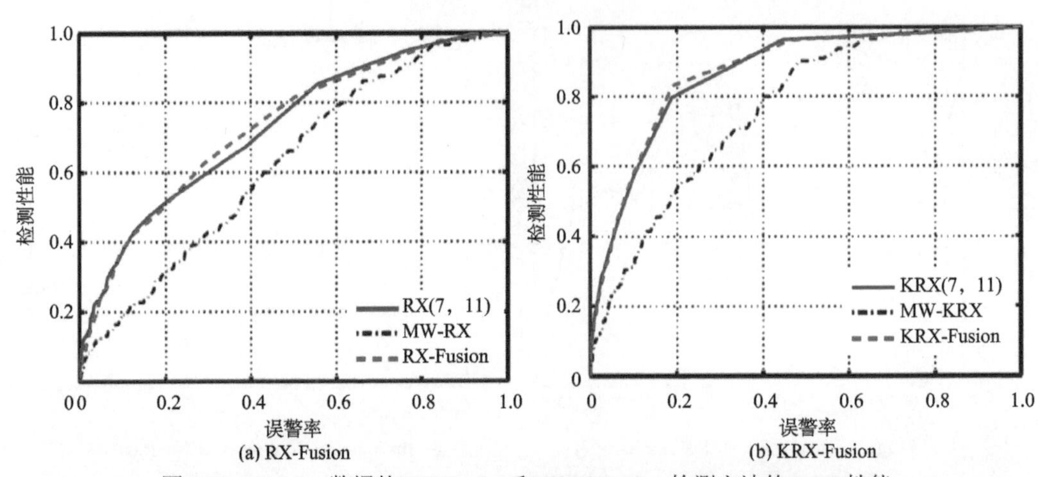

(a) RX-Fusion　　(b) KRX-Fusion

图 7.22　HyMap 数据的 RX-Fusion 和 KRX-Fusion 检测方法的 ROC 性能

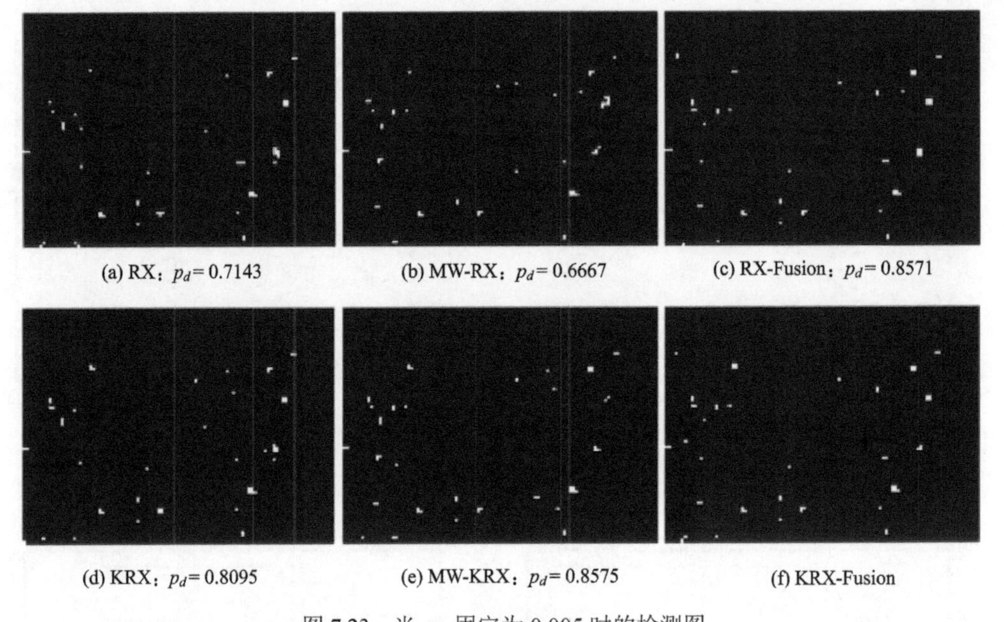

(a) RX：p_d= 0.7143　　(b) MW-RX：p_d= 0.6667　　(c) RX-Fusion：p_d= 0.8571

(d) KRX：p_d= 0.8095　　(e) MW-KRX：p_d= 0.8575　　(f) KRX-Fusion

图 7.23　当 p_f 固定为 0.005 时的检测图

表 7.6 进一步总结了 AUC 的性能。根据图 7.19 和图 7.20 所示的 AUC 值，可以看到虽然次优 RX-Fusion 和 KRX-Fusion(即 m=12,t=6)的性能比最佳 RX 和 KRX(实际上未知)稍差，但它们仍然比最差和平均好得多。这意味着，实际上，可以凭经验选择 t 等于探测器总数的 50%。 换句话说，如果一半的探测器认为一个像元是异常的，那么将判定它是异常的。

表 7.6　使用两个实验数据的多个异常检测器在 ROC(AUC)下的面积

算法	HYDICE	HyMap
RX(最好)	0.9964	0.7304
RX(最差)	0.9030	0.5857

续表

算法	HYDICE	HyMap
RX(平均)	0.9512	0.6665
MW-RX	0.9944	0.6243
RX-Fusion(最佳)	0.9973	0.7343
RX-Fusion(次优)	0.9953	0.7024
KRX(最好)	0.9968	0.8694
KRX(最差)	0.9079	0.5876
KRX(平均)	0.9516	0.7622
MW-KRX	0.9974	0.7661
KRX-Fusion(最好)	0.9976	0.8738
KRX-Fusion(次优)	0.9959	0.8638

7.2.4 结论

本节介绍了一种基于双窗口的高光谱图像异常检测策略。对于每个测试样本，首先获得具有多个窗口的检测器的检测输出，最终的决策结果是通过投票过程实现的。 两个高光谱数据的实验结果表明，RX-Fusion/KRX-Fusion 优于现有的 RX、KRX、MW-RX 和 MW-KRX。尽管最终决定依赖于投票参数，但 50%的投票可以产生次优(并且接近最优)的性能，这显然比可能会有不适合窗口设置的单个检测器要好。基本检测器利用滑动双窗口的空间卷积方式，这适合于并行计算(Liu et al., 2012)，因为一个像元的输出与另一个像元的输出无关。

7.3 联合稀疏与协同表示的目标探测方法

已有许多目标检测算法被提出应用于高光谱图像(Du and Ren, 2003; Du and Zhang, 2014; Bajorski, 2012)。光谱角制图(SAM)(Jin et al., 2009)可能是最简单的一种，不需要对数据分布进行任何假设。匹配滤波器(MF)(Jin et al., 2009)及其变体已成功地应用于目标检测中。光谱匹配滤波器(SMF)(Nasrabadi,2008)也是一种著名的利用光谱特征进行匹配的探测器。自适应相干估计器(ACE)(Kraut et al., 2005)是由广义似然比检验(GLRT)(Kelly,1986)推导而来，该方法在背景白化后具有相同的 SMF 格式。另一种流行的方法是基于子空间的目标检测，如采用匹配子空间检测器(MSD)(Scharf et al., 1994)和自适应子空间检测器(ASD)(Kraut et al., 2001)。在 MSD 中，像元分别由目标子空间和背景子空间建模，目标子空间和背景子空间分别由目标和背景协方差矩阵的主特征向量构成。ASD 包括线性混合模型，已成功应用于亚像元目标检测(Zhang et al., 2010)。

针对高光谱图像，研究人员提出一种基于稀疏表示的目标检测算法(Chen et al., 2011a; Chen et al., 2011b)。稀疏表示利用了高光谱图像中的像元通常只能使用基或字典中的少数元素来表示的事实(Charles et al., 2011; Castrodad et al., 2011)。稀疏表示系数可

以解决通过一个 L_1 范数最小化来求解。该算法利用稀疏表示的判别特性来确定其标签。由于相邻像元通常属于同一类，为了提高稀疏重建的精度，采用联合稀疏模型(joint sparsity model, JSM)来考虑高光谱图像中的空间相关性。此外研究人员提出一种非局部协同的表示方法用于高光谱图像分类(Zhang et al.,2014)，结合类内协同表示和正则化最近邻子空间 (NRS)的分类器(Li et al.,2014)，采用协同表示来进行异常检测(Li and Du,2015a)，等等。这里的协同表示是指所有原子在单个像元的表示上“协作”，并且每个原子都有平等的机会参与表示(除非添加正则化项来调整其重要性)。

本节介绍一种基于稀疏和协同表示(combined sparse and collaborative representation, CSCR)相结合的目标检测算法(Li and Du, 2015b)。已知目标特征的表示是稀疏的，并且通过表示权重向量的 L_1 范数最小化来求解，但假设背景原子的表示是协作的，并通过 L_2 范数最小化来求解。由于稀疏表示鼓励原子间的竞争，而协同表示倾向于使用所有原子，并且单个像元可以仅包含一个目标原子，因此测试像元由目标原子稀疏地表示；同时，由于像元区域中可能存在多个背景原子，因此可以用背景原子来协同表示。通过计算两种表示残差之间的差值，可以很容易地实现决策。本文假设目标字典已知，并且使用滑动双窗口策略来获得自适应背景字典。该算法将与各种基于表示的检测组合进行比较，并与传统的目标检测算法(如 ACE)进行比较，ACE 为高光谱图像提供了鲁棒的检测性能。

7.3.1 联合稀疏与协同表示的目标检测器

考虑高光谱数据标签样本 $\boldsymbol{X}=[\boldsymbol{X}_t;\boldsymbol{X}_b]$，目标样本 $\boldsymbol{X}_t=\{\boldsymbol{X}_i\}_{i=1}^{n_t}\in\mathbb{R}^d$ (d 是谱带的数量)，n_t 是目标样本总数，背景样本 $\boldsymbol{X}_b=\{\boldsymbol{X}_i\}_{i=1}^{n_b}\in\mathbb{R}^d$ 和 n_b 是背景样本数量，设 $\boldsymbol{y}$ 为一个高光谱像元。CSCR 的关键思想是利用两个特定类别的子字典得到两种近似的 $\boldsymbol{y}$，通过目标样本 $\boldsymbol{X}_t$ 获得稀疏表示，通过背景样本 $\boldsymbol{X}_b$ 获得协作表示。

1. 联合稀疏和协同表示

稀疏表示的目标是找到一个权向量 $\boldsymbol{\alpha}_t$，以使 $r_t(\boldsymbol{y})=\|\boldsymbol{y}-\boldsymbol{X}_t\boldsymbol{\alpha}_t\|_2^2$ 在稀疏限制 $\|\boldsymbol{\alpha}_t\|_1$ 下是最小的。所以目标函数是

$$\arg\min\|\boldsymbol{y}-\boldsymbol{X}_t\boldsymbol{\alpha}_t\|_2^2+\lambda_1\|\boldsymbol{\alpha}_t\|_1 \tag{7.52}$$

式中，λ_1 为一个正则化参数；强迫一个稀疏解 $\boldsymbol{\alpha}_t$ 以便将 $\boldsymbol{y}$ 与 $\boldsymbol{X}_t$ 中的活性原子匹配。目标稀疏表示的目的是尽可能的只允许一个目标表示 $\boldsymbol{y}$，因为在实际中 $\boldsymbol{y}$ 不能包括多于一种类型的目标。

协作表示的目标是找到一个权重向量 $\boldsymbol{\alpha}_b$ 以使 $r_b(\boldsymbol{y})\|\boldsymbol{y}-\boldsymbol{X}_b\boldsymbol{\alpha}_b\|_2^2$ 在 $\|\boldsymbol{\alpha}_b\|_2^2$ 最小化约束下也最小，目标函数是

$$\arg\min\|\boldsymbol{y}-\boldsymbol{X}_b\boldsymbol{\alpha}_b\|_2^2+\lambda_2\|\boldsymbol{\alpha}_b\|_2^2 \tag{7.53}$$

也等同于

$$\arg\min[\boldsymbol{\alpha}_b^{\mathrm{T}}(\boldsymbol{X}_b^{\mathrm{T}}\boldsymbol{X}_b+\lambda_2\boldsymbol{I})\boldsymbol{\alpha}_b-2\boldsymbol{\alpha}_b^{\mathrm{T}}\boldsymbol{X}_b^{\mathrm{T}}\boldsymbol{y}] \tag{7.54}$$

取 $\boldsymbol{\alpha}_b$ 的导数并将得到的方程设为零得到

$$\boldsymbol{\alpha}_b = (\boldsymbol{X}_b^{\mathrm{T}}\boldsymbol{X}_b + \lambda_2\boldsymbol{I})^{-1}\boldsymbol{X}_b^{\mathrm{T}}\boldsymbol{y} \tag{7.55}$$

在这里，L_2 范数最小化具有闭合形式的解，它比 L_1 范数最小化耗时更少。背景协同表示的目的是让所有背景样本都参与到 $\boldsymbol{y}$ 的表示中；这样，背景建模可以更加全面，确保目标与背景更好的分离。

考虑到一个像元区域可能包含很多背景材质，但并不是所有的背景原子都可能存在，如果它们与测试像元不同，则引入额外的正则化来惩罚背景原子参与表示。这里考虑用如下对角正则化矩阵来调整权重向量

$$\boldsymbol{\Gamma}_y = \begin{bmatrix} \|\boldsymbol{y}-\boldsymbol{x}_1\|_2 & \cdots & 0 \\ \vdots & \ddots & \vdots \\ 0 & \cdots & \|\boldsymbol{y}-\boldsymbol{x}_{n_b}\|_2 \end{bmatrix} \tag{7.56}$$

这里，$\boldsymbol{x}_1,\boldsymbol{x}_2,\cdots,\boldsymbol{x}_{n_b}$ 是 $\boldsymbol{X}_b$ 的列。它测量测试像元 $\boldsymbol{y}$ 与 $\boldsymbol{X}_b$ 中每个样本的相似度，并自适应控制权值估计。改进的优化问题变成

$$\arg\min \|\boldsymbol{y}-\boldsymbol{X}_b\boldsymbol{\alpha}_b\|_2^2 + \lambda_2\|\boldsymbol{\Gamma}_y\boldsymbol{\alpha}_b\|_2^2 \tag{7.57}$$

同理，式(7.56)的解为

$$\boldsymbol{\alpha}_b = (\boldsymbol{X}_b^{\mathrm{T}}\boldsymbol{X}_b + \lambda_2\boldsymbol{\Gamma}_y^{\mathrm{T}}\boldsymbol{\Gamma}_y)^{-1}\boldsymbol{X}_b^{\mathrm{T}}\boldsymbol{y} \tag{7.58}$$

一旦获得了表示的权重向量(即 $\boldsymbol{\alpha}_t$ 和 $\boldsymbol{\alpha}_b$)，测试像元的类标签可以由它们的残差决定。因此，CSCR 检测器的输出计算为

$$D(\boldsymbol{y}) = r_b(\boldsymbol{y}) - r_t(\boldsymbol{y}) \tag{7.59}$$

式中，$r_b(\boldsymbol{y})$ 为使用背景字典的残差；$r_t(\boldsymbol{y})$ 为目标字典的残差。假设背景像元与目标具有不同的光谱特征；因此，如果 $\boldsymbol{y}$ 是一个目标像元，则 $r_b(\boldsymbol{y})$ 足够大。因此，如果 $D(\boldsymbol{y})$ 大于规定的阈值，然后确定测试像元 $\boldsymbol{y}$ 被确定为目标像元；否则 $\boldsymbol{y}$ 属于背景。

2. 背景样本选择

对于有监督目标检测，目标样本 $\boldsymbol{X}_t$ 是已知的。在这项实验中，只是为每种类型的目标使用一个光谱特征来构建目标库。对于背景样本 $\boldsymbol{X}_b$，这里采用滑动双窗口，外部区域的周围空间邻域作为中心像元的背景样本。对于每个测试像元 $\boldsymbol{y}$，在外部窗口(大小为 $w_{\mathrm{out}}\times w_{\mathrm{out}}$)和内部窗口(大小为 $w_{\mathrm{in}}\times w_{\mathrm{in}}$)内收集周围的数据。窗口中的数据帧的大小压缩到一个二维矩阵 $\boldsymbol{X}_b = \{\boldsymbol{X}_i\}_{i=1}^{n_b}(\boldsymbol{n}_b = w_{\mathrm{out}}\times w_{\mathrm{out}} - w_{\mathrm{in}}\times w_{\mathrm{in}})$。因此，对于每个像元 $\boldsymbol{y}$ 在它自己的局部窗口上得到矩阵 $\boldsymbol{X}_b$。这意味着背景字典是自适应地改变每个像元，这是无监督构造的。

3. 算法说明

图 7.24 以高光谱 HYDICE Forest 数据为例说明所提出方法的优势。这里，利用 5 个目标光谱特征和双窗口方法[如 $(w_{\mathrm{out}},w_{\mathrm{in}})=(11,3)$]，正则化参数 λ 被设置为10^{-3}。图 7.24(a)为基于背景样本的协同表示 CR 输出，利用式(7.57)计算权重向量，输出包含

像元点之间的残差及其对应的近似值，残差归一化到[0,1]之间。很明显，原始背景位置的值非常小，而目标位置的值相对较大，这是合理的，因为背景表示的背景样本的精度高于目标样本。同样的，图 7.24(b)是基于 5 个目标样本的稀疏表示 SR 输出，其中目标位置的像元几乎是不可见的，说明目标像元的表示是成功的。图 7.24(c)为突出显示目标的方法输出，由图 7.24 中(a)与(b)的差值(记为 CR-SR)得到，图 7.24(d)为基于背景样本的 SR 输出，背景区域出现较多噪声；图 7.24(e)显示了使用目标样本的 CR，其中目标像元残差仍然很低，但与相邻像元的差值不像图 7.24(b)那么显著，使得目标检测更加困难；图 7.24(f)为图 7.24 中部(d)与(e)的差值，目标样本与周围数据的对比明显低于图 7.24(c)。

表 7.7 列出了图 7.24 (a)～(f)中目标和背景区域(记为$\overline{T}$和$\overline{B}$)输出的平均值和标准差。图 7.24 (c)中$\overline{T}$和$\overline{B}$的差值大于图 7.24 (f)中$\overline{T}$和$\overline{B}$的差值；再减去图 7.24 (b)，目标与背景的距离明显增大。这些定量结果表明，该方法(目标稀疏表示和背景协同表示)具有较好的抑制背景和突出目标的能力。实验中，图 7.24 第二行组合，即背景稀疏表示和目标协同表示，由于其性能较差，将不再深入分析。

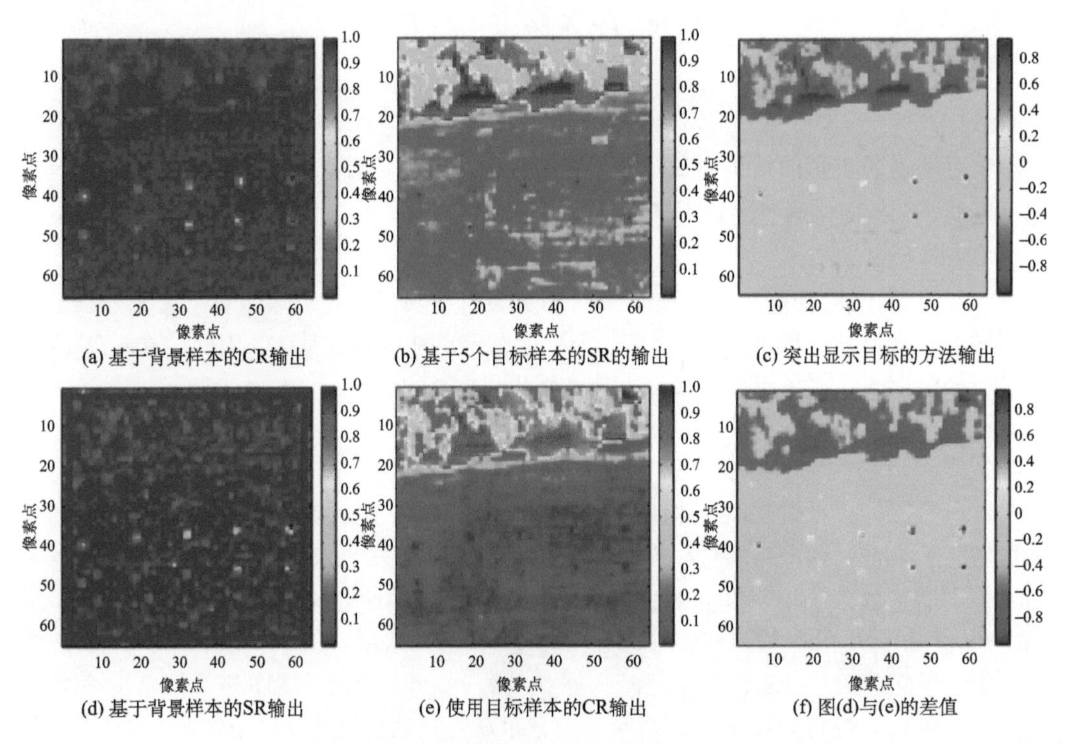

图 7.24 高光谱 HYDICE Forest 数据的不同 CR 和 SR 表示

表 7.7 目标和背景区域输出的平均值和标准偏差

指标	(a)	(b)	(c)	(d)	(e)	(f)
$\overline{T}$	0.39447± 0.0695	0.04577±0.0009	0.00167±0.0001	0.35407±0.0614	0.06857±0.0011	0.28557±0.0445
$\overline{B}$	0.01897±0.0003	0.32027±0.0601	-0.30147±0.0547	0.03037±0.0008	0.22737±0.0424	-0.29007±0.0531
$\overline{T}$ - $\overline{B}$	0.37557±0.0614	-	0.62737±0.1097	0.32377±0.0601	-	0.57557±0.1043

7.3.2　实验内容及结果分析

1. 实验数据

第一个实验数据是高光谱数字图像采集实验(HYDICE)图像。这个森林场景由64×64个像元和 1.56m 空间分辨率组成，210 个光谱，谱段范围为 0.4～2.5μm，如图 7.25(a)所示。在去除吸水带后总共使用 169 个条带。真值图包含 19 个目标像元，对应于在已知位置覆盖有 5 种不同物质的 15 个目标面板，如图 7.25(b)所示。5 个目标特征用于训练。

第二个数据也由 HYDICE 机载传感器采集。这个城市场景由 80×100 个像元组成。空间分辨率约为 1m，吸水带去除后仍保留 175 个条带。大约有 21 个异常像元，代表汽车和屋顶。在实验中，选择 5 个目标特征用于训练。异常的场景和真值图(这里作为目标)如图 7.26 所示。

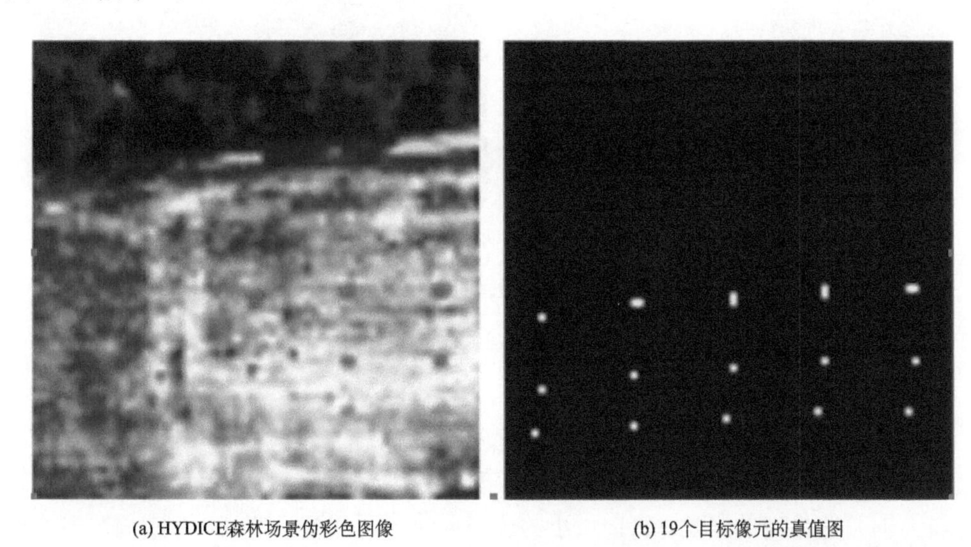

(a) HYDICE森林场景伪彩色图像　　(b) 19个目标像元的真值图

图 7.25　HYDICE 森林场景的伪彩色图像以及对应的 19 个目标像元的真值图

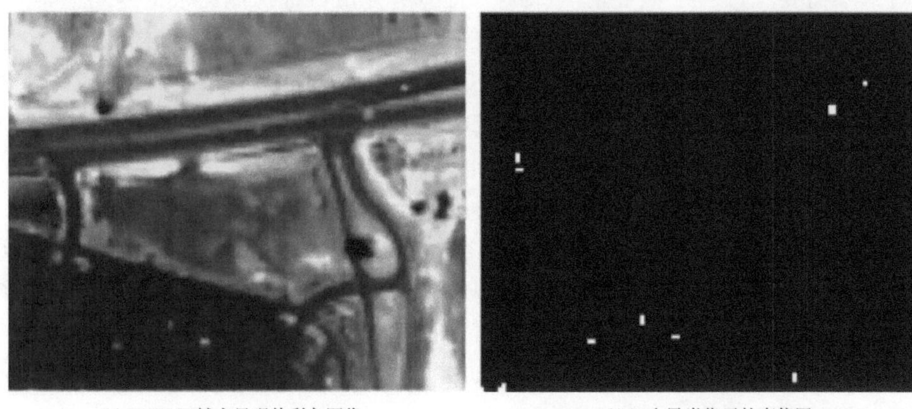

(a) HYDICE城市景观伪彩色图像　　(b) 21个异常像元的真值图

图 7.26　HYDICE 城市景观的伪彩色图像以及对应的 21 个异常像元的真值图

第三个数据集是1992年8月20日从空中可见/红外成像光谱仪(AVIRIS)获得的，它覆盖了位于旧金山湾南端的加利福尼亚州莫菲特油田。这个场景由512×512个像元组成，如图 7.27 (a)所示，具有224个跨越波长区间0.4～2.5μm的谱段。空间分辨率约为20m。这里，场景中的异常像元如图 7.23(b)所示，将这59个异常识别为目标，其中5个用于训练。

(a) Moffett伪彩色图像

(b) 59个异常像元的真值图

图 7.27　Moffett 原野景观的伪彩色图像以及对应的 59 个异常像元的真值图

2. 性能测试

对于上述基于表示的探测器，背景样本的数量是由双窗口大小确定(如(w_{out}, w_{in})=(11,3),表明训练背景样本数量为112)。这里给出了不同窗口大小和正则化参数 λ_1 和 λ_2 对检测性能的影响。窗口大小的选择反映了局部背景特征，并影响这些检测器的背景样本数量。此外，正则化参数的调整也很重要，因为它们控制了残差与权重范数之间的平衡。需要注意通常基于表示(稀疏/协同)的异常目标探测器根据编码字典的使用情况分为两种不同的形式：一种是利用所有的字典原子去近似估计测试样本的表示系数，该方法称为基于后分区表示的异常检测法(SRD-post, CRD-post)；另一种方法是本节介绍的通过特定类别的字典基去学习测试样本的权重表示矢量，称为预分区表示的异常检测法(SRD-pre, CRD-pre)。在实际应用中，预分区法往往能获得比后分区法更优越的异常检测性能，因此，在实验中，主要考虑预分区法。

表 7.8～表 7.10 展示了这些探测器在参数空间范围内的灵敏度。在目标检测任务中，通常采用 ROC 曲线定量评估检测能力。对于 ROC 生成时，检测输出映射归一化到[0,1]，阈值由 0 逐渐变为 1；与已知的真值图进行对比，绘制出虚警概率(Pf)和检测概率(Pd)的结果。然后计算ROC曲线下的面积(表示为AUC)来评估这些在不同窗口大小(w_{out}, w_{in})和实验数据不同的正则化参数情况下探测器的性能。根据表 7.8, 当窗口大小(11，3)测试 HYDICE 森林数据时，SRD-Pre 和 CRD-Pre 的最佳性能可以实现，并在使用相同的窗口

大小，当 $\lambda_1 = 10^{-3}$ 和 $\lambda_2 = 10^{-1}$ 时，CSCR 可以达到最好的性能。值得一提的是，对于基于双窗口的检测器，没有自动选择窗口大小的过程。通常情况下，内窗的大小与目标大小有关，而外窗是根据经验选择。

表 7.8　CSCR 在 HYDICE 森林数据的 AUC 的性能(%)：($w_{\text{out}}, w_{\text{in}}$)=(11,3)，正则化参数 λ(即 λ_1 和 λ_2)

参数 λ_1	参数 λ_2				
	10^{-3}	10^{-2}	10^{-1}	10^{0}	10^{1}
10^{-3}	99.77	99.82	99.86	99.79	99.17
10^{-2}	99.74	99.82	99.86	99.83	99.17
10^{-1}	99.73	99.85	99.83	99.76	99.23
10^{0}	99.67	99.79	99.8	99.71	99.06
10^{1}	61.79	72.21	76.75	78.06	75.23

表 7.9　CSCR 在 HYDICE 城市数据的 AUC 的性能(%)：($w_{\text{out}}, w_{\text{in}}$)=(9,5)，正则化参数 λ(即 λ_1 和 λ_2)

参数 λ_1	参数 λ_2				
	10^{-3}	10^{-2}	10^{-1}	10^{0}	10
10^{-3}	99.89	99.94	99.95	99.91	99.92
10^{-2}	99.89	99.94	99.96	99.92	99.93
10^{-1}	99.88	99.3	99.94	99.91	99.91
10^{0}	99.57	99.67	99.76	99.65	99.67
10	98.34	98.65	98.7	98.48	98.42

表 7.10　CSCR 在 AVIRIS Moffett 数据的 AUC 的性能(%)：($w_{\text{out}}, w_{\text{in}}$)=(11,5)，正则化参数 λ(即 λ_1 和 λ_2)

参数 λ_1	参数 λ_2				
	10^{-3}	10^{-2}	10^{-1}	10^{0}	10
10^{-3}	99.38	99.43	99.32	99.16	99.02
10^{-2}	99.4	99.49	9937	99.21	99.06
10^{-1}	99.72	99.69	99.53	99.4	99.32
10^{0}	90.75	90.73	90.76	91.64	91.1
10	65.17	63.33	62.35	63.43	59.97

然后将 CSCR 检测性能与 SRD-Pre、CRD-Pre 和传统 ACE 进行了比较。这些探测器的 ROC 曲线及其最佳参数值如图 7.28～图 7.30 所示。从结果来看，CSCR 始终优于 SRD-Pre 和 CRD-Pre，这进一步验证了之前的分析。与 ACE 相比，对于 HYDICE 森林和城市数据，CSCR 在误报率变化范围较大时具有较高的检测概率。

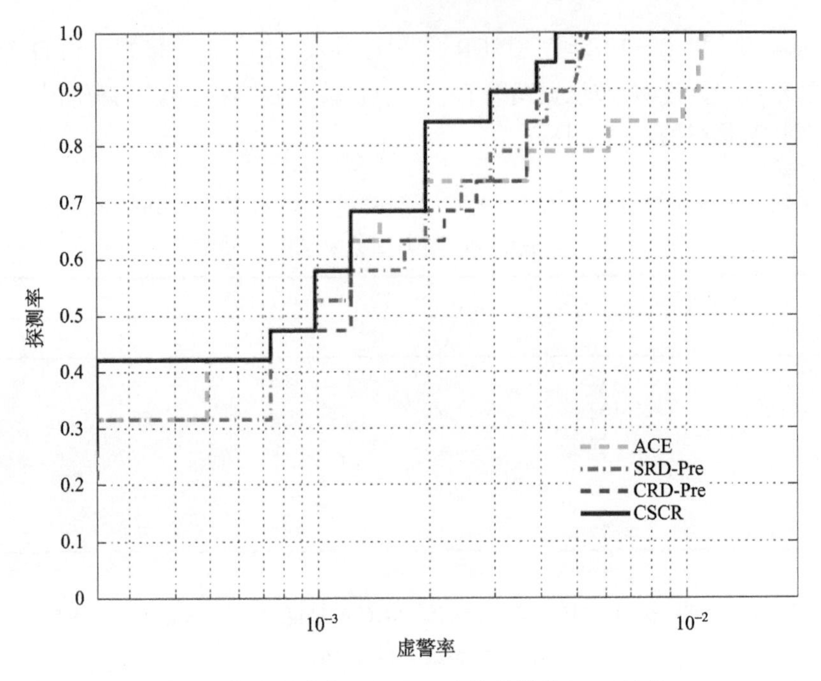

图 7.28　各方法在 HYDICE 森林数据的 ROC 性能

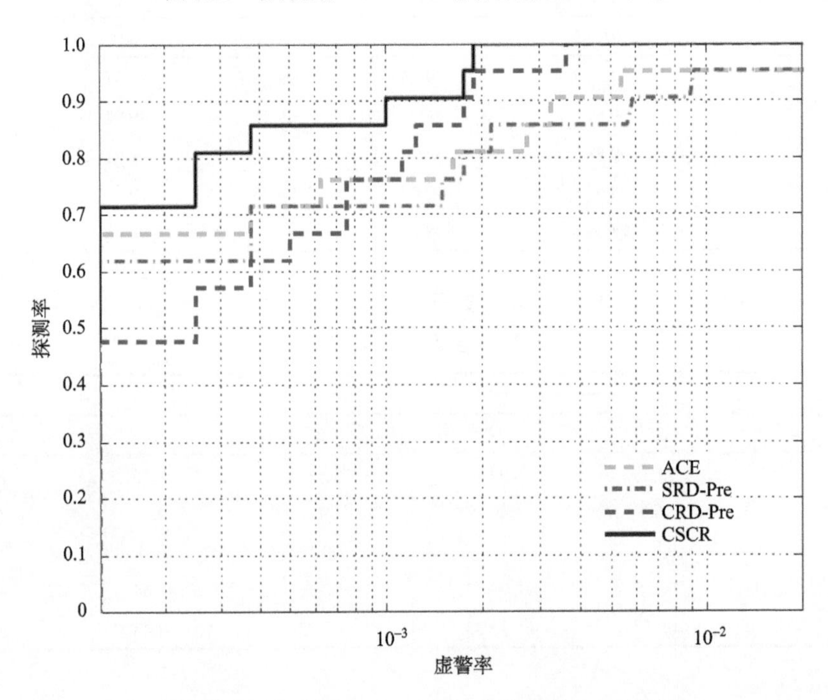

图 7.29　各方法在 HYDICE 城市数据的 ROC 性能

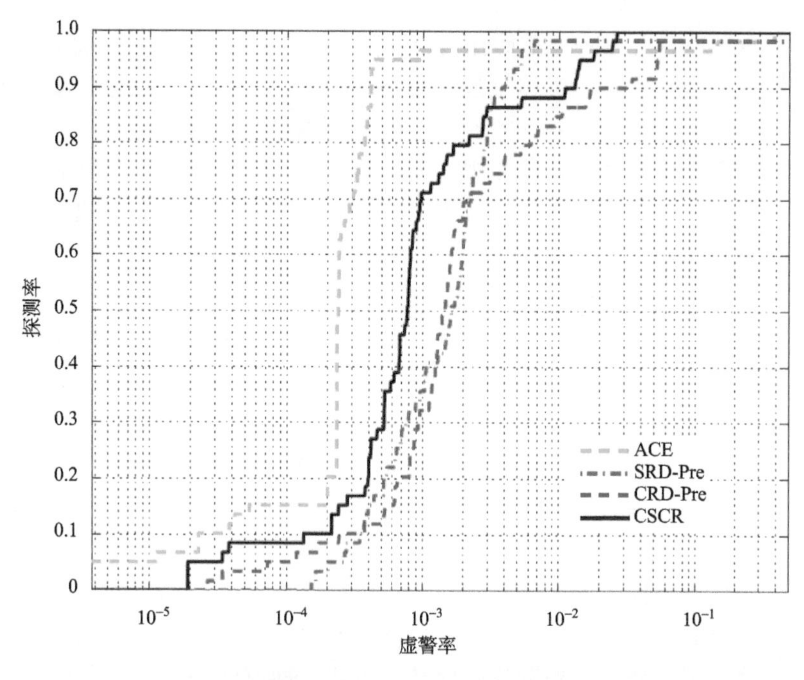

图 7.30　各方法在 AVIRIS Moffett Field 数据的 ROC 性能

7.3.3　结论

本节介绍了一种基于稀疏和协同表示相结合的高光谱图像目标检测算法。对于每个测试像元，通过 L_1 范数最小化估计已知目标特征的稀疏表示，而使用 L_2 范数最小化获得背景原子的协同表示。通过计算这两个表示残差的差值来实现目标检测。

7.4　基于背景异常调整的匹配探测方法

采用先验知识的多少是对目标探测算法进行分类的依据之一，根据探测算法输入的不同，可以把探测条件分为已知目标已知背景、已知目标未知背景、未知目标已知背景和未知目标未知背景四类(耿修瑞，2005)，然而在实际应用中最常出现的情况是仅知道感兴趣目标的光谱信息，或对目标一无所知。当已知感兴趣目标的光谱信息，可在图像中进行特定目标的匹配探测；即使缺乏目标光谱的先验信息，仍然可以对图像中数据的异常进行分析从而寻找可能存在的疑似目标，如自然地物中的人工目标、森林中的火点等。但对于背景光谱信息，一般很难在探测前准确获取，只能通过探测过程中由图像统计得到。因此，根据有无目标光谱这一先验知识可以把探测算法分为匹配探测和异常检测两大类(Bioucas-Dias et al.，2013；Nasrabadi，2014；Eismann et al.，2009)。

在匹配探测中，目标特征通常被定义为一条目标光谱(Averbuch and Zheludev，2012)或多条光谱组成的目标子空间(Scharf and Friedlander，1994)。典型目标探测算法如 MF、CEM、OSP，Scharf 和 Friedlander(1994)提出的匹配子空间探测器(matched subspace detectors, MSD)，还有自适应余弦估计 ACE 等(Kwon and Nasrabadi，2007)，都属于高光谱目标探测中的匹配探测，也称监督探测(Nasrabadi，2014)。此外，Nasrabadi 提到，通过引入核的方法可以将以上算法扩展为各自方法的非线性版本。

异常检测则无需使用任何目标光谱作为先验知识。Reed 和 Yu 介绍了一种光谱异常检测算法(后被称为 RX 算法)，为高光谱图像的异常检测奠定了基础(Eismann et al.，2009；Stein et al.，2002)，Kwon 等(2003)利用子空间模型构建了局部子空间异常检测算法。此后，相关学者对高光谱图像中未知目标的探测应用展开了大量研究并取得了很好的实用效果(Hytla et al.，2007；Ranney and Soumekh，2006)，根据 RX 算法扩展得到的不同版本也相继推出，如适用于微小目标的局部异常检测算法(Matteoli et al.，2010；Duran and Petrou，2009；Khazai et al.，2013)，适用于快速处理的实时 RX 算法(Du and Zhang，2011；Tarabalka et al.，2009；Rossi et al.，2014)等。此外，与匹配探测算法一样，所有这些异常目标探测算法同样可以扩展各自的非线性版本(Kwon and Nasrabadi，2005；Banerjee et al.，2006)。

根据探测条件的不同，匹配探测和异常检测通常被认为是高光谱目标探测中两类独立的应用。然而，由于所有这些算法都通过相同的一阶或二阶线性处理估计图像背景(即使采用非线性模型也是通过类似的核映射转化为线性问题解决)，不难发现这两类算法之间紧密的联系。下面以两个典型算法为例阐明匹配探测和异常检测的关系，在此基础上介绍一种利用异常检测提高匹配探测精度的策略(杨斌，2015)。

7.4.1 约束最小能量匹配探测

约束最小能量(CEM)来源于数字信号处理中的约束最小方差波束形成器，由 Harsanyi 引入高光谱目标探测领域。

给出一个有限观测序列 $\boldsymbol{S}=\{\boldsymbol{r}_1,\boldsymbol{r}_2,\cdots,\boldsymbol{r}_N\}$，其中 $\boldsymbol{r}_i=(r_{i1},r_{i2},\cdots,r_{iL})^{\mathrm{T}}$ 且 $1\leqslant i\leqslant N$ 表示一个 L 维像元向量。假设已知目标的光谱向量 $\boldsymbol{d}$，CEM 算法的目的则是设计一个 FIR 线性滤波器向量 $\boldsymbol{w}=(w_1,w_2,\cdots,w_L)^{\mathrm{T}}$ 使得该序列输出能量最小且满足：

$$\boldsymbol{d}^{\mathrm{T}}\boldsymbol{w}=\sum_{l=1}^{L}d_l w_l=1 \tag{7.60}$$

以 $\boldsymbol{y}_i$ 表示观测样本经过滤波器后的输出，则 $\boldsymbol{y}_i$ 可表示为

$$\boldsymbol{y}_i=\sum_{l=1}^{L}w_l r_{il}=\boldsymbol{w}^{\mathrm{T}}\boldsymbol{r}_i=\boldsymbol{r}_i^{\mathrm{T}}\boldsymbol{w} \tag{7.61}$$

根据式(7.61)得到整个观测序列 S 经过滤波后的平均输出能量为

$$\frac{1}{N}\left[\sum_{i=1}^{N}\boldsymbol{y}_i^{2}\right]=\frac{1}{N}\left[\sum_{i=1}^{N}\left(\boldsymbol{r}_i^{\mathrm{T}}\boldsymbol{w}\right)^{\mathrm{T}}\boldsymbol{r}_i^{\mathrm{T}}\boldsymbol{w}\right]=\boldsymbol{w}^{\mathrm{T}}\left(\frac{1}{N}\left[\sum_{i=1}^{N}\boldsymbol{r}_i\boldsymbol{r}_i^{\mathrm{T}}\right]\right)\boldsymbol{w}=\boldsymbol{w}^{\mathrm{T}}\boldsymbol{R}\,\boldsymbol{w} \tag{7.62}$$

其中，$\boldsymbol{R}=1/N\left[\sum_{i=1}^{N}\boldsymbol{r}_i\boldsymbol{r}_j^{\mathrm{T}}\right]$ 为观测序列 S 的样本自相关矩阵。

这样，滤波器 $\boldsymbol{w}=(w_1,w_2,\cdots w_L)^{\mathrm{T}}$ 的设计可以归结为在式(7.60)条件下求式(7.62)的极小值问题。对该条件极值问题用 Langrange 乘子法求解可得

$$w^{*} = \frac{R^{-1}d}{d^{\mathrm{T}}R^{-1}d} \tag{7.63}$$

而 CEM 算法即以整幅或部分高光谱图像作为样本序列 S 构建该滤波器算子，从而对每个输入像元 $\boldsymbol{x}$ 作匹配探测，表示为

$$\mathrm{CEM}(\boldsymbol{x}) = \boldsymbol{w}^{*\mathrm{T}}\boldsymbol{x} = \left(\frac{\boldsymbol{R}^{-1}\boldsymbol{d}}{\boldsymbol{d}^{\mathrm{T}}\boldsymbol{R}^{-1}\boldsymbol{d}}\right)^{\mathrm{T}}\boldsymbol{x} = \frac{\boldsymbol{x}^{\mathrm{T}}\boldsymbol{R}^{-1}\boldsymbol{d}}{\boldsymbol{d}^{\mathrm{T}}\boldsymbol{R}^{-1}\boldsymbol{d}} \tag{7.64}$$

显然，若将自相关矩阵 $\boldsymbol{R}$ 用协方差矩阵代替且在每个像元中去掉图像均值，则 CEM 算法变为 MF 算法。但是由于计算量的区别，CEM 算法更适用于高光谱图像的实时处理，它们在探测效果上也有一定区别。

7.4.2　基于异常调整的匹配探测策略

本小节以 CEM 和 RX 算法为例，进一步比较了匹配探测和异常检测的异同，从而给出使用异常检测器改进匹配探测精度的策略。

1. 异常目标对光谱匹配的影响分析

与大多数目标探测算法一样，CEM 算法的输出可以看作一幅由探测结果构成的灰度图，且认为单个像元灰度值越大其中存在目标的可能性越高。目标存在的概率以数值的形式由探测算法得到，因此认为探测结果中数值最大的像元为首要目标，依次类推。注意到式(7.65)中 CEM 表达式的分母为一常数，将 CEM 算法表示为

$$\mathrm{CEM}(\boldsymbol{x}) = \frac{\boldsymbol{x}^{\mathrm{T}}\boldsymbol{R}^{-1}\boldsymbol{d}}{M} \tag{7.65}$$

其中 $M = \boldsymbol{d}^{\mathrm{T}}\boldsymbol{R}^{-1}\boldsymbol{d}$ 作为一个常数可以去除而不影响 CEM 算法探测性能。由此不难看出去除分母后的 CEM 与式(7.65)中 $\boldsymbol{x}^{\mathrm{T}}\boldsymbol{R}^{-1}\boldsymbol{x}$ 的相似之处。进一步将这两个表达式拆分为如下形式(Scharf and McWhorter，1996)：

$$\begin{aligned}\boldsymbol{x}^{\mathrm{T}}\boldsymbol{R}^{-1}\boldsymbol{x} &= (\boldsymbol{x}^{\mathrm{T}}\boldsymbol{R}^{-1/2})(\boldsymbol{R}^{-1/2}\boldsymbol{x})\\ \boldsymbol{x}^{\mathrm{T}}\boldsymbol{R}^{-1}\boldsymbol{d} &= (\boldsymbol{x}^{\mathrm{T}}\boldsymbol{R}^{-1/2})(\boldsymbol{R}^{-1/2}\boldsymbol{d})\end{aligned} \tag{7.66}$$

则它们都可以被看作两个计算过程：第一步，将信号 $\boldsymbol{x}$ 投影到 $\boldsymbol{R}^{-1/2}$ 空间。这一步表示为 $\boldsymbol{x}^{\mathrm{T}}\boldsymbol{R}^{-1/2}$，其作用是将图像中背景信号约束到一个低值的水平(去除主成分)而保留图像中的异常信号。第二步，RX 算法直接计算向量 $\boldsymbol{x}^{\mathrm{T}}\boldsymbol{R}^{-1/2}$ 的能量，其作用等同于输出每个像元的异常程度；而对于 CEM 而言，它将计算向量 $\boldsymbol{x}^{\mathrm{T}}\boldsymbol{R}^{-1/2}$ 投影到 $\boldsymbol{R}^{-1/2}\boldsymbol{d}$ 方向的能量，这意味着 CEM 算法通过第二步将那些与目标向量有不同方向的信号再次削减。换句话说，通过第二步骤，CEM 能够从一系列异常信号(疑似目标)中凸显真正的感兴趣目标。

然而，CEM 算法并不是总能得到满意的探测结果。由于探测环境复杂多样，一些低概率的地物光谱在经由 $\boldsymbol{R}^{-1/2}$ 空间变换后仍然保留了较高的能量(Zhang et al.，2010；Matteoli et al.，2011)，而当这些并非目标的异常能量过高，CEM 算法的第二步投影已经很难将它们全部抑制，从而导致虚警的出现，下面以一幅真实高光谱图像为例说明这一探测情况。

图 7.31 为 HyMap 高光谱数据(实验数据一)，此时试图以 CEM 算法探测其中的 $F1$ 目标(地表铺设的 3×3m 红色棉布)。将 CEM 探测结果以三维图像显示，如图 7.32(a)所示，可以看到两个明显的异常像元输出大于目标像元输出，即表示有探测虚警存在。同时，用 RX 算法对图像做异常检测结果如图 7.32(b)，可以发现，CEM 探测中的虚警恰恰是 RX 探测中能量最强的异常。

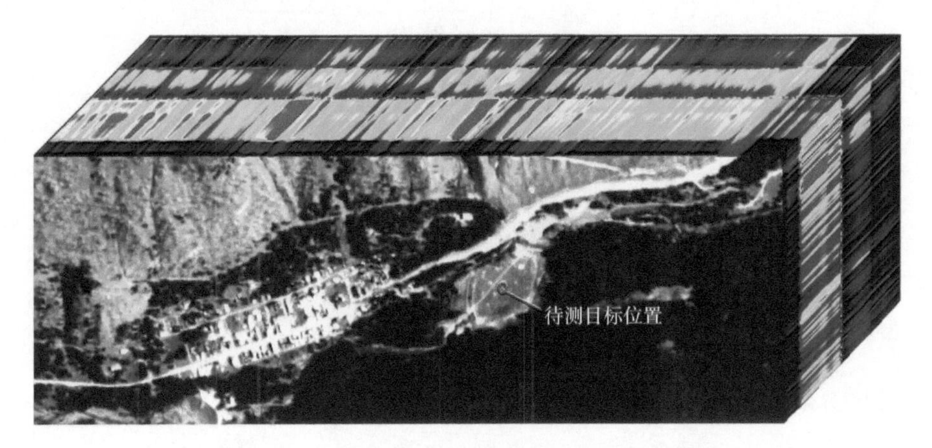

图 7.31　HyMap 真实高光谱图像及其中待测目标 F1 位置

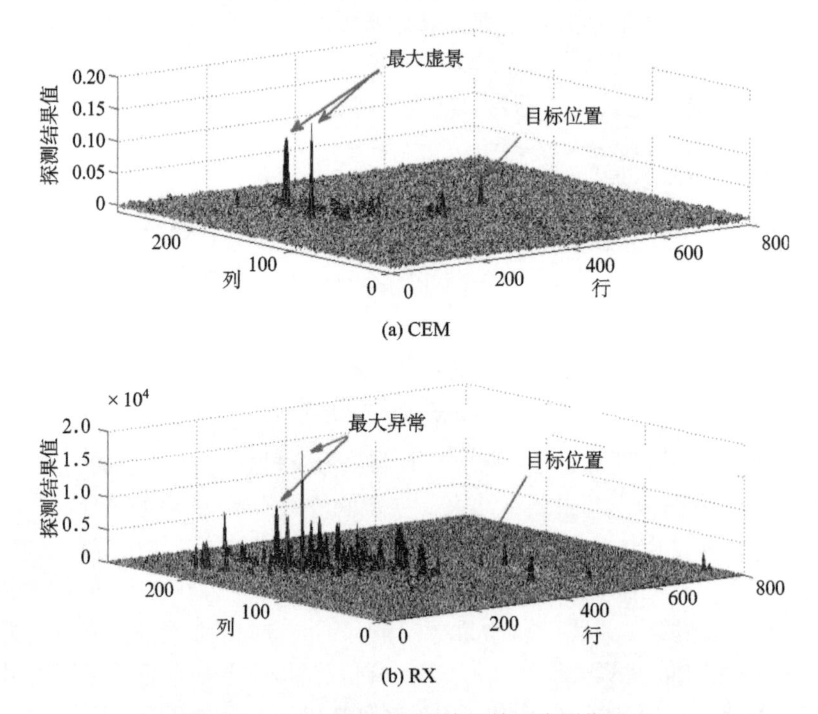

图 7.32　CEM 和 RX 探测结果的三维图像显示

在此不难发现目标探测应用中的矛盾问题，当使用监督方法(如提供目标光谱)对图像做匹配探测，可以找到期望的目标，但探测结果经常受到其他异常的干扰；用非监督方法可以获得图像中的异常分布情况，然而却不知道感兴趣目标的位置。为解决这一矛盾，下面介绍一种利用异常检测算法调整匹配探测算法精度的调整匹配策略。

2. 调整光谱匹配探测器(ASMF)

仍然以 CEM 和 RX 算法为例说明调整匹配策略的原理。如图 7.32 所示，首先，CEM 和 RX 探测都可将图像中背景像元压缩到一个低值水平；对于异常像元，由于匹配探测中目标光谱对像元输出能量的限制，CEM 输出比 RX 输出相对减小；而仅对于目标像元，CEM 的输出相比 RX 将会保持稳定甚至增加。因此，即使图像中包含各种异常像元，通过比较 CEM 和 RX 的结果，能够判定它是感兴趣的目标还是仅为一个不期望的虚警。基于这一原理，可以将匹配、异常检测器结合构建一个逐像元的比较因子，将该因子作用于匹配目标探测器，从而提高匹配探测结果的可信度。

例如，以 CEM 和 RX 算法构建的比较因子为 $A=\left|\dfrac{\boldsymbol{x}^{\mathrm{T}}\boldsymbol{R}^{-1}\boldsymbol{d}}{\boldsymbol{x}^{\mathrm{T}}\boldsymbol{R}^{-1}\boldsymbol{x}}\right|$

此外，在比较因子 A 中加入权重系数 n 用于控制该因子在匹配探测结果中调整的力度，以此构建新的调整光谱匹配算法(adjusted spectral matched filter, ASMF)为

$$\mathrm{ASMF}(\boldsymbol{x})=\mathrm{CEM}(\boldsymbol{x})\cdot A^{n} \tag{7.67}$$

式中，$\mathrm{CEM}(\boldsymbol{x})=\dfrac{\boldsymbol{x}^{\mathrm{T}}\boldsymbol{R}^{-1}\boldsymbol{d}}{\boldsymbol{d}^{\mathrm{T}}\boldsymbol{R}^{-1}\boldsymbol{d}}$ 为 CEM 算法结果。

A^{n} 作为调整因子，表示以 CEM 结果表征目标的可信程度，n 为需要预定义的权重系数。显然，通过这样的调整，CEM 探测结果中那些与目标相似的像元将会被进一步放大，而那些异常中的非目标像元即使有很高的能量也将被调整削弱，从而降低虚警。

理论上，考虑背景能量已受 CEM 算法的约束，对调整因子预设的权重 n 值越大，算法对目标与异常的二次区分能力也就越强。然而，由于背景的多样性以及噪声的存在，背景与噪声虽然仅剩微弱能量，但可能包含目标光谱方向的投影分量，过高的设置权重 n 将过度放大这些背景信号从而产生新的虚警。同样以图 7.31 为例，对 n 值取 0、0.5、1、2、3 和 4 分别构建 ASMF 探测器用于图中 F1 目标的探测。以 F1 测得的地面光谱为匹配光谱，其探测结果如图 7.33 所示。当 $n=0$，算法等同于 CEM，其探测结果包含两个最大的虚警，即图 7.32(a)中标识的异常点位置。当 $n=0.5$，探测结果中目标像元输出明显增强但仍小于图中异常。随着 n 值的增大，ASMF 算法将图中异常压制得更小且目标位置更为明显。然而，当 n 取值为 4，逐步增强的噪声点输出能量已高于目标像元，导致了新的虚警。可见，选择合适的 n 值同样具有重要的意义。在实际进行实验时，结合探测性能与计算复杂度两方面因素，最终选择 $n=1$ 与 $n=2$ 构建 ASMF 探测器。通常情况下，选择 $n=2$ 起到凸显目标的作用；当图像信噪比偏低，可以选择 $n=1$ 保证探测不受噪声的影响。值得一提的是，当 $n=1$，该 ASMF 探测器与 ACE 算法有着相似但不同的形式，它们的区别将在后续性能评价部分介绍。

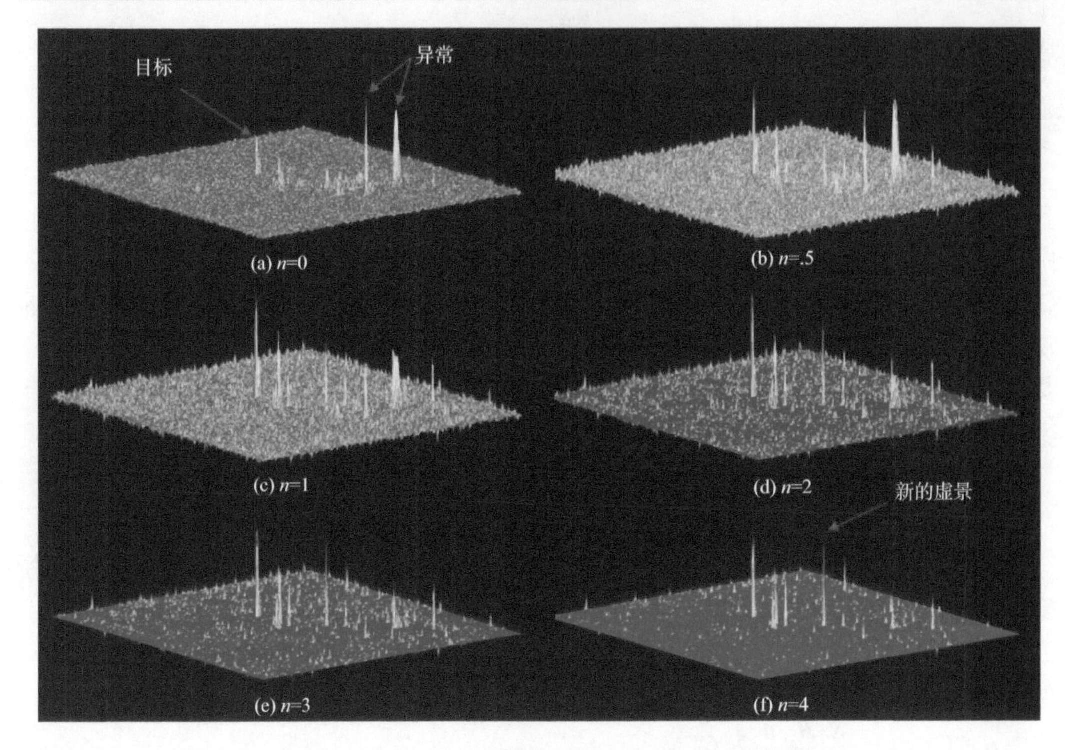

图 7.33　ASMF 算法取不同 n 值获得的目标探测结果

7.4.3　实验内容及结果分析

目标探测算法的探测性能不能仅凭一次探测结果正确与否做出判断，而需综合各种环境、各种条件下的探测质量。用于探测算法质量评价的性能指标很多，如检出率、虚警率、超标概率、信噪比、ROC 曲线、曲线下面积等。实验中对探测算法性能评价主要依据目视质量与 ROC 曲线，以及在不同探测条件下的多次测试结果。

1. ASMF 算法的 ROC 曲线

在高光谱目标探测中，由于图像中目标数量非常少，以此为基数计算的虚警率(虚警与图像中像元数量的比值)往往很小，在这种情况下可以用其对数形式绘制 ROC 曲线。在相同探测条件下，不同探测算法给出的 ROC 曲线越逼近左上角，其探测性能越优越。以上一小节中 ASMF 算法为例，当权重系数 n 取不同的值，根据其探测结果绘制的 ROC 曲线如图 7.34 所示，可见，在该实验中，n=2 或 n=3 时探测性能最好。

2. 不同探测条件实验设计

设计不同条件下目标探测实验，目的是全面评价各算法的综合探测能力。由于真实高光谱图像中的像元级目标位置难以准确获得，一般需要大量的地面同步实验与数据分析，因此以模拟的高光谱数据测试目标探测效果也是验证算法性能的重要手段。使用上一小节介绍的 HyMap 高光谱真实数据(实验数据一)作为实验对象，验证不同载荷(探测

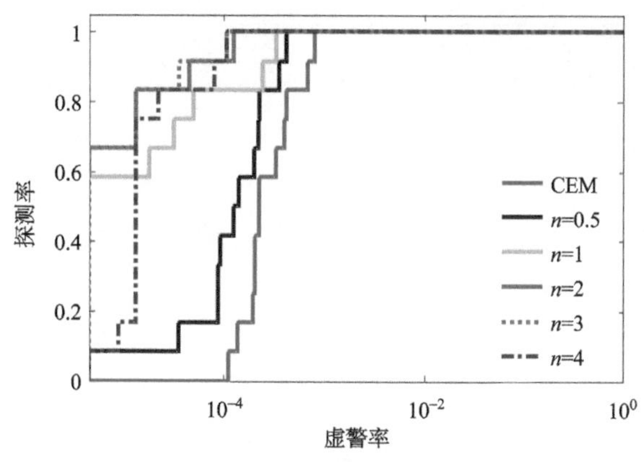

图 7.34　以图 7.33 中探测结果绘制 ASMF 算法当 n 取不同值时的 ROC 曲线

器)、不同场景、不同目标的探测效果外，还会大量使用模拟数据进行实验。数据的模拟过程包括在真实高光谱数据中插入不同丰度的目标衡量算法对亚像元目标的探测能力；通过在图像中叠加不同程度的噪声测试算法对图像质量的适应能力；以及在图像中插入虚假目标衡量算法对干扰的抑制能力。下面仍以对 ASMF 算法的性能测试为例说明各实验方法的设计过程。

1) 模拟数据实验一

以 AVIRIS 真实高光谱数据(实验数据二)为背景，在图像中插入不同丰度的阳起石光谱作为亚像元目标，且对图像叠加不同程度的噪声。如图 7.35(a)所示，该图背景为一农场，地物主要包含裸土、树木、草地、温室大棚及沙地五种类型。这五种背景地物与阳起石的标准光谱(由 USGS 光谱库获得)如图 7.37(b)所示。亚像元目标的植入方法可以表示为

$$\boldsymbol{z} = f \cdot \boldsymbol{t} + (1 - f) \cdot \boldsymbol{b} \tag{7.68}$$

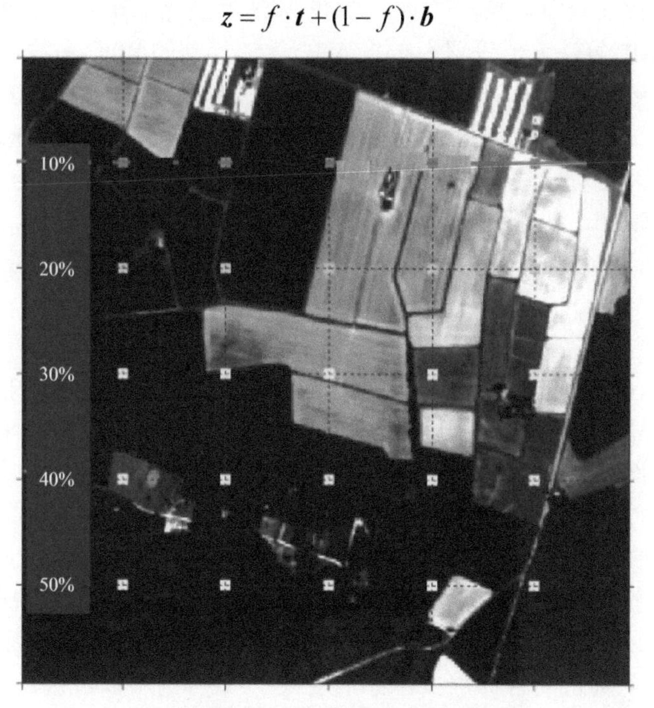

(a) 植入25个不同丰度的AVIRIS模拟图像

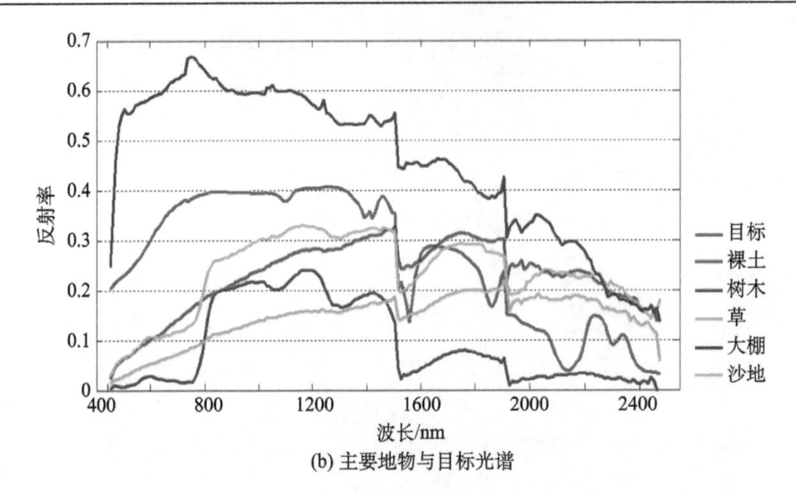

(b) 主要地物与目标光谱

图 7.35　植入 25 个不同丰度的对于 AVIRIS 模拟图像以及五种背景地物与阳起石的标准光谱

式中，$\boldsymbol{t}$ 为目标光谱；f 为插入的丰度(比例)；$\boldsymbol{b}$ 为插入位置原有的背景光谱。以此方法在图像中插入 5×5 个丰度不同的亚像元目标，其丰度值为 0.1～0.5，插入位置及各目标丰度如图 7.35(a)所示。实验中叠加的图像噪声为针对不同波段随机产生的高斯白噪声，由此产生的五幅模拟数据其信噪比分别为 10dB、15dB、20dB、25dB 以及 30dB。

以 RX 算法、CEM 算法、ACE 算法以及设置 $n=1$ 与 $n=2$ 的 ASMF 算法分别对这 5 幅高光谱模拟图像进行目标探测。图 7.36(a)～(e)分别显示了图像叠加噪声等级为 30～10dB 时算法得到的 ROC 曲线，由此可以看出，相比于传统 CEM 算法，ASMF 探测表现更优，而且在该实验中，当 $n=2$ 时 ASMF 算法性能优于 $n=1$。此外，当 SNR 值大于 25dB 时，ASMF 算法 n 值设置为 1 与 ACE 算法得到的 ROC 曲线重合，这意味着它们的探测性能一致。然而，随着叠加噪声的增加，ACE 算法比 ASMF 甚至 CEM 算法探测得到更多的虚警。这是由于 ACE 算法计算的是待测光谱与目标光谱夹角余弦的平方，它错误地将与目标光谱方向相反的信号认定为目标，而这一方向上的信号随着噪声强度的增加而增加，从而产生虚警，降低探测性能。该模拟实验验证了 ASMF 在不同图像质量及目标丰度条件下的探测结果，实验中 ASMF 算法探测性能明显优于原始 CEM 算法。

2) 模拟数据实验二

同样以 AVIRIS 数据为背景在图像中插入不同丰度的 20 个亚像元目标，并插入 5 个用于干扰探测的异常像元。仍然以阳起石光谱为植入目标，为了增加探测难度，以另一种与它光谱波形相近的矿物-绿脱石作为异常像元，它们的光谱比较，以及各自插入的位置和丰度如图 7.37 所示。

图 7.38 以三维形式显示了 RX、CEM、ACE 和 ASMF($n=1$与$n=2$)5 种算法对这幅模拟图像的探测结果。由图 7.40 可知，模拟图像中植入的绿脱石在 RX 探测中全部表现为强烈的异常。在 CEM 探测结果中，5 个植入的异常干扰全部保持最大的探测输出，而对于真正的目标，当目标丰度低于 20%则难以辨认。在 ASMF($n=1$)

与 ACE 的探测结果中，目标像元的输出得以放大，但 10%丰度的目标结果仍低于干扰。只有在 ASMF（$n=2$）的探测结果中异常干扰被极大抑制，从而使目标在没有虚警的情况下全部探出。

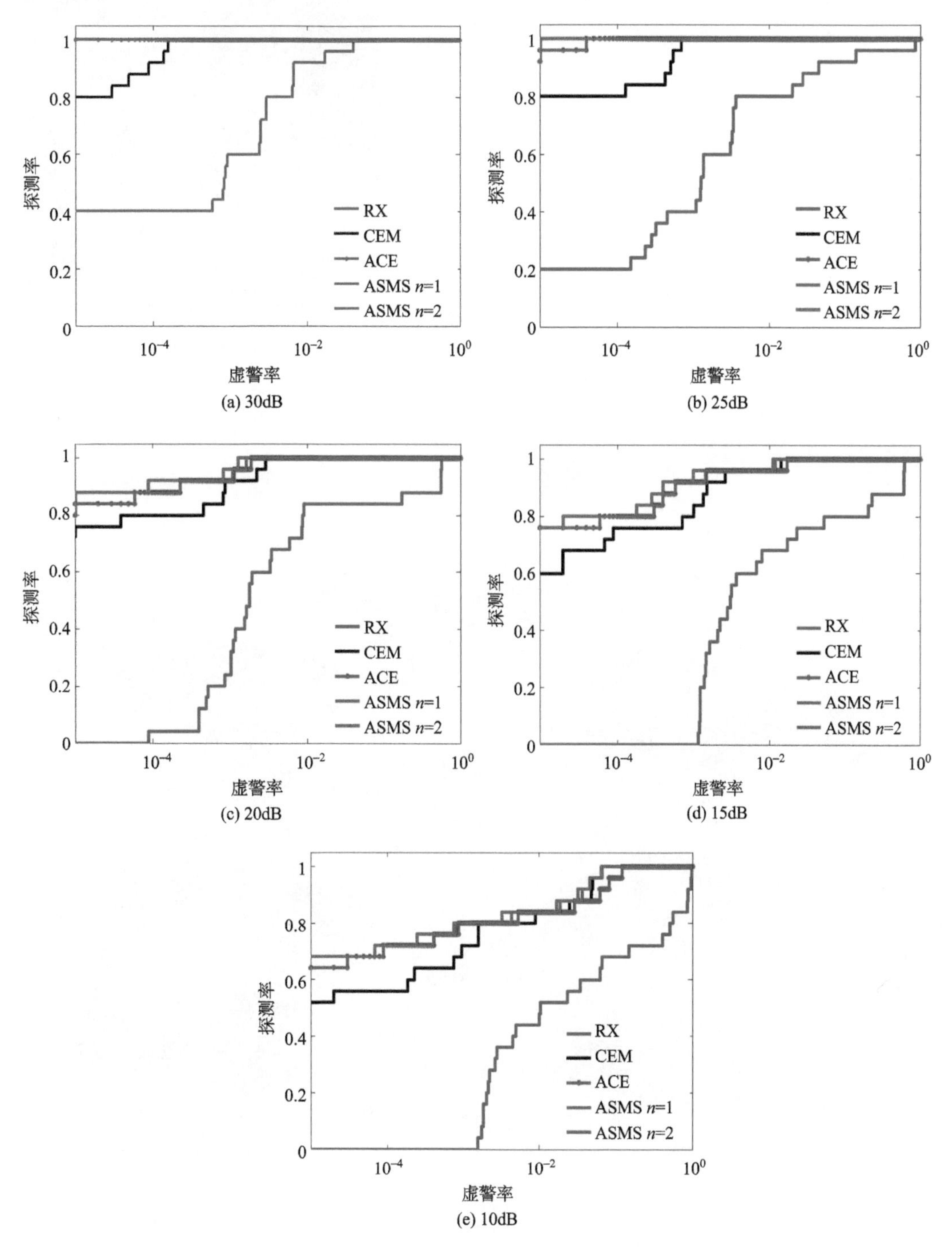

图 7.36　五种算法在不同信噪比条件下探测得到的 ROC 曲线

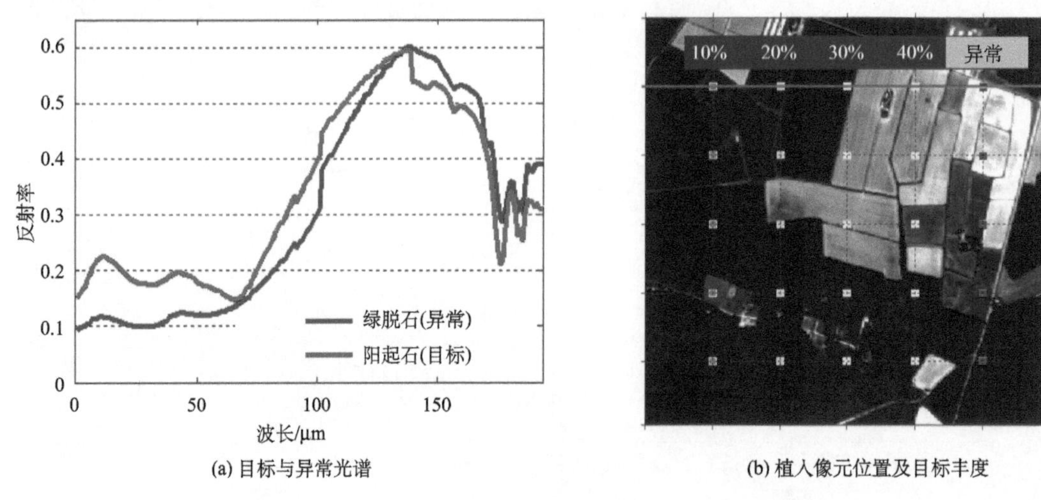

(a) 目标与异常光谱　　(b) 植入像元位置及目标丰度

图 7.37　目标与异常光谱比较和植入像元位置及目标丰度

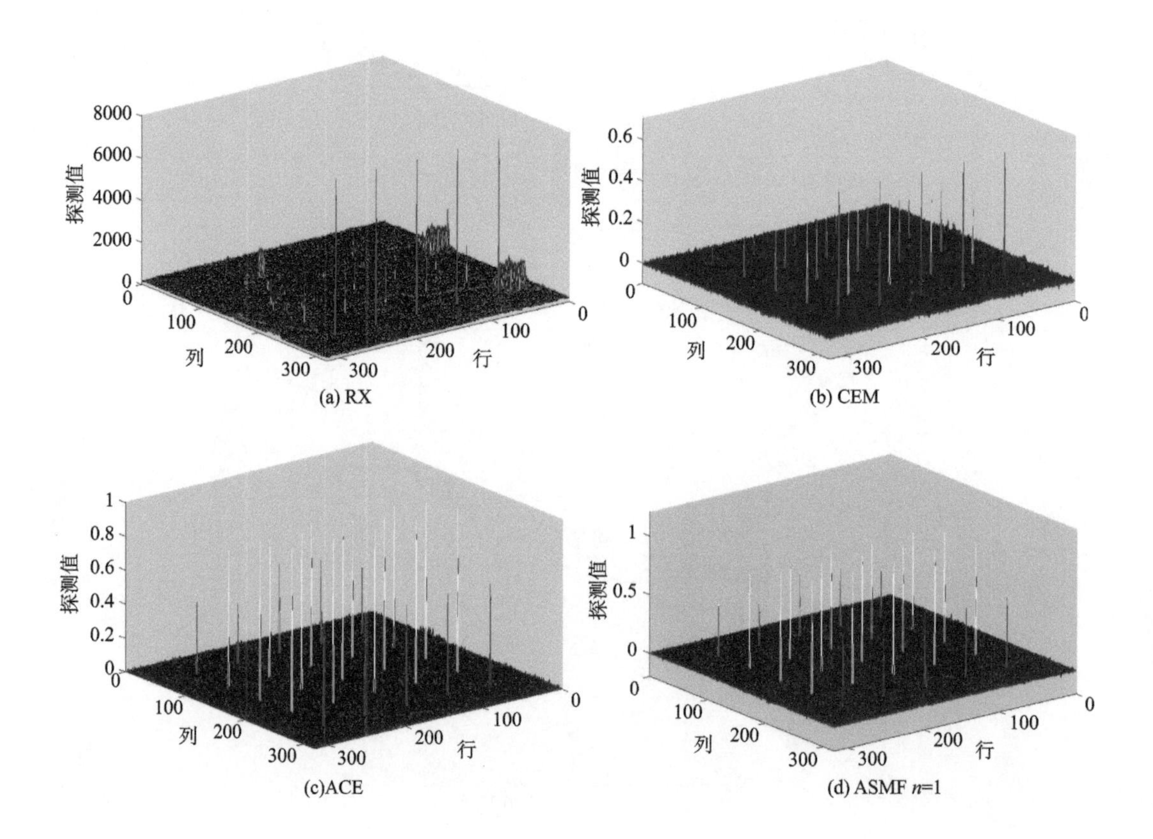

(a) RX　　(b) CEM

(c)ACE　　(d) ASMF n=1

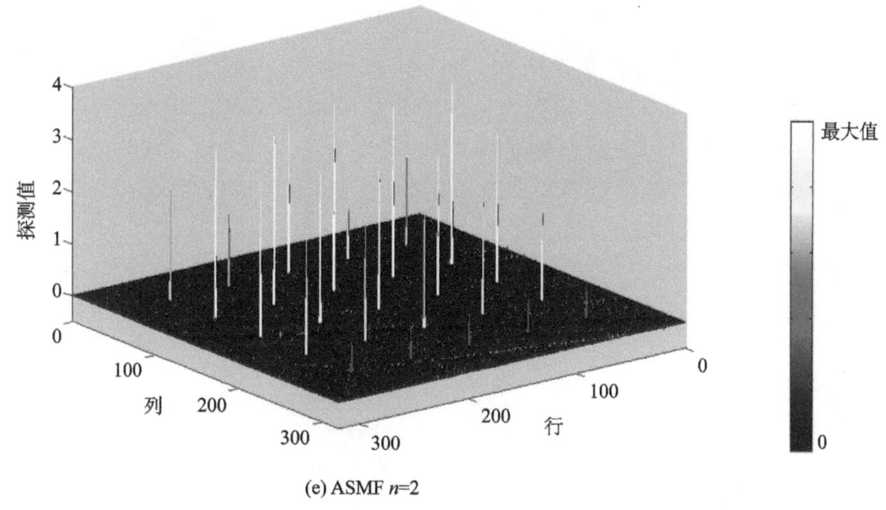

(e) ASMF n=2

图 7.38　五种算法目标探测结果(三维显示)

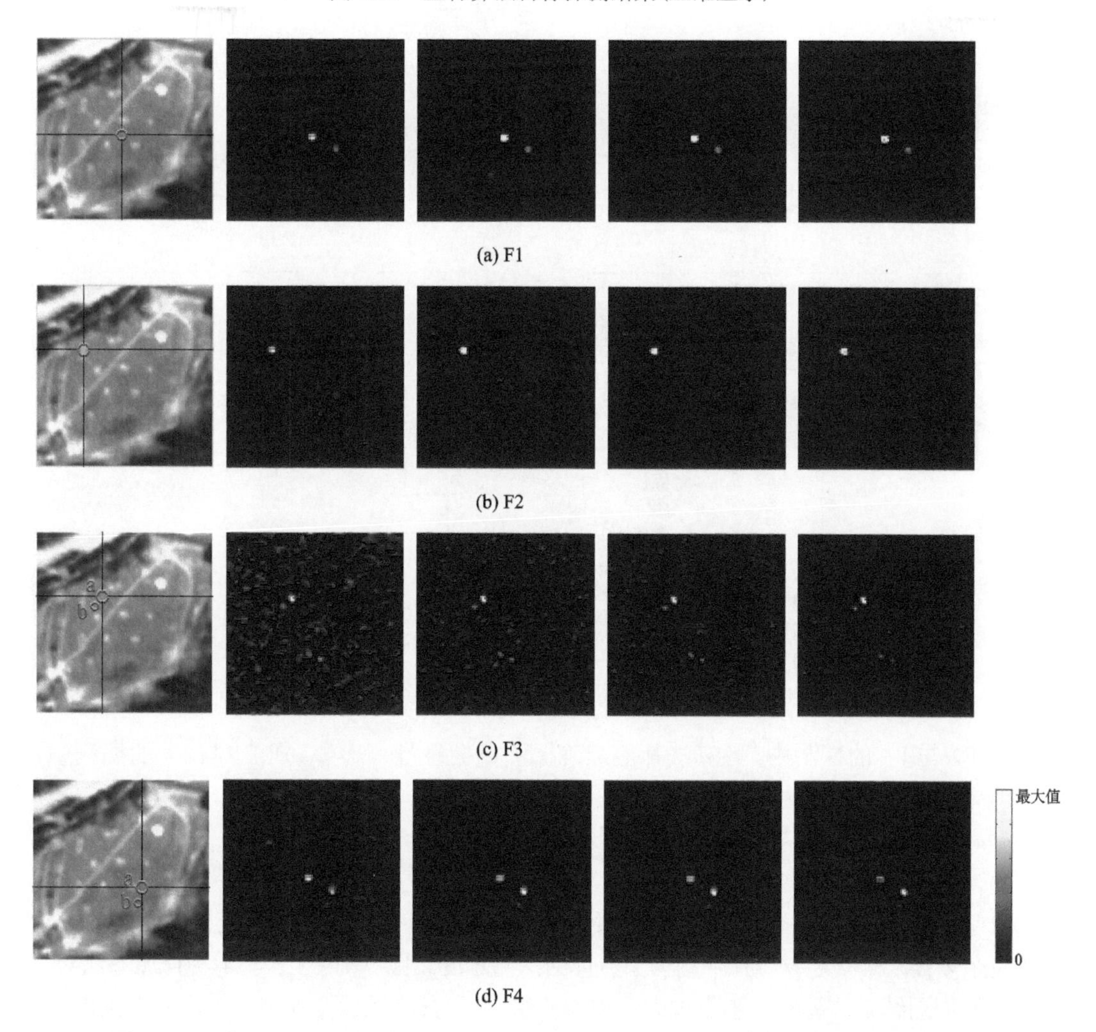

(a) F1

(b) F2

(c) F3

(d) F4

图 7.39　目标 F1～F4 探测结果，从左至右为 CEM、ACE、ASMF(n=1)与 ASMF(n=2)

3) 真实数据实验一

截取 HyMap 数据中包含真实目标的一块 90×90 像元大小图像用于测试上述算法对 4 种目标(F1-F4)的探测性能。该小幅图像包含的背景以草坪居多，因此较为纯净。图 7.39 显示了 4 种算法对 4 类目标的探测灰度图，从左至右依次为 CEM、ACE、ASMF $n=1$ 与 ASMF $n=2$ 探测结果，图像根据各自灰度范围等比例拉伸后以彩色显示，最左侧图像则显示了各类目标在图中的实际位置。

由该灰度图可知，4 种探测算法都能有效探测目标，但 ASMF（$n=2$）所得虚警最少。为了定量检测算法的探测性能，同样计算各个算法对于不同目标的 ROC 探测曲线，如图 7.40 所示。

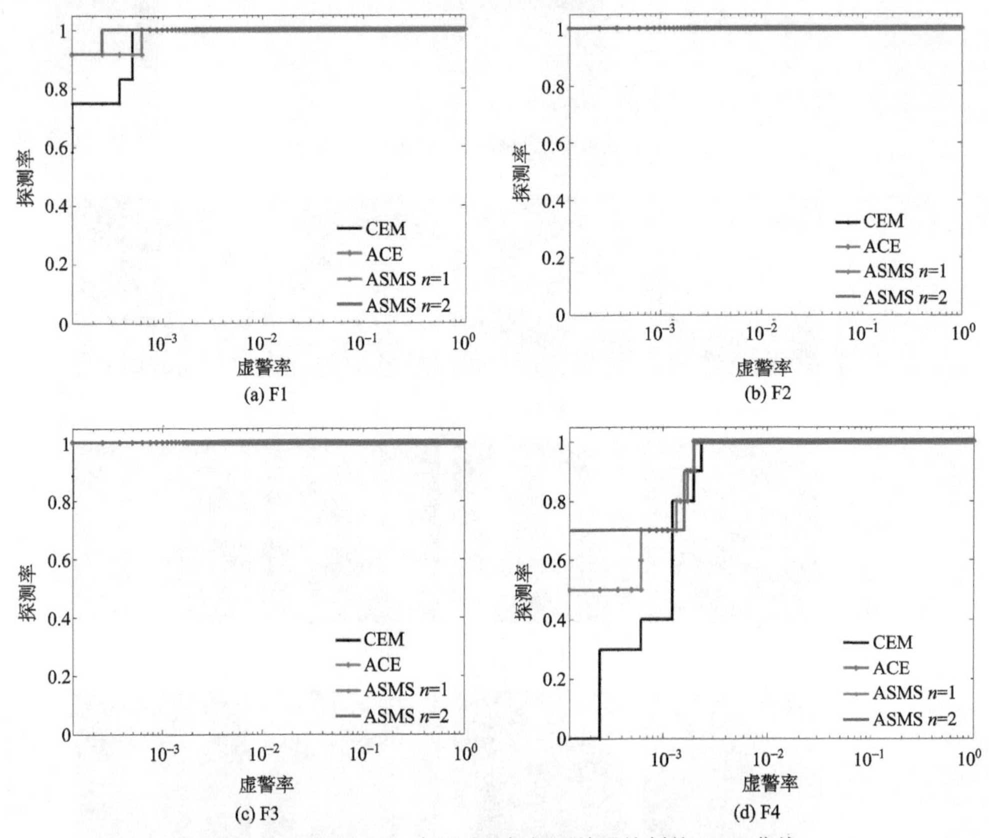

图 7.40　根据图 7.39 中四种目标探测结果绘制的 ROC 曲线

在 F2 与 F3 的探测中，各算法都能准确探测目标且没有虚警。在 F1 与 F4 的探测中，其探测性能由高到低依次为

$$\text{ASMF}(n=2) > \text{ASMF}(n=1) = \text{ACE} > \text{CEM}\ 。$$

4) 真实数据实验二

以整幅 HyMap 真实数据为背景对 4 种目标进行探测。由于图像背景范围扩大且图像内背景复杂多样，干扰地物增加，增大了目标的探测难度。图 7.41 给出了 4 种探测算法对 4 类目标的探测结果。显然，图像扩大后增加的像元(尤其是图像中城市范围内的人工地物)极大的干扰了探测结果。在 CEM 算法的四幅探测图像中，结果输出最大的像元(最亮像元)

都处于城市范围内，与真实情况不符。而采用 ASMF 方法可以部分抑制虚警且增亮目标，尤其当$n=2$时可以得到最好的可视化效果。如图 7.42 给出了根据各算法探测结果得到的 ROC 曲线，可以看出，在 4 种目标的探测实验中，ASMF 对原始 CEM 算法的性能都起到提升作用。尤其注意到，在目标 F3 的探测中，ASMF($n=1$)的探测效果明显优于 ACE。

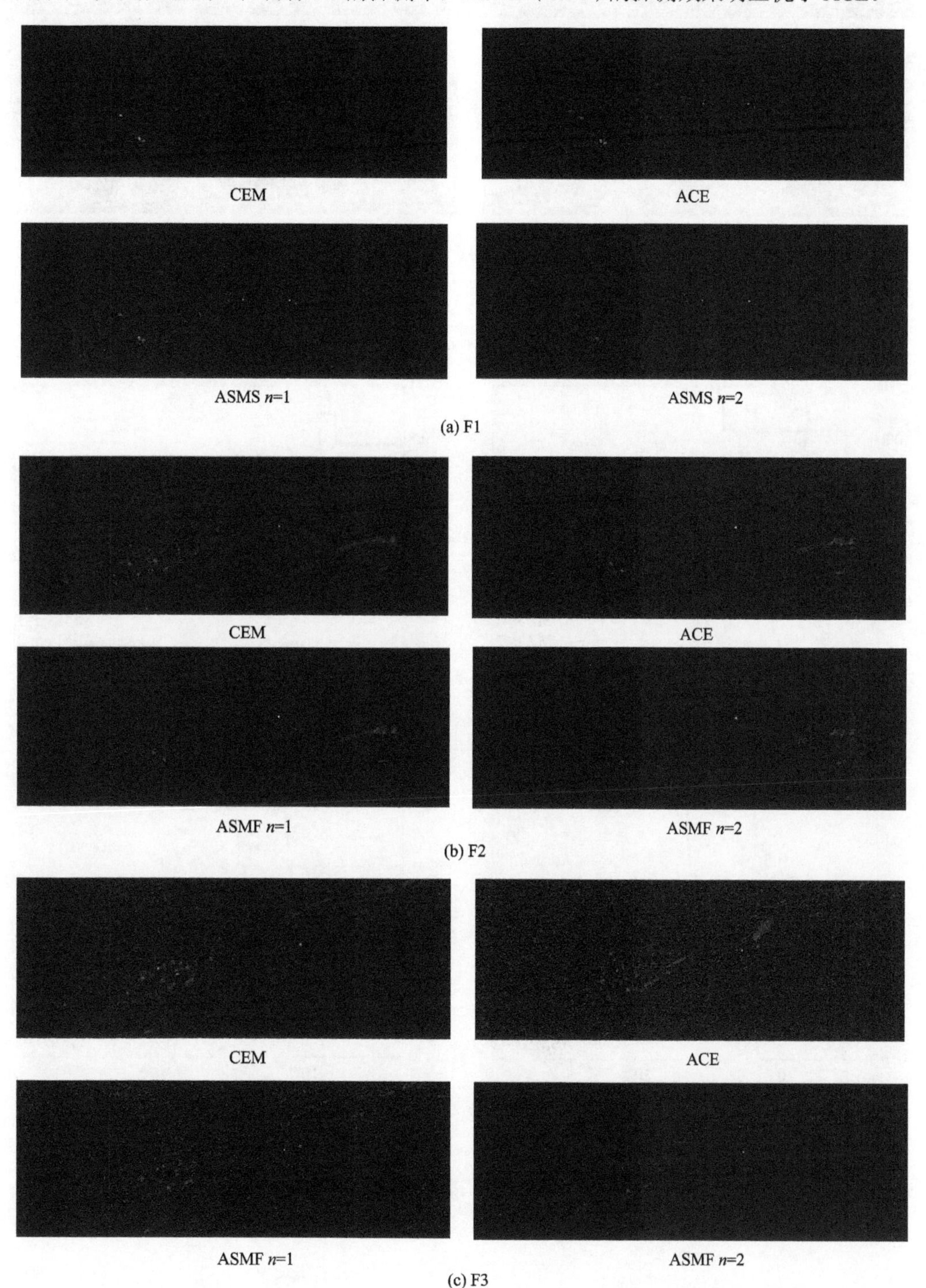

(a) F1

(b) F2

(c) F3

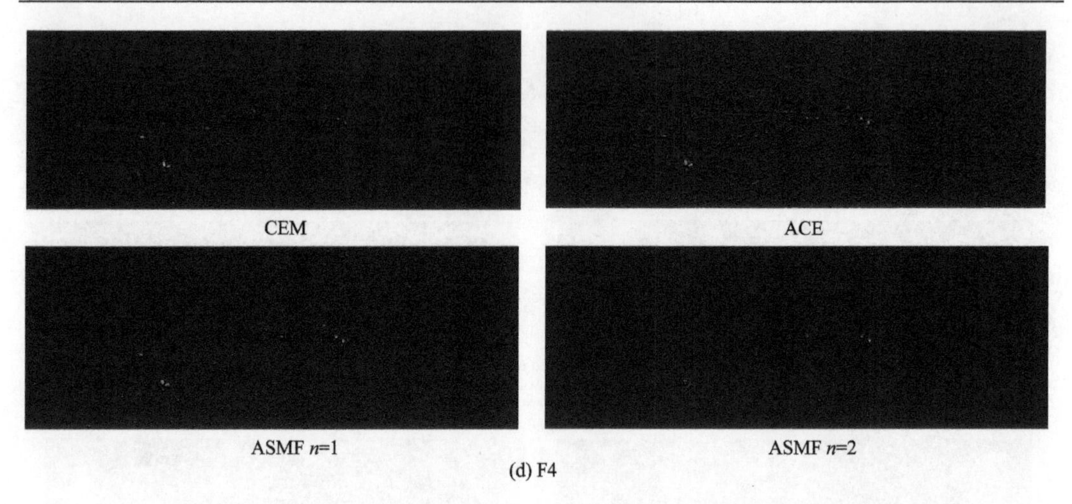

(d) F4

图 7.41　以四种算法对目标 F1～F4 探测得到的灰度图像(彩色显示)

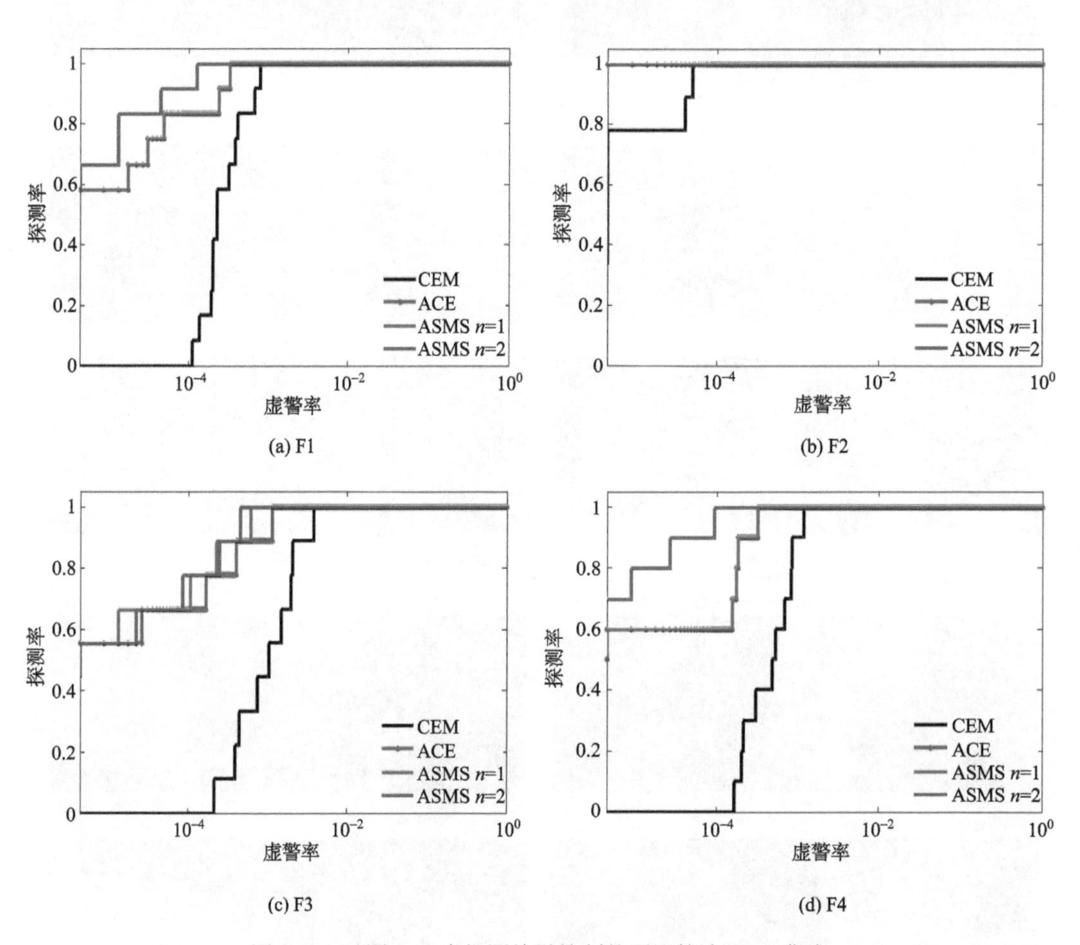

图 7.42　以图 7.41 中探测结果绘制的不同算法 ROC 曲线

7.4.4　结论

根据高光谱图像目标探测的应用条件可将探测算法分为匹配探测与异常检测，本节对这两类算法的共性与区别进行了分析，在此基础上介绍了一种利用异常检测结果调整匹配探测精度的调整光谱匹配策略，以典型算法 CEM 与 RX 为例构建的 ASMF 探测器说明了该策略的应用方式。最后对目标探测算法性能评价与实验设计的方法进行介绍，同时以实验测试了 ASMF 算法的性能。

参 考 文 献

郭乾东. 2014. 高光谱图像低虚警率目标探测方法研究. 北京:中国科学院遥感应用研究所硕士学位论文.

耿修瑞. 2005. 高光谱遥感图像目标探测与分类技术研究. 北京:中国科学院遥感应用研究所博士学位论文.

Averbuch A, Zheludev M. 2012. Two linear unmixing algorithms to recognize targets using supervised classification and orthogonal rotation in airborne hyperspectral images. Remote Sensing, 4(2): 532-560.

Banerjee A, Burlina P, Diehl C. 2006. A support vector method for anomaly detection in hyperspectral imagery. IEEE Transactions on Geoscience and Remote Sensing, 44(8): 2282-2291.

Bajorski P. 2012. Target detection under misspecified models in hyperspectral images. IEEE Journal of Selected Topics in Applied Earth Observations and Remote Sensing, 5(2):10.1109/jstars.2012.2188095.

Bioucas-Dias J M, Plaza A, Camps-Valls G, et al. 2013. Hyperspectral remote sensing data analysis and future challenges. IEEE Geoscience and Remote Sensing Magazine, 1(2): 6-36.

Castrodad A, Xing Z, Greer J, et al. 2011. Learning discriminative sparse models for source separation and mapping of hyperspectral imagery. IEEE Transactions on Geoscience and Remote Sensing, 49(11): 4263-4281.

Chang C I. 2003. Hyperspectral imaging: techniques for spectral detection and classification. Springer Springer Science and Business Media.

Charles A S, Olshausen B A, Rozell C J. 2011. Learning sparse codes for hyperspectral imagery. IEEE Journal of Selected Topics in Signal Processing, 5(5): 963-978.

Chen Y, Nasrabadi N M, Tran T D. 2011a. Sparse representation for target detection in hyperspectral imagery. IEEE Journal of Selected Topics in Signal Processing, 5(3): 629-640.

Chen Y, Nasrabadi N M, Tran T D. 2011b. Simultaneous joint sparsity model for target detection in hyperspectral imagery. IEEE Geoscience and Remote Sensing Letters, 8(4): 676-680.

Du B, Zhang L. 2011. Random-selection-based anomaly detector for hyperspectral imagery. IEEE Transactions on Geoscience and Remote Sensing, 49(5): 1578-1589.

Du B, Zhang L. 2014. A discriminative metric learning based anomaly detection method. IEEE Transactions on Geoscience and Remote Sensing, 52(11): 6844-6857.

Du Q, Kopriva I. 2008. Automated target detection and discrimination using constrained kurtosis maximization. IEEE Geoscience and Remote Sensing Letters, 5(1): 38-42.

Du Q, Ren H. 2003. Real-time constrained linear discriminant analysis to target detection and classification in hyperspectral imagery. Pattern Recognition, 36(1): 1-12.

Duran O, Petrou M. 2009. Spectral unmixing with negative and superunity abundances for subpixel anomaly detection. IEEE Geoscience and Remote Sensing Letters, 6(1): 152-156.

Duran O, Petrou M. 2008. A time-efficient method for anomaly detection in hyperspectral images. IEEE Transactions on Geoscience and Remote Sensing, 45(12): 3894-3904.

Eismann M T, Stocker A D, Nasrabadi N M. 2009. Automated hyperspectral cueing for civilian search and rescue. Proceedings of the IEEE, 97(6): 1031-1055.

Goldberg H, Kwon H, Nasrabadi N M. 2007. Kernel eigenspace separation transform for subspace anomaly detection in hyperspectral imagery. IEEE Geoscience and Remote Sensing Letters, 4(4): 581-585.

Gorelnik N, Yehudai H, Rotman S R. 2010. Anomaly detection in non-stationary backgrounds. 2010 2nd Workshop on Hyperspectral Image and Signal Processing: Evolution in Remote Sensing. IEEE: 1-4.

Guo Q, Zhang B, Ran Q, et al. 2014. Weighted-rxd and linear filter-based rxd: improving background statistics estimation for anomaly detection in hyperspectral imagery. IEEE Journal of Selected Topics in Applied Earth Observations and Remote Sensing, 7(6): 2351-2366.

Harsanyi J C. 1993. Detection and Classification of Subpixel Spectral Signatures in Hyperspectral Image Sequences. Maryland, USA: University of Maryland.

Hytla P, Hardie R C, Eismann M T, et al. 2007. Anomaly detection in hyperspectral imagery: a comparison of methods using seasonal data. Proceedings of SPIE - The International Society for Optical Engineering, 3(1): 10.1117/1.3236689.

Jin X, Paswaters S, Cline H. 2009. A comparative study of target detection algorithms for hyperspectral imagery, algorithms and technologies for multispectral, hyperspectral, and ultraspectral imagery XV. Proceedings of SPIE, 7334: 10.1117/12.818790.

Kelly E J. 1986. An adaptive detection algorithm. IEEE Transactions on Aerospace and Electronic Systems, AES-22(2):115-127.

Khazai S, Safari A, Mojaradi B, et al. 2013. An approach for subpixel anomaly detection in hyperspectral images. IEEE Journal of Selected Topics in Applied Earth Observations and Remote Sensing, 6(2): 769-778.

Kraut S, Scharf L L, Butler R W. 2005. The adaptive coherence estimator: a uniformly most-powerful-invariant adaptive detection statistic. IEEE Transactions on Signal Processing, 53(2): 427.438.

Kraut S, Scharf L L, Mcwhorter L T. 2001. Adaptive subspace detectors. IEEE Transactions on Signal Processing, 49(1): 1-16.

Kwon H, Der S Z, Nasrabadi N M. 2003. Adaptive anomaly detection using subspace separation for hyperspectral imagery. Optical Engineering, 42(11): 3342-3351.

Kwon H, Nasrabadi N M. 2005. Kernel RX-algorithm: A nonlinear anomaly detector for hyperspectral imagery. IEEE Transactions on Geoscience and Remote Sensing, 43(2): 388-397.

Kwon H, Nasrabadi N M. 2007. Kernel spectral matched filter for hyperspectral imagery. International Journal of Computer Vision, 71(2): 127, 141.

Li W, Du Q. 2014. Joint within-class collaborative representation for hyperspectral image classification. IEEE Journal of Selected Topics in Applied Earth Observations and Remote Sensing, 7(6): 2200-2208.

Li W, Du Q. 2015a. Collaborative representation for hyperspectral anomaly detection. IEEE Transactions on Geoscience and Remote Sensing, 53(3): 1463-1474.

Li W, Du Q. 2015b. Decision fusion for dual-window-based hyperspectral anomaly detector. Journal of

Applied Remote Sensing, 9(1): 097297.

Li W, Du Q, Zhang B. 2015. Combined sparse and collaborative representation for hyperspectral target detection. Pattern Recognition, 48(12): 10.1016/j.patcog.2015.05.024.

Li W, Tramel E W, Prasad S, et al. 2014. Nearest regularized subspace for hyperspectral classification. IEEE Transactions on Geoscience and Remote Sensing, 52(1): 477-489.

Li J, Zhang H, Huang Y, et al. 2014. Hyperspectral image classification by nonlocal joint collaborative representation with a locally adaptive dictionary. IEEE Transactions on Geoscience and Remote Sensing, 52(6): 3707-3719.

Liu W M, Chang C I. 2013.Multiple-window anomaly detection for hyperspectral imagery. IEEE Journal of Selected Topics in Applied Earth Observations and Remote Sensing, 6(2): 644-658.

Liu K, Ma B, Du Q, et al. 2012. Fast motion detection from airborne videos using graphics processing unit. Journal of Applied Remote Sensing, 6(1): 061505.

Matteoli S, Diani M, Theiler J. 2014. An overview of background modeling for detection of targets and anomalies in hyperspectral remotely sensed imagery. IEEE Journal of Selected Topics in Applied Earth Observations and Remote Sensing, 7(6): 2317-2336.

Matteoli S, Diani M, Corsini G. 2010. A tutorial overview of anomaly detection in hyperspectral images. IEEE Aerospace and Electronic Systems Magazine, 25(7): 5-28.

Matteoli S, Acito N, Diani M, et al. 2011. An automatic approach to adaptive local background estimation and suppression in hyperspectral target detection. IEEE Transactions on Geoscience and Remote Sensing, 49(2): 790-800.

Mei F, Zhao C, Huo H, et al. 2008. An adaptive kernel method for anomaly detection in hyperspectral imagery. 2008 Second International Symposium on Intelligent Information Technology Application. IEEE, 1:874-878.

Mitchell P A. 1995. Hyperspectral digital imagery collection experiment (hydice). Proceedings of SPIE - The International Society for Optical Engineering: 10.1117/12.226807.

Nasrabadi N M. 2008. Regularized spectral matched filter for target recognition in hyperspectral imagery. IEEE Signal Processing Letters, 15: 317-320.

Nasrabadi N M. 2014. Hyperspectral target detection : an overview of current and future challenges. IEEE Signal Processing Magazine, 31(1): 34-44.

Petrakos M, Atli Benediktsson J, Kanellopoulos I. 2001. The effect of classifier agreement on the accuracy of the combined classifier in decision level fusion. IEEE Transactions on Geoscience and Remote Sensing, 39(11): 2546.

Ranney K I, Soumekh M. 2006. Hyperspectral anomaly detection within the signal subspace. IEEE Geoscience and Remote Sensing Letters, 3(3): 312-316.

Reed I S, Yu X. 1990. Adaptive multiple-band CFAR detection of an optical pattern with unknown spectral distribution. IEEE Transactions on Acoustics, Speech, and Signal Processing, 38(10): 1760-1770.

Rossi A, Acito N, Diani M, et al. 2014. RX architectures for real-time anomaly detection in hyperspectral images. Journal of Real-time Image Processing, 9(3): 503-517.

Sakla W, Chan A, Ji J, et al. 2011. An svdd-based algorithm for target detection in hyperspectral imagery. IEEE Geoscience and Remote Sensing Letters, 8(2): 384-388.

Scharf L L, Friedlander B. 1994. Matched subspace detectors. IEEE Transactions on Signal Processing, 42(8): 2146-2157.

Snyder D K, Kerekes J P, Fairweather I, et al. 2008. Development of a Web-Based Application to Evaluate Target Finding Algorithms. IGARSS 2008 - 2008 IEEE International Geoscience and Remote Sensing Symposium, Boston, MA.

Scharf L L, Friedlander B. 1994. Matched subspace detectors. IEEE Transactions on Signal Processing, 42(8): 2146-2157.

Scharf L L, McWhorter L T. 1996. Adaptive matched subspace detectors and adaptive coherence estimators. Conference Record of The Thirtieth Asilomar Conference on Signals, Systems and Computers. IEEE, Pacific Grove, CA, USA.

Stein D W, Beaven S G, Hoff L E, et al. 2002. Anomaly detection from hyperspectral imagery. IEEE Signal Processing Magazine, 19(1): 58-69.

Tarabalka Y, Haavardsholm T V, Kåsen I, et al. 2009. Real-time anomaly detection in hyperspectral images using multivariate normal mixture models and GPU processing. Journal of Real-Time Image Processing, 4(3): 287-300.

Yu X, Hoff L E, Reed I S, et al. 1997. Automatic target detection and recognition in multiband imagery: a unified ml detection and estimation approach. IEEE Transactions on Image Processing, 6(1): 143-156.

Zhao R, Du B, Zhang L. 2014. A robust nonlinear hyperspectral anomaly detection approach. IEEE Journal of Selected Topics in Applied Earth Observations and Remote Sensing, 7(4): 1227-1234.

Zhang L, Du B, Zhong Y. 2010. Hybrid detectors based on selective endmembers. IEEE Transactions on Geoscience and Remote Sensing, 48(6): 2633-2646.